A. Unsöld · B. Baschek   Der neue Kosmos

A. Unsöld   B. Baschek

Der neue Kosmos

Dritte, erweiterte Auflage

mit 182 Abbildungen

Springer-Verlag

Berlin   Heidelberg   New York 1981

Professor Dr. Albrecht Unsöld

Institut für Theoretische Physik und Sternwarte, Universität Kiel, D-2300 Kiel

Professor Dr. Bodo Baschek

Institut für Theoretische Astrophysik, Universität Heidelberg, D-6900 Heidelberg

ISBN 3-540-10404-6 3. Auflage   Springer-Verlag Berlin Heidelberg New York
ISBN 0-387-10404-6 3rd edition Springer-Verlag New York Heidelberg Berlin

ISBN 3-540-06718-3 2. Auflage   Berlin Heidelberg New York
ISBN 0-387-06718-3 2nd edition New York Heidelberg Berlin

Die 1. Auflage erschien als Heidelberger Taschenbuch, Band 16/17

CIP-Kurztitelaufnahme der Deutschen Bibliothek
Unsöld, Albrecht:
Der neue Kosmos / A. Unsöld; B. Baschek. — 3., erw. Aufl. — Berlin, Heidelberg, New York: Springer, 1981.
NE: Baschek, Bodo:

Satz und Druck: Zechnersche Buchdruckerei, Speyer, Bindearbeiten: Konrad Triltsch, Graphischer Betrieb, Würzburg.
2153/3130-543210

In Memoriam

M. G. J. Minnaert

12. II. 1893—26. X. 1970

Vorwort zur 3. Auflage

In den sechs Jahren seit Erscheinen der letzten Auflage hat die fortschreitende instrumentelle Entwicklung in allen Teilen des elektromagnetischen Spektrums vom Radiobereich und Infrarot bis hin zum Röntgen- und Gammastrahlenbereich zusammen mit dem zunehmenden Einsatz von Satelliten und Raumsonden eine Fülle neuer, zum Teil ganz unerwarteter Beobachtungen gebracht. Hand in Hand mit der fortschreitenden Kenntnis der verschiedenartigsten Himmelskörper hat auch die theoretische Forschung zu vertieften Einsichten in kosmische Zusammenhänge geführt.

Auch bei der 3. Auflage sehen wir die wesentliche Aufgabe dieses Buches darin, dem Studenten der Astronomie, dem Fachmann aus Nachbargebieten und dem Amateurastronomen eine verständliche *Einführung* in die Astronomie und Astrophysik zu geben, die dem heutigen Stand der Forschung entspricht. Da sich durch die Fülle der zur Zeit anfallenden Beobachtungen deren Interpretation vielfach noch im Fluß befindet, schien es uns zweckmäßig, die Teile I bis III der 2. Auflage bis auf einige Verbesserungen von Druckfehlern unverändert zu übernehmen und der neuen Entwicklung der Astronomie durch einen IV. Teil, der sich an Abschnitt 31 anschließt, Rechnung zu tragen. Hierin werden in vier (von B. Baschek bearbeiteten) Abschnitten ausgewählte neuere Ergebnisse dargestellt, wobei der Schwerpunkt zum einen auf die Ergebnisse der letzten Planetenmissionen, zum anderen auf die Diskussion der meist von Satelliten aus durchgeführten Beobachtungen im fernen Ultraviolett, Röntgen- und Gammastrahlenbereich gelegt wird. Wir bitten um Nachsicht darum, daß bei dieser Auswahl einige interessante Entwicklungen in anderen Bereichen der Astronomie zu kurz gekommen sind.

Kiel und Heidelberg,
im September 1980

ALBRECHT UNSÖLD
BODO BASCHEK

Vorwort zur 2. Auflage

Die *Astronomie* hat in den letzten zehn Jahren eine geradezu explosive Entwicklung genommen. Die erheblich revidierte und erweiterte 2. Auflage des *Neuen Kosmos* versucht auch diese ihren Lesern näher zu bringen. Wir nennen nur einige Stichworte: Mondlandungen, Planetensonden, Kontinentverschiebung etc.; Pulsare, Röntgen- und γ-Strahlungsquellen; interstellare Moleküle; Quasare; Aufbau und Entwicklung von Sternen und Sternsystemen bis zu kosmologischen Weltmodellen usw.

Es soll nach wie vor die wichtigste Aufgabe dieses Buches sein, dem Studenten der Astronomie, wie dem Fachmann aus Nachbargebieten eine nicht zu schwerfällige Einführung in die heutige Astronomie und Astrophysik zu geben. Die zahlreichen Abbildungen — darunter viele neue — und ebenso ihre ausführlichen Unterschriften möchten wir dabei als wesentlichen Bestandteil unserer Darstellung der besonderen Beachtung des Lesers empfehlen. Die Beschreibung der wichtigsten *Beobachtungen* verbinden wir nach Möglichkeit sogleich mit den grundlegenden *theoretischen Ansätzen*. Wenn es um Details geht, begnügen wir uns dagegen öfters damit, sie dem Leser kurz vorzustellen, die ausführliche Begründung bleibe dann der Spezialliteratur vorbehalten. Den Übergang zur *Spezialliteratur* soll das *Verzeichnis* am Schluß des Buches erleichtern. Wichtige neuere Untersuchungen sind im Text mit Jahreszahl versehen. Dies geschah nicht so sehr aus historischen Gründen, sondern um das Auffinden der *Originalarbeiten* in den *Astronomy and Astrophysics Abstracts* (ab 1969) zu ermöglichen.

Der *Amateurastronom* sollte sich durch ein paar Formeln nicht erschrecken lassen. Am besten wird er vielmehr ihre zahlenmäßigen Ergebnisse einstweilen bona fide akzeptieren und seine Lektüre mit der schon von *A. Einstein* so gepriesenen ,,göttlichen Neugier'' fortsetzen.

Meine Kollegen *V. Weidemann, H. Holweger, D. Reimers* und *T. Gehren* haben mich mit der Durchsicht des Manuskripts, mancherlei Rat und Hilfe und beim Lesen der Korrekturen auf das freundlichste unterstützt. Frau *G. Mangelsen* und Frau *G. Hebeler* haben bei der Herstellung des Manuskripts unermüdlich geholfen. Ihnen allen möchte ich auf das herzlichste danken.

Kiel, im August 1974 ALBRECHT UNSÖLD

Vorwort zur 1. Auflage

In den Jahren 1827 bis 1859 schrieb *Alexander von Humboldt* seinen „*Kosmos, Entwurf einer physischen Weltbeschreibung*".

Humboldts Ziel war es, einem weiten Kreis seiner Zeitgenossen die Erforschung der Natur nicht nur als eine Sammlung von Methoden und Ergebnissen vorzuführen, sondern ihnen vor allem zu zeigen, was diese für die Menschheit in ihrer geistigen Entwicklung bedeutet. Naturforschung war für ihn — im Sinne von *Schiller* und *Goethe* — ein lebendiger Teil der *menschlichen Bildung.*

Unser Jahrhundert brachte eine Entwicklung der *Astronomie,* die sich den gleichzeitigen großen Leistungen der Relativitätstheorie, der Quantentheorie und der Kernphysik würdig an die Seite stellt. Die Welt als Ganzes, der *Kosmos,* in seinem räumlichen Aufbau und in seiner zeitlichen Entwicklung ist ein Gegenstand exakter naturwissenschaftlicher Forschung geworden.

Mit neuen Augen erblicken wir einen *Neuen Kosmos* und — wie in früheren Epochen — wandelt sich mit seinem Aspekt der Außenwelt auch der sie erforschende Mensch.

Dieses Buch möchte einem großen Kreis von Lesern, die über eine gewisse naturwissenschaftliche Vorbildung verfügen, das neue Bild des Weltalls näherbringen. Ein solches Buch darf nicht zu umfangreich sein. Dementsprechend bemühte sich der Verfasser, die *Grundgedanken* der verschiedenen Bereiche astronomischer Forschung nach ihren sachlichen und historisch-menschlichen Zusammenhängen ganz deutlich hervortreten zu lassen. Die einleitenden Kapitel der drei Teile des Buches (Kap. 1, 10 und 22) sollen — im Rahmen historischer Überblicke — die Übersicht erleichtern. Einzelergebnisse dagegen — die freilich dem Bild erst Farbe verleihen — sind oft ohne ausführliche Begründung einfach angegeben.

Wer über dies oder jenes genauere Auskunft sucht, findet Rat im *Literaturverzeichnis:* dieses hat keinerlei weitere Ambitionen auf Vollständigkeit oder historische Gerechtigkeit. Hinweise im Text und in den Abbildungsunterschriften auf bestimmte Autoren und Jahreszahlen ermöglichen es, die betreffende Abhandlung in den bekannten Referate-Organen zu finden.

Die Astronomie hat vor vierhundert Jahren die Menschen herausgeführt aus der Enge ihres mittelalterlichen, geozentrischen Weltbildes. In unserer Zeit ist ihre Bedeutung sicher nicht geringer geworden für eine freiere und modernere

Gestaltung unserer Bildung und damit für die innere Freiheit und das Glück der Menschen.

Meinen Kollegen *V. Weidemann*, *E. Richter* und *B. Baschek* möchte ich für die kritische Durchsicht des Buches und für vielerlei Rat und Hilfe, Herrn *H. Holweger* für seine unermüdliche Mitarbeit bei den Korrekturen auf das herzlichste danken. Ebenso gilt mein Dank Frl. *Antje Wagner* für sie sorgfältige Herstellung der Reinschrift des Manuskripts.

Kiel, im April 1966
Institut für theoretische Physik
und Sternwarte der Universität   ALBRECHT UNSÖLD

Inhaltsverzeichnis

III. Teil

Sternsysteme

Milchstraße und Galaxien. Kosmogonie und Kosmologie

IV. Teil

Ausgewählte neuere Ergebnisse

I. Teil

Klassische Astronomie

1. Sterne und Menschen — Beobachten und Denken
Historische Einleitung in die klassische Astronomie

Unbeeinflußt vom Menschen ziehen die Gestirne seit Jahrtausenden ihre Bahnen. Der gestirnte Himmel bildete deshalb seit jeher ein Symbol für das *„Andere"* — die Natur, die Gottheit —, den Gegenpol des *„Ich"* mit seiner Welt des inneren Erlebens, Wünschens und Schaffens. Die Geschichte der Astronomie bildet gleichzeitig eines der erregendsten Kapitel in der Geschichte des menschlichen Geistes. Immer wieder greifen ineinander einerseits die Entstehung neuer *Denkformen* und andererseits die Entdeckung neuer *Phänomene*, oft mittels neuartiger *Instrumente*.

Wir können hier nicht die großen Leistungen der Völker des alten Orients besprechen, der *Sumerer, Babylonier, Assyrer* und *Ägypter*. Auch auf eine Darstellung der — in ihrem Sinne — hochentwickelten Astronomie der Völker des fernen Ostens, der *Chinesen, Japaner* und *Inder* müssen wir verzichten.

Der Begriff des *Kosmos* und seine Erforschung in unserem Sinne gehen zurück auf die *Griechen*, die es als erste wagten, alle dumpfe Magie abzuschütteln und — unterstützt von einer unglaublich wendigen Sprache — gedankliche Formen zu prägen, die es erlaubten, Stück für Stück die kosmischen Erscheinungen zu *„verstehen"*.

Wie kühn sind die Gedanken der Vorsokratiker! *Thales von Milet* war sich um 600 v. Chr. offenbar schon im klaren darüber, daß die Erde rund sei, daß der Mond von der Sonne beleuchtet würde, und er hat die Sonnenfinsternis des Jahres 585 v. Chr. vorhergesagt. Aber ist es nicht ebenso wichtig, daß er versuchte, das gesamte Weltall auf *ein* Grundprinzip, nämlich *„das Wasser"*, zurückzuführen?

Das wenige, was wir von *Pythagoras* (um die Mitte des 6. Jahrhunderts v. Chr.) und seiner Schule wissen, mutet erstaunlich modern an. Hier ist schon von der Kugelgestalt der Erde, des Mondes und der Sonne, von der Drehung der Erde und vom Umlauf zumindest der beiden inneren Planeten Merkur und Venus um die Sonne die Rede.

Als nach dem Zerfall der griechischen Staaten die Wissenschaft in *Alexandria* eine neue Heimat gefunden hatte, machte dort die quantitative Erforschung der Himmelsräume anhand systematischer Messungen rasche Fortschritte. Wir sollten dabei weniger auf die zahlenmäßigen Ergebnisse sehen, als mit Freude vermerken, daß die großen griechischen Astronomen es überhaupt wagten, *geo*metrische Sätze auf den Kosmos anzuwenden! *Aristarch von Samos*, der in der ersten Hälfte des 3. Jahrhunderts v. Chr. lebte, versuchte die *Entfernungen* Sonne—Erde und Mond—Erde sowie die *Durchmesser* der drei Himmelskörper zahlenmäßig miteinander zu vergleichen, indem er davon ausging, daß im ersten und dritten Mondviertel das Dreieck Sonne—Mond—Erde am Mond einen rechten Winkel hat. Neben diesen ersten Messungen *im* Weltraum hat *Aristarch* als erster das *heliozentrische Weltsystem* gelehrt und dessen schwerwiegende Konsequenz durchschaut, daß die Entfernungen der Fixsterne ungeheuer viel größer sein müßten als die der Sonne von der Erde. Wie weit er damit seiner Zeit voraus war, erhellt am besten daraus, daß schon die folgende Generation seine große Entdeckung wieder vergaß. Bald nach *Aristarchs* bedeutenden Arbeiten hat *Eratosthenes* zwischen Alexandria und Syene die erste Gradmessung ausgeführt: Er verglich den Breitenunterschied der beiden Orte mit ihrer Entfernung längs einer viel benutzten Karawanenstraße und bestimmte so schon ziemlich genau *Umfang und Durchmesser der Erde*. Der größte Beobachter des Altertums aber war *Hipparch* (um 150 v. Chr.), dessen *Sternkatalog* noch im 16. Jahrhundert an Genauigkeit kaum übertroffen war. Wenn auch seine Hilfsmittel naturgemäß nicht ausreichten, um die fundamentalen Größen des Planetensystems entscheidend zu verbessern, so gelang ihm doch die wichtige Entdeckung der *Präzession*, d.h. des Vorrückens der Tagundnachtgleichen und damit des Unterschiedes von tropischem und siderischem Jahr.

Die Theorie der *Planetenbewegung*, von der wir nun sprechen wollen, mußte im Rahmen der griechischen Astronomie naturgemäß ein *geometrisch-kinematisches* Problem bleiben. Allmähliche Verbesserung und Erweiterung der Beobachtungen auf der einen Seite und die Herausbildung neuer mathematischer Ansätze auf der anderen Seite bilden die Grundelemente, aus denen *Philolaus*, *Eudoxus*, *Heraklid*, *Apollonius* und andere eine Darstellung der beobachteten Planetenbewegungen durch Ineinanderfügen immer komplizierterer Kreisbewegungen anstrebten. Ihre abschließende Form erhielten die antike Astronomie und Planetentheorie erst viel später durch *Claudius Ptolemäus*, der um 150 n. Chr. in Alexandria sein *Handbuch der Astronomie (Mathematik) in 13 Büchern*, $M\alpha \vartheta \eta \mu \alpha \tau \iota \varkappa \tilde{\eta} \varsigma \; \Sigma \upsilon \nu \tau \acute{\alpha} \xi \varepsilon \omega \varsigma \; \beta \iota \beta \lambda \acute{\iota} \alpha \; \iota \gamma$, schrieb. Später erhielt die Syntaxis das Beiwort $\mu \varepsilon \gamma \acute{\iota} \sigma \tau \eta$ (größte), woraus schließlich der arabische Titel des *Almagest* entstand. Der Inhalt des *Almagest* beruht weitgehend auf den Beobachtungen und Forschungen des *Hipparch*, doch hat *Ptolemäus* insbesondere in der Theorie der Planetenbewegung auch Neues hinzugefügt. Das geozentrische Weltsystem des *Ptolemäus* brauchen wir vorerst nur in Umrissen zu skizzieren: Die Erde ruht in der Mitte des Weltalls. Die Bewegungen von Mond und Sonne am Himmel lassen sich noch ziemlich einfach durch Kreisbahnen darstellen. Die Bewegungen der Planeten beschreibt *Ptolemäus* mit Hilfe der *Epizykel-Theorie:* Der Planet läuft auf einem Kreis um, dem sog. *Epizykel*, dessen immaterieller Mittelpunkt auf einem zweiten Kreis, dem *Deferenten*, sich um die *Erde* bewegt. Die Verfeinerungen dieses Systems durch Einführung weiterer, auch exzentrischer Kreise etc. wollen wir hier nicht erörtern. Zusammenhänge und Unterschiede gegenüber dem *heliozentrischen Weltsystem* des *Kopernikus* sollen, ausgehend von letzterem, in Abschn. 6 dargestellt werden. Der *Almagest* zeigt in seiner geistigen Haltung deutlich den Einfluß der aristotelischen Philosophie oder — besser gesagt — des *Aristotelismus*. Dessen Denkschemata, die aus Werkzeugen lebendiger Forschung längst zu Dogmen einer erstarrten Lehre geworden waren, dürften zu der erstaunlichen historischen Dauerhaftigkeit des ptolemäischen Weltsystems nicht unwesentlich beigetragen haben.

Wir können hier nicht im einzelnen berichten, wie nach dem Verfall der Akademie in Alexandria zunächst die nestorianischen Christen in *Syrien* und dann die *Araber* in Bagdad das Werk des *Ptolemäus* übernahmen und weiterbildeten.

Übersetzungen und Kommentare des Almagest bildeten die wesentlichen Quellen des ersten abendländischen Lehrbuches der Astronomie, des *Tractatus de Sphaera* von *Ioannes de Sacrobosco*, einem gebürtigen Engländer, der bis zu seinem Tode im Jahr 1256 an der Universität Paris lehrte. Die *Sphaera* wurde immer wieder neu herausgegeben und kommentiert; noch zu *Galileis* Zeiten war sie *der* „Text" im akademischen Unterricht.

Im 15. Jahrhundert zeigt sich mit einemmal — zunächst in Italien und bald auch im Norden — ein ganz neuer Geist in Wissenschaft und Leben. Die tiefsinnigen Meditationen des Kardinals *Nicolaus Cusanus* (1401—1464) beginnen wir erst heute wieder zu würdigen. Es ist höchst interessant zu sehen, wie bei ihm Ideen über die Unendlichkeit der Welt und über quantitative Naturforschung aus dem religiösen bzw. theologischen Nachdenken entspringen. Gegen Ende des Jahrhunderts (1492) schon folgt die Entdeckung Amerikas durch *Christoph Columbus*, der dem neuen Weltgefühl den klassischen Ausdruck gab „il mondo e poco". Wenige Jahre später begründete *Nicolaus Kopernikus* (1473—1543) das *heliozentrische Weltsystem.*

Die geistigen Hintergründe des neuen Denkens waren bestimmt zum Teil dadurch, daß nach der Eroberung von Konstantinopel durch die Türken (1453) viele wissenschaftliche Werke aus der Antike dem Abendlande durch byzantinische Gelehrte zugänglich gemacht wurden. Einige sehr bruchstückhafte Überlieferungen über die heliozentrischen Systeme der Antike haben *Kopernikus* offenbar stark beeindruckt. Sodann bemerken wir ein Abgehen von der erstarrten Doktrin der Aristoteliker und eine Hinwendung zu dem viel lebendigeren Denken im Sinne der *Pythagoräer* und *Plato*'s! Die „platonische" Vorstellung, daß der Vorgang der Erkenntnis in einer fortschreitenden Anpassung unserer inneren Welt der Begriffe und Denkformen an die immer vollständiger durchforschte äußere Welt der Erscheinungen bestehe, ist seit *Cusanus* über *Kepler* bis *Niels Bohr* Gemeingut aller bedeutenden Forscher der Neuzeit gewesen. Endlich war mit dem Emporblühen des Handwerks die Frage nicht mehr „was sagt Aristoteles?", sondern „wie macht man ...?".

Kopernikus sandte um 1510 an mehrere namhafte Astronomen in Briefform eine erst 1877 wieder aufgefundene Mitteilung: *Nicolai Copernici de Hypothesibus Motuum Caelestium A Se Constitutis Commentariolus*, welche schon die meisten Ergebnisse des erst 1543, im Todesjahr des *Kopernikus*, in Nürnberg gedruckten Hauptwerkes *De Revolutionibus Orbium Coelestium Libri VI* enthält.

An der für die ganze Antike und das Mittelalter verbindlichen Idee von der „Vollkommenheit der Kreisbewegung" hat *Kopernikus* zeitlebens festgehalten und andere Bewegungen nie in Betracht gezogen.

Erst *Johannes Kepler* (1571—1630) gelang es — ausgehend von pythagoräisch-platonischen Traditionen — sich zu einem allgemeineren Standpunkt „mathematisch-physikalischer Ästhetik" aufzuschwingen. Ausgehend von den alles bisherige an Genauigkeit weit übertreffenden Beobachtungen *Tycho Brahe's*

(1546—1601) entdeckte er seine drei Planetengesetze (s. S. 11). Die beiden ersten Gesetze hat *Kepler* durch eine ungeheuer mühevolle trigonometrische Durchrechnung der Marsbeobachtungen *Tycho's* in der *Astronomia Nova, Seu Physica Coelestis Tradita Commentariis de Motibus Stellae Martis Ex Observationibus G. V. Tychonis Brahe* (Prag 1609) gefunden. Das dritte Keplersche Gesetz ist in den *Harmonices Mundi Libri V* (1619) mitgeteilt. *Kepler's* grundlegende Schriften zur *Optik*, das Keplersche (astronomische) *Fernrohr*, die *Rudolphinischen Tafeln* (1627) u. v. a. können wir zunächst nur kurz erwähnen.

Um dieselbe Zeit richtete in Italien *Galileo Galilei* (1564—1642) das 1609 von ihm erbaute *Fernrohr* an den Himmel und entdeckte kurz nacheinander: Die „Maria", die Krater und andere Gebirgsformationen auf dem *Mond*, die vielen Sterne in den *Plejaden* und *Hyaden*, die *vier Jupitermonde* und ihren freien Umlauf um den Planeten, die erste Andeutung des *Saturnringes* und die *Sonnenflecke*. *Galilei's Sidereus Nuncius* (1610), in dem er seine Entdeckungen mit dem Fernrohr beschreibt, der „Dialogo Delli Due Massimi Sistemi Del Mondo, Tolemaico, e Copernicano" (1632) und die nach seiner Verurteilung durch die Inquisition entstandenen *Discorsi E Dimostrazioni Matematiche Intorno A Due Nuove Scienze Attenenti Alla Meccanica Ed Ai Movimenti Locali* (1638), mit den Anfängen der theoretischen Mechanik, sind nicht nur wissenschaftliche, sondern in der Darstellung auch künstlerische Meisterwerke. Die Beobachtungen mit dem *Fernrohr*, die Beobachtungen der *Supernovae* von 1572 durch *Tycho Brahe* und von 1604 durch *Kepler* und *Galilei*, endlich die Erscheinungen mehrerer *Kometen* förderten die vielleicht wesentlichste Erkenntnis jener Zeit, daß nämlich — im Gegensatz zur Meinung der Aristoteliker — *kein* grundsätzlicher Unterschied bestehe zwischen himmlischer und irdischer Materie und daß *dieselben Naturgesetze im Bereich der Astronomie und der terrestrischen Physik* gelten (bezüglich der Geometrie hatten dies schon die Griechen erkannt). Dieser Gedanke — erst der Rückblick auf *Kopernikus* macht uns seine Schwierigkeit klar — beflügelte den enormen Aufschwung der Naturforschung im Anfang des siebzehnten Jahrhunderts. Auch *W. Gilbert's* Untersuchungen über Magnetismus und Elektrizität, *Otto v. Guericke's* Versuche mit der Luftpumpe und der Elektrisiermaschine und vieles andere gehen aus von dem Wandel des *astronomischen Weltbildes*.

Wir können hier nicht die vielen Beobachter und Theoretiker würdigen, welche die neue Astronomie ausgebaut haben, unter denen so bedeutende Köpfe wie *Hevelius, Huygens, Halley* hervorragen.

Eine ganz neue Epoche der Naturforschung beginnt mit *Isaac Newton* (1642 bis 1727). Sein Hauptwerk: *Philosophiae Naturalis Principia Mathematica* (1687) stellt zunächst mit Hilfe der hierzu geschaffenen *Infinitesimal-(Fluxions-)rechnung* die theoretische *Mechanik* auf eine sichere Grundlage. Deren Verbindung mit dem *Gravitationsgesetz* erklärt die *Keplerschen Gesetze* und begründet mit einem Schlage die gesamte terrestrische und Himmelsmechanik.

Im Bereich der *Optik* erfindet er das *Spiegelteleskop* und diskutiert die Interferenzerscheinungen der „Newtonschen Ringe". Fast nebenbei entwickelt *Newton* die grundlegenden Ansätze für viele Zweige der theoretischen Physik.

Ihm vergleichen können wir nur den Princeps Mathematicorum, *Carl Friedrich Gauß* (1777—1855), dem die Astronomie die Theorie der *Bahnbestimmung*, wichtige Beiträge zur *Himmelsmechanik* und *höheren Geodäsie* sowie die Methode der *kleinsten Quadrate* verdankt. Nie wieder hat ein Mathematiker eine solche Treffsicherheit im Entwurf neuer Forschungsgebiete mit einer so eminenten Geschicklichkeit in der Durchrechnung spezieller Probleme vereinigt.

Es ist hier wiederum nicht der Ort, der großen *Himmelsmechaniker* von *Euler* über *Lagrange* und *Laplace* bis *Henri Poincaré* zu gedenken; auch die großen Beobachter, wie *W. u. J. Herschel, F. W. Bessel, F. G. W.* und *O. W. Struve* können wir erst im Zusammenhang ihrer Entdeckungen besprechen. Nur ein historisches Datum sei als Abschluß dieser Übersicht festgehalten: Die Messung der ersten trigonometrischen Sternparallaxen und damit der Entfernung von Sternen durch *F. W. Bessel* (61 Cygni), *F. G. W. Struve* (Vega) und *T. Henderson* (α Centauri) im Jahre 1838. Diese hervorragende Leistung astronomischer Meßtechnik bildet — letzten Endes — die Grundlage für den modernen Vorstoß in den Weltraum.

Einige historische Bemerkungen zur Astrophysik werden wir dem Teil II, zur Erforschung der Galaxien sowie der Kosmogonie und Kosmologie dem Teil III voranstellen.

2. Die Himmelskugel. Astronomische Koordinatensysteme. Geographische Länge und Breite

Seit alters hat die Phantasie der Menschen leicht erkennbare Gruppen von Sternen zu Sternbildern (Abb. 2.1) vereinigt. Am Nordhimmel erkennt man leicht den *Großen Bären* (Wagen). Den *Polstern* finden wir, indem wir die Verbindungslinie der beiden hellsten Sterne des Großen Bären etwa um das Fünffache verlängern. Gehen wir über den Polstern — er ist zugleich der hellste Stern im *Kleinen Bären* — hinaus noch einmal um dieselbe Strecke weiter, so erblicken wir das W der *Cassiopeia*. Mit Hilfe eines Sternglobus oder einer Sternkarte sind auch die anderen Sternbilder leicht zu finden. *J. Bayer* hat 1603 in seiner *Uranometria Nova* die Sterne jeder Konstellation, meist in der Reihenfolge ihrer Helligkeit, mit α, β, γ ... bezeichnet. Neben diesen griechischen Buchstaben wird auch heute noch die Numerierung nach der *Historia Coelestis Britannica* (1725) des ersten Astronomer Royal *J. Flamsteed* gebraucht. Die lateinischen Namen der Sternbilder werden meist auf 3 Buchstaben abgekürzt.

Der zweithellste Stern im Großen Bären (Ursa Major) heißt also z.B. *β*UMa oder 48 UMa (sprich: 48 Ursae Majoris).

An der *Himmelskugel* (mathematisch gesprochen: der unendlich fernen Kugel, auf die wir die Sterne projiziert sehen) kennzeichnen wir noch (Abb. 2.2): a) Den *Horizont* mit den Himmelsrichtungen Nord, West, Süd, Ost. b) Senkrecht über uns den *Zenit*, unter uns den *Nadir*. c) Durch *Himmelspol, Zenit, Südpunkt, Nadir* und Nordpunkt geht der *Meridian*. d) Durch Zenit, West- und Ostpunkt (also senkrecht zum Horizont und Meridian) verläuft der *Erste Vertikal*.

In dem so festgelegten Koordinatensystem beschreiben wir die momentane Stellung eines Sternes durch Angabe zweier Winkel (Abb. 2.2.): a) Das *Azimut* wird gerechnet längs des Horizontes in Richtung SWNE, die Zählung beginnt man teils am S-, teils am N-Punkt. b) Die *Höhe* $= 90° -$ *Zenitdistanz*.

Die Himmelskugel dreht sich scheinbar täglich mit allen Sternen um die *Himmelsachse* (durch den Nord- und Südpol des Himmels). Senkrecht zur Him-

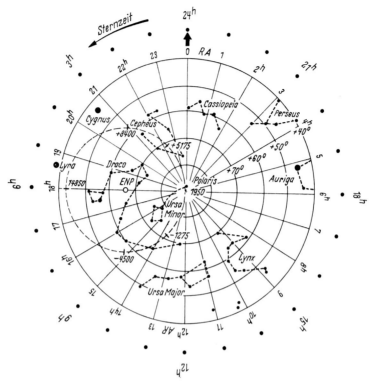

Abb. 2.1. Zirkumpolarsterne für einen Ort der geographischen Breite $\varphi = +50°$ (etwa Frankfurt a. M. oder Prag). Das Koordinatennetz gibt Rektaszension RA und Deklination ($+40°$ bis $+90°$) an. Der mit den Sternen umlaufende Uhrzeiger (oben), dessen Verlängerung durch den Widderpunkt führt, zeigt an dem äußeren Zifferblatt Sternzeit. Präzession: Der Himmelspol umkreist den Pol der Ekliptik ENP in 25800 Jahren. Der Ort des Himmels-Nordpols ist für einige Daten der Vergangenheit und Zukunft eingezeichnet

melsachse steht der *Himmelsäquator*. Die *Lage* (Position) *eines Sternes* (zum folgenden vgl. Abb. 2.3) auf der unendlich fern gedachten Himmelskugel beschreiben wir nun zu einem bestimmten Zeitpunkt durch die *Deklination* δ — vom Äquator aus positiv zum Nordpol und negativ zum Südpol hin gezählt — und den *Stundenwinkel t* — vom Meridian aus im Sinne der täglichen Bewegung, d. h. über W, gezählt.

Im Laufe eines Tages durchläuft also ein Stern (Abb. 2.3) an der Sphäre einen *Parallelkreis*; im Meridian erreicht ein Stern seine größte Höhe bei der *Oberen Kulmination*, die kleinste Höhe bei der *Unteren Kulmination*.

Auf dem Himmelsäquator markieren wir ferner den *Widderpunkt* ♈, den wir im folgenden Abschnitt erklären werden als den Ort der Sonne zur Zeit der Frühlings-Tagundnachtgleiche, des Frühlingsäquinoktiums (21. März). Sein Stundenwinkel gibt die *Sternzeit τ* an. Denkt man sich den in Abb. 2.1 eingezeichneten Uhrzeiger (der am Himmelsäquator auf den Widderpunkt trifft) mit den Sternen umlaufend, so zeigt er also auf dem außen angebrachten Zifferblatt die *Sternzeit*.

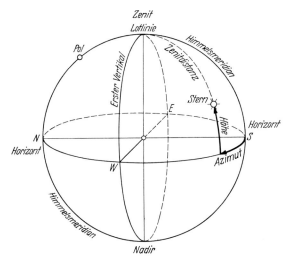

Abb. 2.2. Die Himmelskugel. Horizont mit Nord-, Ost-, Süd- und Westpunkt. Durch Nordpunkt, (Himmels-)Pol, Zenit, Südpunkt und Nadir geht der (Himmels-)Meridian. — Koordinaten: Höhe und Azimut

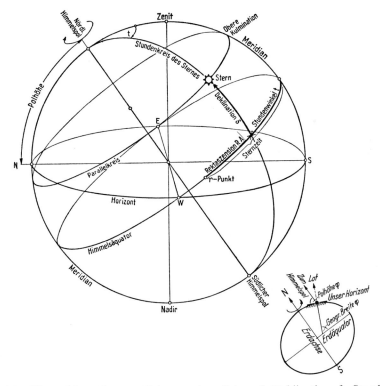

Abb. 2.3. Himmelskoordinaten: Rektaszension RA und Deklination δ. Stundenwinkel $t=$ Sternzeit minus Rektaszension RA. Rechts unten: Die Erde (Abplattung übertrieben). Polhöhe = geographische Breite φ

Nunmehr können wir die Stellung eines Gestirnes an der Himmelsphäre unabhängig von der Tageszeit kennzeichnen: Wir nennen den Bogen des Äquators vom Widderpunkt ♈ bis zum Stundenkreis eines Sternes dessen *Rektaszension RA* oder gerade Aufsteigung. Man rechnet sie in Stunden, Minuten und Sekunden. 24^h (hora) entsprechen $360°$ bzw.

$$1^h = 15° \qquad 1° = 1/15^h = 4^m$$
$$1^m = 15' \qquad 1' = 4^s .$$
$$1^s = 15''$$

Aus Abb. 2.3 liest man leicht die Beziehung ab:

$$\text{Stundenwinkel } t = \text{Sternzeit } \tau \text{ minus Rektaszension } RA \qquad (2.1)$$

Die Deklination δ, unsere zweite Sternkoordinate, haben wir oben schon eingeführt.

Will man ein Teleskop auf einen bestimmten Stern oder einen Planeten etc. richten, so entnimmt man aus einem Sternkatalog Rektaszension RA und Deklination δ, liest von der *Sternzeituhr* die Sternzeit τ ab und stellt den nach (2.1) berechneten Stundenwinkel t (in h, m, s) sowie die Deklination δ (in Grad; + nördlich, − südlich) an den Teilkreisen des Instrumentes ein. Die besonders genau bestimmten Positionen der sog. *Fundamentalsterne* (insbesondere für die *Zeitbestimmung*, s.u.) findet man, zusammen mit denen der Sonne, des Mondes, der Planeten usw., in den astronomischen Jahrbüchern oder *Ephemeriden*; deren wichtigste ist *The Astronomical Ephemeris*.

Das kopernikanische Weltbild führt die scheinbare Drehung der Himmelskugel darauf zurück, daß die Erde sich in 24 Stunden Sternzeit einmal um ihre Achse dreht. Der *Horizont* ist die Tangentialebene der Erde, genauer gesagt einer Wasserfläche, in unserem Wohnort. Der *Zenit* entspricht der Richtung des darauf senkrecht stehenden Lotes, also der lokalen Richtung der Schwerkraft (einschließlich der von der Erdrotation herrührenden Zentrifugalkraft). Die *Polhöhe* (= Höhe des Himmelspoles über dem Horizont) ist nach Abb. 2.3 gleich der *geographischen Breite* φ (= Winkel zwischen Lot und Äquatorebene): Man mißt sie leicht als Mittelwert aus den Höhen des Polsternes oder eines Zirkumpolarsternes in der oberen und unteren Kulmination.

Die *geographische Länge* l entspricht dem Stundenwinkel. Beobachtet man *gleichzeitig* den Stundenwinkel t eines und desselben Gestirnes in *Greenwich* (Nullmeridian, $l_G = 0°$) und z. B. in *Kiel* (l_K), so gibt ihre Differenz die geographische Länge von Kiel l_K. Während die Bestimmung der *geographischen Breite* nur einfache Winkelmessungen erfordert, verlangt die Messung der *geographischen Länge* eine genaue Zeitübertragung. In alter Zeit bezog man die Zeitmarken aus der Bewegung des Mondes oder der Jupitermonde. Einen großen Fortschritt bedeutete die Erfindung des „seefesten" Chronometers durch *John Harrison* ($\sim 1760/65$) und später die Übertragung von Zeitsignalen, zunächst auf telegraphischem und dann auf drahtlosem Wege.

Wir bemerken noch: An einem Ort der (nördlichen) Breite φ erreicht ein Stern der Deklination δ in der *oberen Kulmination* die Höhe $h_{max} = \delta + 90° - \varphi$, in der *unteren Kulmination* $h_{min} = \delta - (90° - \varphi)$. Ständig über dem Horizont bleiben die *Zirkumpolarsterne* mit $\delta > 90° - \varphi$, nie über den Horizont kommen die Sterne mit $\delta < -(90° - \varphi)$.

Bei der *Messung von Sternhöhen h* ist die Strahlenbrechung in der Erdatmosphäre zu berücksichtigen. Die scheinbare Anhebung der Sterne (scheinbare — wahre Höhe) bezeichnet man als die *Refraktion*. Bei mittleren Druck- und Temperaturverhältnissen in der Atmosphäre ist bei einer

Sternhöhe h	=	0	5	10	20	40	60	90 Grad
die Refraktion $\Delta h =$		$34'\,50''$	$9'\,45''$	$5'\,16''$	$2'\,37''$	$1'\,09''$	$33''$	$0''$

Die Refraktion nimmt ein wenig ab mit zunehmender Temperatur und mit abnehmendem Luftdruck, z. B. in einem Tiefdruckgebiet oder auf Bergen.

3. Die Bewegungen der Erde — Jahreszeiten und Tierkreis — Die Zeit: Tag, Jahr und Kalender

Wir betrachten nunmehr im Sinne des *Kopernikus* die *Bahnbewegung oder Revolution* der Erde um die Sonne und sodann die tägliche *Drehung oder Rotation* der Erde um ihre Achse sowie die Bewegungen der Drehachse selbst. Dabei stellen wir uns zunächst auf den Standpunkt des Beobachters. *Newton*'s Theorie der Bewegungen der Erde und der Planeten werden wir aus seinen Prinzipien der *Mechanik* und der *Gravitationstheorie* heraus in Abschn. 6 entwickeln.

Die scheinbare jährliche Bewegung der Sonne am Himmel führt *Kopernikus* zurück auf den Umlauf der Erde um die Sonne in einer (nahezu) kreisförmigen Bahn. Die Ebene der Erdbahn zeichnet sich an der Himmelskugel ab als ein größter Kreis, die *Ekliptik* (Abb. 3.1). Diese schneidet den Himmelsäquator unter einem Winkel von 23° 27′, der *Schiefe der Ekliptik*. Das heißt: die *Erdachse* behält während des jährlichen Umlaufes der Erde um die Sonne ihre Richtung im Raume — relativ zu den Sternen — bei und bildet mit der *Bahnebene der Erde* einen Winkel von $90° - 23° 27' = 66° 33'$.

Eine kurze Übersicht möge das Zustandekommen der *Jahreszeiten* (Abb. 3.1 und 3.2) zunächst für die *nördliche* Halbkugel der Erde erläutern.

Die Sonne erreicht in der geographischen Breite φ auf der Nordhalbkugel bei Sommeranfang am 22. Juni ihren höchsten Stand (Mittagshöhe) $h = 90° - \varphi + 23° 27'$, am 22. Dezember ihren niedrigsten Stand $h = 90° - \varphi - 23° 27'$. Sie kann den Zenit erreichen in geographischen Breiten bis $\varphi = +23° 27'$, dem *Wendekreis des Krebses*. Andererseits bleibt nördlich vom *Polarkreis* $\varphi \geq 90° - 23° 27' = 66° 33'$ die Sonne in der Umgebung des Wintersolstitiums unter dem Horizont; in der Umgebung des Sommersolstitiums verhält sich die „Mitternachtssonne" wie ein Zirkumpolarstern.

Auf der *Südhalbkugel* entspricht der Sommer dem Winter der Nordhalbkugel, der Wendekreis des Steinbocks dem des Krebses usw.

Als *Tierkreis* oder Zodiakus bezeichnet wird ein 18° breites Band am Himmel, durch dessen Mitte die Ekliptik führt. Seit alters teilt man den Tierkreis in 12 gleich große *Tierkreiszeichen* (Abb. 3.2).

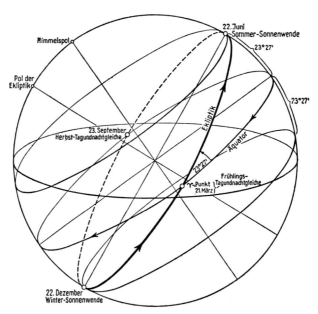

Abb. 3.1. Jährliche (scheinbare) Bewegung der Sonne unter den Sternen. Ekliptik. Jahreszeiten

| Es beginnt | Zeitpunkt | Koordinaten der Sonne | | Die Sonne tritt in das Tier- kreiszeichen |
		Rektas- zension RA	Dekli- nation δ	
21. März Frühling	Frühlings-Tagundnacht- gleiche oder Frühlings- äquinoktium[a]	0^h	$0°$	Widder ♈
22. Juni Sommer	Sommer-Sonnenwende oder Sommersolstitium	6^h	$+23° 27'$	Krebs ♋
23. September Herbst	Herbst-Tagundnacht- gleiche oder Herbst- äquinoktium[a]	12^h	$0°$	Waage ♎
22. Dezember Winter	Winter-Sonnenwende oder Wintersolstitium	18^h	$-23° 27'$	Steinbock ♑

[a] Tag- und Nachtbogen der Sonne entsprechen hier beide 12 Stunden.

Zur Berechnung der Bewegungen von Erde und Planeten ist es mitunter zweckmäßig, ein Koordinatensystem zu benutzen, das nach der Ekliptik und ihren Polen orientiert ist. Die (ekliptikale) *Länge* mißt man vom Widderpunkt aus längs der Ekliptik wie die Rektas- zension im Sinne der jährlichen Bewegung der Sonne. Die (ekliptikale) *Breite* wird analog der Deklination senkrecht zur Ekliptik gemessen. Die *ekliptikalen Koordinaten* am Himmel dürfen natürlich nicht mit den gleichnamigen geographischen Koordinaten verwechselt werden!

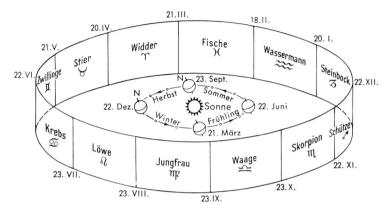

Abb. 3.2. Bahn der Erde um die Sonne. Jahreszeiten. Tierkreis (Zodiakus) und Tierkreis-zeichen. Die Erde befindet sich im Perihel (Sonnennähe) am 2. Januar und im Aphel (Sonnenferne) am 2. Juli

Die schon den antiken Astronomen bekannte Ungleichförmigkeit der scheinbaren jährlichen Bewegung der Sonne erkannte *J. Kepler* (1571—1630) als Auswirkung der beiden ersten von ihm entdeckten Planetengesetze, auf die wir in Abschn. 5 ausführlicher zurückkommen werden:

1. Keplersches Gesetz: Die Planeten bewegen sich in Ellipsen, in deren einem (gemeinsamen) Brennpunkt sich die Sonne befindet.

2. Keplersches Gesetz: Der Radiusvektor eines Planeten überstreicht in gleichen Zeiten gleiche Flächen.

3. Keplersches Gesetz: Die Quadrate der Umlaufzeiten zweier Planeten verhalten sich wie die Kuben ihrer großen Bahnhalbachsen.

Die geometrischen Bestimmungsstücke für die Bahn der Erde oder eines anderen Planeten um die Sonne sind in Abb. 3.3 dargestellt: Man erkennt zunächst die große Halbachse a. Den Abstand des Mittelpunktes vom Brennpunkt bezeichnet man mit $a \cdot e$ und nennt die reine Zahl e die numerische Exzentrizität der Bahn. Im *Perihel*, der Sonnennähe, ist der Abstand der Erde bzw. des Planeten von der Sonne $r_{min} = a(1-e)$; im *Aphel*, der Sonnenferne, $r_{max} = a(1+e)$. Die tägliche Bewegung der Sonne am Himmel bzw. der vom Radiusvektor der Erde pro Tag überstrichene Winkel verhält sich nach dem 2. Keplerschen Gesetz (Abb. 3.3) im Perihel bzw. Aphel wie $(r_{max}/r_{min})^2 = \left(\dfrac{1+e}{1-e}\right)^2$; die entsprechenden scheinbaren Durchmesser der Sonnenscheibe verhalten sich wie $\dfrac{1+e}{1-e}$. Beide Überlegungen und Messungen führen übereinstimmend zu einer Exzentrizität der Erdbahn $e = 0.01674$. Die Erde durchläuft ihr *Perihel* z. Z. jeweils am 2. Januar. Die ungefähre Koinzidenz dieses Zeitpunktes mit dem Jahresanfang ist reiner Zufall.

Schon *Hipparch* entdeckte, daß der Widderpunkt auf dem Himmelsäquator nicht festliegt, sondern jährlich um etwa 50″ vorrückt. Dies führt dazu, daß der Widderpunkt seit dem Altertum aus dem Sternbild des Widders in das der Fische herübergewandert ist. Die beschriebene *Präzession* der Tagundnachtgleichen beruht darauf, daß der Himmelspol mit einer Periode von 25 800 Jahren auf einem Kreis von 23° 27′ Radius um den unter den Sternen festliegenden Pol der Ekliptik wandert (Abb. 2.1) oder — anders ausgedrückt —, daß die Erdachse in 25 800 Jahren um die Achse der Erd*bahn* einen Kegel mit dem Öffnungswinkel von 23° 27′ beschreibt.

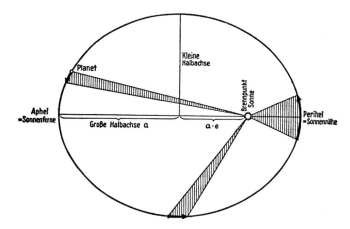

Abb. 3.3. Bahnellipse eines Planeten. Große Halbachse *a*. Abstand Mittelpunkt-Brennpunkt (Sonne)=*a · e*. Exzentrizität *e*. (Die Exzentrizität der Planetenbahnen ist viel kleiner als hier gezeichnet)

Da die Präzession die Lage des Himmelskoordinatensystems, in dem wir Rektaszension *R A* und Deklination *δ* messen, relativ zu den Sternen verschiebt, so müssen wir zu *Sternpositionen und -katalogen* stets das *Äquinoktium* angeben, auf welches sich die angegebenen *R A* und *δ* beziehen. Weil sich die Sternörter aufgrund der Eigenbewegungen (Abschn. 23) ändern, wird auch die *Epoche* der Beobachtungen auf denselben Zeitpunkt reduziert. In Tab. 3.1 sind die Korrektionen angegeben, um welche sich die Rektaszension *R A* (in Abhängigkeit von *R A* und *δ*) und die Deklination *δ* (in Abhängigkeit von *R A* allein) in einem Zeitintervall von 10 Jahren infolge der Präzession ändern.

Der Präzession mit 25 800 Jahren-Periode überlagert sich eine äußerlich ähnliche Bewegung kleinerer Amplitude mit 19jähriger Periode, die *Nutation*. Endlich führt die Rotationsachse der Erde gegenüber dem Erdkörper Schwankungen der Größenordnung $\pm 0\rlap{.}{''}2$ aus, deren Analyse neben einem irregulären und einem jährlichen Anteil die sog. Chandlersche Periode von 433 Tagen erkennen läßt. Die entsprechenden *Polhöhenschwankungen* werden fortlaufend durch eine Reihe von Beobachtungsstationen überwacht. Auf die Erklärung der verschiedenen Bewegungen der Erdachse werden wir ebenfalls in Abschn. 6 zurückkommen.

Zunächst verfolgen wir weiter das Problem der *Zeitrechnung*. Unser tägliches Leben ist bestimmt durch den Stand der *Sonne*. So führte man zunächst ein die

Wahre Sonnenzeit = Stundenwinkel der Sonne.

Dies ist *die* Zeit, die eine einfache Sonnenuhr anzeigt; 12^h entspricht der oberen Kulmination der Sonne. Die wahre Sonnenzeit verläuft aber wegen der Ungleichförmigkeit der Bahnbewegung der Erde (2. Keplersches Gesetz) und wegen der Schiefe der Ekliptik nicht gleichmäßig. Deshalb ging man zu der *Mittleren Sonnenzeit* über. Man denkt sich eine „*mittlere Sonne*"; diese durchläuft den Äquator gleichförmig in derselben Zeit, welche die wahre Sonne zu ihrem jährlichen

Tab. 3.1. Präzession für 10 Jahre.
a) ΔRA in Zeitminuten (+Zunahme, −Abnahme)

Stunden RA für *Nördliche Objekte*	6 5	7 4	8 3	9 2	10 1	11
Deklination $\|\delta\|$ **in Grad**	m	m	m	m	m	m
80°	+1.77	+1.73	+1.60	+1.40	+1.14	+0.84
70°	1.12	1.10	1.04	0.94	0.82	0.67
60°	0.898	0.885	0.846	0.785	0.705	0.612
50°	0.778	0.768	0.742	0.700	0.645	0.581
40°	0.699	0.693	0.674	0.644	0.606	0.560
30°	0.641	0.636	0.624	0.603	0.576	0.546
20°	0.593	0.590	0.582	0.570	0.553	0.533
10°	0.552	0.550	0.546	0.540	0.532	0.522
0°	+0.512	+0.512	+0.512	+0.512	+0.512	+0.512
Stunden RA für *Südliche Objekte*	18 17	19 16	20 15	21 14	22 13	23

12 0	13 23	14 22	15 21	16 20	17 19	18	
m	m	m	m	m	m	m	
+0.51	+0.19	−0.12	−0.38	−0.58	−0.70	−0.75	80°
0.51	0.35	+0.21	+0.08	−0.02	−0.08	−0.10	70°
0.512	0.412	+0.319	+0.240	+0.178	+0.140	+0.126	60°
0.512	0.444	+0.380	+0.324	+0.282	+0.256	+0.247	50°
0.512	0.464	+0.419	+0.380	+0.350	+0.332	+0.335	40°
0.512	0.479	+0.448	+0.421	+0.401	+0.388	+0.384	30°
0.512	0.491	+0.472	+0.455	+0.442	+0.434	+0.431	20°
0.512	0.502	+0.492	+0.484	+0.478	+0.476	+0.473	10°
+0.512	+0.512	+0.512	+0.512	+0.512	+0.512	+0.512	0°
0 12	1 11	2 10	3 9	4 8	5 7	6	

b) $\Delta\delta$ in Bogenminuten ($+$ Zunahme von δ, am Südhimmel also Abnahme der Zahlenwerte $|\delta|$!)

| Stunden RA | 0 | 1 | 2 | 3 | 4 | 5 |
	24	23	22	21	20	19
$\Delta\delta$	′	′	′	′	′	′
Bogenminuten	$+3.34$	$+3.23$	$+2.89$	$+2.36$	$+1.67$	$+0.86$

| 6 | 7 | 8 | 9 | 10 | 11 | 12 |
18	17	16	15	14	13	
′	′	′	′	′	′	′
0.0	-0.86	-1.67	-2.36	-2.89	-3.23	-3.34

Umlauf um die Ekliptik gebraucht. Der Stundenwinkel der (gedachten) mittleren Sonne definiert die mittlere Sonnenzeit. Die Differenz

$$\text{Wahre Sonnenzeit} - \text{Mittlere Sonnenzeit} = \textit{Zeitgleichung}$$

setzt sich also zusammen aus zwei Gliedern, die von der Exzentrizität der Erdbahn bzw. von der Schiefe der Ekliptik herrühren. Ihre Extremwerte sind:

	12. Februar	14. Mai	26. Juli	4. November
Zeitgleichung:	$-14^m\,20^s$	$+3^m\,45^s$	$-6^m\,23^s$	$+16^m\,23^s$.

Die mittlere Sonnenzeit ist für jeden Meridian verschieden. Mit Rücksicht auf den Verkehr hat man sich daher darauf geeinigt, innerhalb geeigneter Zonen jeweils die Ortszeit *eines* bestimmten Meridians anzuwenden. In Deutschland und Mitteleuropa benutzt man die *Mitteleuropäische Zeit* MEZ = Ortszeit (mittlere Sonnenzeit) des Meridians 15°E, der etwa durch Stargard und Görlitz führt. In Westeuropa benutzt man die Zeit des *Greenwicher* Nullmeridians.

Für wissenschaftliche Zwecke, z.B. astronomische und geophysikalische Messungen an Stationen, die oft um die ganze Erde verteilt sind, verwendet man *überall* die

Weltzeit oder Universal Time (UT)
= Mittlere Sonnenzeit des Greenwicher Meridians.

Man zählt dabei 24 Stunden durch, beginnend mit 0^h um Mitternacht. 12^h UT entspricht z.B. 13^h MEZ.

Durch Addition einer kleinen variablen Korrektur, die in der *Astronomical Ephemeris* mitgeteilt wird (1965 betrug sie z.B. $+35^s$) geht man von UT über zu der noch zu besprechenden

Ephemeridenzeit (Ephemeris Time, ET).

Beim astronomischen Beobachten braucht man noch den Zusammenhang von *Mittlerer Sonnenzeit* und Sternzeit. Die „mittlere Sonne" bewegt sich relativ zum Widderpunkt in 1 Jahr = 365 Tagen um $360° = 24^h$ von Westen nach Osten.

Der mittlere Sonnentag ist daher um $24^h/365$ oder $3^m 56^s$ länger als der Sterntag. Die Sternzeituhr geht pro Monat um etwa 2^h vor gegenüber der „gewöhnlichen" MEZ- oder UT-Uhr. Zur besseren Übersicht geben wir für einige Daten und 0^h Ortszeit (Mitternacht) die *Sternzeit* an. Diese ist bekanntlich gleich dem Stundenwinkel des γ-Punktes und gleich der Rektaszension RA der den Meridian um Mitternacht passierenden (also für längere Beobachtungen günstigsten) Sterne:

0^h Ortszeit (Mitternacht) RA im Meridian und Sternzeit	Januar 1	April 1	Juli 1	Oktober 1
	$6^h 42^m$	$12^h 37^m$	$18^h 35^m$	$0^h 38^m$

Die geeignete Maßeinheit für längere Zeiträume ist das *Jahr*. Wir definieren:

Ein *siderisches Jahr* (sidus = Stern) = 365.25636 mittlere Sonnentage ist die Zeit zwischen zwei Vorübergängen der Sonne an demselben Punkt (Stern) der Himmelskugel; es ist also die wahre Umlaufzeit der Erde.

Ein *tropisches Jahr* ($\tau\rho\delta\pi\varepsilon\tilde{\iota}\nu$ = wenden) = 365.24220 mittlere Sonnentage ist die Zeit zwischen zwei Durchgängen der Sonne durch den Frühlingspunkt γ. Da letzterer jährlich um $50''.3$ nach Westen vorrückt, ist das tropische Jahr entsprechend kürzer als das siderische. Die Jahreszeiten und der Kalender schließen sich dem tropischen Jahr an.

Da aus praktischen Gründen jedes Jahr eine ganze Anzahl von Tagen umfassen soll, benutzt man im täglichen Leben

$$\text{das } \textit{bürgerliche Jahr} = 365.2425 = 365 + \frac{1}{4} - \frac{3}{400}$$

mittlere Sonnentage entsprechend der Schaltvorschrift des 1582 von Papst Gregor XIII. eingeführten *Gregorianischen Kalenders*: Auf 3 Jahre mit 365 Tagen folgt 1 Schaltjahr (Jahreszahl durch 4 teilbar) mit 366 Tagen außer den Hunderterjahren, deren Jahreszahl *nicht* durch 400 teilbar ist. Wir können hier weder den älteren, von *Julius Cäsar* 45 v. Chr. eingeführten *Julianischen Kalender*, noch andere kulturgeschichtlich interessante Probleme der *Chronologie* besprechen. Neuere Vorschläge zur *Kalenderreform* versuchen zu erreichen, daß der Jahresbeginn und die Monatsersten stets auf denselben Wochentag fallen. Weiterhin sollen die beweglichen Festtage, insbesondere *Ostern* (am 1. Sonntag nach dem 1. Vollmond nach der Frühlings-Tagundnachtgleiche) und *Pfingsten* (50 Tage nach Ostern) *fest*gelegt werden.

Zur Erleichterung chronologischer Rechnungen über lange Zeiträume sowie insbesondere für Beobachtungen und Ephemeriden veränderlicher Sterne etc. möchte man die Ungleichheiten der Jahres- und Monatslängen vermeiden. Nach einem Vorschlag von *J. Scaliger* (1582) zählt man daher die sog. *Julianischen Tage* einfach fortlaufend. Der Julianische Tag beginnt jeweils um 12^h UT (mittl. Mittag Greenwich). Den Beginn des Julianischen Tages 0 legte man auf 12^h UT am 1. Januar 4713 v. Chr. Am 1. Januar 1970 um 12^h UT fängt der Julianische Tag 2440 588 an.

Die *astronomische* Zeitmessung beruhte lange Zeit auf der (angenommenen) Gleichförmigkeit der Erdrotation. Das physikalische Grundprinzip der *terrestri-*

schen Zeitmessung hat schon *Chr. Huygens* (Horologium Oscillatorium, erschien 1673) erkannt: Jede Uhr besteht aus einem von der Umwelt weitgehend isolierten *schwingungsfähigen Gebilde* (Pendel, Unruhe etc.), das durch einen *Antrieb* (Gewicht, Feder etc.) mit möglichst geringer Rückkopplung in Gang gehalten wird. Die — immer weiter verbesserte — *Pendeluhr* war drei Jahrhunderte hindurch eines der wichtigsten Instrumente jeder Sternwarte. Die erheblich weniger störungsempfindliche *Quarzuhr* benützt einen schwingenden Piezoquarzstab oder -ring, der durch einen lose angekoppelten elektronischen Schwingungskreis in Gang gehalten wird. Den Gipfel meßtechnischer Präzision erreichte aber in neuerer Zeit die *Atomuhr*, in welcher als Zeitgeber die Schwingungsfrequenz von Caesiumatomen (^{133}Cs) im Dampfzustand benutzt wird, welche dem Übergang zwischen den zwei untersten Hyperfeinstrukturniveaus entspricht. Anschaulich gesprochen handelt es sich also um die Frequenz, mit welcher die Orientierung des Kernspins gegenüber dem Drehimpulsvektor des übrigen Atoms geändert wird. Die Erregung, Transformation auf niedrigere Frequenz und Anzeige wird wieder elektronisch bewerkstelligt. Die enorme Genauigkeit der Atomuhren, deren (relative) Frequenzgenauigkeit $\sim 10^{-13}$ erreicht, ist die Basis für viele grundlegende Meßtechniken und Beobachtungen in Physik und Astronomie.

Der Vergleich astronomischer Zeitmessungen mit Gruppen von Quarzuhren und erst recht Atomuhren zeigte, daß die Rotationsdauer der Erde nicht konstant ist, sondern teils irreguläre, teils jahreszeitliche Schwankungen von der Größenordnung einer Millisekunde (ms) aufweist, die mit Änderungen in der Massenverteilung auf der Erde zusammenhängen.

Als 1 Sekunde *definierte* man daher 1967 die Dauer von 9 192 631 770 Schwingungsperioden der Strahlung, welche dem Übergang zwischen den zwei Hyperfeinstrukturniveaus des Grundzustandes des ^{133}Cs-Atoms entspricht.

Aus den Atomzeit-Angaben der maßgebenden Institute gewinnt man die Universal Time Correlated = UTC. Die nur für die Schwankungen der Erdachse korrigierte (nicht gleichförmige) Weltzeit oder Universal Time, genauer als UT I bezeichnet, differiert dagegen um die Korrektion

$$\Delta \mathrm{UT} = \mathrm{UT\,I} - \mathrm{UTC},$$

die von Bureau International de l'Heure (BIH) und anderen Instituten regelmäßig bekanntgegeben wird.

Da im täglichen Leben, sowie für Navigation, Geophysik etc. nach wie vor die Zeitrechnung sich weitgehend nach der Erddrehung richten muß, so wird die UTC jeweils um eine ganze Sekunde vor oder zurück „geschaltet", sobald der Betrag von Δ UT sich 1 sec nähert.

Unabhängig von den Fortschritten der physikalischen Zeitmessung entdeckte man, daß über größere Zeiträume hinweg die Bewegungen der Planeten und der Sonne (bzw. der Erde) sowie insbesondere des Mondes kleine gemeinsame Abweichungen gegenüber den nach der Newtonschen Mechanik und Gravitationstheorie berechneten Ephemeriden zeigen. Es handelt sich einmal um eine säkulare (d. h. fortschreitende) Zunahme der Tageslänge, die bedingt sein dürfte durch die Bremsung der Erdrotation infolge der Gezeitenreibung (Abschn. 6). Ein anderer Teil der erwähnten Abweichungen läßt keine so offensichtliche Gesetzmäßigkeit erkennen. Der Vergleich der Abweichungen für verschiedene Himmelskörper

zwingt aber, sie zurückzuführen auf Abweichungen des „astronomischen" Zeit-
maßes von der den Newtonschen Gesetzen zugrunde liegenden „physikalischen"
Zeit. Auf Grund dieser Erfahrungen beschloß man um 1950, allen astronomischen
Ephemeriden eine auf die Grundgesetze der Physik basierte Zeitrechnung zugrunde zu legen, die sog. *Ephemeridenzeit* (Ephemeris Time ET). Die kleinen
Korrektionen Ephemeridenzeit minus Weltzeit werden im wesentlichen aus sehr
genauen Beobachtungen der Mondbewegung ermittelt. Sie können nur rück-
wirkend bestimmt werden; für die meisten Zwecke der Vorausberechnung können sie mit genügender Genauigkeit extrapoliert werden. Als Einheit der Ephemeridenzeit definierte man 1956 die Ephemeridensekunde als den 31 556 925.974sten
Teil des tropischen Jahres 1900.

Zehn Jahre später beschloß man, auch die Ephemeridensekunde an die Einheit
der Atomzeit anzuschließen. Damit ist jedoch die innere Geschlossenheit des
Systems der ET durchbrochen. Die Fragen einer vollständigen Amalgamierung
der Zeitsysteme der Atomzeit UTC und der Ephemeridenzeit ET, weiterhin die
Berücksichtigung des Standpunktes (Gravitationspotential) der Uhr im Sinne
der allgemeinen Relativitätstheorie (Abschn. 30) bedürfen noch weiterer Untersuchungen und internationaler Verhandlungen.

4. Der Mond. Mond- und Sonnenfinsternisse

Der Mond erscheint uns als Scheibe von (im Mittel) 31′ Durchmesser, etwa ebenso
groß wie die Sonne. Seine Entfernung von der Erde kann man noch durch Tri-
angulation von zwei weit voneinander entfernten Sternwarten (etwa auf demselben
Meridian) aus ermitteln. Den Winkel, unter dem der äquatoriale Radius der Erde,
vom Mond aus gesehen, erscheint, nennen die Astronomen die *äquatoriale
Horizontalparallaxe des Mondes*. Sie beträgt im Mittel 3422″.6. Da der Erdradius
mit 6378 km bekannt ist, erhält man hieraus den mittleren Abstand des Mondes
vom Erdmittelpunkt

$$60.3 \text{ Erdradien} = 384\,400 \text{ km}$$

und damit den Radius des Mondes

$$0.272 \text{ Erdradien} = 1738 \text{ km}.$$

Mit der physischen Struktur der Erde und des Mondes werden wir uns erst in
Abschn. 7 befassen. Zunächst betrachten wir seine Bahn und Bewegung ganz vom
Standpunkt des Beobachters.

Der Mond kreist um die Erde — im gleichen Sinne wie die Erde um die Sonne
— in einem *siderischen Monat* = 27.32 Tagen, d.h. nach dieser Zeit hat er wieder
dieselbe Stellung unter den Sternen.

Die Entstehung der *Mondphasen*[1] erläutert Abb. 4.1. Ihre Periode, der *synodische Monat* = 29.53 Tage (1→3 in Abb. 4.2), nach dem der Mond wieder in die-

---

[1] Über die viel diskutierten Zusammenhänge zwischen Mondphasen und *Witterung* hat schon
der berühmte Hofastrologe Saud Umm die Regel gefunden, daß 95 % aller Witterungsum-
schläge genau innerhalb einer Woche vor oder nach Vollmond oder Neumond stattfinden.

selbe Stellung zur Sonne zurückkehrt, ist länger als der siderische Monat (1→2 in Abb. 4.2). Gegenüber der *Sonne* bewegt sich der Mond täglich um 360°/29.53 = 12°.2, gegenüber den *Sternen* um 360°/27.32 = 13°.2 nach Osten.

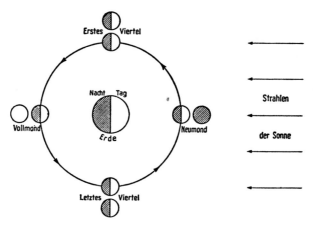

Abb. 4.1. Die Mondphasen. Die Sonne ist rechts zu denken. Die äußeren Bilder zeigen den Anblick der Mondphasen von der Erde aus: Abnehmender Mond ♃; zunehmender Mond ♄

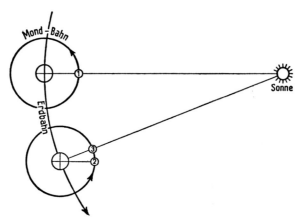

Abb. 4.2. Der synodische Monat (1→3) ist länger als der siderische Monat (1→2), da die Erde inzwischen auf ihrer Bahn weitergelaufen ist

Die Differenz zwischen siderischer und synodischer täglicher Bewegung des Mondes ist gleich der täglichen Bewegung der Sonne, also 360°/365 = 1°.0. Man sieht dies sofort ein, wenn man sich klarmacht, daß die *tägliche Bewegung* nichts anderes bedeutet als die *Winkelgeschwindigkeit* in astronomischen Einheiten.

Ebensogut kann man schreiben:

$$\frac{1}{\text{Sider. Monat}} - \frac{1}{\text{Sider. Jahr}} = \frac{1}{\text{Synod. Monat}}.$$

Genaugenommen ist die *Bahn des Mondes* um die Erde eine *Ellipse* der Exzentrizität $e = 0.055$. Den Punkt der Mondbahn, wo diese der Erde am nächsten kommt (analog dem Perihel der Erdbahn), nennt man das *Perigäum*, den erdfernsten Punkt das *Apogäum*. Die Ebene der Mondbahn hat gegenüber der Erdbahn (Ekliptik) eine Neigung $i \approx 5°$. Der Mond überschreitet die Ekliptik von Süden nach Norden im *aufsteigenden Knoten*, er tritt „unter" die Ekliptik (für die Bewohner der N-Hemisphäre!) im gegenüberliegenden *absteigenden Knoten*.

Infolge der Störungen (Anziehung) durch die Sonne und die Planeten erhält weiterhin die ganze Mondbahn folgende Bewegungen:

1. Das *Perigäum* umläuft (in der Ebene der Mondbahn) die Erde „direkt", d.h. im Sinne der Erdbewegung, mit einer Periode von 8.85 Jahren.

2. Der *Mondknoten* bzw. die *Knotenlinie*, in der sich Mond- und Erdbahn schneiden, bewegt sich in der Ekliptik rückläufig (retrograd), d.h. entgegen dem Sinne der Erdbewegung mit einer Periode von 18.61 Jahren, der sog. *Nutationsperiode*.

Diese „Regression der Mondknoten" verursacht übrigens ein entsprechendes „Nicken" der Erde um maximal 9'', die schon erwähnte *Nutation* der Erdachse.

Die durchschnittliche Zeit zwischen zwei aufeinanderfolgenden Durchgängen des Mondes durch denselben Knoten nennt man den *drakonitischen Monat* $= 27.2122$ Tage. Er ist wichtig für die Berechnung der *Finsternisse* (s. u.).

Würde man die Bahnen des Mondes und der Erde um die Sonne von einem Weltraumfahrzeug aus betrachten, so würde man — in Übereinstimmung mit einer einfachen Rechnung — feststellen, daß auch die Mondbahn zur Sonne hin durchweg konkav ist (Abb. 4.3).

Abb. 4.3. Die Bahnen von Erde und Mond um die Sonne

Betrachten wir nunmehr die *Rotation des Mondes* und die weiteren Bewegungen, welche er um seinen Schwerpunkt ausführt. Man kann diese sehr genau vermessen, indem man die Bewegung irgendeines scharf definierten Kraters oder dgl. auf der Mondscheibe beobachtet.

Daß der Mond uns — im großen und ganzen — stets denselben Anblick bietet, beruht darauf, daß die *Rotationsdauer* des Mondes gleich seiner *Revolutionsdauer*, d.h. gleich einem siderischen Monat ist. Die Angleichung der beiden Perioden ist offenbar durch die Gezeitenwechselwirkung (Abschn. 6) des Mondes und der Erde bewirkt worden.

Genauere Beobachtung zeigt aber, daß das „Gesicht" des Mondes noch etwas wackelt. Die sogenannten *geometrischen Librationen* des Mondes beruhen auf folgenden Ursachen:

1. Äquator und Bahnebene des Mondes bilden einen Winkel von $\sim 6°7$; die hierdurch hervorgerufene *Libration in Breite* beträgt etwa $\pm 6°7$.

2. Die Rotation des Mondes ist (nach dem Trägheitsgesetz) gleichförmig, seine Revolution nach dem 2. Keplerschen Gesetz wegen der Exzentrizität der Bahn nicht; so entsteht die *Libration in Länge* von etwa $\pm 7°6$.

3. Der äquatoriale Radius der Erde erscheint vom Mondmittelpunkt aus unter einem Winkel von 57', der *Horizontalparallaxe* des Mondes. Die tägliche Drehung der Erde bedingt also eine entsprechende tägliche Libration.

Hierzu kommt die erheblich kleinere *physische Libration*, die davon herrührt, daß der Mond ein wenig von der Kugelgestalt abweicht und so im Schwerefeld hauptsächlich der Erde kleine Schwingungen ausführt.

Insgesamt bewirken die Librationen, daß wir *von der Erde aus 59%* der Mondoberfläche beobachten können.

Nachdem wir die Bewegungen von Sonne, Erde und Mond studiert haben, wenden wir uns dem prächtigen Schauspiel der Mond- und Sonnenfinsternisse zu!

Eine *Mondfinsternis* entsteht, wenn der Vollmond in den Schatten der Erde eintaucht. Wir unterscheiden wie beim Schattenwurf irdischer Gegenstände den *Kernschatten*, die Umbra, und den ihn umgebenden *Halbschatten*, die Penumbra. Tritt der Mond vollständig in den Bereich des Kernschattens der Erde, so sprechen wir von einer *totalen Mondfinsternis*; gelangt nur ein Teil des Mondes in den Erdschatten, so haben wir eine partielle Mondfinsternis. Entsprechend den bekannten geometrischen Verhältnissen kann maximal eine Mondfinsternis insgesamt $3^h 40^m$, die Totalität $1^h 40^m$ dauern. Da das Licht der Sonne beim Durchgang durch die Lufthülle der Erde im Blauen stärker geschwächt wird als im Roten und da das Sonnenlicht in der Erdatmosphäre außerdem gestreut wird, so ist auf dem Mond die äußere Grenze des Halbschattens ganz verwaschen, auch die des Kernschattens merklich unscharf. Der Halbschatten und im geringeren Maß auch der Kernschatten erscheinen in ein rötlich-kupferfarbenes Licht getaucht. Genaue photometrische Beobachtungen von Mondfinsternissen können Auskunft geben über die hohen Schichten der Erdatmosphäre.

Tritt der Mond — bei Neumond — vor die Sonne, so entsteht eine *Sonnenfinsternis* (Abb. 4.4). Diese kann zunächst *partiell* oder *total* sein. Ist der scheinbare Durchmesser des Mondes kleiner als der der Sonne, so erhalten wir bei zentraler Bedeckung nur eine *ringförmige* Sonnenfinsternis. Der Beobachter auf der Erde befindet sich bei partieller Verfinsterung der Sonne im Halbschatten des Mondes, während der Totalität im Kernschatten. Bei ringförmiger Verfinsterung der Sonne befindet sich die Spitze des Schattenkegels des Mondes zwischen diesem und dem Beobachter.

Im Hinblick auf astrophysikalische Untersuchungen der äußersten Schichten der Sonne und der interplanetaren Materie in ihrer Umgebung sind von besonderer Bedeutung die *totalen Finsternisse*, bei denen das helle Licht der Sonnenscheibe schon *außerhalb* der Erdatmosphäre vollständig abgedeckt wird. Da die *Totalitätszone* auf der Erde verhältnismäßig schmal ist, wird trotzdem die Atmosphäre auch während der Totalität durch Streulicht von der Seite noch ein wenig

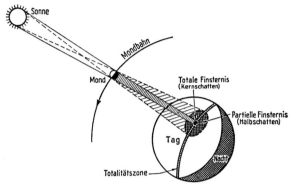

Abb. 4.4. Sonnenfinsternis (schematisch). Der Mond zieht von W nach E über die Sonnenscheibe hinweg. Im Kernschatten beobachtet man eine totale, im Halbschatten eine partielle Sonnenfinsternis

erhellt. Relativ zur Sonne legt der Mond durchschnittlich am Himmel — entsprechend der Dauer des synodischen Monats — pro Sekunde einen Winkel von $0\overset{''}{.}51$ zurück; dies entspricht auf der Sonne einer Strecke von 370 km. Finsternisbeobachtungen mit guter Zeitauflösung ergeben daher eine *Winkelauflösung*, welche die der verfügbaren Teleskope (s. u.) übertrifft.

Sternbedeckungen durch den Mond — die ebenso wie die Sonnenfinsternisse für jeden Ort besonders vorausberechnet werden müssen — sind zeitlich ebenfalls sehr scharf definiert, da der Mond keine Atmosphäre besitzt. Sie sind wichtig als Kontrolle der Mondbahn bzw. der Festlegung der Schwankungen der Erdrotation bzw. der Ephemeridenzeit. Da der Mond relativ zu den Sternen pro sec im Mittel $0\overset{''}{.}55$ zurücklegt, so kann man aus photometrischen Beobachtungen von Sternbedeckungen mit hoher Zeitauflösung in günstigen Fällen sogar den Winkeldurchmesser der winzig kleinen „Scheibchen" von Sternen ermitteln. Noch wichtiger sind die Bedeckungen astronomischer Objekte durch den Mond für radioastronomische Beobachtungen mit entsprechend hohem Winkelauflösungsvermögen.

Schon den Kulturen des Alten Orients war bekannt, daß *Sonnen- und Mondfinsternisse* — wir sprechen im folgenden kurz von „Finsternissen" — mit einer Periode von $18^a\,11^d\,33$ aufeinander folgen, dem sog. *Saros-Zyklus*. Dieser Zyklus beruht darauf, daß eine Finsternis nur eintreten kann, wenn Sonne *und* Mond ziemlich nahe einem *Knoten* der Mondbahn stehen. Die Zeit, welche die *Sonne* braucht, um von einem Mondknoten zu demselben Knoten zurückzukehren, ist wegen der Regression der Mondknoten etwas kürzer als ein tropisches Jahr, nämlich gleich 346.62 Tage; diese Zeit bezeichnet man als ein *Finsternisjahr*.

Wie man leicht nachrechnet, entspricht nun die *Sarosperiode* einer ganzen Zahl von synodischen Monaten *und* einer ganzen Zahl von Finsternisjahren, nämlich

$$223 \text{ Synodischen Monaten} \qquad = 6585.32 \text{ Tage}$$

und von

$$19 \text{ Finsternisjahren} \qquad = 6585.78 \text{ Tage}$$

sowie außerdem noch etwa

$$239 \text{ Anomalistischen Monaten} = 6585.54 \text{ Tage}$$
$$(\text{Von Perigäum zu Perigäum, } 27.555 \text{ Tage})$$

Nach jeweils $18^a \, 11^d$ 33 wiederholt sich also in der Tat eine Finsternis-Konstellation mit großer Genauigkeit. Insgesamt können in einem Jahr — wie man anhand der Bahnen von Erde und Mond unter Berücksichtigung ihrer Durchmesser zeigen kann — maximal 3 Mondfinsternisse bzw. 5 Sonnenfinsternisse stattfinden. An einem bestimmten Ort kann man eine Mondfinsternis — die ja von einer ganzen Hemisphäre der Erde aus zu sehen ist — relativ häufig beobachten, während eine totale Sonnenfinsternis nur äußerst selten eintritt.

5. Das Planetensystem

Die seit alters bekannten Planeten (mit ihren ehrwürdigen Zeichen) *Merkur* ☿, *Venus* ♀, *Mars* ♂, *Jupiter* ♃ und *Saturn* ♄, das scheinbar Erratische ihrer Bahnen am Himmel wie die stufenweise Enthüllung ihrer Gesetzmäßigkeiten haben die Menschen immer wieder in ihren Bann gezogen.

Die Bemühungen der Antike um die Deutung der Planetenbewegungen haben wir in Abschn. 1 kurz dargestellt. Hier stellen wir uns sogleich auf den Standpunkt des *heliozentrischen Weltbildes*, wie es *Nikolaus Kopernikus* 1543 entwickelt hat. Auch die — als Rest aristotelischer Denkgewohnheiten — von *Kopernikus* noch beibehaltene Beschränkung auf Kreisbahnen werden wir alsbald fallenlassen und *Johannes Kepler*'s Bahnellipsen und seine drei Planetengesetze (1609 und 1619) heranziehen. Damit befinden wir uns schon an der Grenze modernen mathematisch-physikalischen Denkens, das dann bei *Galileo Galilei* (1564—1642) deutlichere Gestalt gewinnt und sich in *Isaac Newton*'s *Principia* (1687) zu den Ansätzen der klassischen Mechanik und Gravitationstheorie verdichtet. Mit der physischen Struktur der Planeten etc. werden wir uns erst in Abschn. 7 und 8 beschäftigen.

Das Zustandekommen der *direkten* (West—Ost) und dazwischen der *rück-läufigen* oder retrograden (Ost—West) Bewegung der Planeten verdeutlicht unsere Abb. 5.1 am Beispiel des *Mars*.

Anhand von Abb. 5.2 verfolgen wir zunächst den Umlauf eines *inneren Planeten*, z.B. der *Venus* ♀, um die Sonne von unserem Standpunkt der langsamer umlaufenden Erde aus. Der Planet ist uns am nächsten in der *unteren Konjunktion*. Dann bewegt er sich am Himmel von der Sonne weg und erreicht als *Morgenstern* seine *größte westliche Elongation* von 48°. In der *oberen* Konjunktion hat Venus ihre größte Entfernung von der Erde und steht am Himmel in unmittelbarer Nähe der Sonne. Sie entfernt sich von ihr wieder und erreicht dann ihre *größte östliche*

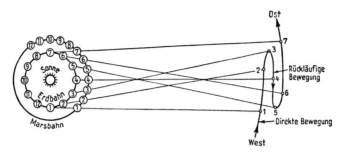

Abb. 5.1. Direkte (West-Ost-) und rückläufige (retrograde; Ost-West-) Bewegung des Planeten Mars. Die Stellungen von Erde und Mars auf ihren Bahnen sind von Monat zu Monat numeriert. Bei 4 befindet sich Mars in Opposition zur Sonne; hier wird er von der Erde überholt und ist daher rückläufig. Gleichzeitig steht er uns am nächsten und ist am günstigsten zu beobachten. Die Marsbahn ist gegen die der Erde, d. h. die Ekliptik, um $1°9$ geneigt

Elongation von 48° als Abendstern. Das Verhältnis der Bahnradien von Venus und Erde ist durch die größte Elongation von ± 48° (für Merkur ± 28°) festgelegt. Die aus Abb. 5.2 leicht abzulesenden *Phasen der Venus* und die entsprechenden Änderungen ihres scheinbaren Durchmessers ($9''.9$ bis $64''.5$) hat *Galilei* sogleich mit seinem Fernrohr entdeckt; sie beweisen, daß die Sonne jedenfalls im Zentrum der (wahren) *Venus*bahn steht. Ihre größte *scheinbare Helligkeit* erreicht Venus, wie man aus Abb. 5.2 leicht ersieht, nahe den größten Elongationen. In der unteren Konjunktion kann Venus (und Merkur) *vor* der Sonnenscheibe vorbeigehen. Solche *Venusdurchgänge* hatten früher Interesse zur Messung der Sonnenentfernung bzw. Sonnenparallaxe (s. u.).

Ein *äußerer Planet*, z. B. *Mars* ♂ (Abb. 5.3), steht uns am nächsten in *Opposition*; er kulminiert dann am Himmel um Mitternacht wahrer Ortszeit, hat den größten scheinbaren Durchmesser und ist am günstigsten zu beobachten. In der Nähe der Sonne steht er am Himmel in *Konjunktion*. Die *Phasen* der äußeren Planeten durchlaufen *nicht*, wie beim Mond und den inneren Planeten, den ganzen Bereich von „voll" bis „neu". Wir bezeichnen als *Phasenwinkel* φ den Winkel, welchen Sonne und Erde von dem Planeten aus gesehen bilden. $\varphi/180°$ gibt also *den* Bruchteil der der Erde zugewandten Hemisphäre des Planeten an, welcher dunkel ist. Der Phasenwinkel eines äußeren Planeten durchläuft — wie man leicht nachrechnet — ein *Maximum* in den *Quadraturen*, d. h. wenn Planet und Sonne am Himmel einen Winkel von 90° bilden. Der größte Phasenwinkel von Mars (Abb. 5.3) ist 47°, der von Jupiter nur noch 12°.

Wir bezeichnen wieder als *siderische Umlaufzeit* eines Planeten die Zeitdauer seines wahren Umlaufs um die Sonne. Die *synodische Umlaufzeit* bestimmt den Umlauf am Himmel relativ zur Sonne, d. h. den Zeitabstand zwischen zwei auf-

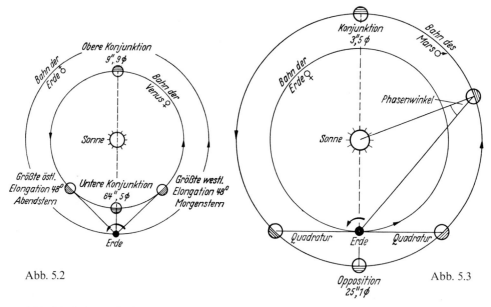

Abb. 5.2   Abb. 5.3

Abb. 5.2. Bahn und Phasen der Venus, eines inneren Planeten. Am Himmel kann die Elongation der Venus ±48° nicht überschreiten (Merkur ±28°). Die Phasen gleichen denen des Mondes. Größte Helligkeit nahe der maximalen Elongation

Abb. 5.3. Bahn und Phasen des Mars, eines äußeren Planeten. Größte Helligkeit und größter Winkeldurchmesser von 25″1 in Opposition

einanderfolgenden entsprechenden Konjunktionen etc. Analog wie beim Mond gilt für die Planeten die Beziehung (Subtraktion der Winkelgeschwindigkeiten!):

$$\frac{1}{\text{Synodische Umlaufzeit}} = \left| \frac{1}{\text{Siderische Umlaufzeit}} - \frac{1}{\substack{\text{Siderische} \\ \text{Umlaufzeit} \\ \text{der Erde } \delta}} \right| \tag{5.1}$$

Z.B. ergibt sich die siderische Umlaufzeit des Mars aus der direkt beobachteten synodischen Umlaufzeit von 780 Tagen und der Länge des siderischen Jahres von 365 Tagen zu 687 Tagen.

Kepler ermittelte nun zuerst die wahre Gestalt der *Marsbahn*, indem er jeweils Paare von Marsbeobachtungen kombinierte, die zeitlich einen *siderischen* Marsumlauf voneinander entfernt waren, bei denen also Mars sich in demselben Punkt seiner Bahn befinden mußte. So konnte er den Mars jeweils von zwei um 687 Tage voneinander entfernten Punkten der hinreichend bekannten Erdbahn aus „anschneiden" und seine wahre Bahn aufzeichnen. Zwei glückliche Umstände, daß einerseits von *Apollonius von Pergae* die Kegelschnitte mathematisch untersucht waren und daß andererseits der Mars unter den damals bekannten Planeten die größte Exzentrizität $e = 0.093$ besitzt, verhalfen dann *Kepler* vollends zu der

Erkenntnis der beiden ersten Planetengesetze. Das dritte fand er erst 10 Jahre später, ausgehend von der unerschütterlichen Überzeugung, daß in den Bahnelementen der Planeten die „*Weltharmonik*" irgendwie zum Ausdruck kommen müsse.

Die vollständige Beschreibung der Bahn eines Planeten oder Kometen (s. u.) um die Sonne geben die in Abb. 5.4 dargestellten Bahnelemente.

1. Große Halbachse *a*. Wir beziehen sie entweder auf die große Halbachse der Erdbahn = *1 astronomische Einheit (AE)* oder geben sie in Kilometer an.

2. Exzentrizität *e* [Periheldistanz $a(1-e)$; Apheldistanz $a(1+e)$].

3. Neigung der Bahnebene (zur Ekliptik) *i*.

4. Länge des aufsteigenden Knotens Ω (Winkel vom Widderpunkt Υ zum aufsteigenden Knoten).

5. Abstand ω des Perihels vom Knoten (Winkel vom aufsteigenden Knoten zum Perihel). Die Summe der beiden Winkel, $\Omega + \omega$, von denen der erste in der Ekliptik, der zweite in der Bahnebene gemessen wird, nennt man die *Länge des Perihels* $\tilde{\omega}$.

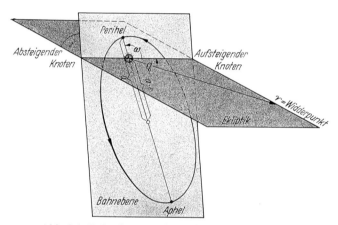

Abb. 5.4. Bahnelemente eines Planeten oder Kometen

6. Periode *P* (Siderische Umlaufzeit, in tropischen Jahren gemessen) oder tägliche Bewegung μ ($\mu = 360 \cdot 60 \cdot 60'' / P_{\mathrm{Tage}}$).

7. Epoche *E* oder Zeitpunkt des Periheldurchganges *T*.

Die Bahnelemente *a* und *e* bestimmen die Größe und Form der Bahn (Abb. 3.3), *i* und Ω die Bahnebene, ω die Lage der Bahn in ihrer Ebene. Den Ablauf der Bewegung bestimmen *P* und *T*, wobei die Periode *P* bis auf kleine Korrekturen (s. u.) nach dem 3. Keplerschen Gesetz durch *a* bestimmt ist.

Tab. 5.1 enthält die uns hier interessierenden *Bahnelemente der Planeten* (Abb. 5.5). Wir haben zu den Planeten der Alten sogleich den hellsten der *Kleinen Planeten* (Planetoiden oder Asteroiden), die *Ceres*, sodann *Uranus*, *Neptun* und *Pluto* hinzugefügt. Über deren interessante Entdeckungsgeschichte werden wir noch berichten. Zu unserem Planetensystem gehören weiterhin noch die *Kometen* und die *Meteore oder Sternschnuppen*.

Tab. 5.1. Das Planetensystem (Epoche 1960.0)

Name		Symbol	Entdeckung	Siderische Umlaufzeit Jahre [a]	Einige Bahnelemente			Exzentrizität e	Neigung i der Bahnebene gegen die Ekliptik in Grad
					Große Halbachse der Bahn				
					Astron. Einheiten [AE]	Millionen km			
Innere Planeten	Merkur	☿		0.241	0.387	57.9		0.206	7.0
	Venus	♀		0.615	0.723	108.2		0.007	3.4
	Erde	♁		1.000	1.000	149.6		0.017	0.0
	Mars	♂		1.880	1.524	227.9		0.093	1.8
	Kleine Planeten		Ceres: { *Piazzi* 1801 / *Gauß*	4.603	2.767	413.6		0.076	10.6
Äußere Planeten	Jupiter	♃		11.86	5.203	778		0.048	1.3
	Saturn	♄		29.46	9.539	1427		0.056	2.5
	Uranus	♅	*W. Herschel* 1781	84.01	19.18	2870		0.047	0.8
	Neptun	♆	*Leverrier* u. *Galle* 1846	164.8	30.06	4496		0.009	1.8
	Pluto	♇	*Lowell* u. *Tombaugh* 1930	247.7	39.44	5910		0.250	17.2

Die *Kometen* bezeichnet man heute nach dem Jahr ihrer Entdeckung und numeriert sie weiterhin nach der Folge ihres Periheldurchganges (s. u.); oft fügt man den Namen des Entdeckers hinzu. Im Altertum und Mittelalter hatte man — entsprechend dem Dogma von der Unveränderlichkeit der himmlischen Regionen — die Kometen in die Lufthülle der Erde verwiesen. Erst *Tycho Brahe's* genaue Beobachtungen der Kometen von 1577 und 1585 und seine damit abgeleiteten Parallaxen zeigten, daß z.B. der Komet von 1577 mindestens sechsmal weiter von uns entfernt sein müsse als der Mond. *I. Newton* erkannte, daß die Kometen sich auf langgestreckten Ellipsen oder Parabeln um die Sonne bewegen, also auf Kegelschnitten, deren Exzentrizität wenig kleiner oder gleich 1 ist. Sein großer Zeitgenosse *E. Halley* verbesserte die Methodik ihrer Bahnbestimmung und konnte 1705 zeigen, daß der nach ihm benannte *Halleysche Komet* von 1682 eine Umlaufzeit von ~ 76.2 Jahren habe. Nach dem 3. Keplerschen Gesetz ist die große Achse der Bahn dieses Kometen also $2 \cdot 76^{2/3} = 36$ astronomische Einheiten, d.h. sein Aphel liegt etwas außerhalb der Neptunbahn. *Halley's* Bahnberechnung zeigte weiter, daß der helle Komet von 1682 identisch war mit denen von 1531 und 1607; so konnte er das Wiedererscheinen seines Kometen für 1758 vorhersagen. Insgesamt sind 28 Erscheinungen des Halleyschen Kometen seit 240 v. Chr. bezeugt.

Im großen und ganzen zerfallen die Bahnen der Kometen in zwei Gruppen: a) *Nahezu parabolische Bahnen* mit Perioden >100 Jahre; Perihel vorzugsweise bei 1 AE (große Entdeckungswahrscheinlichkeit). b) *Elliptische Bahnen der kurzperiodischen Kometen.* Die *Aphelien* häufen sich bei den Bahnen der großen Planeten, insbesondere des Jupiter. Solche *Kometenfamilien* dürften durch „Einfang" langperiodischer Kometen durch

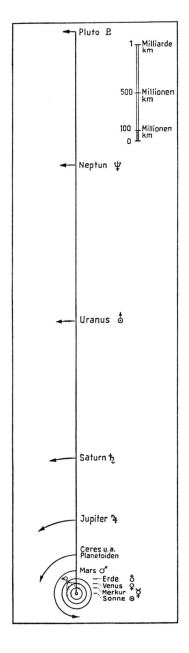

Abb. 5.5. Mittlere Bahnradien (große Halbachsen a) der Planeten. Die Bögen entsprechen der mittleren Bewegung pro Jahr. In dieser Zeit macht Venus 1.62 Umläufe, Merkur 4.15 Umläufe. Für diese sind ihre größten Elongationen von $\pm 48°$ bzw. $\pm 28°$ eingezeichnet

Jupiter oder einen anderen Planeten entstanden sein. Mittelwerte der Bahnelemente entsprechen etwa $a = 3.6$ AE, $e = 0.56$ (Apheldistanz also 5.6 AE, fast
gleich $a_{2\mathrm{I}} = 5.2$ AE) und $i \approx 15°$.

Die kürzeste Umlaufzeit von 3.30 Jahren hat der Enckesche Komet. Nahezu
kreisförmige Bahnen durchlaufen die Kometen *Schwassmann-Wachmann* 1925 II
($a = 6.4$ AE, $e = 0.132$) und *Oterma* 1943 ($a = 3.96$ AE, $e = 0.144$).

Die Schwärme der *Sternschnuppen* oder *Meteore*, welche jeweils an bestimmten Tagen des Jahres am Himmel scheinbar, d. h. perspektivisch, von ihren sog.
Radianten ausgehen, sind — wie u. a. ihre Periodizität zeigt — nichts als Bruchstücke von Kometen, deren Bahn die der Erde ungefähr kreuzt. Bei manchen
scheint die Materie auf der Bahn ziemlich konzentriert zu sein, so daß man entsprechend der Periode ihres Umlaufs jeweils besonders lebhafte Sternschnuppen-
fälle beobachtet, wie z. B. der berühmte Fall der *Leoniden* (Radiant RA 152°,
$\delta + 22°$), den *A. v. Humboldt* 1799 Nov. 11/12 in Südamerika beobachtete und der
dem Kometen 1866 I mit 33 Jahren Umlaufzeit zugeordnet werden kann. Daneben gibt es sog. *sporadische Meteore*, die eine Periodizität nicht erkennen lassen.
Daß die Sternschnuppen tatsächlich kleine Himmelskörper sind, die in die Erdatmosphäre eindringen und dort verglühen, haben zuerst im Jahre 1798 die beiden
Göttinger Studenten *Brandes* und *Benzenberg* durch korrespondierende Beobachtungen von zwei hinreichend voneinander entfernten Orten aus und Berechnung ihrer Höhen nachgewiesen.

Schon vorher hatte 1794 *E. F. F. Chladni* gezeigt, daß die *Meteorite* nichts
anderes seien als bis zum Erdboden herabgefallene (größere) meteorische Massen.

Hyperbolische Bahnen, also Objekte, die aus dem Weltraum in das Planetensystem eindringen, sind weder unter den Kometen noch unter den Meteoren
gefunden worden.

Auf die physische Struktur der Planeten, ihrer Atmosphären und ihrer Monde,
sowie die der Kometen, Meteore und Meteoriten werden wir in Abschn. 7 und 8
zurückkommen.

Hier müssen wir uns noch der wichtigen Frage zuwenden, wie man die *Entfernung der Erde von der Sonne*, genauer gesagt die große Halbachse der Erdbahn,
die wir als astronomische Einheit 1 AE definiert hatten, in Kilometern messen
kann. Die Astronomen sprechen lieber von der *Sonnenparallaxe* π, dem Winkel,
unter welchem der (aus geodätischen Messungen bekannte) äquatoriale Radius
der Erde $a = 6378$ km vom Sonnenmittelpunkt aus gesehen, erscheinen würde.
Die Sonnenparallaxe ist für eine direkte Messung (wie beim Mond) zu klein. Man
ermittelt daher zunächst aus den Beobachtungen mehrerer Sternwarten auf der
N- und S-Halbkugel die Entfernung z. B. eines Planeten oder Planetoiden, dessen
Bahn der Erde hinreichend nahe kommt. In älterer Zeit beobachtete man *Mars*
in Opposition oder *Venusdurchgänge* (untere Konjunktion). In neuerer Zeit sind
ausgedehnte Meßreihen bei den Oppositionen des günstigeren Planetoiden
Eros gemacht worden. Diesen astronomischen Methoden ist eine überlegene
Konkurrenz erwachsen in der *Radartechnik*, die es erlaubt, aus der Laufzeit reflek-
tierter Radiosignale in Verbindung mit terrestrischen Messungen der Lichtgeschwindigkeit c den Abstand nicht nur des Mondes, sondern auch der *Venus*
und des *Mars* direkt mit hoher Präzision zu messen. Aus den einzelnen Messungen
berechnet man den Erdbahnradius grundsätzlich durch Anwendung des 3. Kep-

lerschen Gesetzes, im einzelnen durch sehr diffizile himmelsmechanische Rechnungen.

Statt des Erdbahn*radius* kann man auch die *Geschwindigkeit* der Erde in ihrer Bahn in km/sec messen mit Hilfe des *Dopplereffektes* (Abb. 5.6): Bewegt sich eine Strahlungs-(Licht-)quelle relativ zum Beobachter mit einer *Radialgeschwindigkeit*

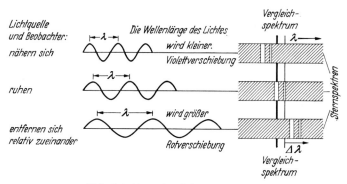

Abb. 5.6. Dopplereffekt $\Delta\lambda/\lambda = v/c$

(Komponente der Relativgeschwindigkeit in Richtung des Sehstrahles) v, so erscheint deren Wellenlänge λ bzw. Frequenz $v = c/\lambda$ ($c =$ Lichtgeschwindigkeit) verschoben um

$$\Delta\lambda = \lambda \cdot \frac{v}{c} \quad \text{bzw.} \quad \Delta v = v \cdot \frac{v}{c}. \tag{5.2}$$

Es bewirkt eine (relative) *Entfernung* der Quelle vom Beobachter (per def. *positive* Radialgeschwindigkeit) eine Vergrößerung der Wellenlänge λ, d.h. *Rotverschiebung* der Spektrallinien und eine *Verkleinerung* der Frequenz v und umgekehrt.

In praxi verfolgt man über einen beträchtlichen Teil des Jahres entweder die Radialgeschwindigkeit eines Fixsternes relativ zur Erde — aus dem Dopplereffekt von Spektrallinien — oder die Relativgeschwindigkeit z.B. von Venus und Erde aus der Frequenzverschiebung der Radarsignale (bei der Reflexion am bewegten Spiegel erhält man zweimal die oben angegebene Verschiebung).

Auf einer entsprechenden Überlegung beruht die historisch sehr bedeutsame erste Messung der Lichtgeschwindigkeit durch *O. Römer* 1675: Er bestimmte die *Umlaufsfrequenzen* v der Jupitermonde aus deren Durchgängen vor und hinter der Jupiterscheibe. Bewegt sich die Erde von Jupiter weg, so erscheint — wegen der endlichen Fortpflanzungsgeschwindigkeit c des Lichtes — die Umlaufsfrequenz der Monde verkleinert, bei Annäherung vergrößert. *Römer* erhielt, ausgehend von den damaligen Bestimmungen der Sonnenparallaxe, schon einen recht guten Zahlenwert der Lichtgeschwindigkeit. Daß er damit auch das Dopplersche Prinzip (5.2) zweihundert Jahre vor seiner ersten spektroskopischen Anwendung vorwegnahm, ist aus den üblichen Darstellungen kaum zu ersehen.

Auf der endlichen Lichtgeschwindigkeit c beruht auch der von dem späteren Greenwicher *Astronomer Royal J. Bradley* 1725 bei seinem Versuch zur Messung von Fixsternparallaxen entdeckte Effekt der *Aberration des Lichtes* (Abb. 5.7).

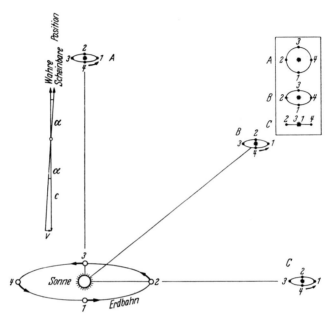

Abb. 5.7. Aberration des Lichtes. Das Sternlicht erscheint in Richtung des Geschwindigkeitsvektors der Erde abgelenkt (links) um einen Winkel v/c, wo v die Geschwindigkeitskomponente der Erde senkrecht zum Lichtstrahl und c die Lichtgeschwindigkeit bedeutet. Ein Stern beschreibt daher am *Pol* der Ekliptik einen Kreis vom Radius $\alpha = \dfrac{\text{Erdgeschwindigkeit}}{\text{Lichtgeschwindigkeit}}$ $= 20{.}''49$, in der Ekliptik eine Gerade mit der maximalen Auslenkung $\pm\alpha$, dazwischen eine Ellipse (rechts oben angezeichnet). * Wahre Position des Sterns. Ein nach rechts blickender Beobachter sieht den Stern im Abstand von je $\frac{1}{4}$ Jahr in den Positionen 1—2—3—4

Beobachtet man einen Stern, der für einen ruhenden Beobachter senkrecht zur Erdbahn liegen würde, von der bewegten Erdbahn aus, so müssen wir das Teleskop in Richtung der Erdgeschwindigkeit v um den kleinen Aberrationswinkel v/c vorneigen, damit es auf den Stern zeigt. Im Laufe eines Jahres beschreibt also (Abb. 5.7 — rechts oben) ein Stern am Pol der Ekliptik einen kleinen Kreis; in der Ekliptik bewegt er sich auf einer Geraden hin und her, dazwischen durchläuft er eine entsprechende Ellipse. Man veranschaulicht die Aberration gewöhnlich durch die Analogie mit einem Astronomen, der durch den senkrecht von oben kommenden Regen mit einem Schirm in der Hand eilt.

Diese Demonstration, ebenso wie unsere elementare Deutung des Dopplereffektes, ist nicht einwandfrei, da sie dem durch den Michelson-Versuch begründeten Prinzip der Unabhängigkeit der Lichtgeschwindigkeit von der Bewegung der emittierenden Lichtquelle *nicht* Rechnung trägt. Eine konsequente Deutung der ganzen Effekte der Größenordnung v/c und erst recht der $(v/c)^2$-Effekte in den Versuchen von *Michelson* u. a. gibt erst die *spezielle Relativitätstheorie* von *A. Einstein* (1905).

Zum Schluß geben wir noch eine Zusammenstellung der besprochenen Zahlengrößen und ihrer wechselseitigen Zusammenhänge:

Äquatorialer Erdradius $a = 6378$ km

Sonnenparallaxe (äquatoriale Horizontalparallaxe) $\pi = 8''\!.794$

Astronomische Einheit = große Halbachse der Erdbahn $A = a/\pi = 149.6 \cdot 10^6$ km

Lichtgeschwindigkeit $c = 299\,792$ km/sec

Lichtzeit für 1 AE $= A/c = 498.5$ sec

Mittlere Bahngeschwindigkeit der Erde $v = 29.8$ km/sec

Rotationsgeschwindigkeit der Erde am Äquator 0.465 km/sec

Aberrationskonstante $v/c \sim 20''\!.49$

6. Mechanik und Gravitationstheorie

Im Anschluß an die langwierigen und gefährlichen Anfänge bei *Galilei* und *Kepler* hat *I. Newton* in seinen *Principia* (1687) die Grundlagen der *Mechanik* terrestrischer und kosmischer Systeme geschaffen. In Verbindung mit seinem *Gravitationsgesetz* leitete er daraus in demselben Werk die *Keplerschen Gesetze* und viele andere Gesetzmäßigkeiten der Bewegungen im Planetensystem ab. Kein Wunder, daß die weitere Entwicklung der *Himmelsmechanik* fast zwei Jahrhunderte lang eines der hauptsächlichsten Arbeitsgebiete der großen Mathematiker und Astronomen blieb.

Wir formulieren *Newton's* drei *Grundgesetze der Mechanik* sogleich in heutiger Sprechweise:

Lex I. *Ein Körper beharrt im Zustand der Ruhe oder bewegt sich mit konstanter Geschwindigkeit auf einer Geraden, sofern er nicht einer äußeren Kraft unterworfen ist* (Trägheitsgesetz).

Die *Geschwindigkeit* stellen wir nach Größe und Richtung durch einen *Vektor* (Pfeil)[2] $\mathfrak{v}$ dar, ebenso die *Kraft* $\mathfrak{F}$ (engl. force). Für die Addition und Subtraktion beider Größen gilt das bekannte *Parallelogrammgesetz*; beide kann man durch ihre *Komponenten* in einem rechtwinkligen Koordinatensystem x, y, z darstellen, d.h. durch ihre Projektionen auf dessen Achsen, also z. B. $\mathfrak{v} = \{v_x, v_y, v_z\}$ ... Hat der bewegte Körper die *Masse* m, so definiert *Newton* den Vektor Masse mal Geschwindigkeit

$$\mathfrak{p} = m\mathfrak{v} \tag{6.1}$$

als seine *Bewegungsgröße* (engl. momentum); im Deutschen sagt man heute meist *Impuls*. Dieser wichtige Begriff ermöglicht nun die Formulierung der

Lex II. *Die Änderungsgeschwindigkeit des Impulses eines Körpers ist proportional der Größe der äußeren Kraft, die auf ihn wirkt, und erfolgt in der Richtung dieser Kraft.*

---

[2] Wir bezeichnen Vektoren mit deutschen Buchstaben.

In Formeln schreiben wir — zunächst für *einen* Körper — t bedeute die Zeit —:

$$\frac{\mathrm{d}\mathfrak{p}}{\mathrm{d}t} = \frac{\mathrm{d}}{\mathrm{d}t}(m\mathfrak{v}) = \mathfrak{F}.$$ (6.2)

Gesetz I ist offenbar nur der Spezialfall $\mathfrak{F}=0$ von Gesetz II. Die Geschwindigkeit $\mathfrak{v}$ können wir auch auffassen als Änderungsgeschwindigkeit des Ortsvektors $\mathfrak{r}$ mit den Komponenten x, y, z und schreiben also

$$\mathfrak{v} = \frac{\mathrm{d}\mathfrak{r}}{\mathrm{d}t} \quad \text{und damit für } m=\text{const.} \quad \text{auch} \quad m\frac{\mathrm{d}^2\mathfrak{r}}{\mathrm{d}t^2} = \mathfrak{F}.$$ (6.3)

Diese Formulierung (Kraft = Masse × Beschleunigung) gilt aber *nur* für zeitlich konstante Massen, während (6.2) auch noch in der speziellen Relativitätstheorie gültig bleibt, wo die Masse von der Geschwindigkeit abhängt nach der Formel $m=m_0 \Big/ \sqrt{1 - \dfrac{v^2}{c^2}}$ ($m_0=m_{v=0}$ bezeichnet man als Ruhmasse). Haben wir N Körper, die wir durch Indizes $k=1,2,3\ldots N$ unterscheiden, so entsprechen (6.2) die N Vektorgleichungen bzw. $3N$ Koordinatengleichungen

$$\frac{\mathrm{d}\mathfrak{p}_k}{\mathrm{d}t} = \frac{\mathrm{d}}{\mathrm{d}t}(m_k\mathfrak{v}_k) = \mathfrak{F}_k.$$ (6.4)

Newton's letztes Gesetz behandelt die *Wechselwirkung* zweier Körper und besagt:

Lex III. *Die Kräfte, welche zwei Körper aufeinander ausüben, sind ihrer Größe nach gleich und entgegengesetzt gerichtet.*

Ist $\mathfrak{F}_{ik}$ die Kraft, welche der Körper i auf den Körper k ausübt, so gilt also

$$\mathfrak{F}_{ik} = -\mathfrak{F}_{ki},$$ (6.5)

der Satz von *Actio und Reactio*.

Als einfaches Beispiel zu *Newton's* Bewegungsgesetzen betrachten wir (Abb. 6.1) eine Masse m, die sich an einem Faden der Länge r auf einem (horizontalen) Kreis mit der konstanten Geschwindigkeit $v=|\mathfrak{v}|$ bewegt. (Den Betrag einer Vektorgröße, z. B. $\mathfrak{v}$ — sozusagen die „Länge des Pfeils" —, bezeichnen wir allgemein mit Absolutstrichen, d. h. $|\mathfrak{v}|$ oder dem entsprechenden lateinischen Buchstaben v.) Die Winkelgeschwindigkeit $\dfrac{\mathrm{d}\varphi}{\mathrm{d}t}$ (Winkel φ in Bogenmaß) ist dann gleich v/r. Tragen wir die sukzessiven Geschwindigkeitsvektoren $\mathfrak{v}$ von einem Punkt aus auf und zeichnen so den sog. *Hodographen*, so liest man an diesem sofort ab, daß die Beschleunigung $\left|\dfrac{\mathrm{d}\mathfrak{v}}{\mathrm{d}t}\right| = \dfrac{v}{r}\cdot v$ ist und zum Mittelpunkt des Kreises a zeigt.

So erhalten wir das von *Christian Huygens* schon vor *Newton* gefundene Gesetz der *Zentrifugalkraft F*

$$F = mv^2/r.$$ (6.6)

Newton's III. Gesetz besagt, daß der Faden mit *derselben* Kraft an seinem Befestigungspunkt nach außen, wie andererseits an dem kreisenden Körper nach innen zieht.

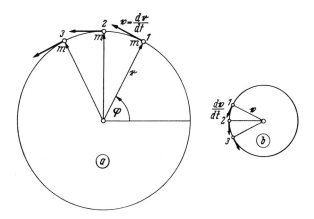

Abb. 6.1 a u. b. Berechnung der Zentrifugalkraft. a) Kreisbahn der Masse *m*. Lagevektor $\mathfrak{r}$ zu den Zeiten 1, 2, 3 … Geschwindigkeitsvektor $\mathfrak{v} = d\mathfrak{r}/dt$ in Richtung der Bahntangente. Dem Betrag nach ist $v = r \cdot d\varphi/dt$. b) Hodograph. Geschwindigkeitsvektor $\mathfrak{v}$ zu den Zeiten 1, 2, 3 … Beschleunigungsvektor $d\mathfrak{v}/dt$ in Richtung der Tangente des Hodographen und daher parallel $-\mathfrak{r}$. Dem Betrag nach ist die Beschleunigung: $v \cdot d\varphi/dt = v^2/r$

Wenn es auf die detaillierte Beschaffenheit eines hinreichend kleinen *Körpers der Masse m* in einem Problem der Mechanik nicht ankommt, so spricht man von einem *Massenpunkt*. In der Theorie der Planetenbewegung betrachten wir z. B. die Erde als Massenpunkt; interessieren wir uns für ein Atom, so betrachten wir dessen Leuchtelektron als Massenpunkt usw.

Von den drei *Newtonschen* Gesetzen für die Bewegung einzelner Massenpunkte gehen wir zunächst über zu den Bewegungsgleichungen für ein *System von Massenpunkten*. Daraus leiten wir drei *Erhaltungssätze der Mechanik* ab, auf welche wir noch oftmals zurückgreifen werden.

a) Impuls- oder Schwerpunktsatz

In einem System von Massenpunkten m_k, die wir mit den Indizes *i* oder *k* $(i, k = 1, 2 \ldots N)$ numerieren, unterscheiden wir *innere Kräfte* $\mathfrak{F}_{ik}$, welche z. B. der Massenpunkt *i* auf den Massenpunkt *k* ausübt, und *äußere Kräfte* $\mathfrak{F}_k^{(e)}$, welche „von außen" auf den Massenpunkt *k* ausgeübt werden. Für diesen gilt die Bewegungsgleichung (6.4)

$$\frac{d\mathfrak{p}_k}{dt} = \mathfrak{F}_k^{(e)} + \sum_{i=1}^{N} \mathfrak{F}_{ik} \, . \tag{6.7}$$

Summieren wir[3] über alle k, so erhalten wir wegen Actio = Reactio (6.5)

$$\frac{d}{dt} \sum \mathfrak{p}_k = \sum \mathfrak{F}_k^{(e)} .$$

Betrachten wir die N Massenpunkte als *ein* System, so ist

der Gesamtimpuls des Systems　　　　　$\mathfrak{P} = \sum \mathfrak{p}_k$

und

die äußere Gesamtkraft auf das System　　$\mathfrak{F} = \sum \mathfrak{F}_k^{(e)} .$　　　　　　　(6.8)

Damit wird die *Bewegungsgleichung* — wie für einen Massenpunkt —

$$\frac{d}{dt} \mathfrak{P} = \mathfrak{F} . \qquad (6.9)$$

Sind keine äußeren Kräfte vorhanden ($\mathfrak{F} = 0$), so gilt für unser System der Satz von der

Erhaltung des Gesamtimpulses: $\mathfrak{P} = \sum \mathfrak{p}_k = $ const. 　　　(6.10)

Den Inhalt der Gleichungen (6.9) und (6.10) können wir — vielleicht etwas anschaulicher — formulieren, wenn wir für unser System der

Gesamtmasse $M = \sum m_k$ 　　　　　(6.11)

den Ortsvektor $\mathfrak{R}$ des *Schwerpunktes* S definieren durch

$$M \cdot \mathfrak{R} = \sum m_k \mathfrak{r}_k . \qquad (6.12)$$

Damit geht Gl. (6.9) über in die *Bewegungsgleichung für den Schwerpunkt*

$$M \frac{d^2 \mathfrak{R}}{dt^2} = \mathfrak{F} \qquad (6.13)$$

analog der eines einzelnen Massenpunktes. Man liest daraus ab, daß im kräftefreien Fall $\mathfrak{F} = 0$ der Schwerpunkt (entsprechend Lex I) eine geradlinige (Trägheits-)Bewegung mit konstanter Geschwindigkeit $\frac{d\mathfrak{R}}{dt} = $ const. ausführen muß.

b) Erhaltung des Drehimpulses oder Impulsmomentes

Wir betrachten zunächst (Abb. 6.2) einen Massenpunkt m_k, der um einen festen Punkt 0 an dem Hebelarm $\mathfrak{r}_k$ drehbar sei. An m_k greife eine Kraft $\mathfrak{F}_k$ an. Diese „versucht", den Massenpunkt um eine Achse durch 0 senkrecht zu der durch $\mathfrak{r}_k$ und $\mathfrak{F}_k$ gehenden Ebene zu drehen; maßgebend ist dabei nur die „tangentiale" Kraftkomponente $|\mathfrak{F}_k| \cdot \sin\alpha$, wo α den Winkel zwischen $\mathfrak{r}_k$ und $\mathfrak{F}_k$ bedeutet. Die Größe: Hebelarm $|\mathfrak{r}_k|$ mal wirksame Kraftkomponente $|\mathfrak{F}_k| \cdot \sin\alpha$, aufgetragen als Vektor senkrecht zur Ebene durch $\mathfrak{r}_k$ und $\mathfrak{F}_k$, bezeichnet man mathematisch als das *Vektorprodukt* $\mathfrak{r}_k \times \mathfrak{F}_k$, (gekennzeichnet durch das Multiplikations*kreuz* ×),

---

[3] Im folgenden sind alle Summationen Σ, soweit nicht anders vermerkt, von $k = 1$ bis N zu erstrecken.

physikalisch als das *Moment der Kraft* $\mathfrak{F}_k$ um 0 oder als *Drehmoment* $\mathfrak{M}_k = \mathfrak{r}_k \times \mathfrak{F}_k$[4]. Wie zur Kraft das Drehmoment, so bilden wir zum Impuls $\mathfrak{p}_k = m_k \mathfrak{v}_k$ das *Impulsmoment* oder den *Drehimpuls* (engl. angular momentum) $\mathfrak{N}_k = \mathfrak{r}_k \times \mathfrak{p}_k = \mathfrak{r}_k \times m_k \mathfrak{v}_k$.

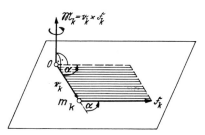

Abb. 6.2. Drehmoment $\mathfrak{M}_k = \mathfrak{r}_k \times \mathfrak{F}_k$. Der Absolutbetrag von $\mathfrak{M}_k$ ist $|\mathfrak{r}_k| \cdot |\mathfrak{F}_k| \cdot \sin \alpha$, d.h. gleich der Fläche des von $\mathfrak{r}_k$ und $\mathfrak{F}_k$ aufgespannten Parallelogramms

Aus der Newtonschen Bewegungsgleichung (6.4) erhalten wir nun — durch vektorielle Multiplikation mit $\mathfrak{r}_k$ von links —

$$\mathfrak{r}_k \times \frac{d}{dt} m_k \mathfrak{v}_k = \mathfrak{r}_k \times \mathfrak{F}_k \quad \text{oder}^5 \quad \frac{d}{dt}(\mathfrak{r}_k \times m_k \mathfrak{v}_k) = \mathfrak{r}_k \times \mathfrak{F}_k . \tag{6.14}$$

Haben wir ein *System von Massenpunkten*, so definieren wir das gesamte Drehmoment $\mathfrak{M}$ aller äußeren und inneren Kräfte bezüglich des festen Punktes 0 sowie den gesamten Drehimpuls $\mathfrak{N}$ des Systems durch die Gleichungen

$$\left.\begin{array}{l} \text{Gesamtes Drehmoment } \mathfrak{M} = \sum \mathfrak{r}_k \times \mathfrak{F}_k = \sum \mathfrak{r}_k \times \left(\mathfrak{F}_k^{(e)} + \sum_{i=1}^{N} \mathfrak{F}_{ik} \right) \\[2ex] \text{Gesamtdrehimpuls} \\ \text{des Systems} \qquad \mathfrak{N} = \sum \mathfrak{r}_k \times \mathfrak{p}_k = \sum \mathfrak{r}_k \times m_k \mathfrak{v}_k \end{array}\right\} . \tag{6.15}$$

Die Bewegungsgleichung lautet jetzt

$$\frac{d\mathfrak{N}}{dt} = \mathfrak{M} , \tag{6.16}$$

d.h.: *die Änderungsgeschwindigkeit des Drehimpulsvektors ist gleich dem gesamten Drehmoment aller Kräfte.*

Herrschen speziell in unserem System nur *Zentralkräfte*, die also — wie z. B. die Gravitation — nur längs der Verbindungslinie je zweier Massenpunkte wirken,

---

[4] Die Zuordnung wird so *definiert*, daß ein Korkenzieher, den man von $\mathfrak{r}_k$ nach $\mathfrak{F}_k$ dreht, in die Richtung von $\mathfrak{M}_k$ bohrt.

[5] Es ist nämlich zunächst

$$\frac{d}{dt}(\mathfrak{r}_k \times m_k \mathfrak{v}_k) = \frac{d\mathfrak{r}_k}{dt} \times m_k \mathfrak{v}_k + \mathfrak{r}_k \times \frac{d}{dt}(m_k \mathfrak{v}_k) .$$

Im ersten Glied rechts ist aber $\frac{d\mathfrak{r}_k}{dt} = \mathfrak{v}_k$. Das Vektorprodukt aus den zwei parallelen Vektoren $\mathfrak{v}_k$ und $m_k \mathfrak{v}_k$ wird — dem Betrag nach gleich der aufgespannten Fläche — gleich *Null*.

so fällt der Anteil der inneren Kräfte bei der Bildung von $\mathfrak{M}$ heraus und es bleibt in (6.16) rechts *nur das Moment der äußeren Kräfte* $\mathfrak{M}^{(e)}$ übrig.

Sind weiterhin keine äußeren Kräfte vorhanden oder ist wenigstens deren resultierendes Moment gleich Null, so wird $d\mathfrak{M}/dt = 0$ und es gilt der wichtige Satz von der

$$\text{Erhaltung des Drehimpulses} \quad \mathfrak{N} = \sum \mathfrak{r}_k \times m_k \mathfrak{v}_k = \text{const.} \tag{6.17}$$

c) Energiesatz

Bewegt sich ein Massenpunkt m_k unter dem Einfluß einer Kraft $\mathfrak{F}_k$ über ein Wegelement $d\mathfrak{r}_k$, das mit $\mathfrak{F}_k$ den Winkel α bildet, so wird die *Arbeit* geleistet

$$dA = |\mathfrak{F}_k| \cdot |d\mathfrak{r}_k| \cdot \cos\alpha = \mathfrak{F}_k \cdot d\mathfrak{r}_k . \tag{6.18}$$

Diese (skalare) Größe bezeichnen wir mathematisch als das *skalare Produkt* der beiden Vektoren und kennzeichnen es durch einen Punkt $\cdot$. Bilden wir die Arbeit, welche beim Durchlaufen eines endlichen Bahnstückes $1 \rightarrow 2$ geleistet wird, so ergibt sich nach der Newtonschen Bewegungsgleichung (6.4) wegen $\mathfrak{v}_k = d\mathfrak{r}_k/dt$

$$\int_1^2 \mathfrak{F}_k \cdot d\mathfrak{r}_k = \int_1^2 \frac{d}{dt}(m_k \mathfrak{v}_k) \cdot d\mathfrak{r}_k = \frac{1}{2} m_k \mathfrak{v}_k^2 \Big|_1^2 . \tag{6.19}$$

Die Größe $\frac{1}{2} m_k \mathfrak{v}_k^2$ bzw. ihre Summe über mehrere Massenpunkte nennt man die *kinetische Energie* E_{kin}. Ist weiterhin $\sum \mathfrak{F}_k \cdot d\mathfrak{r}_k$ ein vollständiges Differential $-dE_{\text{pot}}$, d. h. ist die von den Kräften geleistete Arbeit $\sum \int \mathfrak{F}_k \cdot d\mathfrak{r}_k$ unabhängig von den tatsächlichen Bahnen der Massenpunkte *allein* bestimmt durch Anfangs- und Endzustand, so ist die Summe E von *kinetischer Energie* E_{kin} plus *potentieller Energie* E_{pot} konstant, und es gilt der weitere wichtige Satz von der

$$\text{Erhaltung der Energie} \quad E = E_{\text{kin}} + E_{\text{pot}} = \text{const.} \tag{6.20}$$

In einem System von Massenpunkten mit Gravitationskräften (s. u.) und in vielen anderen Fällen hängt E_{kin} nur von der *Geschwindigkeit*, E_{pot} dagegen nur von der *Lage* der Massenpunkte ab.

d) Gravitationsgesetz — Himmelsmechanik

Um eine Theorie der kosmischen Bewegungen zu erhalten, mußte *Newton* zu den *Grundlagen der Mechanik* sein *Gravitationsgesetz* (~ 1665) hinzufügen:
Zwei Massenpunkte m_i *und* m_k *im Abstand r ziehen sich in Richtung ihrer Verbindungslinie mit einer Kraft*

$$F = -G \cdot \frac{m_i m_k}{r^2} \tag{6.21}$$

an.

Durch eine Integration — die wir hier nicht vorführen wollen — zeigte *Newton* zunächst, daß für die Anziehung zweier *kugelförmiger Massen* (Sonne, Planeten ...) von endlicher Ausdehnung genau dasselbe Anziehungsgesetz (6.21) gilt wie für entsprechende Massen*punkte*. Sodann verifizierte er das *Gravitationsgesetz* (6.21), indem er davon ausging, daß der *freie Fall* an der Erdoberfläche *(Galilei)* und der *Umlauf des Mondes* beide durch *Anziehungskraft der Erde* beherrscht werden:

Die Beschleunigung (= Kraft/Masse) beim *freien Fall* können wir aus Fallversuchen oder genauer mit dem Pendel messen. Ihr Zahlenwert ist am Äquator 978.05 cm/sec² bzw. nach Berücksichtigung der Zentrifugalbeschleunigung der Erdrotation 3.39 cm/sec² gleich

$$g_{\buildrel \oplus \over {}} = 981.4 \text{ cm/sec}^2 \,. \tag{6.22}$$

Andererseits bewegt sich der *Mond* auf seiner Kreisbahn vom Radius r mit der Geschwindigkeit $v = 2\pi r/T$ ($T = 1$ siderischer Monat) und erfährt so die Beschleunigung (vgl. Abb. 6.1)

$$g_{\mathbb{C}} = \frac{v^2}{r} = \frac{4\pi^2 r}{T^2} = 0.272 \text{ cm/sec}^2 \tag{6.23}$$

($r = 384\,400$ km $= 3.844 \cdot 10^{10}$ cm; $T = 27^{\mathrm{d}}32 = 27.32 \cdot 86\,400$ sec).

Die Beschleunigungen $g_{\buildrel \oplus \over {}}$ und $g_{\mathbb{C}}$ verhalten sich in der Tat umgekehrt wie die Quadrate der Radien von Erde R und Mondbahn r

d. h.
$$g_{\buildrel \oplus \over {}} : g_{\mathbb{C}} = \frac{1}{R^2} : \frac{1}{r^2} = 3620 \,. \tag{6.24}$$

Der Zahlenwert der universellen *Gravitationskonstanten G* erscheint hier nur in Verbindung mit der zunächst ebenfalls unbekannten Masse der Erde M. Ebenso tritt in anderen astronomischen Problemen G nur in Verbindung mit der Masse des anziehenden Himmelskörpers auf. Man kann G also grundsätzlich *nicht* aus astronomischen Messungen erhalten, es muß vielmehr durch *terrestrische Messungen* bestimmt werden.

Als erster verwendete hierzu *Maskelyne* 1774 die *Lotabweichung*, d.h. die Ablenkung des Lotes durch die Anziehung eines Berges. *H. Cavendish*, nach dem das Cambridger Laboratorium benannt ist, benutzte 1798 die *Drehwaage*, *P. v. Jolly*, der Lehrer *Max Planck's*, 1881 eine geeignete Hebelwaage. Das Ergebnis moderner Messungen ist

$$G = (6.673 \pm 0.003) \cdot 10^{-8} \text{ dyn} \cdot \text{cm}^2 \cdot \text{g}^{-2} \,. \tag{6.25}$$

Da die Schwerebeschleunigung an der Oberfläche der Erde (deren Rotation und Abplattung wir zunächst vernachlässigen wollen) mit deren Masse M und Radius R verknüpft ist durch die eben schon benutzte Beziehung $g = GM/R^2$ so können wir nun die *Masse M* und die *mittlere Dichte* $\overline{\rho} = M \left/ \frac{4\pi}{3} R^3 \right.$ *der Erde* berechnen und erhalten

$$M = 5.98 \cdot 10^{24} \text{ kg} \quad \text{und} \quad \overline{\rho} = 5.51 \text{ g/cm}^3 \,. \tag{6.26}$$

Auf die geophysikalische Bedeutung dieser Zahlen werden wir noch zu sprechen kommen.

Zunächst kehren wir zu *Newton's Principia* zurück und leiten aus den Grundgleichungen der Mechanik *und* dem Gravitationsgesetz die *Keplerschen Gesetze* ab, um gleichzeitig die tiefere Bedeutung der Gesetze selbst *und* der darin vorkommenden Zahlenkonstanten zu *verstehen*.

Da die Masse der Sonne offensichtlich sehr viel größer ist als die der Planeten, so betrachten wir vorerst die Sonne als *ruhend* und rechnen die Radienvektoren $\mathfrak{r}$ bzw. $r = |\mathfrak{r}|$ der Planeten vom Mittelpunkt der Sonne aus. Die wechselseitige Anziehung der Planeten, ihre sog. *Störungen*, sollen vorerst außer Betracht bleiben.

Die Bewegung *eines* Planeten um die Sonne erfolgt nun unter dem Einfluß der *Zentralkraft* $-GMm/r^2$, wo wieder M die Masse der Sonne, $m (\ll M)$ die des Planeten bedeutet. Es gilt daher der *Drehimpulssatz* (6.17), d.h. der Drehimpulsvektor ($\mathfrak{v}$ = Geschwindigkeitsvektor des Planeten)

$$\mathfrak{N} = \mathfrak{r} \times m\mathfrak{v} \tag{6.27}$$

ist nach Richtung und Betrag *konstant*. $\mathfrak{r}$ und $\mathfrak{v}$ bleiben also stets in derselben Ebene $\perp \mathfrak{N}$, der raumfesten *Bahnebene* des Planeten. Dem Betrage nach (Abb. 6.3) ist $|\mathfrak{r} \times \mathfrak{v}| = r \cdot v \cdot \sin\alpha$ das Doppelte der vom Radiusvektor $\mathfrak{r}$ des Planeten pro Zeiteinheit überstrichenen Fläche. Der Drehimpulssatz ist also identisch mit der Aussage, daß jeder Planet seine Bahn in einer *raumfesten Ebene* mit *konstanter Flächengeschwindigkeit* durchläuft (2. und teilweise 1. Keplersches Gesetz).

Wir wollen hier auf die Wiedergabe der etwas umständlichen Rechnungen verzichten, welche zeigen, daß die Bahn eines Massenpunktes (Planeten, Kometen ...) unter dem Einfluß einer Zentralkraft $\sim 1/r^2$ ein *Kegelschnitt* sein muß, d.h. Kreis (Exzentrizität $e = 0$), Ellipse ($0 < e < 1$), Parabel ($e = 1$) oder Hyperbel ($e > 1$) mit der Sonne im Brennpunkt (1. Keplersches Gesetz).

Dagegen schreiben wir rasch den *Energiesatz* für die Planeten- etc. -Bewegung an: Bringen wir in Gedanken einen ursprünglich ruhenden Massenpunkt m aus dem

Abstand r von der Sonne (M) unter dem Einfluß der Gravitationskraft $-G\dfrac{Mm}{r^2}$ ins Unendliche ($r \to \infty$), so ist die geleistete Arbeit gleich seiner *potentiellen Energie* $E_{\text{pot}}(r)$, d.h.

$$E_{\text{pot}}(r) = -G \int\limits_r^\infty \frac{Mm}{r^2}\, dr \equiv -G\frac{Mm}{r}. \tag{6.28}$$

Da bei einer seitlichen Verschiebung keine Arbeit geleistet wird, sieht man leicht, daß dieser Ausdruck unabhängig ist von der Wahl des (Integrations-)Weges. Auf die Masseneinheit bezogen, bezeichnet man $\varphi(r) = -GM/r$ als das *Potential* im Abstand r von der Sonne. Dies ist einer der grundlegenden Begriffe der Himmelsmechanik wie der theoretischen Physik.

Die *Gesamtenergie* $E = E_{\text{kin}} + E_{\text{pot}}$ eines Planeten etc.

$$E = \frac{1}{2}mv^2 - G\frac{Mm}{r} \tag{6.29}$$

oder pro Masseneinheit gerechnet

$$\frac{E}{m} = \frac{v^2}{2} - G\frac{M}{r} \tag{6.30}$$

bleibt also zeitlich *konstant.* Wir entnehmen daraus wieder, daß die Geschwindigkeit vom Aphel zum Perihel zunimmt.

Die vollständige Berechnung der Planetenbewegung und die Ableitung des 3. Keplerschen Gesetzes wollen wir *nur für Kreisbahnen* durchführen[6]. Dagegen werden wir hier — im Hinblick auf spätere Verallgemeinerung — *nicht* mehr voraussetzen, daß die Planetenmasse ≪ Sonnenmasse sei. Wir betrachten daher die Bewegung zweier Massen einerseits um ihren gemeinsamen Schwerpunkt S und andererseits die Relativbewegung der beiden Massen, bezogen z.B. auf die größere. Es seien (Abb. 6.4) m_1 und m_2 die beiden Massen, a_1 und a_2 ihre Abstände

Abb. 6.3.   Abb. 6.4.

Abb. 6.3. Flächengeschwindigkeit eines Planeten $\frac{1}{2}|\mathfrak{r} \times \mathfrak{v}| = \frac{1}{2} r v \sin \alpha$

Abb. 6.4. Bewegung der Massen m_1 und m_2 um ihren gemeinsamen Schwerpunkt S. Es ist
$$m_1 a_1 = m_2 a_2$$

vom Schwerpunkt S und $a = a_1 + a_2$ ihr gegenseitiger Abstand. Dann gilt — entsprechend der Definition des Schwerpunktes —:

bzw.
$$\left. \begin{array}{l} a_1 : a_2 : a = m_2 : m_1 : (m_1 + m_2) \\[2mm] m_1 a_1 = m_2 a_2 = \dfrac{m_1 m_2}{m_1 + m_2}\, a\,. \end{array} \right\} \tag{6.31}$$

Für jede der beiden Massen muß nun die Anziehungskraft $G m_1 m_2 / a^2$ der Zentrifugalkraft das Gleichgewicht halten. Bezeichnen wir die Umlaufzeit des Systems mit T, so ist letztere z.B. für m_1

$$\frac{m_1 v_1^2}{a_1} = \left(\frac{2\pi}{T}\right)^2 \cdot m_1 a_1 \tag{6.32}$$

und für m_2 wegen Actio = Reactio bzw. (6.31) selbstverständlich gleich groß. Unter nochmaliger Anwendung dieser Gleichung erhalten wir nach Umordnung der Faktoren sogleich

$$\frac{a^3}{T^2} = \frac{G}{4\pi^2}(m_1 + m_2)\,. \tag{6.33}$$

Lassen wir die Voraussetzung von Kreisbahnen fallen, so bewegen sich die Massen m_1 und m_2 auf *ähnlichen Kegelschnitten* um den Schwerpunkt S; auch die relative Bahn ist ein entsprechender Kegelschnitt. An die Stelle der Bahnradien treten dann — wie wir hier nicht explizit durchrechnen wollen — die *großen Bahnhalb-*

---

[6] Die vollständige Durchrechnung findet man in jedem Lehrbuch der Mechanik etc.

achsen, die wir gleichfalls mit a_1, a_2 und a bezeichnen werden. So erhalten wir sogleich das verallgemeinerte 3. Keplersche Gesetz (6.33). Im Sonnensystem ist — wie wir sehen werden — die Masse z. B. des größten Planeten, Jupiter, nur $\sim \frac{1}{1000}$ Sonnenmasse. Mit entsprechender Genauigkeit können wir also rechts $m_1 + m_2$ gleich der *Sonnenmasse M* setzen. Durch Einsetzen der Zahlenwerte für die Bahn der Erde oder eines Planeten in (6.33) erhalten wir die *Masse der Sonne M*. Deren scheinbarer Halbmesser 16′ in Verbindung mit a gibt ihren Radius r. Aus $\frac{4\pi}{3} r^3 \overline{\rho} = M$ erhalten wir schließlich noch ihre *mittlere Dichte* $\overline{\rho}$. Die Zahlenwerte sind:

$$Sonne \begin{cases} \text{Masse } M = 1.989 \cdot 10^{33} \text{ g}; \\ \qquad r = 6.960 \cdot 10^{10} \text{ cm } (696\,000 \text{ km}); \\ \qquad \overline{\rho} = 1.409 \text{ g/cm}^3. \end{cases} \qquad (6.34)$$

(Die Unsicherheit beträgt jeweils ungefähr ± eine Einheit der letzten Dezimale.)

In entsprechender Weise berechnen wir die *Massen der Planeten* (Tab. 7.1) durch Anwendung des 3. Keplerschen Gesetzes (6.33) auf die Bahnen ihrer Monde (Satelliten). Sind keine Monde vorhanden, so muß man — was natürlich viel schwieriger ist — die gegenseitigen *Störungen* der Planeten heranziehen.

Es ist interessant, das „*Keplerproblem*" noch vom Standpunkt des *Energie-satzes* (6.29) aus zu betrachten: Für eine *Kreisbahn* ist die Zentrifugalkraft gleich der Anziehungskraft der beiden Massen und daher $\dfrac{m v^2}{r} = G \dfrac{M m}{r^2}$

oder

$$\text{Kreisbahn:} \qquad\qquad \frac{m v^2}{2} = \frac{1}{2} G \frac{M m}{r}. \qquad (6.35)$$

Es ist also die kinetische Energie E_{kin} gleich $-\frac{1}{2} \cdot$ potentielle Energie,

$$E_{kin} = -\frac{1}{2} E_{pot}. \qquad (6.36)$$

Man kann zeigen, daß diese Aussage *im Zeitmittel* für jedes beliebige System von Massenpunkten gilt, das durch *Gravitationskräfte* $\sim 1/r^2$ zusammengehalten wird. Dies ist der z. B. für die Theorie der Sternsysteme wichtige sog. *Virialsatz*.

Betrachten wir andererseits eine *Parabelbahn* (z. B. nichtperiodischer Komet): Im Unendlichen ist hier die potentielle *und* kinetische Energie gleich Null. Aus $E = 0$ folgt nach (6.29)

$$\frac{m v^2}{2} = G \frac{M m}{r} \quad \text{oder } E_{kin} = -E_{pot}. \qquad (6.37)$$

In demselben Abstand von der Sonne ist also die *parabolische Geschwindigkeit*, d. h. v auf einer Parabel, $\sqrt{2}$-mal größer als die Kreisbahn-Geschwindigkeit. Z. B. ist die mittlere Geschwindigkeit der Erde 30 km/sec, die Geschwindigkeit eines Kometen oder Sternschnuppenschwarmes, der uns auf einer Parabelbahn begegnet, $30\sqrt{2} = 42.4$ km/sec.

Neben dem Keplerproblem hat *Newton* noch viele andere Probleme der Himmelsmechanik gelöst.

Wenigstens in Umrissen besprechen wir zunächst die *Präzession*. Das Wandern der Erdachse um den Pol der Ekliptik beruht auf demselben Prinzip wie die entsprechende Bewegung des Spielkreisels unter dem Einfluß der Erdschwere: Der Äquatorwulst der Erde wird von Mond und Sonne — deren Massen wir uns im Mittel über so lange Zeiträume längs ihrer Bahnen verteilt denken können — in die Ebene der *Ekliptik* (der Mond hat ja nur eine kleine Bahnneigung) gezogen. Auf dieses Drehmoment $\mathfrak{M}$ (Abb. 6.5) reagiert der praktisch in der Rota-

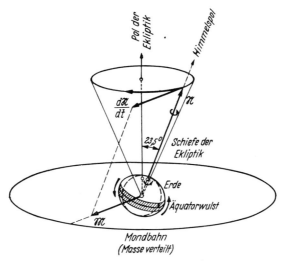

Abb. 6.5. Lunare Präzession

tionsachse der Erde liegende Drehimpulsvektor $\mathfrak{N}$ der Erde nach Gl. (6.16). Die Änderungen von $\mathfrak{N}$ entsprechend $\dfrac{d\,\mathfrak{N}}{d\,t} = \mathfrak{M}$ bewirken, wie man aus Abb. 6.5 ohne weiteres sieht, den bekannten Umlauf des $\mathfrak{N}$ bzw. der Erdachse auf einem Kegel mit konstantem Öffnungswinkel. Die zahlenmäßige Durchrechnung ergibt die richtige Periode der *lunisolaren Präzession* (Abb. 2.1).

Sodann sollten wir noch kurz das alte Problem der *Gezeiten* oder Tiden besprechen. Eine völlig unrichtige Theorie des (den Mittelmeervölkern ja nur vom Hörensagen bekannten) 12stündigen Wechsels von Ebbe (ablaufendes Wasser) und Flut (steigendes Wasser) hat s.Z. *Galilei* in Kontroversen verwickelt, die wesentlich zum Zustandekommen seines unglücklichen Inquisitionsprozesses beitrugen. Die Elemente einer *statischen Theorie* der Gezeiten hat wieder *Newton* entwickelt (Abb. 6.6).

Der Beschleunigungsvektor (d.h. die Differenz von Schwere- und Zentrifugalbeschleunigung), welcher bei der Bewegung von Erde und Mond um ihren gemeinsamen Schwerpunkt z.B. auf ein Wasserteilchen im Ozean ausgeübt wird, zeigt bei der oberen wie bei der unteren Kulmination des Mondes, d.h. bei seinem Durchgang durch den Meridian im Süden und im Norden, nach *oben*. Dort wird also das Wasser angehoben, wir haben Hochwasser. Ständig umkreisen die Erde, entsprechend der scheinbaren Bewegung des Mondes (1 Mondtag = 24^{h}51^m), zwei „Hochwasserberge" und zwei „Niedrigwasser-Täler" mit einer täglichen Verspätung von 51 Minuten. Die Gezeitenkräfte der Sonne betragen ungefähr

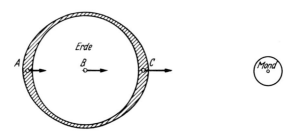

Abb. 6.6. Statische Theorie der Gezeiten. Die Beschleunigung der angezeichneten drei Punkte gegen den Mond ist, entsprechend ihrer verschiedenen Entfernung von diesem, A, untere Kulmination des Mondes: $b-\Delta$; B, Erdmittelpunkt (Schwerpunkt): b; C, obere Kulmination des Mondes: $b+\Delta$. Die (starre) Erde als Ganzes nimmt die Beschleunigung b an. In A und C bleibt infolgedessen eine Beschleunigung Δ übrig, die an beiden Punkten Hochwasser erzeugt

die *Hälfte* von denen des Mondes. Bei Neumond und Vollmond wirken die Gezeitenkräfte von Mond und Sonne zusammen und erzeugen die *Springflut*; im ersten und letzten Viertel wirken sie einander entgegen, wir haben *Nippflut*. Tatsächlich erklärt die dargestellte statische Theorie nur die gröbsten Züge der Erscheinungen. Die *dynamische Theorie* der Gezeiten untersucht, wie die verschiedenen Meeresbecken zu erzwungenen *Schwingungen* entsprechend den verschiedenen Perioden der scheinbaren Bewegungen von Mond und Sonne angeregt werden. Die Vorausberechnung der Gezeiten nach *G. Darwin* läuft im wesentlichen heraus auf eine harmonische (Fourier-)Analyse und Synthese nach den erwähnten astronomischen Frequenzen. Die *Gezeitenreibung* in engen Meeresstraßen bewirkt, wie wir schon in Abschn. 3 erwähnten, eine Bremsung der Erdrotation und damit eine *Zunahme der Tageslänge*. Nach dem Drehimpulssatz (6.17) muß der von der Erde abgegebene Drehimpuls auf die Bahnbewegung des Mondes übertragen werden. Da nach dem III. Keplerschen Gesetz der Bahndrehimpuls pro Masseneinheit proportional zur Quadratwurzel aus dem Bahnradius ist, so muß also der Mond sich langsam von der Erde entfernen.

Wir wollen die *Theorie der Planetenbewegung* nicht abschließen, ohne vom modernen Standpunkt aus zurückblickend die entscheidende Wendung vom ptolemäischen zum kopernikanischen Weltsystem ganz klarzumachen (Abb. 6.7).

Von der Sonne aus (heliozentrisch) aufgetragen, sei der Ortsvektor eines Planeten $\mathfrak{r}_P$, der der Erde $\mathfrak{r}_E$. Dann ist der von der Erde aus (geozentrisch) gesehene Ort des Planeten gekennzeichnet durch den Differenzvektor

$$\mathfrak{R} = \mathfrak{r}_P - \mathfrak{r}_E . \tag{6.38}$$

Von hier aus kehren wir noch einmal zurück zum *geozentrischen Standpunkt des Ptolemäus*: a) Bei den *äußeren Planeten* (z. B. Mars ♂) beginnen wir damit, daß wir von der *Erde* aus zunächst den Vektor $\mathfrak{r}_P$ auftragen und ihn in derselben Weise umlaufen lassen wie vorher um die Sonne. Zu $\mathfrak{r}_P$ addieren wir nach (6.38) den Vektor $-\mathfrak{r}_E$ ($=$ Lagevektor der Sonne, von der Erde aus gesehen) und erhalten so den Lagevektor $\mathfrak{R}$ des Planeten von der Erde aus gesehen. Der immaterielle Kreis, den $\mathfrak{r}_P$ mit der siderischen Umlaufzeit des Planeten um die Erde beschreibt,

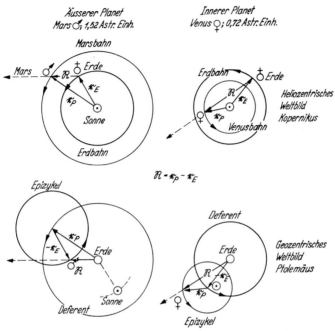

Abb. 6.7. Bewegung eines äußeren Planeten (Mars) und eines inneren Planeten (Venus) an der Himmelssphäre; heliozentrisch und geozentrisch dargestellt. Der Pfeil ←-- zeigt jeweils die Stellung des Planeten am Himmel. Die monatlichen Bewegungen von Erde und Planet sind an den Kreisen angezeichnet. Es entsprechen für

	Äußere Planeten	Innere Planeten
Deferent	$\mathfrak{r}_P$	$-\mathfrak{r}_E$
Epizykel	$-\mathfrak{r}_E$	$\mathfrak{r}_P$

ist der ptolemäische *Deferent*. Der andere Kreis, den um den Punkt $\mathfrak{r}_P$ nun der Planet am Ende des Vektors $-\mathfrak{r}_E$ mit der siderischen Umlaufzeit der Erde beschreibt, ist der ptolemäische *Epizykel*. b) Bei den *inneren Planeten* erschien es den Alexandrinern naheliegender, um die Erde zunächst den größeren Vektor mit der Periode von einem siderischen Jahr um die Erde als *Deferent* kreisen zu lassen und dann um den Punkt $-\mathfrak{r}_E$ den kleineren Vektor $\mathfrak{r}_P$ mit der siderischen Umlaufzeit des Planeten als *Epizykel* laufen zu lassen.

Soweit entsprechen die geozentrischen Konstruktionen noch genau der Gleichung $\mathfrak{R} = \mathfrak{r}_P - \mathfrak{r}_E$. Die Darstellung unter (b), auf *alle* Planeten angewandt, entspräche dem Weltsystem von *Tycho Brahe*.

Tatsächlich aber haben wir den Übergang zum ptolemäischen Weltsystem noch nicht vollständig vollzogen: Solange man nur den Ort der Planeten am Himmel, d.h. nur ihre Richtung, nicht aber ihre Entfernung messen konnte, kam es nur auf die Richtung, nicht aber auf den Betrag des Vektors $\mathfrak{R}$ an. Man konnte $\mathfrak{R}$ also für jeden Planeten in einem anderen Maßstab auftragen. Das heißt die Vektoren

$$\mathfrak{R}'_P = A_P \cdot \mathfrak{R}_P \tag{6.39}$$

mit einem festen, aber sonst willkürlichen Zahlenfaktor A_P für jeden Planeten geben im ptolemäischen Weltbild noch eine völlig einwandfreie Darstellung der Bewegungen der Planeten am Himmel.

Nun übersehen wir klar, was bei dem stufenweisen Rückgang vom kopernikanischen zum ptolemäischen Weltsystem verlorengegangen ist:

1. Der Wechsel des Koordinatensystems bedeutet den Verzicht auf eine einfache mechanische Erklärung.

2. Die Maßstabfaktoren A_P lassen zwar die Positionen der Planeten an der Sphäre unverändert, aber die wechselseitigen Lagebeziehungen der Planeten im Raum gehen dadurch verloren.

3. Daß in der ptolemäischen Darstellung die jährliche Periode — entsprechend der Bewegung von r_E — für *jeden* Planeten *unabhängig* eingeführt wird, bedingt mit die „Umständlichkeit" des alten Weltbildes.

Es ist aber wichtig, sich klarzumachen, daß die rein *kinematische* Betrachtung der Bewegungen der Planeten am Himmel eine Entscheidung zwischen dem alten und dem neuen Weltbild nicht zuließ. Weiter führten eigentlich erst *Galileis* Beobachtungen mit dem Fernrohr (1609): a) Jupiter mit den ihn frei umkreisenden Monden konnte man als ein „Modell" des kopernikanischen Planetensystems betrachten. b) Die Phasen der Venus bestimmen die relative Lage von Sonne, Erde und Venus. Die Kleinheit der Phasenwinkel z.B. des Jupiter spricht jedenfalls qualitativ für Kopernikus. Schon die *Idee* einer Himmels*mechanik* setzte — dies sollte man nicht vergessen — voraus, daß vorher über die *grundsätzliche Gleichartigkeit* kosmischer und terrestrischer Materie und ihrer Physik Klarheit bestand.

e) Künstliche Satelliten und Raumfahrzeuge
Weltraumforschung

Betrachten wir noch kurz die Bahnen künstlicher Satelliten und Raumfahrzeuge! Dabei wollen wir hier nur das Schwerefeld der Erde berücksichtigen, uns auf Kreisbahnen beschränken und die bremsende Wirkung der Erdatmosphäre vernachlässigen.

Ein Satellit, der eine Kreisbahn in unmittelbarer Nähe der Erde (Erdradius $r_0 = 6380$ km) beschreibt, muß nach (6.35) eine Geschwindigkeit $v_0 = 7.9$ km/sec und eine Umlaufzeit $T_0 = 84.4$ min haben. Bei größeren Bahnen vom Radius r ist nach dem 3. Keplerschen Gesetz die Geschwindigkeit $v = v_0 (r/r_0)^{-1/2}$ und die Umlaufzeit $T = T_0 (r/r_0)^{3/2}$. Insbesondere wird die Umlaufzeit gleich 1 Sterntag für $r = 6.6$ Erdradien. Ein solcher Synchronsatellit „steht" dann über derselben Stelle der Erdoberfläche.

Um ein Raumfahrzeug, das keinen Treibsatz mitführt, aus dem Schwerefeld der Erde (allein) ins Unendliche zu bringen, muß ihm mindestens die parabolische oder Entweich-Geschwindigkeit $v_0\sqrt{2} = 11.2$ km/sec erteilt werden.

Jules Verne wollte in seinem herrlichen Roman „Von der Erde zum Mond" (1865)[7] dieses Problem mit Hilfe einer gigantischen Kanone lösen. Dies geht aber nicht, da die Anfangsgeschwindigkeit einer Granate nicht wesentlich über der — zu kleinen — Schallgeschwindigkeit in den Pulvergasen liegen kann.

Größere Geschwindigkeiten erreicht man mittels *Raketen*. Wir verdeutlichen uns deren Mechanik zunächst für eine Rakete ohne Schwerkraft (d. h. auf einer horizontalen Testbahn oder im Weltraum) und ohne Luftwiderstand. Es sei die Masse von Hülle etc. plus Treibstoff zur Zeit t gleich $m(t)$. Die Änderung von $m(t)$ pro Zeiteinheit, entsprechend der Masse der pro Zeiteinheit ausgestoßenen Verbrennungsprodukte, sei dm/dt. Ist nun die Ausströmungsgeschwindigkeit der Verbrennungsprodukte relativ zur Rakete gleich v_E, so wird der pro Zeiteinheit auf sie übertragene Impuls gleich $-\dfrac{dm}{dt}\,v_E$. Betrachten wir nun die Beschleunigung der Rakete vom Standpunkt eines mitbewegten Beobachters (Astronauten) aus, so erhalten wir sofort die Newtonsche Bewegungsgleichung

$$m(t)\frac{dv}{dt} = -\frac{dm}{dt}\cdot v_E \quad\text{oder}\quad \frac{dv}{v_E} = -\frac{dm}{m(t)}. \tag{6.40}$$

Durch Integration der letzteren Gleichung erhalten wir mit der Anfangsbedingung, daß beim Start $t = 0$, $v = 0$ die Masse gleich m_0 sein soll, sofort die *Raketengleichung*

$$v = v_E \ln \frac{m_0}{m(t)}. \tag{6.41}$$

Hätten wir das (homogene) Schwerefeld in der Nähe der Erde mit berücksichtigt, so käme bei senkrechtem Start rechts der bekannte Galileische Term $-gt$ hinzu.

Rechnen wir — einigermaßen günstig — mit $v_E = 4$ km/sec und beim Ausbrennen mit $m_0/m = 10$, so erreichen wir (ohne Luftwiderstand!) als Endgeschwindigkeit unserer einstufigen Rakete $v = 9.2$ km/sec. Für die eigentliche Weltraumfahrt muß man daher mehrstufige Raketen verwenden, deren Grundprinzip durch mehrmalige Anwendung der Raketengleichung (6.41) ohne weiteres deutlich wird.

Im 2. Weltkrieg wurde auf deutscher Seite die V2-Rakete konstruiert, welche Höhen von fast 200 km erreichen konnte. Nach dem Kriege wurden in den USA die V2 und verbesserte Raketen zur Erforschung der höchsten Schichten der

---

[7] Eine deutsche Übersetzung von „De la terre à la lune" erschien im Diogenes-Verlag (Zürich 1966). Unsere Futurologen könnten beim Lesen von *Jule Verne's* Voraussagen vor Neid erblassen: Seine Abschußstelle liegt nur 150 km von Cape Canaveral, dem heutigen Cape Kennedy entfernt. Zur Beobachtung des Projektils wird ein $\sim 200''$-Spiegelteleskop (!) gebaut; einer der ersten Tests ist die vollständige Auflösung des Crabnebels!

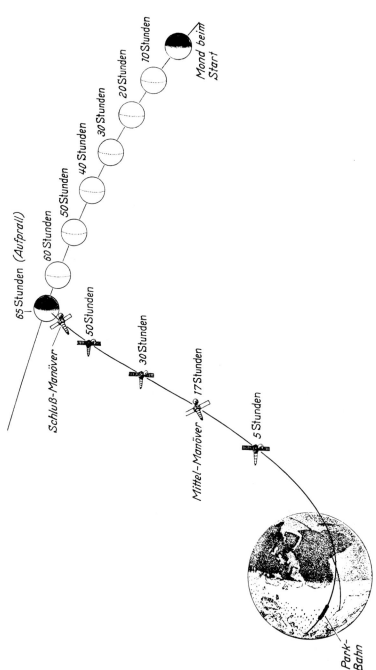

Abb. 6.8. Reise einer Ranger-Raumsonde zum Mond (ca. 400000 km in 65 Stunden): Eine Atlas-Rakete als 1. Stufe (die nach dem Ausbrennen abgeworfen wird) und eine Agena als 2. Stufe bringen den Ranger-Satelliten in eine „Park-Bahn". In dieser legt er einige hundert bis tausend Kilometer zurück, bis ein günstiger Startpunkt erreicht ist. Dann bringt eine zweite Zündung der Agena diese mit dem Ranger auf die zum Verlassen des Schwerefeldes der Erde nötige Geschwindigkeit. Nach Abstoßen der Agena-Hülle wird der Ranger nach Sonne und Erde ausgerichtet. Etwa in der Mitte der Bahn erfolgt eine Bahnkorrektur mittels Rückstoß von Gasströmen (aus geeignet angeordneten Düsen). Ungefähr 1 Stunde vor Erreichen des Mondes wird der Ranger auf den Mond zu orientiert. Ca. 15 Minuten vor dem Auftreffen werden die Fernsehkameras in Tätigkeit gesetzt. Ranger IX z.B. hat dann bis zum Aufprall 5814 Bilder über die 85'-Antenne in Goldstone/Texas zur Erde gesendet

Erdatmosphäre (Ozonschicht, Ionosphäre) und der kurzwelligen Sonnenstrahlung ($\lambda < 2850 \text{ Å}$) verwendet. Auch heute noch ist die Forschung mit einfachen Raketen von großer Bedeutung, denn sie erschließt uns mit verhältnismäßig bescheidenem Aufwand die von der Erdatmosphäre vollständig absorbierten Spektralgebiete: das kurzwellige Ultraviolett (Lymangebiet), die Röntgenstrahlung und Gammastrahlung kosmischer Gebilde und auf der anderen Seite das Ultrarot bis in den mm-Bereich und schließlich die von der Ionosphäre reflektierte Radiofrequenz-Strahlung mit Wellenlängen etwa von 30 m bis 1 km. Die Beobachtungsdauer ist allerdings auf wenige Minuten beschränkt. Man gewinnt die Meßergebnisse entweder, indem man den Meßkopf der Rakete absprengt und am Fallschirm zur Erde holt oder über eine durch geeignete Verschlüsselung sehr leistungsfähige Funkverbindung, die sogenannte Telemetrie.

Am 4. Oktober 1957 gelang es russischen Forschern, den ersten *künstlichen Satelliten Sputnik I* auf eine Umlaufbahn mit kleinster Höhe 225 km und größter Höhe 950 km zu bringen. Seitdem sind hunderte von Satelliten für Zwecke der Forschung und der Nachrichtentechnik gestartet worden. Besonders wichtig

Abb. 6.9. Das Landefahrzeug (Lunar Module) von Apollo 11 ist im Mare Tranquillitatis gelandet. Astronaut *E. Aldrin* stellt die seismische Station auf. Vorn erkennt man viele kleine, links hinten einen größeren Krater. Auf dem Boden liegen Gesteinsbrocken; in dem feinen Staub hinterlassen die Schuhe der Astronauten scharfe Abdrücke

für die Gewinnung langer astronomischer Beobachtungsreihen außerhalb der Erdatmosphäre sind die hervorragend (bis $\sim 1''$) stabilisierten Satelliten der Serien OSO = Orbiting Solar Observatory und OAO = Orbiting Astronomical Observatory. Abb. 6.8 veranschaulicht den unbemannten Flug einer amerikanischen Ranger-Raumsonde zum Mond mit „harter" Landung.

Am 12. 4. 1961 wagte *J. Gagarin* den ersten bemannten Weltraumflug. Das ebenso schwierige wie kostspielige Problem der Landung von Menschen auf dem Mond bewältigte die NASA = National Aeronautics and Space Administration der USA nach folgendem Prinzip: Mittels einer dreistufigen Rakete wird der Mond angeflogen. Während einer der Astronauten in der 3. Stufe den Mond vielmals umkreist, landen die beiden anderen Astronauten mittels eines Hilfsfahrzeugs (LM = Lunar Module) auf dem Mond. Nach Durchführung ihrer Aufgaben starten sie mit Hilfe eines Raketenmotors, koppeln ihr LM an die 3. Raketenstufe wieder an und treten in dieser nach Abstoßen des unnötig gewordenen Hilfsfahrzeuges die Rückfahrt an. Die wesentlichen Schwierigkeiten der Landung liegen in der starken Erhitzung beim Wiedereintritt in die Erdatmosphäre (Hitzeschild!) und der zeitweiligen Unterbrechung des Funkverkehrs durch die Ionisation der Luft.

Die erste Landung auf dem Mond führten am 20. Juli 1969 mit *Apollo 11* die Astronauten *N. Armstrong*, *M. Collins* und *E. Aldrin* im Mare Tranquillitatis durch (Abb. 6.9). Sie hinterließen dort eine Forschungsstation, die u. a. ein Seismometer enthält und brachten 22 kg Mondgestein und loses Material zur Erde.

Russische Forscher haben indessen die Technik unbemannter automatisierter bzw. ferngesteuerter Mondexpeditionen entwickelt. Sie haben mit *unbemannten* Weltraumfahrzeugen Gesteinsproben vom Mond zur Erde geholt; das Mond-Automobil Lunochod erkundete auf seinen ferngesteuerten Fahrten weitere Gebiete der Mondoberfläche.

Die Ergebnisse der bemannten und unbemannten Flüge zum Mond sowie der ebenso interessanten Mars- und Venus-Missionen werden wir im Zusammenhang mit den betreffenden kosmischen Objekten besprechen.

7. Physische Beschaffenheit der Planeten und ihrer Monde

Die Untersuchung der Planeten und ihrer Satelliten hat sich in den letzten Jahren unter der Führung der Weltraumforschung zu einem der interessantesten, aber auch schwierigsten Kapitel der Astrophysik entwickelt. Die Deutung der Beobachtungen verlangt insbesondere alle verfügbaren Hilfsmittel der *Physikalischen Chemie* (chemische Gleichgewichte, Zustandsdiagramme etc.). Wir beginnen hier mit einigen Bemerkungen zur Methodik, können aber die benötigten Instrumente zum Teil erst in Abschn. 9 behandeln. Dann besprechen wir einige allgemeine *theoretische Gesichtspunkte*.

Auf dieser Grundlage berichten wir zuerst über die Erde und dann den Mond — die am genauesten studierten Mitglieder des Planetensystems — sowie die *erdartigen Planeten* Merkur, Venus und Mars, endlich die Planetoiden. Alle diese Himmelskörper haben mittlere Dichten $\overline{\rho}$ im Bereich von ~ 3.9 bis 5.5 g cm^{-3}, etwa entsprechend terrestrischen Gesteinen oder Metallen. Dann wenden wir uns den völlig anders gebauten *großen Planeten* Jupiter, Saturn, Uranus und Neptun zu. Deren mittlere Dichten $\bar{\rho}$ liegen im Bereich 0.7 bis 1.6 g cm^{-3}, ungefähr entsprechend verflüssigten Gasen im Laboratorium. Über Pluto, das „Findelkind unseres Planetensystems", begnügen wir uns mit einigen Bemerkungen.

Die *Entstehung und Entwicklung unseres Planetensystems* (Kosmogonie) kann sinnvoll erst im Zusammenhang mit der Entwicklung der Sterne diskutiert werden (Abschn. 31).

a) Möglichkeiten zur Erforschung der Planeten und Satelliten

1. Über die Messung der scheinbaren und wahren *Durchmesser der Planeten*, über ihre *Massen* und die damit berechneten *mittleren Dichten* $\bar{\rho}$ brauchen wir nichts weiter auszuführen. Zahlenwerte (auch zum folgenden) sind in Tab. 7.1 zusammengestellt; ein anschauliches Bild der wahren Größen von Planeten und Sonne gibt Abb. 7.1.

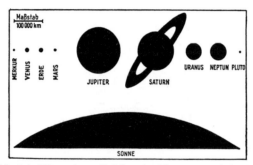

Abb. 7.1. Die wahren Größen der Planeten und der Sonne

2. Die *Rotationsdauer* kann man ermitteln aus der teleskopischen Beobachtung irgendwelcher hinreichend permanenter Oberflächenerscheinungen. Eine andere Möglichkeit bildet der Dopplereffekt der Fraunhoferlinien im reflektierten Sonnenlicht oder der Absorptionslinien der Atmosphäre selbst (Radar-Messungen siehe unter 6).

3. Das *Reflexionsvermögen* eines Planeten etc. beschreibt man durch Angabe der *Albedo*, definiert als Verhältnis des nach allen Seiten reflektierten bzw. gestreuten Lichtes zum einfallenden Licht. Etwas eingehendere Auskunft gibt — soweit meßbar — die Helligkeit als Funktion des Phasenwinkels bzw. die Flächenhelligkeit als Funktion von Einfalls- und Ausfallswinkel, sowie Messung der *Polarisation* des Lichtes.

4. Im *Spektrum* eines Planeten lassen sich wenigstens manche *Gase* durch ihre *Absorptionsbanden* nachweisen. Die bei Beobachtung durch unsere Erdatmosphäre stets vorhandenen (störenden) *terrestrischen Banden* von H_2O, CO_2, O_3... hofft man durch Beobachtungen von Stratosphärenballons und künstlichen Satelliten aus zu vermeiden.

5. Über die *Temperaturen* in den Atmosphären oder — sofern diese hinreichend durchsichtig sind — an den Oberflächen der Planeten und Satelliten erhalten wir Auskunft durch Messung der Intensität ihrer thermischen Eigenstrahlung im Infraroten (*E. Pettit* und *S. B. Nicholson* u. a.) oder im mm- bis dm-Gebiet des Radiospektrums. Welchen Schichten die gemessenen Strahlungstemperaturen jeweils zuzuordnen sind, kann freilich erst in Verbindung mit einem theoretischen Modell der Atmosphäre geklärt werden.

6. Die *Radartechnik* hat in den letzten zehn Jahren eine solche Genauigkeit erreicht, daß man zunächst — wie wir schon ausführten — aus Messungen der Entfernung und der Geschwindigkeit der Venus relativ zur Erde die *Sonnenparallaxe* und damit die *astronomische Einheit* mit ungeahnter Genauigkeit ermitteln konnte. Bald gelang es auch noch, ringförmige Zonen um den Mittelpunkt des Planetenscheibchens nach den *Laufzeitdifferenzen* der Radarwellen zu unterscheiden. Rotiert der Planet, so kann man weiterhin Streifen parallel zur Projektion der Rotationsachse nach den Differenzen in der *Dopplerverschiebung* der reflektierten Radarwelle unterscheiden. Beobachtungen zu verschiedenen Zeiten gestatten schließlich, die verbleibende Zweideutigkeit (zwei etwa zum Äquator spiegelbildliche Punkte geben gleiche Laufzeit und gleiche Dopplerverschiebung der Radarwellen) weitgehend zu beseitigen. Amerikanische Ingenieure haben bei *Arecibo* in Puerto Rico in einem Cañon u. a. für derartige Untersuchungen eine Paraboloid-Antenne aus Drahtnetz mit 300 m Durchmesser aufgespannt. So konnte man endlich die *Rotation von Venus und Merkur* eindeutig messen und sogar auf der Oberfläche der Venus durch eine völlig dichte Wolkendecke hindurch einzelne Berge und Krater lokalisieren.

Einige Ergebnisse der unter 1. bis 6. dargestellten Meßmethoden sind für die einzelnen Planeten in Tab. 7.1 zusammengestellt; hinzugefügt haben wir noch die Anzahl der heute bekannten Satelliten.

b) Einige theoretische Bemerkungen über die Atmosphären der Planeten etc.

Ehe wir uns den einzelnen Planeten und ihren Satelliten zuwenden, mögen noch einige allgemeine Bemerkungen über Temperatur, Aufbau und Beständigkeit ihrer Atmosphären Platz finden. Schließlich fragen wir noch, unter welchen Bedingungen z. B. ein Satellit den Gezeitenkräften seines Zentralkörpers standhalten kann.

1. Temperatur der Planeten. Wir gehen davon aus, daß die inneren Energiequellen der Planeten im Vergleich zu der solaren Einstrahlung jedenfalls sehr gering sind. Die *Zustrahlung* von der Sonne ist in 1 AE Entfernung gegeben durch die Solarkonstante (Abschn. 12); für einen Planeten mit dem Bahnradius r wird sie $\sim 1/r^2$ sein. Die Albedo < 1 kann leicht berücksichtigt werden. Die *Abstrahlung* im Infrarot wäre für einen „schwarzen" Planeten nach dem Stefan-Boltzmannschen Strahlungsgesetz $\sim$ Oberfläche $\times T^4$. Da Zu- und Abstrahlung sich die Waage halten, nimmt daher im großen und ganzen mit wachsendem Abstand r eines Planeten von der Sonne $T^4 \sim 1/r^2$, d.h. seine Temperatur $T \sim 1/\sqrt{r}$ ab. Im einzelnen sind erhebliche Abweichungen von dieser einfachen Beziehung

Tab. 7.1. Physische Beschaffenheit der Planeten und des Mondes.
Radius in Einheiten von $R_\delta = 6378.3$ km. Masse in Einheiten von $M_\delta = 5.98 \cdot 10^{27}$ g $\; g = M_\odot/333000$. Mittlere Dichte ρ in g $\cdot$ cm^{-3}. Nach W. H. McCrea (1969) beträgt die mittlere Dichte von Merkur + Venus 5.25 g $\cdot$ cm^{-3} bzw. Erde + Mond + Mars 5.27 g $\cdot$ cm^{-3}

Name	Äquatorialer Radius R/R_δ	Masse M/M_δ	Mittlere Dichte g $\cdot$ cm^{-3}	Siderische Rotations-dauer (Tage)	Zahl der Monde	Atmosphäre (Spuren)
Merkur	0.3824	0.0553	5.44	58.65	0	—
Venus	0.9495	0.815	5.24	243.0	0	CO_2, N_2, H_2O (HCl, HF)
Erde	1.0000	1.000	5.51	0.9985	1	N_2, O_2, H_2O, Ar, CO_2
Mond	0.2725	0.0123	3.34	27.32	—	—
Mars	0.5334	0.107	3.90	1.026	2	CO_2, H_2O, (CO)
Ceres[a] (Planetoiden)	0.0604	0.00020	~5	—	0	—
Jupiter	11.116	317.89	1.33	0.4101	12	H_2, He, CH_4, NH_3 [c]
Saturn	9.407	95.18	0.68	0.4264	10	H_2, He, CH_4, NH_3
Uranus	3.982	14.55	1.31[b]	0.4507	5	H_2, He, CH_4, NH_3
Neptun	3.810	17.24	1.66[b]	0.6583	2	H_2, He, CH_4, NH_3
Pluto	0.50	0.11	~4.86	6.39	0	—

[a] Größter Planetoid. — Gesamtmasse aller Planetoiden $\approx 4 \cdot 10^{-4}$ Erdmassen.

[b] Etwas ältere Daten geben 1.60 bzw. 2.25 g cm^{-3}.

[c] Weiterhin Spuren von Äthan C_2H_6 und Azetylen C_2H_2.

zu erwarten: Bei langsamer Rotation wird die Balance zwischen Zu- und Abstrahlung auf die sonnenbeschienene Hemisphäre zu begrenzen sein; bei rascher
Rotation dagegen wird sich die Temperatur zwischen Tag- und Nachthälfte
ausgleichen. Weiterhin kann eine erhebliche Abhängigkeit der Durchlässigkeit
der Atmosphäre von der Wellenlänge der Strahlung zu dem bekannten „Glas-
hauseffekt" oder zur Aufheizung einzelner Schichten führen; wie z.B. der Ozonschicht der Erdatmosphäre.

2. Aufbau der Planetenatmosphären. Die Druckschichtung einer Planetenatmosphäre ist bestimmt durch die hydrostatische Gleichung

$$\mathrm{d}p = -g \cdot \rho\, \mathrm{d}h. \tag{7.1}$$

Das heißt: Ein Schichtelement der Höhe $\mathrm{d}h$ enthält pro cm^2 Grundfläche die
Masse $\rho\,\mathrm{d}h$ und bedingt so eine Zunahme der Kraft pro cm^2, d.h. des Druckes
$\mathrm{d}p$ nach unten entsprechend seinem Gewicht $g\,\rho\,\mathrm{d}h$ (g = Schwerebeschleunigung).
Andererseits ist der Druck p mit der Dichte ρ und dem mittleren Molekulargewicht μ verknüpft durch die Zustandsgleichung des idealen Gases ($\mathfrak{R} = 8.317$
$\cdot 10^7$ erg/grad; universelle Gaskonstante)

$$p = \frac{\rho}{\mu} \mathfrak{R} T. \tag{7.2}$$

Einsetzen in (7.1) ergibt

$$\frac{\mathrm{d}p}{p} = -\frac{g\mu}{\mathfrak{R}T}\,\mathrm{d}h \quad \text{oder} \quad \frac{\mathrm{d}p}{p} = -\frac{\mathrm{d}h}{H} \quad \text{mit } H = \frac{\mathfrak{R}T}{g\mu}. \tag{7.3a u. b}$$

Ist die sog. Äquivalenthöhe oder Skalenhöhe H konstant, so können wir
leicht integrieren und erhalten die für mäßige Höhenbereiche brauchbare baro-
metrische Höhenformel

$$\ln p - \ln p_0 = -\frac{h}{H} \quad \text{oder} \quad p = p_0 e^{-h/H}, \tag{7.4}$$

wo p_0 den Druck am Boden bzw. in der Ausgangsschicht $h = 0$ bedeutet. Ganz
allgemein folgt aus (7.3) für den Bereich zwischen zwei Niveaus der Höhen h_1 und
h_2 mit den Drucken p_1 und p_2

$$\ln p_2 - \ln p_1 = -\int_{h_1}^{h_2} \frac{\mathrm{d}h}{H(h)}; \tag{7.5}$$

wegen Gl. (7.3b) hängt also der Aufbau einer Planetenatmosphäre ab von a) der
Schwerebeschleunigung auf dem Planeten g, b) dem mittleren Molekulargewicht
μ, d.h. chemischer Zusammensetzung, evtl. Dissoziation und Ionisation der atmosphärischen Gase und c) der Temperaturverteilung $T(h)$. Letztere wiederum ist
bestimmt durch die Mechanismen des *Energietransportes.*

3. Entweichen von Gasen aus der Atmosphäre eines Planeten oder Satelliten.
Wir fragen weiterhin, inwieweit ein *Planet, Satellit* etc. eine eigene *Atmosphäre*
festhalten kann? Die Moleküle eines Gases mit dem Molekulargewicht μ und der

absoluten Temperatur T haben nach der kinetischen Gastheorie eine (wahrscheinlichste) Geschwindigkeit $\bar{v} = \sqrt{2\Re\, T/\mu}$, wo $\Re = 8.317 \cdot 10^7$ erg grad^{-1} wieder die Gaskonstante bedeutet. Ein Molekül der Geschwindigkeit v kann nach (6.37) von einem Himmelskörper mit Masse M und Radius R entweichen, wenn $v^2/2 \geq GM/R$ ist. Berücksichtigt man nach *Maxwell* und *Boltzmann* noch die Häufigkeitsverteilung der Molekülgeschwindigkeiten $v > \bar{v}$, so versteht man, daß z. B. *Merkur*, unser *Mond* und die meisten Satelliten praktisch keine Atmosphäre haben können, daß aber andererseits z. B. der größte Saturnmond *Titan* bei der unter 1. berechneten Temperatur tatsächlich seine Atmosphäre lange Zeit festhalten kann.

4. Grenze für die Stabilität eines Satelliten. Ein Satellit, der im Abstand r seinen Zentralkörper umkreist, wird durch dessen Gezeitenkräfte (Abschn. 6) auseinandergezogen und bei starker Annäherung zerrissen bzw. gar nicht erst gebildet werden. Wenn der Satellit nicht allzu klein ist, dürfen wir von seiner inneren Kohäsion absehen und können die maßgebenden Gravitationskräfte leicht abschätzen. Es sei für den Zentralkörper (Planet) die Masse M, der Radius R und die mittlere Dichte ρ; entsprechend für den Satelliten M_s, R_s und ρ_s. Nun können wir die gegenseitige Anziehung der Teile des Satelliten abschätzungsweise berechnen, wie wenn zwei Massen $\sim M_s/2$ einen gegenseitigen Abstand R_s hätten, d. h. als

$$G\frac{M_s \cdot M_s}{4R_s^2}. \tag{7.6}$$

Auf der anderen Seite wird die Gezeitenkraft, welche die beiden fiktiven Massen $M_s/2$ auseinanderzieht, etwa gleich dem Unterschied der Anziehung durch den Zentralkörper M in den Abständen r und $r + R_s$ sein, d. h.

$$G\frac{M \cdot M_s}{2}\, \Delta\frac{1}{r^2} \approx G\frac{M M_s}{r^3} \cdot R_s. \tag{7.7}$$

Zentrifugal- (bzw. Trägheits-)terme sind von derselben Größenordnung wie die angeschriebenen Kräfte. Die Bedingung für die Stabilität des Satelliten lautet also

$$G\frac{M_s \cdot M_s}{4R_s^2} \geq c \cdot G\frac{M M_s}{r^3} \cdot R_s, \tag{7.8}$$

wo c eine Zahl der Größenordnung Eins bedeutet. Berücksichtigt man noch, daß für den Satelliten $M_s = \frac{4\pi}{3}\rho_s \cdot R_s^3$ und entsprechend für den Planeten $M = \frac{4\pi}{3}\rho \cdot R^3$ gilt, so erhält man

$$\frac{r}{R} \geq (4c)^{1/3}\left(\frac{\rho}{\rho_s}\right)^{1/3}. \tag{7.9}$$

Eine genauere Rechnung nach *E. Roche* (1850) ergibt (genauer gesagt, für einen — wie z. B. unser Mond — mitrotierenden Satelliten) die *Stabilitätsgrenze*:

$$\frac{r}{R} \geq 2.45(\rho/\rho_s)^{1/3}. \tag{7.10}$$

Ein Satellit, der die gleiche Dichte hat wie sein Zentralkörper, „darf" also diesem nicht näher sein als 2.45 Planetenradien.

c) Erde und Mond. Die erdartigen Planeten Merkur, Venus, Mars und die Planetoiden

Innerhalb des Planetoidenringes — der das Sonnensystem in zwei physikalisch verschiedene Zonen teilt — haben alle Planeten weniger als 1 Erdmasse und mittlere Dichten von 3.9 bis 5.5 g cm^{-3}. Sie bestehen offensichtlich im wesentlichen aus Festkörpern. Ihre Atmosphären sind im chemischen Sinne oxydierend, sie enthalten O_2, CO_2, H_2O, N_2 ... So erscheint es gerechtfertigt, sie als „*erdartige Planeten*" zusammenzufassen. Als Paradigma betrachten wir zuerst unsere *Erde* etwas genauer; selbstverständlich kann es nicht unsere Absicht sein, einen Abriß der Geophysik zu geben. Die Kenntnis unseres *Mondes* ist innerhalb weniger Jahre dank den Erfolgen der Weltraumforschung sprungartig angewachsen. Auch *Merkur, Venus* und *Mars* konnte man aus der Nähe beobachten. Für den ganzen inneren Bereich des Sonnensystems haben die Radio- und besonders die Radarastronomie viele, z. T. ziemlich unerwartete Ergebnisse geliefert.

1. Die Erde ♁. Infolge ihrer Rotation ist die Erde (in guter Näherung) ein *abgeplattetes Ellipsoid* (das sog. Erdsphäroid) mit dem

$$\text{Äquatorial-Radius } a = 6378.2 \text{ km},$$
$$\text{Polar-Radius } b = 6356.8 \text{ km}$$

und der Abplattung

$$\frac{a-b}{a} = \frac{1}{298}.$$

Abplattung und Zentrifugalkraft bewirken, daß die Schwerkraft am Äquator $\frac{1}{190}$ kleiner ist als am Pol.

Wir kennen schon die *mittlere Dichte* der Erde $\overline{\rho} = 5.51$ g/cm^3. Die Dichte der *Erdkruste* (Granit, Basalt) ist 2.6 bis 3 g/cm^3. Über die Zunahme der Dichte mit der Tiefe gibt das — aus den Kreisel-Bewegungen der Erde ermittelte — Trägheitsmoment ($\Sigma m r^2$) wenigstens summarische Auskunft. Weiter führten Untersuchungen über die Ausbreitung von *Erdbebenwellen*. Bei einem Erdbeben entstehen in dem verhältnismäßig oberflächennahen Herd elastische Longitudinal- und Transversalwellen. Diese breiten sich durch das Erdinnere aus und werden dort entsprechend der Tiefenabhängigkeit der Elastizitätskonstanten und der Dichte gebrochen, reflektiert und ineinander umgewandelt. Durch genaueres Studium der Ausbreitung seismischer Wellen fand um 1906 E. *Wiechert* in Göttingen, daß im Erdinneren mehrere *Diskontinuitätsflächen* sind, in denen sich die *Elastizitätskonstanten* und die *Dichte* ρ sprunghaft ändern. Die *Erdkruste* ($\rho = 2.6$ bis 3.0 g/cm^3) hat unter den Flachländern eine Dicke von ungefähr 30—40 km und wird unter jungen Hochgebirgen bis 70 km mächtig. Unter den Ozeanen geht sie auf ∼10 km zurück. Ihre untere Begrenzung bildet die *Mohorovičič-Diskontinuität* oder „*Moho*" (die man im Pazifischen Ozean mit dem „*Mohole*" zu erbohren versuchte). Darunter folgt bis 2900 km Tiefe mit $\rho = 3.3$ bis 5.7 g/cm^3 der *Mantel*, der in der Hauptsache aus Silikaten bestehen dürfte. Von 2900 km bis 6370 km, im *Tiefen Erdinneren*, haben wir den *Kern* mit $\rho = 9.4$ bis etwa 17 g/cm^3. In ihm breiten sich keine Transversalwellen mehr aus. In diesem Sinne kann man zunächst den äußeren Kern als eine *Flüssigkeit*, aber von ungeheuer großer Zähigkeit, bezeichnen. Eingehendere Untersuchungen sprechen aber dafür, daß der sog. *innere Kern* ab 5000 km Tiefe wieder *fest* ist.

Die *chemisch-mineralogische Zusammensetzung* des Erdkerns können wir nur indirekt erschließen. Laboratoriumsversuche bei hohen Drucken und Temperaturen führen auf ein mit den geophysikalischen Daten verträgliches Zustandsdiagramm, wenn man annimmt, daß der Erdkern ähnlich wie die Eisenmeteorite aus 90 % *Eisen* und 10 % *Nickel* (nebst Beimengung von Schwefel) besteht.

Die Zunahme des *Druckes p* nach innen können wir nach der hydrostatischen Gleichung ziemlich genau berechnen; für das Zentrum kommt man[8] auf $p \approx 3.5 \cdot 10^6$ atm $= 3.5 \cdot 10^{12}$ dyn/cm^2. Im Laboratorium konnte vergleichsweise *Bridgman* Drucke bis $\sim 4 \cdot 10^5$ atm herstellen.

Die Zunahme der Temperatur mit der Tiefe kann man in tiefen Bohrlöchern messen und erhält hier eine *geothermische Tiefenstufe* von $\sim 30°$/km. Die Temperaturverteilung in größeren Tiefen ist bestimmt einerseits durch die *Wärmeentwicklung* radioaktiver Substanzen U^{238}, Th^{232} und — in geringerem Maße — K^{40} und andererseits durch den langsamen *Wärmetransport* nach außen durch Wärmeleitung und Konvektion des Magmas. So muß die Temperatur im Erdkern wenigstens einige Tausend Grad, aber wohl sicher < 10000 °K sein.

Über die *Dauer* der verschiedenen geologischen Zeitalter und schließlich das *Alter der Erde* (per def. die Zeit seit der letzten Durchmischung der Erdmaterie) geben uns heute am besten Auskunft die Methoden der *radioaktiven Altersbestimmung*. Verwendet wird der *radioaktive Zerfall* (wir geben jeweils nur die stabilen Endprodukte der ganzen Reihe an) der folgenden Isotope:

	Halbwertzeit T
U$^{238} \rightarrow$ Pb^{206} + 8 He^4	4.5 $\cdot 10^9$ Jahre
U$^{235} \rightarrow$ Pb^{207} + 7 He^4	0.71 $\cdot 10^9$ Jahre
Th$^{232} \rightarrow$ Pb^{208} + 6 He^4	13.9 $\cdot 10^9$ Jahre
Rb$^{87} \rightarrow$ Sr^{87} + β^-	50 $\cdot 10^9$ Jahre
K^{40} $\nearrow$ A^{40} + K(γ) $\searrow$ Ca^{40} + β^-	1.3 $\cdot 10^9$ Jahre

Bei allen Verfahren bestimmt man das Verhältnis von *End*produkt zu *Ausgangs*isotop. War dieses anfangs ($t = 0$) gleich Null, so ist es nach der Zeit t gleich $2^{t/T} - 1$.

Die wichtigsten (kurz charakterisierten) geologischen Schichten und ihre absolute Datierung zeigt Tab. 7.2[9].

Die ältesten präkambrischen Gesteine haben ein Alter von $3.7 \cdot 10^9$ Jahren.

---

[8] Eine elementare Abschätzung: Bei einer mittleren Schwerebeschleunigung $g/2 = 5 \cdot 10^2$ cm/sec^2 und einer mittleren Dichte $\rho = 5.5$ g $\cdot$ cm^{-3} übt eine Säule der Länge $R = 6.37 \cdot 10^8$ cm (Erdradius) einen Druck von $p = \frac{g}{2} \cdot \bar{\rho} \cdot R \approx 1.8 \cdot 10^{12}$ dyn cm^{-2} aus, was mit der genaueren Rechnung bis auf einen Faktor 2 übereinstimmt.

[9] Verf. verdankt diese Herrn Prof. Dr. *K. Krömmelbein*, Kiel.

Tab. 7.2.

Einteilung nach der Ent- wicklung der Tierwelt	Zeiten der großen Gebirgsbildungen	Wichtigste Zeitmarken
KÄNOZOIKUM		
	Alpidische Gebirgsbildung	↑ Schnecken-Muschel-Säugetier-Zeit
MESOZOIKUM		
		←Goniatiten-Ammoniten-Zeit→
PALÄOZOIKUM	Variskische Gebirgsbildung	Brachiopoden-Zeit ↑
	Kaledonische Gebirgsbildung	←Graptolithen-Zeit→ ←Panzerfisch-Zeit→
	Assyntische	←Trilobiten-Zeit→

EOZOIKUM   Gebirgsbildung
(PROTEROZOIKUM)   Algomische Gebirgsbildung

AZOIKUM   Laurentische Gebirgsbildung
Älteste Gesteine (nach absol. Altersbestimmungen) ∼3700 Millionen Jahre

Erdgeschichte

Erstes Auftreten und Erlöschen	Zeit-Einheiten (Beginn: in Millionen Jahren vor heute)	Einteilung nach der Entwicklung der Pflanzenwelt
	Quartär	Jüngere Bedecktsamer-Zeit
Älteste Menschen ⟶	ca. 1	
	Tertiär	NEOPHYTIKUM Ältere Bedecktsamer-Zeit
	70 ± 2	
Aussterben der Ammoniten und Saurier ⟶	Kreide	
	135 ± 5	Jüngere Nadelbaum-Zeit
Älteste Vögel ⟶	Jura	
	180 ± 5	MESOPHYTIKUM
Älteste Säugetiere ⟶	Trias	Ältere Nadelbaum-Zeit
	225 ± 5	
Aussterben vieler Gruppen paläozoischer Tiere	Perm	
	270 ± 5	Jüngere Gefäßsporenpflanzen-Zeit
Älteste Reptilien ⟶	Karbon	
	350 ± 10	PALÄOPHYTIKUM
Älteste Amphibien ⟶	Devon	Ältere Gefäßsporenpflanzen-Zeit
	400 ± 10	
	Silur	
	440 ± 10	
Älteste Wirbeltiere	Ordovizium	EOPHYTIKUM (Algen-Zeit)
	500 ± 15	
Entfaltung vieler Stämme der wirbellosen Tiere ⟶	Kambrium	
	600 ± 20	

ALGONKIUM ⎫

ARCHÄIKUM ⎬ PRÄKAMBRIUM

KATARCHÄIKUM ⎭

Das *Alter der Erde*, seit der letzten Durch- bzw. Entmischung der Erdmaterie (über deren Mechanismus noch keineswegs völlige Klarheit besteht!) kann man ermitteln, indem man das anfängliche Häufigkeitsverhältnis der Isotope 206 und 207 im „Urblei" aus Messungen an Eisenmeteoriten entnimmt, die praktisch kein Uran und Thorium enthalten. So erhält man mit ziemlicher Genauigkeit

$$4.55 \pm 0.05 \text{ Milliarden Jahre.} \qquad (7.11)$$

Das Magnetfeld der Erde, das *geomagnetische Feld*, und seine *säkularen Variationen* (die von der Sonne verursachten raschen Variationen sollen später behandelt werden) dürften nach *W. M. Elsässer* und Sir *E. Bullard* folgendermaßen zu deuten sein: Die flüssige Materie im äußeren Erdkern bildet im Zusammenhang mit dem erwähnten Wärmeaustausch durch Konvektion große Wirbel. Sind in solchen Wirbeln aus leitendem Material Spuren eines Magnetfeldes vorhanden, so können sie — wie in der selbsterregenden Dynamomaschine nach *W. v. Siemens* — verstärkt werden. Die Details eines solchen selbsterregenden Dynamos im Erdinnern sind zwar noch nicht restlos geklärt. Auf jeden Fall aber bietet die Dynamotheorie die einzige Möglichkeit zur Erklärung des Magnetfeldes, seiner säkularen Variationen und seiner Umkehr (s. u.).

Das geomagnetische Feld vergangener geologischer Epochen kann man rekonstruieren dank dem Umstand, daß in gewissen Mineralien das bei ihrer Entstehung gerade vorhandene Magnetfeld sozusagen einfriert (*P. M. S. Blackett, S. K. Runcorn* u.a.). Solche *paläomagnetische* Messungen haben gezeigt, daß man in die alten Feldvektoren am besten Ordnung bringen kann, wenn man zurückgreift auf die von *A. Wegener* (1912) aus dem Bild des Globus abgelesene Hypothese der *Kontinentenverschiebung*. In Abb. 7.2 ist zunächst dargestellt, wie man die Kontinente rund um den Atlantik einschließlich ihrer Schelfgebiete (Flachmeere) bis ~500 Faden Tiefe auf dem Globus zusammenschieben kann. Ebenso gut lassen sich im E bzw. SE Indien, Antarctica, Australien usw. anfügen. Macht man die naheliegende Annahme, daß auch in früheren Epochen die Erde im wesentlichen ein magnetisches Dipolfeld besaß, so kann man aus den paläomagnetischen Messungen die relative Lage der Kontinente in früheren geologischen Epochen rekonstruieren und in bester Übereinstimmung mit einer Unmenge paläontologischer und geologischer Beobachtungen zeigen, wie sich im Laufe der Erdgeschichte Stück für Stück die heutigen Kontinente bildeten. Z. B. begann der Atlantische Ozean vor etwa 120 Millionen Jahren, d. h. in der Jura- bis Kreidezeit als schmaler Graben, ähnlich dem heutigen Roten Meer. Im Durchschnitt entfernen sich seitdem Amerika und Europa voneinander um einige Zentimeter pro Jahr. Nachdem so in den fünfziger Jahren paläomagnetische Untersuchungen die jahrzehntelang umstrittene Vorstellung der Kontinentenverschiebung zur Gewißheit erhoben hatten, gelang es in den sechziger Jahren, von hier aus unmittelbaren Einblick in die grundlegenden Mechanismen solcher Bewegungen zu gewinnen: Bei paläomagnetischen Messungen war aufgefallen, daß man für dicht aufeinander folgende Schichten oft diametral entgegengesetzte Richtungen des Erdfeldes erhielt. Handelte es sich hier um eine spontane Ummagnetisierung der Gesteine (die Physiker kennen derartige Effekte) *oder* um eine Umpolung des gesamten Erdfeldes? Detaillierte Untersuchungen an genau datierbaren Schichtfolgen zeigten, daß das letztere zutrifft! Dies erscheint nicht mehr ganz so überraschend, wenn man bedenkt, daß bei dem selbsterregenden Dynamo nach *Siemens* die Strom*richtung* durch die beim Anlaufen (zufällig) vorhandene schwache Magnetisierung bestimmt wird. Nachdem man so wußte, daß das geomagnetische Feld in unregelmäßigen Abständen von einigen hunderttausend Jahren seine Polarität umkehrt, entdeckten *H. H. Hess* 1962, *F. J. Vine, D. H. Matthews* 1963 u. a., daß der Boden des Atlantischen Ozeans eine ganze Anzahl etwa nord-südlicher Streifen mit abwechselnder Magnetisierungsrichtung aufweist. Deren magnetische

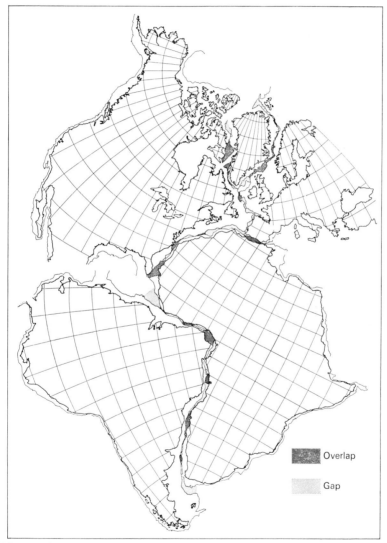

Abb. 7.2. Kontinentverschiebung; nach *E. Bullard, J. E. Everett* und *A. G. Smith* (1965). Die Kontinente rund um den Atlantik sind am Steilabfall der Schelfe, bei 500 Faden = 900 m Wassertiefe aneinandergepaßt. Merkatorprojektion mit dem (heutigen) Meridian 60° W als „Äquator". Nordamerika ist in seiner heutigen Lage gelassen. In Europa, Grönland, S-Amerika und Afrika ist das heutige Netz der Längen- und Breitenkreise eingezeichnet

Datierung zeigte, daß der Boden des Atlantischen Ozeans, ausgehend von dem halbwegs zwischen Europa und Amerika gelegenen mittelatlantischen Rücken, sich seit etwa 120 Millionen Jahren nach beiden Seiten ausgebreitet und die beiden Kontinente auseinandergeschoben hat. Diese ungeheuer fruchtbare Theorie des *„Ocean floor spreading"* wurde sogleich ergänzt durch die Erkenntnis von *H.H. Hess, T. Wilson* u.a. ($\sim$1965), daß bei diesen ganzen Prozessen riesige Schollen der Lithosphäre (d.h. des oberen Teils der Kruste) weitgehend starr verschoben bzw. in Spalten etc. zerbrochen werden (was die Ursache der tektonischen Erdbeben ist); man spricht so von *Plattentektonik* oder *Plate tectonics*.

Den Antrieb für das ganze geologische Geschehen liefern — wie *A. Holmes* schon 1928 angenommen hat — offenbar *Konvektionsströme*, insbesondere im oberen Teil des Erdmantels, die längs der ozeanischen Bergrücken emporquellen. Hier werden frische Erdkruste und frisches Plattenmaterial gebildet und nach beiden Seiten auseinandergeführt. Wo die ozeanische Platte wieder in den Erdmantel zurückströmt, entstehen Tiefseegräben und dahinter durch Verkürzung der kontinentalen Kruste junge Faltengebirge. Diese und viele weitere grundlegende Vorgänge der Geologie finden so eine einfache Erklärung. Die nötige Energie wird zur Verfügung gestellt durch die Radioaktivität der Gesteine. Aus der geothermischen Tiefenstufe kann man in Verbindung mit der Wärmeleitfähigkeit der Gesteine abschätzen, daß der ganzen Erde etwa 10^{28} erg/Jahr an *Wärmeenergie* zur Verfügung stehen. Etwa $1\,^0/_{00}$ derselben wird zur Erzeugung von Erdbeben verbraucht. Wenn also unsere „thermodynamische Maschine" mechanische Energie auch nur mit einem Nutzeffekt von $\sim 1\,^0/_0$ erzeugt, so genügt das völlig zum Antrieb der Konvektion im Erdmantel. Geologische Beobachtungen sprechen weiterhin dafür, daß die tektonische Aktivität der Erde im Laufe der Zeit erheblichen quantitativen und qualitativen Änderungen unterworfen war mit Maxima vor 0.35, 1.1, 1.8 und 2.7×10^9 Jahren. *S.K. Runcorn* hat versucht, diese Zeiten größter tektonischer Aktivität in Zusammenhang zu bringen mit dem Übergang von jeweils einem bestimmten Strömungsmodus zu einem komplizierteren mit einer größeren Anzahl von Konvektionszellen.

Wir müssen es uns hier versagen, auf die Physik der Meere näher einzugehen, um so mehr, als es Ozeane nur auf der Erde gibt.

Dagegen wollen wir — vor allem im Hinblick auf Vergleiche mit anderen Planeten — die *Atmosphäre* der Erde kurz betrachten. Deren Druckschichtung ist nach Gl. (7.5) in erster Linie bestimmt durch die Temperaturverteilung $T(h)$. Letztere ist bedingt durch die Mechanismen des *Energietransportes*, d.h. der Zu- und Abfuhr der Wärmeenergie in jeder Schicht h bis $h + dh$. In der Erdatmosphäre erfolgt in der untersten Schicht, der *Troposphäre*, der Abtransport der absorbierten Sonnenwärme durch *Konvektion*, was zu einer gleichmäßigen Abnahme der Temperatur nach oben führt. Oberhalb der sog. *Tropopause* in etwa 10 km Höhe übernimmt dann die *Strahlung* den Energietransport, wir erhalten zunächst die fast isotherme *Stratosphäre*. Nun kommt es an einerseits auf den entscheidenden Mechanismus der Absorption der Sonnenstrahlung, andererseits auf den der langwelligen Ausstrahlung in den Weltraum. In 25 km Höhe erhalten wir in Verbindung mit der Bildung des Ozons O_3 eine warme Schicht. Nach kurzer Temperaturabnahme steigt oberhalb etwa 90 km die Temperatur infolge der Dissoziation und Ionisation der atmosphärischen Gase N_2 und O_2

auf über 1000 °K an. Durch die Ionisation entstehen die elektrisch leitenden Schichten der *Ionosphäre* (maximale Elektronendichte der *E*-Schicht in ~ 115 km, der *F*-Schicht in ~ 300—400 km Höhe), welche die Ausbreitung nicht zu kurzer elektrischer Wellen um den Erdball herum ermöglichen.

Die Rekombination (Wiedervereinigung) von Elektronen und Ionen in der E-Schicht erzeugt die Emissionslinien und -banden des *Nachthimmelleuchtens* (Air glow).

Neuerdings konnte man durch Beobachtungen von Raumfahrzeugen aus Ionosphären und Nachthimmelleuchten auch in den hohen Atmosphären anderer Planeten entdecken.

2. *Der Mond.* Die — nach dem 3. Keplerschen Gesetz bestimmte — *Masse* des Mondes $7.35 \cdot 10^{25}$ g, die kleine *Exzentrizität* seiner Bahn $\varepsilon = 0.055$ und

Abb. 7.3. Mond. Am Rande des Mare Serenitatis (oben) der Krater Posidonius (unten rechts) mit 100 km Durchmesser und der kleinere Krater Chacornac (unten links). Im Mare Serenitatis ein ~ 180 m hoher, reich gegliederter Gebirgszug. Überall verstreut erkennt man zahlreiche kleine Krater. Aufnahme mit dem 120″-Reflektor des Lick Observatory; 1962 März 25

deren geringe *Neigung* gegen die Ekliptik ~5° gleichen weitgehend den entsprechenden Daten für die größeren Satelliten anderer Planeten. Hinsichtlich des *Massenverhältnisses* von Satellit: Planet dagegen fällt unser Erdmond mit 1:81.30 völlig heraus; z. B. haben die vier Galileischen Jupiter-Satelliten durchweg Massenverhältnisse $<1:10^4$.

Selenographische Studien mit immer größeren Teleskopen (Abb. 7.3), mit Raumsonden und schließlich die Landungen der Apollo-Astronauten haben uns mit den Formationen der Mondoberfläche (Abb. 7.4) eingehend bekannt ge-

Abb. 7.4. Mare Nectaris mit den Kratern Theophilus, Mädler und Daguerre. Aufnahme von der Apollo 11 Kommandokapsel aus einer Höhe von 100 km. Im Mare Nectaris erkennt man vorn zwei von Lava bedeckte „Geisterkrater", sonst nur (zahllose) kleine Kraterchen

macht. Es kann heute kein Zweifel mehr darüber bestehen, daß die ganzen kreisrunden Gebilde von den riesigen Maria (die Bezeichnung als Meere hat natürlich nur historische Bedeutung) — das Mare Imbrium hat einen Durchmesser von 1150 km und eine Tiefe von 20 km — über die Krater bis zu mikroskopischen Grübchen (Abb. 7.5) von einigen tausendstel Millimeter (in glatten Oberflächen) durch den Einsturz meteoritenartiger Körper mit planetarischen Geschwindigkeiten verursacht sind. Die Tiefe der Meteoritenkrater variiert mit dem Durchmesser in derselben Weise wie bei terrestrischen Explosionskratern. Später wurden die Böden der Maria und vieler großer Krater offenbar von flüssiger Lava überflutet. Nach der Erstarrung wurde deren glatte Oberfläche aufs neue mit kleineren Kratern bedeckt.

Die Natur der mäanderförmigen *Rillen* bildete lange Zeit eines der großen Rätsel der Mondforschung. Die Apollo 15-Astronauten konnten dann die sog. *Headley-Rille* aufsuchen und ihre steilen Wände mit deutlichen Schichtungen aus der Nähe beobachten. Wahrscheinlich handelt es sich um einen *Lavakanal*, der ursprünglich zum Teil „überdacht" war. Ähnliche Lavakanäle oder -röhren gibt es auch an terrestrischen Vulkanen. Andere, mehr langgestreckte Rillen dürften als Risse in erkaltender Lava zu deuten sein.

Mit Infrarotmessungen hatten schon *Pettit und Nicholson* festgestellt, daß an der Schattengrenze bei einer Mondfinsternis der Mondboden seine Temperatur sehr langsam ändert und so dessen geringes Wärmeleitvermögen gemessen. Tatsächlich ist die Oberfläche des Mondes weitgehend mit feinem Staub und losen Gesteinsbrocken bedeckt, die ihre Entstehung offenbar den Einstürzen von Meteoriten verdanken.

Von vielen größeren Kratern gehen die schon mit kleinen Teleskopen erkennbaren hellen *Strahlensysteme* aus; sie bestehen offenbar aus Material, das bei der Bildung des Kraters ausgeworfen wurde.

Die höchsten Erhebungen befinden sich in den hellen, kraterübersäten Hochländern, den *Terra-Gebieten*. Die größten Höhen sind begrenzt durch die Festigkeit des Materials und so von derselben Größenordnung wie auf der Erde, wie schon *Galilei* aus ihrem Schattenwurf an der Schattengrenze des Mondes, dem Terminator, ablas.

Die *mittlere Dichte* des Mondes $\bar{\rho} = 3.34\,\mathrm{g\,cm^{-3}}$ gleicht auffällig der des oberen Erdmantels; auf keinen Fall kann der Mond dieselbe durchschnittliche Zusammensetzung haben wie die Erde. Die von den Astronauten aus den Maria zur Erde gebrachten *Mondgesteine* sind voll blasenförmiger Hohlräume, ähnlich irdischen Laven, die ohne Druck erstarrt sind. Es handelt sich also um *magmatische,*

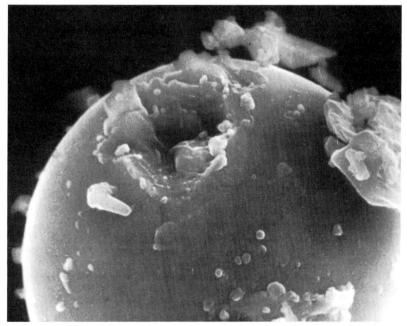

Abb. 7.5. Im Mondstaub (Apollo 11) findet man glasartige Kügelchen, die aus dem bei Meteoriteneinschlägen verflüssigten Gestein entstanden sind. Die elektronenmikroskopische Aufnahme von *E. Brüche* und *E. Dick* (1970) zeigt ein solches Kügelchen von 0.017 mm Durchmesser, auf dem wiederum der Einschlag eines Mikrometeoriten einen „Mikrokrater" erzeugt hat

d. h. aus der Schmelze erstarrte *Gesteine*. Der schon erwähnte *Mondstaub* entstand durch Zertrümmerung solcher Gesteine. In den *Breccien* sind Staub und kleinere Bruchstücke wieder zusammengeballt. Mineralogisch gleichen die Mondgesteine in groben Zügen terrestrischen *Basalten*. In Abb. 7.6 vergleichen wir die Häufigkeit einiger wichtiger Elemente in lunarem Material, in irdischem Basalt sowie (Abschn. 8) in Eukriten, d. h. basaltartigen Achondriten und in kohligen Chondriten von Typ I, d. h. den Meteoriten, welche der Solarmaterie am nächsten kommen. Dieser Vergleich und weitere Studien über seltene (sog. Spuren-)Elemente zeigen, daß im Mondgestein manche Elemente gegenüber der Solarmaterie bis ∼100fach angereichert sind, während die siderophilen Elemente Ni, Co, Cu... um Faktoren ≈ 100 abgereichert sind.

Radioaktive Altersbestimmungen mit den auf S. 55 zusammengefaßten Methoden zeigen, daß das Alter der Gebirge bis $4.6 \cdot 10^9$ Jahre zurückreicht. D. h. der Mond ist — innerhalb der heutigen Meßgenauigkeit — *gleichzeitig* mit der Erde entstanden. Dagegen findet man für das Mare Tranquillitatis ein Alter von nur $3.7 \cdot 10^9$ Jahren, für das Mare Imbrium $3.9 \cdot 10^9$ Jahre. Vor ∼3.3 bis 4.10^9 Jahren füllten sich die Maria teilweise mit Basaltlava, die aus tieferen Regionen emporquoll. Ihre Bildung war also erst ∼1 Milliarde Jahre *nach* der Entstehung des Mondes abgeschlossen. Diese Daten, in Verbindung mit der Statistik der Mondkrater und ihrer „Überdeckung" weisen darauf hin, daß das kosmische Bombardement anfangs äußerst heftig war und dann im Laufe der ersten ∼10^9 Jahre der Erd- und Mondgeschichte rasch, später erheblich langsamer nachgelassen hat.

Ein meßbares Magnetfeld besitzt unser Mond nicht. Schwache remanente Magnetisierung einiger Mondgesteine, entsprechend wenigen Prozent des Erdfeldes, weist auf ein früheres Mondfeld hin. Heute ist jede magmatische und tektonische Tätigkeit auf dem Mond praktisch erloschen.

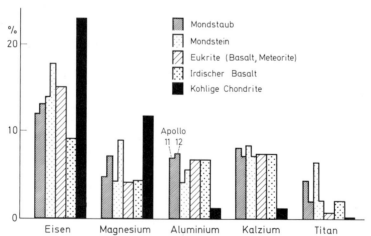

Abb. 7.6. Häufigkeitsverteilung der Elemente Eisen, Magnesium, Aluminium, Kalzium und Titan (Gewichtsprozent) in den Mondproben (linke Hälfte: Apollo 11 — Mare Tranquillitatis; rechte Hälfte: Apollo 12 — Oceanus Procellarum), in Eukriten, d. h. basaltartigen achondritischen Meteoriten und in kohligen Chondriten vom Typ I. In letzteren entspricht die Häufigkeitsverteilung aller nicht flüchtigen Elemente der unveränderten Solarmaterie

Die großen Ebenen der Maria, „ertrunkene" Krater und einige merkwürdige Hügel auf dem Mond zeigen aber — wie schon gesagt —, daß neben dem Einsturz von Meteoriten früher auch magmatische Vorgänge, d. h. Aufschmelzungen von Gesteinen und Ergüsse basaltischer Lava, eine erhebliche Rolle gespielt haben.

Über den inneren Aufbau des Mondes geben uns die Meldungen der bei den Apolloflügen auf dem Mond aufgestellten *Seismometer* einige Auskunft. Überraschenderweise konnten seismische Wellen, die auf dem Mond durch Einschläge von Meteoriten oder den Absturz der ausgebrauchten Mondfähre erzeugt wurden, bis eine Stunde lang verfolgt werden. Die im Vergleich zu Erdbebenwellen äußerst geringe Dämpfung der Mondbebenwellen kann auf deren Streuung oder auf besonderen Dispersionsverhältnissen beruhen.

Neben den zahllosen neuen Beobachtungen zur Struktur und Vorgeschichte der Mondoberfläche haben die Apolloflüge auch für die Himmelsmechanik des Erde-Mond-Systems eine höchst originelle Neuerung gebracht, das „Mond-Katzenauge" oder — so der offizielle Name — der „Laser Ranging Retro-Reflector": Ein Glas- oder Quarzprisma, dessen Gestalt der abgeschnittenen Ecke eines Würfels entspricht, hat bekanntlich die Eigenschaft, daß ein Lichtstrahl nach Reflexion an allen drei Würfelflächen genau in seiner Ankunftsrichtung zurückgeworfen wird. Solche Reflektoren wurden auf dem Mond aufgestellt. Durch ein großes Spiegelteleskop kann man nun intensive Laser-Blitze zum Mond senden und aus deren Laufzeit bis zur Rückkehr die Entfernung mit einer Genauigkeit von ~15 cm entnehmen. So kann die Genauigkeit mehrerer wichtiger Konstanten des Erde-Mond-Systems zum Teil um mehrere Zehnerpotenzen verbessert werden.

Nach unserem Bericht über Erde und Mond wenden wir uns den *erdartigen Planeten* zu. Eine Reihe von Daten haben wir schon in Tab. 7.1 zusammengefaßt. Über ihr Inneres wissen wir noch wenig; wir befassen uns daher im wesentlichen mit ihren Atmosphären und Oberflächen.

3. Merkur ☿ ist sehr schwierig zu beobachten, da er sich ja nie weiter als $\pm 28°$ von der Sonne entfernt. Neuere Radarmessungen in Verbindung mit älteren visuellen Beobachtungen zeigen, daß die Rotationsdauer des Merkur *nicht* — wie man früher glaubte — gleich seiner Umlaufzeit (88 Tage) ist, sondern 58.65 ± 0.01 Tage beträgt, was genau $\frac{2}{3}$ der Umlaufzeit entspricht.

Die Raumsonde *Mariner 10*, welche am 29. März 1974 an Merkur vorbeiflog, übermittelte zahlreiche ausgezeichnete Bilder des Planeten. Dessen Oberfläche ist — ähnlich der des Mondes — dicht mit Kratern bedeckt. Der größte hat einen Durchmesser von 1300 km, vergleichbar dem Mare Imbrium. Mariner 10 entdeckte weiterhin, daß Merkur ein Magnetfeld und (doch) eine äußerst dünne Atmosphäre besitzt.

4. Venus ♀. Neuere Radarmessungen führten zu dem überraschenden Ergebnis, daß Venus — als einziger Planet — retrograd rotiert, und zwar mit einer siderischen Periode von 243.01 Tagen.

Nachdem *W. S. Adams* und *Th. Dunham* schon 1932 aus Infrarotspektren erschlossen hatten, daß Venus eine mächtige Atmosphäre aus *Kohlendioxyd* CO_2 besitze, brachten Messungen der Strahlungstemperaturen im Gebiet der cm- und dm-Wellen, die Vorbeiflüge der Mariner-Satelliten und die Entsendung von Meßinstrumenten am Fallschirm durch die russischen Venera-Raumsonden weitere Aufklärung. Am Boden der Venusatmosphäre, die außer CO_2 noch etwas N_2 und H_2O sowie Spuren von HCl und HF enthält, ergibt sich aus den fast ebenso hohen Strahlungstemperaturen für $\lambda \approx 5$ bis 10 cm eine Temperatur von $\sim 780\,°K$ und ein Druck von ~ 100 atm. Die Oberfläche selbst ist — wie man aus visuellen Beobachtungen schon lange wußte — durch Wolken, deren chemische Zusammensetzung noch nicht bekannt ist, völlig verdeckt. Die Höhe dieser Wolkendecke wird aus der Differenz des optischen und des Radar-Durchmessers zu ~ 50 km geschätzt. Die Radarbeobachtungen lassen erkennen, daß es auf der Venus Berge von der Größenordnung der terrestrischen sowie Krater — ähnlich denen des Mondes — gibt.

Vor seinem Merkur-Besuch flog *Mariner 10* am 5. Februar 1974 in nur ~ 6000 km Abstand an der *Venus* vorüber. Die übertragenen *Bilder* zeigen feinste Details der Wolkendecke, ihrer Struktur und ihrer Bewegungen. Man möchte fast von einer *vergleichenden Meteorologie* sprechen. Weiterhin ergaben sich genauere Einblicke in die Schichtung der Atmosphäre. Die *Ionosphäre* der Venus erreicht in 145 km Höhe eine maximale Dichte von $3 \cdot 10^5$ Elektronen pro cm^3, vergleichbar unserer E-Schicht.

5. *Mars* ♂. Die lebhafte rötliche Farbe des Planeten beruht auf einer Abnahme des Reflexionsvermögens im kurzwelligen Spektralgebiet. Diese, wie auch polarimetrische Messungen von *A. Dollfus* weisen hin auf Eisenoxyde von der Art des *Limonits* Fe_2O_3 ($n\,H_2O$). Schon visuelle Beobachtungen lassen eine Mannigfaltigkeit „areographischer" Strukturen erkennen. Die lange Zeit populären *Marskanäle* jedoch beruhen auf einem physiologisch-optischen Kontrastphänomen: Unser Auge hat sozusagen die Tendenz, hervorstechende Punkte und Ecken durch Linien zu verbinden (man denke an die Sternbilder!).

Fernsehaufnahmen des Mariner IV (1965) zeigten auf der Marsoberfläche zahlreiche *Krater*, deren Durchmesser von der Auflösungsgrenze bei wenigen km bis ~ 120 km reichen. Diese Krater entsprechen weitgehend denen unseres Mondes; ihre Konturen sind durch Erosion etwas abgerundet. Mariner IX, der den Mars ab 13. 11. 1971 umkreiste, lieferte Bilder mit erheblich verbesserter Auflösung (Abb. 7.7). Diese zeigen, daß die Marsoberfläche nicht nur durch Meteoriteneinsturz, sondern wesentlich durch Vulkanismus (Vulkankrater, Schildvulkane, Calderen), Tektonik, Erosion (Abb. 7.7) und Ablagerungen gestaltet wurde.

Ein permanentes Magnetfeld besitzt Mars nach den Mariner IV-Messungen *nicht*. Alles deutet darauf hin, daß er heute, wie unser Mond, ein tektonisch toter Körper ist.

Die *Temperatur* an der Oberfläche ergibt sich aus den Strahlungstemperaturen im Radiofrequenzgebiet im Mittel zu $210\,°K$ mit Schwankungen zwischen ~ 180 und $300\,°K$, in guter Übereinstimmung mit der Theorie.

Spektren des Mars zeigen, daß seine *Atmosphäre* im wesentlichen aus *Kohlendioxyd* CO_2 mit minimalen Beimischungen vom Wasserdampf H_2O und Kohlenmonoxyd CO besteht. Im kurzwelligen „Nachthimmelleuchten" der hohen Marsatmosphäre konnte man in Emission die Lyman α-Linie von Wasserstoff, atomaren Sauerstoff und Kohlenstoff, sowie CO_2^+ und CO nachweisen. Von Stickstoff ist weder in Absorption noch in Emission eine Spur zu bemerken. Der *Druck* am Boden der CO_2-Atmosphäre ergibt sich aus der Stärke der Absorptionsbanden und aus der Beobachtung einer Bedeckung des Mariner IV am Rand der Scheibe zu ~10 mb, d.h. etwa 1% unseres Luftdruckes, mit Unterschieden entsprechend der Höhe des Marsbodens. Zeitweilig beobachtet man auf dem Mars heftige *Staubstürme*, welche die Atmosphäre völlig undurchsichtig machen.

Im Fernrohr erkennt man zwei *weiße Polkappen*, die im Marssommer zurückgehen, im Marswinter zunehmen. Ihre Temperatur entspricht der Sublimationstemperatur von festem Kohlendioxyd (148 °K), sie bestehen also aus „Trockeneis".

A. Hall entdeckte 1877 die winzigen *Marsmonde Phobos* (Abb. 7.8) und *Deimos*. Die Umlaufzeit des Phobos — $7^h 39^m$ — ist erheblich kürzer als die Rotationsdauer des Planeten. Mariner 9-Aufnahmen lassen auf den beiden etwa 20 bzw. 12 km großen Satelliten die Spuren heftigen Meteoriten-Bombardements erkennen.

Versuche, auf dem Mars Spuren irgendwelchen *Lebens* nachzuweisen, sind ohne Ausnahme fehlgeschlagen. Selbst wenn man Absorptionsbanden organischer Moleküle nachweisen könnte, würde dies, wie die Untersuchungen an gewissen Meteoriten (Abschn. 8) zeigen, zu unserer Frage nichts bedeuten. Für eine Entstehung organischen Lebens auf dem Mars sind und waren die elemen-

Abb. 7.7. Die Mariner 9-Aufnahme (12. 1. 1972) eines etwa 500 × 380 km großen Gebietes der Marsoberfläche zeigt — neben mehreren Meteoritenkratern — ein Stück des insgesamt über 2500 km langen Canyonsystems der Coprate-Region. Dieses dürfte durch ein kompliziertes Zusammenwirken von Tektonik und Erosion entstanden sein. Die rechts in einer Kette aufgereihten Kraterchen sind vielleicht als vulkanische Maare aufzufassen

tarsten Vorbedingungen nicht gegeben. Eine Einschleppung extrem primitiver Formen von der Erde wäre vielleicht nicht völlig ausgeschlossen.

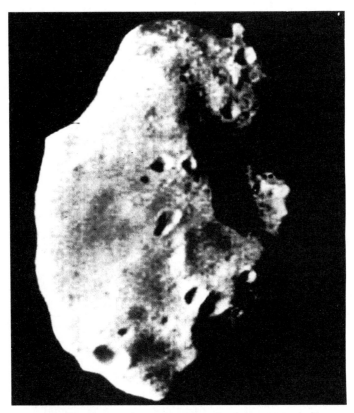

Abb. 7.8. Mariner 9-Aufnahme des Marsmondes Phobos; Umlaufzeit $7^h 39^m$. Der Durchmesser des unregelmäßig geformten Satelliten beträgt ca. 20 km. Er ist bedeckt mit Einschlagkratern mit Durchmessern bis 5.3 km

6. *Planetoiden oder kleine Planeten.* Schon *Kepler* vermutete in der Lücke (Abb. 5.5) zwischen Mars und Jupiter einen Himmelskörper. *Piazzi* in Palermo entdeckte am 1. 1. 1801 als ersten Planetoiden die *Ceres*; aber Mitte Februar ging sie in Sonnennähe „verloren". Schon im Oktober desselben Jahres hatte der 24jährige *C. F. Gauß* ihre Bahn und Ephemeride berechnet, so daß *Zach* sie wieder auffinden konnte. Im Anschluß an diese mathematische Glanzleistung löste der *Princeps Mathematicorum* in der *Theoria Motus* 1809 das allgemeine Problem der *Bahnbestimmung*, d. h. der Ermittlung aller Bahnelemente eines Planeten, Kometen ... aus drei vollständigen Beobachtungen. Heute sind mehrere tausend Planetoiden, meist zwischen ♂ und ♃ bekannt. Objekte mit bekannter Bahn erhalten eine Nummer und einen Namen.

Die Exzentrizitäten der Bahnen haben ein Häufigkeitsmaximum bei $e \approx 0.17$, die Bahnneigungen etwa bei $i \approx 8°$. Beide Werte unterscheiden sich erheblich von denen der Kometen (Abschn. 8). Der ungewöhnliche Planetoid 433 Eros mit

$e = 0.233$ näherte sich bei seiner Opposition 1931 der Erde auf 0.17 AE und ermöglichte so eine günstige Messung der Sonnenparallaxe.

Die *Masse* der Ceres konnte *J. Schubart* (1973) aus den Störungen, die sie auf die Pallas ausübt, zu $5.9 \pm 0.3 \cdot 10^{-10}$ Sonnenmassen bestimmen. Als *Gesamtmasse* aller Planetoiden ergibt sich — nach photometrischen Abschätzungen (s. u.) — etwa die doppelte Masse der Ceres oder $\frac{1}{2500}$ Erdmasse.

Die Durchmesser der größten und hellsten Planetoiden kann man mikrometrisch bestimmen. Z. B. hat 1 Ceres einen Durchmesser von 770 ± 40 km; ihre Dichte ≈ 5 g$\cdot$cm^{-3} entspricht ungefähr der der erdartigen Planeten. Für die schwächeren Planetoiden — die Palomar-Leiden-Durchmusterung (1970) reicht bis $20^{m}6$ — kann man Durchmesser bis ~ 1 km aus ihrer Helligkeit mit einer angenommenen Albedo abschätzen.

Viele Planetoiden haben einen periodischen Lichtwechsel, der uns ihre Rotationsperioden anzeigt. Merkwürdigerweise liegen diese durchweg zwischen 3 und 17^{h}. Insbesondere hat 433 Eros einen starken Lichtwechsel mit einer Periode von $5^{h}16^{m}$. Die Lichtkurve deutet auf eine langgestreckte Form ($\sim 35\!:\!16\!:\!7$ km). Die unregelmäßige Gestalt dieses und anderer Planetoiden spricht dafür, daß sie durch Zertrümmerung größerer Körper bei Zusammenstößen entstanden sind. In dieselbe Richtung weist die Auffindung mehrerer *Familien* von Planetoiden mit ähnlichen Bahnelementen durch *Hirayama* u. a.

Damit schließen wir unseren sehr unvollständigen Überblick über die erdartigen Planeten ab und wenden uns den — wie schon ihre Massen und mittleren Dichten zeigen — völlig andersartigen *großen Planeten* zu (Tab. 7.1). Als Paradigma betrachten wir *Jupiter* verhältnismäßig ausführlich, bezüglich Saturn, Uranus und Neptun müssen wir uns kurz fassen.

d) Die großen Planeten

7. *Jupiter* ♃ (Abb. 7.9), der größte und massereichste der Planeten ($\frac{1}{1047}$ Sonnenmasse), hat eine dichte Atmosphäre mit ausgeprägten Streifen parallel zum Äquator, ähnlich den Zirkulationssystemen auf der Erde. Der sog. *rote Fleck* konnte jedoch viele Jahre lang verfolgt werden.

1932 identifizierte *R. Wildt* — und dies bedeutete einen Wendepunkt in der Erforschung der großen Planeten — die starken Absorptionsbanden im Jupiterspektrum mit höheren Oberschwingungen der Moleküle *Methan* CH$_4$ und *Ammoniak* NH$_3$. 1951 gelang es dann *G. Herzberg*, im Infrarot einige — wegen ihrer kleinen (Quadrupol-)Übergangswahrscheinlichkeit — schwache Bandenlinien des Wasserstoffmoleküls H$_2$ nachzuweisen. 1974 entdeckte man noch Spuren von Äthan C$_2$H$_6$ und Azetylen C$_2$H$_2$. Bei der Bedeckung eines Sterns durch die Jupiterscheibe konnte man 1971 Einblick in die Schichtung der Atmosphäre gewinnen und aus der Äquivalenthöhe (Gl. 7.3 b) *Wasserstoff* und *Helium* als deren Hauptbestandteile erschließen. Die detaillierte Analyse aller Beobachtungen in Verbindung mit Ansätzen zur Theorie des inneren Aufbaus des Planeten zeigten, daß Jupiter aus praktisch *unveränderter Solarmaterie* besteht, mit einer Häufigkeitsverteilung (nach Atomzahlen)

$$\text{H}:\text{He}:\text{C}:\text{N} = 1:0.1:4\cdot 10^{-4}:7\cdot 10^{-5}. \tag{7.12}$$

Die Strahlungstemperatur im Mikrowellengebiet $\lambda < 1$ cm mit $\sim 120\,°K$ dürfte der Tropopause entsprechen, im Infraroten sieht man bis in Schichten mit $\sim 225\,°K$ herein. In diesem Bereich wird der Einblick mehr und mehr durch Cirrus-Wolken behindert, die aus NH_3-Kristallen bestehen könnten. Für den Kern des Planeten liefern verschiedene (noch ziemlich provisorische) Modelle Dichten $\sim 4\,g \cdot cm^{-3}$ und Temperaturen $\sim 7500\,°K$.

Abb. 7.9. Jupiter. — Äquatorialradius 71 350 km; $\frac{1}{1047}$ Sonnenmasse. — Aufnahme von *B. Lyot* und *H. Camichel* mit dem 60 cm-Refraktor auf dem Pic du Midi

Die *Radiofrequenzstrahlung* des Jupiter ist, wie gesagt, bis $\lambda = 1$ cm thermisch, im Dezimetergebiet wächst ihre Intensität rasch an und zeigt durch partielle Polarisation, daß wir es mit nicht-thermischer Synchrotronstrahlung im *Magnetfeld* des Jupiter zu tun haben. Im Meterwellenbereich kommt eine Ausstrahlung intensiver *Bursts* aus auf der Scheibe scharf lokalisierten Quellen hinzu.

Am 4. Dezember 1973 näherte sich — nach 21 Monaten Flugzeit — die Raumsonde *Pionier 10* dem Jupiter bis auf einen Abstand von 130 000 km (≈ 2 Jupiterradien). Noch aufregender als die schönen *Bilder* ist die Feststellung eines dipolartigen *Magnetfeldes* von ~ 4 Gauss, dessen Achse $\sim 15°$ gegen die Rotationsachse des Planeten geneigt ist. In der Jupiter-*Magnetosphäre* werden — ähnlich den *Van Allen*-Gürteln der Erde — enorme Mengen hochenergetischer Elektronen und Protonen, daneben auch thermisches Plasma festgehalten. In großer Höhe beobachtet man im Lymangebiet die bekannten Emissionslinien von Wasserstoff und Helium, eine Art Airglow. Infrarotmessungen bei 20 und 40μ zeigten, daß die *Wärme-Ausstrahlung des Planeten* die solare Einstrahlung um das 2 bis 2.5-fache übertrifft. Die Herkunft dieser Energie ist noch nicht geklärt.

Galilei entdeckte 1610 die vier hellsten Satelliten I—IV; mit immer größeren Teleskopen hat man bis heute insgesamt 12 gefunden. Der innerste (*Barnard*, 1892) hat einen Bahnradius von nur 2.54 mal dem äquatorialen Radius seines Planeten, knapp außerhalb der *Rocheschen* Stabilitätsgrenze (7.10). Die kreisförmigen Bahnen ($e < 0.01$) dieser fünf innersten Satelliten liegen fast in der Äquatorebene des Planeten; die äußeren Satelliten dagegen haben größere Exzentrizitäten (0.13 bis 0.38) und Bahnneigungen. Wahrscheinlich sind sie eingefangene Planetoiden. Einigermaßen gesichert erscheinen die Radien und Massen der vier *Galileischen* Satelliten:

Satellit	I	II	III	IV
Radius	1.75	1.55	2.77	$2.50(\pm 0.07) \times 10^3$ km
$M_{\text{Satellit}}/M_{\text{Planet}}$	3.8	2.5	8.2	5.1 $\times 10^{-5}$
Mittlere Dichte	3.2	3.1	1.7	1.5 g cm^{-3}.

Für derartige Satelliten, z.B. IV = Callisto, hat *J.S. Lewis* (1971) ein Modell vorgeschlagen, das wie Jupiter selbst aus *Solarmaterie* besteht: Ein dichter Kern aus Silikat- und Eisenoxydhydraten ist umgeben von einem Mantel aus einer wäßrigen Lösung von NH_3 (Salmiakgeist) und einer dünnen Eiskruste. Die Temperatur steigt im Kern infolge radioaktiver Wärmeerzeugung auf ~ 400 bis $800\,°K$ an. Für die übrigen Satelliten schätzt man aus ihren Helligkeiten Radien im Bereich von 3 bis 70 km ab.

Beim Vorbeiflug des Pionier 10 machte man die Entdeckung, daß der Satellit Jupiter I = Io in ~ 60—140 km Höhe eine eigene *Ionosphäre* mit maximal $\sim 6 \cdot 10^4$ Elektronen pro cm^3 besitzt! Man muß daraus auf eine *Atmosphäre* mit einem Bodendruck von ca. 10^{-5} bis 10^{-7} mb schließen. Für die Dichte dieses Satelliten erhielt man einen (wohl genaueren) Wert von 3.5 g cm^{-3}.

8. *Saturn* ♄ (Abb. 7.10) gleicht weitgehend dem Jupiter. 1659 entdeckte *Chr. Huygens* mit seinem selbstgebauten Teleskop den *Saturnring* (von dem schon *Galilei* Andeutungen gesehen hatte) und den hellsten Saturnmond *Titan*. *Keelers* Messung (1895) der Rotationsgeschwindigkeiten im Saturnring aus dem Doppler-

Abb. 7.10. Saturn. — Äquatorialradius 60400 km; $\frac{1}{3498}$ Sonnenmasse. — Aufnahme von *H. Camichel* mit dem 60 cm-Refraktor auf dem Pic du Midi

effekt des reflektierten Sonnenlichtes zeigt, daß die verschiedenen Zonen des Rings entsprechend dem III. Keplerschen Gesetz umlaufen und also aus kleinen Teilchen bestehen. Wie *Roche* (Abschn. 7.2b) gezeigt hat, würde ein größerer Satellit am Ort des Ringes durch die Gezeitenkräfte des Planeten zerrissen. Das infrarote Spektrum des Rings zeigt, daß der Ring (mindestens teilweise) aus *Eis* besteht. Die Teilungen (Lücken) des Ringes beruhen auf *Resonanz*, d.h. ganzzahligen Verhältnissen der Umlaufzeit der Teilchen zu denen der inneren Satelliten. Der ebenfalls von *Huygens* entdeckte hellste Saturnmond *Titan* hat einen Radius von 2425 ± 150 km und $2.41 \cdot 10^{-4}$ Saturnmasse. Damit erhält man eine mittlere Dichte 2.3 g cm^{-3}.

Das *Saturnspektrum* gleicht weitgehend dem des Jupiter. Eine Überraschung bedeutete es aber, als auch im Spektrum des Titan *G. P. Kuiper* Absorptionsbanden von Methan CH_4 und später *L. Trafton* Banden von Wasserstoff H_2 entdeckten. Nach den Abschätzungen in Abschn. 7.3b genügt in der Tat das Schwerefeld des Satelliten, um eine Atmosphäre festzuhalten. Insgesamt kennt man heute 10 Satelliten; die kleineren haben Radien von etwa 600—100 km. Auch hier sind die Bahnexzentrizitäten und -neigungen der inneren Satelliten bis einschließlich Titan klein, die der äußeren erheblich größer.

9. Uranus ♅ wurde 1781 von *W. Herschel* zufällig entdeckt. Man kennt 5 Satelliten. Einzelheiten auf der Scheibe sind hier, wie bei Neptun, kaum noch erkennbar.

10. Neptun ♆. Aus Störungen der Uranusbahn schlossen *Adams* und *Leverrier* auf einen Planeten noch längerer Umlaufzeit und berechneten seine Bahn und Ephemeride. Nahe der vorausberechneten Position fand *Galle* 1846 den Neptun. Man kennt 2 Monde.

Uranus und Neptun gleichen dem Saturn und auch Jupiter hinsichtlich ihres Spektrums und vieler anderer Züge.

11. Pluto ♇. Störungen der Bahnen von Uranus und Neptun führten zur Vermutung eines transneptunischen Planeten. Am Lowell-Observatory entdeckte *C. Tombaugh* 1930 den *Pluto* als Sternchen 14.9 Größe. Schon die Bahnelemente fallen mit Exzentrizität $e = 0.25$ und Neigung $i = 17°$ aus der Folge der anderen äußeren Planeten völlig heraus. Zeitweise hält sich Pluto innerhalb der Neptunbahn auf. Aus den Neptunstörungen berechneten *R. L. Duncombe* u.a. (1971) eine *Masse* von 0.11 Erdmassen. Schätzt man den *Radius* (als oberen Grenzwert) aus der Helligkeit zu ~ 3200 km ab, so erhält man eine mittlere Dichte $\bar{\rho} \approx 4.86$ g·cm^{-3}. Die Vermutung liegt nahe, daß Pluto irgendwie „eingefangen" wurde.

8. Kometen, Meteore und Meteorite, interplanetarer Staub; ihre Struktur und Zusammensetzung

Wir beginnen mit einer kurzen Zusammenfassung über die *Bahnen der Kometen* nebst einigen naheliegenden Schlußfolgerungen:

1. Die Bahnen der *langperiodischen Kometen* mit Umlaufzeiten der Größenordnung 10^2 bis 10^6 Jahre zeigen statistisch verteilte Bahnneigungen i; direkte

und retrograde Bewegung ist etwa gleich häufig. Die Exzentrizitäten e sind wenig kleiner oder fast gleich 1, wir haben es mit langgestreckten Ellipsen oder — als Grenzfall — Parabeln zu tun. Hyperbelbahnen $e > 1$ werden nur selten sekundär durch Störungen der großen Planeten erzeugt. Da also in großem Abstand von der Sonne die Geschwindigkeit v sehr klein ist, müssen die Kometen aus einer Wolke kommen, welche die Sonne auf ihrem Weg durch das Milchstraßensystem begleitet.

2. Die *kurzperiodischen Kometen* bewegen sich meist direkt auf Ellipsenbahnen kleiner Neigung ($i \approx 15°$), deren Aphel in der Nähe der Bahn eines der großen Planeten liegt. Die *Jupiter-, Saturn-... Familie* der Kometen ist offenbar durch Einfang langperiodischer Kometen entstanden. Da die Kometen sich im Laufe der Zeit durch Teilung und Verdampfung von Materie auflösen, muß der Schwarm der kurzperiodischen Kometen ständig durch Einfang ergänzt werden.

Aufnahmen mit geeigneter Belichtungsdauer (Abb. 8.1) zeigen, daß ein Komet zunächst einen (nicht immer erkennbaren) *Kern* von nur wenigen Kilometern

Abb. 8.1. Komet Mrkos, 1957d. Aufnahme am Mt.-Palomar-Schmidt-Spiegel, 1957 August 23.18. Oben der langgestreckte, strukturreiche Typ I- oder Plasmaschweif. Unten der breitere, fast strukturlose Typ II- oder Staubschweif

Durchmesser enthält. Diesen umgibt — oft in Form parabolischer Schalen, auch Strahlen vom Kern aus — die *Koma* wie eine diffuse, neblige Hülle. Kern und Koma zusammen nennt man den *Kopf* des Kometen; sein Durchmesser beträgt ungefähr $2 \cdot 10^4$ bis $2 \cdot 10^5$ km. Etwa innerhalb des Bereiches der Marsbahn entwickeln die Kometen den bekannten *Schweif*, der — soweit für das Auge erkennbar — eine Länge von 10^7 und gelegentlich sogar $1.5 \cdot 10^8$ km $= 1$ AE erreichen kann.

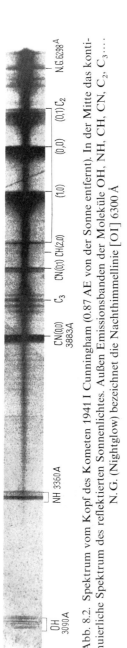

Abb. 8.2. Spektrum vom Kopf des Kometen 1941 I Cunningham (0.87 AE von der Sonne entfernt). In der Mitte das kontinuierliche Spektrum des reflektierten Sonnenlichtes. Außen Emissionsbanden der Moleküle OH, NH, CH, CN, C_2, C_3, ... N.G. (Nightglow) bezeichnet die Nachthimmellinie [OI] 6300 Å

Das *Spektrum des Kometenkopfes* (Abb. 8.2) zeigt teils *Sonnenlicht*, dessen Intensitätsverteilung auf Streuung an Partikelchen von der Größenordnung sichtbarer Lichtwellen ($\sim 0.6\,\mu = 6000$ Å) hinweist. Dazu kommen in Emission Banden der

Moleküle bzw. Radikale

$$\text{CH, NH, OH, CN, } C_2; \text{ NH}_2, C_3 \qquad (8.1)$$
$$\text{der Radikal-Ionen OH}^+, \text{CH}^+$$

und in Sonnennähe Spektrallinien der Atome

Na sowie gelegentlich Fe, Ni, Cr, Co, K, Ca II und [O I].

Im Mikrowellengebiet entdeckte man 1973 neben dem optisch schon bekannten OH die komplizierteren Moleküle von Cyanwasserstoff HCN und Methylcyanid CH_3CN.

Die Spektren der *Kometenschweife* zeigen — entsprechend ihrer kleineren Dichte (Erschwerung der Rekombination, s. u.) — in erster Linie Molekül- bzw. *Radikalionen*:

$$N_2^+, CO^+, OH^+, CH^+, CO_2^+ \text{ und wieder CN.} \quad (8.2)$$

Mit Satelliten beobachtete man bei den hellen Kometen 1969 *g* und 1969 *i*, daß ihr Kopf von einem Halo aus atomarem Wasserstoff umgeben ist, der in der Lyman α-Linie λ 1215 hell fluoresziert. Der Durchmesser dieses *Wasserstoffhalos* erreicht unter Umständen viele Millionen km. Die Entdeckung dieses Wasserstoffhalos sowie die Tatsache, daß alle Kometen-Moleküle Verbindungen der kosmisch häufigen leichten Elemente H, C, N, O darstellen, weisen darauf hin, daß die Kometen ursprünglich im wesentlichen aus *Solarmaterie* bestehen.

Die Entwicklung eines Kometen und seines Spektrums kann man sich nun etwa folgendermaßen vorstellen:

Der in großem Abstand von der Sonne allein vorhandene *Kern* enthält kleinere und größere Teilchen aus Stein und Nickeleisen — ähnlich den Meteoriten (s. u.) — vermischt mit Verbindungen, insbesondere

Hydriden der eben erwähnten Elemente, eine Art „Eis" (F. Whipple), chemisch vergleichbar den äußeren Planeten. Bei Annäherung an die Sonne werden Substanzen wie H_2O, NH_3, CH_4 usw. verdampfen. Aber erst wenn in der *Koma* diese mit Geschwindigkeiten der Größenordnung 1 km/sec ausströmenden *Muttermoleküle* durch photochemische Prozesse weiter zerkleinert sind, werden die unter (8.1) zusammengestellten Teilchen durch die *Sonnenstrahlung* zum Fluoreszenzleuchten angeregt. Dies wird dadurch bewiesen, daß Lücken des Sonnenspektrums mit dicht gedrängten Fraunhoferlinien auch in den Bandenspektren wiederkehren. Im *Kometenschweif* werden die Moleküle und Radikale von der kurzwelligen Sonnenstrahlung weiter ionisiert; die Wiedervereinigung (Rekombination) der positiven Ionen mit den Elektronen ist wegen der kleinen Dichte gering.

Die charakteristischen *Formen und Bewegungen der Kometenschweife* verlangen zu ihrer Deutung — wie schon *Bessel*, *Bredichin* u.a. erkannten — die Annahme einer von der Sonne ausgehenden *Abstoßungskraft*, deren Größe die Gravitation oft um ein Vielfaches übertrifft.

Die *breiten diffusen Schweife* des sog. Typ II bestehen — nach Ausweis ihres Spektrums — in der Hauptsache noch aus kolloidalen Teilchen etwa von der Größe der Lichtwellenlänge. Für solche Teilchen kann der *Strahlungsdruck* (jedes absorbierte oder gestreute Lichtquant $h\nu$ überträgt einen Impuls $h\nu/c$) in der Tat ein Mehrfaches der Schwerebeschleunigung erreichen, wie es die Beobachtungen verlangen.

Die *schmalen, langgestreckten Schweife* des sog. Typ I dagegen bestehen, wie ihr Spektrum zeigt, in erster Linie aus Molekülionen, wie CO^+.... Der berechnete Strahlungsdruck dürfte hier nicht mehr ausreichen, um die beobachteten sehr großen Verhältnisse von Strahlungsbeschleunigung: Gravitation zu erklären. Nach *L. Biermann* werden diese *Plasmaschweife* vielmehr von der Sonne weggeblasen durch eine stets vorhandene Korpuskularstrahlung, den sog. *solaren Wind* (s.u.). In der Entfernung der Erdbahn stellt dieser einen Strom von ionisiertem Wasserstoff, d.h. Protonen und Elektronen mit ~ 1 bis 10 Teilchen pro cm^3 und einer Geschwindigkeit von ~ 400 km/sec dar. So wird vielleicht auch die öfters, aber nicht immer beobachtete Beeinflussung der Kometen durch die Sonnenaktivität verständlich. Die Forschung mittels Weltraumfahrzeugen hat über den *solaren Wind* schon interessante Aufschlüsse geliefert und dürfte in Zukunft wohl sicherere Aussagen geben als die „Hypochonder unter den Weltkörpern".

Die *Meteore oder Sternschnuppen* präsentieren uns — wie sich in neuerer Zeit herausgestellt hat — nur einen Ausschnitt aus der Gesamtheit der *Kleinkörper* unseres Planetensystems. Man unterscheidet heute z.T. etwas genauer zwischen dem *Meteor*, als der kurzdauernden Leuchterscheinung am Himmel — von den „teleskopischen Sternschnuppen" bis zu den taghell leuchtenden Feuerkugeln — und dem erzeugenden Körper, dem (kleinen) *Meteoroid* bzw. dem (größeren) *Meteorit*. Da die kosmischen Körper auf nahezu parabolischen Bahnen in Erdnähe nach dem Energiesatz eine Geschwindigkeit von 42 km sec^{-1} haben und andererseits die Geschwindigkeit der Erde in ihrer Bahn 30 km sec^{-1} beträgt, so können je nach der Einfallsrichtung (morgens bzw. abends) Relativgeschwindigkeiten zwischen 72 und 12 km/sec zustandekommen. Beim Eindringen in die Erdatmosphäre werden die Körper erhitzt: Bei den größeren Brocken wird die Hitze nicht rasch genug nach innen dringen; ihre Oberfläche zeigt Schmelzgruben und brennt ab, sie kommen als *Meteorite* am Boden an. Der größte bekannte Meteorit ist der *Hoba West* in Südwestafrika mit ~50 Tonnen. Recht erhebliche Massen müssen es auch gewesen sein, die bei ihrem Aufsturz die *Meteoritenkrater* auf der Erde (wie auf dem Mond) erzeugten. Der bekannte Krater von *Canyon Diablo* in Arizona hat z. B. einen max. Durchmesser von 1300 m und (heute) eine Tiefe von 174 m. Er dürfte — nach geologischen Anzeichen — vor etwa 20000 Jahren durch Einsturz eines Eisenmeteoriten von ca. zwei Millionen Tonnen entstanden sein. Dessen kinetische Energie entsprach ungefähr einer 30-Megatonnen-Wasserstoffbombe! Neuere Untersuchungen haben immer mehr Argumente dafür beigebracht, daß auch das *Nördlinger Ries* in Süddeutschland mit ~25 km Durchmesser ein *meteoritischer Einsturzkrater* ist, der vor 14.6 Millionen Jahren im Obermiozän (Tertiär) entstand. — Kleine Meteore verbrennen in der Atmosphäre, die gewöhnlichen Sternschnuppen in etwa 100 km Höhe. Bei ihrem Flug durch die hohe Atmosphäre ionisieren sie die Luft in einem zylindrischen Bereich. Bei großen Meteorströmen liefern sie so einen Beitrag zur *Ionosphäre*, die sog. *anomale E-Schicht* in ~100 km Höhe. Andererseits streut ein solcher leitender Zylinder elektrische Wellen wie ein Draht, und zwar vorwiegend senkrecht zu seiner eigenen Richtung. Darauf beruht der enorme Aufschwung, den die Meteorforschung genommen hat seit dem Heranziehen der *Radartechnik* durch *Hey, Lovell* u. a. Man sieht auf dem Radarschirm nur die größeren Körper selbst, aber man erhält die Richtung senkrecht zu dem „Ionen-Schlauch" noch leicht bei Sternschnuppen, die unter der visuellen Nachweisgrenze liegen. Auch die Geschwindigkeiten kann man mit Radarmethoden messen. Deren entscheidender Vorteil gegenüber der visuellen Beobachtung ist, daß sie von Tageszeit und Wolken unabhängig sind, so daß die Verfälschung statistischer Untersuchungen durch solche Einflüsse wegfällt. — Für die etwas helleren Sternschnuppen gibt in der Nacht die genauesten Aussagen die photographische Beobachtung mit *lichtstarken Weitwinkelkameras*, möglichst simultan von zwei Stationen in geeigneter Entfernung voneinander. Man erhält so die genaue Lage der Bahn im Raum. *Rotierende Sektoren* unterbrechen das Bild der Bahn und ermöglichen die Berechnung der Bahngeschwindigkeit. Die Stärke des Striches zeigt die Helligkeit und ihre oft raschen zeitlichen Variationen an. Mit einem *Objektivprisma* (s. u.) kann man *Spektren* der hellsten Meteore und damit Einblick in deren Leuchtmechanismus und chemische Zusammensetzung erhalten.

Da der Luftwiderstand mit dem Querschnitt $\sim (\text{Durchmesser})^2$, die Schwerkraft aber mit der Masse $\sim (\text{Durchmesser})^3$ geht, so sieht man leicht, daß bei immer kleineren Teilchen der Luftwiderstand so stark überwiegt, daß diese nicht mehr zum Glühen kommen und langsam unversehrt zu Boden schweben. Diese *Mikrometeorite* sind kleiner als wenige $\mu (10^{-4}$ cm). Man findet sie in großen Mengen mit geeigneten Auffängern am Boden und auch im Tiefseeschlamm; Schwierigkeit macht naturgemäß die Unterscheidung von terrestrischem Schmutz. In neuerer Zeit hat auch die Forschung mit *Raketen* (deren Instrumente zur Erde zurückkehren) und *Satelliten* wichtige Ergebnisse gezeitigt.

Die *Meteorite*, als einzige kosmische Materie, die uns direkt greifbar ist, sind zunächst mineralogisch-petrographisch und in neuerer Zeit auf Spuren radioaktiver Elemente und anomaler Isotope sorgfältig untersucht worden.

Während man ursprünglich glaubte, in den chemischen Analysen vieler Meteorite durch *V.M. Goldschmidt* und das Ehepaar *Noddack* „*die*[10] *kosmische Häufigkeitsverteilung der Elemente und Isotope*" vor sich zu haben, wird man heute eher versuchen, daraus in Verbindung mit der quantitativen Analyse der Sonne Aufschlüsse über die Vorgeschichte der Meteorite und unseres Planetensystems zu erhalten.

Man unterscheidet zunächst die *Eisenmeteorite* (Dichte $\sim 7.8\ \mathrm{g\,cm^{-3}}$), deren Fe-Ni-Kristalle in ihren charakteristischen Widmannstetterschen Ätzfiguren (Abb. 8.3) eine Verwechslung mit terrestrischem Eisen ausschließen, von den *Steinmeteoriten* (Dichte $\sim 3.4\ \mathrm{cm^{-3}}$). Letztere teilt man wieder in zwei Unterklassen: die weit häufigeren *Chondrite*, gekennzeichnet durch millimetergroße Silikatkügelchen, die *Chondren oder Chondrulen*, und die selteneren *Achondrite*. Die feinere Klassifizierung zeigt Abb. 8.4. Nach ihrer chemischen Zusammensetzung entsprechen die *kohligen Chondrite vom Typ I* im wesentlichen unveränderter Solarmaterie (vgl. Tab. 19.1); nur die Edelgase und andere leicht flüchtige Elemente sind seltener bzw. fehlen. Die Matrix, in welche die Chondrulen

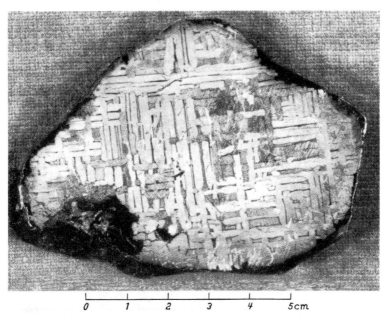

$$\vdash\quad\vdash\quad\vdash\quad\vdash\quad\vdash\quad\vdash$$
$$0\qquad 1\qquad 2\qquad 3\qquad 4\qquad 5\,cm$$

Abb. 8.3. Der Eisenmeteorit Toluca — genannt nach seinem Fundort —. Die polierte und geätzte Schnittfläche zeigt die Widmannstetterschen Figuren. Diese werden gebildet durch Fe-Ni-Kristallamellen von Kamazit (7% Ni) und Taenit (mit größerem Nickelgehalt), welche parallel den vier Flächenpaaren des Oktaeders aneinandergrenzen; solche Meteorite bezeichnet man als Oktaedrite

---

[10] Eine wesentliche Schwierigkeit liegt schon darin, daß unter den größeren Körpern die Eisen, unter den kleineren die Steine überwiegen.

der kohligen Chondrite eingebettet sind, enthält vielerlei organische Verbindungen, z. B. Aminosäuren, auch komplizierte Ringsysteme etc. Daß diese *nicht* —
wie gelegentlich vermutet wurde — biogenen Ursprungs sind, geht unter anderem
daraus hervor, daß viele Aminosäuren vorkommen, die in Lebewesen nicht
„verwendet" werden, weiterhin daraus, daß optisch rechts- und linksdrehende
Aminosäuren gleich häufig sind, während die Lebewesen bekanntlich nur linksdrehende besitzen. Diese Matrix der kohligen Chondrite I kann sich nur bei
Temperaturen unter 350°K gebildet haben.

Schon die Bildung der (älteren) Chondren und erst recht die Trennung von
Metall (Fe, Ni, ...) und *Silikaten* setzt komplizierte Trennungsprozesse voraus,
die wir erst zum kleinsten Teil verstehen. *H. C. Urey* (1952), dann *J. W. Larimer*,
E. Anders haben die sukzessive Bildung verschiedener chemischer Verbindungen
bzw. Minerale in Abhängigkeit von Druck und Temperatur durchgerechnet.
Danach setzen die Chondrite Bildungstemperaturen von ~ 500 bis 700°K voraus.
Eine Hochtemperaturfraktion müßte bei Temperaturen bis ~ 1300°K entstanden
sein. Viel Kopfzerbrechen machte die Entdeckung kleiner *Diamanten* in einigen
Meteoriten. Diese dürften aber nicht, wie auf der Erde, unter sehr hohen statischen
Drucken, sondern unter Mitwirkung von *Stoßwellen* beim Zusammenstoß
zweier Meteoriten im Weltraum entstanden sein.

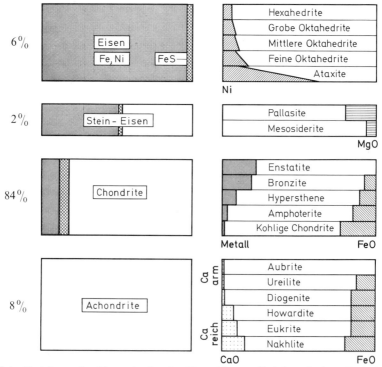

Abb. 8.4. Einteilung der Meteorite in vier Hauptklassen (links) nach dem Verhältnis von
Metall (schattiert) zu Silikat (weiß). Die feinere Unterteilung erfolgt nach verschiedenen
chemischen und strukturellen Kriterien (rechts). Links außen ist die Prozentzahl der Fälle
angeschrieben

Die radioaktive Altersbestimmung ergibt für die Meteorite ein Maximal*alter*, das mit dem der Erde innerhalb der Fehlergrenzen übereinstimmt, nämlich $4.6 \cdot 10^9$ Jahre. Andererseits kann man messen, wie lange ein Meteorit im Weltraum der Bestrahlung durch die energiereichen Protonen der (zeitlich konstanten) kosmischen Ultrastrahlung ausgesetzt war. Diese erzeugt nämlich — bei größeren Körpern bis zu einer bestimmten Eindringtiefe — durch Zersplitterung (Spallation) schwerer Atomkerne alle möglichen stabilen und radioaktiven Isotope, aus deren Menge man das *Bestrahlungsalter* berechnen kann. Die Bestrahlungszeiten der Eisenmeteorite betragen einige 10^8 bis 10^9 Jahre; die der Steinmeteorite nur etwa 10^6 bis $4 \cdot 10^7$ Jahre. Letztere geben wohl die Zeit an, wann das gemessene Stück bei einem Zusammenstoß im Weltraum von einem größeren Körper abgeschlagen wurde.

Einige Teile gewisser Meteorite enthalten eingeschlossene *Edelgase*. Deren Isotopen- und Häufigkeitsverteilung weist darauf hin, daß sie — ebenso wie die Edelgase im Mondstaub und den Oberflächen der Mondsteine — großenteils dem *Sonnenwind* entstammen. Die Untersuchung des in Meteoriten enthaltenen *Xenons* ergab weiterhin, daß in einigen Fällen *die* Xe-Isotope übergroße Häufigkeit aufweisen, die man — wie ein genaueres Studium zeigt — nur auf die relativ kurzlebigen und daher ausgestorbenen radioaktiven Jod- bzw. Plutonium-Isotope ^{129}J und ^{244}Pu mit Halbwertzeiten von 1.6 bzw. $8.2 \cdot 10^7$ Jahren zurückführen kann. Letztere sind wahrscheinlich durch eine kurzdauernde *Neutronen*-bestrahlung entstanden, die öfters nur Teile des Meteoriten, z. B. die Chondren, betroffen hat. Wir werden auf dieses mysteriöse Ereignis im Zusammenhang mit der Entstehung des Planetensystems zurückkommen.

Viel Kopfzerbrechen haben die *Tektite* (*F. E. Suess*, 1900) gemacht. Dies sind etwa zentimetergroße Körper aus silikatreichem Glas (70—80% SiO_2), deren oft rundliche oder kreiselförmige Gestalt zeigt, daß sie in geschmolzenem Zustand mit hoher Geschwindigkeit durch die Luft geflogen sein müssen. Man findet Tektite nur in bestimmten Gegenden, z. B. die *Moldavite* in Böhmen usw. *W. Gentner* hat gezeigt, daß diese Gruppen in mehreren Fällen einem gleichaltrigen und benachbarten Meteoritenkrater zugeordnet werden können; z. B. die Moldavite dem *Nördlinger Ries*. Der naheliegende Einwand, daß die Körper beim Flug vom Entstehungsort zu ihrer Fundstelle längst verdampft sein müßten, erledigt sich durch die Bemerkung von *E. David*, daß bei der Entstehung eines Explosionskraters, dessen Durchmesser die Höhe der Erdatmosphäre übertrifft, die letztere durch den verdampfenden Meteoriten für kurze Zeit völlig „weggeblasen" wird.

Eine Zusammenstellung der in der Umgebung der Erde vorhandenen Stromdichte von Teilchen[11] verschiedener Massen — von 10^{-16} g bis 10^{+15} g, entsprechend Durchmessern der Größenordnung 10^{-5} bis 10^{+4} cm — zeigt Abb. 8.5 nach *G. S. Hawkins* und *H. Fechtig*. Insgesamt fällt täglich auf die Erde eine Masse — überwiegend in Form von Mikrometeoriten — von $\sim 1.2 \cdot 10^9$ g. Bezüglich der *Bahnen* wissen wir — insbesondere aus Radarmessungen — daß ein erheblicher Teil der *Meteore* kometaren Ursprungs ist; ein anderer Teil, die *sporadischen Meteore*, bewegt sich auf statistisch verteilten Ellipsen mit Exzentrizitäten ≈ 1.

---

[11] Das *interplanetare Plasma* werden wir im Zusammenhang mit der Physik der Sonne in Abschn. 20 besprechen.

Hyperbolische Bahnen bzw. Geschwindigkeiten kommen *nicht* vor. Die größeren Körper stehen den Planetoiden näher; wozu zu bemerken wäre, daß ~~wir~~ über mögliche Zusammenhänge zwischen Kometen und Planetoiden noch sehr wenig wissen.

Durch Reflexion bzw. Streuung des Sonnenlichtes an interplanetarem Staub entsteht das *Zodiakallicht*, das man als kegelförmige Erhellung des Himmels im Bereich des Tierkreises im Frühjahr kurz nach Sonnenuntergang im Westen oder im Herbst kurz vor Sonnenaufgang im Osten beobachten kann. Gegenüber

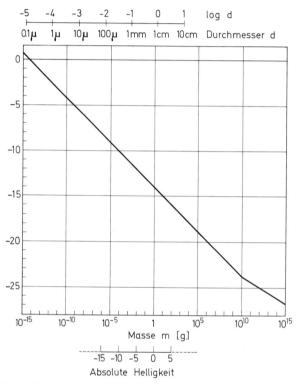

Abb. 8.5. Anzahl der Meteorite etc. mit einer Masse $>$ m Gramm, welche außerhalb der Erd-atmosphäre pro sec auf eine Fläche von 1 m² auftreten. Die anderen Abszissenskalen geben noch den Durchmesser der Teilchen und ihre absolute Helligkeit (reduziert auf 100 km Höhe im Zenit) in Magnitudines (Abschn. 13) an

der Sonne beobachtet man den schwachen *Gegenschein*. Bei totalen Sonnen-finsternissen beobachtet man in der Nähe der Sonne die durch starke Vorwärts-streuung (Tyndall-Streuung) am interplanetaren Staub erzeugte Fortsetzung des Zodiakallichtes als den äußeren Teil der *Sonnenkorona*, die sog. F- oder *Fraun-hofer-Korona*. Diese heißt so, weil ihr Spektrum, wie das des Zodiakallichtes, die dunklen Fraunhoferlinien des Sonnenspektrums enthält. In beiden Fällen ist das Streulicht partiell polarisiert.

Intermezzo

9. Astronomische und astrophysikalische Instrumente

Die großen Fortschritte der Forschung sind oft geknüpft an die Erfindung oder Einführung neuartiger *Instrumente*. Das Teleskop, die Uhr, die photographische Platte, Photometer, Spektrograph und schließlich das gesamte Arsenal der modernen Elektronik kennzeichnen je eine Epoche astronomischer Forschung. Ebenso wichtig aber — dies wollen wir nicht vergessen — ist die Schaffung neuer *Begriffe* und Ansätze zur Analyse der Beobachtungen. Geniale wissenschaftliche Leistungen beruhen eigentlich immer auf einem Ineinandergreifen neuer Begriffsbildungen und instrumenteller Entwicklungen, die nur miteinander den Vorstoß in bisher unbekannte Bereiche der Wirklichkeit bewerkstelligen können. „*Wonder en is gheen wonder*" möchte man mit *Simon Stevin* (1548—1620) dazu bemerken.

Der Übergang von der klassischen Astronomie zur Astrophysik — soweit diese Unterscheidung überhaupt sinnvoll ist — bildet vielleicht den geeigneten Punkt, um über einige astronomische und astrophysikalische Instrumente und Messungsmethoden im Zusammenhang zu berichten.

Die Prinzipien des Galileischen Fernrohres (1609) und des Keplerschen Fernrohres (Dioptrice, 1611) möge Abb. 9.1 in Erinnerung bringen; bei beiden ist die Vergrößerung bestimmt durch das Verhältnis der Brennweiten von Objektiv und Okular. *Galilei's* Anordnung liefert ein aufrechtes Bild und wurde so der Prototyp der Theatergläser. *Kepler's* Rohr erlaubt das Einfügen eines *Fadenkreuzes* in der gemeinsamen Brennebene von Objektiv und Okular; so wird es brauchbar zur genauen Einstellung von Winkeln, z.B. beim Meridiankreis. Erweitert man das Fadenkreuz zum *Fadenmikrometer* (Abb. 9.1), so kann man visuell die relativen Positionen von Doppelsternen, Durchmesser von Planetenscheibchen etc. messen.

Die störenden Farbsäume (chromatische Aberration) der Fernrohre aus einfachen Linsen beseitigten *J. Dollond* u.a. 1758 durch die Erfindung *achromatischer Linsen*. Eine achromatische Sammellinse, z.B. ein Fernrohrobjektiv, besteht aus einer *Konvexlinse* (Sammellinse; positive Brennweite) aus *Kronglas*, dessen Dispersion im Verhältnis zu seiner Brechkraft relativ klein ist, mit einer *Konkavlinse* (Zerstreuungslinse; negative Brennweite) aus *Flintglas*, dessen Dispersion im Verhältnis zu seiner Brechkraft groß ist. Genau genommen kann man bei einem zweilinsigen Objektiv nur erreichen, daß bei *einer* Wellenlänge λ_0 die Änderung der Brennweite f mit λ verschwindet, d.h. $\mathrm{d}f/\mathrm{d}\lambda = 0$. Beim *visuellen* Objektiv wählt man $\lambda_0 \approx 5290\,\text{Å}$, entsprechend dem Empfindlichkeitsmaximum des Auges, beim *photographischen* Objektiv dagegen $\lambda_0 \approx 4250\,\text{Å}$ entsprechend dem Empfindlichkeitsmaximum der gewöhnlichen photographischen (Blau-) Platte.

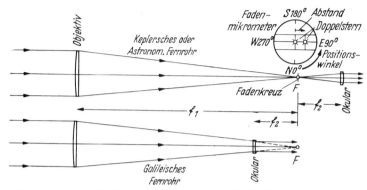

Abb. 9.1. Keplersches und Galileisches Fernrohr. Als Okular dient bei ersterem eine Sammellinse, bei letzterem eine Zerstreuungslinse. F = gemeinsamer Brennpunkt von Objektiv und Okular. Die Vergrößerung V ist gleich dem Verhältnis der Brennweiten von Objektiv f_1 und Okular f_2; in unserer Abbildung ist $V = f_1/f_2 = 5$ gewählt. Beim Keplerschen Fernrohr kann man in der Brennebene durch F ein Fadenkreuz oder ein Fadenmikrometer zur Messung von Doppelsternen anbringen. (Die Krümmungen der Linsen sind übertrieben gezeichnet)

Betrachten wir genauer die Abbildung eines Bereiches am Himmel durch ein Fernrohr auf die photographische Platte in der Brennfläche des Objektivs! (Bei visueller Beobachtung würden wir die Brennfläche durch das Okular vergrößert betrachten, wie durch eine Lupe.) Die Aufgabe, eine aus dem „Unendlichen" ankommende ebene Welle in eine konvergente Kugelwelle umzuwandeln, wird von der Linse dadurch bewerkstelligt, daß im Glas (Brechungsindex $n > 1$) das Licht n-mal langsamer läuft und daher die Lichtwellen n-mal kürzer sind als im Vakuum. Infolgedessen bleibt die *Wellenfläche* des Lichtes hinter dem Objektiv in dessen Mitte zurück (Abb. 9.2). Diese Vorstellung, deren mathematische

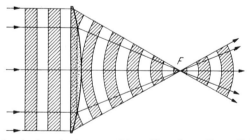

Abb. 9.2. Abbildung durch eine plankonvexe Linse. Von einem Stern (links außen) kommen die ebenen Wellenflächen des Lichtes; auf diesen senkrecht stehen die Strahlen. Im Glas der Linse ist die Lichtgeschwindigkeit n-mal kleiner (n = Brechungsindex); die Wellenflächen werden infolgedessen zu Kugelflächen verbogen, die auf den Brennpunkt F hin zusammen- und hinter diesem wieder auseinanderlaufen

Formulierung mittels des „*Eikonals*" wir *H. Bruns, R. W. Hamilton* und *K. Schwarzschild* verdanken, erleichtert das Verständnis optischer Instrumente oft sehr gegenüber der direkten Anwendung des Snelliusschen Brechungsgesetzes.

Was beim *Linsenfernrohr* oder *Refraktor* durch Einfügen verschieden dicker Schichten mit $n > 1$ in den Strahlengang erreicht wird, leistet das *Spiegelteleskop* oder der *Reflektor* (*I. Newton* ~ 1670) mittels eines *Konkavspiegels*. Dieser hat a priori den Vorteil, daß er keine Farbfehler haben kann. Ein *Kugelspiegel* (Abb. 9.3a) vereinigt — wie eine einfache geometrische Betrachtung lehrt — ein achsennahes Parallelstrahlenbündel in einer Brennweite f gleich dem halben Krümmungsradius R. Achsenfernere Strahlen treffen die optische Achse in kleinerem Abstand vom Scheitel des Spiegels; diesen *Bildfehler* nennt man die *sphärische Aberration*. Die exakte Vereinigung eines achsenparallelen Bündels in *einem*

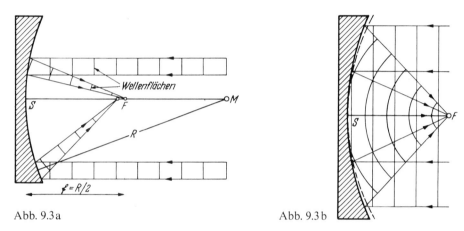

Abb. 9.3a   Abb. 9.3b

Abb. 9.3a. Kugelspiegel. Ein achsennahes Strahlenbündel (oben) wird im Brennpunkt F vereinigt, dessen Abstand vom Scheitel S des Spiegels der Brennweite $f = R/2$ entspricht, wo R den Krümmungsradius des Spiegels bedeutet. Ein achsenfernes Strahlenbündel (unten) wird in kleinerem Abstand von S vereinigt: sphärische Aberration. Die von rechts einfallenden ebenen Wellen(-flächen) werden bei der Reflexion am Spiegel in konvergente Kugelwellen verwandelt

Abb. 9.3b. Der Parabolspiegel vereinigt alle achsenparallelen Strahlen exakt im Brennpunkt F, d.h. die achsenparallel einfallende ebene Welle wird in eine konvergente Kugelwelle umgewandelt. Die Schmiegungskugel - - - hat im Scheitel S dieselbe Krümmung wie das Paraboloid

Brennpunkt bewirkt ein *Parabolspiegel* (Abb. 9.3b); dies sieht man sofort, wenn man das Paraboloid als Grenzfall eines Ellipsoids betrachtet, dessen rechter Brennpunkt ins Unendlichferne gerückt ist. Leider aber gibt der *Parabolspiegel* gute Abbildung nur in unmittelbarer Nähe der optischen Achse. Bei größerem Öffnungsverhältnis ist der brauchbare Durchmesser des Bildfeldes wegen der nach außen rasch zunehmenden Bildfehler schräg einfallender Bündel sehr bescheiden. Zum Beispiel hat der Reflektor der Sternwarte Hamburg-Bergedorf mit 1 m Spiegeldurchmesser und 3 m Brennweite, also Öffnungsverhältnis F:3, ein Bildfeld von nur 10′ bis 15′ Durchmesser.

Den Wunsch der Astronomen nach einem Teleskop mit großem Bildfeld *und* großem Öffnungsverhältnis (Lichtstärke) erfüllte die geniale Konstruktion der *Schmidt-Kamera* (1930/31). *Bernhard Schmidt* (1879—1935) bemerkte zunächst, daß ein *Kugelspiegel* vom Radius R schmale Parallelstrahlenbündel, die aus *irgendeiner Richtung*, aber in der Umgebung des Kugelmittelpunktes einfallen, auf einer konzentrischen Kugel vom Radius $R/2$ — entsprechend der bekannten Brennweite des Kugelspiegels $f = R/2$ — vereinigt. Mit kleinem Öffnungsverhältnis kann man also über einen *großen Winkelbereich* schon gute Abbildung auf einen *gekrümmten* Film erhalten, wenn man den Kugelspiegel nur durch eine *Eintrittsblende* ergänzt, die beim Krümmungsmittelpunkt, d.h. in der doppelten Brennweite vom Spiegel entfernt, angebracht ist (Abb. 9.4). Will man auch große Lichtstärke erzielen und öffnet die Eintrittsblende weiter, so macht sich die *sphärische Aberration* (Abb. 9.3a) durch Verwaschenheit der Sternbilder störend bemerkbar. Diese beseitigt B. *Schmidt*, indem er in der Eintrittsblende eine dünne, asphärisch geschliffene Korrektionsplatte anbringt, so daß durch entsprechende Glasdicken und eine kleine Verschiebung der Brennfläche die optischen Wegunterschiede kompensiert werden, welche in Abb. 9.3b dem Abstand zwischen Paraboloid und Kugelfläche entsprechen. Wegen der Kleinheit dieser Unterschiede ist dies gleichzeitig für einen großen Bereich des Einfallswinkels und ohne störende Farbfehler möglich.

Die *Montierung* eines Teleskops hat die Aufgabe, es mit der erforderlichen Genauigkeit der täglichen Bewegung folgen zu lassen. Eine solche äquatoriale

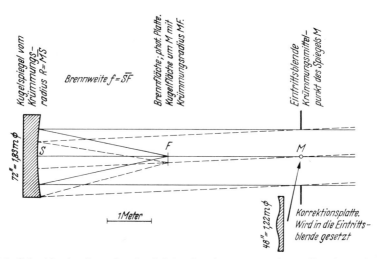

Abb. 9.4. Schmidtspiegel. — *Bernhard Schmidt* geht aus von einem *Kugelspiegel* mit dem Krümmungsradius $R = MS$. Parallelstrahlenbündel, die — auch unter erheblichen Winkeln gegen die optische Achse — ankommen, werden seitlich durch die *Eintrittsblende* beim *Krümmungsmittelpunkt M* des Spiegels begrenzt und daher unter gleichen Bedingungen auf einer Kugelfläche um M mit dem Radius $R/2 = MF$, der *Brennfläche* vereinigt. Die Brennweite ist also $f = FS = R/2$. Zur Beseitigung der sphärischen Aberration wird die asphärisch geschliffene, dünne *Korrektionsplatte* in die Eintrittsöffnung gesetzt. (Die Maße entsprechen dem Mt. Palomar-48″-Schmidtteleskop)

oder parallaktische Montierung hat daher parallel zur Erdachse eine *Stunden-achse*, welche von einem Sternzeit-Uhrwerk angetrieben wird, und senkrecht dazu die *Deklinationsachse*, beide mit entsprechenden Teilkreisen. Kleine Fehler des Uhrwerks, die Refraktion etc. korrigiert der Astronom beim *Nachführen* mittels elektrisch gesteuerter Feinbewegungen.

Refraktoren, deren Öffnungsverhältnis im Bereich F:20 bis F:10 liegt, gibt man meist die sog. Fraunhofer- oder *Deutsche Montierung*, wie z.B. dem größten derartigen Instrument mit 1 m Objektivdurchmesser und 19,4 m Brennweite am *Yerkes Observatory* der Universität Chicago (Abb. 9.5).

Abb. 9.5. 40″ (=1 m)-Refraktor des Yerkes Observatory. Fraunhofer- oder Deutsche Montierung

Reflektoren gibt man meist ein Öffnungsverhältnis F:5 bis F:3 und verwendet entweder eine der verschiedenartigen *Gabelmontierungen* (die Deklinationsachse geht durch den Schwerpunkt des Rohrs und reduziert sich auf zwei Zapfen an dessen Seiten) oder die *Englische Montierung*, bei der Nord- und Südlager der langen Stundenachse auf getrennten Pfeilern ruhen. Der größte Reflektor ist z.Z. das *Hale-Teleskop* der *Mt. Wilson and Palomar Observatories* mit 200″ (inch) =5 m Durchmesser und 16.8 m Brennweite des Hauptspiegels (Abb. 9.6). Bei vielen neueren Reflektoren kann man (Abb. 9.7) zunächst im *Primärfokus* (des Hauptspiegels) photographieren. Man kann aber auch vor diesem einen Konvex-spiegel anbringen und erzeugt das Bild im *Cassegrain-Fokus* hinter einer Durch-bohrung des Hauptspiegels. In beiden Anordnungen kann man es auch vorher durch einen 45°-Planspiegel seitlich aus dem Rohr herauswerfen. Endlich kann

man mittels einer komplizierten Spiegelanordnung das Licht durch die hohle
Polachse leiten und im *Coudé-Fokus* das Bild eines Sterns z.B. auf den Spalt eines
ortsfesten großen Spektrographen (Abb. 9.7c) werfen.

Abb. 9.6. 200″ (= 5 m)-Hale-Reflektor auf Mt. Palomar

Schmidt-Teleskope haben in der Regel Öffnungsverhältnisse F:3.5 bis F:2.5,
man kann aber bis F:0.3 gehen. Das 48″ *Mt. Palomar Schmidt-Teleskop* (F:2.5)
hat einen Durchmesser der Korrektionsplatte von 48″ = 122 cm. Um Vignettie-
rung zu vermeiden, muß der Kugelspiegel einen größeren Durchmesser von 183 cm
haben. Mit diesem Instrument wurde der berühmte *Sky Survey* hergestellt;
ca. 900 Felder 7° × 7° mit je einer Blauplatte und einer Rotplatte der Grenz-
größen 21^m bzw. 20^m überdecken den ganzen Nordhimmel bis −32° Deklination.
Noch etwas größer ist der *Schmidtspiegel* des Schwarzschild-Observatoriums in
Tautenburg/Thür. mit einer Korrektionsplatte von 134 cm.

Abb. 9.7a

Abb. 9.7b

Abb. 9.7c

Abb. 9.7a—c. 100″ (= 2.50 m)-Hooker-Reflektor des
Mt. Wilson Observatory

		Brennweite	Öffnungs-verhältnis
a	Newton- oder Primärfokus	42′	1: 5
b	Cassegrain-Fokus	133′	1:16
c	Coudé-Fokus	250′	1:30

Unter den Spezialinstrumenten der *Positionsastronomie* sollten wir wenigstens den *Meridiankreis* (*O. Römer*, 1704) erwähnen. Das Fernrohr kann um eine ost-westliche Achse im *Meridian* bewegt werden. Die *Rektaszension* wird bestimmt aus der *Zeit* (Pendeluhr hoher Präzision; Quarzuhr) des Durchganges des Sternes durch den Meridian (senkrechte Fäden in der Brennebene). Ein horizontaler Faden im Gesichtsfeld zusammen mit dem auf der Achse fest sitzenden Teilkreis ermöglicht die gleichzeitige Bestimmung der Kulminationshöhe und damit der *Deklination* des Sternes. Moderne Positionsmessungen erreichen eine Genauig-keit von wenigen hundertstel Bogensekunden. Auf einem Teilkreis von 1 m Radius entsprechen 0.1 Bogensekunden 0.5 μ!

Versuchen wir nun, uns ein Bild zu verschaffen vom *Leistungsvermögen* verschiedener Teleskope für diesen oder jenen Zweck! Der visuelle Beobachter fragt zunächst nach der *Vergrößerung*. Diese ist, wie gesagt, einfach gleich dem Verhältnis von Objektiv- zu Okular-Brennweite. Dem Erkennen immer kleinerer Objekte setzt auf jeden Fall die *Beugung* des Lichtes an der Eintrittsöffnung eine Grenze. Den kleinsten Winkelabstand zweier Sterne, z. B. eines Doppelsternes, die man eben noch trennen kann, nennt man das *Auflösungsvermögen*. Eine quadra-tische Öffnung der Seitenlänge *D* (diese ist einfacher zu behandeln als eine kreis-förmige Öffnung) gibt im parallelen Licht z. B. eines Sternes ein Beugungsbild, das in der Mitte hell ist; nach beiden Seiten hin erhält man durch Interferenz zum erstenmal Dunkelheit, wo die Lichterregung der beiden Hälften (Fresnelsche Zonen) sich aufhebt. Nach Abb. 9.8 entspricht dies einem Winkel (im Bogenmaß) λ/D. Einen *Kreis* vom Radius r approximieren wir durch ein Quadrat, das zwischen dem umbeschriebenen Quadrat mit $D = 2R$ und dem einbeschriebenen

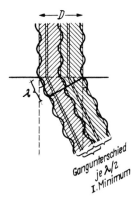

Abb. 9.8. Beugung des Lichtes an einem Spalt oder Rechteck der Breite D. Wenn zwei gleiche Teilbündel im Abstand $D/2$ gegeneinander einen Gangunterschied von einer halben Wellenlänge, d. h. $\lambda/2$ haben, so entsteht durch *Interferenz* das erste Beugungsminimum unter einem Ablenkungswinkel λ/D

mit $D = 2R/\sqrt{2} = 1.41\,R$ liegt. Nehmen wir das Mittel, so erhalten wir den Radius (in Bogenmaß) des Beugungsscheibchens für eine Öffnung vom Radius R zu $\rho = 0.58\,\lambda/R$. Eine genauere Rechnung ergibt

$$\rho = 0.610\,\lambda/R \,. \tag{9.1}$$

In diesem Abstand ρ werden die (sich halb überdeckenden) Beugungsscheibchen zweier Sterne gerade noch zu trennen sein. (9.1) gibt also das *Auflösungsvermögen* des Teleskops. Rechnet man nach astronomischem Brauch ρ in Bogensekunden und den Durchmesser des Teleskops $2R$ in Zoll (1 inch = 2.54 cm), so erhalten wir für $\lambda = 5290\,\text{Å}$ ein

Theoretisches Auflösungsvermögen

$$\rho = 5\rlap{.}{''}2/2\,R_{\text{inch}} \,. \tag{9.2}$$

Empirisch fand *Dawes* bei Doppelsternbeobachtungen $\rho = 4\rlap{.}{''}5/2\,R_{\text{inch}}$.

Diese Grenze wird visuell an erstklassigen Refraktoren bei ausgezeichneter Luftruhe („Seeing") erreicht. Bei großen Reflektoren erzeugt die *thermische Deformation* des sehr empfindlichen Spiegels meist größere Bilder. Bei photographischen Aufnahmen verursacht die *Luftunruhe* (Szintillation) schon allein Bilddurchmesser der Größenordnung $0\rlap{.}{''}5$ bis $3''$.

Das theoretische Auflösungsvermögen des Fernrohres ist bestimmt durch die *Interferenz der Randstrahlen*. Ein etwas größeres Auflösungsvermögen erreichte *A. A. Michelson* bei seinem *Sterninterferometer*, indem er vor das Objektiv 2 Spalte im Abstand D setzte (Abb. 9.9 a). So liefert ein „punktförmiger" Stern ein System von Interferenzstreifen mit den Winkelabständen

$$\rho = n\,\lambda/D \quad (n = 0, 1, 2, 3 \ldots) \,. \tag{9.3}$$

Beobachtet man nun einen *Doppelstern*, dessen Komponenten längs der Verbindungslinie der beiden Spalte den Winkelabstand y haben, so überlagern sich die Streifensysteme der zwei Sterne: Man erhält maximale *Sichtbarkeit* der Streifen, wenn $y=n\lambda/D$ ist. Dazwischen geht die Sichtbarkeit der Interferenzstreifen auf

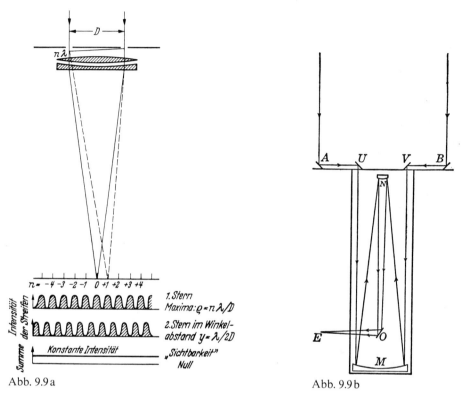

Abb. 9.9 a   Abb. 9.9 b

Abb. 9.9 a. Sterninterferometer nach *A. A. Michelson*. Ein „punktförmiger" Stern erzeugt ein System von Interferenzstreifen, deren Abstände von der optischen Achse $\rho=n\cdot\lambda/D$ sind ($n=0, \pm1, \pm2, \ldots$). Die Streifensysteme zweier (gleich heller) Sterne überlagern sich und ergeben beim Winkelabstand $y=\frac{1}{2}\lambda/D, \frac{3}{2}\lambda/D, \ldots$ konstante Intensität, d.h. Sichtbarkeit Null

Abb. 9.9 b. 20′-Interferometer des Mt. Wilson Observatory. An einem Stahlträger über der Öffnung des 100″-Reflektors sind die inneren 45°-Spiegel *U* und *V* fest, die äußeren *A* und *B* verschiebbar angeordnet. Der Abstand *AB* (maximal 6 m) entspricht dem Spaltabstand *D* in Abb. 9.9 a. Man beobachtet visuell im Cassegrain-Fokus *E*

Null herunter, wenn die Komponenten des Doppelsternes gleich hell sind; anderenfalls durchläuft sie jedenfalls ein Minimum. Umgekehrt: Entfernt man die beiden Spalte vor dem Objektiv langsam voneinander, so erhält man
maximale Sichtbarkeit der Interferenzstreifen
$$\text{für } y=0, \lambda/D, 2\lambda/D \ldots$$
minimale Sichtbarkeit der Interferenzstreifen
$$\text{für } y=\frac{1}{2}\lambda/D, \frac{3}{2}\lambda/D \ldots.$$

Beobachtet man ein *Scheibchen* vom (Winkel-)Durchmesser y', so ist dieses — wie eine genauere Rechnung zeigt — ziemlich äquivalent zwei leuchtenden Punkten im Abstand $\gamma = 0.41\ y'$ und man erhält das erste Sichtbarkeitsminimum bei einem Spaltabstand D_0 entsprechend $0.41\ y' = \frac{1}{2}\lambda/D_0$ oder

$$y' = 1.22\,\lambda/D_0 \,. \tag{9.4}$$

Gegenüber der gewöhnlichen Anwendung des Teleskops [es ist $D_0 \leqq 2R$ in (9.1)] erscheint zunächst wenig gewonnen, tatsächlich aber wird die Beurteilung der *Sichtbarkeit* der Interferenzstreifen von der Luftunruhe (seeing) weniger beeinträchtigt als die Messung mit dem Fadenmikrometer. So konnten *Michelson* u.a. zunächst die Durchmesser der Jupitermonde, enge Doppelsterne etc. messen.

Sodann aber setzte *Michelson* vor den $100''$-Reflektor ein Spiegelsystem wie bei einem Scherenfernrohr und konnte so $D_0 > 2R$ machen (Abb. 9.9 b). Damit wurde es möglich, die *Winkeldurchmesser* einiger *Roter Riesensterne* (die größten betragen $\sim 0\overset{''}{.}04$) direkt zu messen.

Beim *Michelsoninterferometer* kommt es darauf an, die beiden Strahlen *phasengerecht* zusammenzuführen. Diese Schwierigkeit — die den Bau noch größerer Instrumente unmöglich machte — überwindet das *Korrelationsinterferometer* nach *R. Hanbury Brown* folgendermaßen: Zwei Hohlspiegel im Abstand D sammeln das Licht des Sternes auf je einen *Photomultiplier*. Gemessen wird die *Korrelation* der Stromschwankungen, welche die Signale der beiden Photomultiplier in einem bestimmten Frequenzbereich zeigen. Diese *Korrelationsgröße* ist — wie die Theorie zeigt — mit D und y bzw. y' in *genau* derselben Weise verknüpft, wie die *Sichtbarkeit* der Interferenzstreifen beim *Michelson*interferometer. Die von *Hanbury Brown* und *Twiss* in Australien ausgeführten Messungen lassen die neue Methode sehr aussichtsreich erscheinen.

Das Leistungsvermögen eines Instrumentes hinsichtlich der Photographie schwacher *Flächenhelligkeiten* (z.B. Gasnebel) hängt — wie bei der Kamera — in erster Linie ab vom *Öffnungsverhältnis*, in zweiter Linie von Absorptions- und Reflexions*verlusten* in der Optik. In beider Hinsicht sind der *Schmidtspiegel* und seine Varianten unschlagbar.

Viel komplexer ist die Frage, wie schwache Sterne noch photographiert werden können. Die *Grenzhelligkeit* eines Teleskops ist offenbar dadurch bestimmt, daß das kleine Sternscheibchen — bedingt durch Szintillation, Beugung, Plattenkorn etc. — sich aus dem durch das Nachthimmelleuchten und andere Störungen bedingten *Plattenhintergrund* (-schleier) noch erkennbar abhebt. So kommt es, daß man schwächere Sterne erreicht zunächst mit größerem Durchmesser des Instrumentes; bei vorgegebener Öffnung kommt man weiter mit kleinerem Öffnungs*verhältnis*, d.h. längerer Brennweite. In praxi muß man aber auch an die Belichtungs*zeiten* denken!

Versuchen wir die Kompetenzbereiche der Linsen- bzw. Spiegelteleskope gegeneinander abzugrenzen, so ist — abgesehen von der Verschiedenheit im Öffnungsverhältnis — zu bedenken, daß beim Refraktor die Qualität der Bilder durch Temperaturschwankungen wenig beeinflußt wird und nahezu das theoretische Auflösungsvermögen erreicht, während der Spiegel sehr temperaturempfindlich ist. Der *Refraktor* ist daher in erster Linie zuständig für visuelle Doppelsterne, Planetenoberflächen, trigonometrische Parallaxen ..., der *Reflektor*

für Spektroskopie, direkte Photographie jedenfalls lichtschwächerer Objekte ....
Photoelektrische Photometrie und andere Arbeitsgebiete werden mit beiden
Instrumententypen betrieben.

Ebenso wichtig wie das Teleskop sind die Hilfsmittel zu *Nachweis und Messung
der Strahlung* von Sternen, Nebeln ....

Visuelle Beobachtung spielt heute nur noch eine Rolle, wo es sich um rasche
Erfassung kleiner Winkel bzw. feiner Details nahe dem Störpegel der Szintillation
handelt, also bei der Beobachtung von visuellen Doppelsternen, Planetenoberflächen, Sonnengranulation etc.

Die *photographische Platte* ist auch heute noch eines der wichtigsten Hilfsmittel des Astronomen. Die Empfindlichkeitsbereiche einiger viel verwendeter
Kodak-Plattensorten zeigt Abb. 9.10. *O*, die höchstempfindlichen *Blauplatten*,

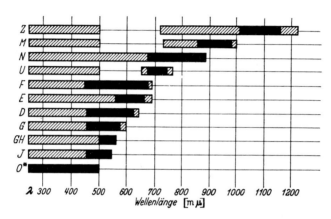

Abb. 9.10. Spektrale Empfindlichkeitsbereiche der Kodak-Platten mit verschiedener Sensi-
bilisierung. ▰▰▰ Spektralbereich, in dem die betr. Sensibilisierungsklasse besonders
wertvoll ist. ▨▨▨ gesamter Empfindlichkeitsbereich. Wellenlängen λ in mμ

sind das meist verwendete Material für Himmelsaufnahmen. *D* und *F* sind sen-
sibilisierte Emulsionen; in Verbindung mit geeigneten Farbfiltern dienen sie zu
Aufnahmen im visuellen und roten Spektralgebiet. Die *N* und *Z* Platten für In-
frarotaufnahmen müssen mit Ammoniak etc. hypersensibilisiert werden.

Der Zusammenhang zwischen Strahlungsintensität und Plattenschwärzung
kann nur für jede Platte individuell und empirisch bestimmt werden. Die *photographische Photometrie* muß daher möglichst differentiell arbeiten. Man mißt
mit einem Mikrophotometer entweder den Ausschlag als Maß der Schwärzung
in der Mitte des Sternbildchens, oder man schließt beim *Irisblendenphotometer*
eine Irisblende um das kleine Sternbildchen (insbesondere von Schmidt-Kameras)
herum so weit, daß ein bestimmter im voraus zweckmäßig gewählter Photometer-
ausschlag entsteht. Die Reduktion der Ausschläge muß in beiden Fällen mit Hilfe
anderweitig bestimmter Helligkeitsskalen erfolgen. Diese kann man z. B. erhalten
aus zwei Aufnahmen (auf derselben Platte), deren eine durch ein Neutralfilter

mit gemessenem Abschwächungsverhältnis gemacht wurde (Halbfiltermethode). Oder man setzt vor das Instrument ein grobes Beugungsgitter (aus Metallstäben oder dgl.), das zu beiden Seiten jedes Sternes sternartige Beugungsbilder mit bekanntem Abschwächungsfaktor erzeugt. In neuerer Zeit sind diese Methoden fast verdrängt durch die genauere und einfachere photoelektrische Vermessung von Helligkeitssequenzen (Abschn. 13).

Die *photoelektrische Photometrie* benützt als Meßgerät Photozellen oder Photomultiplier in Verbindung mit geeigneten elektronischen Verstärkern und Registriergalvanometern, neuerdings sogar z.T. automatisierte elektronische Datenverarbeitung. Die spektrale Empfindlichkeitsverteilung kann durch Wahl geeigneter Photokathoden für Messungen vom Ultraviolett (bis zur Durchlässig-keitsgrenze unserer Atmosphäre $\lambda \sim 3000$ Å) bis ins Infrarot ($\lambda \sim 12\,000$ Å) ein-gerichtet werden. Schon bei etwas kürzeren Wellenlängen beginnt der Bereich der *Bleisulfidzellen* und ähnlicher Halbleiterelemente. Wenn man in der Astro-nomie von Messung der Gesamtstrahlung mit *Thermoelement* oder *Bolometer* spricht, so muß man sich darüber klar sein, daß bei terrestrischen Beobachtungen die Atmosphäre und vielfach auch das Instrument erhebliche Bereiche des Spek-trums *vollständig* absorbieren.

Es ist wichtig, über die relativen Vor- und Nachteile der photographischen und der photoelektrischen Sternphotometrie und damit über ihre zweckmäßige Verknüpfung Klarheit zu gewinnen: Die photoelektrischen Meßgeräte sind von hoher Konstanz und können mit Laboratoriumsmethoden leicht und genau über große *Helligkeitsbereiche* geeicht werden, während *eine* photographische Platte nur einen sehr beschränkten Helligkeitsbereich (ca. 1:20) überdeckt. Die instrumentellen Fehler einer photoelektrischen Messung sind etwa zehnmal kleiner als bei der photographischen Photometrie. Andererseits erfaßt *eine* photographische Aufnahme eine ungeheuer große Anzahl von Sternen (Stern-haufen!), während photoelektrisch der Beobachter jeden einzelnen Stern für sich einstellen und messen muß. So ergibt sich — im großen und ganzen — die heutige Aufteilung der Arbeitsgebiete:

Photoelektrische Photometrie: Helligkeitsskalen, genaue Lichtkurven einzelner veränderlicher Sterne, genaue Farbenindizes (s. u.).

Photographische Photometrie: Photometrie größerer Sternfelder (Sternhaufen, Milchstraße …), deren Durchmusterung auf bestimmte Arten von Sternen etc. durch Anschluß an photoelektrisch gemessene Skalen-Felder.

Die weitere Analyse des Lichtes kosmischer Lichtquellen übernimmt die *Spektroskopie.* Wir behandeln hier zunächst nur ihre instrumentelle Seite, indem wir — etwas künstlich — die zugehörigen Grundbegriffe und die Anwendungen noch zurückstellen.

Der vom Laboratorium bekannte *Prismen-* oder *Gitterspektrograph* kann an ein Teleskop angeschlossen werden, das sozusagen nur die Aufgabe hat, die Strahlung einer kosmischen Lichtquelle, z. B. eines Sternes, durch den Spalt in den Spektrographen zu werfen. Daraus ergibt sich: 1. Das Öffnungsverhältnis des Kollimators soll gleich dem des Teleskops, jedenfalls nicht kleiner sein (Aus-leuchtung des Prismas bzw. Gitters). 2. Der Spalt soll bei gutem *seeing* den größten Teil des Sternbildchens „verschlucken". 3. Da eine ∞-scharfe Spektrallinie auf der Platte ein Abbild des Spaltes liefert (die Beugungseffekte sind bei Sternspektrographen meist zu vernachlässigen), so wird man ökonomischerweise verlangen, daß das von Kollimator- und Kamera-Optik erzeugte Bild des Spaltes auf der Platte dem Auflösungsvermögen der photographischen Emulsion (~ 0.05 mm) angepaßt sei. — Will man mit einem Teleskop vorgegebener Größe Spektren von Sternen einer bestimmten Grenzhelligkeit noch in einer bestimmten Belichtungszeit (Belichtungszeiten > 5 Stunden werden in praxi unangenehm) bekommen, so ist damit die *Kamerabrennweite* und die *Dispersion* (Å/mm) (bzw. die Strichzahl des Gitters oder der Prismenwinkel) festgelegt. Schließlich ist es ein großer Vorteil, wenn das Bildfeld der Spektrographenkamera so wenig gekrümmt ist, daß man noch mit (evtl. durchgebogenen) *Platten* arbeiten kann; das spätere Ausmessen von Filmen bringt vielerlei technische Unannehmlichkeiten mit sich.

Man benutzt heute fast nur noch *Gitterspektrographen* (Abb. 9.11), seitdem es möglich ist, die Furchen der Beugungsgitter so zu formen, daß ein bestimmter Reflexionswinkel („blaze-angle") stark bevorzugt ist. Die *Kollimatorbrennweite* wählt man so groß, wie es die Dimensionen des verfügbaren Gitters erlauben. Die Kameras baut man nach dem Prinzip der *Schmidt*-Kamera, deren Vorteile wir schon kennen: großes Blickfeld, geringe Absorptions- und Reflexionsverluste, geringe Krümmung des Bildfeldes, kleine Farbfehler. Abb. 9.11c zeigt den großen ortsfesten *Coudéspektrographen* (*Th. Dunham* Jr.) am 100″-Hooker-Reflektor des Mt. Wilson Observatory. Der Kollimator liegt in Richtung der Polachse des Teleskops, sein Öffnungsverhältnis ist der großen Brennweite des *Coudé*systems angepaßt. Nach Reflexion am Gitter kann das Licht wahlweise in *Schmidt*-Kameras mit Brennweiten von 8″, 16″, 32″, 73″ und 114″ geleitet werden. Die meist gebrauchte 32″-Kamera z.B. gibt in der II. Ordnung des photographischen Gebietes (3200—4900 Å) eine Dispersion von ~ 10 Å/mm; mit dieser Kombination kann man Sterne 7. Größe (s.u.) noch gut erreichen.

Wichtigste Hilfsgeräte sind: a) Ein Eisenbogen, d.h. ein Lichtbogen zwischen Eisenelektroden, dessen Spektrum (ober- und unterhalb des Sternspektrums) Normalen zur Messung von *Wellenlängen* und insbesondere *Dopplereffekten* liefert. b) Ein Hilfs-Strahlengang mit einem Treppenspalt liefert kontinuierliche Spektren einer Glühlampe mit genau bekannten Intensitätsverhältnissen. Diese ermöglichen es, für jede Wellenlänge die Schwärzungskurve der Platte, d.h. — praktisch gesprochen — den Zusammenhang zwischen dem Ausschlag des Mikrophotometers und der Intensität bei einer gegebenen Wellenlänge aufzuzeichnen und damit das Spektrum photometrisch auszuwerten.

Lichtstarke Spektrographen zur Untersuchung schwacher Nebel, Sterne etc. mit kleiner Dispersion ordnet man im Primärfokus des Spiegels an.

Für die *Spektraldurchmusterung* ganzer Sternfelder verwendet man das *Objektivprisma*, d.h. man setzt vor das Teleskop ein Prisma im Minimum der Ablenkung und erhält so auf der Platte in der Brennebene von jedem Stern ein Spektrum. So haben z.B. *E. C. Pickering* und *A. Cannon* am Harvard Observatory den *Henry-Draper-Katalog* hergestellt, der neben Position und Helligkeit den *Spektraltyp* von rund einer Viertelmillion Sternen enthält. In neuerer Zeit hat sich die Kombination eines großen *Schmidtspiegels* mit einem flachen *Prisma* z.B. an den Observatorien *Cleveland* und *Tonantzintla* (Dispersion ~ 320 Å/mm) als sehr fruchtbar erwiesen. Das Objektivprisma gestattet zunächst *nicht* die Messung von Wellenlängen bzw. Radialgeschwindigkeiten. Dies ermöglicht das *Fehrenbach-*

Prisma. Es ist ein geradsichtiges Prisma, das so eingerichtet ist, daß das Licht bei einer mittleren Wellenlänge des Spektrums sozusagen eine Planplatte durchsetzt. Man macht nun auf einer photographischen Platte nebeneinander 2 Aufnahmen, wobei das Prisma um die optische Achse zwischendurch um 180° gedreht wird. So erhält man von jedem Stern zwei gegenläufige Spektren, deren gegenseitige Verschiebung die Messung des *Dopplereffektes* ermöglicht.

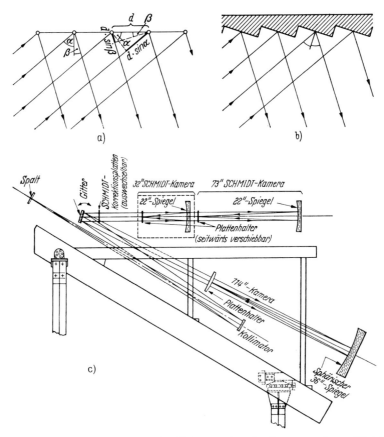

Abb. 9.11a—c. Gitterspektrograph. a) Wirkungsweise des Beugungsgitters (Strichgitter). Man erhält Interferenzmaxima, d. h. Spektrallinien, wenn der Gangunterschied benachbarter Strahlen $d(\sin\alpha - \sin\beta) = n\lambda$ ist ($n = \pm 1, \pm 2, \ldots$). d bedeutet die Gitterkonstante. Dispersion (Å/mm) und Auflösungsvermögen sind cet. par. proportional der „Ordnung" n des Spektrums. b) Durch Bedampfen des Gitters, z.B. mit Aluminium — sog. „Blazing" — erhält man für bestimmte Werte des Ein- und Ausfallwinkels spiegelnde Reflexion an den Gitterstrichen bzw. -stufen und erreicht so größere Helligkeit der Spektren. c) Coudé-Spektrograph des Mt. Wilson Observatory. Das Coudé-Spiegelsystem des 100"-Teleskops bildet den Stern auf dem Spalt des Spektrographen ab. Der Kollimatorspiegel macht das Licht parallel und wirft es auf das Gitter. Das spektral zerlegte Licht gelangt zur Abbildung in eine der auswechselbaren Schmidt-Kameras mit 114", 73", 32" Brennweite. (Die 16"- und die 8"-Kamera sind nicht dargestellt.) Das Gitter bildet zugleich die Eintrittsblende der Kameras. Korrektionsplatten braucht man nur für die kürzeren Kameras mit größerem Öffnungsverhältnis

Der Wunsch, immer entferntere Galaxien und andere lichtschwache Objekte sowie deren Spektren mit erträglichen Belichtungszeiten aufzunehmen, führte zur Entwicklung der *Bildwandler* oder Bildverstärker (Image tubes) durch *A. Lallemand* u. a. seit den 30er Jahren. In der Bildebene erzeugen die ankommenden Lichtquanten in einer dünnen Photokathode Photoelektronen, deren Energie durch ein elektrisches Feld auf ein Vielfaches vergrößert wird. Mittels einer Elektronenoptik erhält man das gewünschte Bild auf einem Film mit Belichtungszeiten, die gegenüber einer direkten Aufnahme (mit schlechtem Wirkungsgrad der Lichtquanten) um Faktoren von ~20 bis 50 verkürzt sind. So dürfte heute die weitere Verbesserung der Bildwandler „rentabler" sein, als der fragwürdige Versuch, Spiegel $> 200''$ herzustellen. Abb. 9.12 erläutert das insbesondere für lichtschwache Spektren geeignete *Spectracon*. Daneben erscheint sehr aussichtsreich das von *J. Westphal* (1973) an den Hale Observatories aus den bekannten Fernseh-Aufnahmegeräten entwickelte *SIT* (*Silicon Intensified Target*) *Vidicon*. Die Meßdaten für die einzelnen Bildpunkte werden auf Magnetband gespeichert und können so evtl. direkt durch einen Computer verarbeitet werden.

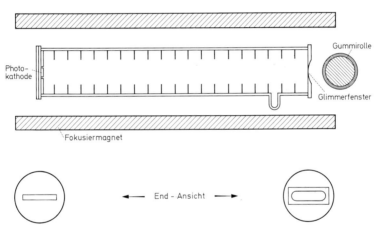

Abb. 9.12. Spectracon-Bildwandler nach *J. D. McGee*. In der Bildebene des Teleskops oder Spektrographen (links) liegt eine dünne Photokathode. Die Photoelektronen werden in dem (28 cm langen) evakuierten Zylinder durch eine Spannung von 40 Kilovolt beschleunigt und durch ein homogenes Magnetfeld von ~150 Gauß auf das Lenardfenster (rechts), ein ~5 μ dickes und 1 × 3 cm großes Glimmerblättchen, abgebildet. Dieses durchdringen sie und erzeugen das Bild auf einem rechts angedrückten Film

Ganz neue Beobachtungsmöglichkeiten erschloß die *Radioastronomie* mit dem Bereich der

Wellenlängen λ	1 mm	10 cm	10 m	300 m	bzw.
Frequenzen	$3 \cdot 10^{11}$	$3 \cdot 10^9$	$3 \cdot 10^7$	$10^6 \sec^{-1}$ oder Hz	
$\nu = c/\lambda$	300 GHz	3 GHz	30 MHz	1 MHz	

Ihr Bereich wird auf der kurzwelligen Seite bei $\lambda \approx 1$ bis 5 mm begrenzt durch die Absorption insbesondere des atmosphärischen Sauerstoffs, auf der langwelligen Seite bei $\lambda \approx 50$ m durch die Reflexion der Ionosphäre.

1931 entdeckte *K.G. Jansky* im Meterwellen-Bereich die Radiofrequenz-strahlung der Milchstraße. Während des Krieges (∼1942) fanden mit den inzwischen verbesserten Empfängern der Radargeräte *J.S. Hey* und *J. Southworth* die Radiostrahlung der gestörten bzw. der ruhigen Sonne. 1951 entdeckten — nachdem *H.C. van de Hulst* sie vorhergesagt hatte — verschiedene Forscher in Holland, USA und Australien fast gleichzeitig die λ 21 cm-Linie des interstellaren Wasserstoffs, deren Dopplereffekt sogleich enorme Möglichkeiten zur Erforschung der Bewegungen der interstellaren Materie in unserem Milchstraßensystem und anderen kosmischen Gebilden erschloß. Wir wollen hier die weitere geradezu explosive Entwicklung der Radioastronomie noch nicht verfolgen, sondern nur die wichtigsten Typen ihrer Instrumente zusammenstellen:

1. Das *Radioteleskop* (Abb. 9.13) mit einem Parabolspiegel aus Blech oder Drahtnetz (Maschenweite $\leq \lambda/5$). Im Brennpunkt wird die Strahlung aufgenom-

Abb. 9.13. 210′ (64 m)-Radioteleskop des Australian National Radio Astronomy Observatory in Parkes (New South Wales)

men von einem Dipol (nach der vom Spiegel abgewandten Seite durch einen Reflektordipol oder eine Platte etc. abgeschirmt), einem Horn oder dgl. Die hochfrequente Energie wird verstärkt und gleichgerichtet; ihre *Intensität* schließlich z.B. von einem *Registriergerät* aufgezeichnet oder digital für die automatische Datenverarbeitung erfaßt. Das *Auflösungsvermögen* auch des größten Paraboloids (z.Z. das 100-m-Teleskop des Max-Planck-Instituts für Radioastronomie, Bonn) ist — nach der auch hier gültigen Gl. (9.1) — klein im Vergleich zu dem von *Galilei's* erstem Fernrohr!

2. Großes *Auflösungsvermögen* erzielt nach dem Vorgang von *M. Ryle* (Cambridge) das genau dem *Michelson*schen Sterninterferometer entsprechende *Radiointerferometer*, bei dem die Signale *zweier* Radioteleskope phasengerecht zusammengeführt und dann weiter verstärkt werden. Auch die Prinzipien des *linearen Beugungsgitters* und des zweidimensionalen *Kreuzgitters* sind — nun bei festgelegter Wellenlänge — zur Erzielung großer Winkelauflösung mit Erfolg auf die Antennentechnik übertragen worden. Das von *R. Hanbury Brown* u.a. zuerst in der Radioastronomie angewandte Prinzip des *Korrelationsinterferometers* haben wir in seiner „optischen" Abwandlung schon kennengelernt. *M. Ryle* hat weiterhin gezeigt, wie man nach dem Prinzip der „*Aperture Synthesis*" anstelle der von *einem* großen Instrument während einer gewissen Zeit aufgefangenen Information ebensogut die mit *mehreren* kleineren Antennen an geeigneten vorbestimmten Orten *nacheinander* gewonnenen Informationen verwenden kann. Sodann wurde in den letzten Jahren das *Langbasisinterferometer* entwickelt: Man benützt zwei weit voneinander entfernte Radioteleskope, z.B. *Green Bank* (USA) und *Parkes* (Australien), deren Entfernung ~ 0.95 Erddurchmesser beträgt. Diese registrieren unabhängig voneinander auf genau derselben Frequenz die Strahlung (das Rauschen) derselben Radioquelle als Funktion der Zeit und damit auch der *wirksamen* Basis. Damit man die auf Band aufgenommenen Signale nachträglich zur Interferenz bringen kann, tragen beide Registrierungen die äußerst genauen Zeitmarken zweier *Cäsium-Atomuhren*. So erreicht man im cm- oder dm-Gebiet ein Auflösungsvermögen und eine Positionsmeßgenauigkeit besser als $\sim 0''001$, etwa das tausendfache optischer Messungen.

3. Wir können uns hier nicht mit Verstärkertechnik befassen, doch sei wenigstens auf die enorme Vergrößerung der Meßgenauigkeit durch den *Maser* und den *parametrischen Verstärker* hingewiesen. Mit solcher „rauscharmen" Verstärkung kann man bis zu wesentlich schwächeren „Radioquellen" und damit cet. par. weiter in den Weltraum hinaus vordringen als unter alleiniger Anwendung der „konventionellen" Verstärker.

Die Beobachtungen außerhalb der Lufthülle unserer Erde mit *Raketen* (deren Instrumentenkopf zur Erde zurückkehren kann) oder *Satelliten und Weltraumfahrzeugen* (deren Meßergebnisse durch *Telemetrie* übermittelt werden) erschließt der Astrophysik, insbesondere der Sonnenforschung, zunächst alle die *Spektralgebiete*, welche von der Erdatmosphäre vollständig absorbiert werden: Das *kurzwellige Ultraviolett* jenseits der Durchlässigkeitsgrenze des atmosphärischen Ozons O_3 bei $\lambda 2850\,\text{Å}$, das anschließende *Lymangebiet*, wo hauptsächlich der atmosphärische Sauerstoff O_2 absorbiert, dann die *Röntgenstrahlen* und schließlich die *Gammastrahlen*. Während wir das *Sonnenspektrum* von den Wellenlängen im Radiobereich bis zu einigen Angström im Röntgengebiet stetig verfolgen können, müssen wir im galaktischen und extragalaktischen Bereich an das *Lymankontinuum der interstellaren Wasserstoffatome* (Abschn. 18) denken, dessen Absorption bei $912\,\text{Å}$ sehr kräftig einsetzt und erst wieder im Röntgengebiet unterhalb einiger Angström einen „Durchblick" erlaubt.

Die *Röntgenastronomie* hat sich mit ihrem ganz neuartigen und ungewohnten Instrumentarium innerhalb weniger Jahre zu einem der interessantesten und aussichtsreichsten Forschungsgebiete entwickelt.

Die Aussonderung mehr oder weniger enger *Wellenlängenbereiche* geschieht mit *Filtern* unter Ausnützung der nach der langwelligen Seite scharf begrenzten Absorptionskanten der darin enthaltenen Elemente (vgl. Abschn. 17 und 18). Man hat aber auch schon mit Erfolg das *Braggsche Kristallspektrometer* verwendet.

Optische Abbildung im Röntgengebiet bewerkstelligte man zuerst für die Sonne mit einer primitiven *Lochkamera*. Dann baute man Kollimatoren, hinter denen z. B. ein ausgedehnter Szintillationszähler die Röntgenquanten zählt (Abb. 9.14). Die Kreiselbewegung der Rakete wird ausgenützt, um größere Be-

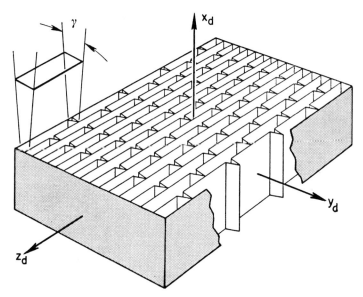

Abb. 9.14. Zellenkollimator zur Beobachtung kosmischer Röntgenquellen. Auflösungsvermögen in der γ-Richtung etwa 1°5. Unter dem Kollimator ist ein Photonenzähler derselben Fläche zu denken. Der Himmel wird durch die Kreiselbewegungen der Rakete abgetastet

reiche am Himmel sukzessive abzutasten. Erst 1964 griff *R. Giacconi* auf das von *H. Wolter* in Kiel schon 1952 (zunächst für die Röntgenmikroskopie) erfundene *Röntgen-Spiegelteleskop* zurück. Dieses beruht auf folgenden Überlegungen: Eine auch noch so gut polierte Metallfläche gibt spiegelnde Reflexion für Röntgenstrahlen nur bei streifendem Einfall (Winkel zwischen Strahl und Fläche kleiner als wenige Grad). So könnte man zunächst versuchen, eine Abbildung entfernter Objekte zu erreichen mittels eines ringförmigen Stückes aus einem *langgestreckten Paraboloid*, wobei man den nichtbenutzten Teil der Eintrittsöffnung durch eine runde Metallscheibe abdeckt (Abb. 9.15a). Ein derartiges Teleskop würde aber noch eine ganz schlechte Abbildung liefern wegen der enormen (Koma-)Bildfehler. Diese kann man nach *Wolter* erheblich reduzieren, indem man auf die Reflexion an dem Paraboloid eine zweite folgen läßt an einem anschließenden koaxialen und konfokalen *Hyperboloid* (Abb. 9.15b).

Auf die noch ganz in der Entwicklung begriffenen Techniken der *Gammastrahlen-Astronomie* können wir hier nur hinweisen.

Neben den Photonen-(Lichtquanten-)Strahlungen gewinnen für die Astrophysik die *Strahlungen energiereicher Partikel* immer größere Bedeutung: Wir erwähnten schon den *Sonnenwind*, der mit Geschwindigkeiten von etwa 200 bis 1000 km/sec Solarmaterie, d.h. in der Hauptsache Wasserstoff- und Heliumionen nebst den zugehörigen Elektronen in den Weltraum hinausbläst. Protonen von (im Mittel) 400 km/sec haben eine Energie von 0.8 keV. Den Bereich höherer Energien, von einigen 10^8 bis mindestens 10^{18} eV, erfüllt die *kosmische Ultrastrahlung*. Auch die sozusagen als Abfallprodukt bei der Energieerzeugung im Inneren der Sonne entstehenden *Neutrinos* versucht man seit einigen Jahren zu zählen. Diesen ganzen Bereich der *Hochenergieastronomie* wollen wir bis Abschn. 29 zurückstellen. Hinsichtlich der instrumentellen Hilfsmittel müssen wir uns mit einigen kurzen Bemerkungen begnügen.

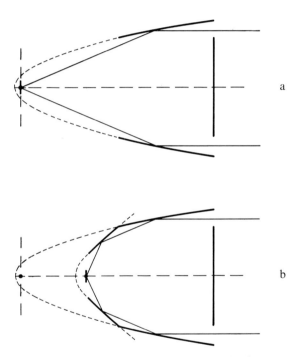

Abb. 9.15a. Das Röntgenspiegelteleskop nach *H. Wolter* (1951) geht aus von einem streifend getroffenen langgestreckten Paraboloid mit ringförmiger Eintrittsblende

Abb. 9.15b. Die enormen (Koma-)Bildfehler dieser Anordnung werden weitgehend zum Verschwinden gebracht durch eine weitere Reflexion der Strahlen an einem konfokalen und koaxialen Hyperboloid. Noch vollkommenere Beseitigung der Bildfehler läßt sich durch etwas kompliziertere rotationssymmetrische Spiegelsysteme erreichen

Dagegen sollten wir hier noch hinweisen auf eine Entwicklungsrichtung, die — man darf wohl sagen — eine neue Ära der astronomischen Meßtechnik eröffnet.

Mit Hilfe der programmgesteuerten elektronischen Rechenautomaten (Computer) ist es möglich geworden, irgendwelche häufig vorkommenden Meßvorgänge einschließlich der Reduktion, Tabellierung und Auswertung der Ergebnisse zu *automatisieren.* Z. B. sind Maschinen gebaut worden, welche die *Eigenbewegungen* von Sternen — durch Vergleich zweier Platten hinreichend voneinander entfernter Epochen — mit etwa derselben Genauigkeit wie ein „altmodischer" Astronom, aber mit viel größerer Geschwindigkeit und Ausdauer, messen. Die von *V. C. Reddish* in Edinburgh (∼ 1970) entwickelte *Galaxy* (General *A*utomatic *L*uminosity *a*nd *X Y*)-Maschine kann z. B. auf einer Platte die Positionen von 900 Sternbildchen pro Stunde mit einer Genauigkeit von $\pm 0.5\,\mu$m ausmessen, diese photometrieren usw. Der Computer kann dann z. B. innerhalb einer bestimmten Fläche alle Sterne aussuchen, deren Helligkeiten, Farbenindizes … in einem bestimmten Bereich liegen, und für diese einen fertigen Katalog ausdrucken. Die phantastische „Arbeitskraft" derartiger Maschinen eröffnet einerseits der Forschung ungeahnte *Möglichkeiten,* andererseits stellt sie aber auch die Astronomen vor eine große Verantwortung.

II. Teil

Sonne und Sterne

Astrophysik des einzelnen Sterns

10. Astronomie + Physik = Astrophysik
Historische Einleitung

In Abschn. 1 versuchten wir, mit einigen historischen Bemerkungen einen ersten Einblick in die *klassische Astronomie* zu geben. In demselben Sinne wenden wir uns nun der *astrophysikalischen Erforschung der Sonne und der Sterne* zu. Letztere betrachten wir vorerst als Individuen. Vom inneren Aufbau und der Entwicklung der Sterne, von Sternsystemen, Galaxien etc. soll der III. Teil handeln.

Am Ende von Abschn. 1 besprachen wir noch die ersten Messungen *trigono-metrischer Sternparallaxen* durch *F.W. Bessel* und *F.G.W. Struve* 1838. Sie bedeuteten zunächst eine endgültige Bestätigung des kopernikanischen Weltsystems (an dessen Richtigkeit niemand mehr zweifelte). Vor allem aber hatte man damit ein sicheres Fundament aller kosmischen *Entfernungsmessungen* gewonnen. *Bessel's* Parallaxe des 61 Cygni $p = 0\overset{''}{.}293$ besagt, daß dieser Stern eine *Entfernung* von $1/p = 3.4$ parsec oder 11.1 Lichtjahren hat. Damit können wir z.B. die Leuchtkraft dieses Sternes direkt mit der der Sonne vergleichen. Zu einem wirksamen Hilfsmittel der Astrophysik wurden die *trigonometrischen Parallaxen* aber erst, als *F. Schlesinger* 1903 am Yerkes-Refraktor und später am Allegheny Observatory ihre *photographische* Messung zu unglaublicher Präzision ($\sim 0\overset{''}{.}01$) entwickelte.

Über die *Massen der Sterne* geben die *Doppelsterne* Auskunft. Sir *W. Herschel's* Beobachtungen des *Castor* (1803) ließen keinen Zweifel, daß hier zwei Sterne unter dem Einfluß ihrer wechselseitigen Anziehung sich in Ellipsenbahnen umeinander bewegen. Schon 1782 hatte *J. Goodricke* mit *Algol* (β Persei) den ersten *Bedeckungsveränderlichen* beobachtet. Die Ausnutzung der vielseitigen Informationen, welche diese Doppelsterne bieten, ist das Werk von *H.N. Russell* und *H. Shapley* (1912). Als ersten *spektroskopischen Doppelstern* (Messung der Bewegungen aus dem Dopplereffekt) entdeckte *Pickering* 1889 den *Mizar*.

Die *Sternphotometrie*, die Messung der scheinbaren Helligkeiten der Sterne, gewann nach Anfängen im 18. Jahrhundert (*Bouguer* 1729, *Lambert* 1760 u.a.) vor etwa hundert Jahren eine sichere Grundlage. Einerseits führte 1850 *N. Pogson* die Definition ein, daß 1^m, d.h. *einer Größenklasse* (Magnitudo) eine Abnahme des Helligkeitslogarithmus von 0.400 bzw. ein Helligkeitsverhältnis $10^{0.4} = 2.512$ entsprechen solle. Andererseits baute 1861 *J.C.F. Zöllner* das erste *visuelle Sternphotometer* (mit 2 Nikolschen Prismen zur meßbaren Abschwächung des Lichtes), bei dem übrigens sogar die *Sternfarben* schon mitgemessen wurden.

Um dieselbe Zeit brachten die großen Kataloge der Sternhelligkeiten und -positionen eine gewaltige Verbreiterung unserer Kenntnis der Sternwelt: 1852/59

entstand die *Bonner Durchmusterung* von *F. Argelander* u. a. mit ca. 324000 Sternen
bis etwa 9ᵐ5, später für den Südhimmel die *Cordoba-Durchmusterung*.

Die *photographische Sternphotometrie* begründete *Karl Schwarzschild* mit der
Göttinger Aktinometrie 1904/08. Er erkannte auch sofort, daß der Farbindex
=photographische minus visuelle Helligkeit ein Maß für die Farbe und damit
für die Temperatur des Sternes bildet. Bald nach der Erfindung der Photozelle
durch *Elster* und *Geitel* 1911 begannen *H. Rosenberg*, dann *P. Guthnick* und
J. Stebbins mit der Entwicklung der *photoelektrischen Photometrie*, deren Möglichkeiten die Ablösung des Fadenelektrometers durch *elektronische Verstärker* und
Registriergalvanometer, dann auch die Erfindung des *Photomultipliers* sehr erweiterte. So kann man heute Sternhelligkeiten mit einer Genauigkeit von wenigen
tausendstel Magnitudines in zweckmäßig gewählten Wellenlängenbereichen vom
Ultraviolett bis ins Infrarot messen und die entsprechenden *Farbenindices* ableiten.
Wir sollten wenigstens die Sechsfarbenphotometrie von *J. Stebbins* und *A. E.
Whitford* (1943) und das international angenommene System der UBV-Hellig-
keiten (*U*ltraviolett, *B*lau, *V*isuell) von *H. L. Johnson* u. *W. W. Morgan* (1951) erwähnen.

Parallel mit der Sternphotometrie entwickelte sich die *Spektroskopie der Sonne
und der Sterne*. 1814 entdeckte *J. Fraunhofer* die nach ihm benannten dunklen
Linien im Sonnenspektrum. 1823 konnte er — mit einer äußerst bescheidenen
Apparatur — ähnliche Linien auch in den Spektren einiger Sterne sehen und
bemerkte deren Unterschiede. Die eigentliche *Astrophysik*, d. h. die Erforschung
der Sterne mit physikalischen Methoden, begann, als 1859 *G. Kirchhoff* und

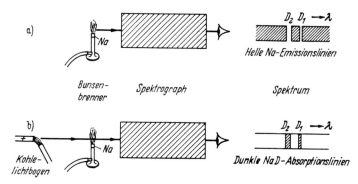

Abb. 10.1 a u. b. Grundversuch zur Spektralanalyse nach *G. Kirchhoff* und *R. Bunsen* 1859.
a) Eine Bunsenflamme, in die man etwas Natrium (Kochsalz) bringt, zeigt im Spektrum
(rechts) helle Na-Emissionslinien. b) Sendet man durch die Natriumflamme das Licht vom
positiven Krater eines Kohlebogens — dessen Temperatur die der Flamme erheblich übertrifft —, so sieht man ein kontinuierliches Spektrum mit dunklen Na-Absorptionslinien,
ähnlich dem Sonnenspektrum

R. Bunsen in Heidelberg die *Spektralanalyse* sowie die Deutung der *Fraunhoferlinien* im Sonnenspektrum entdeckten (Abb. 10.1) und schon 1860 *G. Kirchhoff*
die Grundlagen der Strahlungstheorie formulierte, insbesondere den *Kirch-*

hoffschen Satz, welcher im thermodynamischen Gleichgewicht die Beziehungen zwischen Emission und Absorption der Strahlung festlegt. Dieser Satz zusammen mit dem Dopplerschen Prinzip ($\Delta\lambda/\lambda = v/c$) bildete vierzig Jahre lang das ganze gedankliche Gerüst der Astrophysik. Die Spektroskopie der Sonne und der Sterne wandte sich zunächst den folgenden Aufgaben zu:

1. Aufnahme der Spektren und Messung der Wellenlängen aller Elemente im *Laboratorium*. Identifikation der Linien von Sternen und anderen kosmischen Lichtquellen (Sir *W. Huggins, F. E. Baxandall, N. Lockyer, H. Kayser, Ch. E. Moore-Sitterly* u. v. a.).

2. *Photographische Aufnahme* und immer genauere Ausmessung der Spektren von *Sternen* (*H. Draper* 1872; *H.C. Vogel* und *J. Scheiner* 1890 u. a.) und *Sonne* (*H.A. Rowland*: Herstellung guter Beugungsgitter; Photographic Map of the Normal Solar Spectrum 1888; Preliminary Table of Solar Spectrum Wave-Lengths 1898 mit ca. 23 000 Linien).

3. *Klassifikation* der Sternspektren, zunächst in eine eindimensionale Folge, im wesentlichen nach abnehmender Temperatur. Nach Vorarbeiten von *Huggins, Secchi, Vogel* u. a. schuf (ab 1885) *E.C. Pickering* mit *A. Cannon* u. a. die *Harvard-Klassifikation* und den Henry Draper Catalogue. Spätere Fortschritte brachten: Die Entdeckung der *Leuchtkraft* als 2. Klassifikationsparameter und damit die Bestimmung *spektroskopischer Parallaxen* durch *A. Kohlschütter* und *W. S. Adams* 1914 und viel später unter „modernen" Gesichtspunkten der *Atlas of Stellar Spectra* von *W. W. Morgan, P.C. Keenan* und *E. Kellman* 1943 mit der MKK-Klassifikation.

4. Das überwiegende Interesse der Astronomen aber beanspruchte lange Zeit die Messung der *Radialgeschwindigkeiten* von Sternen etc. nach dem Dopplerschen Prinzip. Nach visuellen Versuchen von *W.. Huggins* 1867 gelangen *H.C. Vogel* 1888 die ersten brauchbaren photographischen Radialgeschwindigkeitsmessungen, nachdem man schon vorher die Rotation der *Sonne* spektroskopisch verifiziert hatte. Um die Weiterbildung der Technik zur Messung genauer Radialgeschwindigkeiten hat sich insbesondere *W. W. Campbell* (1862—1938) am Lick Observatory verdient gemacht. Wir werden auf die Bewegungen und Dynamik der Sterne und Sternsysteme erst in Teil III eingehen.

Sozusagen den Abschluß dieser Epoche der Astrophysik bildete 1913 die Entdeckung des *Hertzsprung-Russell-Diagramms*. Schon um 1905 hatte *E. Hertzsprung* den Unterschied von *Riesen- und Zwergsternen* erkannt. *H.N. Russell* zeichnete, auf Grund verbesserter — z.T. von ihm selbst ausgeführter — Messungen trigonometrischer Parallaxen das bekannte Diagramm mit den Spektraltypen als Abszisse und den absoluten Helligkeiten (s. u.) als Ordinate, welches zeigte, daß die meisten Sterne unserer Umgebung in den engen Streifen der *Hauptsequenz* (Abb. 15.2) fallen, während eine geringere Zahl den Bereich der *Riesensterne* erfüllt. *Russell* knüpfte an dieses Diagramm zunächst eine *Theorie der Sternentwicklung* (Beginn als Roter Riese, Kompression und Erhitzung bis zum Erreichen der Hauptsequenz, Abkühlung längs der Hauptsequenz), die aber schon zehn Jahre später aufgegeben werden mußte. Wir werden die weitere Entwicklung auch dieses Problemkreises erst in Teil III verfolgen können.

Was die *Astrophysik* zu Beginn unseres Jahrhunderts am nötigsten brauchte, war eine Erweiterung ihrer *physikalischen bzw. gedanklichen Grundlagen*. Die

1860 von G. *Kirchhoff* begonnene *Theorie der Hohlraumstrahlung* oder — wie man auch sagt — Strahlung des *schwarzen Körpers*, d. h. des Strahlungsfeldes im thermodynamischen Gleichgewicht, hatte 1900 M. *Planck* zum Abschluß gebracht mit der Entdeckung der *Quantentheorie* und des Gesetzes der *spektralen Energieverteilung der Hohlraumstrahlung*. Die Astronomen machten sich nun daran, durch Anwendung des Planckschen Gesetzes auf die *kontinuierlichen Spektren der Sterne* deren Temperaturen abzuschätzen. Der geniale *Karl Schwarzschild* (1873—1916) aber entwickelte sogleich einen der Pfeiler einer zukünftigen Theorie der Sterne, die *Theorie stationärer Strahlungsfelder*. 1906 zeigte er, daß in der *Photosphäre der Sonne* (d. h. in den Schichten, welche den Hauptteil der Strahlung aussenden) der Energietransport von innen nach außen durch *Strahlung* erfolge. Er berechnete die Zunahme der Temperatur mit der (optischen) Tiefe unter dieser Annahme des *Strahlungsgleichgewichtes* und zeigte, daß man damit die richtige *Mitte-Rand-Verdunkelung* der Sonnenscheibe erhält. K. *Schwarzschild's* Arbeit über die Sonnenfinsternis vom 30. August 1905 ist ein Meisterwerk des Ineinandergreifens von Beobachtung und Theorie. 1914 untersuchte er den *Strahlungsaustausch* in den breiten *H*- und *K*-Linien (λ 3933/68 Å) des *Sonnenspektrums* theoretisch und durch spektralphotometrische Messungen. Er war sich offensichtlich klar darüber, daß zur Weiterführung seiner Ansätze vor allem eine atomistische Theorie der Absorptionskoeffizienten, d. h. der Wechselwirkung von Strahlung und Materie notwendig war. So wandte er sich mit größtem Enthusiasmus der 1913 von N. *Bohr* begründeten *Quantentheorie des Atombaus* zu. Es entstanden noch die berühmten Arbeiten über die Quantentheorie des *Starkeffektes* und der *Bandenspektren*. Schon 1916 starb K. *Schwarzschild* — viel zu früh — im Alter von 43 Jahren.

Die Verbindung zwischen der *Theorie des Strahlungsgleichgewichtes* und der neuen *Atomphysik* stellte einerseits A. S. *Eddington* 1916/26 her im Bereich seiner *Theorie des Inneren Aufbaus der Sterne* (s. Teil III). Auf der anderen Seite schuf 1920 M. N. *Saha* mit seiner *Theorie der thermischen Ionisation*[1] *und Anregung* den Ausgangspunkt zu einer physikalischen Deutung der Spektren von Sonne und Sternen. Hierdurch angeregt entwickelten sich rasch die ganzen Grundlagen der heutigen *Theorie der Sternatmosphären* und der *Spektren* von Sonne und Sternen. Wir sollten erwähnen die Arbeiten von R. H. *Fowler*, E. A. *Milne* und C. H. *Payne* zur *Ionisation* in Sternatmosphären (1922—1925), die Messung und Berechnung der *Multiplettintensitäten* von L. S. *Ornstein*, H. C. *Burger*, H. B. *Dorgelo* bzw. R. de L. *Kronig*, A. *Sommerfeld*, H. *Hönl*, H. N. *Russell*, dann die wichtigen Arbeiten von B. *Lindblad*, A. *Pannekoek* und M. *Minnaert* u. v. a. 1927 konnte man dann ernstlich daran gehen, durch Verschmelzung der inzwischen weitergebildeten Theorie des *Strahlungsenergietransportes* mit der *Quantentheorie der Linien- und Kontinuumsabsorptionskoeffizienten* eine rationelle Theorie der Spektren von Sonne und Sternen aufzubauen *(M. Minnaert, O. Struve, A. Unsöld)*. Diese ermöglichte es, die *chemische Zusammensetzung* der äußeren Teile der Sterne aus den Spektren zu ermitteln und so die *Entwicklung der Sterne* im Zusammenhang mit der Energieerzeugung durch Kernprozesse im Sterninneren auch empirisch zu studieren.

---

[1] Im Bereich des Sterninneren war diese schon 1919 von J. *Eggert* entwickelt worden.

Die Theorie *konvektiver Strömungen* in den Atmosphären der Sterne und vor allem der Sonne begründete 1930 Verf. mit der Entdeckung der Wasserstoff-Konvektionszone. Die Verbindung mit der Hydrodynamik (Mischungsweg-Theorie) stellten bald darauf *H. Siedentopf* und *L. Biermann* her, nachdem schon früher *S. Rosseland* auf die astrophysikalische Bedeutung der Turbulenz hingewiesen hatte.

Wir wissen, daß die ionisierten Gase — heute spricht man vielfach von Plasma — in Sternatmosphären und anderen kosmischen Gebilden eine *hohe elektrische Leitfähigkeit* haben. *T. G. Cowling* und *H. Alfvén* haben in den vierziger Jahren bemerkt, daß deshalb *kosmische Magnetfelder* erst im Verlauf sehr großer Zeiträume durch Ohmsche Dissipation der mit ihnen verknüpften Ströme aufgezehrt werden können. Magnetfeld und Strömungsfeld befinden sich in ständiger Wechselwirkung; man muß die Grundgleichungen der Elektrodynamik und der Hydrodynamik zusammenfassen zu denen der *Magnetohydrodynamik* oder *Hydromagnetik*. Empirisch hat 1908 *G. E. Hale*, der Begründer des Mt. Wilson Observatory (übrigens ausgehend von physikalisch völlig unrichtigen Hypothesen!) in den Sonnenflecken mit Hilfe der *Zeemaneffekte* von Fraunhoferlinien Magnetfelder bis ∼4000 Gauß entdeckt. Die erheblich schwächeren Magnetfelder von wenigen Gauß auf der übrigen Sonnenoberfläche konnte erst 1952 *H. W. Babcock* mit einer viel empfindlicheren Apparatur messen. Die *Sonnenflecke*, die sie umgebenden „*plages faculaires*" (Fackelflächen), die *Flares* (Eruptionen), die *Protuberanzen* und viele andere solare Erscheinungen sind statistisch verknüpft in dem 2 × 11.5jährigen Zyklus der *Sonnenaktivität*. Dies alles — wir verstehen z.Z. noch das Wenigste — gehört nach unserer heutigen Auffassung in das Gebiet der *Magnetohydrodynamik*. Erst das Studium der Strömungen und Magnetfelder in der Sonne führt auch zu einem gewissen Verständnis der Aufheizung der *Korona*, der äußersten Hülle der Sonne, auf eine Temperatur von 1 bis 2 Millionen Grad. Hier spielen sich die äußerst komplexen Vorgänge ab, die zur Erzeugung der veränderlichen Anteile der *Radiofrequenzstrahlung der Sonne* sowie verschiedener Arten von *Korpuskularstrahlungen* und des im Zusammenhang mit den Kometen schon erwähnten *solaren Winds* führen.

Kurz zusammengefaßt können wir die Entwicklung der *Physik des einzelnen Sternes* — wobei wir Fragen des inneren Aufbaus und der Evolution der Sterne wieder zurückstellen — durch folgende Stichworte charakterisieren: 1. Strahlungstheorie; Wechselwirkung von Strahlung und Materie. 2. Thermodynamik und Hydrodynamik der Strömungsvorgänge. 3. Magnetohydrodynamik und Plasmaphysik. In naher Zukunft dürfte ein kaum weniger aufregendes Forschungsgebiet rasch an Bedeutung gewinnen, nämlich 4. Kosmische Korpuskularstrahlungen überthermischer Energie; Astrophysik der kosmischen Ultrastrahlung sowie der Röntgen- und γ-Strahlen.

11. Strahlungstheorie

Im Hinblick auf die Strahlungsfelder in den Atmosphären und im Inneren der Sterne und ebenso im Hinblick auf die Strahlung, deren Analyse uns Aufschluß

geben soll über Aufbau und Zusammensetzung der Sternatmosphären, befassen
wir uns mit den *Grundbegriffen der Strahlungstheorie.*

Wir legen in das betrachtete Strahlungsfeld — über das wir zunächst keinerlei
spezielle Annahmen machen — ein *Flächenelement* $d\sigma$ mit der *Normalen n*
(Abb. 11.1) und fassen die pro Zeiteinheit durch $d\sigma$ unter dem Winkel ϑ zu *n* in

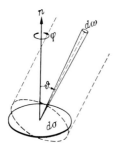

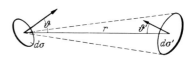

Abb. 11.1. Definition der   Abb. 11.2. Zustrahlung zweier
Strahlungsintensität   Flächenelemente

einem kleinen Raumwinkelbereich $d\omega$ (charakterisiert durch die Richtungs-
winkel ϑ und φ) verlaufende Strahlungsenergie ins Auge. Aus dieser greifen wir
durch spektrale Zerlegung den Frequenzbereich ν bis $\nu + d\nu$ heraus und schreiben

$$dE = I_\nu(\vartheta, \varphi) d\nu \cdot \cos\vartheta \, d\sigma \cdot d\omega \qquad (11.1)$$

($d\sigma \cdot \cos\vartheta$ ist der Querschnitt unseres Strahlungsbündels).

Als *Strahlungsintensität* $I_\nu(\vartheta, \varphi)$ bezeichnen wir dementsprechend diejenige
Energiemenge, welche pro Raumwinkel 1 (1 steradian) und Frequenzbereich 1
(1 Hz) in der Sekunde durch eine senkrecht zur Richtung ϑ, φ stehende Einheits-
fläche (1 cm^2) strömt. Wir könnten die spektrale Zerlegung statt auf den Frequenzbereich 1 auch auf den Wellenlängenbereich 1 (1 cm) beziehen. Wegen $\nu = c/\lambda$
gilt zunächst $d\nu = -\frac{c}{\lambda^2} d\lambda$. Aus

$$I_\nu d\nu = -I_\lambda d\lambda \quad \text{folgt damit} \quad I_\lambda = \frac{c}{\lambda^2} I_\nu \qquad (11.2)$$

oder symmetrisch geschrieben

$$\nu I_\nu = \lambda I_\lambda \,.$$

Die *Intensität der Gesamtstrahlung I* erhält man durch Integration über alle
Frequenzen oder Wellenlängen

$$I = \int\limits_0^\infty I_\nu d\nu = \int\limits_0^\infty I_\lambda d\lambda \,. \qquad (11.3)$$

Als einfachste Anwendung berechnen wir die von einem Flächenelement $d\sigma$ einem zweiten Flächenelement $d\sigma'$ im Abstand r pro Zeiteinheit zugestrahlte Energie dE. Die Normalen von $d\sigma$ bzw. $d\sigma'$ sollen dabei mit ihrer Verbindungslinie r die Winkel ϑ bzw. ϑ' einschließen (Abb. 11.2). $d\sigma'$ erfüllt von $d\sigma$ aus gesehen den Raumwinkel $d\omega = \cos\vartheta' d\sigma'/r^2$; es ist also

$$dE = I_\nu d\nu \cdot \cos\vartheta d\sigma \cdot d\omega \quad \text{oder} \quad dE = I_\nu d\nu \frac{\cos\vartheta d\sigma \cdot \cos\vartheta' d\sigma'}{r^2}. \quad (11.4)$$

Andererseits bildet $d\sigma$ von $d\sigma'$ aus gesehen den Raumwinkel $d\omega' = \cos\vartheta d\sigma/r^2$. Wir können also, ganz symmetrisch zu der linken Gl. (11.4), auch schreiben

$$dE = I_\nu d\nu \cdot \cos\vartheta' d\sigma' \cdot d\omega'. \quad (11.5)$$

Es ist also die *Intensität* I_ν z.B. der Sonnenstrahlung — im Sinne unserer Definition (11.1) — *gleich groß* in unmittelbarer Nähe der Sonne und irgendwo weit draußen im Weltraum.

Was der zunächst etwas verschwommene Sprachgebrauch des Alltags als „Stärke" z.B. der Sonnenstrahlung bezeichnet, entspricht mehr dem exakten Begriff des *Strahlungsstromes*. Wir definieren den Strahlungsstrom πF_ν in der Richtung n, indem wir die gesamte Energie der pro Zeiteinheit durch unser Flächenelement $d\sigma$ hindurchtretenden ν-Strahlung (mit $d\omega = \sin\vartheta d\vartheta d\varphi$; vgl. Abb. 11.1) ausschreiben als

$$\pi F_\nu d\sigma = \int\limits_{\vartheta=0}^{\pi} \int\limits_{\varphi=0}^{2\pi} I_\nu(\vartheta,\varphi) \cdot \cos\vartheta d\sigma \cdot \sin\vartheta d\vartheta d\varphi. \quad (11.6)$$

Im *isotropen* Strahlungsfeld (I_ν unabhängig von ϑ und φ) ist $\pi F_\nu = 0$. Es ist öfters zweckmäßig, πF_ν zu zerlegen in die

Ausstrahlung $\left(0 \le \vartheta \le \dfrac{\pi}{2}\right)$: $\quad \pi F_\nu^+ = \int\limits_0^{\pi/2} \int\limits_0^{2\pi} I_\nu \cos\vartheta \cdot \sin\vartheta d\vartheta d\varphi \quad (11.7)$

und die

Einstrahlung $\left(\dfrac{\pi}{2} \le \vartheta \le \pi\right)$: $\quad \pi F_\nu^- = \int\limits_\pi^{\pi/2} \int\limits_0^{2\pi} I_\nu \cos\vartheta \cdot \sin\vartheta d\vartheta d\varphi,$

so daß

$$F_\nu = F_\nu^+ - F_\nu^-.$$

Analog zur Gl. (11.3) definiert man den

Gesamtstrahlungsstrom $\pi F = \int\limits_0^\infty \pi F_\nu d\nu = \int\limits_0^\infty \pi F_\lambda d\lambda. \quad (11.8)$

Betrachten wir nunmehr die *Strahlung eines (sphärischen) Sternes* (Abb. 11.3)! Die Intensität der aus seiner Atmosphäre austretenden Strahlung I_ν wird nur vom Austrittswinkel ϑ (gerechnet von der Normale der betreffenden Stelle aus) abhängen, d.h. $I_v = I_v(\vartheta)$. Derselbe Winkel ϑ tritt nach Abb. 11.3 nochmals auf zwischen den Verbindungslinien Beobachter — Sternmittelpunkt M einerseits und Mittelpunkt M — beobachteter Punkt P andererseits. Die Entfernung des Punktes P von M in der Projektion auf eine Ebene senkrecht zur Beobachtungsrichtung in Einheiten des Sternradius ist also gleich sin ϑ.

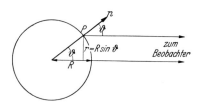

Abb. 11.3. Strahlungsstrom πF_v eines Sternes. Mittlere Intensität $\bar{I}_v = F_v$

Die *mittlere Intensität* $\bar{I}_v$ der von der scheinbaren Stern-(bzw. Sonnen-)Scheibe auf den Beobachter zu emittierten Strahlung ist nun nach (11.1) gegeben durch

$$\pi R^2 \cdot \bar{I}_v = \int\limits_0^{\pi/2} \int\limits_0^{2\pi} I_v(\vartheta) \cdot \cos\vartheta \cdot R^2 \cdot \sin\vartheta\,d\vartheta\,d\varphi \,. \tag{11.9}$$

Kürzt man durch R^2 und vergleicht mit der oberen Gl. (11.7), so erkennt man, daß

$$\bar{I}_v = F_v^+ \,, \tag{11.10}$$

d.h. die *mittlere Strahlungsintensität der Sternscheibe ist gleich $1/\pi$ mal dem Strahlungsstrom an der Sternoberfläche* πF_v. Befindet sich der Stern (vom Radius R) in großer Entfernung r vom Beobachter, so erblickt dieser sein Scheibchen unter einem Raumwinkel $d\omega = \pi R^2/r^2$ und erhält infolgedessen nach Gl. (11.7) einen

$$\text{Strahlungsstrom } S_v = \bar{I}_v\,d\omega = F_v^+ \cdot \pi R^2/r^2 \,. \tag{11.11}$$

Die Theorie der *Sternspektren* muß also auf die Berechnung des *Strahlungsstromes* abzielen. Die Vorzugsstellung der *Sonnenbeobachtung* andererseits liegt — wie *K. Schwarzschild* zuerst erkannt hat — darin, daß wir dort I_v als Funktion von ϑ direkt messen können.

Wir beschreiben sodann — zunächst ebenfalls phänomenologisch — die *Emission und Absorption* der Strahlung: Ein Volumelement dV emittiere pro sec in den Raumwinkelbereich $d\omega$ und im Frequenzintervall $v \ldots v + dv$ die Energiemenge

$$\varepsilon_v\,dv \cdot dV \cdot d\omega \,. \tag{11.12}$$

Der *Emissionskoeffizient* ε_v wird im allgemeinen von der Frequenz v sowie von Art und Zustand der Materie (chemische Zusammensetzung, Temperatur und Druck) abhängen, eventuell auch von der Richtung. Die gesamte Energieabgabe eines isotrop strahlenden Volumelementes dV pro sec ist

$$dV \cdot 4\pi \int\limits_0^\infty \varepsilon_v\,dv \,. \tag{11.13}$$

Der Emission stellen wir gegenüber den Energieverlust durch *Absorption*, welchen ein enges Strahlenbündel der Intensität I_v erfährt, wenn es eine materielle Schicht der Dicke ds durchsetzt. Es ist

$$\mathrm{d}I_v/\mathrm{d}s = -\varkappa_v I_v. \tag{11.14}$$

$\varkappa_v$ (wieder abhängig von v, von Art und Zustand der Materie, evtl. auch von der Richtung) bezeichnen wir als den *Absorptionskoeffizienten*. In (11.14) haben wir ihn zunächst auf eine Schicht von 1 cm Dicke bezogen. Statt dessen können wir auch eine Schicht betrachten, die pro cm^2 Fläche die Materiemenge 1 g enthält. So bekommen wir den *Massenabsorptionskoeffizienten* $\varkappa_{v,\mathrm{M}}$. Ist ρ die Dichte der Materie, so gilt $\varkappa_v = \varkappa_{v,\mathrm{M}} \cdot \rho$. Rechnen wir endlich den Absorptionskoeffizienten pro Atom, so ergibt sich der *atomare Absorptionskoeffizient* $\varkappa_{v,\mathrm{at}}$. Mit n Atomen pro cm^3 ist $\varkappa_v = \varkappa_{v,\mathrm{at}} \cdot n$. Dimensionsmäßig gilt

		Dimension
Absorptionskoeffizient	$\varkappa_v$	$[\mathrm{cm}^{-1}]$ bzw. $[\mathrm{cm}^2/\mathrm{cm}^3]$
Massenabsorptionskoeffizient	$\varkappa_{v,\mathrm{M}} = \varkappa_v/\rho$	$[\mathrm{cm}^2/\mathrm{g}]$
Atomarer Absorptionskoeffizient $\}$ = Wirkungsquerschnitt des Atoms $\}$	$\varkappa_{v,\mathrm{at}} = \varkappa_v/n$	$[\mathrm{cm}^2]$

$$\tag{11.15}$$

Durchsetzt unser Strahlenbündel eine nicht emittierende Schicht der Dicke s, so gilt nach (11.14)

$$\frac{\mathrm{d}I_v}{I_v} = -\varkappa_v \mathrm{d}s \tag{11.16}$$

und die Intensität I_v der Strahlung nach dem Durchgang durch die absorbierende Schicht ist mit der Intensität $I_{v,0}$ der einfallenden Strahlung verknüpft durch

$$I_v/I_{v,0} = e^{-\tau_v}, \tag{11.17}$$

wobei die dimensionslose Größe

$$\tau_v = \int_0^s \varkappa_v \mathrm{d}s = \int_0^s \varkappa_{v,\mathrm{M}} \rho \cdot \mathrm{d}s \tag{11.18}$$

als *optische Dicke* der durchstrahlten Schicht bezeichnet wird. Zum Beispiel schwächt eine Schicht der optischen Dicke $\tau_v = 1$ einen Strahl auf $e^{-1} = 36.8\%$ der ursprünglichen Intensität ab. Die *Extinktion* der v-Strahlung eines Sternes (Abb. 11.4) mit der Zenitdistanz z entspricht einem Abschwächungsfaktor

$$I_v/I_{v,0} = e^{-\tau_v \cdot \sec z}, \tag{11.19}$$

wo τ_v die (senkrecht zum Boden gemessene) optische Dicke der Erdatmosphäre bei der Frequenz v bedeutet. Die *extraterrestrische Intensität* $I_{v,0}$ kann man übrigens — sofern τ_v nicht zu groß ist — durch lineare Extrapolation der bei verschiedenen Zenitdistanzen z gemessenen $\ln I_v$ für $\sec z \rightarrow 0$ erhalten.

Besonders übersichtliche Verhältnisse treffen wir an, wenn wir mit *G. Kirchhoff* (1860) ein Strahlungsfeld betrachten, das mit seiner Umgebung im *thermodynamischen oder Temperaturgleichgewicht* steht. Wir stellen ein solches Strahlungsfeld her, indem wir einen — sonst beliebigen — *Hohlraum* in ein Wärmebad der Temperatur T bringen. Da in einem solchen per def. *alle* Objekte dieselbe Temperatur haben, so erscheint es gerechtfertigt, von *Hohlraumstrahlung der*

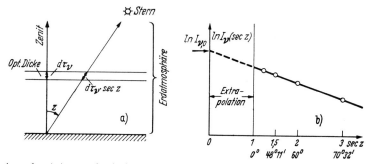

Abb. 11.4a u. b. a) Atmosphärische Extinktion der v-Strahlung eines Sternes bei der Zenitdistanz z. b) Extrapolation auf $\sec z \to 0$ ergibt die extraterrestrische Strahlungsintensität $I_{v,0}$

Temperatur T zu sprechen[2]. In einem isothermen Hohlraum wird *jeder* Körper bzw. *jedes* Flächenelement pro Zeiteinheit gleich viel Strahlungsenergie emittieren und absorbieren. Hiervon ausgehend können wir nun leicht zeigen, daß die Intensität I_v der Hohlraumstrahlung *unabhängig* von der Materieerfüllung und der Beschaffenheit der Wände des Hohlraumes und von der Richtung ist (Isotropie). Wir brauchen nämlich nur einen Hohlraum mit zwei verschiedenen Kammern H_1 und H_2 (Abb. 11.5) zu betrachten. Wäre $I_{v,1} \neq I_{v,2}$, so könnten wir

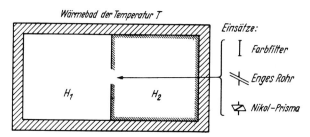

Abb. 11.5. Die Hohlraumstrahlung ist unpolarisiert und isotrop. Ihre Intensität ist eine universelle Funktion von v und T, die *Kirchhoff-Planck*-Funktion $B_v(v, T)$

in der Öffnung, welche die beiden Kammern verbindet, z.B. mit Hilfe eines Radiometers (der bekannten „Lichtmühlen" in den Schaufenstern der Optiker) Energie gewinnen und hätten ein *Perpetuum mobile II. Art!* Daß $I_{v,1} = I_{v,2}$ sein muß für *alle* Frequenzen, Strahlrichtungen und Polarisationsrichtungen zeigt man leicht, indem man in die Öffnung zwischen H_1 und H_2 nacheinander ein

---

[2] Den Brechungsindex in dem Hohlraum nehmen wir *hier* stets = 1. Es wäre leicht, von dieser Voraussetzung abzusehen.

Farbfilter, ein Rohr der betr. Richtung oder ein Nikol-Prisma einsetzt; auch damit kann man — entsprechend dem II. Hauptsatz der Thermodynamik — kein Perpetuum mobile II. Art machen. *Die Intensität der Hohlraumstrahlung I_v ist also eine universelle Funktion $B_v(T)$ von v und T.*

Man kann sie herstellen und messen, indem man einen Hohlraum der Temperatur T durch eine hinreichend kleine Öffnung „anzapft". Die wichtige Funktion $B_v(T)$, deren Existenz *G. Kirchhoff* 1860 erkannt und die *M. Planck* 1900 zuerst explizit berechnet hat, nennen wir die *Kirchhoff-Planck-Funktion $B_v(T)$*.

Im *thermodynamischen Gleichgewicht*, d. h. in einem Hohlraum der Temperatur T, müssen die *Emission und Absorption* eines beliebigen Volumelementes *einander gleich* sein. Wir schreiben sie an für ein flaches Volumelement der Grundfläche $d\sigma$ und der Höhe ds bezüglich der v-Strahlung innerhalb eines Raumwinkelelementes $d\omega$ senkrecht zu $d\sigma$. Nach (11.12) und (11.14) ist die

$$\text{Emission/sec} = \varepsilon_v \, dv \cdot d\sigma \cdot ds \cdot d\omega \tag{11.20a}$$

und die $\qquad\qquad \text{Absorption/sec} = \varkappa_v \, ds \cdot B_v(T) \cdot d\sigma \, d\omega \cdot dv$.

Durch Gleichsetzen der beiden Beträge erhalten wir den *Kirchhoffschen Satz*

$$\varepsilon_v = \varkappa_v \cdot B_v(T) . \tag{11.20}$$

Dieser besagt also, daß im *Zustande thermodynamischen Gleichgewichtes das Verhältnis von Emissionskoeffizient ε_v zu Absorptionskoeffizient $\varkappa_v$ eine universelle Funktion $B_v(T)$ von v und T ist, die gleichzeitig die Intensität der Hohlraumstrahlung angibt.*

Als wichtige Anwendung berechnen wir die Strahlungsintensität I_v, welche eine *Materieschicht* (z. B. das Plasma einer Gasentladung) der konstanten Temperatur T aussendet, die in Richtung des Sehstrahls eine Dicke s besitzt:

In einem Volumelement, das — vom Betrachter aus gesehen — den Querschnitt 1 cm^2 hat und in Richtung des Sehstrahls von x bis $x + dx$ reicht ($0 \leq x \leq s$), wird pro sec und steradian der Beitrag zur Strahlungsintensität $\varkappa_v B_v(T) dx$ emittiert. Bis zum Austritt aus der Schicht wird dieser Anteil um den Faktor $\exp(-\varkappa_v \cdot x)$ geschwächt. Wir erhalten also

$$I_v(s) = \int\limits_0^s \varkappa_v B_v(T) e^{-\varkappa_v x} \, dx$$

oder — wenn wir wieder die *optische Tiefe* mit $d\tau_v = \varkappa_v dx$ bzw. $\tau_v = \varkappa_v \cdot s$ einführen —[3]

$$I_v(s) = B_v(T)(1 - e^{-\tau_v}) \approx \begin{cases} \tau_v B_v(T) & \text{für } \tau_v \ll 1 \\ B_v(T) & \text{für } \tau_v \gg 1 . \end{cases} \tag{11.21}$$

D. h. die Ausstrahlung einer isothermen *optisch dünnen Schicht* ($\tau_v \ll 1$) ist gleich ihrer optischen Dicke mal der Kirchhoff-Planck-Funktion. Die Strahlungsintensität aus einer *optisch dicken Schicht* ($\tau_v \gg 1$) dagegen nähert sich der des

---

[3] Die folgende Formel bleibt — wie man leicht zeigt — auch noch gültig, wenn $\varkappa_v$ von x abhängt.

schwarzen Körpers und kann diese nicht übersteigen. Angewandt auf eine Spektrallinie ergibt dies die bekannte Erscheinung der *Selbstabsorption*: Während zwei gleich breite Spektrallinien in optisch dünner Schicht ein Intensitätsverhältnis $\sim \varkappa_1 : \varkappa_2$ aufweisen, nähert sich dieses bei Ausstrahlung in optisch dicker Schicht der Eins. (Hierzu weiterhin Abschn. 19.)

Statt der Emission und Absorption eines Volumelementes können wir auch die eines *Flächenelementes* betrachten. Bezeichnen wir dessen Emissionsvermögen mit E_ν, das *Absorptionsvermögen*[4] mit A_ν (das Reflexionsvermögen ist $R_\nu = 1 - A_\nu$), dann ist — analog zu (11.20a) — seine

$$\text{Emission/sec} = E_\nu \, d\nu \cdot d\sigma \cos \vartheta \, d\omega$$

$$(11.22\,\mathrm{a})$$

und die $$\text{Absorption/sec} = A_\nu \cdot B_\nu(T) \, d\nu \cdot d\sigma \cos \vartheta \, d\omega$$

und der Kirchhoffsche Satz erhält die etwas andere Form

$$E_\nu = A_\nu \cdot B_\nu(T) \qquad\qquad (11.22)$$

d.h.: *Im thermodynamischen Gleichgewicht ist das Verhältnis von Emissions- und Absorptionsvermögen gleich der Intensität der Hohlraumstrahlung $B_\nu(T)$.*

Für einen Körper, der Strahlung aller Frequenzen vollständig absorbiert ($A_\nu = 1$), einen sog. *schwarzen Körper*, wird $E_\nu = B_\nu(T)$. Man nennt deshalb die *Hohlraumstrahlung* auch die *Strahlung des schwarzen Körpers* oder kurz *schwarze Strahlung*. Ein kleines Loch in einem Hohlraum verschluckt alle auftreffende Strahlung durch mehrfache Reflexion und Absorption im Inneren; auch so erkennt man wieder, daß *Hohlraumstrahlung* und *schwarze Strahlung* dasselbe sind.

Zur tatsächlichen Berechnung der Funktion $B_\nu(T)$ schlug *Max Planck* 1900 folgenden Weg ein: Er betrachtete die Wechselwirkung zwischen dem *Hohlraumstrahlungsfeld* und z.B. einem elastisch an seine Gleichgewichtslage gebundenen Elektron, einem *harmonischen Oszillator*. Dessen Schwingungen werden durch die elektromagnetischen Wellen des Strahlungsfeldes so lange aufgeschaukelt, bis im *thermodynamischen Gleichgewicht* Emission und Absorption einander gleich sind. Andererseits muß aber im thermodynamischen Gleichgewicht nach dem *Boltzmannschen Gleichverteilungssatz* die mittlere Energie des harmonischen Oszillators gleich kT sein, wo k die *Boltzmann-Konstante* ($k = 1.38 \cdot 10^{-16}$ erg/grad) bedeutet. Davon ausgehend kann man offenbar rückwärts die zum thermodynamischen Gleichgewicht bei der Temperatur T gehörende Intensität der Hohlraumstrahlung $B_\nu(T)$ ausrechnen. *Planck* erkannte nun, daß er den *Messungen* der Intensität der Hohlraumstrahlung nur gerecht werden konnte, indem er die Grundgesetze der klassischen Mechanik und Elektrodynamik ergänzte durch die bekannten Forderungen der *Quantentheorie*. So entstand die *Plancksche Strahlungsformel*, die wir sogleich in der ν- und λ-Skala anschreiben

$$B_\nu(T) = \frac{2h\nu^3}{c^2} \cdot \frac{1}{e^{h\nu/kT} - 1} \quad \text{bzw.} \quad B_\lambda(T) = \frac{2hc^2}{\lambda^5} \frac{1}{e^{hc/k\lambda T} - 1} \qquad (11.23)$$

---

[4] Für die eben betrachtete Gasschicht wäre z.B. $A_\nu = 1 - e^{-\tau_\nu}$.

mit den beiden wichtigen Grenzfällen

$$\frac{h\nu}{kT} \gg 1: \quad B_\nu(T) \approx \frac{2h\nu^3}{c^2} e^{-h\nu/kT} \quad \text{Wiensches Gesetz}, \qquad (11.24)$$

$$\frac{h\nu}{kT} \ll 1: \quad B_\nu(T) \approx \frac{2\nu^2 kT}{c^2} \quad \text{Rayleigh-Jeanssches Gesetz}. \qquad (11.25)$$

Im Rayleigh-Jeansschen Strahlungsgesetz ist h, die charakteristische Größe der Quantentheorie, verschwunden. Für Lichtquanten $h\nu$, deren Energie erheblich kleiner ist als die thermische Energie kT, geht — ganz allgemein — die Quantentheorie in die klassische Theorie über (Bohrsches Korrespondenzprinzip). Die im Exponenten des Strahlungsgesetzes vorkommende Strahlungskonstante (z. B. 11.23 rechts) nennt man c_2; d. h. es ist

$$c_2 = \frac{hc}{k} = 1.438_8 \text{ cm} \cdot \text{grad}. \qquad (11.26)$$

Die Intensität der *Gesamtstrahlung* des schwarzen Körpers erhält man durch Integration von (11.23) über alle Frequenzen $B(T) = \int_0^\infty B_\nu(T)\,d\nu$. Der *Gesamtstrahlungsstrom*, d. h. die Ausstrahlung einer schwarzen Fläche von 1 cm^2 in den Hohlraum ist $\pi F^+ = \pi B(T)$. Führt man — mit den Hilfsvariablen $x = h\nu/kT$ — die Integration über die Plancksche Strahlungsformel aus, so erhält man das von *J. Stefan* 1879 experimentell gefundene und von *L. Boltzmann* 1884 durch eine höchst geistreiche Berechnung der Entropie der Hohlraumstrahlung theoretisch abgeleitete *Stefan-Boltzmannsche Strahlungsgesetz*

$$\pi F^+ = \pi B(T) = \sigma T^4 \qquad (11.27)$$

mit der Strahlungskonstante

$$\sigma = \frac{2\pi^5 k^4}{15 c^2 h^3} = 5.670 \cdot 10^{-5} \text{ erg/cm}^2 \text{ sec grad}^4. \qquad (11.28)$$

12. Die Sonne

Wir fassen noch einmal kurz die uns schon bekannten Daten über die *Sonne* zusammen; in der Welt der Sterne werden wir sie dann vielfach als anschauliche *Einheiten* gebrauchen.

Mit Hilfe der Sonnenparallaxe von 8″.794 erhielten wir zunächst die mittlere Entfernung Sonne–Erde oder eine *astronomische Einheit*

$$1 \text{ AE} = 149.6 \cdot 10^6 \text{ km} = 23\,456 \text{ äqu. Erdradien}. \qquad (12.1)$$

Der zugehörige scheinbare *Radius der Sonnenscheibe* ist

$$15' 59''.63 = 959''.63 = 0.004\,652_4 \text{ radians}. \qquad (12.2)$$

Daraus erhalten wir den

$$\text{Sonnenradius}: 696\,000 \text{ km}. \tag{12.3}$$

Es ist also auf der Sonne

$$\begin{aligned} 1' &= 43\,500 \text{ km}; \\ 1'' &= 725 \text{ km}. \end{aligned} \tag{12.4}$$

Wegen der atmosphärischen Szintillation liegt die Grenze des Auflösungsvermögens etwa bei 500 km.

Umgekehrt entspricht die astronomische Einheit 215 Sonnenradien. Eine Abplattung der Sonne infolge ihrer Rotation ist nicht nachweisbar ($< 0''.1$).

Aus dem 3. Keplerschen Gesetz entnahmen wir die

$$\text{Sonnenmasse } \mathfrak{M}_\odot = 1.989 \cdot 10^{33} \text{ g}. \tag{12.5}$$

Daraus berechneten wir die mittlere Dichte der Sonne $\bar{\rho} = 1.409$ g/cm^3; ebenso leicht erhalten wir die

$$\text{Schwerebeschleunigung an der Sonnenoberfläche } g_\odot = 2.74 \cdot 10^4 \text{ cm sec}^{-2} \tag{12.6}$$

oder das 27.9fache der Schwerebeschleunigung an der Erdoberfläche.

Das *Spektrum der Sonne* erscheint der Beobachtung in einem *Turmteleskop* mit einem großen Gitterspektrographen (Abb. 12.1) — vom kurzwelligen UV und der Radiofrequenzstrahlung sehen wir zunächst ab — als ein *kontinuierliches Spektrum*, das von vielen dunklen *Fraunhoferlinien* durchzogen ist (Abb. 12.2). Deren Wellenlängen λ und Identifikationen enthalten der *Rowland-Atlas* und *The Solar Spectrum 2935 Å to 8770 Å*; Second *Revision of Rowland's Preliminary Table of Solar Spectrum Wave-Lengths* (1966). Die mit dem Mikrophotometer registrierte Intensitätsverteilung im Sonnenspektrum (bezogen auf Kontinuum = 100) enthalten der *Utrechter* Photometrische Atlas des Sonnenspektrums von *M. Minnaert, G. F. W. Mulders* und *J. Houtgast* (1940) und neuere Atlanten, zum Teil mit größerer Dispersion bzw. Auflösung und auch für andere Spektralgebiete. Die Utrechter Messungen beziehen sich auf die Mitte der Sonnenscheibe ($\odot$-Mitte). Nach dem Rande zu zeigt die Sonnenscheibe eine erhebliche *Mitte-Rand-Verdunkelung*; auch die *Linien* (relativ zum Kontinuum derselben Stelle) erfahren eine geringfügige *Mitte-Rand-Variation*.

Wir kennzeichnen die Stelle auf der Sonnenscheibe (Abb. 11.3), wo wir beobachten, durch Angabe ihrer Entfernung von deren Mitte in Einheiten des Sonnenradius ρ oder — im Hinblick auf die Theorie — durch den Austrittswinkel ϑ gegen die Normale zur Sonnenoberfläche. Es gilt also

$$\rho = \sin \vartheta \quad \text{und} \quad \cos \vartheta = \sqrt{1 - \rho^2}. \tag{12.7}$$

Insbesondere entspricht der $\odot$-Mitte $\rho = \sin \vartheta = 0$, $\cos \vartheta = 1$ bzw. dem $\odot$-Rand $\rho = \sin \vartheta = 1$, $\cos \vartheta = 0$. Die *Strahlungsintensität* an der Sonnenoberfläche (optische Tiefe $\tau_0 = 0$; s. u.) im Abstand $\rho = \sin \vartheta$ von der Mitte der Scheibe und bezogen auf eine *Wellenlängenskala* bezeichnen wir nun mit

$$I_\lambda(0, \vartheta) \,[\text{erg/cm}^2 \cdot \text{sec} \cdot \text{ster}; \, \Delta \lambda = 1]. \tag{12.8}$$

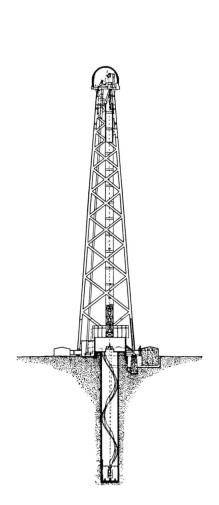

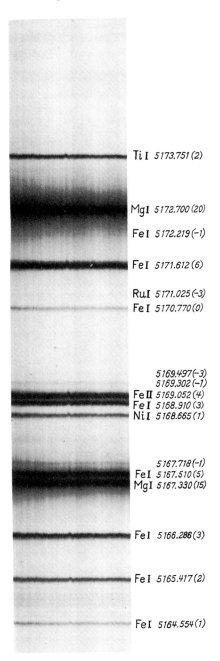

Ti I *5173.751 (2)*

Mg I *5172.700 (20)*

Fe I *5172.219 (−1)*

Fe I *5171.612 (6)*

Ru I *5171.025 (−3)*
Fe I *5170.770 (0)*

5169.497 (−3)
5169.302 (−1)
Fe II *5169.052 (4)*
Fe I *5168.910 (3)*
Ni I *5168.665 (1)*

5167.718 (−1)
Fe I *5167.510 (5)*
Mg I *5167.330 (15)*

Fe I *5166.286 (3)*

Fe I *5165.417 (2)*

Fe I *5164.554 (1)*

Abb. 12.1. 150′-Turmteleskop mit 75′-Spektrograph des Mt. Wilson Observatory. Der von einem Uhrwerk bewegte Coelostatenspiegel wirft das Sonnenlicht über einen festen zweiten Spiegel auf ein Objektiv von 150′ Brennweite. Dieses erzeugt ein Sonnenbild von 40 cm Durchmesser auf dem Spalt des Spektrographen (in Bodennähe). Gitter und Linse des Spektrographen befinden sich unten in dem temperaturkonstanten Schacht von 75′ Tiefe; das Spektrum wird neben dem Spalt photographisch oder visuell beobachtet

Abb. 12.2. Sonnenspektrum (Mitte der ⊙-Scheibe), λ 5164—5176 Å. 5. Ordnung des Vakuum-Gitterspektrographen, McMath-Hulbert Observatory. Angeschrieben ist Wellenlänge, Identifikation und (geschätzte) Rowland-Intensität der Fraunhoferlinien

Die *Mitte-Rand-Variation* der Strahlungsintensität

$$I_\lambda(0,\vartheta)/I_\lambda(0,0) \tag{12.9}$$

mißt man, indem man das Sonnenbild über den Spalt eines Spektrographen mit z. B. photoelektrischer Registrierung wandern läßt. Die wesentliche Schwierigkeit

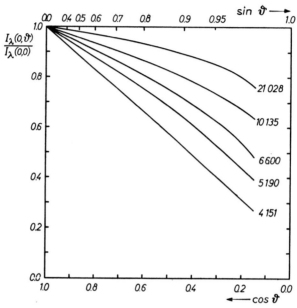

Abb. 12.3. Mitte-Rand-Verdunkelung der Sonne. Das Verhältnis der Strahlungsintensitäten $I_\lambda(0,\vartheta)/I_\lambda(0,0)$ ist für mehrere (von Linien freie) Wellenlängen λ in Å vom Blau bis ins Infrarot aufgetragen über $\cos\vartheta$. Die ungleichförmig geteilte obere $\sin\vartheta$-Skala gibt den Abstand von der Mitte der ⊙-Scheibe in Einheiten des Sonnenradius an

bei diesen und allen weiteren Messungen von Details auf der Sonnenscheibe liegt in der Elimination des Streulichtes von Instrument und Erdatmosphäre. Eine zusammenfassende Darstellung neuerer Messungen gibt Abb. 12.3. Das Verhältnis der mittleren Intensität der Sonnenscheibe F_λ zur Intensität in der Mitte der Sonnenscheibe $I_\lambda(0,0)$ kann man leicht berechnen; es ist

$$\frac{F_\lambda}{I_\lambda(0,0)} = 2 \int\limits_0^{\pi/2} \frac{I_\lambda(0,\vartheta)}{I_\lambda(0,0)} \cos\vartheta \sin\vartheta \, d\vartheta = \int\limits_0^1 \frac{I_\lambda(0,\rho=\sin\vartheta)}{I_\lambda(0,0)} \, d(\rho^2). \tag{12.10}$$

Absolutwerte der Strahlungsintensität, z. B. für ⊙-Mitte $I_\lambda(0,0)$, mißt man heute durch Anschluß an einen *Hohlraumstrahler* (schwarzen Körper) bekannter Temperatur. Der höchste gasthermometrisch genau bestimmte Fixpunkt der Temperaturskala ist der *Goldschmelzpunkt* bzw. *Golderstarrungspunkt* T_{Au}. Die Temperaturskala oberhalb T_{Au} basiert auf diesem Fixpunkt und Pyrometermessungen unter Verwendung des *Planckschen* Gesetzes bzw. der *Strahlungskonstante* c_2 (11.23 und 26). Die *Internationale Praktische Temperaturskala von*

1968 beruht auf dem

$$T_{Au} = 1337.58\,°K \text{ bzw. } 1064.43\,°C$$
und der Strahlungskonstante $c_2 = 1.4388$ cm · grad.

Der Nullpunkt der Celsius-Skala liegt bei $273.15\,°K$.

Gegenüber der älteren Temperaturskala von 1948 liegt die neue z. B. bei $3000\,°C$ um $6°$ höher.

Selbstverständlich muß für zahlreiche Wellenlängen die *Extinktion* in der Erdatmosphäre (Abb. 11.4) genau bestimmt und eliminiert werden.

Da das Sonnenspektrum (Abb. 12.2) von vielen Fraunhoferlinien durchzogen ist, so mißt man am besten zunächst für scharf ausgeschnittene Wellenlängenbereiche, z. B. von je $\Delta\lambda = 100\,\text{Å}$ Breite, die *mittlere Intensität* des Spektrums *einschließlich Linien* $I_\lambda^L(0,0)$. Für die Physik der Sonne interessanter ist aber das *wahre Kontinuum zwischen den Linien* $I_\lambda(0,0)$. Dessen Festlegung (Abb. 12.2) macht im langwelligen Bereich $\lambda > 4600\,\text{Å}$ keine Schwierigkeit. Im blauen und violetten Spektralgebiet, etwa $\lambda < 4600\,\text{Å}$, dagegen sind die Linien so dicht gepackt, daß die Festlegung des *wahren Kontinuums* $I_\lambda(0,0)$ immer schwieriger wird und schließlich im UV nur noch im Anschluß an eine voll entwickelte Theorie möglich ist. Das Verhältnis

$$1 - \eta_{\bar{\lambda}} = I_\lambda^L(0,0)/I_\lambda(0,0) \tag{12.11}$$

für geeignet abgegrenzte Wellenlängenbereiche $\Delta\lambda$ von etwa 20 bis $100\,\text{Å}$ Breite mit den Mittelpunkten λ mißt man durch Planimetrieren der Fläche unter der Mikrophotometerkurve eines Spektrums großer Dispersion, z. B. im *Utrechter Atlas*. $\eta_{\bar{\lambda}}$ liegt im Ultraviolett (λ 3000 bis $4000\,\text{Å}$) in der Größenordnung 25 bis $45\,\%$; erst bei $\lambda > 5000\,\text{Å}$ geht es auf wenige Prozent herunter. Das Ergebnis der neuesten — und wohl genauesten — Messungen von *D. Labs, H. Neckel* u. a. zeigt Abb. 12.4; frühere Messungen von *D. Chalonge, R. Peyturaux, A. K. Pierce* u. a. stimmen damit gut überein.

Durch Integration über die Sonnenscheibe nach Gl. (12.10) und Integration über alle Wellenlängen — wobei man die von der Erdatmosphäre abgeschnittenen Enden im Ultraviolett ($\lambda < 3420\,\text{Å}$) mit 3.9% und im Infrarot ($\lambda > 23000\,\text{Å}$) mit 4.8% durch Extrapolation ergänzen muß — erhält man den *Gesamtstrahlungsstrom an der Oberfläche der Sonne*

$$\pi F = \int_0^\infty \pi F_\lambda^L \, d\lambda = 6.28 \cdot 10^{10} \text{ erg/cm}^2 \text{ sec.} \tag{12.12}$$

Daraus berechnet man leicht die gesamte Ausstrahlung der Sonne pro sec, ihre

$$\text{Leuchtkraft } L_\odot = 4\pi R^2 \cdot \pi F = 3.82 \cdot 10^{33} \text{ erg/sec.}$$

Andererseits erhalten wir den Strahlungsstrom S in Erdentfernung ($r = 1$ Astr. Einheit) nach Gl. (11.11), indem wir die mittlere Strahlungsintensität F der Sonnenscheibe mit deren Raumwinkel (von der Erde aus gesehen)

$$\pi R^2/r^2 = 6.800 \cdot 10^{-5} \text{ sterad.} \tag{12.13}$$

multiplizieren. So ergibt sich

$$S = 1.36 \cdot 10^6 \text{ erg/cm}^2 \text{ sec.} \tag{12.14}$$

Diese wichtige Größe ist nach Vorversuchen von *S. S. Pouillet* (1837) zuerst von *K. Ångström* (~1893) und *C. G. Abbot* (~ab 1908) genauer gemessen worden, indem sie zunächst mit einem „schwarzen" Empfänger, dem sog. *Pyrheliometer*, die gesamte am Erdboden ankommende Sonnenstrahlung maßen. Diese Messung muß aber ergänzt werden durch Absolutmessungen der spektral zerlegten Strahlung, denn *nur* für diese kann man die atmosphärische Extinktion nach Abb. 11.4 eliminieren. In neuerer Zeit hat man S von Flugzeugen, Raketen und Raumfahrzeugen aus — mit immer kleineren Extinktionskorrekturen — gemessen. Die Gesamtheit *aller* Messungen (bis 1971) führt wieder auf den Zahlenwert $S = 1.36 \cdot 10^6$ erg cm^{-2} sec^{-1}, mit einer Unsicherheit von etwa $\pm 1\%$. Nach alter Gewohnheit gibt man S häufig in kalorischen Einheiten an und erhält die sogenannte

$$\text{Solarkonstante } S = 1.95 \text{ cal/cm}^2 \cdot \text{minute} . \tag{12.15}$$

Es ist — in Anbetracht des rasch anwachsenden Energiebedarfs der Menschheit — nicht uninteressant, den von der Sonne gelieferten Energiestrom in technischen Maßeinheiten anzuschreiben. Man erhält

$$S = 1.36 \text{ Kilowatt/m}^2 \quad \text{oder} \quad 1.85 \text{ PS/m}^2 . \tag{12.16}$$

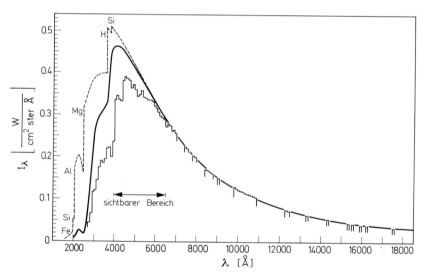

Abb. 12.4. Intensität des Spektrums der ⊙-Mitte I_λ in Watt/cm$^2 \cdot$ ster$\cdot$Å. Nach *D. Labs* und *H. Neckel* (1968/70); im UV sind Daten nach *J. Houtgast* (1970), im IR nach *A. K. Pierce* (1954) verwendet. Die ausgezogene Treppenkurve gibt die gemessene Intensität des Spektrums einschließlich der Linien $I_\lambda^L(0,0)$ an, jeweils gemittelt über scharf begrenzte Wellenlängenbereiche von 100 Å Breite. Die ausgezogene glatte Kurve zeigt das Quasikontinuum, d.h. sie verbindet jeweils die höchsten gemessenen Intensitäten zwischen den Linien (*D. Chalonge's* „Fenster"). Die gestrichelte Kurve stellt das nach den Modellen der Sonnenatmosphäre von *H. Holweger* u.a. berechnete Kontinuum der ⊙-Mitte ohne Linien dar. Die Differenz zwischen der berechneten und den ausgezogenen Kurven läßt sich — zum mindesten teilweise — auf einen „Schleier" äußerst schwacher Fraunhoferlinien zurückführen. Bei $\lambda \approx 3700$ Å erkennt man den Balmersprung (Verf. verdankt diese Zeichnung der Freundlichkeit von Herrn *D. Labs* — Heidelberg)

Diese Leistung steht außerhalb der Erdatmosphäre zur Verfügung, aber auch nach Berücksichtigung der Extinktion erhält man am Boden — jedenfalls in klimatisch günstigen Ländern — noch ansehnliche Energiebeträge. Praktisch verwendet wird jedoch die Sonnenenergie bis jetzt nur zur Stromerzeugung für Satelliten und in kleinem Maßstab für Koch- und Heißwassergeräte in tropischen Ländern.

Doch kehren wir noch einmal zurück zur Betrachtung des *Gesamtstrahlungsstromes* πF und der *Strahlungsintensität* $I_\lambda(0,0)$ an der Sonnenoberfläche (Gl. 12.12 bzw. Abb. 12.4)! Zu unserer ersten — noch ziemlich formalen und vorläufigen — Orientierung über die *Temperaturen* in der Sonnenatmosphäre interpretieren wir ersteren im Sinne des *Stefan-Boltzmannschen Strahlungsgesetzes* und definieren so die

$$\text{effektive Temperatur der Sonne: } \pi F = \sigma T_{\text{eff}}^4; \; T_{\text{eff}} = 5770\,^\circ\text{K} \qquad (12.17)$$

mit einem mittleren Fehler von etwa $\pm 15^\circ$. Weiterhin interpretieren wir die *Strahlungsintensität* $I_\lambda(0,0)$ im Sinne des *Planckschen Strahlungsgesetzes* (11.23) und definieren so die *Strahlungstemperatur* T_λ für die Mitte der Sonnenscheibe als Funktion der Wellenlänge.

Da die Sonne *nicht* wie ein schwarzer Körper strahlt — sonst müßte $I_\lambda(0,\vartheta)$ *unabhängig* von ϑ sein, d.h. die Sonne würde *keine* Mitte-Rand-Verdunkelung zeigen —, so dürfen wir T_{eff} und die T_λ nicht allzu wörtlich interpretieren. Immerhin werden T_{eff} bzw. T_λ die Temperatur in *den* Schichten der Sonnenatmosphäre, aus denen die Gesamtstrahlung bzw. die Strahlung bei der Wellenlänge λ zu uns empordringt, einigermaßen richtig anzeigen. Die *effektive Temperatur* T_{eff} ist darüber hinaus ein wichtiges Bestimmungsstück der Sonnenatmosphäre (und in entsprechender Weise der Sternatmosphären), indem sie per def. in Verbindung mit dem Stefan-Boltzmannschen Strahlungsgesetz den *Gesamtstrahlungsstrom* πF darstellt, d.h. den gesamten *Energiestrom*, der pro cm^2 an der Sonnenoberfläche aus dem Inneren kommt.

Die Schichten der Sonnenatmosphäre, in denen die kontinuierliche Strahlung entspringt, bezeichnet man als die *Photosphäre*. Früher unterschied man davon die *umkehrende Schicht*, welche darüberliegen und entsprechend dem bekannten Kirchhoff-Bunsenschen Versuch die dunklen *Fraunhoferlinien* erzeugen sollte. Heute weiß man, daß jedenfalls erhebliche Teile der Linien in denselben Schichten entstehen wie das Kontinuum, so daß man den Terminus „umkehrende Schicht" besser nicht weiter verwenden sollte. Bei totalen Sonnenfinsternissen beobachtet man am Sonnenrand für sich die höheren Schichten der Atmosphäre, welche kein merkliches Kontinuum mehr, sondern fast nur noch den Fraunhoferlinien entsprechende *Emissionslinien* ausstrahlen. Diese Schicht nennt man die *Chromosphäre*. Diese gibt aber — wie wir heute wissen — nur einen geringen Beitrag zur Intensität der Absorptionslinien. Darüber kommt die *Sonnenkorona*, die — wie wir sehen werden — nach außen in das *interplanetare Medium* übergeht. Mit diesen äußersten Schichten der Sonne und ebenso mit den ganzen Erscheinungen der *Sonnenaktivität* (Flecke, Protuberanzen, Eruptionen usw.) oder — wie man heute vielfach sagt — der *gestörten Sonne* werden wir uns noch eingehender befassen.

13. Scheinbare Helligkeiten und Farbenindizes der Sterne

Schon *Hipparch* und viele der älteren Astronomen hatten *Sternhelligkeiten* katalogisiert. Von *Sternphotometrie* im heutigen Sinne können wir erst sprechen, seit *N. Pogson* 1850 eine klare Definition der *Größenklassen oder Magnitudines* gab und *J.C.F. Zöllner* 1861 sein visuelles Photometer konstruierte, in dem man die Helligkeit eines Sternes mit der eines künstlichen Sternbildchens unter Verwendung von zwei Nikolschen Prismen[5] genau vergleichen konnte.

Verhalten sich die mit einem *Photometer* gemessenen Strahlungsströme zweier Sterne wie S_1/S_2, so ist nach *N. Pogson's* Definition die Differenz ihrer „*scheinbaren Helligkeiten*"

$$m_1 - m_2 = -2.5 \log(S_1/S_2) \quad \text{Größenklassen oder Magnitudines} \qquad (13.1)$$

oder umgekehrt:

$$S_1/S_2 = 10^{-0.4(m_1 - m_2)} . \qquad (13.2)$$

Es entspricht also einer Differenz von

$-\Delta m = 1$	2.5	5	10	15	20	Größenklassen
ein $\Delta \log S = 0.4$	1	2	4	6	8	

bzw. ein Verhältnis der Strahlungsströme oder — wie man kurz sagt — ein

Helligkeits-verhältnis	2.512	10	100	10^4	10^6	10^8 .

Der Nullpunkt der Größenklassenskala wurde ursprünglich festgelegt durch die *internationale Polsequenz*, eine Reihe von Sternen in der Nähe des Pols, die genau gemessen und auf Konstanz ihrer Helligkeiten geprüft waren. Da größeren Helligkeiten kleinere und schließlich negative Magnitudines entsprechen, so empfiehlt es sich, z.B. zu sagen: „Der Stern α Lyrae (Vega) mit der scheinbaren (visuellen) Helligkeit $0^{m}\!.14$ ist *1.19 Magnitudines heller* als α Cygni (Deneb) mit $1^{m}\!.33$ bzw. α Cyg ist *1.19 Magnitudines schwächer* als α Lyr."

Die älteren photometrischen Messungen wurden *visuell* gemacht. Mit *K. Schwarzschild's Göttinger Aktinometrie* kam 1904/08 die photographische Photometrie hinzu, zunächst mit gewöhnlichen blauempfindlichen Platten. Bald lernte man, mit sensibilisierten (auch im Gelb empfindlichen) Platten, denen ein Gelbfilter vorgesetzt wurde, die spektrale Empfindlichkeitsverteilung des menschlichen Auges nachzuahmen. So hatte man neben den *visuellen Magnitudines* m_v die *photographischen* m_{pg} und dann die *photovisuellen Magnitudines* m_{pv}. Heute kann man photographisch oder photoelektrisch durch Kombination geeigneter Platten oder Photozellen und Photomultiplier mit entsprechenden Farbfiltern das Empfindlichkeitsmaximum seiner Meßanordnung in irgendeinen Wellenlängenbereich vom Ultraviolett bis ins Infrarot legen.

Wir schaffen zunächst klare Begriffe und fragen: „Was bedeuten eigentlich, genau genommen, unsere verschiedenen Magnitudines?"

Ein Stern vom Radius R emittiere bei der Wellenlänge λ an seiner Oberfläche den Strahlungsstrom πF_λ bzw. die mittlere Strahlungsintensität F_λ im wahren

---

[5] Zwei Nikol-Prismen, deren Polarisationsebenen miteinander einen Winkel α bilden, schwächen das durchgehende Licht um einen Faktor $\cos^2 \alpha$.

Kontinuum; davon werde ein Bruchteil η_λ von den Fraunhoferlinien verschluckt. Der wirkliche Strahlungsstrom — einschließlich Linien — ist also

$$\pi F_\lambda^L = \pi F_\lambda (1 - \eta_\lambda) . \tag{13.3}$$

Befindet sich der Stern in der Entfernung r von der Erde, so erhalten wir (von interstellarer Absorption wollen wir vorerst absehen) außerhalb der Erdatmosphäre einen Strahlungsstrom (s. Gl. 12.13)

$$S_\lambda = \pi R^2 F_\lambda^L / r^2 . \tag{13.4}$$

Nun sei der Beitrag, den ein Normalspektrum $S_\lambda \equiv 1$ zur Anzeige unseres Meßgerätes liefert, als Funktion der Wellenlänge beschrieben durch die *Empfindlichkeitsfunktion* E_λ. Dann ist dessen Anzeige proportional dem Integral

$$\frac{1}{r^2} \int_0^\infty \pi R^2 F_\lambda^L \cdot E_\lambda \, d\lambda \tag{13.5}$$

und die scheinbare Helligkeit m unseres Sterns wird (bis auf eine Normierungs-Konstante, die durch Übereinkunft festgesetzt werden muß)

$$m = -2.5 \log \frac{1}{r^2} \int_0^\infty \pi R^2 F_\lambda^L \cdot E_\lambda \, d\lambda + \text{const.} \tag{13.6}$$

Wir haben in Gl. (13.6) die Extinktion in der Erdatmosphäre von Anfang an beiseite gelassen. Da E_λ in praxi nur in einem kleinen Wellenlängenbereich erhebliche Werte annimmt, so kann die *Extinktionsbestimmung* tatsächlich ohne weiteres nach Abb. (11.4) wie für monochromatische Strahlung im Schwerpunkt von E_λ durchgeführt werden.

Die *visuellen Helligkeiten* m_v sind nach Gl. (13.6) also definiert durch die Empfindlichkeitsfunktion des menschlichen Auges *mal* der Durchlässigkeit des Instrumentes E_λ, deren Schwerpunkt, die sog. isophote Wellenlänge, etwa bei 5400 Å im Grünen liegt. In entsprechender Weise liegt der Schwerpunkt für die *photographischen Helligkeiten* m_{pg} etwa bei λ 4200 Å.

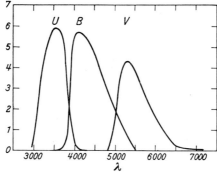

Abb. 13.1. Relative Empfindlichkeitsfunktionen E_λ (bezogen auf eine Lichtquelle mit $I_\lambda = \text{const}$) der UBV-Photometrie; nach *H. L. Johnson* und *W. W. Morgan*

Als Standardsystem zur Messung von *Sternhelligkeiten und -farben* verwendet man heute meist das von *H. L. Johnson* und *W. W. Morgan* (1951) entwickelte *UBV*-System (U = ultraviolett, B = blau, V = visuell); die entsprechenden Magnitudines bezeichnet man kurz mit

$$U = m_U, \qquad B = m_B, \qquad V = m_V . \qquad (13.7)$$

Die zugehörigen *Empfindlichkeitsfunktionen* E_λ, die man photographisch oder photoelektrisch realisieren kann, sind in Abb. 13.1 graphisch dargestellt. Ihre *Schwerpunkte* sind für mittlere Sternfarben

$$\lambda_U \approx 3650\,\mathring{A}, \qquad \lambda_B \approx 4400\,\mathring{A}, \qquad \lambda_V \approx 5480\,\mathring{A}. \qquad (13.8)$$

Für $\begin{Bmatrix} \text{heiße (blaue)} \\ \text{kühle (rote)} \end{Bmatrix}$ Sterne verschieben sie sich nach $\begin{Bmatrix} \text{kürzeren} \\ \text{längeren} \end{Bmatrix}$ Wellenlängen.

Die drei Magnitudes U, B und V werden per def. so aufeinander bezogen, d. h. die drei Konstanten in Gl. (13.6) werden so gewählt, daß für A0 V-Sterne (z. B. α Lyr = Vega; vgl. Abschn. 15)

$$U = B = V . \qquad (13.9)$$

Für den praktischen Gebrauch — einschließlich der Übertragung von einem Instrument auf ein anderes mit (möglicherweise) ein wenig verschiedenen Empfindlichkeitsfunktionen — wird das *UBV*-System festgelegt durch eine größere Anzahl sehr genau gemessener *Standardsterne*, deren Helligkeiten und Farben einen großen Bereich überdecken.

Die

$$\text{Farbenindizes} \quad U - B \quad \text{und} \quad B - V \qquad (13.10)$$

geben nun — wie *K. Schwarzschild* zuerst erkannte — ein Maß für die *Energieverteilung* im Spektrum der Sterne. Approximieren wir dieses durch das *Plancksche Strahlungsgesetz* für den schwarzen Körper bzw. — soweit $h\nu/kT \gg 1$ ist — durch das *Wiensche Strahlungsgesetz*

$$F_\lambda \sim e^{-c_2/\lambda T} \quad \text{und} \quad \eta_\lambda = 0 \qquad (13.11)$$

und ziehen die Integrationen nach Gl. (13.6) auf die *Schwerpunkte* der Empfindlichkeitsfunktionen zusammen, so erhalten wir z. B.

$$m_V = \frac{2.5 \cdot c_2 \cdot \log e}{\lambda_V \cdot T} + \text{const.}_V \qquad (13.12)$$

oder mit $c_2 = 1.4388$ cm $\cdot$ grad und $\log e = M = 0.4343$

$$V = \frac{1.562}{\lambda_V T} + \text{const.}_V . \qquad (13.13)$$

Wendet man (13.8) sowie die Normierung (13.9) an und setzt dabei für die A0 V Sterne $T = 15\,000°$, so erhält man

$$B - V = 0.70 \cdot 10^4 \left(\frac{1}{T} - \frac{1}{15\,000} \right). \qquad (13.14)$$

Die z.B. aus den Farbenindizes $B-V$ berechneten Zahlenwerte der „*Farb-temperaturen*" sind ohne tiefere Bedeutung wegen der erheblichen Abweichungen der Sterne vom schwarzen Körper. Die Bedeutung der Farbenindizes liegt heute in einer anderen Richtung: Die *Farbenindizes* bzw. die Farbtemperaturen T hängen — wie die Theorie der Sternatmosphären zeigen wird — zusammen mit deren grundlegenden Parametern, insbesondere den *effektiven Temperaturen* T_{eff} (Gesamtstrahlungsstrom!) und der *Schwerebeschleunigung* g bzw. der *absoluten Helligkeit* der Sterne (s. Abschn. 18). Da man Farbenindizes photoelektrisch ohne weiteres auf $0\overset{m}{.}01$ genau messen kann, so ist nach (13.14) zu erwarten, daß man z.B. bei $\sim 7000\,°K$ Temperatur*unterschiede* mit einer *Genauigkeit* von etwa $1\,°/_0$ festlegen kann, wie sie von keiner anderen Methode erreicht wird. Die Temperaturen selbst sind natürlich längst nicht so genau bestimmt.

Neben dem *UBV*-System haben Bedeutung erlangt das *UGR-System* nach *W. Becker* mit den Schwerpunkten $\lambda\,3660$, 4630 und $6380\,\text{Å}$ und das *Sechsfarbensystem* von *J. Stebbins*, *A.E. Whitford* und *G. Kron*, welches vom Ultraviolett bis ins Infrarot reicht ($\lambda_U = 3550\,\text{Å} \ldots \lambda_I = 10300\,\text{Å}$). Die wechselseitige Umrechnung der Magnitudines und Farbenindizes verschiedener photometrischer Systeme mit nicht allzu verschieden isophoten Wellenlängen geschieht durch empirisch aufgestellte, meist lineare Beziehungen.

Neben der Strahlung verschiedener Wellenlängenbereiche interessiert die *Gesamtstrahlung* der Sterne. Analog zur Solarkonstante definieren wir daher im Sinne von Gl. (13.6) die scheinbare

$$\text{bolometrische Helligkeit} \quad m_{bol} = -2.5 \log \frac{1}{r^2} \int_0^\infty \pi R^2 \cdot F_\lambda^L \, d\lambda + \text{const.}$$

$$= -2.5 \log \pi R^2 \cdot \frac{F}{r^2} + \text{const.}, \qquad (13.15)$$

wo

$$\pi F = \sigma T_{eff}^4 \qquad (13.16)$$

wieder den *Gesamtstrahlungsstrom* an der Sternoberfläche (mit Berücksichtigung der Linien) bedeutet. Die Konstante definiert man üblicherweise so, daß etwa bei Sonnentemperatur die den Farbindizes entsprechende

$$\text{bolometrische Korrektion} \quad \text{B.C.} = m_{bol} - m_v \qquad (13.17)$$

gleich Null wird. Da die Erdatmosphäre erhebliche Spektralgebiete vollständig absorbiert, so kann man die *bolometrische Helligkeit* von der Erde aus *nicht* direkt messen; ihre Bezeichnung ist eigentlich irreführend. Bis einmal Satellitenmessungen vorliegen, kann man m_{bol} bzw. B.C. nur mit Hilfe der Theorie als Funktion anderer *meßbarer* Parameter der Sternatmosphären berechnen.

14. Entfernungen, absolute Helligkeiten und Radien der Sterne

Infolge des Umlaufes der Erde um die Sonne muß am Himmel ein naher Stern relativ zu den viel weiter entfernten schwächeren Sternen im Laufe des Jahres eine kleine Ellipse beschreiben (Abb. 14.1; wohl zu unterscheiden von der *Aberra-*

tion Abb. 5.7!). Deren große Halbachse, d. h. den Winkel, unter dem der Erdbahn-radius von dem Stern aus erscheinen würde, nennt man die heliozentrische oder jährliche *Parallaxe p* des Sternes ($\pi\alpha\rho\acute{\alpha}\lambda\lambda\alpha\xi\iota\sigma$ = das Hinundherbewegen).

Im Jahre 1838 gelang *F. W. Bessel* in Königsberg (mit Hilfe des Fraunhofer-schen Heliometers) die direkte (trigonometrische) Messung der Parallaxe des Sternes 61 Cygni $p = 0\rlap{.}''293$. Auch auf die gleichzeitigen Arbeiten von *F. G. W. Struve* in Dorpat und von *T. Henderson* am Cape Observatory sollten wir hin-weisen. Der von letzterem beobachtete α Centauri ist mit seinem Begleiter, der Proxima Centauri, unser nächster Nachbar im Weltraum. Ihre Parallaxen be-tragen nach neueren Messungen $0\rlap{.}''75$ bzw. $0\rlap{.}''76$. Einen grundlegenden Fort-schritt bedeutete es, als *F. Schlesinger* 1903 die photographische Messung trigo-nometrischer Parallaxen mit einer Genauigkeit von etwa $\pm 0\rlap{.}''01$ gelang. Der *General Catalogue of Trigonometric Stellar Parallaxes* und der *Catalogue of Bright Stars* (Yale, 1952 bzw. 1964) gehören zu den wichtigsten Hilfsmitteln des Astro-nomen.

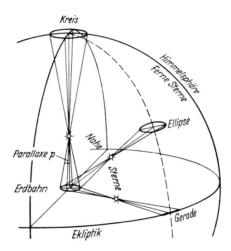

Abb. 14.1. Sternparallaxe *p*. Ein naher Stern beschreibt jährlich am Himmel relativ zu den viel weiter entfernten Hintergrundsternen am Pol der Ekliptik einen Kreis vom Radius *p*, in der Ekliptik eine Gerade $\pm p$, dazwischen eine Ellipse

Die ersten Messungen von Sternparallaxen bedeuteten nicht nur eine — da-mals kaum noch nötige — Bestätigung des kopernikanischen Weltsystems, sondern vor allem den ersten messenden Vorstoß in den Weltraum. Wir de-finieren zunächst geeignete Maßeinheiten:

Einer Parallaxe $p = 1''$ entspricht eine *Entfernung* von $360 \cdot 60 \cdot 60 / 2\pi = 206\,265$ astr. Einheiten oder Erdbahnradien. Diese Entfernung nennt man 1 parsec (aus *Pa*rallaxe und *Se*cunde), abgekürzt pc. Es ist also

$$1 \text{ parsec} = 3.086 \cdot 10^{13} \text{ km} = 3.086 \cdot 10^{18} \text{ cm oder } 3.26 \text{ Lichtjahre};$$
$$1 \text{ Lichtjahr} = 0.946 \cdot 10^{18} \text{ cm}. \tag{14.1}$$

(Das heißt, das Licht mit 300 000 km/sec braucht 3.26 Jahre, um 1 parsec zurück-zulegen.) Einer Parallaxe p'' entspricht die Entfernung von $1/p$ parsec bzw. $3.26/p$ Lichtjahren. Entsprechend der Meßgenauigkeit trigonometrischer Parallaxen führen uns diese in den Weltraum hinaus „nur" bis zu Entfernungen von 15 pc, allenfalls 50 pc. Bis ~ 2000 pc reichen die später zu besprechenden *Strom- bzw. Haufenparallaxen* für Gruppen von Sternen, welche mit demselben Geschwindig-keitsvektor durch das Milchstraßensystem „strömen".

Die beobachtete *scheinbare* Helligkeit eines Sternes (in irgendeinem photo-metrischen System) hängt nach Gl. (13.6) ab von seiner *wahren* Helligkeit *und* von seiner *Entfernung*. Wir definieren nun die *absoluten Helligkeiten* M der Sterne, indem wir sie aus ihrer wirklichen Entfernung $r = 1/p$ parsec in Gedanken in die *Standardentfernung* von 10 pc versetzen. Nach dem $1/r^2$-Gesetz der Photometrie (z.B. Gl. 13.5) wird dann ihre Helligkeit um einen Faktor $(r/10)^2$ verändert; in Größenklassen gilt also

$$m - M = 5 \log \frac{r}{10} = -5(1 + \log p). \tag{14.2}$$

Die Größe $m - M$ bezeichnet man als den *Entfernungsmodul*; es entspricht

$$\tag{14.3}$$

$$m - M = -5 \qquad 0 \qquad +5 \qquad +10 \ldots \qquad +25 \text{ Magnitudines}$$

die Entfernung

$$r \quad = \quad 1 \text{ pc} \quad 10 \text{ pc} \quad 100 \text{ pc} \quad \begin{matrix} 1000 \text{ pc} = 1 \text{ kpc} \\ (1 \text{ Kiloparsec}) \end{matrix} \quad \begin{matrix} 10^6 \text{ pc} = 1 \text{ Mpc} \\ (1 \text{ Megaparsec}) \end{matrix}$$

Bei unserer Rechnung nach dem $1/r^2$-Gesetz haben wir von *interstellarer Absorption* abgesehen. Wir werden sehen, daß diese schon bei Entfernungen >10 pc wesentlich werden kann; dann ist die Beziehung (14.2) zwischen Ent-fernungsmodul $m - M$ und Entfernung r bzw. Parallaxe p entsprechend zu erweitern.

Grundsätzlich kann man absolute Helligkeiten in jedem photometrischen System angeben und versieht dann M mit dem entsprechenden Index, z.B. $M_v =$ visuelle absolute Helligkeit. Wird *kein* Index angegeben, so meint man stets M_v.

Wir stellen noch die — auch als *Bezugspunkt* wichtigen Daten für die *Sonne als Stern* zusammen. Daß in meßtechnischer Hinsicht der photometrische Ver-gleich der *Sonne* mit den mindestens um 10 Zehnerpotenzen lichtschwächeren *Sternen* enorm schwierig ist, brauchen wir kaum zu betonen. Der *Entfernungs-modul* der Sonne ergibt sich aus der Definition des parsec [zu Beginn dieses Ab-schnitts; Gl. (14.1 und 2)] ohne weiteres zu $m - M = -31.57$. Damit erhält man:

Scheinbare Helligkeit m		Farbenindizes	Absolute Helligkeit		
Ultraviolett	$U = -26.06$	$U - B = +0.10$	$M_U = +5.51$		
Blau	$B = -26.16$	$B - V = +0.62$	$M_B = +5.41$		
Visuell	$V = -26.78$		$M_V = +4.79$	SONNE	$\tag{14.4}$
Bolometrisch	$m_{\text{bol}} = -26.85$	B.C. $= +0.07$	$M_{\text{bol}} = +4.72$		

Die Fehlergrenzen dieser Daten dürften mehreren Einheiten der 2. Dezimale entsprechen. Insbesondere bevorzugen manche Astronomen $B - V \approx 0.65$.

Die *absolute bolometrische Helligkeit* M_{bol} eines Sternes ist ein Maß für seine Gesamtenergieabgabe durch Strahlung pro sec. Diese nennt man seine *Leucht-kraft* L und bezieht sie gewöhnlich auf die der Sonne $L_\odot$ als Einheit. Es ist also

$$M_{\mathrm{bol}} - 4.72 = -2.5 \log \frac{L}{L_\odot} \quad \text{mit} \quad L_\odot = 3.82 \cdot 10^{33} \, \mathrm{erg \cdot sec^{-1}}. \tag{14.5}$$

Da die von den Sternen ausgestrahlte Energie in ihrem Inneren durch *Kern-prozesse* erzeugt wird, so gehört die *Leuchtkraft* L mit zu den grundlegenden Ausgangsdaten für die Erforschung des *Inneren Aufbaus der Sterne*.

Der *Strahlungsstrom* S_λ, den wir von einem *Stern* erhalten, ist nach Gl. (13.3) $S_\lambda = F_\lambda (1 - \eta_\lambda) \cdot \pi R^2 / r^2$. Hierbei ist R der Radius und r die Entfernung des Sterns. Das Verhältnis dieser beiden Größen hat nun eine sehr einfache und anschauliche Bedeutung: Der sehr kleine *Winkel* α, unter dem uns der Radius des Sternes R aus der Entfernung r erscheint, ist nämlich $R/r = \alpha$ im Bogenmaß (radian) oder $206\,265\,R/r = \alpha''$ in Bogensekunden.

Kennt man nun die mittlere Strahlungsintensität $F_\lambda (1 - \eta_\lambda) = F_\lambda^L$ des Sterns oder ihren Mittelwert über einen der photometrischen Standardbereiche (z. B. U, B, V), so kann man leicht aus der *scheinbaren Helligkeit* m den Winkel α be-rechnen.

Vergleichen wir mit der *Sonne* ($\alpha''_\odot = 959''.6$), so gilt

$$m - m_\odot = -2.5 \log \{ F_\lambda^L \alpha''^2 / F_{\lambda\odot}^L \alpha''^2_\odot \} \quad \text{oder} \quad \left(\frac{\alpha''}{\alpha''_\odot} \right)^2 = F_{\lambda\odot}^L / F_\lambda^L \, 10^{-0.4(m - m_\odot)}. \tag{14.6}$$

Für die Sternradien selbst wird dementsprechend

$$M - M_\odot = -2.5 \log \{ F_\lambda^L R^2 / F_{\lambda\odot}^L R^2_\odot \} \quad \text{oder} \quad \left(\frac{R}{R_\odot} \right)^2 = F_{\lambda\odot}^L / F_\lambda^L \, 10^{-0.4(M - M_\odot)}. \tag{14.7}$$

Als ganz grobe *Abschätzung* kann man die mittlere Strahlungsintensität F_λ nach dem *Planckschen Strahlungsgesetz* berechnen und erhält in der Wienschen Näherung ($c_2 / \lambda T \gg 1$):

$$F_{\lambda\odot} / F_\lambda = \exp \frac{c_2}{\lambda} \left(\frac{1}{T} - \frac{1}{T_\odot} \right), \tag{14.8}$$

wo λ die isophote Wellenlänge, T und $T_\odot$ „die" Temperaturen des Sternes bzw. der Sonne bedeuten.

Bei höheren Ansprüchen an Genauigkeit muß man aber die F_λ^L mit Hilfe der Theorie der Sternatmosphären aus deren Parametern berechnen. Für einige der hellen *roten Riesensterne* konnte man mit dem Michelsonschen Sterninterfero-meter (Abschn. 9) die Abschätzungen nach (14.6—8) bestätigen, z. B. ergab sich für

α Orionis (Beteigeuze) mit $m_v = 0.9$, $p = 0''.017$ und $T \approx 3200 \,^\circ\mathrm{K}$:

$$\alpha \approx 0''.024 \quad \text{bzw.} \quad R \approx 300 \, R_\odot \quad \text{(etwas variabel)}. \tag{14.9}$$

Die Dimensionen dieses Sternes entsprechen also etwa der Marsbahn! Neuer-dings haben R. *Hanbury Brown* und R. G. *Twiss* mit ihrem Korrelationsinterfero-meter (Abschn. 9) in Narrabri (Australien) die Winkeldurchmesser $2\alpha''$ von mehr als einem Dutzend Sternen mit wesentlich verbesserter Genauigkeit gemessen.

15. Klassifikation der Sternspektren, Hertzsprung-Russell-Diagramm und Farben-Helligkeits-Diagramm

Als man — im Anschluß an die Entdeckungen von *J. Fraunhofer, G. Kirchhoff* und *R. Bunsen* — mit der Beobachtung der *Sternspektren* begann, stellte sich bald heraus, daß man diese in der Hauptsache zu einer *einparametrigen Sequenz* ordnen kann. Die dieser parallel gehende Änderung der Sternfarben bzw. der Farbenindizes zeigte, daß man die Sterne nach abnehmenden *Temperaturen* geordnet hatte.

In Anlehnung an die Arbeiten von *Huggins, Secchi, Vogel* u.a. entwickelten in den achtziger Jahren *E. C. Pickering* und *A. Cannon* die *Harvard-Klassifikation* der Sternspektren, welche dem *Henry Draper Catalogue* zugrunde liegt. Die Folge der *Spektralklassen* („Harvard-Typen")

$$O—B—A—F—G—K—M \nearrow^{S} \searrow_{R—N} \qquad (15.1)$$

Blau   Gelb   Rot

der wir die *Farben* der Sterne beigeschrieben haben, ist aus älteren Schemata nach mannigfachen Umstellungen und Vereinfachungen hervorgegangen. *H. N. Russell's* Studenten in Princeton bildeten dazu den bekannten Merkspruch: *O Be A Fine Girl, Kiss Me Right Now*[6].

Zwischen zwei Buchstaben wird die feinere Unterteilung durch nachgestellte Zahlen 0 bis 9 gekennzeichnet. Ein B5-Stern z.B. steht zwischen B0 und A0 und hat mit beiden Typen etwa gleich viel Gemeinsames.

Die Festlegung der *Harvardsequenz* erfolgt primär durch *Abbildung* der Spektren bestimmter *Standard-Sterne* (Abb. 15.1; die beiden Spektren A0 I und II sollen zunächst außer Betracht bleiben). Wir beschreiben sie hier kurz, indem wir die verwendeten Linien (Klassifikationskriterien) sogleich den richtigen chemischen Elementen und Ionisationsstufen zuordnen (I = neutrales Atom, Bogenspektrum; II = einfach ionisiertes Atom, z.B. Si^+, Funkenspektrum; III = Spektrum des zweifach ionisierten Atoms, z.B. Si^{++} ...). Die beigeschriebenen Temperaturen entsprechen *etwa* der Farbe des Sternes und sollen nur zur vorläufigen Orientierung dienen.

Eine Reihe von Standardsternen zur Festlegung der Spektraltypen ist in Abb. 15.1 angegeben. Einige Besonderheiten mancher Sternspektren, die im Rahmen einer einparametrigen Klassifikation nicht untergebracht werden können, kennzeichnet man durch folgende Abkürzungen:
Das Präfix c deutet auf besonders scharfe Linien (insbesondere des Wasserstoffs (Miss *Maury's* c-Sterne, z.B. α Cyg cA2)).
Die Suffixe n (nebulous) und s (sharp) kennzeichnen besonders diffuses bzw. scharfes Aussehen der Linien (letzteres ohne die übrigen c-Kriterien).
v heißt variables Spektrum (meist veränderliche Sterne);
p (peculiar) charakterisiert *irgendwelche* Besonderheiten, z.B. anomale Stärke der Linien eines bestimmten Elementes.

---

[6] (Anmerkung, nur für Experten): *S* heißt „smack"!

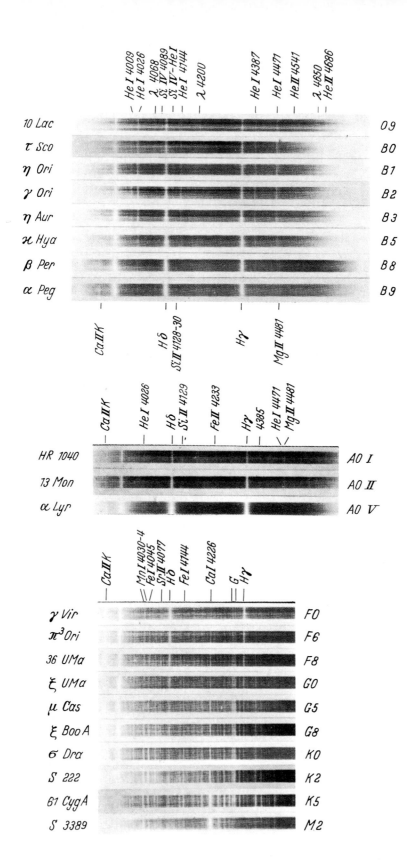

Abb. 15.1. MK-Klassifikation der Sternspektren. Aus „An Atlas of Stellar Spectra“ von *W. W. Morgan, P. C. Keenan* und *E. Kellman* (1942). Hauptsequenz (Leuchtkraftklasse V) oben O9—B9, dann A0V und unten F0—M2. Bei A0 sind auch die Leuchtkraftklassen I (Übergiganten) und II (Helle Riesen) hinzugefügt, um die Bedeutung der absoluten Helligkeiten (spektroskopische Parallaxen!) zu verdeutlichen

Tab. 15.1. Klassifikation der Sternspektren

Spektraltyp	Temperatur (° Kelvin)	Klassifikationskriterien:
O	50 000°	Linien hochionisierter Atome: He II, Si IV, N III …; Wasserstoff H relativ schwach; gelegentlich Emissionslinien.
B0	25 000°	He II fehlt; H I stark; Si III, O II; H stärker.
A0	11 000°	He I fehlt; H im Maximum; Mg II, Si II stark; Fe II, Ti II schwach; Ca II schwach.
F0	7 600°	H schwächer; Ca II stark; die ionisierten Metalle, z.B. Fe II, Ti II hatten ihr Maximum bei ∼A 5; die neutralen Metalle, z.B. Fe I, Ca I erreichen nun etwa die gleiche Stärke.
G0	6 000°	Ca II sehr stark; neutrale Metalle Fe I … stark.
K0	5 100°	H relativ schwach, neutrale Atomlinien stark; Molekülbanden.
M0	3 600°	Neutrale Atomlinien, z.B. Ca I, sehr stark; TiO-Banden.
M5	3 000°	Ca I sehr stark, TiO-Banden stärker.
R und N (neuerdings mit C bezeichnet)	3 000°	Starke CN-, CH-, C_2-Banden; TiO fehlt. Neutrale Metalle wie bei K und M.
S	3 000°	Starke ZrO-, YO-, LaO-Banden; Neutrale Atome wie bei K und M.

Im Jahre 1913 hatte *H. N. Russell* den glücklichen Gedanken, den Zusammenhang zwischen *Spektraltyp* Sp *und absoluter Helligkeit* M_v der Sterne zu untersuchen, indem er in ein Diagramm mit Spektraltyp als Abszisse und M_v als Ordinate alle Sterne einzeichnete, deren Parallaxe hinreichend genau bekannt war. Abb. 15.2 zeigt ein solches Diagramm, das *Russell* 1927 — mit erheblich besserem Beobachtungsmaterial — für sein Lehrbuch gezeichnet hat, das einer ganzen Generation als „astronomische Bibel" gedient hat.

Die meisten Sterne bevölkern das enge Band der *Hauptsequenz*, welche sich diagonal von den (absolut) hellen blau-weißen B- und A-Sternen (z.B. die Gürtelsterne im Orion) über die gelben Sterne (z.B. Sonne G2 und $M_v = +4.8$) bis zu den schwachen roten M-Sternen (z.B. *Barnard's* Stern M5 und $M_v = +13.2$) erstreckt.

Rechts oben befindet sich die Gruppe der *Riesensterne* oder *Giganten* (Giants); demgegenüber bezeichnet man *die* Sterne, welche bei gleichem Spektraltyp viel kleinere Leuchtkraft besitzen, als *Zwergsterne* (Dwarfs). Da bei etwa gleichen Temperaturen die Differenz der absoluten Helligkeiten nur auf einem entsprechenden Unterschied der *Sternradien* beruhen kann, erscheinen diese Bezeichnungen sehr angemessen. Die Unterscheidung und Bezeichnung der *Riesen-* und *Zwergsterne* geht schon auf ältere Arbeiten (1905) von *E. Hertzsprung* zurück, weshalb man heute das (Sp, M_v)-Diagramm als *Hertzsprung-Russell-Diagramm* (HRD) bezeichnet.

Anstelle des Spektraltyps Sp kann man auch einen *Farbenindex*, z. B. $B-V$, auftragen und erhält so das dem HRD äquivalente *Farben-Helligkeits-Diagramm* (FHD). Abb. 15.3 zeigt das FHD $(B-V, M_v)$ mit der nun sehr scharf definierten Hauptsequenz, einigen gelben Riesensternen (rechts oben) und Weißen Zwergen (links unten) für Einzel- und Haufensterne unserer Umgebung mit gut bestimmten Parallaxen.

Da man Farbenindizes mit großer Genauigkeit auch für schwache Sterne *messen* kann, ist das FHD zum wichtigsten Werkzeug der Stellarastronomie geworden.

Die extrem hellen Sterne entlang dem oberen Rand des HRD oder FHD nennt man *Übergiganten* (Supergiants). α *Cygni* (Deneb; cA2) z. B. hat eine absolute Helligkeit $M_v = -7.2$; er übertrifft also die Leuchtkraft der Sonne $(M_v = +4.8)$ um 12.0 Magnitudines, d. h. einen Faktor $\sim 63\,000$!

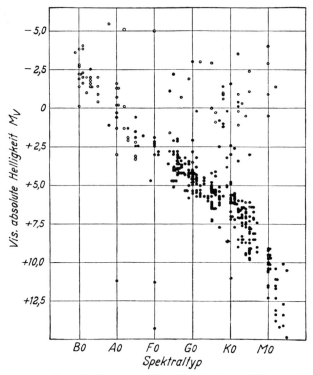

Abb. 15.2. Hertzsprung-Russell-Diagramm. Visuelle absolute Helligkeit M_v, aufgetragen über der Spektralklasse. Die Sonne entspricht $M_v = 4.8$ und G2. Die Punkte ● stellen Sterne innerhalb 20 pc mit zuverlässigen Parallaxen dar. Für die selteneren Sterne größerer absoluter Helligkeit ○ wurden neben den trigonometrischen auch spektroskopische und Haufenparallaxen herangezogen

Eine weitere, deutlich erkennbare Gruppe bilden die *weißen Zwergsterne* links unten. Da sie trotz verhältnismäßig hoher Temperatur kleine Leuchtkraft haben, müssen sie sehr klein sein; man berechnet leicht Radien, die kaum größer sind als der Erdradius. Für den Siriusbegleiter α CMa B und einige ähnliche Objekte kennt man auch die Masse und berechnet damit mittlere Dichten der Größenordnung 10^4 bis 10^5 g·cm^{-3}. Der innere Aufbau solcher Sterne muß also von dem der übrigen ganz verschieden sein. *R. H. Fowler* zeigte 1926, daß in den weißen Zwergen die Materie (genauer gesagt, die Elektronen) im Sinne der *Fermi-Statistik entartet* ist in derselben Weise, wie dies kurz darauf *W. Pauli* und *A. Sommerfeld* für die *Metallelektronen* nachgewiesen haben. Das heißt, fast alle Quantenzustände (-zellen) sind im Sinne des Pauli-Prinzips — wie in den inneren Schalen der schweren Atome — vollständig besetzt.

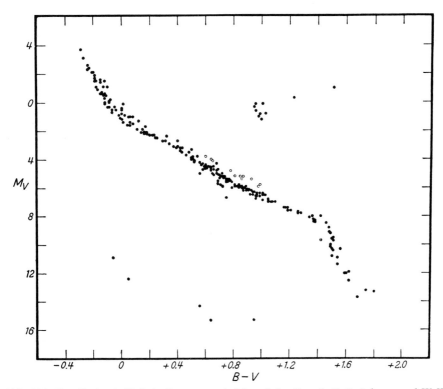

Abb. 15.3. Das Farbenhelligkeitsdiagramm mit M_v und $B-V$ nach *H. L. Johnson* und *W. W. Morgan* enthält Hauptsequenzsterne mit trigonometrischen Parallaxen $p \geq 0{.}''10$ und aus mehreren galaktischen Sternhaufen mit gut bekannter Parallaxe und interstellarer Absorption und Verfärbung. Außerdem sind (links unten) fünf Weiße Zwerge und rechts oben einige Gelbe Riesen eingezeichnet. Die über der Hauptsequenz liegenden Sterne aus der Praesepe sind wahrscheinlich Doppelsterne

Auf weitere — meist verhältnismäßig kleine und spezielle — Sterngruppen im HRD werden wir in anderem Zusammenhang zu sprechen kommen.

E. Hertzsprung bemerkte schon 1905, daß Miss *Maury's* c-Sterne mit scharfen Wasserstofflinien sich durch besonders große Leuchtkraft auszeichnen. 1914 zeigten dann *W.S. Adams* und *A. Kohlschütter*, daß man die Sterne jeweils eines bestimmten Spektraltyps anhand neuer spektroskopischer Kriterien entsprechend ihren Leuchtkräften bzw. *absoluten Helligkeiten* M_v weiter unterteilen kann. In den absolut hellen Sternen sind z. B. die Linien der ionisierten Atome (Funken-linien) relativ zu den Linien der neutralen Atome (Bogenlinien) verstärkt; unter den A-Sternen kann man, wie gesagt, die Schärfe der Wasserstofflinien als Leucht-kraftkriterien verwenden usw.

Eicht man ein solches *Leuchtkraftkriterium* — das jeweils nur für einen be-stimmten Bereich von Spektraltypen gilt! — mit Hilfe von Sternen bekannter absoluter Helligkeit, so kann man mit Hilfe dieser Eichkurve auf spektroskopi-schem Weg *absolute Helligkeiten* bestimmen. Kann man die interstellare Ab-sorption (von der man 1914 noch nichts ahnte!) vernachlässigen oder dafür korrigieren, so erhält man — in Verbindung mit den bekannten scheinbaren Helligkeiten der Sterne (Gl. 14.2) — *spektroskopische Parallaxen.* Auf deren Bedeutung für die Erforschung des Milchstraßensystems kommen wir in Teil III zu sprechen. Hier verfolgen wir weiter die wichtige Einsicht, daß man die Mehr-zahl der Sterne nach *zwei Parametern* klassifizieren kann.

Aus der Harvardklassifikation etc. heraus entwickelten *W. W. Morgan* und *P.C. Keenan* die heute allgemein gebrauchte zweidimensionale MK-*Klassifika-tion,* dargestellt in: „*An Atlas of Stellar Spectra. With an Outline of Spectral Classification*" (1943 mit *E. Kellman* — und weiterhin 1953). Deren allgemeine Prinzipien gelten für *jede* Klassifikation.

1. Der Klassifikation liegen *nur empirische Kriterien,* d.h. direkt beobachtete Absorptions- und Emissionsphänomene zugrunde.

2. Das *Beobachtungsmaterial ist einheitlich.* Um einerseits noch genügend feine Kriterien feststellen zu können, andererseits aber weit genug in das Milch-straßensystem vordringen zu können, wird — *auch* für helle Sterne — einheitlich eine Dispersion von ~ 125 Å/mm bei Hγ verwendet[7].

3. Die *Übertragbarkeit des Klassifikationssystems* auf andere Instrumente wird gewährleistet durch eine Liste geeigneter *Standard-Sterne,* d. h. durch direkte Aufweisung, *nicht* durch — womöglich halb theoretische — Beschreibungen.

4. Klassifiziert wird nach

a) *Spektraltyp* Sp, weitgehend im Anschluß an die *Harvard*klassifikation und mit derselben Bezeichnungsweise.

b) *Leuchtkraftklassen* (Luminosity class) LC. Deren *Eichung auf absolute Helligkeiten* wird als cura posterior betrachtet. Die LC-Kriterien sollen jeweils über einen großen Bereich von Sp möglichst empfindlich in erster Linie von der Leuchtkraft der Sterne abhängen. *Morgan's Leuchtkraftklassen* LC geben gleich-

---

[7] Arbeitet man mit einem anderen Spektrographen, insbesondere mit größerer Dispersion, so wird man zunächst Spektren der (in Abb. 15.1 zum Teil angegebenen) *Standardsterne* aufnehmen und die Spektren anderer Sterne dann durch Vergleich mit diesen klassifizieren.

zeitig den Ort der Sterne im HRD an, sie sind — mit ihren deutschen und englischen Bezeichnungen:

$$\left.\begin{array}{l} \text{Ia} - 0 \\ \text{I} \end{array}\right\} \quad \text{Übergiganten} \quad = \text{Supergiants}$$

II	Helle Riesen	= Bright Giants
III	Riesen	= Giants
IV	Unterriesen	= Subgiants
V	Hauptsequenz	= Main Sequence
	(Zwerge)	(Dwarfs)
VI	Unterzwerge	= Subdwarfs.

Nach Bedarf kann man die Leuchtkraftklassen I bis V noch durch Suffixe a, a b und b unterteilen. Abb. 15.1 zeigt — als Ausschnitt aus dem *Atlas of Stellar Spectra* — die wesentlichen Spektraltypen der Hauptsequenzsterne (LC = V) und — wenigstens für den Spektraltyp A0 — die Aufteilung in die Leuchtkraftklassen I bis V (nach der Breite der Wasserstofflinien).

In die *MK-Klassifikation* lassen sich ca. 90% aller Sternspektren einordnen; die übrigen sind zum Teil *Composite Spectra* — von unaufgelösten Doppelsternen, zum Teil *Peculiar Spectra* (p) pathologischer Individuen.

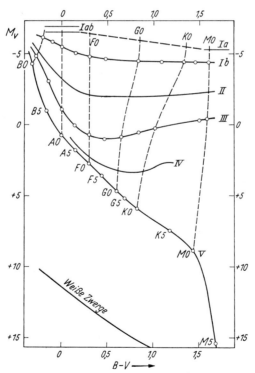

Abb. 15.4. Spektraltyp Sp und Leuchtkraftklasse LC der MK-Klassifikation in Abhängigkeit vom Farbenindex $B - V$ und der absoluten Helligkeit M_v

Der Zusammenhang zwischen den Parametern der MK-*Klassifikation* Sp und LC einerseits, dem *Farbenindex B−V* und der *absoluten Helligkeit* M_v andererseits ist — entsprechend den besten derzeitigen Kalibrierungen — in Abb. 15.4 dargestellt.

Neben dem Farbenhelligkeitsdiagramm spielt in der neueren Astronomie das *Zweifarbendiagramm* nach *W. Becker* (1942) eine wichtige Rolle. Über $B−V$ als Abszisse wird hier (Abb. 15.5) der kurzwellige Farbenindex $U−B$ (von oben nach unten) aufgetragen. Für *schwarze Strahler* erhält man in diesem Diagramm — wie man mit Gleichung (13.14) und der entsprechenden für $U−B$ leicht nachrechnet — näherungsweise eine 45°-Gerade. In Abb. 15.5 haben wir sogleich die genaueren numerischen Rechnungen von *I. Bues* benützt. Sodann ist die Relation zwischen $U−B$ und $B−V$ für die *Hauptsequenz* mit ihren Spektraltypen und absoluten Helligkeiten eingezeichnet.

Die großen Unterschiede zwischen den spektralen Energieverteilungen der Sterne und der schwarzen Körper werden wir im Abschn. 18 anhand der Theorie der Sternspektren deuten. Auf Anwendungen des Zweifarbendiagramms zur Bestimmung der interstellaren Verfärbung sowie zur Erkennung bestimmter Arten von Sternen können wir erst im Teil III eingehen.

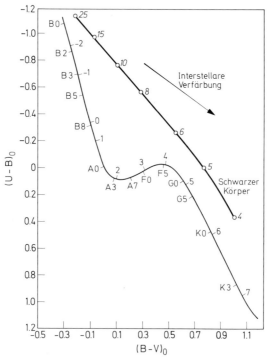

Abb. 15.5. Zweifarbendiagramm für Hauptsequenzsterne mit den (verfärbungsfreien) Farbenindices $(U−B)_0$ und $(B−V)_0$ (nach *H. L. Johnson, W. W. Morgan* u.a.). Längs der Linien sind die MK-Spektraltypen und die absoluten Helligkeiten der Sterne angeschrieben. Schwarze Strahler mit den angegebenen $T_{eff} \cdot 10^{-3}$ °K würden die darüber eingezeichnete, fast gerade Linie geben. Interstellare Verfärbung verschiebt die Bildpunkte der Sterne parallel der rechts oben eingezeichneten Linie. Diese selbst bezieht sich auf O Sterne

16. Doppelsterne und die Massen der Sterne

1803 entdeckte *F. W. Herschel*, daß α Gem = Castor ein *visueller Doppelstern* ist, dessen *Komponenten* sich unter dem Einfluß ihrer *gegenseitigen Anziehung* umeinander bewegen. Die Beobachtung der Doppelsterne gibt so die Möglichkeit, die *Massen* $\mathfrak{M}$ von Sternen zu ermitteln oder darüber jedenfalls quantitative Aussagen zu machen. Da die Massen der Sterne *nur* durch ihre Gravitations-Wechselwirkung erfaßbar sind, ist die Erforschung der Doppelsterne auch heute noch von grundlegender Bedeutung für die ganze Astrophysik.

Wir trennen zunächst die *optischen (scheinbaren) Paare* nach statistischen Kriterien, eventuell auch unter Heranziehung von Eigenbewegungen und Radialgeschwindigkeiten, von den *physischen Paaren*, den wirklichen Doppelsternen. Die *scheinbare Bahn* der schwächeren Komponente — des „Begleiters" — um die hellere Komponente beobachtet man am Refraktor mit dem Fadenmikrometer (Abb. 9.1) nach *Abstand* (in Bogensekunden) und *Positionswinkel* (N 0° — E 90° — S 180° — W 270°). Zeichnet man die scheinbare Bahn auf, so erhält man eine *Ellipse*. Würden wir senkrecht auf die Bahnebene blicken, so müßte sich die helle Komponente im *Brennpunkt* der Bahn befinden. Dies trifft im allgemeinen *nicht* zu, da die Bahnebene mit der Himmelsebene (senkrecht zur Sehlinie) einen *Neigungswinkel i* bildet. Umgekehrt kann man offensichtlich die Bahnneigung *i* so bestimmen, daß die wahre Bahn die Keplerschen Gesetze erfüllt. Ist

a   die große Halbachse der (relativen) wahren Bahn in Bogensekunden und

p   die Parallaxe des Doppelsterns in Bogensekunden, so ist

a/p die große Halbachse der wahren Bahn in astr. Einheiten (Erdbahnradien). Ist weiterhin *P* die Periode des Bahnumlaufes in Jahren, so können wir nach dem III. *Keplerschen Gesetz* (6.33) leicht die *Gesamtmasse* der beiden Sterne $\mathfrak{M}_1 + \mathfrak{M}_2$ (in Einheiten der Sonnenmasse) anschreiben:

$$\mathfrak{M}_1 + \mathfrak{M}_2 = \frac{a^3}{p^3 \cdot P^2}. \tag{16.1}$$

Hat man am Meridiankreis oder photographisch (nach *E. Hertzsprung*) die Bewegung beider Komponenten *absolut* (d.h. bezüglich der Hintergrundsterne, nach Abzug der parallaktischen und der Eigenbewegung) gemessen, so erhält man die großen Halbachsen a_1 und a_2 ihrer wahren Bahnen um den *Schwerpunkt*, und es gilt nach (6.31)

$$a_1 : a_2 = \mathfrak{M}_2 : \mathfrak{M}_1 \quad \text{und} \quad a = a_1 + a_2, \tag{16.2}$$

so daß man nun die Massen $\mathfrak{M}_1$ und $\mathfrak{M}_2$ *einzeln* berechnen kann.

Ist die schwächere Komponente eines Doppelsternes nicht mehr beobachtbar, so kann man ihr Vorhandensein trotzdem aus der — absolut gemessenen — Bewegung der *helleren Komponente* um den Schwerpunkt erschließen. Ist a_1 deren große Bahnhalbachse (wieder in Bogensekunden), so erhalten wir wegen $a_1/a = \mathfrak{M}_2/(\mathfrak{M}_1 + \mathfrak{M}_2)$

$$(\mathfrak{M}_1 + \mathfrak{M}_2)\left(\frac{\mathfrak{M}_2}{\mathfrak{M}_1 + \mathfrak{M}_2}\right)^3 = \frac{a_1^3}{p^3 \cdot P^2}. \tag{16.3}$$

So fand 1844 *F.W. Bessel* aus Meridianbeobachtungen, daß der *Sirius* einen „dunklen" Begleiter haben müsse. 1862 entdeckte tatsächlich *A. Clark* den um $10^{\text{m}}14$ schwächeren Sirius B. Dieser hat eine absolute Helligkeit von nur $M_{\text{v}} = +11.54$, obwohl seine Masse 0.96 Sonnenmassen beträgt. Da die Oberflächentemperatur dieses Sternchens ganz normal ist, muß es — wie schon bemerkt — sehr *klein* sein. *F. Bottlinger* zog daraus 1923 den Schluß, „daß es sich hier um etwas absolut Neues handelt", nämlich einen *weißen Zwergstern*.

In neuerer Zeit haben *K. A. Strand* und *P. van de Kamp* einige *dunkle Begleiter* naher Sterne gefunden, die den Übergang von Sternen zu Planeten (d.h. Körper mit bzw. ohne eigene Energiequellen) darstellen. Insbesondere hat unser zweitnächster Nachbar in 1.8 pc Entfernung *Barnard's Stern* mit dem Spektraltyp M5 V und ~0.15 Sonnenmassen, eine Art Planetensystem! *Van de Kamp's* ursprüngliche Diskussion wies auf einen Begleiter von 0.0016 Sonnenmassen oder 1.7 Jupitermassen mit einer Umlaufzeit von 25 Jahren hin. Eine neuere Untersuchung (1969) mit wesentlich größerem Beobachtungsmaterial deutet auf *zwei* Begleiter mit 1.1 bzw. 0.8 Jupitermassen, die den Hauptstern auf fast kreisförmigen und komplanaren Bahnen in gleichem Umlaufsinn mit Perioden von 26 bzw. 12 Jahren umlaufen.

1889 beobachtete *E.C. Pickering*, daß im Spektrum des *Mizar* $= \zeta$ U Ma die Linien in Zeitabständen von $P = 20^{\text{d}}54$ sich (zweimal) verdoppeln. Mizar erwies sich so als ein *spektroskopischer Doppelstern*. In diesem speziellen System bewegen sich zwei ähnliche A2-Sterne umeinander; ihr Winkelabstand ist für teleskopische Auflösung zu klein. In anderen Systemen ist nur *eine* Komponente im Spektrum zu erkennen, die andere ist offenbar erheblich schwächer. Trägt man die aus dem *Dopplereffekt* ermittelte *Radialgeschwindigkeit* der einen oder beider Komponenten als Funktion der Zeit auf, so ergibt sich die *Geschwindigkeitskurve*. Nach Abzug der mittleren oder Schwerpunktsbewegung liest man hieraus die *Komponente(n) der Bahngeschwindigkeit in der Sehlinie* ab. Daraus kann man — wie hier nicht im einzelnen auseinandergesetzt werden soll — zwar nicht die große Bahnhalbachse selbst, aber — wenn nur die Komponente 1 im Spektrum erkennbar ist — $a_1 \sin i$ und — wenn auch die Komponente 2 sich zeigt — $a_2 \sin i$ berechnen, wo i die (unbekannte) Bahnneigung bedeutet.

Ist nur *ein* Spektrum sichtbar, so erhält man aus dem III. Keplerschen Gesetz und dem Schwerpunktssatz nach (16.2) sofort

$$\frac{(a_1 \sin i)^3}{P^2} = (\mathfrak{M}_1 + \mathfrak{M}_2)\left(\frac{\mathfrak{M}_2}{\mathfrak{M}_1 + \mathfrak{M}_2}\right)^3 \sin^3 i \quad \text{bzw.} \quad = \frac{\mathfrak{M}_2^3 \sin^3 i}{(\mathfrak{M}_1 + \mathfrak{M}_2)^2}. \quad (16.4)$$

Die rechts stehende Größe nennt man die *Massenfunktion*. Für *statistische Zwecke* kann man davon Gebrauch machen, daß der Mittelwert von $\sin^3 i$ über die Kugel gleich 0.59 bzw. — unter Berücksichtigung der Entdeckungswahrscheinlichkeit — ungefähr gleich $\frac{2}{3}$ ist. Da $\mathfrak{M}_2 < \mathfrak{M}_1$, ist jedenfalls der Faktor $(\mathfrak{M}_2/(\mathfrak{M}_1 + \mathfrak{M}_2))^3 < \frac{1}{8}$.

Sind beide Spektren sichtbar, so erhält man $\mathfrak{M}_1 \sin^3 i$ *und* $\mathfrak{M}_2 \sin^3 i$ und damit auch das Massenverhältnis $\mathfrak{M}_1 : \mathfrak{M}_2$.

Ist die Bahnneigung eines spektroskopischen Doppelsternes nahezu 90°, so treten „Finsternisse" ein und man beobachtet einen *Bedeckungsveränderlichen*

(Eclipsing Binary). Klassisches Beispiel ist der 1782 von *J. Goodricke* so gedeutete β Persei = Algol mit einer Periode von $P = 2^d 20^h 49^m$. Aus den über einen längeren Zeitraum (am besten photoelektrisch) gemessenen Magnitudines eines Bedeckungsveränderlichen bestimmt man zunächst seine *Periode P* und dann seine

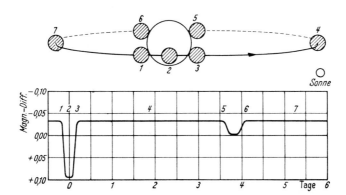

Abb. 16.1. Scheinbare relative Bahn und Lichtkurve des Bedeckungsveränderlichen IH Cassiopeiae. Entsprechende Punkte der Bahn und der Lichtkurve sind durch Zahlen markiert. Die Hauptverfinsterung der helleren durch die schwächere und kleinere Komponente ist hier ringförmig

Lichtkurve. Aus dieser (Abb. 16.1) erhält man die *Radien der beiden Sterne*, bezogen auf den Radius der relativen Bahn als Einheit, sowie die *Bahnneigung i*. Kann man außerdem spektroskopisch die *Geschwindigkeitskurve* für eine oder gar beide Komponenten bestimmen, so erhält man auch die *absoluten Dimensionen* des Systems sowie die *Massen* und damit die mittleren Dichten der beiden Sterne. In günstigen Fällen kann man sogar die *Elliptizität* (Abplattung) und die *Mitte-Rand-Verdunkelung* der Sterne ermitteln. Dank der von *H. N. Russell* und *H. Shapley* zu höchster Vollkommenheit entwickelten Methodik zur Bestimmung der *Elemente von Bedeckungsveränderlichen* gehören diese heute zu den am genauesten bekannten Sternen. *O. Struve* hat später durch eingehende Analyse der Spektren gezeigt, daß in engen Paaren die beiden Komponenten auch physisch miteinander in Wechselwirkung stehen. Gemeinsame Gashüllen und Gasströme von der einen zur anderen Komponente geben unter Umständen direkten Einblick in die *Entwicklung* solcher Systeme.

Versuchen wir nun, in groben Zügen einen *Überblick* zu geben; eine detaillierte statistische Diskussion wäre wegen der unvermeidlichen Auswahleffekte (Entdeckungswahrscheinlichkeit!) ohnedies von zweifelhafter Bedeutung:

Die nur durch die Art der Beobachtung unterschiedenen *visuellen Doppelsterne, spektroskopischen Doppelsterne* und *Bedeckungsveränderlichen* — gehen mit einiger Überdeckung — stetig ineinander über. Die Perioden reichen von wenigen Stunden bis zu vielen Jahrtausenden. Doppelsterne kurzer Periode haben meist kreisförmige Bahnen; langperiodische Systeme bevorzugen größere Exzentrizitäten. Neben den Doppelsternen kommen auch mehrfache Systeme häufig vor, die dann meist ein oder mehrere enge Paare enthalten. Der von *F. W. Herschel* zuerst entdeckte „Doppelstern" α Gem = Castor besteht z. B. — wie sich später gezeigt hat — aus *drei Paaren* A, B und C mit Perioden von 9.22, 2.93 und 0.814 Tagen. A und B bewegen sich umeinander in mehreren hundert Jahren, Castor C um A + B in mehreren tausend Jahren. Unsere nächste Umgebung innerhalb einer Entfernung von 5.2 parsec enthält nach *P. van de Kamp* (1969) — einschließlich der Sonne — 31 sichtbare Einzelsterne (darunter 6 mit unsichtbaren Begleitern), 11 Doppelsterne (61 Cyg mit unsichtbarem Begleiter) und zwei dreifache Systeme. Von den insgesamt 59 Sternen sind also fast die *Hälfte* Mitglieder zwei- oder mehrfacher Systeme.

In den Spektren von Doppelsternen und Bedeckungsveränderlichen kurzer Periode — deren Komponenten einander in kleinem Abstand umkreisen — sind die *Fraunhoferlinien* meist auffällig breit und verwaschen. Dies hängt damit zusammen, daß die beiden Komponenten wegen der Flutreibung, ähnlich dem Erde-Mond-System, wie ein starrer Körper miteinander rotieren. Die Revolutions- und Rotationsdauer sind einander gleich. Ist die Projektion der Äquatorgeschwindigkeit auf die Sehlinie $v \sin i$, so entspricht dem bei der Wellenlänge λ eine Dopplerverschiebung $\Delta \lambda = \pm \lambda \cdot (v/c) \cdot \sin i$. Wäre die Spektrallinie bei ruhendem Stern scharf, so erscheint sie nun in ein Band der Breite $2 \Delta \lambda$ auseinandergezogen, dessen Profil die Helligkeitsverteilung der „Sternscheibe" widerspiegelt. Zeigt diese z. B. keine Mitte-Rand-Verdunkelung, so erhält man ein ellipsenförmiges Linienprofil. Rotiert beispielsweise ein B-Stern vom Radius $5 R_\odot$ mit einer Periode von $1\overset{d}{.}5$ und ist $i = 90°$, so wird seine projizierte Äquatorgeschwindigkeit $v \sin i = 250$ km/sec und die halbe Breite etwa der Linie MgII 4481 Å damit $\Delta \lambda = \pm 3.73$ Å.

O. Struve und seine Mitarbeiter entdeckten nun, daß es auch *Einzelsterne* gibt, in deren Spektren *alle* Linien in dieser Weise stark verbreitert sind und die also mit Äquatorgeschwindigkeiten bis ~ 300 km pro sec *rotieren*. Ähnlich wie die rasch rotierenden Doppelsterne gehören auch die rasch rotierenden Einzelsterne ganz überwiegend den Spektraltypen O, B und A im oberen Teil der Hauptsequenz an.

Auf die Bedeutung der *Rotation* von Einzel- und Doppelsternen und damit auf die Rolle des *Drehimpulses* für die Probleme der *Sternentwicklung* werden wir später zurückkommen.

Zum Abschluß dieses Kapitels wollen wir uns noch einen Überblick über die *Massen* $\mathfrak{M}$ *der Sterne* verschaffen. Deren Zahlenwerte — bestimmt aus allen Arten von Doppelsternen — reichen etwa von 0.15 bis 50 $\mathfrak{M}_\odot$. Ihr Zusammenhang mit anderen Zustandsgrößen der Sterne blieb lange Zeit dunkel, bis *A. S. Eddington* 1924 im Zusammenhang mit seiner Theorie des *inneren Aufbaus der Sterne* die *Masse-Leuchtkraft-Beziehung* entdeckte. Vom heutigen Standpunkt aus können wir das Wesentliche folgendermaßen verstehen: Die Sterne der *Hauptsequenz* befinden sich offenbar in analogen Stadien ihrer Entwicklung (ihr Energiebedarf wird durch Umwandlung von Wasserstoff in Helium gedeckt) und sind daher — in der Hauptsache — nach „demselben Rezept" aufgebaut. Zu einer bestimmten *Masse* $\mathfrak{M}$ gehören daher innere Energiequellen von ganz bestimmter Größe, welche ihrerseits die *Leuchtkraft* L des Sterns festlegen. Es ist also eine Beziehung zwischen der *Masse* $\mathfrak{M}$ und der *Leuchtkraft* L bzw. der *absoluten bolometrischen*

Helligkeit M_{bol} dieser Sterne zu erwarten. Tatsächlich gilt, wie die Bearbeitung des gesamten Beobachtungsmaterials (Abb. 16.2) zeigt, für die *Hauptsequenz-*

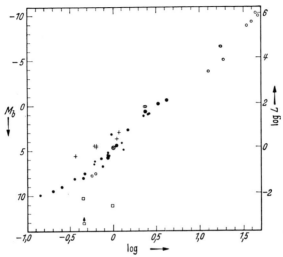

Abb. 16.2. Empirische Masse-Leuchtkraft-Beziehung. Aufgetragen ist die absolute bolo-metrische Helligkeit M_b bzw. die Leuchtkraft $L\,(\odot = 1)$ der Sterne als Funktion ihrer Masse $\mathfrak{M}$; nach *G. P. Kuiper*

● Visuelle Doppelsterne   + Hyaden-Doppelsterne
○ Spektroskopische Doppelsterne   □ Weiße Zwerge

sterne eine solche Beziehung. Die *weißen Zwergsterne* (□ □ □) fallen, wie zu erwarten, heraus. Auch für die *roten Riesensterne* — für die es noch keine zu-verlässigen empirischen Massen gibt — dürfte „die" Masse-Leuchtkraft-Bezie-hung nicht ohne weiteres anwendbar sein.

Betrachten wir die *Radien R der Sterne* (berechnet aus der absoluten Hellig-keit und — grob gesagt — der Temperatur) als gegeben, so können wir die für die Theorie der Spektren wichtige

$$\textit{Schwerebeschleunigung}\;\; g = G\,\mathfrak{M}/R^2\;\text{cm}\cdot\text{sec}^{-2} \qquad (16.5)$$

an der Sternoberfläche berechnen. Man findet — wie wir genauer verifizieren werden —, daß diese für *Hauptsequenzsterne* der Spektraltypen B0 V bis M3 V den etwa innerhalb eines Faktors 2 konstanten Zahlenwert

$$g \approx 20\,000\;\text{cm/sec}^2 \quad \text{bzw.}\quad \log g \approx 4.3 \qquad (16.6)$$

hat. Für Giganten und Übergiganten ist sie erheblich kleiner (bis $\log g \approx 0.5$), für weiße Zwergsterne erheblich größer ($\log g \approx 8 \pm 0.5$).

Als wichtige Ergebnisse der Abschn. 15 und 16 stellen wir in Abb. 16.3 die Zusammenhänge zwischen Leuchtkraft L, bolometrischer Helligkeit M_{bol}, effektiver Temperatur T_{eff}, Sternradius R und Schwerebeschleunigung g zusammen, wobei wir auf die bekannten Gleichungen zurückgreifen:

$$L = 4\pi R^2 \cdot \sigma T_{eff}^4 , \tag{16.7}$$

$$g = G\mathfrak{M}/R^2 . \tag{16.8}$$

L und R beziehen wir auf $L_\odot = 3.82 \cdot 10^{33}$ erg $\cdot$ sec^{-1} und $R_\odot = 6.96 \cdot 10^{10}$ cm als Einheit. Die Schwerebeschleunigung berechnen wir zunächst für Sterne von 1 Sonnenmasse, bezogen auf $g_\odot = 2.74 \cdot 10^4$ cm $\cdot$ sec^{-2} als Einheit, d.h. $\log g_1/g_\odot$. Für Sterne der Hauptsequenz und noch wenig entwickelte Sterne (Abschn. 26) gilt genähert die Skala der Massen $\mathfrak{M}$ bzw. $\log \mathfrak{M}/\mathfrak{M}_\odot$ rechts.

In Abschn. 19 werden wir sehen, daß man aus der Analyse der Sternspektren die effektive Temperatur T_{eff} und die Schwerebeschleunigung g ermitteln kann.

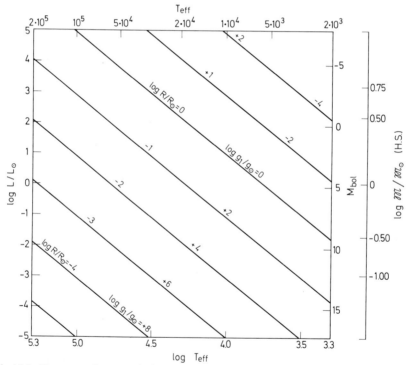

Abb. 16.3. Zusammenhänge zwischen Leuchtkraft L bzw. absoluter bolometrischer Helligkeit M_{bol} (linke bzw. rechte Ordinatenskala), effektiver Temperatur T_{eff} (Abszissen) und Sternradius R sowie Schwerebeschleunigung g. Letztere geben wir zunächst als g_1 für Sterne von 1 Sonnenmasse an; diese Zahlen gelten etwa für alte entwickelte Sterne. Für Hauptsequenzsterne und noch wenig entwickelte Sterne ist rechts außen die Masse $\mathfrak{M}$ als Funktion von M_{bol} näherungsweise aufgetragen.

Einheiten: $L_\odot = 3.82 \cdot 10^{33}$ erg $\cdot$ sec^{-1}, $R_\odot = 6.96 \cdot 10^{10}$ cm,
$\mathfrak{M}_\odot = 1.99 \cdot 10^{33}$ g, $g_\odot = 2.74 \cdot 10^4$ cm $\cdot$ sec^{-2}

Daraus kann man nach (16.7 und 8) das *Verhältnis* von Masse $\mathfrak{M}$ zu Leuchtkraft L berechnen

$$\frac{\mathfrak{M}}{L} = \frac{1}{4\pi G\sigma} \cdot \frac{g}{T_{\mathrm{eff}}^4}.$$ (16.9)

Will man $\mathfrak{M}$ und L einzeln bestimmen, so muß man entweder die Theorie des inneren Aufbaus der Sterne (Abschn. 25) oder entsprechende empirische Daten zu Hilfe nehmen.

17. Spektren und Atome. Thermische Anregung und Ionisation

Die Deutung der Sternspektren und ihrer Klassifikation brachte — nach wichtigen Vorarbeiten von *N. Lockyer* — im Jahre 1920 *Megh Nad Saha's Theorie der thermischen Anregung und Ionisation*. Sie beruht wesentlich auf der seit 1913 von *N. Bohr, A. Sommerfeld* u.a. entwickelten Quantentheorie der Atome und ihrer Spektren. Es sei daher gestattet, deren Grundlagen — ohne vollständige Begründung — kurz ins Gedächtnis zu rufen:

Die möglichen *Energieniveaus* eines Atoms stellen wir graphisch dar in dem Energieniveau- oder *Grotrian-Diagramm* (Abb. 17.1). Wir unterscheiden:

1. *Diskrete negative Energiewerte* $E<0$, entsprechend den gebundenen oder elliptischen Bahnen der Elektronen im Bohrschen Atommodell bzw. den „diskreten" Eigenfunktionen (stehende *de Broglie*-Wellen) der Quantenmechanik. Jedes Energieniveau ist charakterisiert durch mehrere ganz- bzw. halbzahlige Quantenzahlen, die wir zunächst symbolisch durch *einen* Index n, m, s oder dgl. repräsentieren.

2. *Kontinuierliche positive Energiewerte* $E>0$, entsprechend den freien oder Hyperbelbahnen der Elektronen im Bohrschen Modell bzw. den „kontinuierlichen" Eigenfunktionen (laufende *de Broglie*-Wellen) der Quantenmechanik. In großer Entfernung vom Atom hat ein solches Elektron *nur* kinetische Energie $E_{\mathrm{kin}} = \frac{1}{2}mv^2$, wo m seine Masse und v seine Geschwindigkeit bedeutet.

Beim *Übergang* zwischen zwei Energieniveaus E_m und E_n wird ein *Lichtquant* der Energie ($h = 6.62 \cdot 10^{-27}$ erg · sec bedeutet das *Plancksche* Wirkungsquantum)

$$h\nu = |E_m - E_n|$$ (17.1)

absorbiert (↑) bzw. emittiert (↓). Der Frequenz $\nu\,\mathrm{sec}^{-1}$ oder Hz entspricht eine *Wellenzahl* (Zahl der Lichtwellen pro cm im Vakuum) $\tilde{\nu} = \nu/c\,\mathrm{cm}^{-1}$ oder Kayser und eine *Wellenlänge* $\lambda = 1/\tilde{\nu} = c/\nu$ cm. Neben dem Zentimeter benutzt man als Einheit 10^{-8} cm $= 1$ Å (ein Ångström). Die Energiewerte rechnet man häufig nicht von $E=0$, sondern vom *Grundzustand* des Atoms aus. Als Einheit benutzt man meist nicht 1 erg, sondern 1 cm^{-1} bzw. Kayser und spricht dann von den *Termen* und dem *Termschema* des Atoms, oder man benutzt 1 eV, d.h. 1 Elektronenvolt bzw. die Energie, welche ein Elektron beim Durchlaufen der Potentialdifferenz 1 Volt gewinnt. Im thermischen Gleichgewicht hat man es stets mit Energien der Größenordnung kT ($k = 1.38 \cdot 10^{-16}$ erg/grad) zu tun. In diesem

Sinne schreiben wir noch die einer Energie E entsprechende Temperatur T in °K an. Es entsprechen einander also:

$$1\,eV \cong 1.602 \cdot 10^{-12}\,erg \cong 8066\,cm^{-1}\ \ bzw.\ (12\,398\,\text{Å})^{-1}$$
$$oder \cong 11\,605\,°K.$$

(17.2)

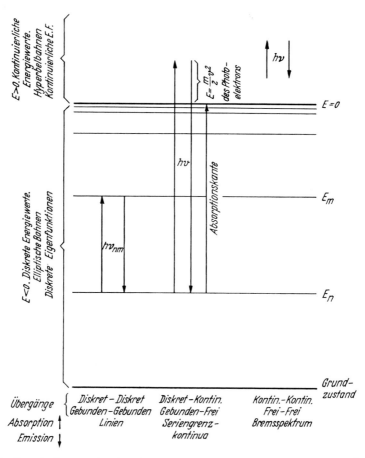

Abb. 17.1. Energieniveau- oder Grotrian-Diagramm eines Atoms (schematisch). Übergänge

Die Übergänge des Atoms unter Absorption bzw. Emission *eines* Lichtquants $h\nu$ teilen wir naturgemäß in folgende Gruppen ein:

1.a) $E_m < 0$, $E_n < 0$; elliptisch-elliptische, diskret-diskrete oder gebunden-gebundene Übergänge unter Absorption bzw. Emission einer *Spektrallinie*, deren *Wellenzahl* $\tilde{\nu}\,cm^{-1}$ man als Differenz der *Termwerte* in *Ch. E. Moore's Atomic Energy Levels* berechnet.

1.b) $E > 0$, $E_n < 0$; hyperbolisch-elliptische, kontinuierlich-diskrete oder frei-gebundene Übergänge. An die Seriengrenze bzw. *Absorptionskante* $h\nu_n = E_n$ schließt sich die kontinuierlich-diskrete Absorption $\nu > \nu_n$ unter Auswurf eines

Photoelektrons mit der kinetischen Energie $\frac{1}{2}mv^2 = h\nu - |E_n|$ (*Einstein's* photoelektrische Gleichung) an. Dabei wird das Atom ionisiert bzw. es geht in die nächsthöhere Ionisationsstufe über. Wir bezeichnen die Spektren der neutralen, einfach-, zweifach- usw. ionisierten Atome z. B. des Kalziums mit CaI, CaII, CaIII usw.

Der inverse Prozeß ist der Einfang eines freien Elektrons der Energie $\frac{1}{2}mv^2$ unter Ausstrahlung eines Lichtquants

$$h\nu = \tfrac{1}{2}mv^2 + |E_n| \,,$$

die sog. *Zweier-Rekombination*.

2.b) $E' > 0$, $E'' > 0$ ergibt die hyperbolisch-hyperbolischen, kontinuierlich-kontinuierlichen oder frei-freien Übergänge. Dabei wird ein Lichtquant $h\nu = |E' - E''|$ absorbiert bzw. emittiert; das freie Elektron gewinnt bzw. verliert beim Vorübergang an dem Atom oder Ion den entsprechenden Betrag an kinetischer Energie.

Die gebunden-frei- und die frei-frei-Absorption und -Emission sind zuerst im *Röntgengebiet* gefunden und von *N. Bohr* und *H. A. Kramers* theoretisch gedeutet worden.

Wir beschäftigen uns weiterhin[8] zunächst mit den *diskreten Termen* ($E_n < 0$) der Atome und Ionen.

Ein bestimmtes *Energieniveau* eines Atoms oder Ions mit *einem* Leucht- oder Valenzelektron (d. h. die übrigen Elektronen sollen keine Übergänge machen) beschreiben wir durch folgende *vier Quantenzahlen*:

n die *Hauptquantenzahl*. Bei wasserstoffartigen Bahnen (Coulombfeld) ist — in der Sprache der Bohrschen Theorie — $n^2 a_0/Z$ die große Halbachse der Bahn, die entsprechende Energie $-\dfrac{e^2 Z^2}{2 a_0} \cdot \dfrac{1}{n^2}$ erg und der Termwert $R_\infty Z^2/n^2$ cm^{-1}. Dabei bedeutet $a_0 = 0.529\,\text{Å}$ den Bohrschen Wasserstoffradius, $R_\infty = 109\,737.30$ cm^{-1} die *Rydberg*-Konstante und Z die wirksame Kernladungszahl ($Z = 1$ neutrales Atom, Bogenspektrum; $Z = 2$ einfach ionisiertes Atom, 1. Funkenspektrum usw.).

l ist der *Drehimpuls der Bahnbewegung* des Elektrons, gemessen in der Quanteneinheit $\hbar = h/2\pi$. l kann die *ganzzahligen* Werte $0, 1, 2 \ldots n-1$ annehmen.

gibt ein
$$
\begin{array}{cccccc}
l=0 & 1 & 2 & 3 & 4 & 5 \\
\text{s} & \text{p} & \text{d} & \text{f} & \text{g} & \text{h-Elektron[9]}.
\end{array}
$$

s ist der *Spinimpuls* des Elektrons (Goudsmit-Uhlenbeck) in denselben Einheiten. Für ein Elektron ist $s = \pm\frac{1}{2}$.

---

[8] Die folgende kurze Einführung in die Quantentheorie und Klassifikation der Atomspektren (bis Seite 146) braucht der Anfänger zunächst nicht in allen Details durchzuarbeiten. Wichtig ist, daß er die Bedeutung der Energieniveau- oder Termschemata (Abb. 17. 1, 3 und 4) versteht.

[9] Die Bezeichnung bezog sich ursprünglich auf den oberen (Lauf-)Term der Serien: s = Scharfe Nebenserie (II. N. S.); p = Prinzipalserie (Hauptserie); d = Diffuse Nebenserie (I. N. S.); f = Fundamentalserie (Bergmann-Serie).

j ist der *Gesamt-Drehimpuls,* wieder in Einheiten von $\hbar$. j entsteht durch vektorielle Zusammensetzung von l und s und kann nur die beiden Werte $l \pm \frac{1}{2}$ annehmen.

Ein Elektron mit $n = 2$, $l = 1$ und $j = \frac{3}{2}$ kennzeichnet man beispielsweise als $2\,\mathrm{p}_{1\frac{1}{2}}$-Elektron.

In Atomen bzw. Ionen mit mehreren Elektronen sind die Drehimpulsvektoren, wie *H. N. Russell* und *F. A. Saunders* 1925 bei den Erdalkalien fanden, meist folgendermaßen gekoppelt (Russell-Saunders- oder *LS*-Kopplung):

Die Bahndrehimpulse $\vec{l}$ addieren sich vektoriell zum resultierenden Bahndrehimpuls $L = \sum \vec{l}$; ebenso die Spinmomente $\vec{s}$ zum resultierenden Spinmoment $S = \sum \vec{s}$. L und S setzen sich (wieder vektoriell) zusammen zum Gesamtdrehimpuls J (Abb. 17.2), wobei also

$$|L - S| \leqq J \leqq L + S\,. \tag{17.3}$$

L ist stets ganzzahlig; S und J sind $\left\{ \begin{matrix} \text{halbzahlig} \\ \text{ganzzahlig} \end{matrix} \right\}$ für Atome mit $\left\{ \begin{matrix} \text{ungerader} \\ \text{gerader} \end{matrix} \right\}$ Elektronenzahl.

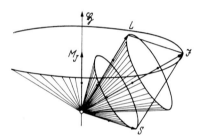

Abb. 17.2. Vektorgerüst eines Atoms mit Russell-Saunders-Kopplung. Die Vektoren des gesamten Bahndrehimpulses L und des Spindrehimpulses S setzen sich zum Gesamtdrehimpuls J (alles in Einheiten von $\hbar = h/2\pi$) zusammen. M_J ist die Komponente von J in Richtung eines äußeren Feldes $\mathfrak{H}$. L und S führen eine Präzessionsbewegung um J, letzteres um $\mathfrak{H}$ aus. Die Zeichnung entspricht einem Energieniveau mit $L = 3$, $S = 2$, $J = 3$, d. h. $^5\mathrm{F}_3$

Ein bestimmtes Wertepaar von S und L ergibt — wie man sagt — einen *Term.* Ähnlich wie beim Einelektronensystem soll der Bahndrehimpuls-Quantenzahl

$$\begin{matrix} L = 0 & 1 & 2 & 3 & 4 & 5 \\ \text{S} & \text{P} & \text{D} & \text{F} & \text{G} & \text{H-Term} \end{matrix}$$

ein

entsprechen. Sofern $L \geqq S$ ist, zerfällt dieser in $r = 2S + 1$ *Energieniveaus* mit verschiedenen J. Die Zahl r bezeichnet man (auch wenn $L < S$ ist) als die *Multiplizität* des Terms und schreibt sie links oben an das Termsymbol; das J hängt man rechts unten als Index an, um die einzelnen Niveaus des Terms zu charakterisieren. Eine Übersicht über die möglichen Terme verschiedener Multiplizitäten, ihre Energieniveaus und die übliche Art der Bezeichnung gibt Tab. 17.1.

In einem *äußeren Feld* (z. B. Magnetfeld) stellt sich der Vektor des Gesamtdrehimpulses J so ein, daß seine Komponente M_J in Richtung des Feldes ebenfalls halb- bzw. ganzzahlig ist. M_J kann also die Werte $J, J-1 \ldots, -J$ annehmen; d. h. die *Richtungsquantelung* von J ergibt $2J+1$ Einstellmöglichkeiten (Abb. 17.2). Bei verschwindendem äußeren Feld fallen diese $2J+1$ Energieniveaus zusammen; man sagt dann, das Niveau J sei $(2J+1)$-fach *entartet*. Weiterhin teilen wir

Tab. 17.1. Die Terme und die J ihrer Niveaus für verschiedene Quantenzahlen L und S bei Russell-Saunders-Kopplung

	$S=0$	$\frac{1}{2}$	1	$\frac{3}{2}$
	$r=2S+1=1$	2	3	4
	Singulett	Dublett	Triplett	Quartett
$L=0$ S-Term	$J=0$	$J=\frac{1}{2}$	$J=1$	$J=\frac{3}{2}$
1 P-Term	1	$\frac{1}{2}\ \frac{3}{2}$	0 1 2	$\frac{1}{2}\ \frac{3}{2}\ \frac{5}{2}$
2 D-Term	2	$\frac{3}{2}\ \frac{5}{2}$	1 2 3	$\frac{1}{2}\ \frac{3}{2}\ \frac{5}{2}\ \frac{7}{2}$
3 F-Term	3	$\frac{5}{2}\ \frac{7}{2}$	2 3 4	$\frac{3}{2}\ \frac{5}{2}\ \frac{7}{2}\ \frac{9}{2}$

Beispiel: Quartett P-*Term* mit den Energieniveaus $^4P_{\frac{1}{2}}$, $^4P_{1\frac{1}{2}}$, $^4P_{2\frac{1}{2}}$. Statistisches Gewicht des Terms $g(^4P) = 4 \cdot 3 = 2+4+6$.

die Terme noch nach ihrer *Parität* in zwei Gruppen ein, die sog. *geraden* bzw. *ungeraden* Terme, je nachdem die *arithmetische* Summe der l der erzeugenden Elektronen gerade bzw. ungerade ist. *U*gerade Terme werden rechts oben mit einem ° (odd) versehen.

Beim Übergang zwischen zwei Energie*niveaus* entsteht eine *Linie*; die möglichen Übergänge zwischen allen Niveaus eines *Terms* erzeugen eine Gruppe benachbarter Linien, ein sog. *Multiplett*. Die Übergangsmöglichkeiten (bei Emission oder Absorption von elektrischer Dipolstrahlung — analog dem bekannten Hertzschen Dipol) sind beschränkt durch folgende *Auswahlregeln*:

1. Es gibt nur Übergänge zwischen geraden und ungeraden Niveaus.
2. J ändert sich nur um $\Delta J=0$ oder ± 1. Der Übergang $0 \to 0$ ist verboten.

Für *Russell-Saunders-Kopplung* gelten weiterhin:

3. $\Delta L = 0, \pm 1$.
4. $\Delta S = 0$, d. h. keine Interkombinationen (z. B. Singulett-Triplett).

Man erkennt die *Russell-Saunders*- oder *LS*-Kopplung z. B. daran, daß die *Multiplett-Aufspaltungen* — herrührend von der magnetischen Wechselwirkung von Bahn- und Spinmoment — *klein* sind im Verhältnis zu den Abständen benachbarter Terme bzw. Multipletts.

Sind die Auswahlregeln 1. und 2. *nicht* erfüllt, so können durch elektrische Quadrupolstrahlung oder magnetische Dipolstrahlung (analog der Rahmenantenne!) immer noch *verbotene Übergänge* mit wesentlich geringerer Übergangswahrscheinlichkeit stattfinden.

Als Beispiel zeigt Abb. 17.3 das *Termschema* oder *Grotriandiagramm* des neutralen Kalziums CaI. Die wichtigsten *Multipletts* sind durch ihre Nummer in *A Multiplet Table of Astrophysical Interest* bzw. *An Ultraviolet Multiplet Table* von *Ch. E. Moore* (Washington) und durch die Wellenlängen (in Å) der stärksten Linien bezeichnet.

Die im vorhergehenden skizzierte *Theorie der Atomspektren* ermöglichte es zunächst, die im Laboratorium gemessenen Wellenlängen λ bzw. Wellenzahlen $\tilde{\nu}$ der meisten *Elemente* und ihrer *Ionisationsstufen* (I = Bogenspektrum, II = 1. Funkenspektrum ...) zu klassifizieren. Das heißt, zu jeder *Linie* kann man den unteren und oberen *Term* (meist in cm^{-1} vom Grundzustand aus gerechnet) und deren *Klassifikation* angeben. *Fraunhofer's* K-Linie, die stärkste Linie im Sonnenspektrum λ 3933.664 Å, ist z. B. CaII $4\,^2S_{\frac{1}{2}} - 4\,^2P^0_{1\frac{1}{2}}$.

Die *Intensität* einer Linie — wir gebrauchen diesen Terminus zunächst in einem qualitativen und noch nicht genauer definierten Sinne — wird nun wesentlich davon abhängen, welcher *Bruchteil der Atome* des betr. Elementes sich in *der Ionisationsstufe* und weiterhin (bezogen auf diese) in *dem Anregungszustand* (Niveau) befindet, von dem aus die Linie absorbiert werden kann. Die Antwort auf diese Fragen gibt die *Sahasche Theorie*, sofern wir voraussetzen dürfen, daß das Gas sich im Zustande *thermischen Gleichgewichts* befindet, d.h. genügend genau den Bedingungen in einem abgeschlossenen Hohlraum der Temperatur T (°K) entspricht.

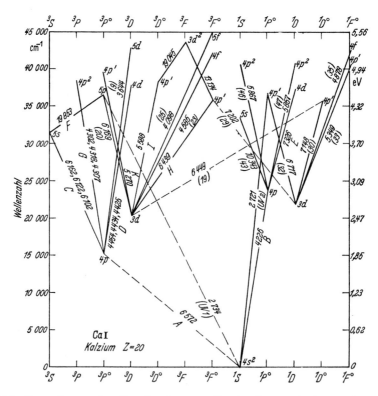

Abb. 17.3. Termschema oder Grotriandiagramm für das (Bogen-)Spektrum des neutralen Kalziums CaI

Wir betrachten zunächst ein (ideales) Gas der Temperatur T, das aus *neutralen Atomen* bestehe (Abb. 17.4). In der Volumeneinheit (1 cm^3) befinden sich

N Atome insgesamt,

N_0 Atome im Grundzustand 0

und N_s Atome in einem *angeregten Zustand s* mit der Anregungsenergie χ_s[10].

Sind alle Quantenzustände *einfach* (d.h. nehmen sie im Phasenraum ein Volumen h^3, *eine Quantenzelle*, ein), so ist nach den von *L. Boltzmann* entwickelten Grundprinzipien der statistischen Thermodynamik

$$N_s/N_0 = e^{-\chi_s/kT} , \qquad (17.4)$$

wo k wieder die Boltzmann-Konstante bedeutet[11].

Ist z.B. das Energieniveau g_s-fach entartet, d.h. würde es beim Anlegen eines geeigneten (Magnet-)Feldes in g_s einfache Niveaus aufspalten (bzw. nimmt es im Phasenraum das Volumen $g_s \cdot h^3$ ein), so müssen wir ihm eine Vielfachheit oder ein *statistisches Gewicht* g_s zuschreiben. Entsprechend habe der Grundzustand ein statistisches Gewicht g_0. Dann gilt allgemein die *Boltzmann-Formel*:

$$\frac{N_s}{N_0} = \frac{g_s}{g_0} e^{-\chi_s/kT} , \qquad (17.5)$$

deren Inhalt die Abb. 17.4 rechts graphisch verdeutlicht. Wollen wir N_s statt auf die Anzahl der Atome im *Grund*zustand N_0 auf die *Gesamtzahl* aller neutralen Atome $N = \sum\limits_{s=0} N_s$ beziehen, so ergibt sich sofort

$$\frac{N_s}{N} = \frac{g_s e^{-\chi_s/kT}}{\sum\limits_{s=0} g_s e^{-\chi_s/kT}} . \qquad (17.6)$$

---

[10] Diese *vorläufige* Bezeichnungsweise werden wir alsbald *erweitern* durch einen vorgestellten zweiten Index r, welcher neutrale bzw. einfach, zweifach ... ionisierte Teilchen mit $r = 0, 1, 2 ...$ unterscheidet.

[11] Man kann Gl. (17.4) auffassen als eine Verallgemeinerung der *barometrischen Höhenformel* (7.4 und 5), nach der die Dichteverteilung in einer isothermen Atmosphäre der Temperatur T als Funktion der Höhe h gegeben ist durch

$$N(h)/N_0 = \exp\left\{ -\frac{\mu g h}{RT} \right\} \quad \text{bzw.} \quad \exp\left\{ -\frac{m g h}{kT} \right\} .$$

Dabei bedeutet μ das Molekulargewicht bzw. m die Masse der Moleküle und entsprechend R die makroskopische Gaskonstante bzw. k die Boltzmannsche Konstante und g die Schwerebeschleunigung. mgh ist also die potentielle Energie eines Moleküls in der Höhe h über dem Boden; ihr entspricht in Gl. (17.4) die Anregungsenergie χ_s im Atom. Während jedoch in der klassischen Statistik die potentielle Energie *stetig* verändert werden kann, gibt es in der Quantenstatistik *gequantelte* Zustände, wobei aber alle *einfachen* Quantenzustände dasselbe statistische Gewicht 1 erhalten.

Im Nenner steht hier die wichtige

$$\text{Zustandssumme} \quad u = \sum_{s=0} g_s e^{-\chi_s/kT} . \tag{17.7}$$

(In der englischen Literatur gebraucht man neben der Übersetzung der Planck-schen Bezeichnung Zustandssumme = sum over states meist die Bezeichnung partition function.)

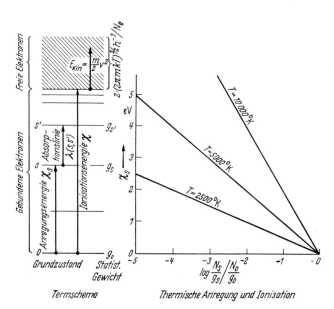

Termschema   Thermische Anregung und Ionisation

Abb. 17.4. Thermische Anregung und Ionisation neutraler Atome. An dem Termschema (schematisch) links sind die Grundbegriffe erläutert. Das Diagramm rechts zeigt für verschiedene Temperaturen den Bruchteil der Atome (bezogen auf einfache Quantenzustände, d.h. statistisches Gewicht 1) als Funktion der Anregungsenergie χ_s in eV (Ordinate). (Die Ionisationsspannung $\chi = 5.14$ eV entspricht NaI)

Die *statistischen Gewichte* g_s entnehmen wir der Theorie der Spektren: Ein *Niveau* mit der Drehimpulsquantenzahl J zeigt z. B. im Magnetfeld $2J+1$ verschiedene M_J (Abb. 17.2) und hat deshalb das statistische Gewicht

$$g_J = 2J+1 . \tag{17.8}$$

Fassen wir die Niveaus eines Multiplett-Terms mit den Quantenzahlen S und L zusammen, so hat dieser *Term* das statistische Gewicht

$$g_{S,L} = (2S+1)(2L+1) . \tag{17.9}$$

Die Addition der entsprechenden g_J in Tab. 17.1 führt selbstverständlich zu demselben Ergebnis.

An die durch die *Boltzmann-Formel* (17.5 und 6) beschriebene thermische Anregung der Atome in Quantenzustände mit immer höherer Anregungsenergie

χ_s schließt sich stetig an die Anregung von Zuständen positiver Energie $E > 0$. Dem Atom wird dabei zugeführt (Abb. 17.4) die *Ionisationsenergie* χ, welche eben ausreicht, um ein Elektron aus dem Atom zu entfernen, plus der kinetischen Energie $E = \frac{1}{2}mv^2$, mit der das Elektron ausgeworfen wird.

Wir bezeichnen nun die Anzahl der (einfach) ionisierten Atome mit einem vorgesetzten Index, d.h. N_1, die der neutralen nachträglich (der Deutlichkeit halber) mit N_0 und entsprechend auch für höhere Ionisationsstufen, durchweg pro cm^3:

Ionisationsstufe:	Neutral	Einfach ionisiert	Zweifach ionisiert	...	r-fach ionisiert
Freie Elektronen pro Atom:	0	1	2	...	r
Ionisationsenergie	χ_0	χ_1	$\chi_2 \cdots \chi_{r-1}$		
Spektren, z. B. von Eisen Fe:	FeI	FeII	FeIII	...	Fe$(r+1)$
Alle Atome der Ionisationsstufe:	N_0	N_1	N_2	...	N_r
Im Grundzustand der Ionisationsstufe:	$N_{0,0}$	$N_{1,0}$	$N_{2,0}$	...	$N_{r,0}$
In einem Niveau $s, s' \ldots$:	$N_{0,s}$	$N_{1,s'}$	$N_{2,s''}$	...	$N_{r,s}$

Entsprechende Bezeichnungen gebrauchen wir für die *statistischen Gewichte*. Wie berechnen wir nun $N_{1,0}/N_{0,0}$, d.h. das Verhältnis der Anzahlen einfach ionisierter und neutraler Atome in dem betreffenden Grundzustand mit dem statistischen Gewicht $g_{1,0}$ bzw. $g_{0,0}$? (Höhere Ionisationsstufen sollen zunächst keine Rolle spielen.)

Offenbar läuft dieses Problem darauf hinaus, das *statistische Gewicht des ionisierten Atoms im Grundzustand plus seinem freien Elektron* zu berechnen. Ersteres hat das statistische Gewicht $g_{1,0}$, letzteres allein — entsprechend den zwei Einstellmöglichkeiten seines Spins in einem äußeren Feld — das statistische Gewicht 2. Daneben müssen wir anschreiben das statistische Gewicht, d. h. die Zahl der Quantenzellen h^3, welche der Bewegung des einen freien Elektrons entsprechen. Die statistische Thermodynamik zeigt, daß das Elektron mit seiner Masse m im *Impulsraum* ein Volumen $(2\pi mkT)^{\frac{3}{2}}$ hat[12], im *Lageraum* — wenn wir N_e freie Elektronen pro cm^3 haben — $1/N_e$ cm^3/El. So ergibt sich als statistisches Gewicht für ein

$$\left.\begin{array}{l}\text{Ionisiertes Atom im Grundzustand} \\ \text{+ 1 freies Elektron}\end{array}\right\} \quad g = g_{1,0} \cdot 2 \, \frac{(2\pi mkT)^{3/2}}{h^3 N_e}. \quad (17.10)$$

---

[12] Die a priori-Wahrscheinlichkeit eines Zustandes mit dem Impuls $p = mv$ (Masse $\times$ Geschwindigkeit) bzw. der kinetischen Energie $\frac{m}{2}v^2 = \frac{1}{2m}p^2$ ist $\exp\left(-\frac{p^2}{2m}\middle/ kT\right)$. Integriert über den Impulsraum ergibt dies

$$\int_0^\infty \exp\left(-\frac{p^2}{2m}\middle/ kT\right) \cdot 4\pi p^2 \, dp = (2\pi mkT)^{3/2}.$$

Gehen wir damit in die *Boltzmann-Formel* (17.5) ein, so erhalten wir — bezogen auf die Grundzustände der Atome und Ionen — sofort die

$$\text{Saha-Formel:} \quad \frac{N_{1,0}}{N_{0,0}} N_e = \frac{g_{1,0}}{g_{0,0}} \cdot 2 \frac{(2\pi m k T)^{3/2}}{h^3} e^{-\chi_0/kT} . \qquad (17.11)$$

Für die Gesamtzahl der ionisierten bzw. neutralen Atome erhält man mit Gl. (17.6) die entsprechende Ionisationsformel

$$\frac{N_1}{N_0} N_e = \frac{u_1}{u_0} \cdot 2 \frac{(2\pi m k T)^{3/2}}{h^3} e^{-\chi_0/kT} . \qquad (17.12)$$

Ganz analog gilt für den Übergang von der r-ten zur $(r+1)$-ten Ionisationsstufe, wobei also das $(r+1)$-te Elektron mit der Ionisationsenergie χ_r abgetrennt wird, ganz unabhängig von anderen Ionisationsvorgängen:

$$\frac{N_{r+1}}{N_r} \cdot N_e = \frac{u_{r+1}}{u_r} \cdot 2 \frac{(2\pi m k T)^{3/2}}{h^3} e^{-\chi_r/kT} \qquad (17.13)$$

usw. Statt der Anzahl N_e der freien Elektronen pro cm^3 kann man ebensogut überall den *Elektronendruck* P_e, d.h. den Partialdruck der freien Elektronen

$$P_e = N_e k T \qquad (17.14)$$

einführen. Logarithmiert man die *Sahasche Gleichung*, setzt die Zahlenkonstanten ein, rechnet sogleich χ_r in eV und P_e in dyn/cm^2 ($\approx 10^{-6}$ atm), so erhält man

$$\log \frac{N_{r+1}}{N_r} \cdot P_e = -\chi_r \cdot \frac{5040}{T} + \frac{5}{2} \log T - 0.48 + \log \frac{u_{r+1} \cdot 2}{u_r} . \qquad (17.15)$$

Das wichtige Temperaturmaß $5040/T$ bezeichnet man nach *H. N. Russell* üblicherweise mit

$$\Theta = 5040/T . \qquad (17.16)$$

Der $\log(u_{r+1} \cdot 2/u_r)$ ist meist klein. *M. N. Saha* leitete seine Formel ursprünglich — ohne das letztere Glied — ab[13] mit Hilfe thermodynamischer Rechnungen unter Anwendung des Nernstschen Wärmetheorems und der „chemischen Konstante der Elektronen". Man betrachtet den Vorgang der Ionisation eines Atoms A bzw. der Rekombination des Ions A$^+$ mit einem freien Elektron e als eine *chemische Reaktion*, wobei im Zustande chemischen (thermodynamischen) Gleichgewichts die Reaktion sich nach beiden Seiten gleich häufig vollzieht:

$$A \rightleftarrows A^+ + e . \qquad (17.17)$$

Beschränken wir uns auf hinreichend niedrige Drucke, so wird die Zahl der Rekombinationsprozesse (pro cm^3 und sec) $\leftarrow$ proportional sein der Anzahl der Stöße zwischen Ionen und Elektronen, d.h. $\sim N_1 \cdot N_e$. Die Zahl der Ionisations-

---

[13] Zunächst befremdete offenbar der Gedanke, daß die freien Elektronen, trotz ihrer Coulomb-Wechselwirkung e^2/r (r = mittlerer Abstand benachbarter Elektronen) als *ideales Gas* betrachtet werden können. Tatsächlich ist aber $e^2/r \ll kT$, z.B. bei $T = 10000°$ bis zu Elektronendrucken $P_e \approx 70$ atm.

prozesse (durch Strahlung) → wird proportional der Dichte der neutralen Atome N_0 sein. Die — hier offengelassenen — Proportionalitätsfaktoren hängen nur von der Temperatur T ab. So versteht man die Form der Ionisationsgleichung (17.12) — und weiterhin ihrer Verallgemeinerungen — als Anwendung des Guldberg-Waageschen *Massenwirkungsgesetzes*

$$\frac{N_1 \cdot N_e}{N_0} = \text{Fkt.}(T)\,. \tag{17.18}$$

Bei größerem Druck spielen anstelle der Ionisation durch Strahlung die Ionisation durch Elektronenstöße und anstelle der Zweier-Rekombination von Ion + Elektron der Dreierstoß unter Beteiligung eines weiteren Elektrons (zur Erfüllung der Energie- und Impulsbilanz) die entscheidende Rolle. Beide Prozesse erhalten also in (17.17) einen zusätzlichen Faktor N_e und man bekommt wieder das Massenwirkungsgesetz (17.18).

In Abb. 17.5 haben wir durch Kombination der Formeln für *thermische Anregung und Ionisation* (17.6 mit 17.12 bzw. 13) für einen *Elektronendruck* $P_e = 100 \text{ dyn/cm}^2$ (was man ungefähr als Mittelwert für die Atmosphären der Hauptsequenzsterne betrachten kann) und *Temperaturen* von 3000° bis 50 000 °K den Bruchteil der Atome H, He, Mg, Ca in logarithmischem Maßstab aufgezeichnet für einige Ionisations- und Anregungszustände, deren Absorptionslinien in der *Harvard- und MK-Klassifikation* der Sternspektren eine Rolle spielen.

Die Maxima der Kurven, welche etwa maximaler Stärke der betreffenden Linie(n) entsprechen sollten, kommen dadurch zustande, daß innerhalb einer bestimmten Ionisationsstufe mit wachsendem T zunächst die *Anregung* zunimmt. Steigt T noch weiter, so wird diese Stufe „wegionisiert", so daß der Bruchteil der wirksamen Atome wieder abnimmt. Indem sie die Temperaturen der Maxima als bekannt annahmen (z. B. liegt das Maximum der Balmerlinien des Wasserstoffs beim Spektraltyp A0 V mit ∼ 9000 °K), konnten *R. H. Fowler* und *E. A. Milne* 1923 zuerst den mittleren Elektronendruck P_e in den Sternatmosphären abschätzen.

Die Sahasche Theorie konnte darüber hinaus qualitativ die Zunahme der Intensitätsverhältnisse von Funken- zu Bogenlinien beim Übergang von Hauptsequenzsternen zu Riesensternen durch Zunahme der Ionisation, d. h. von N_1/N_0, infolge niedrigeren *Druckes* erklären. Andererseits ließen sich die bekannten Unterschiede zwischen den Spektren der Sonnenflecke und der normalen Sonnenatmosphäre zwanglos auf die niedrigere *Temperatur* der Flecke zurückführen. Im Laboratorium spielt die Sahasche Theorie eine wichtige Rolle, angewandt im *Kingschen Ofen*, dem elektrischen *Lichtbogen*, den Plasmen höchster Temperaturen für *Kernfusions*projekte usw.

Die Ionisation von *Gemischen* mehrerer Elemente berechnet man am einfachsten, indem man die *Temperatur* T bzw. $\Theta = 5040/T$ und den *Elektronendruck* P_e bzw. $\log P_e$ als unabhängige Parameter betrachtet und dann die *Sahasche Gleichung* (17.12) auf jedes Element und dessen Ionisationsstufen anwendet. Den Gasdruck P_g berechnet man nachträglich leicht als kT mal der Summe *aller* Teilchen, einschließlich der *Elektronen* pro cm³. Analog kann man auch das *mittlere Molekulargewicht* μ anschreiben. Zum Beispiel hat völlig ionisierter Wasserstoff das Molekulargewicht $\mu = 0.5$, da bei der Ionisation der Masse 1 ein Proton und ein Elektron auftreten.

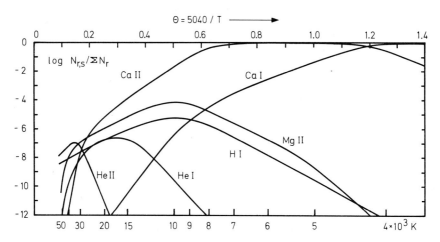

Abb. 17.5. Thermische Ionisation (17.13) und Anregung (17.6) als Funktion der Temperatur T bzw. $\Theta = 5040/T$ für einen Elektronendruck $P_e = 100 \text{ dyn/cm}^2$ ($\sim$ Mittelwert für Sternatmosphären). Die Temperaturskala überdeckt den ganzen Bereich von den O-Sternen (links) bis zu den M-Sternen (rechts). Die Sonne (G2) wäre etwa bei $T = 5800\,°K$ einzuordnen. Unsere Kurven veranschaulichen die von *M. N. Saha* 1920 gegebene Deutung der Harvard-Sequenz der Spektraltypen (Abschn. 15): Zum Beispiel ist Wasserstoff (HI) bis $T \approx 10000\,°K$ vorwiegend neutral; die Anregung des 2. Quantenzustandes, von dem aus die Balmerlinien im sichtbaren Spektralgebiet absorbiert wurden, nimmt mit T zu. Oberhalb $T = 10000\,°K$ wird der Wasserstoff rasch wegionisiert. So versteht man, daß die Wasserstofflinien ihr Intensitätsmaximum bei den A0-Sternen mit $T \approx 10000\,°K$ haben

Spektrum	Ionisationsspannung $\chi_0\,$eV	Angeregter Zustand und Anregungsspannung $\chi_{r,s}\,$eV	
H I	13.60	$n=2$;	10.15
He I	24.59	$2^3\mathrm{P}^0$;	20.87
He II	54.42	$n=3$;	48.16
Mg I	7.65	—;	—
Mg II	15.03	$3^2\mathrm{D}$;	8.83
Ca I	6.11	$4^1\mathrm{S}$;	0.00
Ca II	11.87	$4^2\mathrm{S}$;	0.00

Im Hinblick auf die *Theorie der Sternatmosphären* und des *Sterninneren* haben wir in Tab. 17.2 die Zusammensetzung der *Stellarmaterie*, aus welcher — wie wir sehen werden — die Sonne und die meisten Sterne bestehen, nach Atomprozenten mit angeschrieben. Tab. 17.3 gibt für dieses Gemisch (bei niedrigen Temperaturen ist auch die Bildung von Wasserstoffmolekülen berücksichtigt) den $\log P_g$. Für $\log P_e \approx 2$ (ungefährer Mittelwert für Sternatmosphären) ist bei Temperaturen $T > 10000°$ die Stellarmaterie nahezu vollständig ionisiert und daher $P_g/P_e \approx 2$ bzw. $\log P_g \approx \log P_e + 0.3$. Bei Sonnentemperatur $T \approx 5600°$ sind im wesentlichen die Metalle (Mg, Si, Fe) ionisiert; entsprechend deren Häufigkeitsanteil $\approx 12 \cdot 10^{-5}$

Tab. 17.2. Diese Elemente (Kernladungszahl Z, Atomgewicht μ und solare Häufigkeit bezogen auf Wasserstoff = 100) geben wesentliche Beiträge zum Elektronendruck $P_e = N_e \cdot kT$ in Sternatmosphären ($P_e \approx 100$ dyn/cm²). Angegeben ist weiterhin die Ionisierungsspannung und das statistische Gewicht des Grundzustandes für die ersten drei Ionisationsstufen. Die drei Gruppen — eingeteilt nach der Ionisierungsspannung des neutralen Atoms χ_0 — treten in verschiedenen Temperaturbereichen in Aktion

Z	Element	Atomgewicht μ	Häufigkeit ε (H=100)	Neutrales Atom χ_0	g_0	Einfach ionisiert χ_1	g_1	Zweifach ionisiert χ_2	g_2	Bei $P_e \approx 100$ dyn/cm² wichtig für
1	H Wasserstoff	1.008	100	13.60	2	—	—	—	—	$T > 5700°K$
2	He Helium	4.003	10	24.59	1	54.42	2	—	—	
12	Mg Magnesium	24.32	0.0040	7.65	1	15.03	2	80.14	1	$6000 > T > 4500°K$
14	Si Silizium	28.06	0.0045	8.15	9	16.34	6	33.49	1	
26	Fe Eisen	55.85	0.0040	7.87	25	16.18	30	30.65	25	
11	Na Natrium	23.00	0.00020	5.14	2	47.29	1	71.64	6	$T < 4700°K$
19	K Kalium	39.10	0.000011	4.34	2	31.63	1	45.72	6	
20	Ca Kalzium	40.08	0.00021	6.11	1	11.87	2	50.91	1	

Tab. 17.3. Gasdruck P_g als Funktion von Elektronendruck P_e (logarithmisch) und Temperatur T bzw. $\Theta = 5040/T$ für Stellarmaterie (Tab. 17.2). Rechts unterhalb der Trennlinie rühren mehr als 50% des Gasdrucks von Wasserstoffmolekülen her

$\Theta = \dfrac{5040}{T}$	T	$\log P_e =$						
		-1.0	0.0	1.0	2.0	3.0	4.0	5.0
0.10	50400	-0.70	$+0.30$	1.30	2.30	3.30	4.31	5.31
0.20	25200	-0.70	$+0.30$	1.30	2.30	3.30	4.31	5.31
0.30	16800	-0.70	$+0.30$	1.30	2.30	3.30	4.32	5.34
0.50	10080	-0.68	$+0.32$	1.33	2.36	3.61	5.35	7.32
0.70	7200	-0.64	$+0.67$	2.42	4.36	6.30	8.05	
0.90	5600	1.37	3.26	4.82	6.13	7.68	9.92	
1.10	4582	2.94	4.10	5.53	7.10	8.77		
1.30	3877	3.40	4.96	6.35	7.81			
1.50	3360	4.28	5.50	6.94	9.12			$\log P_g$

ist daher $\log P_g \approx \log P_e + 3.9$; bei noch niedrigeren Temperaturen werden die Elektronen nur noch von der am leichtesten ionisierbaren Gruppe Na, K, Ca geliefert.

18. Sternatmosphären. Kontinuierliche Spektren der Sterne

Im Hinblick auf die quantitative Deutung und Auswertung der kontinuierlichen Spektren und später der Fraunhoferlinien von Sonne und Sternen wenden wir uns der *Physik der Sternatmosphären* zu. Die Atmosphäre, d.h. *die* Schichten eines Sternes, welche uns direkt Strahlung zusenden, können wir durch folgende *Parameter* charakterisieren:

1. Die *effektive Temperatur* T_{eff}, die so definiert ist, daß — entsprechend dem Stefan-Boltzmannschen Strahlungsgesetz — der *Strahlungsenergiestrom* pro cm² an der Sternoberfläche

$$\pi F = \sigma T_{\text{eff}}^4 \qquad (18.1)$$

wird.

Für die *Sonne* erhielten wir in Gl. (12.17) aus der Solarkonstante direkt $T_{\text{eff}} = 5770\,°K$.

2. Die *Schwerebeschleunigung* $g\,[\text{cm} \cdot \text{sec}^{-2}]$ an der Sternoberfläche.

Für die *Sonne* fanden wir in (12.6) $g_\odot = 2.74 \cdot 10^4\,\text{cm} \cdot \text{sec}^{-2}$; die Schwerebeschleunigung der *Hauptsequenzsterne* ist nach (16.5) davon jedenfalls nicht sehr verschieden.

3. Die *chemische Zusammensetzung* der Atmosphäre, d.h. die *Häufigkeitsverteilung* der Elemente.

In Tab. 17.2 haben wir hierzu schon einige Angaben vorweggenommen.

Mögliche weitere Parameter, wie *Rotation* oder *Schwingung* der Sterne, stellare *Magnetfelder* etc. sollen vorerst außer Betracht bleiben.

Man überlegt sich leicht, daß man bei vorgegebenem T_{eff}, g und chemischer Zusammensetzung den *Aufbau*, d.h. die Temperatur- und Druckverteilung in einer statischen Sternatmosphäre vollständig berechnen kann. Dazu brauchen wir zwei Gleichungen: a) Die eine beschreibt den *Energietransport* — durch Strahlung, Konvektion, Wärmeleitung, mechanische oder magnetische Energie — und bestimmt so die *Temperaturverteilung*. b) Die *hydrostatische Gleichung* oder, allgemein gesprochen, die Grundgleichungen der Hydrodynamik oder Magnetohydrodynamik bestimmen die *Druckverteilung*. Die Ionisation, die Zustandsgleichung und alle Materialkonstanten der Sternmaterie können grundsätzlich mit Hilfe der Atomphysik berechnet werden, sofern man nur die chemische Zusammensetzung kennt. Die Theorie der Sternatmosphären ermöglicht es also, ausgehend von den Angaben 1, 2 und 3, eine sog. *Modellatmosphäre* zu berechnen und weiterhin herauszufinden, wie bestimmte *meßbare Größen*, z. B. die Intensitätsverteilung im Kontinuum oder die Farbenindizes bzw. die Intensität der Fraunhoferlinien bestimmter Elemente in diesem oder jenem Ionisations- und Anregungszustand mit den Parametern 1 bis 3 zusammenhängen.

Haben wir dieses Problem der theoretischen Physik gelöst, so können wir — und dies ist das Entscheidende! — den Spieß umkehren und in einem Verfahren sukzessiver Approximation herausfinden: „Welches T_{eff}, g und welche chemische Häufigkeitsverteilung der Elemente hat die Atmosphäre eines *bestimmten* Sternes, in dessen Spektrum wir zuvor die Energieverteilung im Kontinuum (Farbenindizes), die Intensitäten der verschiedensten Fraunhoferlinien etc. *gemessen* haben?" So gelangen wir zu einem Verfahren der *quantitativen Analyse* der Spektren von Sonne und Sternen.

Die *Temperaturverteilung* in einer Sternatmosphäre wird — wie gesagt — durch die Art des Energietransportes bestimmt. Wie K. *Schwarzschild* 1905 erkannt hat, wird Energie in den Sternatmosphären vorwiegend durch *Strahlung* transportiert; wir sprechen dann von *Strahlungsaustausch* (radiative transfer) bzw. *Strahlungsgleichgewicht*.

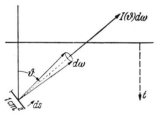

Abb. 18.1. Strahlungsgleichgewicht

Um das *Strahlungsfeld* zu beschreiben, denken wir uns (Abb. 18.1) in der Tiefe t (gemessen von einem beliebig festgelegten Nullniveau aus) ein Flächenelement von 1 cm², dessen Normale mit derjenigen der Sternoberfläche den Winkel ϑ bilde ($0 \leq \vartheta \leq \pi$). Innerhalb eines Raumwinkelelementes $d\omega$ strömt dann (vgl. Abschn. 11) durch dieses Flächenelement in Richtung seiner Normalen und in dem Frequenzintervall ν bis $\nu + d\nu$ pro sec die Strahlungsenergie $I_\nu(t,\vartheta) d\nu d\omega$. Längs einem Wegelement $ds = -dt/\cos\vartheta = -dt \sec\vartheta$ erfährt nun die Intensität der Strahlung I_ν nach Gl. (11.14) eine Abschwächung durch *Absorption* um $-I_\nu(t,\vartheta) \varkappa ds$ (wo $\varkappa = \varkappa(\nu)$ den kontinuierlichen Absorptionskoeffizienten pro cm bei der betrachteten Frequenz ν bedeutet). Auf der anderen Seite erfährt I_ν eine Zunahme durch *Emission*, die wir sogleich unter der Annahme von *lokalem thermodynamischem Gleichgewicht* (LTE) — d.h. Anwendung des Kirchhoffschen Satzes auf jedes einzelne Volumelement in der Atmosphäre — nach Gl. (11.19

und 20) anschreiben als $+\varkappa B_\nu(T)\,\mathrm{d}s$, wo $B_\nu(T)$ die *Kirchhoff-Planck-Funktion* (11.23) für die lokale Temperatur T in der Tiefe t bei der Frequenz ν bedeutet. Insgesamt gilt also

$$-\mathrm{d}I_\nu(t,\vartheta) = -I_\nu(t,\vartheta)\cdot\varkappa\,\mathrm{d}t\sec\vartheta + B_\nu(T(t))\varkappa\,\mathrm{d}t\sec\vartheta\,. \qquad (18.2)$$

Um die verschiedenen Schichten der Atmosphäre zu beschreiben, benutzen wir anstelle der geometrischen Tiefe t nach (11.18) besser die *optische Tiefe* für ν-Strahlung[14]

$$\tau = \int\limits_{-\infty}^{t} \varkappa\,\mathrm{d}t \quad \text{bzw.} \quad \mathrm{d}\tau = \varkappa\,\mathrm{d}t \qquad (18.3)$$

und erhalten so aus (18.2) die *Strömungs- oder Transportgleichung* für die ν-Strahlung:

$$\cos\vartheta\,\frac{\mathrm{d}I_\nu(t,\vartheta)}{\mathrm{d}\tau} = I_\nu(t,\vartheta) - B_\nu(T(t))\,. \qquad (18.4)$$

Herrscht *Strahlungsgleichgewicht*, d.h. erfolgt der gesamte Energietransport durch Strahlung, so kommt hierzu der Energiesatz, welcher besagt, daß der *Gesamtstrahlungsstrom* unabhängig von der Tiefe t sein soll, d.h. nach (11.8)

$$\pi F = \pi \int\limits_{\nu=0}^{\infty} F_\nu(t)\,\mathrm{d}\nu = \int\limits_{\vartheta=0}^{\pi} \int\limits_{\nu=0}^{\infty} I_\nu(t,\vartheta)\cos\vartheta\cdot 2\pi\sin\vartheta\,\mathrm{d}\vartheta\cdot\mathrm{d}\nu = \sigma\,T_{\mathrm{eff}}^4\,. \qquad (18.5)$$

Die Lösung des Gleichungssystems (18.4 und 5) mit den Grenzbedingungen. daß an der Sternoberfläche die einfallende Strahlung $I_\nu(0,\vartheta)$ für $0 \le \vartheta \le \pi/2$ verschwindet und daß in großer Tiefe das „eingeschlossene" Strahlungsfeld sich dem eines Hohlraumes annähert, wird verhältnismäßig einfach, wenn wir voraussetzen, daß $\varkappa$ von der Frequenz ν *unabhängig* ist, bzw. wenn wir in der Strömungsgleichung (18.4) statt $\varkappa(\nu)$ sogleich einen harmonischen Mittelwert (mit geeigneten Gewichtsfaktoren) über alle Frequenzen ν, den sog. *Rosselandschen Opazitätskoeffizienten* $\overline{\varkappa}$ und die entsprechende optische Tiefe

$$\overline{\tau} = \int\limits_{-\infty}^{t} \overline{\varkappa}\,\mathrm{d}t$$

einführen. Für eine solche „*graue Atmosphäre*" erhält man nach *E. A. Milne* u.a. als Lösung von (18.4 und 5) in guter Näherung die Temperaturverteilung

$$T^4(\overline{\tau}) = \tfrac{3}{4}\,T_{\mathrm{eff}}^4(\overline{\tau} + 2/3)\,. \qquad (18.6)$$

Die *effektive Temperatur* T_{eff} ist danach realisiert in einer optischen Tiefe $\overline{\tau} = \tfrac{2}{3}$. An der *Sternoberfläche* $\overline{\tau} = 0$ nähert sich T einer endlichen *Grenztemperatur*, für welche (18.6) den Zahlenwert $T_0 = T_{\mathrm{eff}}/\sqrt[4]{2} = 0.84\,T_{\mathrm{eff}}$ ergibt.

Für die wirkliche Analyse der Sternspektren ist die „graue Näherung" (18.6) zu ungenau. Wir müssen deshalb und vor allem im Hinblick auf die Theorie der kontinuierlichen und der Linienspektren der Sterne zunächst den *kontinuierlichen*

---

[14] Auf den Index ν bei $\varkappa$ und τ verzichten wir, wenn es sich um das Kontinuum handelt.

Absorptionskoeffizienten $\varkappa$ berechnen. Zu $\varkappa$ tragen mehrere atomare Prozesse bei. Aus Abschn. 17 und Abb. 17.1 kennen wir schon

1. Die *gebunden-freien* Übergänge des Wasserstoffs. An die Grenzen der Lymanserie bei 912 Å, der Balmerserie bei 3647 Å, der Paschenserie bei 8206 Å usw. schließt sich nach der kurzwelligen Seite jeweils ein *Seriengrenzkontinuum* an, dessen $\varkappa$ etwa $\sim 1/\nu^3$ abnimmt. Bei langen Wellen häufen sich die Grenzkontinua und gehen stetig über in das Kontinuum der *frei-frei-Übergänge* (Bremsspektrum) des Wasserstoffs.

2. Wie *R. Wildt* 1938 bemerkte, spielen in den Sternatmosphären eine wichtige Rolle die gebunden-frei- und die frei-frei-Übergänge des *negativen Wasserstoffions* H⁻, das aus einem neutralen H-Atom durch Anlagerung eines zweiten Elektrons mit einer Bindungs- bzw. Ionisationsenergie von 0.75 eV entstehen kann. Entsprechend dieser kleinen Ionisationsenergie liegt die langwellige Grenze des gebunden-frei-Kontinuums im Infrarot bei 16550 Å. Die frei-frei-Absorption nimmt (wie beim H-Atom) auch darüber hinaus nach langen Wellen zu.

Die *atomaren Koeffizienten* für die Absorption jeweils von einem bestimmten Energieniveau aus sind für das H-Atom und für das H⁻-Ion quantenmechanisch mit großer Genauigkeit berechnet worden. Will man damit den Absorptionskoeffizienten $\varkappa$ von Stellarmaterie bestimmter Zusammensetzung als Funktion von Frequenz ν, Temperatur T und Elektronendruck P_e bzw. Gasdruck P_g erhalten, so muß man zuvor nach den Formeln von *Saha* und *Boltzmann* die Ionisation der verschiedenen Elemente und die Anregung ihrer Energieniveaus berechnen. (Nebenbei erhält man die Beziehung zwischen Gasdruck P_g, Elektronendruck P_e und Temperatur T, wie wir sie für ein wichtiges Beispiel schon in Tab. 17.3 zusammengestellt haben.)

So findet man zunächst, daß in den *heißen Sternen* (etwa $T > 7000°$) die kontinuierliche Absorption der H-Atome, in den *kühleren Sternen* die der H⁻-Ionen überwiegt. Außer diesen beiden wichtigsten Prozessen müssen bei genaueren Rechnungen berücksichtigt werden:

Frei-gebunden- und frei-frei-Absorption des HeI und HeII (in heißen Sternen) sowie der Metalle — vgl. Tab. 17.2 — (in kühleren Sternen); ferner die Streuung des Lichtes an freien Elektronen (Thomson-Streuung; in heißen Sternen) sowie an neutralen Wasserstoffatomen (Rayleigh-Streuung; in kühleren Sternen). Über die Kontinua der Moleküle in kühlen Sternen wissen wir noch sehr wenig. Aus den umfangreichen Rechnungen von *G. Bode* geben wir in Abb. 18.2 und 3 den *Absorptionskoeffizienten* $\varkappa$ als Funktion der Wellenlänge λ für die mittleren Zustandsgrößen (s.u.) etwa in den Atmosphären der *Sonne* und des B0 V-Sternes τ *Scorpii* wieder.

Mit Hilfe des in unseren Abbildungen ebenfalls eingezeichneten Rosselandschen Opazitätskoeffizienten $\bar{\varkappa}$ und der „grauen Näherung" Gl. (18.6) berechnen wir zunächst für eine vorgegebene effektive Temperatur T_{eff} — die Elektronendrucke P_e, auf die es dabei meist nicht sehr genau ankommt, müssen vorerst geschätzt werden — *die Temperatur* T (im Sinne lokalen thermodynamischen Gleichgewichts) als Funktion der *optischen Tiefe* $\bar{\tau}$ für die Opazität $\bar{\varkappa}$. Häufig ist es zweckmäßiger, anstelle von $\bar{\tau}$ eine optische Tiefe τ_0 zu benützen, die auf den Absorptionskoeffizienten $\varkappa_0$ bei einer geeignet gewählten Wellenlänge λ_0 (meist $\lambda_0 = 5000$ Å) bezogen ist. Die Verknüpfung zwischen $\bar{\tau}$ und τ_0 (entsprechend auch zwischen den optischen Tiefen für zwei verschiedene Wellenlängen) erhält man leicht aus

$$\left. \begin{matrix} d\bar{\tau}=\bar{\varkappa}\,dt \\ d\tau_0=\varkappa_0\,dt \end{matrix} \right\} \frac{d\bar{\tau}}{d\tau_0} = \frac{\bar{\varkappa}}{\varkappa_0} \quad \text{für eine bestimmte Tiefe}. \tag{18.7}$$

Bei höheren Ansprüchen an die Genauigkeit der Modellatmosphäre ist die Frequenzabhängigkeit des kontinuierlichen Absorptionskoeffizienten und evtl. auch die sehr stark frequenzabhängige Linienabsorption zu berücksichtigen. Im Strahlungsgleichgewicht muß auch dann der Gesamtstrahlungsstrom πF in allen Tiefen t gleich groß sein. Die Theorie des Strahlungsgleichgewichtes solcher „*nichtgrauer*" Atmosphären bietet erhebliche mathematische Schwierigkeiten, die man bis jetzt nur durch sukzessive Approximationsverfahren bewältigen kann.

Kennt man die Temperaturverteilung $T(\bar{\tau})$ bzw. $T(\tau_0)$ in einer Sternatmosphäre, so macht die Berechnung der *Druckverteilung* keine Schwierigkeit mehr. Die Zunahme des Gasdruckes P_g mit der Tiefe t in einer statischen Atmosphäre bestimmt die *hydrostatische Gleichung*

$$dP_g/dt = g\,\rho, \tag{18.8}$$

wobei die Dichte ρ mit P_g und T durch die Zustandsgleichung der idealen Gase verknüpft ist. g bedeutet wieder die Schwerebeschleunigung. Dividiert man beiderseits durch $\varkappa_0$, so erhält man wegen $\varkappa_0\,dt=d\tau_0$ die Beziehung

$$\frac{dP_g}{d\tau_0} = \frac{g\,\rho}{\varkappa_0}. \tag{18.9}$$

Da die rechte Seite dieser Gleichung als Funktion von P_g und T, andererseits aber auch T als Funktion von τ_0 aus der Theorie des Strahlungsgleichgewichtes bekannt ist, kann man Gl. (18.9) ohne weiteres numerisch integrieren.

In heißen Sternen muß neben dem Gasdruck der Strahlungsdruck berücksichtigt werden. Gibt es in den Atmosphären Strömungen, deren Geschwindigkeit v nicht mehr klein ist gegen die lokale Schallgeschwindigkeit (in atomarem Wasserstoff bei $10\,000\,°$K z.B. 12 km/sec), so spielt auch der dynamische Druck $\rho\,v^2/2$ eine Rolle. In Sonnenflecken und den Ap-Sternen mit ihren Magnetfeldern von mehreren tausend Gauß müssen auch die magnetischen Kräfte berücksichtigt werden.

Ein wichtiges Hilfsmittel zur Berechnung von Sternatmosphärenmodellen sind ausführliche Tabellen, welche für verschiedene Elementmischungen (z.B. Tab. 17.2) den *Gasdruck* P_g (z.B. Tab. 17.3), das *mittlere Molekulargewicht* μ (für neutrale bzw. vollständig ionisierte Stellarmaterie nach Tab. 17.2 ist $\mu=1.50$ bzw. 0.70), die kontinuierlichen *Absorptionskoeffizienten* $\varkappa$ für zahlreiche Wellenlängen λ und ihren Rosselandschen Mittelwert $\bar{\varkappa}$ als Funktionen von Temperatur T und Elektronendruck P_e darstellen.

Das im vorhergehenden skizzierte Rechenverfahren kann in sukzessiven Approximationen verfeinert werden. In neuerer Zeit sind die großen elektronischen Rechenautomaten ein unentbehrliches Hilfsmittel der Theorie der Sternatmosphären geworden.

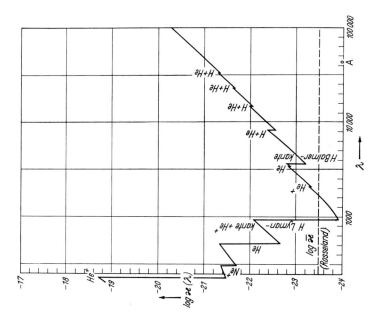

Abb. 18.3. Kontinuierlicher Absorptionskoeffizient $\varkappa(\lambda)$ in der Atmosphäre des τ Scorpii (B0V) bei $\bar\tau \approx 0.1$, d. h. $T = 28\,300\,^\circ\mathrm{K}$ bzw. $\Theta = 0.18$ und $P_e = 3.2 \cdot 10^3\,\mathrm{dyn \cdot cm^{-2}}$ bzw. $P_g = 6.4 \cdot 10^3$ $\mathrm{dyn \cdot cm^{-2}}$

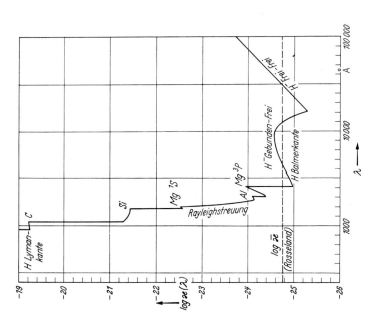

Abb. 18.2. Kontinuierlicher Absorptionskoeffizient $\varkappa(\lambda)$ in der Atmosphäre der Sonne (G2V) bei $\tau_0 = 0.1$ (τ_0 entspricht λ 5000 Å), d. h. $T = 5040\,^\circ\mathrm{K}$ bzw. $\Theta = 1$ und $P_e = 3.2\,\mathrm{dyn \cdot cm^{-2}}$ bzw. $P_g = 5.8 \cdot 10^4\,\mathrm{dyn \cdot cm^{-2}}$

Tab. 18.1 u. 2. Modelle von Sternatmosphären.

Die optische Tiefe τ_0 bezieht sich auf $\varkappa$ (5000 bzw. 4000 Å), $\bar\tau$ auf den Rosselandschen Mittelwert $\bar\varkappa$. Temperatur T in °K; der Gasdruck P_g und der Elektronendruck P_e sind (logarithmisch) in dyn·cm^{-2} angegeben

1. Sonne (G2 V). Effektive Temperatur $T_{\mathrm{eff}}=5780$ °K, Schwerebeschleunigung $\log g = 4.44$	2. τ Scorpii (B0 V). Effektive Temperatur $T_{\mathrm{eff}}=32000$ °K, Schwerebeschleunigung $\log g = 4.1$

$\bar\tau$	τ_{5000}	T	$\log P_g$	$\log P_e$	τ_{4000}	T	$\log P_e$	$\log P_g$
10^{-6}	$2.6\cdot10^{-6}$	4030	1.84	-2.10	0.001	21920	1.57	1.87
10^{-4}	$1.4\cdot10^{-4}$	4400	3.00	-0.97	0.01	22730	2.16	2.47
0.01	0.012	4800	4.08	$+0.09$	0.1	25710	2.83	3.13
0.10	0.11	5260	4.62	$+0.71$	0.2	27220	3.02	3.32
0.25	0.28	5600	4.83	$+1.02$	0.4	29120	3.21	3.51
0.40	0.44	5890	4.92	$+1.27$	1.0	32530	3.47	3.77
1.0	1.10	6610	5.06	$+1.91$	2.0	35800	3.67	3.97
2.0	2.15	7200	5.13	$+2.39$	4.0	39840	3.87	4.16
4.0	4.16	7960	5.18	$+2.91$	10.0	45200	4.14	4.42
10.0	9.84	8540	5.23	$+3.26$	30.0	52900	4.44	4.72

In den Tab. 18.1 und 2 bringen wir die nach dem heutigen Stand der Kunst berechneten *Modelle* für die Atmosphären der *Sonne* und des B0 V-Sternes τ *Scorpii*. Wir haben dabei die schrittweise Anpassung der Theorie an die Beobachtungen vorweggenommen. Ihr müssen wir uns später zuwenden und befassen uns zunächst mit der Berechnung des *kontinuierlichen Spektrums*.

Die Strahlung, welche an der Oberfläche eines Sternes ausgesandt wird, entstammt verschieden tiefen Schichten seiner Atmosphäre, wobei die Strahlung aus tieferen Schichten bis zu ihrem Austritt an der Sternoberfläche durch Absorption naturgemäß stärker geschwächt wird als die weiter oben entspringende.

Die *Ergiebigkeit* — definiert als Emissionskoeffizient ε_ν/Absorptionskoeffizient $\varkappa_\nu$ — in der optischen Tiefe τ ist nach Gl. (18.2 oder 4) im lokalen thermodynamischen Gleichgewicht einfach gleich der *Kirchhoff-Planck-Funktion* für die lokale Temperatur $B_\nu(T(\tau))$. ν-Strahlung, die aus dieser Tiefe unter dem Winkel ϑ zur Normale der Atmosphäre verläuft, wird nach (11.19) bis zu ihrem Austritt an der Sternoberfläche um einen Absorptionsfaktor $\exp\{-\tau\sec\vartheta\}$ geschwächt. Wir erhalten daher bei $\tau=0$ die *Strahlungsintensität*

$$I_\nu(0,\vartheta)=\int_0^\infty B_\nu(T(\tau))\,e^{-\tau\sec\vartheta}\,d\tau\sec\vartheta\,. \qquad (18.10)$$

Da wir einerseits die *Temperatur* T als Funktion z.B. der optischen Tiefe τ nach der Theorie des *Strahlungsgleichgewichtes* (z.B. Gl. 18.6) berechnen können und andererseits die Verknüpfung zwischen den verschiedenen optischen Tiefen $\bar\tau, \tau, \tau_0 \ldots$ mit Hilfe der Theorie des *kontinuierlichen Absorptionskoeffizienten* $\varkappa$

analog Gl. (18.7) hergestellt werden kann, ist in unserer Gl. (18.10) die ganze Theorie der *kontinuierlichen Sternspektren* einschließlich — für die Sonne — der *Mitte-Rand-Variation* des Kontinuums ($\vartheta = 0$ entspricht ⊙-Mitte, $\vartheta = 90°$ dem ⊙-Rand) enthalten.

In der Tat geben — wie hier nicht im einzelnen ausgeführt werden soll — die mit dem Modell der *Sonnenatmosphäre* nach Tab. 18.1 durchgeführten Rechnungen das kontinuierliche Spektrum $I_v(0,0)$ z. B. für ⊙-Mitte nach Abb. 12.4 und die Mitte-Rand-Variation nach Abb. 12.3 ausgezeichnet wieder. Wir können die Berechnung von $I_v(0, \vartheta)$ einfacher (und für viele Zwecke noch genügend genau) durchführen, indem wir die *Ergiebigkeit* $B_v(\tau)$ in einer — noch festzulegenden — optischen Tiefe τ^* in eine Reihe entwickeln:

$$B_v(\tau) = B_v(\tau^*) + (\tau - \tau^*)\left(\frac{dB_v}{d\tau}\right)_{\tau^*} + \dots. \qquad (18.11)$$

Führt man mit diesem Ansatz die Integration (18.10) aus, so erhält man leicht

$$I_v(0, \vartheta) = B_v(T(\tau^*)) + \{\cos\vartheta - \tau^*\}\left(\frac{dB_v}{d\tau}\right)_{\tau^*} + \dots. \qquad (18.12)$$

Wählen wir nun $\tau^* = \cos\vartheta$, so verschwindet das zweite Glied rechts, und es ergibt sich die sog. Eddington-Barbiersche Näherung

$$I_v(0, \vartheta) \approx B_v(T(\tau = \cos\vartheta)). \qquad (18.13)$$

Das heißt, die an der Oberfläche z. B. der Sonne ausgestrahlte Intensität entspricht — im Sinne des Planckschen Strahlungsgesetzes — der Temperatur in einer optischen Tiefe $\tau = \cos\vartheta$, gemessen senkrecht zur Sonnenoberfläche, bzw. $\tau \sec\vartheta = 1$, gemessen längs des Sehstrahles. Dies ist auch anschaulich ohne weiteres einleuchtend; cum grano salis können wir sagen, daß die Strahlung in einer optischen Tiefe, gemessen längs des Sehstrahles, gleich 1 entspringe.

Bei den Sternen können wir nur die mittlere Strahlungsintensität des Scheibchens, d. h. (bis auf einen Faktor π) den Strahlungsstrom an der Sternoberfläche erfassen. Nach Gl. (11.7) ist zunächst

$$F_v(0) = 2 \int\limits_0^{\pi/2} I_v(0, \vartheta)\cos\vartheta\sin\vartheta\, d\vartheta. \qquad (18.14)$$

Mit dem Ansatz (18.12) erhalten wir daraus leicht die Näherung

$$F_v(0) \approx B_v(T(\tau = 2/3)). \qquad (18.15)$$

Das heißt, die Strahlung eines Sternes bei einer Frequenz v entspricht der lokalen Temperatur T in einer optischen Tiefe (für diese Frequenz!) $\tau = \frac{2}{3}$, entsprechend einem $\cos\vartheta = \frac{2}{3}$ bzw. einem mittleren Austrittswinkel von $54°\,44'$.

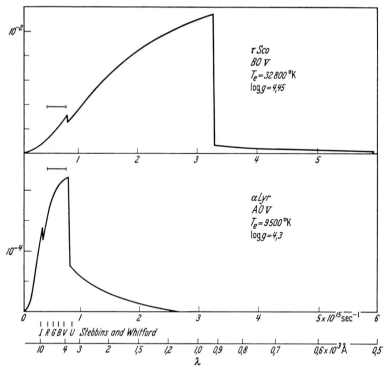

Abb. 18.4. Berechnete spektrale Energieverteilung im Kontinuum $F_\nu(0)$ zweier Sterne frühen Spektraltyps

　　　Zur weiteren Illustration zeigen wir in Abb. (18.4) die mit dem Modell von Tab. 18.2 berechnete *Energieverteilung im Kontinuum* $F_\nu(0)$ des B0 V-Sternes τ Scorpii und darunter ganz entsprechende Rechnungen für den A0 V-Stern α Lyrae $=$ Vega. Hier ist jede Ähnlichkeit mit dem Spektrum eines schwarzen Strahlers verschwunden! Vielmehr stellt die F_ν-Kurve gewissermaßen ein Spiegelbild der Wellenlängenabhängigkeit des kontinuierlichen Absorptionskoeffizienten $\varkappa$ (für τ Sco Abb. 18.3) dar. Da $d\tau/d\bar{\tau} = \varkappa/\bar{\varkappa}$ ist, kommt bei *großem* $\varkappa$ die Strahlung aus oberflächennahen Schichten mit *kleinem* $\bar{\tau}$; diese sind relativ *kühl*, und die Strahlungskurve F_ν sinkt ab. So versteht man, daß an jeder Absorptionskante des Wasserstoffs (λ 912 Å Lymankante, λ 3647 Å Balmerkante ...) F_ν nach kürzeren Wellenlängen sprunghaft abnimmt. Der heißere der beiden Sterne τ Sco emittiert seinen Strahlungsstrom in der Hauptsache zwischen Balmer- und Lymankante, der kühlere α Lyr dagegen zwischen Paschen- und Balmerkante. Wir haben besonders den kleinen Bereich des sichtbaren Spektrums markiert; unten sind noch die Schwerpunkte der Sechsfarbenphotometrie nach *Stebbins* und *Whitford* angezeichnet. Um einen sinnvollen Beitrag zur Anpassung der Theorie an die Beobachtung zu leisten, müssen die *Relativ*messungen (Farbenindizes) in den so nahe beisammen liegenden Wellenlängen-Schwerpunkten offensichtlich eine hohe Genauigkeit haben.

Beim Vergleich von Theorie und Beobachtung müssen wir endlich noch berücksichtigen, daß erstere sich zunächst auf das *wahre Kontinuum* F_ν bzw. F_λ bezieht, während die Sternphotometrie und auch Spektren kleiner Dispersion das Kontinuum mit „verschmierten" Linien $F_\lambda^L = (1 - \eta_\lambda) F_\lambda$ messen, wo η_λ den von den Fraunhoferlinien verschluckten Bruchteil des wahren Kontinuums bezeichnet. In Abb. 18.5 haben wir die mit Coudéspektren großer Dispersion

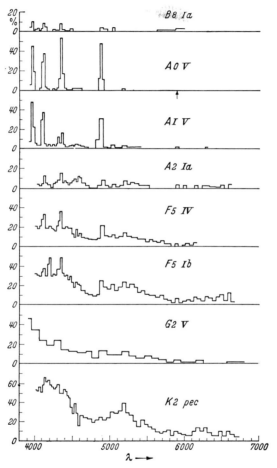

Abb. 18.5. Prozentsatz η_λ der in den Fraunhoferlinien von Sternen verschiedener Spektraltypen absorbierten Energie

gemessenen η_λ für eine Anzahl von Sternen zusammengestellt. Bei den heißen Sternen dominieren die breiten Balmerlinien des Wasserstoffs. Bei kühleren Sternen, etwa ab F 5, versperren, insbesondere im blauen und ultravioletten Spektralgebiet, die zahlreichen Metallinien einen erheblichen Teil des Spektrums. Bei den K- und M-Sternen endlich kommt noch die Absorption der Molekülbanden hinzu.

Die Integration von $(1 - \eta_\lambda) F_\lambda$ über das ganze Spektrum liefert den Gesamtstrahlungsstrom und damit die *bolometrische Korrektion* B. C. (vgl. 13.14 und 15) des betreffenden Sternes. Wir können hier auf die Durchführung dieser schwierigen Rechnungen nicht eingehen. Es bedarf aber wohl kaum eines Hinweises, daß an die Theorie hohe Anforderungen gestellt werden müssen, wenn es sich darum handelt, z. B. bei den heißen Sternen aus Messungen in dem winzigen am Erdboden zugänglichen Spektralbereich ⊢—⊣ in Abb. 18.4 die Flächen der angezeichneten Kurven zu erschließen. Direkt beobachten kann man den weitaus überwiegenden Teil des Gesamtstrahlungsstromes heißer Sterne im fernen UV nur mit Hilfe von Raketen und Weltraumfahrzeugen.

19. Theorie der Fraunhoferlinien. Chemische Zusammensetzung der Sternatmosphären

Im Anschluß an die Theorie der kontinuierlichen Sternspektren wenden wir uns der quantitativen Auswertung der *Fraunhoferlinien* zu.

Hinsichtlich der Beobachtungen des *Sonnen*spektrums erwähnten wir schon in Abschn. 12 die klassischen Arbeiten von *Rowland*; mit modernen Beugungsgittern erreicht man Auflösungsvermögen bis $\lambda/\Delta\lambda \approx 10^6$. Die Spektren wenigstens hellerer *Sterne* kann man mit den Coudéspektrographen der großen Spiegelteleskope etwa von 3200 Å bis 6800 Å mit Dispersionen von wenigen Å/mm aufnehmen.

Für die *Identifikation* und *Klassifikation* der Linien (hierzu auch Abschn. 17) sind, neben dem Rückgriff auf die Rowland Tables und Monographien für einzelne Sterne (Tab. 19.1), unentbehrlich die Tabellenwerke von *Charlotte E. Moore*:

1. *A Multiplet Table of Astrophysical Interest* — Revised Ed. — (Nat. Bur. of Standards Washington, Techn. Note N⁰ 36, 1959).

2. *An Ultraviolet Multiplet Table* (Ebd. Circular 488, Sect. 1—5, 1950—1961).

3. *Atomic Energy Levels.* — Mehrere Bände (Ebd. Circular 467, 1949—...).

4. *Selected Tables of Atomic Spectra* (Ebd. Nat. Standard Reference Data Series); bringen fortlaufend Neubearbeitungen einzelner Elemente,

weiterhin *Paul W. Merrill: Lines of the Chemical Elements in Astronomical Spectra* (Carnegie Inst. Washington; Publ. 610, 1956); mit vielen Termschemata. Letztere wurden neu herausgegeben von *Ch. E. Moore* (Nat. Bur. of Standards Washington 23, 1968).

Das *Mikrophotometer* liefert heute — durch automatische Berücksichtigung der mit Hilfe von Intensitätsmarken gezeichneten Schwärzungskurve — direkt die Intensitätsverteilung im Spektrum (Abb. 19.1). Neben der photographischen Photometrie gewinnt die direkte Registrierung von Spektren mittels Photozelle oder Photomultiplier immer größere Bedeutung. In praxi sehr schwierig ist der nächste Punkt: die Festlegung des *wahren Kontinuums* — man normiert seine Intensität auf 1 oder 100% —, von dem aus die Einsenkung in den Linien $R_\nu = 1 - I_\nu$ gemessen wird. Beseitigt man sodann noch graphisch eventuelle schwache Störlinien — sog. „blends" —, so hat man die Intensitätsverteilung in der Linie I_ν bzw. R_ν als Funktion von λ oder ν, das *Linienprofil.* Da der Spektrograph selbst schon eine unendlich scharfe Linie als sog. *Apparateprofil* endlicher Breite wiedergeben würde, muß man beachten, daß Breite und Struktur der

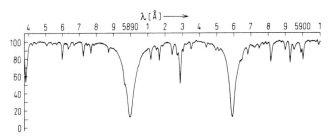

Abb. 19.1. Mikrophotometerkurve; die NaD-Linien im Sonnenspektrum

Profile schwacher Fraunhoferlinien stets noch einen instrumentellen Anteil enthalten, den man z.B. durch Messung der Profile scharfer Linien in einer Laboratoriumsquelle (für Sternspektren genügt der Fe-Bogen) ermitteln kann. Von der instrumentellen Verzerrung des Linienprofils offensichtlich unabhängig ist die in der Linie absorbierte Energie. Es ist daher — wie *M. Minnaert* bemerkt hat — von Vorteil, die *Äquivalentbreite* W_λ zu messen; diese gibt die Breite (in Ångström oder Milliångström) eines rechteckigen Streifens im Spektrum an, dessen Fläche der des Linienprofils gleich ist (Abb. 19.2). Die Äquivalentbreiten im Spektrum

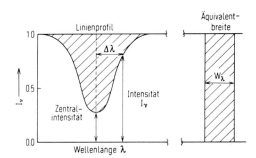

Abb. 19.2. Profil und Äquivalentbreite einer Fraunhoferlinie

der ⊙-Mitte sind in der Neubearbeitung der Rowland-Tables von *Ch. E. Moore* und *M. Minnaert* enthalten; für Sternspektren ist einige Literatur in Tab. 19.1 angegeben.

Aus spektralphotometrischen Messungen der Linien und des Kontinuums müssen wir nun die schon mehrfach erwähnten Parameter ermitteln, welche die Sternatmosphäre charakterisieren, nämlich *effektive Temperatur* T_{eff}, *Schwerebeschleunigung g* und *Häufigkeitsverteilung der Elemente.*

Die Kompliziertheit der Aufgabe legt ein Verfahren sukzessiver Approximationen nahe. Wir fragen zunächst: Welche Äquivalentbreiten W_λ verschiedener Linien würde nach der Theorie eine Atmosphäre mit *vorgegebenem* T_{eff}, g und bestimmter chemischer Zusammensetzung geben? Die entsprechende Frage bezüglich des kontinuierlichen Spektrums haben wir schon in Abschn. 18 untersucht. Wir benutzen auch hier wieder *Modellatmosphären*. Dann diskutieren wir, wie die meßbaren Größen, d.h. — neben den schon betrachteten Farbenindizes etc. — vor allem die W_λ bestimmter Elemente und Ionisations- bzw. Anregungsstufen mit den anfangs gewählten Parametern zusammenhängen. Schließlich verbessern wir diese Parameter so lange, bis eine möglichst gute Übereinstimmung zwischen dem berechneten Spektrum der Modellatmosphäre und dem gemessenen Spektrum des zu untersuchenden Sternes erreicht ist.

Die *Theorie der Fraunhoferlinien* besteht nun — wie wir schon in Abschn. 10 andeuteten — aus zwei ganz verschiedenen Teilen, nämlich

1. Die Theorie des *Strahlungstransportes* in den Linien, welche deren *Profile* und *Äquivalentbreiten* für eine vorgegebene Modellatmosphäre auf den Linienabsorptionskoeffizienten $\varkappa_\nu$ zurückführt.

2. Die atomistische Theorie des *Linienabsorptionskoeffizienten* $\varkappa_\nu$ selbst.

Wir wenden uns sogleich der ersten Aufgabe zu:

Neben dem *kontinuierlichen Absorptionskoeffizienten* $\varkappa$, der sich mit der Wellenlänge nur langsam ändert und im Bereich einer Linie als konstant betrachtet werden darf, berücksichtigen wir nun den *Linienabsorptionskoeffizienten* $\varkappa_\nu$, der als Funktion des Abstandes $\Delta\lambda$ bzw. $\Delta\nu$ von der Linienmitte (Abb. 19.3) von einem hohen Maximum nach außen hin mehr oder weniger rasch auf Null absinkt. So unterscheiden wir also die folgenden *Absorptionskoeffizienten*, die — jeweils in verschiedener Weise — von den Zustandsgrößen T und P_e abhängen, mit den zugehörigen *optischen Tiefen*:

$$\begin{aligned}\varkappa_\nu &= \text{Linienabsorptionskoeffizient}; \quad \tau_\nu = \textstyle\int \varkappa_\nu\,dt \\[-2pt]\varkappa &= \text{kontin. Absorptionskoeffizient}; \quad \tau = \textstyle\int \varkappa\,dt\end{aligned}\left.\vphantom{\begin{aligned}&\\&\end{aligned}}\right\} x_\nu = \int(\varkappa_\nu+\varkappa)\,dt, \quad (19.1)$$

$$\overline{\varkappa} = \text{Rosselandscher Opazitätskoeffizient}; \quad \overline{\tau} = \textstyle\int \overline{\varkappa}\,dt\,.$$

Die Integrale sind durchweg von $-\infty$ bis t zu nehmen.

Machen wir hinsichtlich des Strahlungsaustausches wieder die Annahme *lokalen thermodynamischen Gleichgewichtes* (LTE) (was insbesondere für Atome oder Ionen mit einigermaßen kompliziertem Termschema kaum bedenklich sein dürfte)[15], so können wir zur Berechnung der Linienprofile die ganzen Ansätze und Rechnungen von Abschn. 18 übernehmen, wenn wir nur das dortige $\varkappa$ durch $\varkappa+\varkappa_\nu$ bzw. die optische Tiefe τ durch x_ν ersetzen.

Es ist also die *Intensität* der unter dem Winkel ϑ an der Oberfläche der Atmosphäre austretenden Strahlung ($\vartheta = 0$ bzw. $\pi/2$ entsprechen wieder z.B. ☉-Mitte bzw. ☉-Rand) für

---

[15] Auf die Besonderheiten der Licht*streuung* im Kontinuum (Thomson- oder Rayleighstreuung) und in Linien (Resonanzfluoreszenz bei kleinen Drucken) können wir hier nicht eingehen. Im Ergebnis bleiben die Unterschiede gegenüber LTE meist in mäßigen Grenzen.

Linie
(Frequenz v)

$$I_v(0,\vartheta) = \int_0^\infty B_v(T(x_v)) e^{-x_v \sec\vartheta} dx_v \sec\vartheta$$

und

benachbartes *Kontinuum*
(Index 0)

$$I_0(0,\vartheta) = \int_0^\infty B_0(T(\tau)) e^{-\tau \sec\vartheta} d\tau \sec\vartheta ,$$

$$\left.\right\} \quad (19.2)$$

wobei die Beziehung zwischen den beiden optischen Tiefen hergestellt wird durch

$$\frac{dx_v}{d\tau} = \frac{\varkappa_v + \varkappa}{\varkappa} \quad \text{bzw.} \quad x_v = \int \frac{\varkappa_v + \varkappa}{\varkappa} d\tau . \qquad (19.3)$$

Die *Einsenkung* in der Linie ist dann

$$r_v(0,\vartheta) = \frac{I_0(0,\vartheta) - I_v(0,\vartheta)}{I_0(0,\vartheta)} \qquad (19.4)$$

und ihre nach Abb. 19.2 definierte *Äquivalentbreite*

$$W_\lambda = \int r_\lambda(0,\vartheta) d\lambda . \qquad (19.5)$$

Man kann auch wieder von der Näherung (18.13) Gebrauch machen und erhält damit

$$r_v(0,\vartheta) \approx \frac{B_v(T(\tau = \cos\vartheta)) - B_v(T(x_v = \cos\vartheta))}{B_v(T(\tau = \cos\vartheta))} . \qquad (19.6)$$

Bei der Berechnung der Kirchhoff-Planck-Funktion $B_v(T)$ spielen natürlich die kleinen Frequenzunterschiede im Bereich einer Linie keine Rolle; wesentlich ist, daß die Strahlung in der *Linie* aus einer höheren Schicht $x_v = \cos\vartheta$ mit entsprechend niedrigerer Temperatur kommt als das benachbarte Kontinuum, das aus $\tau = \cos\vartheta$ stammt. Wird der Absorptionskoeffizient in der *Linienmitte* sehr viel größer als im Kontinuum ($\varkappa_v \gg \varkappa$), so entspricht die *Zentralintensität* der Linie einfach der Kirchhoff-Planck-Funktion für die *Grenztemperatur* $T_{\tau=0}$ der Atmosphäre. Die Linie erreicht dann die für alle hinreichend starken Linien eines Spektralbereiches gleiche größtmögliche Einsenkung $r_c(0,\vartheta)$.

Zur Anwendung auf *Sterne* — wo man die Mitte-Rand-Variation nicht beobachten kann — brauchen wir wieder die entsprechenden Ausdrücke für den Strahlungsstrom bzw. die mittlere Intensität F_v in der Linie und F_0 im benachbarten Kontinuum. Die Einsenkung $R_v(0)$ in der Linie wird dann

$$R_v(0) = \frac{F_0(0) - F_v(0)}{F_0(0)} \approx \frac{B_v(T(\tau = 2/3)) - B_v(T(x_v = 2/3))}{B_v(T(\tau = 2/3))} \qquad (19.7)$$

und die entsprechende Äquivalentbreite im Sternspektrum

$$W_\lambda = \int R_v(0) d\lambda . \qquad (19.8)$$

Aus Gl. (19.7) ersieht man leicht, daß in einem Sternspektrum das Kontinuum wie die Flügel (wo $\varkappa_\nu \ll \varkappa$ ist) der Fraunhoferlinien in der Hauptsache in *den* Schichten der Atmosphäre entstehen, deren optische Tiefe für das benachbarte Kontinuum $\tau \approx \frac{2}{3}$ ist. Eine Ausnahme machen die Linien der neutralen Metalle (Fe I, Ti I ...) in den Spektren der Sonne und ähnlicher kühlerer Sterne. Hier nimmt die Konzentration der Atome mit wachsender Tiefe in der Atmosphäre wegen der verstärkten Ionisation so rasch ab, daß der „Schwerpunkt" für die Bildung der Linien schon bei $\tau \approx 0.05$ bis 0.1 liegt. — Die Zentren der stärkeren Linien, wo $\varkappa_\nu \gg \varkappa$ ist, entstehen in entsprechend höheren Schichten $\tau \approx \dfrac{\varkappa}{\varkappa + \varkappa_\nu}\,\dfrac{2}{3}$.

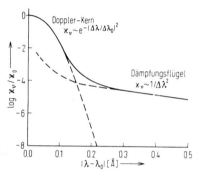

Abb. 19.3. Linienabsorptionskoeffizient $\varkappa_\nu$ (bezogen auf $\varkappa_\nu$ für die Linienmitte). Dopplerkern und Dämpfungsflügel der NaD-Linien berechnet nach Gl. (19.9) bzw. (19.10) für $T = 5700\,^\circ\mathrm{K}$ und reine Strahlungsdämpfung; ihre Überlagerung (ausgezogene Linie) ergibt das sog. *Voigt*-Profil

Um die Theorie des *Strahlungstransportes* in den Linien[16] wirklich anwenden zu können, wenden wir uns dem zweiten Punkt unseres Programms zu, der Berechnung des *Linienabsorptionskoeffizienten* (Abb. 19.3) in Abhängigkeit von Temperatur T, Elektronendruck P_e oder Gasdruck P_g und vom Abstand von der Linienmitte $\Delta\nu$ in Frequenzeinheiten oder $\Delta\lambda$ in Wellenlängeneinheiten. Zu $\varkappa_\nu$ tragen bei

1. *Dopplereffekt* durch thermische Geschwindigkeiten und evtl. turbulente Strömungen. Die *thermischen Geschwindigkeiten* z. B. der Fe-Atome in der Sonnenatmosphäre bei $T \approx 5700\,^\circ\mathrm{K}$ betragen 1.3 km/sec, was z. B. für die Linie $\lambda = 3860\,\text{Å}$ eine Dopplerbreite $\Delta\lambda_\mathrm{D} = 0.017\,\text{Å}$ bedingt. Entsprechend der Maxwellschen Geschwindigkeitsverteilung der Atome ist die Dopplerverteilung des Linienabsorptionskoeffizienten

$$\varkappa_\nu \sim \exp\{-(\Delta\lambda/\Delta\lambda_\mathrm{D})^2\}\,. \qquad (19.9)$$

Turbulente Strömungen in den Sternatmosphären (s. Abschn. 20) bedingen oft ähnliche Geschwindigkeiten und einen entsprechenden Beitrag zu $\Delta\lambda_\mathrm{D}$.

---

[16] Nachträglich bemerken wir, daß bei der Berechnung der Temperaturverteilung in „nichtgrauen" Atmosphärenmodellen außer der kontinuierlichen auch die Linienabsorption berücksichtigt werden muß. Da in den Linien der Zustrom der Strahlung aus der Tiefe gebremst, die Ausstrahlung in hohen Schichten dagegen verstärkt wird, so verursachen sie einen steileren Temperaturabfall in den hohen Schichten.

2. *Dämpfung.* In der klassischen Optik entspricht einem zeitlich begrenzten Wellenzug mit einer *Dämpfungskonstante* γ [sec^{-1}] bzw. einer charakteristischen Zeit $1/\gamma$ [sec] (nach einem bekannten Theorem der Fourieranalyse) eine Spektrallinie, deren *Absorptionskoeffizient* $\varkappa_v$ die typische Dämpfungsverteilung

$$\varkappa_v \sim \frac{\gamma}{(2\pi\,\Delta v)^2 + (\gamma/2)^2} \tag{19.10}$$

aufweist. γ ist also gleichzeitig die ganze Halbwertsbreite $2\cdot 2\pi\,\Delta v_{1/2}$ des Absorptionskoeffizienten in Kreisfrequenzeinheiten.

Je nachdem, ob die zeitliche Begrenzung des Strahlungsvorganges bedingt ist durch die *Ausstrahlung* des Atoms selbst bzw. durch *Zusammenstöße* mit anderen Teilchen, spricht man nach *H. A. Lorentz* von *Strahlungs-* bzw. *Stoßdämpfung.*

a) *Strahlungsdämpfung.* Nach der Quantentheorie ist die *Strahlungsdämpfungskonstante* γ_{Str} gleich der Summe der Abklingkonstanten (reziproken Lebensdauern) der beiden Energieniveaus, zwischen denen der Übergang stattfindet. Da also γ von der Größenordnung 10^7 bis bis 10^9 sec^{-1} sein wird, erwarten wir von diesem Mechanismus (halbe) Halbwertsbreiten des Absorptionskoeffizienten, z. B. bei λ 4000 Å, von etwa $4\cdot 10^{-6}$ bis $4\cdot 10^{-4}$ Å.

b) *Stoßdämpfung.* Die *Stoßdämpfungskonstante* ist $\gamma_{Stoß} = 2\times$Zahl der wirksamen Stöße pro sec. Als solche sind nach *W. Lenz, V. Weisskopf* u. a. *die* Vorübergänge eines störenden an dem strahlenden Teilchen zu zählen, bei denen die Phase der Lichtschwingung um mehr als etwa eine zehntel Schwingung verschoben wird.

In kühleren Sternen, wie der Sonne, wo der Wasserstoff größtenteils neutral ist, überwiegt meist die *Stoßdämpfung durch neutrale Wasserstoffatome,* welche das leuchtende Atom durch *van der Waals-Kräfte* [Wechselwirkungsenergie $\sim$ (Abstand)$^{-6}$] beeinflussen.

Neben den van der Waals-Kräften können bei kleineren Abständen der Stoßpartner auch die mit deren Abstand noch rascher abnehmenden *Abstoßungskräfte* wichtig werden. Wir sollten vielleicht daran erinnern, daß erst das Zusammenwirken von Anziehungs- und Abstoßungskräften die Existenz von Molekülen und Kristallen ermöglicht.

Die Dämpfungskonstante $\gamma_{Stoß}$ ist, solange sie nur durch die Wechselwirkung des leuchtenden Atoms mit jeweils *einem* H-Atom zustande kommt, proportional dem Gasdruck P_g.

Bei Spektrallinien, die großen quadratischen Starkeffekt zeigen, und in vorwiegend ionisierten Atmosphären überwiegt gelegentlich die *Stoßdämpfung durch freie Elektronen.* Die Wechselwirkungsenergie geht dann mit dem Quadrat der Feldstärke, welche das Elektron am Ort des leuchtenden Teilchens erzeugt, also $\sim$ (Abstand)$^{-4}$. Die Dämpfungskonstante ist nun proportional dem Elektronendruck P_e.

Bei $\sim 10^9$ wirksamen Stößen pro sec erwarten wir (halbe) Halbwertsbreiten der Linienabsorptionskoeffizienten von der Größenordnung 10^{-3} Å. Dabei spielt es keine Rolle, ob die Stöße — wie in der Sonnenatmosphäre — vorwiegend von

Wasserstoffatomen oder — wie in heißen Sternen — vorwiegend von freien Elektronen herrühren.

3. *Zusammenwirken von Dopplereffekt und Dämpfung.* Da das Verhältnis der halben *Dämpfungskonstante* $\gamma/2$ zur *Dopplerbreite* — ebenfalls in Kreisfrequenzeinheiten gemessen — $\Delta\omega_D = c\,\Delta\lambda_D/\lambda^2$

$$\alpha = \gamma/2\,\Delta\omega_D \tag{19.11}$$

in Sternatmosphären fast ohne Ausnahme <0.1 ist, könnte man zunächst vermuten, daß die Dämpfungsverbreiterung gegenüber der Dopplerverbreiterung vernachlässigt werden dürfte. Dies ist nicht richtig, weil die Dopplerverteilung (19.9) nach außen exponentiell, die Dämpfungsverteilung (19.10) dagegen nur $\sim 1/\Delta\lambda^2$ abnimmt. Jedes bewegte Atom erzeugt eine Dämpfungsverteilung mit scharfem Kern und breiten Flügeln, die als Ganzes entsprechend seiner Geschwindigkeit dopplerverschoben ist. So erhält man (Abb. 19.3) eine Verteilung des Linienabsorptionskoeffizienten $\varkappa_v$ mit einem ziemlich scharf begrenzten *Dopplerkern* nach Gl. (19.9), an den sich fast unvermittelt die *Dämpfungsflügel* entsprechend Gl. (19.10) mit $\varkappa_v \sim 1/\Delta\lambda^2$ anschließen.

Der Absolutbetrag des Absorptionskoeffizienten $\varkappa_v\,[\mathrm{cm}^{-1}]$ ist stets normiert durch die quantentheoretische Relation (wobei das Integral über die ganze Linie zu erstrecken ist)

$$\int \varkappa_v\,\mathrm{d}v = \frac{\pi e^2}{mc} \cdot N f. \tag{19.12}$$

Dabei bedeuten zunächst wieder e und m die Ladung und Masse des Elektrons, c die Lichtgeschwindigkeit; N ist die Anzahl pro cm^3 der absorbierenden Atome in dem Energieniveau, von dem aus die Absorption erfolgt. Im Rahmen der *klassischen Elektronentheorie*, welche die Spektrallinien auf harmonische Elektronen-Oszillatoren der betreffenden Frequenz zurückzuführen versuchte, wäre die Formel damit fertig, d.h. $f=1$ zu setzen. Die Quantentheorie, in Übereinstimmung mit den Laboratoriumsmessungen (s.u.) verlangt eine Erweiterung der Formel durch Einführung der sog. *Oszillatorenstärken f.* Insgesamt erhält man — nach einfachen Zwischenrechnungen — aus den Gl. (19.9 und 10) in Verbindung mit (19.12) den *Absorptionskoeffizienten* in cm^{-1} im Abstand $\Delta\lambda$ von der Mitte einer Linie der Wellenlänge λ_0 für den

$$\text{Dopplerkern:} \quad \varkappa_v = \sqrt{\pi}\,\frac{e^2}{mc^2}\cdot\frac{\lambda_0^2 N f}{\Delta\lambda_D}\,e^{-(\Delta\lambda/\Delta\lambda_D)^2} \tag{19.13}$$

und für die

$$\text{Dämpfungsflügel:} \quad \varkappa_v = \frac{1}{4\pi}\,\frac{e^2}{mc^2}\cdot\frac{\lambda_0^4}{c}\cdot\frac{N f \gamma}{\Delta\lambda^2}. \tag{19.14}$$

Die Größe $\dfrac{e^2}{mc^2}$ ist der sog. klassische Elektronenradius $r_0 = 2.818\cdot 10^{-13}$ cm.

Da die Atomzahl N dem statistischen Gewicht des betreffenden Zustandes proportional ist, gibt man statt f meist sogleich die $g f$-Werte an. Die Intensität der in optisch dünner Schicht erzeugten Emissions- oder Absorptionslinien ist dieser Größe direkt proportional.

Die *relativen g f-Werte* innerhalb eines *Multipletts* (Abschn. 17) kann man nach den — im Anschluß an die Utrechter Messungen von *H. C. Burger* und *H. B. Dorgelo* (1924) — von *A. Sommerfeld* und *H. Hönl, H. N. Russell* u. a. gefundenen quantentheoretischen Formeln berechnen. Die rationalen Verhältnisse der $g f$ sind z. B. für ein *Dublett*, wie die NaD-Linien $3\,^2S_{\frac{1}{2}} - 3\,^2P_{\frac{1}{2},\frac{3}{2}}^{\circ}$, gleich $1:2$, für ein *Triplett*, wie CaI $4\,^3P_{2,1,0}^{\circ} - 5\,^3S_1$ (λ 6162, 6122, 6103 Å) gleich $5:3:1$ usw.

Entsprechende Formeln gibt es auch für Gesamtheiten höherer Ordnung, die sog. Supermultipletts und Übergangsschemata.

Einen ersten Überblick über die *Absolutwerte der Oszillatorenstärken* gibt der *f-Summensatz* von *W. Kuhn* und *W. Thomas*: *Von* einem bestimmten Energieniveau n eines Atoms (oder Ions) mit z Elektronen (näherungsweise beschränkt man sich immer auf die Berücksichtigung der „Leuchtelektronen", welche an den betreffenden Übergängen beteiligt sind) aus mögen die Absorptionsübergänge $n \to m$ mit den Oszillatorenstärken f_{nm} möglich sein, während aus tieferen Niveaus die Übergänge $m \to n$ mit den Oszillatorenstärken f_{mn} *nach* n führen. Dann ist

$$\sum_m f_{nm} - \sum_m \frac{g_m}{g_n} f_{mn} = z \, , \qquad (19.15)$$

wo g_n und g_m die statistischen Gewichte (Abschn. 17) der betreffenden Energieniveaus bedeuten. Führt vom Grundterm eines Atoms oder Ions mit z Außenelektronen im wesentlichen *ein* starker Übergang zum nächsthöheren Term, so können wir *näherungsweise* für dieses Multiplett (zusammen) $f \approx z$ setzen; z. B. haben die NaD-Linien zusammen nahezu $f = \frac{1}{3} + \frac{2}{3} = 1$.

Für Wasserstoff und He II kann man die f-Werte quantentheoretisch exakt berechnen.

Für einigermaßen *wasserstoffähnliche Spektren* (insbesondere Systeme mit 1, 2 oder 3 Leuchtelektronen) haben *D. R. Bates* und *A. Damgaard* ein sehr zweckmäßiges quantentheoretisches Näherungsverfahren entwickelt.

f-Werte für die sog. *Komplexspektren* der Atome und Ionen mit mehreren Außenelektronen (z. B. die astrophysikalisch sehr wichtigen Spektren der Metalle Fe I, Ti I ..., dann Fe II, Ti II ...) kann man zunächst in Emission (Lichtbogen oder Kingscher Ofen) oder Absorption (Kingscher Ofen) *relativ* zueinander messen. Die Hauptschwierigkeit liegt in der *Absolutmessung* der f-Werte, selbst für wenige ausgewählte Linien des Atoms oder Ions, da es hier darauf ankommt, die Zahl der absorbierenden oder emittierenden Teilchen irgendwie direkt zu messen. Man kann z. B. in den elektrischen Ofen ein zugeschmolzenes Absorptionsgefäß aus Quarz bringen, in dem sich — der Temperatur entsprechend — ein bestimmter Dampfdruck des zu untersuchenden Metalls einstellt. — In neuerer Zeit ist es gelungen, die den f-Werten äquivalenten *Abklingkonstanten* bzw. Übergangswahrscheinlichkeiten einzelner Atomzustände elektronisch direkt zu messen. Einen großen Fortschritt bedeutet die von *S. Bashkin* erfundene *Beam-Foil-Methode* zur Messung der Lebensdauer angeregter Zustände von neutralen, einfach und sogar mehrfach ionisierten Atomen. Man erzeugt z. B. mit einem van de Graaff-Beschleuniger einen Strahl der zu untersuchenden Teilchen mit einigen MeV. Dieser Strahl wird durch eine dünne Folie (meist Kohle) geschickt und so plötzlich zum Leuchten erregt. Längs seines weiteren Verlaufs kann man nun — wie in den bekannten Kanalstrahlversuchen von *W. Wien* — im Hochvakuum das zeitliche Abklingen des Leuchtens irgendwelcher Spektrallinien messen. Dieses ist bedingt durch die *Abklingkonstante* des oberen Energieniveaus und — als unerwünschten Störeffekt — die *Nachlieferung* von Elektronen aus den meist langsamer abklingenden höheren Energieniveaus. Häufig werden aus dem interessierenden oberen Niveau Übergänge nach mehreren tieferen Niveaus möglich sein. Deren Verzweigungsverhältnisse muß man dann noch bestimmen, um schließlich die Übergangswahrscheinlichkeiten bzw. *f*-Werte der einzelnen Linien zu erhalten.

Eine nach Elementen geordnete *Bibliographie* über *f-Werte* bzw. atomare Übergangswahrscheinlichkeiten haben *B. M. Miles* und *W. L. Wiese*, dann *L. Hagan* und *W. C. Martin* (Nat. Bureau of Standards Spec. Publ. 320 und 363, Washington 1970/72) herausgegeben. Weiterhin veröffentlichten *W. L. Wiese*, *M. W. Smith* und *B. M. Glennon* eine kritische Zusammenstellung gemessener und berechneter *f*-Werte in zwei Bänden (Nat. Standard Ref. Data Series — NBS 4 und 22, Washington 1966 und 1969).

Nun untersuchen wir, wie das *Profil* und die *Äquivalentbreite* W_λ einer *Absorptionslinie* anwächst, wenn wir die Konzentration des erzeugenden Atoms N bzw. deren Produkt mit der Oszillatorenstärke f vergrößern. Der *Absorptionskoeffizient* $\varkappa_v$ ist dabei im inneren Teil der Linien bestimmt durch den Dopplereffekt nach (19.13); außen schließen sich (Abb. 19.3) die Dämpfungsflügel an, deren Dämpfungskonstante durch Strahlungs- und Stoßdämpfung bestimmt sei.

Der Zusammenhang zwischen der *Einsenkung in der Linie* R_v und dem *Absorptionskoeffizienten* $\varkappa_v [\mathrm{cm}^{-1}]$ wäre für ein *Absorptionsrohr* (ohne Reemission) der Länge H im Laboratorium nach Gl. (11.17)

$$R_v = 1 - e^{-\varkappa_v H}.\tag{19.16}$$

Für eine *Sternatmosphäre* wird er durch die Formeln (19.2) bis (19.7) hergestellt. Bei nicht zu großen Ansprüchen an die Genauigkeit kann man vielfach diese etwas komplizierten Rechnungen ersetzen durch die Näherungs- bzw. Interpolationsformel

$$R_v = \left(\frac{1}{\varkappa_v H} + \frac{1}{R_c}\right)^{-1}.\tag{19.17}$$

Dabei bedeutet H eine wirksame Höhe bzw. $N H$ eine *wirksame Anzahl absorbierender Atome über 1 cm² der Sternoberfläche*. Für $\varkappa_v H \ll 1$ (Absorption in optisch dünner Schicht) ist $R_v \approx \varkappa_v H$, für $\varkappa_v H \gg 1$ (optisch dicke Schicht) strebt R_v gegen die schon früher eingeführte Grenztiefe für sehr starke Linien R_c. H bzw. $N H$ kann man durch Vergleich von (19.17) mit den Formeln (19.2 bis 7) berechnen; für einen nicht zu großen Wellenlängenbereich (in praxi oft einige hundert Ångström) darf man die wirksame Schichtdicke einer Atmosphäre als hinreichend konstant betrachten.

Wir zeigen sogleich das Ergebnis dieser Rechnungen: Im unteren Teil der Abb. (19.4) haben wir für verschiedene Werte der Größe[17] $\log N H f + \text{const.}$ zunächst die *Linienprofile* angezeichnet. Die Einsenkungen der schwachen ($C \ll 1$) Linien $R_v \approx \varkappa_v H$ spiegeln einfach die Dopplerverteilung des Absorptionskoeffizienten im Linienkern wieder. Mit wachsendem $N H f$ bzw. $C \gtrsim 1$ nähert sich die Linienmitte der maximalen Tiefe R_c, da man hier nur noch Strahlung aus den obersten Schichten mit der Grenztemperatur $T_{\tau=0}$ erhält. Andererseits wird die Linie zunächst wenig breiter, da der Absorptionskoeffizient mit

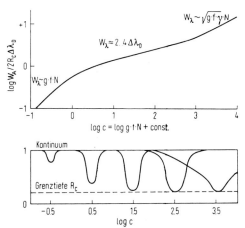

Abb. 19.4. Wachstumskurve (oben). Die Äquivalentbreite W_λ — bezogen auf einen Streifen der zweifachen Dopplerbreite $\Delta \lambda_D$ und die Grenztiefe R_c — ist aufgetragen als Funktion der Konzentration der absorbierenden Atome, d.h. von $\log(g \cdot f \cdot N) + \text{const.}$ Die Linienprofile veranschaulichen die Entstehung der Wachstumskurve

$\Delta \lambda$ steil abfällt. Dies ändert sich erst, wenn mit weiter zunehmendem $N H f$ die wirksame optische Tiefe auch in den Dämpfungsflügeln (Abb. 19.3) wesentlich wird. Da nunmehr $\varkappa_v H \sim N H f \gamma / \Delta \lambda^2$ ist, erhält die Linie breite „Dämpfungsflügel" und ihre Breite bei einer bestimmten Einsenkung R_v wird cet. par. $\sim \sqrt{N H f \cdot \gamma}$.

Durch Integration über die Linienprofile erhalten wir leicht vollends die *Äquivalentbreiten* W_λ der Linien. Wir tragen sie auf im Verhältnis zu $2 R_c \cdot \Delta \lambda_D$, d.h. einem Streifen, dessen Tiefe der maximalen Einsenkung und dessen Breite der zweifachen Dopplerbreite entspricht. So erhalten wir die für die Auswertung der Sternspektren wichtige *Wachstumskurve* (Abb. 19.4 oben) mit $\log W_\lambda / 2 R_c \Delta \lambda_D$ als Funktion von $\log C = \log N H f + \text{const.}$

---

[17] Genauer gesagt, handelt es sich um die Größe $C = \dfrac{1}{R_c} \cdot \varkappa_0 H$, wobei $\varkappa_0$ den Absorptionskoeffizienten im Zentrum des Dopplerkerns nach Gl. (19.13) bedeutet. $C = \dfrac{1}{R_c} \cdot \dfrac{\sqrt{\pi} e^2}{m c^2} \cdot \dfrac{\lambda_0^2 N H f}{\Delta \lambda_D}$ ist sozusagen die wirksame optische Dicke der Atmosphäre für die Linienmitte.

Wie man anhand unserer Diskussion der Linienprofile leicht versteht, wächst (links) bei schwachen Linien $W_\lambda \sim NHf$, wir befinden uns im *linearen Bereich* der Wachstumskurve. Dann folgt der *flache oder Dopplerbereich*, in dem die Äquivalentbreite etwa gleich der 2- bis 4fachen Dopplerbreite $\Delta\lambda_D$ ist. Bei den starken Linien (rechts) wird, entsprechend dem Anwachsen der Breite der Profile, $W_\lambda \sim \sqrt{NHf \cdot \gamma}$; wir kommen in den *Dämpfungs- oder Wurzelbereich* der Wachstumskurve. Hier ist — ganz allgemein — auch die Dämpfungskonstante γ wesentlich. Wir haben in Abb. 19.4 dem Verhältnis von Dämpfungs- zu Dopplerbreite $\alpha = \gamma/2\Delta\omega_D$ den Zahlenwert $\frac{1}{30}$ gegeben, entsprechend einem Mittelwert für die Metallinien des Sonnenspektrums. Auf diesem Dämpfungsteil der Wachstumskurve liegen z.B. die starken D-Linien von NaI sowie die H- und K-Linien von CaII im Sonnenspektrum.

Eine gesonderte Betrachtung erfordern die *Wasserstoff*linien. Da diese in einem elektrischen Feld besonders große lineare Starkeffekt-Aufspaltungen zeigen, erfolgt ihre Verbreiterung in teilweise ionisierten Gasen in erster Linie durch quasi-statischen *Starkeffekt* der statistisch verteilten elektrischen Felder, welche die (langsam bewegten) *Ionen* erzeugen. Ausgehend von der Überlegung, daß in dem Abstandsbereich $r \ldots r+dr$ von einem H-Atom ein störendes Ion sich mit einer Wahrscheinlichkeit $\sim 4\pi r^2 dr$ aufhält und dann ein Feld $\sim 1/r^2$ erzeugt (dem wiederum die Linienaufspaltung proportional ist), zeigt man leicht, daß in den Linienflügeln näherungsweise der Absorptionskoeffizient $\varkappa_v \sim 1/\Delta\lambda^{5/2}$ wird. Die ursprünglich von *Holtsmark* entwickelte Theorie ist neuerdings verfeinert worden durch Berücksichtigung der nichtadiabatischen Effekte, der Stoßdämpfung der Elektronen und eine verbesserte Berechnung des Mikrofeldes im Plasma.

Damit wenden wir uns unserer Hauptaufgabe zu, der *quantitativen Analyse der Sternspektren*. Zur ersten Orientierung beginnt man meist mit einem einfachen Näherungsverfahren, der sog. *Grobanalyse*, indem man für die ganze Atmosphäre mit *konstanten Mittelwerten* von Temperatur T, Elektronendruck P_e, wirksamer Schichtdicke H (in einem größeren Bereich des Spektrums) etc. rechnet. Dann kann man die mit der Interpolationsformel (19.17) berechnete *universelle Wachstumskurve* sofort anwenden, um aus der gemessenen *Äquivalentbreite* W_λ einer Fraunhoferlinie mit bekanntem f und evtl. γ die *Anzahl absorbierender Atome* über 1 cm^2 der Sternoberfläche NH in dem die Linie erzeugenden Energieniveau eines bestimmten Atoms oder Ions zu bestimmen.

Durch Vergleich der NH für Energieniveaus mit verschiedenen Anregungsspannungen χ_s und für verschiedene Ionisationsstufen (z.B. CaI und CaII) ein und desselben Elementes kann man nun nach den Formeln von *Boltzmann* und *Saha* (Abschn. 17) die *Temperatur T* und den *Elektronendruck* P_e berechnen. Deren Kenntnis führt aber ohne weiteres umgekehrt von den Atomzahlen für bestimmte Energieniveaus auf die *Gesamtzahl* aller Teilchen des betreffenden Elementes (unabhängig von der Ionisations- und Anregungsstufe) und damit zur *Häufigkeitsverteilung der Elemente*. Kennt man letztere und den Ionisationsgrad der verschiedenen Elemente einigermaßen vollständig, so kann man vom Elektronendruck P_e zum Gasdruck P_g übergehen und aus der *hydrostatischen Gleichung* die *Schwerebeschleunigung g* berechnen: Der Gasdruck P_g ist ja nichts anderes als das Gewicht, d.h. Masse mal Schwerebeschleunigung g *aller* Teilchen über 1 cm^2

der gewählten Bezugsfläche bzw. — wie man gewöhnlich sagt — der Sternoberfläche.

Auf einer solchen Grobanalyse baut sich die genauere, aber auch viel mühsamere *Feinanalyse der Sternspektren* auf: Man konstruiert (wie in Abschn. 18) ein *Modell* der zu untersuchenden Sternatmosphäre mit möglichst plausibel gewähltem T_{eff}, g und chemischer Zusammensetzung. Für dieses *Modell* berechnet man unter Heranziehung der ganzen Theorie des Strahlungsaustausches, der kontinuierlichen und Linienabsorptionskoeffizienten (einschließlich ihrer Tiefenabhängigkeit) usw. die *Äquivalentbreiten* W_λ der Linien. Nun vergleicht man die Ergebnisse dieser Modellrechnungen mit den Messungen im Spektrum für solche Elemente, die durch verschiedene Ionisations- und Anregungsstufen vertreten sind. Eine wichtige Rolle spielen dabei auch die Wasserstofflinien, da man weiß, daß der Wasserstoff *das* häufigste Element ist, so daß hier die Elementhäufigkeit nicht eingeht. Weiterhin kann man (Abschn. 18) die Energieverteilung im Kontinuum bzw. die Farbenindizes heranziehen. Da man aus unseren vorhergehenden Betrachtungen übersehen kann, welche Kriterien stärker von T_{eff} bzw. von g oder von der Häufigkeit eines bestimmten Elementes abhängen, kann man nun in einem Näherungsverfahren die Ausgangswerte dieser Größen schrittweise verbessern.

Der Anfänger ist meist entsetzt über die große Anzahl der Linien in einem Spektrum. Bei der Durchführung einer Analyse zeigt sich oft, daß die verfügbaren Messungen kaum zur Festlegung aller interessierenden Parameter ausreichen! Dies wird noch schlimmer, wenn man z.B. die Turbulenz in der Atmosphäre als tiefenabhängig betrachten und auch noch diese Funktion aus den Messungen herausdestillieren muß.

Nachdem wir versucht haben, die Methodik einer quantitativen Analyse der Sternspektren kurz darzustellen, wenden wir uns deren *Ergebnissen* zu:

In Tab. 19.1 sind Ergebnisse sorgfältiger *Spektralanalysen* zusammengestellt, zunächst für Sterne der *Hauptsequenz*, insbesondere die Sonne, sodann zwei extreme *Übergiganten*. Bei diesen „normalen" Sternen haben wir Spektraltyp Sp und Leuchtkraftklasse LC (vgl. hierzu Abb. 15.4) nach *Morgan* und *Keenan* mit angegeben. Die Tabelle enthält die Logarithmen der *Atomzahlen* $\log N$, wie üblich bezogen auf $\log N = 12$ für Wasserstoff. Bei den heißen Sternen sind He und die leichteren Elemente bis Si oder S durch hochangeregte Linien vertreten, deren f-Werte ziemlich genau berechnet werden können. Die schweren Elemente sind hier nur in hohen Ionisationsstufen zu erwarten, die im zugänglichen Spektralgebiet keine Linien haben. Unterhalb $\sim 10000°$ kommen die Linien der ionisierten und dann der neutralen Metalle in immer größerer Zahl zum Vorschein. Für die *Sonne* (G 2 V) haben wir ein unvergleichlich besseres Beobachtungsmaterial als für irgendeinen anderen Stern; außerdem sind T_{eff} und g von vornherein bekannt. Die solaren Häufigkeiten *seltener Elemente* — deren schwache Linien nur in „rauscharmen" Spektren größter Dispersion zu erhalten sind — enthält Tab. 19.2.

Die Genauigkeit, mit der ein Element in Sternen verschiedener Temperatur bestimmt werden kann, ist naturgemäß verschieden. Es kommt darauf an, durch wie viele Linien es vertreten ist, in welchem Bereich der Wachstumskurve diese liegen und vor allem, wie genau bekannt die Oszillatorenstärken f sind. Weiterhin

Tab. 19.1. Häufigkeitsverteilung der Elemente in Sternatmosphären $\log N$ bezogen auf $\log N = 12$ für Wasserstoff. Normale Hauptreihensterne O9 bis G2 sowie Übergiganten B1 und A2. Zum Vergleich links planetarische Nebel und der Orionnebel, eine galaktische HII-Region; hierzu s. Abschn. 24. Bei jedem Stern sind angegeben die MK-Klassifikation und die aus dem Spektrum bestimmten Werte von T_{eff} und $\log g$ (für die Sonne selbstverständlich die direkt bestimmten). Rechts sind zum Vergleich die Elementhäufigkeiten in kohligen Chondriten I sowie in der galaktischen Ultrastrahlung (red. auf Ursprungsort) angeschrieben

Spektraltyp Stern	Planetarische Nebel			HII-Region	Heiße Hauptsequenzsterne				Über-giganten		Mittlere Hauptsequenz		Meteoriten	Galaktische Ultra-strahlung
	NGC 7027, 2022	NGC 7662	IC 418	Orion-nebel	O9 V 10 Lac	B0 V τ Sco	B3 V ι Her	A0 V α Lyr	B1 Ib ζ Per	A2 Ia α Cyg	G2 V Sonne Phot.	Korona	Kohlige Chondrite I	
T_{eff}	$\sim 10^5$		35000		37450	32000	20200	9500	27000	9170	5780			
$\log g$					4.45	4.1	3.75	4.5	3.6	1.13	4.44			
1 H[a]	12.0	12.0	12.0	12.0_0	12.0	12.0	12.0	12.0	12.0	12.0	12.0			10.9
2 He	11.2	11.2	11.2	11.0_4	11.2	11.0	10.8		11.3	11.6				9.6
6 C	8.1:			8.7_1	8.4	8.1	8.1		8.3	8.2	8.53	8.3		8.2
7 N			7.7	7.6_3	8.4	8.3	7.7		8.3	9.4	7.91	7.6		7.3
8 O	8.9		8.4	8.7_9	8.8	8.7	8.4	8.8	9.0	9.4	8.83	8.7		8.2
9 F	4.9										4.6		4.92	
10 Ne	7.9		7.8	7.8_6	8.7	8.6	8.6	9.3	8.6			7.6		7.5
11 Na	6.6							7.3			6.30	6.3	6.36	6.2
12 Mg					8.2	7.5	7.3	7.7	7.8	7.8	7.57	7.6	7.57	7.6
13 Al					7.1	6.2	6.1	5.7	6.8	6.6	6.4	6.5	6.48	6.4
14 Si					7.7	7.6	7.1	8.2	8.0	7.9	7.65	7.55	7.55	7.5
15 P											5.4		5.65	5.5
16 S	7.9			7.5_0		7.2	7.1		7.5		7.2	7.0	7.25	6.7
17 Cl	6.9			5.8_5							≤5.5		4.79	
18 A	7.0						6.7				6.0			5.9
19 K	5.7										5.0		5.13	

Element									6.4:
20 Ca	6.5	6.42	6.6	6.36	6.5	6.4	6.3		6.4:
21 Sc		3.09		3.0	3.2		3.4		
22 Ti		4.91		4.8	5.1		4.8		
23 V		4.02		4.0	3.9		4.0		
24 Cr		5.63		5.6	5.7		5.6		
25 Mn		5.50		5.4	5.6		5.3		
26 Fe	7.6	7.50	7.6	7.6	7.6	7.4	(6.5)	7.3	
27 Co		4.91	6.0	5.0	3.7				
28 Ni	6.2	6.24	6.3	6.25	4.8		7.0		
29 Cu		4.32		4.16					
30 Zn		4.53		4.4					
31 Ga		3.26		2.9					
32 Ge		3.68		3.3					
37 Rb		2.36		2.6					
38 Sr		2.93		2.8	3.1		2.8		
39 Y		2.21		2.3			2.1		
40 Zr		3.05		2.3			2.9		

[a] $1 D \sim 7.3 \pm 1$.

Literatur zu Tab. 19.1—3 siehe *A. Unsöld*: The Chemical Evolution of the Galaxies. Proc. First Europ. Astron. Meeting. Vol. III. Springer-Verlag Heidelberg 1974. Mit kleinen Änderungen nach neueren Untersuchungen.

Tab. 19.2. Häufigkeiten seltener Elemente in der Sonnenatmosphäre und in kohligen Chondriten, bezogen auf $\log N(\mathrm{H}) = 12$ bzw. $\log N(\mathrm{Si}) = 7.55$

Element	Sonne	Kohlige Chondrite I	Element	Sonne	Kohlige Chondrite I
3 Li	0.8	3.25	59 Pr	1.6	0.78
4 Be	1.2		60 Nd	1.8	1.44
5 B	<2.5		62 Sm	1.6	0.91
41 Nb	2.0		63 Eu	0.5	0.51
42 Mo	2.0		64 Gd	1.1	1.15
44 Ru	1.5		66 Dy	1.1	1.11
45 Rh	0.9		68 Er	0.8	0.89
46 Pd	1.3	2.17	69 Tm	0.4	0.09
47 Ag	0.2	1.53	70 Yb	0.8	0.87
48 Cd	1.9	1.93	71 Lu	0.8	0.09
49 In	1.4	0.78	81 Tl	0.9	0.80
50 Sn	1.7	1.81	82 Pb	1.85	1.75
51 Sb	1.9	1.13	83 Bi	$\leqq 0.8$	0.78
56 Ba	2.1	2.22	90 Th	0.8	~0.6
57 La	1.8	1.11	92 U	$\leqq 0.6$	~0.0
58 Ce	1.8	1.62			

ist zu bedenken, daß die Häufigkeiten nur *in Verbindung mit* T_{eff} *und g* bestimmt werden können; bei mittleren Spektraltypen würde z. B. ein zu niedrig gewähltes T_{eff} zu kleine Metallhäufigkeiten vortäuschen! Generell kann man sagen, daß — relativ zum Wasserstoff — das Helium und die leichteren Elemente wegen ihrer hohen Ionisierungsspannungen am besten in den heißen Sternen zu bekommen sind, während sich die leichter ionisierbaren Metalle in den kühleren Sternen besser erfassen lassen. Die Genauigkeit einer sorgfältigen Bestimmung dürfte z. Z. ungefähr $\varDelta \log N = \pm 0.3$ entsprechen.

Die Analyse des Emissionsspektrums der *Sonnenkorona* werden wir in Abschn. 20 erläutern. Zum Vergleich sind noch links die Häufigkeiten der Elemente im *Orionnebel*, einer galaktischen H II-Region (Abschn. 24) angegeben. Aus solchen Gaswolken *entstehen*, wie wir in Abschn. 26 sehen werden, die jungen, heißen Sterne, wie 10 Lac. Die *planetarischen Nebel* (Abschn. 24) dagegen repräsentieren ein spätes Stadium der Sternentwicklung.

Rechts geben wir in Tab. 19.1 und 2 noch die Häufigkeiten der Elemente für die *kohligen Chondrite vom Typ I* an; diese Meteorite sind — abgesehen von den ganz leicht flüchtigen Elementen — fast unveränderte Solarmaterie.

Schließlich ist in Tab. 19.1 (letzte Spalte) noch die Häufigkeitsverteilung für die *galaktische Ultrastrahlung* (cosmic rays) nach *M. M. Shapiro* u. a. (1972, sowie frdl. persönliche Mitteilung) angeschrieben. Diese Verteilung ist — durch rechnerische Elimination der Einwirkungen der interstellaren Materie — auf den *Ursprungsort* der Ultrastrahlung reduziert.

Die quantitative Analyse von Sternen, deren Temperatur von der Sonne nicht allzu verschieden ist, führt man zweckmäßig *relativ zur Sonne* aus und umgeht so die Unsicherheit in der Absoluteichung der f-Werte, welche z. Z. noch eine der Hauptfehlerquellen der absoluten Häufigkeitsbestimmungen ist. Bei

Tab. 19.3. Häufigkeiten der Elemente (bezogen auf Wasserstoff) relativ zur Sonne. Die $\Delta \log N$ sind so berechnet, daß die schweren Elemente im Mittel übereinstimmen. Die erste Zeile (1 H) gibt also zugleich die Reduktion der mittleren „Metallhäufigkeit" ($\log N_M/N_H$) im Stern relativ zur Sonne an. Die Häufigkeitsverhältnisse der schweren Elemente (C bis Ba) erweisen sich als unabhängig von der Reduktion der mittleren Metallhäufigkeit

Spektraltyp	G8 III	F8 IV—V	K3 V	~G0 V	K1 III	~K2 III	~sd A2	F8 V
Stern (HD)	ε Vir	136 202	219 134	140 283	6833	122 563	161 817	β Vir
T_{eff}	4940	6030	4700	5940	4420	4600	7630	6120
$\log g$	2.7	3.9	4.5	4.6	1.3	1.2	3.0	4.3
1 H	0.00	0.00	0.00	+2.32	+0.96	+2.75	+1.2	−0.30
6 C	−0.12	+0.06		+0.5		−0.39	+0.1	−0.15
11 Na	+0.30	+0.03	+0.04	+0.30	−0.19	+0.33	−0.1	+0.06
12 Mg	+0.04	−0.01	+0.15	−0.01	+0.11	+0.03	+0.4	−0.04
13 Al	+0.14	+0.09	+0.07	+0.26	+0.37	−0.12	−0.2	+0.05
14 Si	+0.13	+0.02	+0.39	−0.07	+0.10	+0.29	0.0	−0.08
16 S	+0.09							−0.04
20 Ca	+0.10	+0.03	−0.11	+0.03	+0.28	+0.19	−0.1	+0.02
21 Sc	−0.07	−0.07	+0.22	−0.61	−0.15	+0.03	−0.1	+0.10
22 Ti	−0.07	−0.02	−0.10	−0.01	+0.02	+0.08	+0.4	+0.03
23 V	−0.08	−0.14	−0.09		+0.03	−0.06	−0.7	+0.03
24 Cr	+0.01	+0.02	−0.20	+0.09	+0.15	+0.06	+0.1	−0.01
25 Mn	+0.07	−0.08	−0.31	−0.35	−0.17	−0.19	−0.5	−0.06
26 Fe	+0.01	0.00	+0.10	+0.16	+0.11	+0.03	−0.4	−0.04
27 Co	−0.03	−0.27	+0.17	−0.02	−0.10	+0.04	0.0	−0.07
28 Ni	+0.03	+0.02	+0.10	+0.31	−0.06	+0.16	−0.5	−0.01
29 Cu	+0.06	−0.11						+0.05
30 Zn	+0.05	−0.21	−0.13		+0.14	+0.28		−0.17
38 Sr	+0.02	+0.10	−0.01	0.00		−0.53	0.0	+0.01
39 Y	−0.16	−0.14	+0.48		−0.46	−0.04	+0.6	+0.03
40 Zr	−0.15	−0.39	−0.30		−0.02	−0.08	−0.5	−0.01
56 Ba	−0.09	−0.05				−0.55	+0.5	0.00
57 La	−0.08				−0.25			+0.11
58 Ce	−0.08							
59 Pr	+0.37							
60 Nd	+0.06							
62 Sm	+0.01							
63 Eu					−0.27			
72 Hf	+0.18							

sonnenähnlichen Sternen erreicht man so eine (relative) Genauigkeit von $\Delta \log N \approx \pm 0.1$. Derartige Relativmessungen haben wir in Tab. 19.3 so dargestellt, daß für jeden Stern im Mittel die Häufigkeiten der schweren Elemente (C bis Ba) — man sagt üblicherweise kurz: der „Metalle" — für Sterne und Sonne übereinstimmen. In Zeile 1 steht dann die *Überhäufigkeit des Wasserstoffs* oder — wie man gewöhnlich sagt — die *Reduktion der Metallhäufigkeit* in dem betreffenden Stern.

Die *Häufigkeitsverteilung der Elemente* hängt offenbar zusammen mit der Geschichte ihrer Entstehung und mit ihren Umwandlungen durch *Kernprozesse* im Laufe der *Sternentwicklung*. Ohne späteren Deutungsversuchen (Abschn. 25 und 29) vorzugreifen, fassen wir die wichtigsten Ergebnisse der quantitativen Analyse der Spektren von Sonne und Sternen zusammen:

1. Die chemische Zusammensetzung der *„normalen" Sterne* (der Spiralarmpopulation I *und* der Scheibenpopulation der Milchstraße; s. Abschn. 23ff.) ist nahezu[18] dieselbe; sie stimmt insbesondere überein mit der *Solarmaterie*. Es erscheint uns daher berechtigt, diese Elementmischung auch als *kosmische Materie* zu bezeichnen. Vgl. insbesondere die relativen Analysen von HD 219134 (K 3 V) sowie HD 136202 (F 8 IV—V) und ε Virginis (G 8 III) in Tab. 19.3. Als „normal" bezeichnen wir per def. solche Sterne, die eindeutig in die MK-Klassifikation eingeordnet werden können. Die Möglichkeit einer *zweidimensionalen Klassifikation* setzt ja eben voraus, daß außer T_{eff} und g kein weiterer Parameter nötig ist, d. h. daß diese Sterne dieselbe *chemische Zusammensetzung* haben.

2. Im Bereich der chemischen Analyse kommen der Solarmaterie am nächsten die *kohligen Chondrite I*. Deren Kondensation aus der ursprünglichen Solarmaterie muß bei so niedriger Temperatur erfolgt sein, daß nur die leicht flüchtigen Elemente (H, He…) entwichen sind.

3. Die *interstellare Materie* der H II-Regionen, z. B. des *Orionnebels* (Abschn. 24), aus welcher sich fortwährend junge, heiße Sterne — wie 10 Lac oder τ Scorpii — bilden, hat dieselbe Zusammensetzung wie diese Sterne.

4. Auch viele — aber (wie wir sehen werden) keineswegs alle — in ihrer Entwicklung fortgeschrittene Sterne, wie der rote Riesenstern ε Virginis (G 8 III), haben Atmosphären (bzw. Hüllen) aus unveränderter kosmischer Materie.

5. Die *„metallarmen" Schnelläufer* gehören der sog. Sternpopulation II des galaktischen *Halo* an. Dies sind mit die ältesten Sterne unseres Milchstraßensystems (Abschn. 26ff.). In diesen Sternen ist die Häufigkeit *aller* schweren Elemente, von Kohlenstoff C bis (jedenfalls) zum Barium Ba um denselben Faktor (innerhalb der derzeitigen Genauigkeit der Analysen) reduziert. Diese *Metallreduktionsfaktoren* erfüllen den ganzen Bereich von 1 bis etwa 500. HD 140283 liegt auf der *Hauptsequenz* des *Hertzsprung-Russell-Diagramms*. HD 6833 und HD 122563 haben das *Rote-Riesen-Stadium* erreicht und HD 161817 gehört — dies ist das nächste Entwicklungsstadium — zum *Horizontalast* des HRD (Abschn. 26). HD 161817 ist der auch als *Albitzky's* Stern bekannte Schnelläufer mit einer Radialgeschwindigkeit von − 363.4 km/sec; seine Raumgeschwindigkeit relativ zur Umgebung der Sonne ist nur wenig größer. Bei diesem höchst interessanten Stern sind die Häufigkeiten aller schweren Elemente (relativ zur Sonne) um $\Delta \log N = -1.11$, d. h. denselben Faktor ~ 13 reduziert.

Umgekehrt gibt es auch *„metallreiche"* Sterne (z. B. β Virginis). Aber die *Metallanreicherungsfaktoren* gehen nur bis ~ 3 und liegen damit noch nahe am Bereich möglicher systematischer Fehler. (Insbesondere geht — wie eine genauere Betrachtung zeigt — die Bestimmung der *Turbulenz* aus dem Spektrum sehr kritisch ein).

---

[18] Genauer gesagt variieren die relativen Häufigkeiten der schweren Elemente nur innerhalb der Fehlergrenzen $\Delta \log N = \pm 0.1$, die Häufigkeiten dieser Gruppe relativ zu H und He etwa innerhalb ± 0.4. Einzelne gelegentliche Anomalien der am CNO-Zyklus beteiligten Elemente sollen hier außer Betracht bleiben.

20. Strömungen und Magnetfelder in der Sonnenatmosphäre. Der Zyklus der Sonnenaktivität

Studiert man die Sonnenoberfläche genauer, so erscheint sie wie gesprenkelt. Die *Granulation* besteht aus helleren „*Granula*", deren Temperatur sich über die ihrer dunkleren Zwischenräume um 100 bis 200° erhebt. Die Durchmesser der Granulationselemente reichen von den größeren mit 5" bis zur teleskopischen Auflösungsgrenze bei $\sim 1"$ entsprechend 725 km auf der Sonne. Die Lebensdauer eines Granulums bestimmt man aus Reihenaufnahmen zu ~ 8 Minuten.

Sodann beobachtet man leicht die schon von *Galilei* und seinen Zeitgenossen entdeckten dunklen *Sonnenflecke*. Sie erscheinen vorwiegend in zwei Zonen gleicher nördlicher und südlicher heliographischer Breite. Ein typischer Sonnenfleck hat größenordnungsmäßig folgende Struktur und Dimensionen:

	Durchmesser	Fläche in millionstel $\odot$-Hemisphäre	
Umbra (dunkler Kern)	18 000 km	80	(20.1)
Penumbra (etwas hellerer Hof)	37 000 km	350	

Die verringerte Helligkeit im Fleck rührt von einer Abnahme der Temperatur her. In den größten Flecken sinkt die effektive Temperatur von 5780 °K für die normale Sonnenoberfläche ab auf 3700 °K. Dementsprechend gleicht das Spektrum eines größeren Sonnenfleckes weitgehend dem eines K-Sterns; die Erklärung durch die Sahasche Ionisationstheorie haben wir in Abschn. 17 schon vorweggenommen.

Die *Flecke* treten an der Sonnenoberfläche meist in *Gruppen* auf. Eine solche Fleckengruppe (Abb. 20.1) ist umgeben von den helleren *Fackeln*. Außerdem gibt es noch die sog. *polaren Fackeln*, unabhängig von Flecken. Die Helligkeit der Fackeln erhebt sich nur am Sonnenrand um wenige Prozent über die der normalen Sonnenoberfläche. Mit Hilfe von Gl. (18.13) schließt man daraus, daß in den Fackeln nur die oberflächennächsten Schichten (etwa $\tau \leqq 0.2$) um wenige hundert Grad überhitzt sind.

Mit Hilfe der Flecke und — in höheren heliographischen Breiten (s. u.) — der Fackeln etc. kann man die *Rotation der Sonne* studieren. Vom Äquator aus mißt man die *heliographische Breite*. Es zeigt sich, daß die Sonne nicht wie ein starrer Körper rotiert, sondern daß die höheren Breiten gegenüber dem Äquator zurückbleiben:

Heliographische Breite:	0°	20°	40°	70°	
Mittlere siderische Drehung:	14°5	14°2	13°5	$\sim 11°7$ pro Tag	(20.2)
Siderische Rotationsdauer:	24.8	25.4	26.7	~ 31 Tage	

Spektroskopische Messungen des Dopplereffektes am Sonnenrand (Äquatorgeschwindigkeit ~ 2 km/sec) bestätigen dieses Bild innerhalb ihrer Meßgenauigkeit. Die synodische Rotationsdauer (von der Erde aus gesehen) ist entsprechend länger; für die *Fleckenzonen* erhält man den (runden) Wert von 27^d, der die quasiperiodische Wiederkehr vieler geophysikalischer Phänomene bestimmt.

Wie der Apotheker *Schwabe* um 1843 zeigen konnte, wechselt die Fleckenbedeckung der Sonne mit einer im Durchschnitt 11.2jährigen Periode. Dem

Sonnenfleckenzyklus folgen auch alle anderen Erscheinungen der *Sonnenaktivität*, auf die wir noch zurückkommen werden; man spricht daher neuerdings vielfach von dem 11.2jährigen *Zyklus der Sonnenaktivität*. Als deren Maß benutzt man die von *R. Wolf* in Zürich eingeführte sog.

$$\text{(Sonnenflecken-)}Relativzahl\ R = k \cdot (10 \times \text{Zahl der sichtbaren} \atop \text{Fleckengruppen} + \text{Anzahl } aller \text{ Flecke)} \tag{20.3}$$

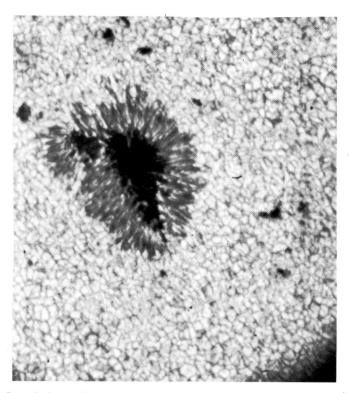

Abb. 20.1. Granulation und Sonnenfleck (Mt. Wilson N° 14357; 1959 August 17, 16^{h}13^m U.T.). In der Umgebung des Flecks einige dunkle „Poren" mit Durchmessern von wenigen Bogensekunden. Aufnahme mit dem 30 cm-Stratosphärenteleskop von *M. Schwarzschild* in 24 km Höhe. Belichtungszeit 0.0015 sec. Empfindlichkeitsbereich 5470 ± 370 Å

— wo *k* eine von der Größe des benützten Fernrohres abhängige Konstante bedeutet — oder die am *Greenwich Observatory* seit *Carrington* photographisch gemessenen Flächen der Umbrae, der ganzen Flecke und der Fackeln

1. direkt in Projektion, in Einheiten von 1 millionstel Sonnen*scheibe*;
2. korrigiert auf perspektivische Verkürzung, in millionstel Sonnen*hemisphäre*.

Einen genaueren Einblick in die — vom 11.2jährigen Zyklus offenbar stark beeinflußten — höheren Schichten der Sonnenatmosphäre gestattet uns die Beobachtung im Licht ihrer Spektrallinien. Letzteres entstammt ja nach Gl. (19.6) einer optischen Tiefe für kontinuierliche plus *Linienabsorption*

$$x_v = \int (\varkappa + \varkappa_v)\,dt \approx \cos\vartheta.$$ (20.4)

So kann man Schichten, deren optische Tiefe im Kontinuum nur $\tau \approx 10^{-3}$ und weniger beträgt, und die also auf gewöhnlichen Aufnahmen gar nicht in Erscheinung treten, getrennt beobachten. An Instrumenten benutzt man:

1. Den *Spektroheliograph (G. E. Hale und H. Deslandres*, 1891), einen großen Gittermonochromator, mit dem das Sonnenbild in einem scharf begrenzten Wellenlängenbereich von ~ 0.03 bis 0.1 Å innerhalb einer Fraunhoferlinie Stück für Stück aufgenommen wird. Die interessantesten Bilder erhält man mit der sehr starken K-Linie von Ca II (λ 3933 Å) bzw. der Wasserstofflinie Hα (λ 6563 Å). Diese *Kalzium- bzw. Wasserstoff-Spektroheliogramme*, welche ziemlich hohen Schichten der Sonnenatmosphäre (-chromosphäre) zuzuordnen sind, bilden eines der wichtigsten Hilfsmittel zur Erforschung der Sonnenaktivität;

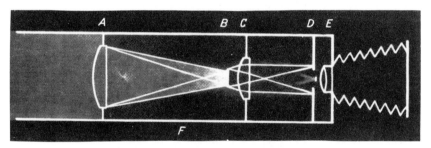

Abb. 20.2. Koronograph nach *B. Lyot* (~ 1930). Das Objektiv *A*, eine einfache Plankonvexlinse aus besonders schlierenfreiem Glas, entwirft ein Sonnenbild bei *B* auf einer Scheibe, die $10''$ bis $20''$ über den Sonnenrand hinausragt und das Licht der Sonnenscheibe beseitigt. Die Feldlinse *C* erzeugt ein Bild der Objektivöffnung bei *D*; hier nimmt eine ringförmige Blende das am Rand von *A* abgebeugte Licht weg. Das Objektiv *E* erzeugt schließlich ein Bild der Korona, Protuberanzen usw. auf der Platte oder auf dem Spalt eines Spektrographen

2. das *Lyotsche Polarisationsfilter (B. Lyot*, 1933/38), welches erlaubt, das ganze Sonnenbild z.B. in der roten Wasserstofflinie Hα 6563 Å mit einem — sogar noch etwas verstellbaren — Wellenlängenband von nur ~ 0.5 bis 2 Å Breite durch *eine* kurze Belichtung zu photographieren. Die „Hα-Filtergramme" erreichen daher noch etwas bessere Bilddefinition als die entsprechenden Spektroheliogramme. *Lyot* hat entsprechende Filter auch für die Koronalinien (s. u.) gebaut.

Die Beobachtung der höchsten Schichten am *Sonnenrand* wird stark beeinträchtigt durch *Streulicht*, das zum Teil von Unreinheiten der Erdatmosphäre und der Optik, zu einem erheblichen Teil aber auch von Beugung des Lichtes an der Eintrittsöffnung (-blende) des Instruments entsteht. Instrumentelles Streulicht vermeidet weitgehend der *Lyotsche Koronograph*, dessen Prinzip wir in Abb. 20.2 vorführen. Daneben bilden immer noch ein unentbehrliches Hilfsmittel zur Erforschung der äußersten Sonnenschichten die *totalen Sonnenfinsternisse*

(Abschn. 4). In Zukunft dürfte sich mit der Beobachtung von *Weltraumfahrzeugen* aus eine ernstliche Konkurrenz entwickeln.

Beobachten wir den *Sonnenrand* zunächst im *Kontinuum*, so nimmt seine Helligkeit nach außen hin rapide ab, sobald die optische Dicke längs des Seh-strahles <1 wird. Die entsprechende optische Dicke in einer stärkeren Fraun-hoferlinie bleibt aber noch Hunderte oder gar Tausende von Kilometern weiter heraus ≧1. Das heißt, das *Fraunhofer*-Spektrum mit seinen *Absorptions*linien geht über in das *Emissions*spektrum der höchsten Schichten der Sonnenatmo-sphäre, der sog. *Chromosphäre*. Dieses wurde zuerst bei der totalen Finsternis 1868 von *J. Janssen* und *N. Lockyer* bemerkt: Wenn der Mond die Sonne bis auf ihren äußersten Rand abdeckt, „blitzt" für wenige Sekunden das Emissions-spektrum der Chromosphäre, das deshalb so genannte *Flashspektrum* (Abb. 20.3), auf. Neuere spektrographische Beobachtungen mit Kinokameras (Zeitauflösung $\sim\frac{1}{20}$ sec!) geben — in Verbindung mit der aus den Ephemeriden berechneten Wanderung des Mondes relativ zur Sonne — ausgezeichnete Auskunft über die Schichtung der Sonnenchromosphäre: Deren Skalenhöhe (entsprechend einer Abnahme der Dichte um jeweils einen Faktor $e = 2.72$) ist größer als man es für eine fast isotherme Atmosphäre der Grenztemperatur $T_0 \approx 4000°$ erwarten sollte, und sie nimmt nach außen hin sogar *zu*.

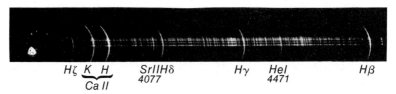

Abb. 20.3. Flashspektrum = Emissionsspektrum der Sonnenchromosphäre. Aufgenommen von *J. Houtgast* bei der totalen Sonnenfinsternis 1952 Februar 25 in Khartoum mit einer Objektivprismen-Kamera von 270 cm Brennweite und 4 cm Öffnung. Belichtung: 0.2 bis 0.9 sec nach dem 2. Kontakt

Während der *Totalität* einer Sonnenfinsternis oder bei möglichst klarer Luft auf hohen Bergen, z.B. dem *Pic du Midi* (2870 m), und mit dem Lyotschen *Koronographen* beobachtet man bis zu mehreren Sonnenradien heraus die *Sonnenkorona* (Abb. 20.4). Auch ihre Form (Abplattung; strahlige Struktur etc.) und Helligkeit hängt, besonders innen, vom 11jährigen Zyklus ab. Die spek-troskopische Analyse unterscheidet folgende Phänomene, die wir z.T. sogleich zu deuten versuchen:

1. Die *innere Korona* ($r \approx 1$ bis 3 Sonnenradien) zeigt ein *völlig kontinuier-liches Spektrum*, dessen Energieverteilung sonst dem normalen Sonnenlicht ent-spricht. Nach *W. Grotrian* nennen wir dies die *K-Korona*. Ihr Licht ist teilweise linear polarisiert. Im Anschluß an *K. Schwarzschild* u. a. führen wir es zurück auf die *Thomson-Streuung* photosphärischen Lichtes an den *freien Elektronen* des offenbar vollständig ionisierten Gases (Plasmas) der Korona. Die Fraunhofer-linien werden dabei durch Dopplereffekt, entsprechend den hohen Geschwin-digkeiten der Elektronen, völlig verwischt.

Aus der Helligkeitsverteilung der K-Korona kann man die mittlere (d. h. abgesehen von Inhomogenitäten) *Elektronendichte* N_e als Funktion des Abstandes r vom Sonnenmittelpunkt berechnen[19].

Man findet z. B. für die (runde) Maximumskorona:

$r = 1.03$	1.1	1.5	2.0	2.5	3.0	Sonnenradien $(7 \cdot 10^{10}$ cm)
$N_e = 3.2 \cdot 10^8$	$1.6 \cdot 10^8$	$1.6 \cdot 10^7$	$2.8 \cdot 10^6$	$8.3 \cdot 10^5$	$3.2 \cdot 10^5$	Elektronen pro cm³

Abb. 20.4. Sonnenkorona, nahe dem Fleckenminimum. Bei der Finsternis 1952 Februar 25, 9^h 10^m U. T. in Khartoum aufgenommen von *G. van Biesbroeck* mit einer Kamera von $f = 6.1$ m Brennweite und 15 cm Öffnung. 103a-E-Platte mit Gelbfilter; 1.5 min Belichtung. Die Minimums-Korona zeigt im Bereich der Fleckenzonen ausgedehnte „Strahlen" (streamers), über den Polkappen die feineren „Polarbüschel". Die Maximums-Korona ist mehr rundlich gestaltet

---

[19] Man kennt die Verteilung der *Beleuchtungsstärke* und den *Thomson-Streukoeffizienten* pro freies Elektron $\sigma_{el} = \dfrac{8\pi}{3}\left(\dfrac{e^2}{mc^2}\right)^2 = 0.665 \cdot 10^{-24}$ cm², der übrigens (bis auf den Faktor $\tfrac{8}{3}$) dem klassischen Querschnitt des Elektrons entspricht.

2. In der *inneren Korona* beobachtet man in Emission die sog. *Koronalinien*, deren Identifikation eines der großen Rätsel der Astrophysik blieb, bis es 1941 *B. Edlén* gelang, sie als verbotene Übergänge in hochionisierten Atomen zu deuten. Die stärksten und wichtigsten sind (Tab. 20.1):

Tab. 20.1. Koronalinien

	Rote Koronalinie	Grüne Koronalinie	Gelbe Koronalinie
λ	6374.51	5302.86	5694.42 Å
Spektrum	[FeX]	[FeXIV]	[CaXV]
Vorhergehende Ionisations- spannung χ_{r-1}	235	355	820 eV
Übergang:	$3s^2 3p^5 \, ^2P^\circ_{\frac{3}{2}} - \, ^2P^\circ_{\frac{1}{2}}$	$3s^2 3p \, ^2P^\circ_{\frac{1}{2}} - \, ^2P^\circ_{\frac{3}{2}}$	$2s^2 2p^2 \, ^3P_0 - \, ^3P_1$
Elektronen- temperatur T_e (Ionisation)	1.2	1.9	$2.5 \cdot 10^6$ °K

Mit Sicherheit konnte man weiterhin identifizieren entsprechende Linien der Elemente A, K, Ca, V, Cr, Mn, Fe, Co. Die Ionisierungsspannungen von mehreren hundert e-Volt deuteten mit Nachdruck auf eine Elektronentemperatur von mehreren Millionen Grad. Und nun bemerkte man, daß in der Tat noch eine ganze Reihe weiterer Phänomene auf Koronatemperaturen von 1 bis $3 \cdot 10^6$ °K hinwiesen:

a) Die *Dichteverteilung* $N_e(r)$ führt in Verbindung mit der hydrostatischen Gleichung bzw. der barometrischen Höhenformel (Gl. 7.3 und 4) z.B. für den äquatorialen Bereich der Minimumkorona auf eine Temperatur von $1.4 \pm 0.1 \times 10^6$ °K in Übereinstimmung mit den sogleich zu besprechenden optischen und Radio-Beobachtungen.

b) Die *Ionisation* in der Korona darf man, da ein Strahlungsfeld entsprechend 10^6 Grad sicher fehlt, *nicht* nach der Sahaschen Formel (LTE) berechnen. Die neueste Berechnung der einzelnen Ionisations- und Rekombinationsprozesse führt für die Maxima der in Tab. (20.1) aufgeführten Linien auf Temperaturen von 1.2 *bis* $2.5 \cdot 10^6$ °K. Etwa in diesem Bereich variiert offenbar die Temperatur in der Korona örtlich und zeitlich.

c) Führt man die von *B. Lyot, D.E. Billings* u.a. gemessenen *Breiten der Koronalinien* im Sinne von Gl. (19.9) auf thermischen Dopplereffekt zurück, so erhält man für verschiedene Linien 1.7 bis $3.7 \cdot 10^6$ °K. Daß diese Temperaturen höher sind, als die aus der Ionisation abgeleiteten, kann man auf mehr oder weniger turbulente Strömungen mit ungefähr ± 20 km/sec zurückführen.

d) Mit Hilfe von Raketen und Satelliten (insbesondere der Serie *OSO = Orbiting Solar Observatory*) aufgenommene Sonnenspektren im *Röntgen- und Lymangebiet*, d.h. von einigen Å bis ~ 1500 Å zeigen in erster Linie das Emissionsspektrum der inneren Korona mit zahlreichen erlaubten und verbotenen *Linien hoher Ionisationsstufen* der häufigeren Elemente. Das Auftreten dieser Linien und ihre große Intensität bestätigen die hohe Temperatur der Korona.

Im Röntgengebiet erhält man außer den Linien noch die frei-frei und frei-gebunden-*Kontinua* (vgl. Abb. 17.1) des koronalen Plasmas mit ~ 1 bis $3 \cdot 10^6\,$°K. *Röntgenaufnahmen* der Sonne mit dem *Wolter*-Teleskop und Filtern zur Abgrenzung des wirksamen Wellenlängenbereichs (z. B. 8—12 Å) zeigen am Sonnenrand die K-Korona mit ihren charakteristischen Strahlen und auf der Scheibe die Aktivitätsgebiete, über denen sich — wie auch die Beobachtungen im optischen Gebiet zeigen — die heißeren und dichteren *Koronakondensationen* befinden. Deren Bereich deckt sich weitgehend mit dem der Fackelflächen oder „Plages faculaires" (Deslandres) der Kalzium-Spektroheliogramme. Gegenüber der Emission der Korona mit 1 bis $3 \cdot 10^6\,$°K tritt im Röntgengebiet das im sichtbaren überwiegende Kontinuum der Photosphäre mit $\sim 6000\,$°K überhaupt nicht mehr in Erscheinung.

e) Die *thermische Radiofrequenzstrahlung* der Sonne können wir deuten als frei-frei-Strahlung der Sonnenkorona. Man beobachtet sie im Spektralgebiet der Millimeter-, Zentimeter- und Dezimeterwellen, während bei größeren Wellenlängen meist die nicht-thermischen Komponenten überwiegen. Die Schwankungen der thermischen Strahlungsintensität im Verlauf von Tagen und Monaten erlauben ihre Zerlegung in die *stets* vorhandene *Strahlung der ruhigen Sonne* und in die von den Koronakondensationen herrührende *langsam veränderliche Strahlung*. Am Sonnenrand und in Verdichtungen der Korona wird stellenweise sogar eine optische Dicke >1 erreicht, so daß wir direkt die Schwarze-Körper-Strahlung messen können. Auch ihre Temperatur — welche wieder der Elektronentemperatur entspricht — beträgt ~ 1 bis $3 \cdot 10^6\,$°K.

3. *Die äußere Korona.* In einiger Entfernung vom Sonnenrand und nach außen relativ zur K-Korona rasch zunehmend, beobachtet man photosphärisches Streulicht *mit unveränderten Fraunhoferlinien*. Im Anschluß an *W. Grotrian*, der diese Komponente als die F-Korona (Fraunhofer-Korona) bezeichnete, wiesen 1946/47 *C. W. Allen* und *H. C. van de Hulst* darauf hin, daß sie durch *Tyndallstreuung*, d.h. überwiegende Vorwärtsstreuung an kleinen Partikelchen (etwas größer als die Wellenlängen des Lichtes) entstehe, die so weit von der Sonne entfernt sind, daß sie nicht mehr bis zum Verdampfen erhitzt werden. Messungen der Verteilung von Helligkeit und Polarisation in der äußeren Korona, besonders die Beobachtungen *Blackwell*s von Stratosphärenflugzeugen aus, zeigten — wie schon *Grotrian* vermutet hatte —, daß die F-Korona nichts anderes ist als der innerste Teil des *Zodiakallichtes*. Die F- oder Staubkorona bzw. das Zodiakallicht gehören also gar nicht zur Sonne und werden von dieser verhältnismäßig wenig beeinflußt.

Doch wir wollen uns hier nicht weiter mit dem interplanetaren Staub (vgl. auch Abb. 8.4) beschäftigen, sondern setzen unser Studium der K-Korona, der eigentlichen *Sonnenkorona* fort: Da die Temperatur von den $\sim 4000°$ der unteren Chromosphäre zu den 1 bis $3 \cdot 10^6\,$°K der Korona irgendwie ansteigen muß, erscheint es nicht mehr erstaunlich, daß schon in der höheren Chromosphäre Linien hoher Ionisations- und Anregungsspannungen mit großer Intensität auftreten, u. a. die

	Anregungs- spannung (eV)	Ionisations- spannung (eV)
Balmerlinien des Wasserstoffs	10.15	13.54
He I-Linien, z. B. D_3 λ 5876 Å	20.87	24.48
He II-Linien, z. B. 4—3; λ 4686 Å	48.16	50.80

Übrigens ist die D_3-Linie des „Sonnenelementes" ja zuerst 1868 von *P. J. C. Janssen* auf der Sonne beobachtet worden; erst 1895 gelang es *W. Ramsay*, das Helium aus terrestrischen Mineralien zu isolieren.

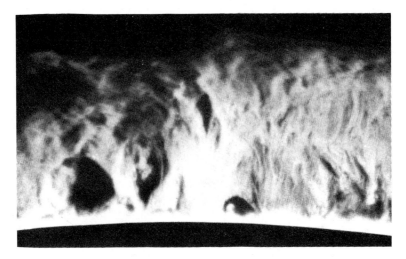

Abb. 20.5. Die ruhenden Protuberanzen (Filamente) haben im Ganzen die Gestalt eines dünnen Blattes, das mit mehreren „Füßchen" nahezu senkrecht auf der Sonnenoberfläche steht: Dicke $\sim$6600 km (4000—15000 km), Höhe $\sim$42000 km (15000—120000 km), Länge $\sim$200000 km (bis $1.1 \cdot 10^6$ km). Die Detailaufnahme vom Sacramento Peak Observatory (im Hα-Licht) zeigt fädige Strukturen, in denen die Materie mit Geschwindigkeiten der Größenordnung 10—20 km/sec auf- oder abwärtsströmt. Die Gestalt aller Protuberanzen wird offensichtlich durch solare Magnetfelder mitbestimmt

Dem Spektrum der höheren Chromosphäre (ca. 2000—10000 km über dem Sonnenrand) gleicht weitgehend das der Protuberanzen: Diese „Wolken in der Korona" zeigen in ihrem Spektrum neben schwachen Linien neutraler Metallatome, wie NaD, Ca I 4227 etc., sehr stark die Kalziumlinien H + K λ 3933/68, Hα λ 6563 und die anderen Wasserstofflinien sowie die He D_3-Linie λ 5876 und sogar (schwach) He II λ 4686. Die zusammen mit den bekannten Linien des Fraunhoferspektrums von *denselben* Volumelementen ausgestrahlten Linien von H I, He I und He II werden offenbar durch das intensive Strahlungsfeld der Übergangsschicht und der Korona im kurzwelligen Ultraviolett (nicht-thermisch) angeregt. Die *ruhenden Protuberanzen* (Abb. 20.5) behalten ihre Gestalt mit geringen Änderungen (Strömungen von $\sim$ 10 km/sec) oft wochenlang bei. Gelegentlich aber werden sie — ohne äußere Vorzeichen — mehr oder weniger ruckartig auf Geschwindigkeiten von 100 km/sec und gelegentlich $\sim$600 km/sec beschleunigt.

Solche eruptive oder *aufsteigende Protuberanzen* (Abb. 20.6) können dann in den interplanetaren Raum entweichen. Alle Protuberanzen haben eine eigentümlich fädige Struktur. Auch die höheren Chromosphärenschichten sehen bei genauerer

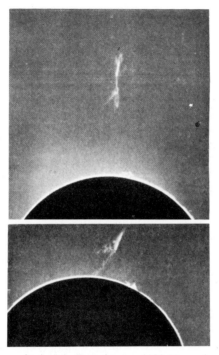

Abb. 20.6. Eruptive oder aufsteigende Protuberanz 1928 November 19. Zeitlicher Abstand der beiden Aufnahmen 1^h 11^m. Größte Höhe: 900000 km über dem Sonnenrand. Maximale Geschwindigkeit: 229 km/sec

Abb. 20.7. Spicules am Sonnenrand (die Scheibe ist abgedeckt) in Hα. Die mittlere Höhe dieser von *A. Secchi* zuerst beschriebenen Strukturen über dem Sonnenrand ist $\sim$ 8000 km; ihre Dicke ca. 500—1000 km; sie bewegen sich mit Geschwindigkeiten von ca. 20 km/sec auf- oder (seltener) abwärts; Lebensdauer ca. 2 bis 5 Minuten. Die Richtung der Spicules folgt lokalen Magnetfeldern

Beobachtung z. B. mit dem Hα-Lyotfilter aus wie eine „brennende Prärie" von kleinen Protuberanzen, den sog. *Spicules* (Abb. 20.7), die sich mit Geschwindigkeiten von $\sim$ 10 km/sec auf- oder abwärtsbewegen.

In Abb. 20.8 zeigen wir noch kurz die Verknüpfung der Sonnenflecke, Protuberanzen, Korona etc. im Rahmen des 11.2jährigen Zyklus der Sonnenaktivität.

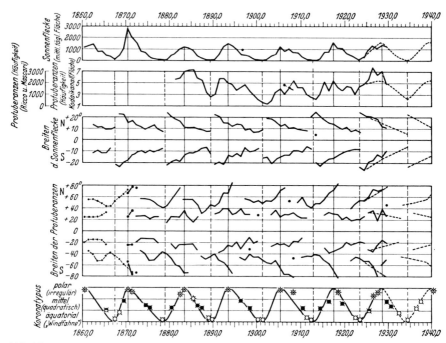

Abb. 20.8. 11.2jähriger Zyklus der Sonnenaktivität (nach *W. J. S. Lockyer*). Fläche und Verteilung in heliographischer Breite der Sonnenflecke und der Protuberanzen. Gestalt der Korona

Dann aber müssen wir uns vor allem die Frage vorlegen nach ihrer Deutung. Offenbar genügt hier das Bild einer statischen Atmosphäre im Strahlungsgleichgewicht nicht mehr; vielmehr ist alles in Bewegung und voller Strömungen!

So fragen wir zuerst: Welche „*thermodynamische Maschine*" erzeugt die von diesen Strömungen ständig benötigte *mechanische Energie*, wobei (nach dem II. Hauptsatz der Thermodynamik) gleichzeitig Wärmeenergie von höherer auf tiefere Temperatur übergehen muß? Diese Aufgabe erfüllt die sog. *Wasserstoffkonvektionszone* (*A. Unsöld*, 1931): Von den tieferen photosphärischen Schichten, d. h. $\log P_g \approx 5.2$ und $T \approx 6500\,°K$ abwärts bis etwa $\log P_g \approx 12$ und $T \approx 10^6\,°K$ ist die Sonnenatmosphäre *konvektiv instabil*. Oberhalb dieser Schicht, deren Dicke $\sim \frac{1}{10}$ Sonnenradius entspricht, ist der *Wasserstoff* (das häufigste Element!) praktisch *neutral*, innerhalb der Schicht ist er teilweise ionisiert, unterhalb derselben ist die *Ionisation vollständig*. Nun geschieht folgendes: Wenn ein Volumelement mit teilweise ionisiertem Gas aufsteigt, so beginnt der Wasserstoff zu rekombinieren, und bei jedem Rekombinationsprozeß werden 13.6 eV (bei $10\,000\,°K$ entspricht dies $16\,kT$) der thermischen Energie (pro Teilchen $\frac{3}{2}kT$) zugefügt. Dadurch wird die adiabatische Abkühlung so sehr verringert, daß das effektive Verhältnis der spezifischen Wärmen c_p/c_v sich der Eins nähert und das aufsteigende Gasvolumen *wärmer* wird als seine neue Umgebung im Strahlungsgleichgewicht. Das Volumelement steigt also weiter auf. Genau umgekehrt verhält es sich mit einem absinkenden Volumelement. Dieser Effekt wird noch verstärkt durch den entgegengesetzten Einfluß der Ionisation auf den Strahlungs-Temperaturgradienten, und wir erhalten eine Zone mit *Konvektionsströmungen*.

Bei $\log P_g \geqq 5.3$ übernimmt die Konvektion praktisch den gesamten Energietransport; der Strahlungsenergietransport wird in den tieferen Schichten der Konvektionszone bedeutungslos.

Während die Thermodynamik der Wasserstoffkonvektionszone ziemlich einfach und übersichtlich ist, gehört ihre *Hydrodynamik* mit zu den schwierigsten Problemen der Strömungslehre. Durchgerechnet sind nur Modelle mit dem ziemlich groben *Mischungsweg*-Ansatz nach *W. Schmidt* und *L. Prandtl*: Ein Gasballen der Dimensionen *l* soll eine Art freie Weglänge derselben Größenordnung *l* zurücklegen und dann seinen *Temperatur*überschuß, seinen Impuls usw. durch Vermischung mit der Umgebung plötzlich abgeben (offensichtlich eine sehr grobe Schematisierung der höchst komplizierten Konvektionsströmungen).

Die *Sonnengranulation* läßt sich nun zuordnen der besonders starken Instabilität einer wenige hundert km dicken *Oberflächenschicht* der Wasserstoffkonvektionszone. Die Granula sind von der Größenordnung der Dicke dieser Zone, aber auch nicht viel größer als die dortige Äquivalenthöhe der Atmosphäre.

Neben der Granulation gibt es noch ein zweites, *gröberes Netz* von Konvektionszellen, dessen Maschen Durchmesser von 15 000—40 000 km haben. Man sieht es besonders deutlich auf den Ca II-Spektroheliogrammen (sog. Kalziumflocculi), welche einer ziemlich hohen Schicht der Sonnenatmosphäre angehören. Die Strömung geht in der Mitte der Zellen hoch, mit ~ 0.4 km/sec radial nach außen und am Rand wieder nach unten. Die *Lebensdauer* dieser Zellen (etwa gleich ihrer Umwälzungsdauer) beträgt ~ 20 Stunden. Da ihr Durchmesser etwa der Dicke der Wasserstoffkonvektionszone entspricht, erscheint es verlockend, sie einer Strömung durch die *ganze* Konvektionszone zuzuordnen.

Im Sonnen*spektrum* tragen die bis jetzt behandelten Strömungen von ~ 0.5 bis 2.5 km/sec dazu bei, daß die Fraunhoferlinien durch Dopplereffekt eine sägeartige Struktur erhalten und im Mittel *verbreitert* werden. Soweit die bewegten Volumelemente optisch dünn sind, überlagern sich ihre Dopplereffekte einfach denen der thermischen Bewegung: Man erhält so die sog. *Mikroturbulenz*, welche die rein thermischen $\Delta\lambda_D$ um Faktoren der Größenordnung 1.2 bis 2 vergrößert. Die Dopplereffekte der etwas rascheren Strömungen in den *Spicules* der höheren Chromosphäre machen sich analog in den *Dopplerkernen* der starken Fraunhoferlinien bemerkbar.

Wir wollen uns hier nicht in Details verlieren, sondern untersuchen sogleich die aufregende Frage, weshalb von der *Chromosphäre* bis zur *Korona*, d.h. im Bereich der dazwischen liegenden *Übergangsschicht* von nur $\sim 15 000$ km Dicke, die *Temperatur* von ca. 4000° auf ~ 1 bis 3 Millionen Grad nach außen hin *ansteigt*? Nach dem *II. Hauptsatz der Thermodynamik* kann dieses Aufheizen der höchsten Atmosphärenschichten der Sonne, entgegen dem „natürlichen" (d.h. entropieerzeugenden) Temperaturgefälle von innen nach außen, nur durch *mechanische Energie* oder andere „geordnete" Energieformen großer negativer Entropie erfolgen.

In der Tat können wir im Anschluß an *M. Schwarzschild* und *L. Biermann* zeigen, daß in den höheren Schichten einer teilweise konvektiven Atmosphäre der mechanische Energietransport gegenüber dem Strahlungsenergietransport immer mehr an Bedeutung gewinnt. In dem turbulenten Strömungsfeld der Photosphäre entstehen nämlich, wie *Proudman* und *Lighthill* genauer untersucht

haben, zunächst *Schallwellen*. Außerdem bilden sich in dem Plasma der Sonnenatmosphäre unter Mitwirkung der mit diesem verbundenen Magnetfelder (s. u.)
magnetohydrodynamische Wellen, in denen mit den Schwingungen der Materie
ein entsprechend veränderliches Magnetfeld gekoppelt ist. Alle diese Wellen
dringen in die höheren und dünneren Schichten der Sonnenatmosphäre empor
und steilen sich dabei zu *Stoßwellen* auf[20]. Deren Energie wird verhältnismäßig
rasch dissipiert, d. h. wieder in Wärme verwandelt, und da bei kleinen Dichten
und hohen Temperaturen das Abstrahlungsvermögen der Solarmaterie immer
schlechter wird, steigt die Temperatur T, bis die Atmosphäre einen neuen Modus
des Energietransportes gefunden hat. Dieser besteht — wie *H. Alfvén* bemerkt
hat — darin, daß bei hinreichend hoher Temperatur und steilem Temperaturgefälle nach innen (!) die *Wärmeleitung durch die freien Elektronen des Plasmas*
(ähnlich dem hohen Wärmeleitvermögen der Metalle) ausreicht, um die Energie
nach *innen* abzuführen, wo sie schließlich abgestrahlt wird.

Die erwähnte *Übergangsschicht*, wo innerhalb von $\sim$15 000 km sich der
Übergang von wenigen Tausend zu Millionen Grad vollzieht, ist erst durch die
Radioastronomie und die Weltraumforschung besser erschlossen worden. Im
Radiogebiet ist der frei-frei-Absorptionskoeffizient des Plasmas bei der Frequenz
ν proportional $N_e^2/T^{3/2}\,\nu^2$. Mit höheren Frequenzen kann man also immer weiter
in die Sonnenatmosphäre „hineinschauen". Das Radiospektrum der ruhigen
Sonne im Bereich der mm- bis dm-Wellen gibt uns so geradezu ein Abbild der
Temperatur- und Druckverteilung in der Übergangsschicht. Andererseits sind
in dem von Raketen und Satelliten aus zugänglich gewordenen *Lyman- und
Röntgengebiet* die Emissionslinien vieler Ionen mit einem weiten Bereich von
Ionisations- und Anregungsspannungen vertreten. Aus den Intensitäten dieser
Linien — verglichen mit dem Elektronenstreuungskontinuum der K-Korona —
konnten *S. R. Pottasch* u.a. die *Häufigkeiten* der betreffenden Elemente relativ
zum Wasserstoff bestimmen (Tab. 19.1), in guter Übereinstimmung mit den aus
den Absorptionslinien der Photosphäre erhaltenen Werten.

Durch Kombination der Beobachtungen im Radiogebiet, im Sichtbaren
(Finsternisse, Koronograph) und im extremen Ultraviolett (XUV; Satelliten)
hat sodann *D. Reimers* (1971) ein *Modell* der Übergangsschicht und inneren
Korona, zunächst für den Äquator beim Fleckenminimum, konstruiert (Tab.
20.2). Der steile Temperaturanstieg zum Temperaturmaximum mit $1.4 \cdot 10^6$ °K
verlangt einen *mechanischen Energiestrom* — der letzten Endes aus der Wasserstoffkonvektionszone abgezweigt wird — von $5.8 \cdot 10^5$ erg cm^{-2} sec^{-1}, d. h. nur
den $\sim 10^5$-ten Teil des Gesamtenergiestromes der Sonne.

Die merkwürdigen fadenartigen Strukturen der *Protuberanzen*, die Polarbüschel der *Korona* im Fleckenminimum wie auch die riesigen *Koronastrahlen*
über großen Aktivitätszentren und nicht zuletzt die Strömungsstrukturen, welche
man auf den Hα-*Spektroheliogrammen* in der Umgebung der Sonnenflecke beobachtet (*G. E. Hales* sog. hydrogen-vortices) haben schon früh den Verdacht

---

[20] Die Energiedichte der Schallwellen ist $\sim$ Dichte $\rho \times$ (Geschwindigkeitsamplitude $v)^2$.
Läuft die Welle mit Schallgeschwindigkeit c in ein dünneres Medium, so wächst v^2 ent-
sprechend. Kommt v in die Größenordnung der Schallgeschwindigkeit und geht also die
Machzahl $M = v/c \rightarrow 1$, so kommt es zur Ausbildung von Stoßwellen.

Tab. 20.2. Übergangsschicht und innere Korona der Sonne. Modell für Äquator und Fleckenminimum nach *D. Reimers* (1971). (Die Höhenskala kann möglicherweise noch um ±1000 km
verschoben werden.) Das Temperaturmaximum, von dem aus die Temperatur nach außen
nur ganz langsam abnimmt, ist durch Fettdruck hervorgehoben

Höhe [km] über dem ⊙-Rand	$T\,[{}^\circ K]$	Elektronendichte $N_e\,[\mathrm{cm}^{-3}]$	
Übergangs- 2970	25 000	$1.3\cdot10^{10}$	
schicht 3000	63 000	$5.2\cdot10^{9}$	Radiospektrum
3030	160 000	$2.0\cdot10^{9}$	
3200	400 000	$8.0\cdot10^{8}$	XUV-Spektren
8000	$1.0\cdot10^{6}$	$2.8\cdot10^{8}$	
Korona **20 000**	$\mathbf{1.4\cdot10^{6}}$	$1.7\cdot10^{8}$	
100 000	$1.4\cdot10^{6}$	$6.2\cdot10^{7}$	K-Korona (Finsternis)

erregt, daß in der Sonnenphysik die Anwendung der *Hydrodynamik* (die man
damals noch völlig „naiv" betrieb!) nicht der Weisheit letzter Schluß sei, sondern
daß hier außerdem *Magnetfelder* eine wesentliche Rolle spielen könnten. So
suchte der geniale *G. E. Hale* 1908 im Spektrum der *Sonnenflecke* nach dem
Zeemaneffekt, d.h. der magnetischen Aufspaltung, z.B. der Linie FeI 6173 mit
Hilfe einer Polarisationsoptik, welche abwechselnd die rechts- bzw. links-zirkular
polarisierten äußeren Zeeman-Komponenten — bei Beobachtung längs der
magnetischen Feldlinien — ausschaltet. Er entdeckte Magnetfelder, die in den
größten Flecken ∼4000 Gauß erreichen. Es zeigte sich weiter, daß die beiden
Flecke (bzw. Hälften) einer sog. *bipolaren Fleckengruppe* wie ein Hufeisenmagnet
stets einen N- und einen S-Pol zeigen. Schließlich zeigte eine lange Beobachtungs-
reihe von *Hale* und *Nicholson*, daß der — im Sinne der Sonnenrotation — in
einer solchen Gruppe vorangehende Fleck auf der Nord- bzw. Südhemisphäre
der Sonne stets das entgegengesetzte Vorzeichen hat und daß dieses von Zyklus
zu Zyklus alterniert, so daß also die wahre Dauer des Fleckenzyklus 2 × 11.2
Jahre beträgt!
　　Nachdem alle rein thermodynamischen Ansätze zur Erklärung der tiefen
Temperatur der Flecke gescheitert sind, müssen wir wohl annehmen, daß in der
Tiefe der Flecke der *konvektive* Energiestrom durch das Magnetfeld stark *ge-
bremst* wird.
　　H. W. und *H. D. Babcock* gelang es 1952 mit einer erheblich verfeinerten Appa-
ratur, auf der Sonne noch Zeemaneffekte von 1—2 Gauß zu registrieren, deren
Aufspaltung nur einem winzigen Bruchteil der Linienbreite entspricht. Es zeigte
sich, daß die Fackelgebiete bzw. — genauer gesagt — die *plages faculaires* der
CaII-Spektroheliogramme in der Umgebung der Fleckengruppen durchweg
Felder der Größenordnung ∼10 bis 100 Gauß aufweisen und anscheinend von
diesen verursacht werden. Da sich über den „plages" auch die verstärkten Gebiete
der Korona, die sog. *Koronakondensationen*, befinden, drängt sich die Vorstellung auf, daß mäßig starke Magnetfelder den „mechanischen Energietransport"

aus der Photosphäre in die höheren Schichten der Chromosphäre und Korona begünstigen.

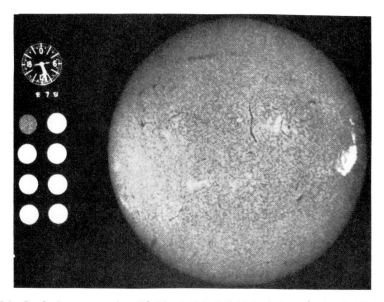

Abb. 20.9. Große Sonneneruption (3^+-Flare) 1961 Juli 18 (rechts); war mit erheblicher Aussendung kosmischer Ultrastrahlungsteilchen verknüpft. Hα-Überwachungsaufnahme vom Cape Observatory. Etwas oberhalb der Mitte der Sonnenscheibe sieht man ein langgestrecktes Filament, d.h. eine Protuberanz (vgl. Abb. 20.6) in Absorption. Links: Photometrische Intensitätsmarken und Zeitangabe

Vielleicht hängt damit zusammen die noch ganz rätselvolle Erscheinung der *Sonneneruptionen* (nicht zu verwechseln mit den eruptiven Protuberanzen!) oder *Flares* (Abb. 20.9): Beobachtet man eine Fleckengruppe (Aktivitätszentrum) in der Hα- oder CaII-K-Linie, so zeigen die „plages faculaires", die Fackelflächen, zwischen den Flecken und in ihrer Umgebung Strukturen von der Größenordnung weniger tausend km mit kleineren unregelmäßigen Helligkeitsschwankungen und Bewegungen. *Plötzlich* verschmelzen viele etwas hellere Strukturen; dann flammt, bei einer großen 3^+-Eruption (man klassifiziert die „Bedeutung" der Eruptionen als 1, 2, 3 und 3^+), ein Gebiet von 2—$3 \cdot 10^{-3}$ der Sonnenhemisphäre — entsprechend einer ganzen Fleckengruppe — in den Linien Hα, CaII K... hell auf. Die Hα-Emissionslinie erreicht in der Mitte eine Intensität bis zum ~ 3fachen des normalen Kontinuums und eine Breite von vielen Ångström. Die Dauer der Flares variiert von der Größenordnung einer Sekunde bei den winzigen „Mikroflares" von $\sim 1''$ Durchmesser bis zu mehreren Stunden bei den riesigen 3^+-Flares. Die Entstehung der Flares bringt man vielfach — in ziemlich vager Weise — in Zusammenhang mit irgendeiner Instabilität des Magnetfeldes der Fleckengruppe. Verf. möchte das Charakteristische eher darin erblicken, daß der „mechanische Energiestrom", welcher u. a. die Fackeln und die Korona heizt, so *plötzlich* „aufgedreht" wird, daß die Energie nicht entweichen kann und so eine Explosion entsteht. Eine gewöhnliche Fackelfläche verhielte sich zu einem Flare dann etwa wie das Abbrennen von Dynamit zu seiner Detonation.

Mit dem Flare verknüpft ist die Emission von *Korpuskularstrahlung* eines großen Energiebereichs. Plasmawolken, die etwa einen Tag später auf der Erde eintreffen und also eine Geschwindigkeit von ~ 2000 km/sec haben, rufen dort *magnetische Stürme* (Sudden Commencement) und *Polarlichter* hervor. Große Flares liefern, wie *Forbush* und *Ehmert* fanden, auch einen solaren Beitrag zur *Ultrastrahlung* mit Teilchenenergien von 10^8 bis 10^{10} eV. Deren chemische Zusammensetzung entspricht weitgehend der gewöhnlichen Solarmaterie.

Mit den Flares, aber auch mit weniger spektakulären Äußerungen der Sonnenaktivität verknüpft ist weiterhin der nichtthermische Anteil der *Radiofrequenzstrahlung der Sonne*.

Deren Analyse mit Hilfe des *Radiofrequenz-Spektrometers*, das die Intensität in einem großen Frequenzbereich als Funktion der Zeit aufzeichnet, führte *J. P. Wild* und seine Mitarbeiter in Australien zur Unterscheidung mehrerer *Typen* von „*Bursts*" oder Radiostrahlungsausbrüchen (Abb. 20.10). Zum Verständnis müssen wir vorausschicken, daß aus einem Plasma der Elektronendichte N_e elektromagnetische Wellen, deren Frequenz unterhalb der sog. kritischen oder Plasmafrequenz

$$v_0 = \sqrt{\frac{e^2}{\pi m} N_e} \cong 9 \cdot 10^{-3} \sqrt{N_e} \, [\text{MHz}] \tag{20.5}$$

liegt, *nicht* austreten können, da dann der Brechungsindex < 0 ist. So kann also Radiofrequenzstrahlung einer bestimmten Frequenz in der Korona nur *oberhalb* einer bestimmten Schicht entstanden sein.

Die sog. Typ II- und Typ III-Bursts zeigen nun (Abb. 20.10) eine langsame bzw. rasche Verschiebung ihres Frequenzbandes zu niedrigeren Frequenzen hin. Daraus kann man schließen, daß das erregende Agens mit Geschwindigkeiten der Größenordnung 1000 km/sec bei Typ II und bis $\sim 0.4 \times$ Lichtgeschwindigkeit bei Typ III durch die Korona fegt. Die sog. Typ IV-Ereignisse emittieren über längere Zeit ein Kontinuum, das ein breites Frequenzband überdeckt; hier handelt es sich wohl um Synchrotronstrahlung der schnellen Elektronen.

Seit 1967 können *J. P. Wild* und seine Mitarbeiter am Culgoora-Observatory in Australien die Bewegungen der verschiedenartigen Burst-Quellen auf und außerhalb der Sonnenscheibe bei 80 MHz (λ 3.75 m) direkt auf dem Leuchtschirm des *Radioheliographen* beobachten. Mit Hilfe von 96 geeignet zusammengeschalteten Parabolantennen von je 13 m Durchmesser, die auf einem Kreis von 3 km Durchmesser aufgestellt sind, kann man die Sonne und Korona mit einem Gesichtsfeld von $2°$ Durchmesser und 2 bis $3'$ Auflösung abtasten. Pro Sekunde erhält man je ein Bild zweier Polarisationen (rechts- und linkszirkular oder 2 Richtungen linear). Die Beobachtungen bestätigen die Aussagen der Radiospektren. Auf die schwierige plasmaphysikalische Deutung der verschiedenen Burst-Typen können wir hier leider nicht eingehen.

Wie die vorhergehenden Rundblicke zeigen, ist eines der wichtigsten Anliegen der heutigen Astrophysik — und gleichzeitig der Kernfusionstechnik! — die Theorie der Strömung gut leitender Materie in Verknüpfung mit Magnetfeldern,

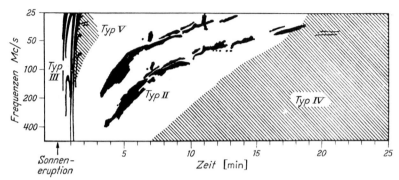

Abb. 20.10. Dynamisches (d. h. zeitabhängiges) Radiospektrum im Meterwellen-Gebiet nach *J. P. Wild.* Es zeigt (etwas schematisiert) den Ablauf der „Bursts" verschiedener Typen im Gefolge einer großen *Sonneneruption* (Flare). $\begin{Bmatrix} \text{Niedere} \\ \text{Höhere} \end{Bmatrix}$ Frequenzen $\begin{Bmatrix} \text{oben} \\ \text{unten} \end{Bmatrix}$ entstehen (im allgemeinen) in $\begin{Bmatrix} \text{höheren} \\ \text{niederen} \end{Bmatrix}$ Schichten der Korona; man kann aus dem dynamischen Spektrum das langsamere (Typ II) oder raschere (Typ III) Aufsteigen des erregenden Agens ablesen. Typ II- und Typ III-Bursts zeigen häufig eine harmonische 2:1-Oberwelle

die *Magnetohydrodynamik* oder *Hydromagnetik.* Aus den grundlegenden Arbeiten von *H. Alfvén, T. G. Cowling* u. ä. können wir entnehmen: 1. Praktisch alle kosmischen Plasmen haben eine sehr hohe *elektrische Leitfähigkeit* σ. 2. Haben wir in einem ruhenden Leiter ein Magnetfeld H, so erzeugt dessen Veränderung Induktionsströme, die (wie bei dem bekannten Wirbelstromversuch) nur langsam abklingen. In der Wechselstromtechnik ist diese *Abklingzeit* τ gegeben durch das Verhältnis von Selbstinduktion L zu Widerstand R. Letzterer ist aber $\sim 1/\sigma$. Da σ (in elektrostatischen Einheiten) die Dimension [$\sec^{-1}$] hat, muß zur Bildung von τ noch ein Faktor der Dimension [$\sec^2$] hinzukommen. Dies kann nur x^2/c^2 sein, wo x die Längendimensionen des Leiters und c die Lichtgeschwindigkeit bedeutet. Tatsächlich erhält man aus den Maxwellschen Gleichungen

$$\tau \approx \frac{\pi \sigma}{c^2} \cdot x^2 \,. \qquad (20.6)$$

Die Art der Abhängigkeit $\tau \sim x^2$ zeigt, daß Ausbreitung und Abklingen eines Magnetfeldes in einem *ruhenden* Leiter den Charakter eines Diffusionsvorganges haben. 3. Lassen wir *Bewegungen* des leitenden Mediums zu, so kommt es darauf an, ob sich das Magnetfeld H rascher unabhängig von der Materie durch Diffusion ausbreitet oder „*in der Materie eingefroren*" bleibt. Wenn *Alfvén*'s Bedingung hierfür (ρ = Dichte)

$$\sigma H x/c^2 \sqrt{\rho} > 1 \tag{20.7}$$

erfüllt ist — und dies ist in kosmischen Plasmen häufig der Fall —, so kann sich die Materie im wesentlichen nur *längs* der Kraftlinien bewegen, wie Glasperlen auf einer Schnur. 4. Da der *magnetische Druck* (Maxwellsche Spannungen) von der Größenordnung $H^2/8\pi$ ist, wird — in nicht zu speziellen magnetohydrodynamischen Strömungen — dieser häufig von derselben Größenordnung sein wie der *dynamische Druck* $\sim \rho v^2/2$.

Die *Magnetohydrodynamik* (MHD) gibt uns die Grundlagen für das Verständnis vieler astrophysikalischer Phänomene. Wir bleiben hier vorerst im Bereich der Sonnenphysik. Den komplizierten mathematischen Apparat müssen wir selbstverständlich beiseite lassen. Zunächst dürfte aber auch das anschauliche Verständnis der physikalischen Grundlagen wichtiger sein.

1. *Sonnenflecke und 2 × 11jähriger Zyklus der Sonnenaktivität.* Schon 1946 wies *T. G. Cowling* darauf hin, daß das Magnetfeld eines Sonnenflecks wegen der sehr hohen elektrischen Leitfähigkeit σ des Plasmas in einer *ruhenden* Sonnenatmosphäre nach Gl. (20.6) erst in einem Zeitraum von etwa 1000 Jahren durch „Diffusion" abgebaut würde. Tatsächlich haben die Sonnenflecke aber eine Lebensdauer von Tagen bis zu wenigen Monaten. Erst $\sim$ 1969 haben dann *M. Steenbeck* und *F. Krause* bemerkt, daß die *Turbulenz* in der Wasserstoffkonvektionszone erheblich zur Verwirbelung der Magnetfelder *und* der mit ihnen (nach den Grundgleichungen der MHD) verknüpften Felder des elektrischen Stromes i *und* des Geschwindigkeitsfeldes v beiträgt, wodurch in der Sonnenatmosphäre die *effektive Leitfähigkeit* um einen Faktor $\sim 10^4$ herabgesetzt wird, so daß nun Gl. (20.6) die richtige Größenordnung für die Lebensdauer der Sonnenflecke liefert.

Die Entstehung einer *bipolaren Fleckengruppe* (andere führt man darauf zurück) stellt man sich nun nach *V. Bjerknes* (1926) so vor, daß in der Sonne ständig toroidale (d.h. parallel den Breitenkreisen verlaufende) „Schläuche" magnetischer Feldlinien vorhanden sind. Da in diesen der Druck teilweise magnetischen Ursprungs ist, werden der Gasdruck und die Dichte kleiner sein als in der Umgebung. Sie drängen zur Oberfläche empor und werden dort „aufgeschnitten". Die beiden offenen Enden eines solchen Feldschlauches bilden eben eine bipolare Fleckengruppe.

Zum Verständnis des 2 × 11jährigen Zyklus mit dem *Spörerschen* Gesetz der Wanderung der Fleckenzonen von hohen Breiten ($\pm$ 30 bis 40°) im Maximum zu niederen Breiten ($\pm$ 5°) im Minimum (Abb. 20.8) und den *Haleschen* Gesetzen der magnetischen Polarität der Fleckengruppen ist wesentlich die Entdeckung von *H. W. Babcock*, daß auch das schwache allgemeine Magnetfeld in hohen heliographischen Breiten im 11jährigen Rhythmus umgepolt wird. Der ganze *Zyklus der Sonnenaktivität* (Abb. 20.8) beruht also darauf, daß im Inneren der Sonne (zur Hauptsache in der Wasserstoffkonvektionszone) das ganze Strömungs- plus Magnetfeld mit 2 × 11jähriger Periode wechselt und (im Mittel) aufrechterhalten wird. Die Theorie dieser solaren *Dynamo*maschine — deren Antrieb die Wasserstoffkonvektionszone liefert — ist Stück für Stück durch

Arbeiten von *H. W. Babcock* (1961), *R. B. Leighton* (1969), *M. Steenbeck* und
F. Krause (1969) sowie *W. Deinzer* (1971) klarer geworden. Aus dem eingangs
geforderten *toroidalen* Magnetfeld muß offenbar — in der betr. Phase des Zyklus —
auch ein *meridionales* Magnetfeld gebildet werden und umgekehrt. Dies wird
nach *Steenbeck* und *Krause* möglich durch die Turbulenz; diese erzeugt (wie
wir hier nicht im einzelnen erklären können) einen *Strom* parallel den Feldlinien,
dieser wiederum eine *meridionale* Feldkomponente, senkrecht zu den ursprünglichen Feldlinien. M.a.W. ist für unseren Dynamo wesentlich die Induktion
nicht nur durch die *differentielle Rotation* der Sonne (20.2), sondern auch durch
die statistisch verteilten Strömungen der *Turbulenz*. Die (sehr komplizierte)
Durchrechnung dieser Ansätze erscheint in der Tat geeignet, die Grundphänomene
der solaren Aktivität größenordnungsmäßig richtig wiederzugeben.

2. *Strahlenstruktur der Korona. Fackelflächen (plages faculaires) und Koronakondensationen.* Die Polarbüschel der Minimumskorona (Abb. 20.4) beruhen
— wie die Messungen mit dem *Babcockschen* Magnetographen zeigen — offensichtlich darauf, daß das koronale Plasma verschiedene „Feldröhren" des in den
Polarkalotten ziemlich regelmäßigen Magnetfeldes der Sonne von ~1 bis 5 Gauß
mit verschiedener Dichte erfüllt. Stellt man sich — etwas schematisiert — vor,
daß in der Übergangsschicht die Chromosphäre mit ~6000 °K bei einem bestimmten Druck plötzlich in die (ebenfalls fast isotherme) Korona mit ~1.4·10⁶ °K
übergeht, so wird die Druckschichtung durch die ausgezogene Linie in Abb. 20.11

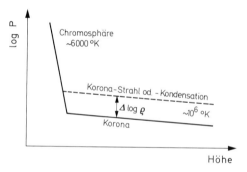

Abb. 20.11. Entstehung eines Koronastrahls oder einer Koronakondensation durch Verstärkung des mechanischen Energiestroms und Einschließung der dichteren Koronamaterie
in einer magnetischen Feldröhre (schematisch)

dargestellt. Wird nun in einem bestimmten Bereich der Sonnenoberfläche die
„*Wellen-Heizung*", welche den Temperaturanstieg von der Chromosphäre zur
Korona bewirkt, verstärkt, so erfolgt dieser Übergang schon in einer etwas
tieferen Schicht und — wie die gestrichelte Linie in Abb. 20.11 zeigt — der Druck
und die Dichte der Korona werden in *allen* Höhen um denselben Faktor vergrößert. Das Magnetfeld sorgt lediglich dafür, daß diese „zu dichte" Materie
nicht seitlich ausweichen kann, sondern z.B. in einem der „Haare" der Polarbüschel beisammen bleibt. In ganz derselben Weise entstehen in den stärkeren Feldern (~100 Gauß) im Bereich der Fackelflächen (plages), welche die

Fleckengruppen umgeben, die *Koronakondensationen*, in denen die Dichte der inneren Korona um Faktoren ~ 5 vergrößert ist. Um diesen Effekt (und eine Erhöhung der Koronatemperatur um einen Faktor ~ 2) zu bewirken, genügt — wie die genauere Analyse zeigt — die Vergrößerung des *mechanischen (Wellen-)* *Energiestromes* um einen Faktor 10. Er beträgt dann immer noch erst $\frac{1}{4}\,\%_{00}$ des gesamten Energiestroms der Sonne! Auch die großen *Koronastrahlen* (streamer) (Abb. 20.4) entstehen in den hochreichenden Feldern der darunter befindlichen *Fleckengruppen* in derselben Weise. Die ganzen komplizierten Phänomene der *Sonnenaktivität* (auch die Flares etc.) beruhen offenbar auf der Verstärkung des mechanischen Energiestroms durch mäßig starke Magnetfelder. Die eigentliche Physik dieser „Ventilwirkung" freilich bedarf noch weiterer Untersuchungen.

3. *Sonnenwind.* Wie wir schon in Abschn. 8 erwähnten, hat *L. Biermann* 1951 die Hypothese vorgeschlagen, daß die *Plasmaschweife der Kometen* nicht durch Strahlungsdruck, sondern durch eine ständig vorhandene Korpuskularstrahlung der Sonne von dieser weggetrieben werden. Messungen mit Satelliten und Raumfahrzeugen ergaben dann, daß dieses *Plasma* (etwa solarer Zusammensetzung) im Bereich der Erdbahn von der Sonne mit ~ 400 km/sec (Schwankungen zwischen etwa 250 und 800 km/sec) wegströmt. Seine *Dichte* entspricht ~ 5 Protonen (und Elektronen) pro cm^3, ebenfalls mit großen Schwankungen. Der (einigermaßen) statistische Anteil der Teilchengeschwindigkeiten entspricht einer *Temperatur* von $\sim 2 \cdot 10^5$ °K. Mit dem Plasma verbunden sind *Magnetfelder* der Größenordnung $5 \cdot 10^{-5}$ Gauss oder — wie man auch sagt — 5γ. 1959 hat *E. N. Parker* dieses Phänomen als *Sonnenwind* bezeichnet und eine Deutung auf *hydrodynamischer* (bzw. magnetohydrodynamischer) Basis vorgeschlagen. Berechnet man die Druckverteilung $p(r)$ einer zunächst als isotherm schematisierten Korona in großer Entfernung r von der Sonne, so zeigt sich, daß der dort erreichte *endliche* Grenzwert des Druckes für Koronatemperaturen $< 500\,000$ °K *unter* dem der *interstellaren Materie* (Abschn. 24) liegt. In diesem Fall würde letztere also in die Sonne einströmen, wir hätten das Phänomen *Accretion*, dem eine zeitlang *F. Hoyle, H. Bondi* u.a. große astronomische Bedeutung beimaßen. Ist dagegen $T > 500\,000°$, wie in der wirklichen Korona, so muß ein ständiges Ausströmen stattfinden, eben der *Sonnenwind*. Dessen *Geschwindigkeit* v als Funktion des Abstandes r vom Sonnenmittelpunkt ist bestimmt durch das *Bernoullische Theorem*, d.h. den Energiesatz der Hydrodynamik, in Verbindung mit der *Kontinuitätsgleichung* und der *Zustandsgleichung* des Gases $p = \rho \cdot R\,T/\mu$, wo wieder ρ die Dichte, R die Gaskonstante und μ das mittlere Molekulargewicht (für ein vollständig ionisiertes Plasma aus 90% H $+ 10\%$ He ist $\mu = 0.61$) bedeutet.

Die *Kontinuitätsgleichung* setzt *Parker* für sphärisch symmetrische Ausströmung an, d.h. durch jede Kugelschale $4\pi r^2$ soll pro sec die gleiche Substanzmenge strömen, also

$$4\pi r^2 \cdot \rho(r) \cdot v(r) = \text{const.} \tag{20.8}$$

Diese Aussage ist erheblich zu modifizieren, wenn die Materie durch ein Magnetfeld $\mathfrak{H}$ geführt wird. Dann muß ein bestimmter Materiestrom in einer bestimmten magnetischen Kraftröhre strömen, solange der Druck der Materie auf deren „Wände" nicht den magnetischen Druck überwiegt. Die Lösung der damit angeschnittenen, äußerst schwierigen Probleme der Magnetohydrodynamik steckt z. Z. noch in ihren Anfängen.

Wir fragen daher zunächst lieber, welche Aussagen wir der *Bernoullischen Gleichung* (1738) entnehmen können? Diese sagt aus, daß längs einer *Stromlinie*, d.h. einer Linie des Geschwindigkeitsfeldes v, die Summe (alles pro Masseneinheit gerechnet) von kinetischer Energie $v^2/2$, potentieller Energie bzw. Potential $U(r)$ und Druckenergie $\int dp/\rho$ für eine stationäre Strömung ($\partial/\partial t=0$) konstant sein soll. Das Gravitationspotential der Sonne (Masse $\mathfrak{M}$; Gravitationskonstante G) ist nach (6.28) $U=-G\mathfrak{M}/r$; wir erhalten also

$$\frac{v^2}{2} + \int \frac{dp}{\rho} - \frac{G\mathfrak{M}}{r} = \text{const.}, \qquad (20.9)$$

wobei das (Druck-)Integral bis zu dem gerade betrachteten Punkt zu erstrecken ist. Um z.B. die Geschwindigkeit $v_{\oplus}$ des Sonnenwindes in der Nähe der Erdbahn $r \approx r_{\oplus}$ zu berechnen, gehen wir davon aus, daß dieser in der Korona, also bei $r \approx r_{\odot}$ mit $v \approx 0$ startet. Die zu durchlaufende Potentialdifferenz $G\mathfrak{M}\left(\dfrac{1}{r_{\oplus}} - \dfrac{1}{r_{\odot}}\right)$ entspricht — in kinetische Energie $v^2/2$ umgerechnet — der *Entweichgeschwindigkeit* (vgl. Abschn. 7) von der Sonne $v_E = 620$ km/sec. Wenden wir die *Bernoullische* Gleichung (20.9) auf die Beschleunigung des Sonnenwindes zwischen $r_{\odot}$ und $r_{\oplus}$ an, so erhalten wir also

$$v_{\oplus}^2 = -2 \cdot \int \frac{dp}{\rho} - v_E^2. \qquad (20.10)$$

Der Zahlenwert des Integrals hängt nun entscheidend vom Verlauf der *Temperatur* $T(r)$ zwischen Sonne und Erde ab. Gehen wir von der *Beobachtung* aus, daß T von der Korona mit $T_{\odot} \approx 1.4 \cdot 10^6\ ^\circ K$ bis zur Erdbahn $T_{\oplus} \approx 2 \cdot 10^5\ ^\circ K$ relativ wenig abnimmt, so können wir näherungsweise mit einer konstanten mittleren Temperatur $\overline{T} \approx 10^6\ ^\circ K$ rechnen und dann leicht integrieren ($dp = d\rho \cdot RT/\mu$):

$$v_{\oplus}^2 = \frac{2R\overline{T}}{\mu} \ln(\rho_{\odot}/\rho_{\oplus}) - v_E^2. \qquad (20.11)$$

$\sqrt{2R\overline{T}/\mu}$ entspricht der thermischen Geschwindigkeit der Teilchen (165 km/sec) oder — bis auf $\sim 10\%$ — der Schallgeschwindigkeit in der Korona. Mit den angegebenen Zahlenwerten erhält man

$$v_{\oplus} = 400 \text{ km/sec}. \qquad (20.12)$$

Daß unsere Rechnung zu einem mit den Messungen übereinstimmenden Ergebnis führt, beruht — es ist wichtig, sich dies klar zu machen — darauf, daß wir mit dem Zahlenwert von $\overline{T}$ implizit der Tatsache Rechnung getragen haben, daß die äußere Korona bzw. der Sonnenwind von der Übergangsschicht aus durch *Wärmeleitung* (das Plasma hat einen enorm hohen Wärmeleitungskoeffizienten!) geheizt wird und nur sehr kleine Strahlungsverluste hat. Hätten wir z.B. mit *adiabatischem* Ausströmen der Korona gerechnet, so erhielten wir als maximalen Wert des Integrals in (20.10) die *Enthalpie* pro Gramm Koronamaterie $c_p \cdot T_{\odot}$, wo c_p die spezifische Wärme bei konstantem Druck bedeutet. Wie man leicht nachrechnet, würde die adiabatisch ausströmende Materie sich rasch abkühlen und schon nahe bei der Sonne „steckenbleiben". Unsere hydrodynamische Theorie des Sonnenwindes[21] gibt zwar die Beobachtungen größenordnungsmäßig richtig wieder, sie ist aber insofern noch unbefriedigend, als — wie man leicht nachrechnet — die *freien Weglängen* von derselben Größenordnung sind wie die charakteristischen Längen des Modells. Eine gaskinetische Durchrechnung, bei der das Magnetfeld notwendig mitberücksichtigt werden muß („stoßfreies Plasma"), ist daher sehr zu wünschen.

Beim Abströmen in den interplanetaren Raum nimmt der Sonnenwind magnetische Feldlinien mit sich. Benützen wir ein Polarkoordinatensystem, dessen Ebene etwa dem Sonnenäquator oder der Ekliptik (wir brauchen diese hier nicht zu unterscheiden und beschränken uns auf ihre Umgebung) entspricht! Dann erreicht in der Zeit t ein Teilchen mit der Geschwindigkeit v die Entfernung

$$r = v\,t \qquad (20.13)$$

von der Sonne. Letztere hat sich in dieser Zeit um einen Winkel

$$\varphi = \omega\,t \qquad (20.14)$$

weitergedreht, wobei die Winkelgeschwindigkeit $\omega = 2\,\pi/\text{Sider. Rotationsdauer}$ ist. Die von einer bestimmten Stelle der Sonne (z. B. in einem Aktivitätsgebiet) aus nacheinander gestarteten Teilchen liegen also in einem bestimmten Zeitpunkt auf einer *Archimedischen Spirale*

$$\varphi = \frac{\omega\,r}{v} \qquad (20.15)$$

welche einen Radiusvektor überall unter demselben Winkel schneidet, der bestimmt ist durch

$$\operatorname{tg}\alpha = \frac{r\,\mathrm{d}\varphi}{\mathrm{d}r} = \frac{\omega\,r}{v}. \qquad (20.16)$$

Mit $v = 430$ km/sec erhält man $\alpha \approx 45°$ in guter Übereinstimmung mit den Beobachtungen.

Da magnetische Feldlinien immer in sich geschlossen sein müssen ($\operatorname{div}\mathfrak{B} = 0$), so verlaufen sie in Schleifen, deren Anfang bzw. Ende in Gebieten entgegengesetzter magnetischer Polarität auf der Sonne liegen. Solche Gebiete erfüllen jeweils einen erheblichen Bruchteil der Sonnenoberfläche. Es werden daher mit dem Sonnenwind ständig riesige Feldschleifen in den interplanetaren Raum hinausgetrieben. (Weiter außen können sich auch geschlossene Feldlinien-Ringe bilden.) Mit Hilfe des Satelliten IMP-1 haben zunächst *J. M. Wilcox* und *N. F. Ness* (1965) in der Umgebung der Erdbahn diese *Sektorstruktur des interplanetaren Magnetfeldes* feststellen können (Abb. 20.12). Die Zahl und Verteilung der Sektoren wechselt entsprechend der Anordnung der Aktivitätsgebiete auf der Sonne.

---

[21] In mathematischer Hinsicht kann man unsere — gegenüber *Parker* sehr vereinfachte — Darstellung als sukzessives Approximationsverfahren auffassen, wobei ein statisches Koronamodell mit Wärmeleitung (*S. Chapman*, 1957) als Ausgangsnäherung dient.

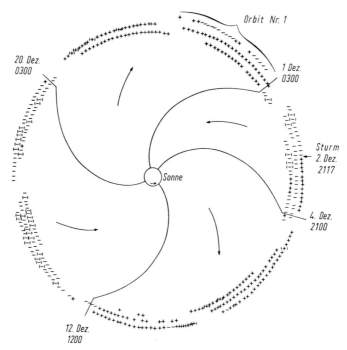

Abb. 20.12. Sektorstruktur des interplanetaren Magnetfeldes. Beobachtungen durch IMP-1, nach *J. M. Wilcox* und *N. F. Ness* (1965). + bzw. −Zeichen kennzeichnen Feldlinien, welche nach außen bzw. innen verlaufen. Der sonnennähere Teil des Feldes ist im Sinne der Theorie schematisch ergänzt

4. *Dynamik der Sonnenprotuberanzen.* Die Protuberanzen haben nach Ausweis ihrer Spektren, die noch eine ganze Reihe Linien *neutraler* Atome zeigen, eine (Elektronen-)Temperatur von nur 4000—6000 °K. Die *ruhenden Protuberanzen* schweben oft wochenlang in der umgebenden Korona mit $\sim 1.4 \cdot 10^6$ °K. Wie ist dies möglich? Wir sahen schon: Nur die kühle Materie kann wirksam Energie abstrahlen. D.h. kühle Materie bleibt kühl, heiße bleibt heiß, auch wenn ein gewisser Energietransport (der zudem durch Magnetfelder stark behindert wird) stattfindet. Der Druckausgleich zwischen Protuberanzen und Korona in horizontaler Richtung verlangt, daß $p \sim \rho T$ in beiden etwa gleich ist. D.h. die *Dichte der Protuberanzen* muß etwa 300mal größer sein als in der Korona *(H. Zanstra).* Daß die ruhenden Protuberanzen nicht nach unten fallen, beruht nun nach *R. Kippenhahn* und *A. Schlüter* (1957) darauf, daß sie auf einem Polster magnetischer Kraftlinien (welche die Materie ja nicht durchdringen kann) aufliegen, ähnlich wie das Regenwasser auf der eingedellten Deckplane eines Heuhaufens. Wir müssen aber außerdem erklären, daß einzelne Protuberanzenknoten längs der Kraftlinien ihres magnetischen Führungsfeldes nicht etwa nach den *Galileischen* Gesetzen herunterfallen, sondern viel langsamer und oft mit lange Zeit konstanter Geschwindigkeit herunterschweben. Dieses Verhalten, das sehr an Wolken in unserer Erdatmosphäre erinnert, beruht offensichtlich darauf, daß die Korona infolge der großen Geschwindigkeit und daher auch großen

freien Weglänge der Elektronen eine enorme *Viskosität* hat. Daß die Protuberanzen nicht bei Gelegenheit sofort in die Photosphäre herunterfallen, sondern wie richtige Wolken schweben, beruht (in beiden Fällen) auf dem Überwiegen der Zähigkeitskräfte gegenüber den Druck- bzw. Trägheitskräften; wir haben „schleichende Strömungen" mit kleinen *Reynolds*schen Zahlen.

Wie geschieht es nun, daß oftmals — scheinbar ohne erkennbare Ursache — Stücke einer Protuberanz oder der Chromosphäre plötzlich auf Geschwindigkeiten von ~ 100 km/sec, gelegentlich bis ~ 600 km/sec beschleunigt werden? Verbindet z. B. eine magnetische Kraftröhre (als Führung) bogenartig zwei Stellen (vgl. nochmals Abb. 20.11) mit verschiedenen Drucken p_1 und p_2, aber etwa gleicher Temperatur T und gleichem Potential (gleicher Höhe), so entsteht nach der *Bernoulli*schen Gleichung (20.11) eine Strömung mit der Geschwindigkeit

$$v^2 = \frac{2RT}{\mu} \ln(p_2/p_1).\tag{20.17}$$

Die angeschriebenen Größen sind dabei auf die *Korona* zu beziehen, die — nach unserer Vorstellung — die Protuberanz mitreißt. Mit $p_2/p_1 \approx 10$ (was nach den Koronabeobachtungen vernünftig erscheint) und $T \approx 2 \cdot 10^6$ °K erhält man $v \approx 300$ km/sec, also in der Tat die Größenordnung der beobachteten Protuberanzengeschwindigkeiten. Wir verstehen nun auch, weshalb die Strömungsgeschwindigkeiten in Protuberanzen und im Sonnenwind von derselben Größenordnung sind.

Die Weiterentwicklung der hydrodynamischen und besonders der magnetohydrodynamischen Forschung — besonders in der Astrophysik — leidet an der grundsätzlichen Schwierigkeit, daß — mathematisch gesprochen — die betr. Gleichungssysteme *nichtlinear* sind. Über die einfachsten Probleme hinaus kann man daher nur mittels spezieller numerischer Rechnungen vordringen, wobei schwer zu übersehen ist, inwieweit das Ergebnis der Rechnung an irgendwelche schematisierende Modellvorstellungen gebunden ist bzw. inwieweit es verallgemeinert werden darf.

21. Veränderliche Sterne. — Strömungen und Magnetfelder in Sternen

Die ersten Beobachtungen *veränderlicher Sterne* an der Wende vom 16. zum 17. Jahrhundert bildeten damals ein gewichtiges Argument gegen das Aristotelische Dogma von der Unveränderlichkeit des Himmels. *Tycho Brahe's* und *Kepler's* Beobachtungen der *Supernovae* von 1572 und 1604 haben noch in unseren Tagen wesentlich zur Kenntnis dieser rätselvollen Objekte beigetragen und die radioastronomische Identifikation ihrer Reste ermöglicht. Auch *Fabricius'* Entdeckung der *Mira Ceti* sollten wir erwähnen.

Wir sprachen schon über die Entwicklung der *photometrischen Meßtechnik* von *Argelander's* Methode der *Stufenschätzungen*, die heute noch von den Amateuren benutzt wird, über die *photographische Photometrie*, die überwiegend zur Durchmusterung von Sternhaufen, Milchstraßenfeldern, Galaxien etc. auf Veränderliche dient, zur *photoelektrischen Photometrie*, die Lichtkurven einzelner

Veränderlicher mit einer Genauigkeit von wenigen tausendstel Magnitudines liefert. Daß heute neben der Messung der Magnitudines die der *Farbenindizes* und die Analyse der *Spektren* eine entscheidende Rolle spielt, brauchen wir kaum zu erwähnen.

Man *bezeichnet* veränderliche Sterne mit großen Buchstaben R, S, T … Z und dem Genitiv des Sternbildes, dann folgen entsprechend RR, RS … ZZ; in neuerer Zeit verwendet man für bestimmte Sternhaufen, Sternfelder … meist kurzweg die Katalognummern der Sterne.

Es dürfte von vornherein klar sein, daß die Untersuchung *veränderlicher Sterne* wesentlich eingehendere Auskünfte über Aufbau und Entwicklung der Sterne verspricht als die der „ewig gleichen" statischen Sterne. Andererseits aber bietet auch Beobachtung und Theorie der Veränderlichen ungeheuer viel größere Schwierigkeiten. Eine Warnung vor billigen ad hoc-Hypothesen dürfte hier nicht unangebracht sein.

Es kann nicht unsere Aufgabe sein, die zahllosen Klassen veränderlicher Sterne (meist nach einem Prototyp benannt) auch nur annähernd vollständig zu beschreiben. Wir stellen die schon besprochenen *Bedeckungsveränderlichen* beiseite und greifen einige interessante und wichtige Typen *physisch veränderlicher Sterne* heraus, die wir nach physikalischen Gesichtspunkten ihrer Deutung zusammenfassen. Andererseits müssen wir die veränderlichen Sterne als bestimmte Stadien in der Entwicklung der Sterne auffassen. Diesem wichtigen Gesichtspunkt können wir aber erst im III. Teil Rechnung tragen.

a) Pulsierende Sterne

Hierzu gehören u. a. die folgenden Gruppen veränderlicher Sterne; es sind durchweg *Riesensterne* (daneben gibt es aber noch etwa auf der Hauptsequenz einige „Zwergcepheiden").

RR *Lyrae-Sterne* oder *Haufenveränderliche*. Sterne mit regelmäßigem Lichtwechsel in Perioden von ~ 0.3 bis 0.9 Tagen, Helligkeitsamplituden $\sim 1^m$, Spektraltyp $\sim A$ bis F. Sie gehören zum Halo und Kern der Milchstraße, und sind wichtig in den Kugelsternhaufen.

Etwa dieselben Helligkeitsamplituden, aber Spektraltyp F—G haben die ebenfalls ganz regelmäßigen

Klassischen Cepheiden (δ Cephei-Sterne) mit Perioden von ~ 2 bis 40 Tagen, in den Spiralarmen des Milchstraßensystems, und die (absolut) um ca. 2 Magnitudines schwächeren

W *Virginis-Veränderlichen* mit ähnlichen Perioden, in Halo und Kern der Milchstraße.

Dann folgen mehrere halb-regelmäßig und mit längeren Perioden veränderliche Gruppen späterer Spektraltypen, insbesondere die

RV *Tauri-Veränderlichen* mit Perioden von 60 bis 100 Tagen und mehrere Arten der

Langperiodischen Veränderlichen, durchweg Sterne später Spektraltypen, mit Quasi-Perioden von etwa 100 bis 500 Tagen. Hierzu gehört z. B. die Mira Ceti.

Den ersten Hinweis auf die physikalische Natur der hiermit etwa umschriebenen Gruppe Veränderlicher Sterne geben ihre *Radialgeschwindigkeitskurven.* Diese sind mit den Lichtkurven stets auf das engste verknüpft. Man versuchte zunächst, die ganz regelmäßigen Geschwindigkeitsschwankungen z. B. der klassischen Cepheiden auf eine Doppelsternbewegung zurückzuführen. Die Integration über die Geschwindigkeiten liefert (ohne weitere Hypothesen) die Dimensionen der „Bahn", da ja ($x = $ Koordinate in Richtung der Sehlinie)

$$\int_{t_1}^{t_2} \frac{dx}{dt}\, dt = x_2 - x_1 \,. \tag{21.1}$$

Es zeigte sich, daß der Stern in dieser Bahn neben dem geforderten Begleiter gar keinen Platz hätte. So griff *H. Shapley* 1914 auf die als rein theoretisches Problem schon in den achtziger Jahren von *A. Ritter* diskutierte Möglichkeit einer *radialen Pulsation* der Sterne zurück. Die *Pulsationstheorie* der Cepheiden (und verwandten Veränderlichen) ist dann ab 1917 von *A. S. Eddington* weiterentwickelt worden. Dies wiederum gab den Anstoß zu seinen bahnbrechenden Arbeiten über den *Inneren Aufbau der Sterne* (Abschn. 25).

Einen wichtigen Zug der — in den Details schwierigen — Theorie pulsierender Sterne enthüllt schon eine einfache Abschätzung: Wir fassen die Pulsation auf als eine stehende *Schallwelle* im Stern. Deren Geschwindigkeit ist $c_s = \sqrt{\gamma \cdot p/\rho}$, wo $\gamma = c_p/c_v$ das Verhältnis der spezifischen Wärmen, p den Druck und ρ die Dichte bedeutet. Der *mittlere Druck* $\bar{p}$ im Sterninneren ist größenordnungsmäßig gleich der Schwerkraft auf eine Materiesäule von 1 cm^2 Querschnitt, die von der Oberfläche bis ins Innere des Sternes der Masse M reicht, d. h.

$$\bar{p} \approx \underbrace{\bar{\rho}}_{\text{Mittlere Dichte}} \cdot \underbrace{R}_{\text{Radius}} \cdot \underbrace{\frac{GM}{R^2}}_{\text{Beschleunigung}} \,. \tag{21.2}$$

Die *Schwingungsperiode P* wird nun, wieder größenordnungsmäßig,

$$P \approx R/c_s \approx R \left\{ \gamma \frac{GM}{R} \right\}^{-1/2} \,. \tag{21.3}$$

Wegen $M = (4\pi/3) R^3 \cdot \bar{\rho}$ ergibt sich daraus die wichtige Beziehung zwischen der *Periode P* und der *mittleren Dichte* $\bar{\rho}$ des Sterns

$$P \sim 1/\sqrt{\bar{\rho}} \,, \tag{21.4}$$

die sich an einem umfangreichen Beobachtungsmaterial bestens bestätigt hat.

Einen zweiten Test der Pulsationstheorie hat seinerzeit *W. Baade* vorgeschlagen: Die Helligkeit eines Sternes ist cet par. proportional der *Fläche* seines „Scheibchens" πR^2 mal dem *Strahlungsstrom* πF_λ an seiner Oberfläche. Die zeitliche Variation des *Sternradius R* kann man aber durch Integration der Radialgeschwindigkeitskurve nach Gl. (21.1) direkt erhalten. Andererseits kann man den *Strahlungsstrom* πF_λ z. B. mit Hilfe der Theorie der Atmosphären aus den Farbenindizes oder anderen spektroskopischen Kriterien ermitteln. Einige Angaben für δ Cephei sind in Abb. 21.1 (nach *W. Becker*) zusammengestellt. Die geforderte Proportionalität der gemessenen Helligkeiten mit $R^2 \cdot F_\lambda$ ist tatsächlich gut erfüllt.

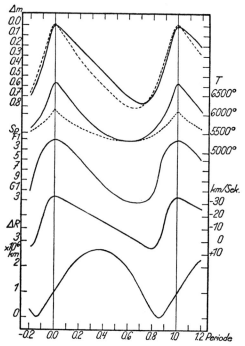

Abb. 21.1. δ Cephei (nach *W. Becker*). Periodische Schwankungen von a) Helligkeit (Lichtkurve; —— oben). - - - nach Abzug des Pulsationslichtwechsels. b) Temperatur (—— Farbtemperatur; - - - Strahlungstemperatur). c) Spektraltyp. d) Radialgeschwindigkeit.
e) $\Delta R = R - R_{min}$ (unten)

Miss *H. Leavitt* am Harvard Observatory entdeckte 1912 an den vielen hundert Cepheiden der Magellanschen Wolken eine Beziehung zwischen der Periode P und zunächst einmal der scheinbaren Helligkeit m_v. Da alle diese Sterne denselben Entfernungsmodul haben, war damit eine *Periode-Leuchtkraft-Beziehung* entdeckt. *H. Shapley* legte mit Hilfe eines noch ziemlich bescheidenen Beobachtungsmaterials an Eigenbewegungen (vgl. Abschn. 23) den Nullpunkt der Skala der *absoluten Helligkeiten* fest. Damit war es nun möglich (die Probleme der interstellaren Absorption waren damals noch unbekannt), *die Entfernung jedes kosmischen Gebildes zu bestimmen, in dem man Cepheiden entdecken konnte.* So konnte 1918 *H. Shapley* unter Zuhilfenahme von *S. Bailey's* Beobachtungen (1895) vieler *Haufenveränderlicher* (RR Lyrae-Sterne) in den *Kugelsternhaufen* zum erstenmal deren Entfernungen ermitteln und damit die Umrisse des *galaktischen Systems* — im heutigen Sinne — festlegen. 1924 bestimmte dann *E. Hubble* mit derselben Methodik, aber unter Verwendung *klassischer Cepheiden* (mit längeren Perioden) die Entfernungen einiger uns benachbarter Spiralnebel und wies so definitiv nach, daß letztere unserem Milchstraßensystem gleichgestellte *Galaxien* sind. Wir werden über diesen „Vorstoß in den Weltraum" in Abschn. 27 und 30 berichten. Hier aber müssen wir sogleich eine wichtige Korrektur in den Grundlagen der Cepheiden-Methode besprechen, die *W. Baade* um 1950 entdeckt hat. Er konnte nämlich zeigen, daß der Nullpunkt der Periode-Leuchtkraft-Beziehung für verschiedene Typen von Cepheiden verschieden liegt. Insbesondere sind bei gleicher Periode die klassischen Cepheiden der Sternpopulation I (über Sternpopulationen vgl. Abschn. 22) um 1 bis 2 Magnitudines heller als die W Virginis-Sterne der Sternpopulation II. Die Kurve der Haufenveränderlichen oder RR Lyrae-Sterne liegt etwa in der Verlängerung der W Virginis-Kurve.

Das genauere Studium der Lichtkurven läßt noch mehrere Unterklassen der hier herausgestellten Hauptgruppen erkennen. Möglicherweise entsprechen auch diesen kleinere Unterschiede ihrer Periode-Leuchtkraft-Beziehungen.

Die kühleren Pulsationsveränderlichen mit längeren Perioden des Lichtwechsels, wie die RV *Tauri-Veränderlichen* und die *langperiodischen Veränderlichen*, haben einen immer unregelmäßigeren Lichtwechsel. Die Theorie des inneren Aufbaues der Sterne (Abschn. 25) zeigt, daß in den kühleren Sternen die Wasserstoffkonvektionszone immer größere Ausdehnung annimmt. Es liegt daher nahe, eine Kopplung der Pulsation mit den turbulenten Strömungen der Konvektion als Ursache des beobachteten halb-regelmäßigen Lichtwechsels anzusehen.

Die *Amplitude des Lichtwechsels*, gemessen z. B. in visuellen Magnitudines m_v, nimmt nach den kühleren Sternen hin systematisch zu. Dies beruht im wesentlichen auf dem bekannten Bau des Planckschen Strahlungsgesetzes. Schreiben wir z. B. die *visuelle Helligkeit* m_v in der Wienschen Näherung, analog Gl. (13.12), so gilt

$$m_v = \frac{1.562}{\lambda_v T} + \text{const.}_v .\tag{21.5}$$

Einer bestimmten Temperatur*schwankung* ΔT entspricht also eine Helligkeitsamplitude

$$\Delta m_v = -\frac{1.562}{\lambda_v T^2} \Delta T ,\tag{21.6}$$

die bei kühleren Sternen $\sim 1/T^2$ größer wird.

Ein interessantes theoretisches Problem stellt die *Erhaltung der Pulsation*: Welches „Ventil" sorgt dafür, daß die Schwingung des Sterns — wie der Kolben einer Wärmekraftmaschine — jeweils in der richtigen Phase angestoßen wird? Die Erzeugung thermischer Energie durch Kernprozesse nahe dem Zentrum des Sterns wird von der Pulsation sicher so gut wie nicht beeinflußt. Vielmehr kommt es an auf die Temperatur- und Druckabhängigkeit der *Opazität*, die den Fluß der Strahlungsenergie regelt und damit bestimmt, auf welche Temperatur eine bestimmte Schicht sich jeweils einstellt. Dieser Effekt erweist sich — in Verbindung mit der Änderung des adiabatischen Temperaturgradienten — als besonders wirkungsvoll im Bereich der zweiten Ionisation des Heliums. Derartige — sehr diffizile — Berechnungen können auch zeigen bzw. theoretisch verständlich machen, für welche Kombinationen der Zustandsgrößen der Sterne, d.h. in welchen *Bereichen des Farben-Helligkeits-Diagramms*, Pulsation möglich ist.

b) R Coronae Borealis-Sterne

Im Bereich der roten Riesensterne gibt es noch eine ganz andere Art langsam veränderlicher Sterne, die man nach ihrem Prototyp R CrB benennt. Deren Helligkeit sinkt von einem konstanten Normalwert bisweilen plötzlich um mehrere Größenklassen ab, um sich dann langsamer zu erholen. Die spektrale Analyse dieser relativ kühlen Sterne zeigt, daß ihre Atmosphären niederen Wasserstoffgehalt, dagegen hohen Kohlenstoff- (und wahrscheinlich Helium-)gehalt haben. Man könnte daran denken, daß die R CrB-Sterne zeitweise Wolken von kolloidalem Kohlenstoff, d.h. eine Art Rußwolken, ausstoßen, welche den Stern verfinstern.

c) Spektrum-Veränderliche (Ap-Sterne) und Metalliniensterne

Im Bereich der Hauptsequenz findet man verschiedene Arten von Sternen, die *nicht* in die zweidimensionale MK-Klassifikation passen. Was der zu ihrer Charakterisierung also nötige dritte Parameter physikalisch bedeutet, ist z.Z. noch weitgehend unklar. Alle zeichnen sich durch Peculiaritäten ihres Spektrums aus. Die heißeren *Ap-Sterne* sind veränderlich, die kühleren *Metalliniensterne* nicht. Ob diese beiden sich aneinander anschließenden Gruppen etwas miteinander zu tun haben, ist eine offene Frage.

Die *Spektrum-Veränderlichen oder Ap-Sterne* zeigen anomale Intensität und einen periodischen Wechsel in der Intensität gewisser Spektrallinien, wobei verschiedene Linien sich verschieden verhalten. Prototyp ist α^2 Canum Venaticorum mit einer Periode von 5.5 Tagen, in der sich die Linien von Eu II und Cr II mit entgegengesetzter Phase ändern, während z.B. Si II und Mg II fast konstant bleiben. Mit den spektralen Änderungen gehen meist Helligkeitsschwankungen von $\sim 0\overset{m}{.}1$ einher. *H. W. Babcock* konnte durch Messung der Zeemaneffekte zeigen, daß diese Sterne Magnetfelder von mehreren tausend Gauß haben, deren Stärke und vielfach auch Vorzeichen sich periodisch ändern. Nach *A. Deutsch* kann man zumindest einen erheblichen Teil der Beobachtungen durch die Vorstellung erklären, daß diese Sterne riesige magnetische *Flecke* haben, in denen — je nach ihrer Polarität — die eine oder andere Gruppe von Spektrallinien verstärkt ist. Die Variationen werden auf die *Rotation* des Sternes zurückgeführt. In der Tat paßt die gemessene *Rotationsverbreiterung* der Linien gut zu den Perioden der Sterne, d.h. rasch veränderliche Sterne haben meist breite Linien und umgekehrt.

Im Farben-Helligkeits-Diagramm liegen die Spektrum-Veränderlichen oder Ap-Sterne (peculiar A-stars; es kommen aber auch benachbarte Spektraltypen vor) auf oder nahe der Hauptsequenz, und zwar ist jeder Abart ein bestimmter Bereich des Farbindex $B—V$ zugeordnet:

Helium-schwache Sterne | Si-Sterne | Mn-Sterne | Eu-Cr-Sr-Sterne.

Neuerdings hat man in einigen Ap-Sternen beobachtet, daß Linien sonst sehr seltener schwerer Elemente in unerwarteter Stärke auftreten, z.B. in Eu-Cr-Sr-Sternen nach *E. Brandi* und *M. Jaschek* (1970) Os I u. II, Pl II sowie vielleicht U II und nach *M. F. Aller* (1971) in HR 465 das radioaktive Promethium-Isotop Pm^{145} mit 17.7. Jahren Halbwertszeit. Dies kann man als Indiz dafür ansehen, daß die anomalen Elementhäufigkeiten durch Neutronenbestrahlung entstanden sind. Die Verknüpfung verschiedener Elementhäufigkeiten mit verschiedenen Magnetfeldern könnte darauf beruhen, daß die bestrahlte Materie mit „ihrem" Magnetfeld sogleich zu einem „Plasmoid" (im Sinne der Magnetohydrodynamik) zusammengefroren wurde.

An die Ap-Sterne schließen sich längs der Hauptsequenz nach kühleren Temperaturen hin die *nicht* veränderlichen *Metalliniensterne* an. Nach ihren Wasserstofflinien klassifiziert man sie etwa als A 0 bis F 0. Geht man von diesen *Wasserstofftypen* aus, so liegen die Sterne auf der Hauptsequenz. Dafür sind aber die Linien von Kalzium (insbesondere H + K) und/oder Scandium zu schwach, während die Metallinien der Eisengruppe und der schweren Elemente zu stark sind. Der Vergleich von Linien verschiedener Anregungs- und Ionisationsstufen zeigt, daß die Häufigkeiten der Elemente anomal sind und daß es sich nicht um irgendwelche anomalen Anregungsverhältnisse, NLTE oder dgl. handelt. Im Unterschied zu den Ap-Sternen wäre hier die Materie nach einem nuklearen Ereignis völlig durchmischt worden. *Van den Heuvel* (1968) versuchte beides mit der Entwicklung enger Doppelsternsysteme unter Materieaustausch in Zusammenhang zu bringen. Andererseits schlugen *F. Praderie, E. Schatzman* und *G. Michaud* (1967/70) Deutungen auf der Basis von Diffusionsprozessen vor. Das Vorkommen von Ap- und Am-Sternen auf der Hauptsequenz verhältnismäßig junger Sternhaufen zeigt jedenfalls, daß diese Sterne in unmittelbarer Nähe der Hauptsequenz entstanden sein müssen. Alle weitergehenden Deutungsversuche sind offensichtlich noch sehr spekulativ.

d) Stellare Aktivität. T Tauri- u. a. unregelmäßig veränderliche kühle Sterne. Flaresterne

Die nach ihren Prototypen so genannten T Tauri- oder RW Aurigae-Sterne sind kühle Sterne (Spektraltyp K 0—M 5 e), die im Hertzsprung-Russell-Diagramm auf oder über der Hauptsequenz liegen. Ihre Helligkeit „flackert" unregelmäßig, größenordnungsmäßig um 1^{m} innerhalb von Tagen. *V. A. Ambarzumian, G. Haro* u.a. zeigten, daß diese Veränderlichen am Himmel vorzugsweise im Bereich der Dunkelwolken und jungen Sternhaufen vorkommen: im Orion, wo im Bereich der bekannten Nebel sich ein Sternhaufen bildet, im Taurus mit den Plejaden usw. Neuere Untersuchungen bestätigen die Vorstellung von *Ambarzumian*, daß es sich um Sterne handelt, die erst vor relativ kurzer Zeit ($\lesssim 4 \cdot 10^8$ Jahren) aus interstellarer Materie gebildet worden sind (Abschn. 26).

Spektroskopisch zeichnen sich die T Tauri-Sterne aus durch helle Emissionslinien, insbesondere Ca II H + K, Hα und weitere Balmerlinien des Wasserstoffs.

Auch in der Umgebung der Sonne findet man ähnliche veränderliche M-Sterne, als deren Prototyp UV Ceti gilt. Da ihre absoluten Helligkeiten meist schwächer als 10^M sind, sind sie in entfernteren Bereichen der Milchstraße nicht mehr erfaßbar.

Viele Veränderliche der beschriebenen Typen zeigen in unregelmäßigen Zeitintervallen *Flares*, die sich von denen der Sonne nur durch ihre z.T. größere Helligkeit unterscheiden. Dabei wächst innerhalb von etwa 3 bis 100 sec (!) die phot. Helligkeit des ganzen Sterns um Beträge bis 6 oder 7^m an; das Abklingen erfolgt wesentlich langsamer. Kleinere Helligkeitsanstiege gehen über in die fast ständigen Helligkeitsschwankungen. Das Spektrum der *Flaresterne* — wie man auch sagt — zeigt (*A. H. Joy* u.a.) bei einem Ausbruch im UV ein überlagertes *Kontinuum*, so daß die Helligkeit im Ultraviolett bis 10^m anwachsen kann, sowie starke Emissionslinien von Ca II, H, He I, sogar He II, wie in Sonneneruptionen. Während aber auf der Sonne das kontinuierliche Spektrum des Flares im Verhältnis zur Helligkeit der Photosphäre höchstens einige Prozent erreicht, kehrt sich dieses Verhältnis bei kühlen Sternen (~ 3 bis $4000°$) um, da der Strahlungsstrom ihrer Photosphäre um mehrere Magnitudines schwächer ist.

Zusammen mit dem optischen Flare konnten *B. Lovell* u.a. (1963) im Meterwellenbereich auch die zugehörigen *Radio-Flares* beobachten. Auf der Sonne sind die Aktivitätsgebiete bzw. ihre Fackelflächen (plages) gekennzeichnet durch Ca II $H_2 + K_2$-Emissionslinien, denen sich manchmal eine feinere $H_3 + K_3$-Absorption überlagert. Genau dasselbe beobachtet man in vielen Riesen- und Hauptsequenzsternen der Spektraltypen G bis M[22]. Diese — von *K. Schwarzschild* und *G. Eberhard* (1913) entdeckte — *Aktivität der Sterne*, die offensichtlich ebenso wie auf der Sonne darauf beruht, daß die Wasserstoffkonvektionszone einen „mechanischen" Energiestrom erzeugt, hat in neuerer Zeit *O. C. Wilson* genau untersucht. Die $H_2 + K_2$-Emissionskomponenten zeigen in vielen Sternen zeitliche Veränderungen, die auf Rotation oder einen Aktivitätszyklus der Sterne hindeuten. Bei einigen kühlen Zwergsternen hat *G. E. Kron* kleine periodische Helligkeitsänderungen beobachtet, die man auf „Sternflecke", analog den Sonnenflecken, zurückführen kann; z.B. zeigt Ross 248 Schwankungen einer Amplitude von $0^m.06$ mit einer Periode von ~ 120 Tagen, die man wohl als *Rotationsdauer* des Sterns deuten kann. Alle Zeichen stellarer Aktivität, wie H und K-Emissionslinien, Flares ... sind bei jungen Sternen am stärksten ausgeprägt, nehmen mit fortschreitendem *Alter der Sterne* (Abschn. 26) ab und hören nach $\sim 4 \cdot 10^8$ Jahren auf.

Sodann beobachteten *O. C. Wilson* und *M. K. V. Bappu* (1957) eine völlig unerwartete Gesetzmäßigkeit: Die *Breite* der Ca II-Emissionslinien ist (unabhängig von ihrer *Intensität*) eine Funktion der *absoluten Helligkeit* der Sterne. Man hat so für die kühleren Sterne eine ausgezeichnete Methode zur Bestimmung *spektroskopischer Parallaxen*. Weshalb die Turbulenzgeschwindigkeit ξ_t in den Chromosphären der kühlen Hauptsequenz- und Riesensterne mit den anderen Parametern ihrer Atmosphären in der angedeuteten Weise verknüpft ist, gehört

---

[22] Die Be-Sterne, d.h. B-Sterne mit Wasserstoff-Emissionslinien, sind nach *O. Struve* etwas ganz anderes: Sie haben — meist im Zusammenhang mit rascher Rotation — eine ausgedehnte Gashülle bzw. Gasringe, die durch die UV-Strahlung des Sterns zur Fluoreszenz erregt werden.

mit zu den ungelösten Fragen, auf die wir am Ende des vorigen Abschnitts hingewiesen haben.

e) Novae und Supernovae

Ganz andere Aspekte bietet die weitere Gruppe der *Novae* und der *novaartigen Veränderlichen*, welche ähnliche schwächere Ausbrüche in mehr oder weniger regelmäßiger Folge machen, also die P Cygni-, die U Geminorum = SS Cygni-, die Z Camelopardalis- u. a. Sterne. Ihre theoretische Deutung — dies müssen wir im voraus bemerken — ist noch ungewiß.

Ein *Novaausbruch* spielt sich etwa folgendermaßen ab: Das Ausgangsstadium, die *Pränova*, bildet ein heißer Stern mit einer absoluten Helligkeit $M_v \approx +5$, im HRD also zwischen Hauptsequenz und Weißen Zwergen. Innerhalb von höchstens 2—3 Tagen steigt die Helligkeit zum Maximum bei etwa $M_v \approx -6$ bis -8.5, also um 4 bis 6 Zehnerpotenzen an. Das Spektrum gleicht dabei dem eines Übergiganten wie α Cygni (cA 2). Der Helligkeitsanstieg beruht also nicht auf einer Temperaturerhöhung, sondern — wie die Radialgeschwindigkeiten bestätigen — auf einer enormen *Expansion* des Sternes. Nach Überschreiten des Helligkeitsmaximums — im Abnehmen zeigt die Helligkeit manchmal cepheidenartige Schwankungen — treten breite Emissionslinien auf, deren Dopplereffekte zeigen, daß die Nova nun Hüllen mit Geschwindigkeiten der Größenordnung 2000 km/sec abstößt. In mehreren Fällen, z. B. der Nova Aquilae 1918, konnte diese Hülle und ihre Expansion mehr als ein Jahrzehnt lang in direkten photographischen Aufnahmen verfolgt werden. Der Ausdehnung der Hülle um 1″/Jahr entsprach die gemessene Radialgeschwindigkeit von 1700 km/sec; der Vergleich beider Zahlen ergab die Entfernung und absolute Helligkeit der Nova sowie die Dimensionen der Hülle.

Im Laufe vieler Jahre kehrt die Nova zu ihrer Ausgangshelligkeit und wohl überhaupt in ihren Ausgangszustand zurück. Dies sieht man noch deutlicher bei den rekurrenten Novae, wie T Pyxidis, der mehrere novaartige Ausbrüche ($\Delta m \sim 7^m$) in Abständen von ca. 10 Jahren gemacht hat und dazwischen eine fast konstante Helligkeit aufweist. Viele — wenn nicht alle — Novae scheinen nach neueren Beobachtungen Doppelsternsystemen anzugehören. Insgesamt finden in unserer Milchstraße und ähnlichen Galaxien etwa 30 bis 50 Novaausbrüche pro Jahr statt.

Die — wieder nach ihren Prototypen so genannten — U Geminorum- oder SS Cygni-Sterne zeigen weniger heftige Ausbrüche in unregelmäßigen Abständen der Größenordnung Monat bis Jahr.

P Cygni dagegen hat sich nach lebhafter Tätigkeit zu Anfang des 17. Jahrhunderts zur Ruhe gesetzt. Die Emissionslinien — insbesondere der Balmerserie — mit violett verschobenen Absorptionskomponenten zeigen aber, daß er noch ständig eine Hülle abbläst. Ähnlich verhalten sich mehrere Dutzend sog. P Cygni-Sterne.

Die bei einem Nova-Ausbruch abgegebene *Energie* — auch wenn ihre Abschätzung unter Berücksichtigung der bolometrischen Korrektion ziemlich ungenau sein wird — beträgt größenordnungsmäßig 10^{45} erg. Dies entspricht dem thermischen Energieinhalt einer dünnen Schicht von beispielsweise $5 \cdot 10^6$ °K und nur $\frac{1}{1000}$ Sonnenmasse. Alles spricht dafür, daß die Novaausbrüche eine „Hautkrankheit" der Sterne sind.

Kosmische Explosionen ganz anderer Größenordnung stellen die *Supernovae* dar, deren besondere Stellung *W. Baade* und *F. Zwicky* 1934 erkannten. Eine Supernova im Maximum kann die Helligkeit einer ganzen Galaxie — zu der sie gehört — erreichen. Man unterscheidet meist zwei Typen von Supernovae:

a) Die *Typ I-Supernovae* erreichen im Maximum eine mittlere photographische absolute Helligkeit (korrigiert für interstellare Absorption) von $M_{ph} = -19.0$. Ihre Lichtkurven (Abb. 21.2) sind sehr gleichartig: In den ersten 20—30 Tagen nach dem Maximum sinkt die Helligkeit um 2 bis 3 Größenklassen; von da an nimmt die Leuchtkraft ungefähr exponentiell mit der Zeit ab.

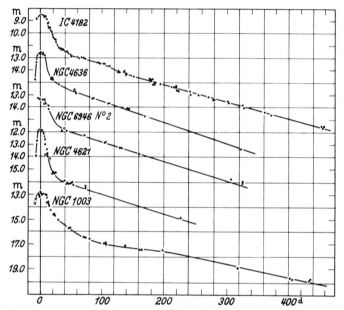

Abb. 21.2. Photographische Lichtkurven von Typ I-Supernovae aus verschiedenen Galaxien

Messungen der Intensitätsverteilung im *kontinuierlichen Spektrum* deuten darauf hin, daß die Temperatur der emittierenden Schichten von $\sim 10^4$ °K im Helligkeitsmaximum auf $\sim 7000°$ (SN I) bzw. 5000 °K (SN II) abnimmt. Dem Kontinuum überlagert sich ein *Linienspektrum*. Wie bei der alten Nova P Cygni sind die Emissionslinien von einer kurzwelligen Absorptionskomponente begleitet. Die Dopplerverschiebungen weisen auf Ausstoßungsgeschwindigkeiten bis ~ 20000 km s^{-1} hin. Alle Supernovae haben Metallinien von Ca II, Na I, Mg I …. Hierzu kommen beim Typ II kräftige Balmerlinien, während diese bei den Supernovae I fehlen oder ganz schwach sind. Erstere dürften etwa „normale" Zusammensetzung haben, während in den Supernovae I der Wasserstoff „verbrannt" ist.

b) Die *Typ II-Supernovae* erreichen „nur" $M_{ph} = -17$. Dies entspricht immerhin der $\sim 10\,000$fachen Leuchtkraft einer gewöhnlichen Nova! Die zeitliche Abnahme der Helligkeit vom Maximum aus erfolgt zunächst rascher, später dagegen langsamer als bei Typ I. Die Lichtkurven zeigen im übrigen größere individuelle Unterschiede. Das Spektrum einer Typ II-Supernova und seine zeitliche Entwicklung gleicht erstaunlicherweise noch weitgehend dem der gewöhnlichen Novae.

In unserem Milchstraßensystem konnten als *Supernovae* identifiziert werden: Die in alten chinesischen und japanischen Annalen beschriebene Nova von 1054 n. Chr., aus welcher der *Crabnebel*[23] hervorgegangen ist, den *Bolton* mit der Radioquelle *Taurus* A identifizierte. Durch Vergleich der Expansionsgeschwindigkeit von $0\overset{''}{.}21$/Jahr mit dem spektrographisch gemessenen Wert von 1300 km/sec erhält man die Entfernung von ~ 1300 pc. Es erscheint übrigens geistesgeschichtlich bemerkenswert, daß von dieser Supernova — im Maximum heller als Venus! — im damaligen Europa mit keiner Silbe die Rede war. — Wir erwähnten schon eingangs *Tycho Brahe*'s Supernova in der Cassiopeia von 1572 und *Kepler*'s Supernova von 1604.

Insgesamt sind bis 1964, größtenteils durch *F. Zwicky*'s Mt. Palomar-Überwachung, ~ 140 Supernovae in fernen Galaxien entdeckt worden. Anhand einer ausgedehnten Statistik schätzt *G. A. Tamann* (1970) ab, daß in einer Galaxie wie der unseren im Durchschnitt alle 26 ± 10 Jahre *eine* Supernova auftritt. Die Häufigkeiten der Supernovae I und II verhalten sich in allen Galaxien etwa 1:2.

Die gesamte *Energieabgabe E* einer Typ I-Supernova kann man abzuschätzen versuchen, indem man über die Lichtkurve integriert und zunächst einmal annimmt, daß das Verhältnis von Gesamtstrahlung zu photographischer (oder — was kaum einen Unterschied bedeutet — visueller) Strahlung *dasselbe* sei wie für die Sonne. Unter dieser Annahme (B.C. ≈ 0) erhält man $E \approx 3.6 \cdot 19^{49}$ erg. Der wahre Wert dürfte größer, schätzungsweise $\sim 10^{51}$ erg sein. Zum Vergleich rechnet man leicht aus, daß z. B. die Energiemenge, welche bei der Verbrennung von 1 Sonnenmasse Wasserstoff in Helium frei würde,

$$0.0072 \cdot M c^2 = 1.3 \cdot 10^{52} \text{ erg}$$

beträgt.

Auf die naheliegenden Fragen der Herkunft und des weiteren Schicksals der Supernovae können wir erst im III. Teil eingehen.

---

[23] Wir werden auf dieses einzigartige Objekt in Abschn. 26 zurückkommen. Siehe insbesondere Abb. 26.11.

Sternsysteme

Milchstraße und Galaxien. Kosmogonie und Kosmologie

22. Der Vorstoß ins Weltall
Historische Einleitung in die Astronomie[1] des 20. Jahrhunderts

Im zweiten und dritten Jahrzehnt unseres Jahrhunderts setzte eine Entwicklung der Astronomie ein, die an Bedeutung den fast gleichzeitigen Entdeckungen der Relativitätstheorie und der Quantentheorie nicht nachsteht: *Die Welt als Ganzes, der Kosmos in seinem räumlichen Aufbau und in seiner zeitlichen Entwicklung ist ein Gegenstand exakter wissenschaftlicher Forschung geworden.* Wir knüpfen an Abschn. 10 an und versuchen, die Entfaltung der neuen Ideen zunächst in ihrem *historischen Zusammenhang* vorzuführen. Dieser kurze Überblick soll zugleich das Verständnis der ausführlichen Darstellung erleichtern, die wir nach *sachlichen* Gesichtspunkten anordnen müssen.

Um die Jahrhundertwende versuchten — im Anschluß an die „Sterneichungen" von *W.* und *J. Herschel* — *H. v. Seeliger* (1849—1924), *J. Kapteyn* (1851—1922) u.a. mit *stellarstatistischen Methoden* den *Bau des Milchstraßensystems* zu erforschen. Wenn auch dieses Ziel nicht erreicht wurde, so hat sich doch der ungeheuere Arbeitsaufwand dieser Unternehmungen in anderer Hinsicht als sehr nützlich erwiesen.

Den entscheidenden Fortschritt brachte 1918 *H. Shapley's* Methode der *photometrischen Entfernungsmessung mittels Cepheiden* (Haufenveränderlichen). Die *Periode-Leuchtkraft-Beziehung*, d.h. der Zusammenhang zwischen der Periode P des Lichtwechsels und der absoluten Helligkeit M_v ermöglichte es, die Entfernung jedes kosmischen Gebildes zu messen, in dem man irgendwelche Cepheiden auffinden konnte.

Genauere Untersuchungen über die Voraussetzungen dieses Verfahrens, 1. das Fehlen *interstellarer Absorption* und 2. die Anwendbarkeit *derselben Periode-Leuchtkraft-Beziehung* für alle Arten von Cepheiden, nötigten später zu erheblichen Korrektionen: 1930 entdeckte *R. J. Trümpler* die allgemeine *interstellare Absorption und Verfärbung*, und ∼ 1952 erkannte *W. Baade*, daß die Periode-Leuchtkraft-Beziehungen der klassischen Cepheiden und der W Virginis-Sterne, d.h. der Pulsationsveränderlichen der Sternpopulationen (s. u.) I und II sich um 1—2 Magnitudines unterscheiden. Wir werden im folgenden bei numerischen Angaben diese neueren Korrektionen stets von vornherein berücksichtigen und insofern vom rein historischen Standpunkt abgehen.

---

[1] Entsprechend dem neueren Sprachgebrauch betrachten wir die Astrophysik als ein Teilgebiet der *Astronomie*, d.h. der *gesamten* Sternkunde.

Die von *H. Shapley* bestimmten Entfernungen der *Kugelsternhaufen* ließen erkennen, daß diese ein wenig abgeplattetes System bilden, dessen *Zentrum* in einer Entfernung von ~10 kpc oder ~30000 Lichtjahren im *Sagittarius* liegt.

Aus diesen Anfängen heraus entwickelte sich rasch das heutige Bild unseres Milchstraßensystems: Die Hauptmasse der Sterne bildet eine flache *Scheibe* von ~30 kpc Durchmesser mit den darin enthaltenen *Spiralarmen*. Von deren *Kern* erblicken wir die äußeren Teile als helle Sternwolken in Scorpius und Sagittarius; das *galaktische Zentrum* selbst ist für uns optisch hinter dichten interstellaren *Dunkelwolken* verborgen. Erst die Radioastronomie hat es direkter Beobachtung zugänglich gemacht. Wir selbst befinden uns außen in der Scheibe, ~10 kpc von ihrem Zentrum entfernt. Die Scheibe ist umgeben von dem erheblich weniger abgeplatteten *Halo*, zu dem die *Kugelsternhaufen* und gewisse Klassen von Einzelsternen gehören.

Schon 1926/27 konnten *B. Lindblad* und *J. Oort* die *Kinematik und Dynamik des Milchstraßensystems* weitgehend aufklären. Die Sterne der *Scheibe umkreisen* das galaktische Zentrum unter dem Einfluß der Gravitation der dort ziemlich stark konzentrierten Massen. Insbesondere durchläuft die *Sonne* ihre Kreisbahn von ~10 kpc Radius mit einer Geschwindigkeit von ~250 km/sec in ~250 Millionen Jahren. *Wir* bemerken jedoch zunächst nur die *differentielle Rotation*: Außen laufen die Sterne (wie die Planeten um die Sonne) etwas langsamer, innen rascher als wir. Hieraus erhält man leicht eine Abschätzung der Masse; nach mancherlei Korrektionen ergibt sich die *Masse des Gesamtsystems* zu ~$2 \cdot 10^{11}$ Sonnenmassen.

Während die Sterne der galaktischen Scheibe kreisförmige Bahnen beschreiben, bewegen sich die *Kugelsternhaufen* und die Sterne des Halos um das Zentrum in langgestreckten *ellipsenartigen* Bahnen: Ihre Geschwindigkeiten relativ zur Sonne sind daher von der Größenordnung 100—300 km/sec. Dies ist *J. H. Oort's* Deutung der sogenannten *Schnelläufer* (High velocity stars).

Neben den Sternen spielt die *interstellare Materie* im Milchstraßensystem — obwohl sie nur wenige Prozent seiner Masse ausmacht — eine wichtige Rolle. Genaue Entfernungsmessungen waren erst möglich, nachdem *R. J. Trümpler* 1930 die *interstellare Absorption und Verfärbung* des Sternlichtes durch kosmischen Staub in den Griff bekommen hatte. Schon etwas früher hatten *A. S. Eddington* (1926) die Physik des interstellaren Gases und der *interstellaren Absorptionslinien*, *H. Zanstra* und *I. S. Bowen* (1927/28) die des Leuchtens der *galaktischen und planetarischen Nebel* klargestellt. Die völlig überraschende Entdeckung der *Polarisation des Sternlichtes* durch *W. A. Hiltner* und *J. G. Hall* (1949) endlich ließ erkennen, daß es in der Scheibe ein galaktisches Magnetfeld von ~10^{-5} Gauß gibt.

1924 gelang es *E. Hubble* nach erheblicher Verfeinerung der photographischen Technik, am 100″-Hooker-Teleskop des Mt. Wilson Observatory, die äußeren Bereiche des *Andromedanebels* (und anderer uns benachbarter Spiralnebel) weitgehend in einzelne Sterne aufzulösen und (klassische) *Cepheiden*, *Novae*, helle blaue O- *und B-Sterne* etc. zu finden, die es ermöglichten, auf photometrischem Weg die Entfernung zu bestimmen. Diese ergab sich (auch hier haben wir die neueren Korrektionen sogleich berücksichtigt) zu ~700 kpc oder ~2 Millionen Lichtjahren. Damit war — nach langwierigen Kontroversen — auch klargestellt, daß der Andromedanebel und unser Milchstraßensystem weitgehend gleichartige kosmische Gebilde sind. Spätere Untersuchungen von *W. Baade* haben dies bis in feine Details bestätigt. So können wir heute Untersuchungen am Andromedanebel (M 31 = NGC 224) und der Milchstraße weitgehend zu *einem* Bild kombinieren; manche Beobachtungen lassen sich besser „von außen", andere „von innen" durchführen. Seit *Hubble's* Arbeiten ist es üblich geworden, die „Verwandten" unserer Milchstraße als *Galaxien* zu bezeichnen und den Terminus *Nebel* möglichst auf Gas- oder Staubmassen *in* den Galaxien zu beschränken.

1929 machte *E. Hubble* eine zweite Entdeckung von größter Tragweite: Die Spektren der Galaxien zeigen eine *Rotverschiebung* proportional ihrer Entfernung. Wir interpretieren dies als eine gleichförmige *Expansion des Weltalls*; man überlegt leicht, daß Bewohner anderer Galaxien genau dasselbe beobachten würden wie wir. Extrapoliert man die Flucht der Galaxien — etwas schematisch — zurück, so wäre der gesamte Kosmos vor einer Zeit $T_0 \approx 10^{10}$ Jahren ganz eng beisammen gewesen. Wir nennen T_0 die *Hubble-Zeit*; sie gibt einen ersten Anhaltspunkt für das *Alter der Welt*. Was weiter zurückliegen könnte, ist dem Zugriff unserer Forschung entzogen, und auf jeden Fall muß zur Zeit $-T_0$ die Welt „ganz anders gewesen sein" als heute. Die Vorläufer von *Hubble's* Entdeckung, *V. M. Slipher, C. Wirtz* u.a. sowie *M. Humason's* Mitwirkung am 100″-Teleskop können wir nur kurz erwähnen. Hier war zum erstenmal der *Kosmos als Ganzes* zum Gegenstand beobachtender, exakter Naturforschung geworden. Theoretische Ansätze zur *Kosmologie* hatten im Rahmen der *allgemeinen Relativitätstheorie* — die ja zunächst einmal eine Deutung der *Gravitation* und der *Trägheitskräfte* erstrebte — schon seit 1916 *A. Einstein*, dann *de Sitter, A. Friedmann, G. Lemaître* u.a. entwickelt. Andererseits ist es für die Erforschung ferner Galaxien von grundlegender Bedeutung, daß man aus der *Rotverschiebung* der Spektrallinien ihre *Entfernung* und damit ihre absolute Helligkeit, ihre wahren Dimensionen etc. entnehmen kann.

Die Erkenntnis eines *Alters der Welt* von etwa 10^{10} Jahren, gar nicht viel größer als das aus radioaktiven Messungen bekannte *Alter der Erde* von $4.6 \cdot 10^9$ Jahren, bildete einen mächtigen Anreiz für die Erforschung der *Entwicklung der Sterne und Sternsysteme*.

Im Zusammenhang mit dem Alter der Erde und der Sonne hatten schon 1919/20 *J. Perrin* und *A. S. Eddington* vermutet, daß die von der Sonne fortlaufend ausgestrahlte Energie erzeugt werde durch Umwandlung von *Wasserstoff in Helium*. 1938 konnten dann *H. Bethe* und *C. F. v. Weizsäcker* auf dem Boden der inzwischen entstandenen Kernphysik zeigen, *welche* thermonuklearen Reaktionen z.B. imstande wären, bei Temperaturen[2] von $\sim 10^7$ °K im Inneren der Hauptsequenzsterne Wasserstoff langsam zu Helium zu „verbrennen". *Bethe* und dann 1944 *A. Unsöld* wiesen darauf hin, daß die nuklearen Energiequellen nur bei den *kühleren* Hauptsequenzsternen der Typen G, K, M für eine Zeit von der Größenordnung des Weltalters ausreichen. Für die *heißen* Sterne ergaben sich kürzere Lebensdauern, die bei den O- und B-Sternen großer Leuchtkraft auf

---

[2] Schon *H. N. Russell* hatte übrigens darauf hingewiesen, daß die Sterne längs der ganzen Hauptsequenz trotz ihrer sehr verschiedenen effektiven (Oberflächen-)Temperatur nahezu gleiche Zentraltemperaturen von $\sim 10^7$ °K haben.

nur ~10⁶ Jahre heruntergingen. In einer so kurzen Zeit können die Sterne sich nicht weit vom Ort ihrer Entstehung entfernt haben. Sie müssen also fast an derselben Stelle entstanden sein, wo wir sie heute sehen. Gegenüber allen spekulativen Hypothesen hat insbesondere *W. Baade* wiederholt darauf aufmerksam gemacht, daß die enge räumliche Verbindung der blauen OB-Sterne[3] mit Dunkelwolken, z.B. in der Andromeda-Galaxie, auf eine Entstehung dieser Sterne aus der interstellaren Materie hindeute.

Weiter führten die — ebenfalls weitgehend auf Anregungen von *W. Baade* zurückgehenden — Untersuchungen von *A. R. Sandage, H. C. Arp, H. L. Johnson* u. a. über die *Farben-Helligkeits-Diagramme* (FHD) der *Kugelsternhaufen* und der *galaktischen Sternhaufen*. Diese ergaben — zusammen mit der Theorie des inneren Aufbaus der Sterne — etwa folgendes Bild: Ein Stern, der sich aus interstellarer Materie bildet, durchläuft zunächst eine relativ kurze *Kontraktionsphase*. Auf der Hauptsequenz beginnt die Wasserstoffverbrennung; hier bleibt der Stern, bis er ca. 10% seines Wasserstoffs verbraucht hat. Dann wandert er im FHD nach rechts (*M. Schönberg* und *S. Chandrasekhar*, 1942) und wird ein *roter Riesenstern*. Die Stelle, wo die Hauptsequenz im FHD eines Sternhaufens nach rechts abbiegt — das sog. „Knie" (Abb. 26.1) — gibt an, welche Sterne seit der Entstehung des Haufens ca. 10% ihres Wasserstoffs verbrannt haben. Die hierfür benötigte sog. *Entwicklungszeit* gibt gleichzeitig das *Alter* des Sternhaufens an. Sternhaufen mit hellen blauen OB-Sternen, wie *h* und *χ* Persei, sind also sehr jung, während bei alten Sternhaufen die Hauptsequenz nur unterhalb G0 noch vorhanden ist. Die mit *F. Hoyle* und *M. Schwarzschild* 1955 beginnenden theoretischen Untersuchungen zur *Entwicklung der Sterne* bedeuten insofern auch eine grundsätzliche Weiterbildung von *A. S. Eddington*'s Theorie des *Inneren Aufbaus der Sterne* (Abschn. 25), als die frühere Annahme einer ständigen Durchmischung der Materie im Sterninneren unter dem Druck der Beobachtungen aufgegeben wurde. Die neue Auffassung geht dahin, daß im Zentrum des Sterns sich eine *ausgebrannte Heliumzone* bildet. Die dadurch erzwungene Verlagerung der nuklearen Brennzone nach außen bedingt eben die Aufblähung des Sterns zu einem *Roten Riesen*. Die Untersuchung zahlreicher Farben-Helligkeits-Diagramme führte nun zu dem grundlegenden Ergebnis, daß *alle Kugelsternhaufen dasselbe Alter* von etwa 9 bis 12·10⁹ Jahren haben. Im Bereich der galaktischen Sternhaufen dagegen gibt es junge *und* alte Objekte. Während die jüngsten kaum eine Million Jahre alt sind, hat der *älteste galaktische Sternhaufen* NGC 188 nach *A. R. Sandage* und *O. J. Eggen* (1969) ein Alter von 8 bis 10·10⁹ Jahren, das also von dem der Kugelhaufen kaum zu unterscheiden ist.

Erst die neueste Forschung hat uns auch Einblick in die *Endstadien der Sternentwicklung* gegeben: Nicht zu massereiche Sterne enden nach dem Ausbrennen ihrer nuklearen Energiequellen als entartete Materie, d.h. als *Weiße Zwerge* (s. S. 131 und 136). Ein Stern von 0.5 Sonnenmassen z.B. ist dann etwa auf die Größe der Erde zusammengeschrumpft. Schon sein Vorrat an thermischer Energie reicht aus, um seine geringe Ausstrahlung über Milliarden Jahre zu

---

[3] Bei weit entfernten Sternen kann man — mit Spektren kleiner Dispersion — vielfach die einander ziemlich ähnlichen Spektren der Typen O und B nicht mehr voneinander unterscheiden. Man spricht dann kurz von OB-Sternen.

decken. In massereichen Sternen kann die Materie noch weiter verdichtet werden, wobei die Protonen und Elektronen zu Neutronen verschmelzen. Solche *Neutronensterne* — mit Dichten von $\sim 10^{14}$ g cm^{-3} — sind die 1967 von *A. Hewish* mittels ihrer Radiostrahlung entdeckten *Pulsare*. Noch stärkere Kompression führt nach der allgemeinen Relativitätstheorie schließlich zu den sog. *Schwarzen Löchern*, deren enormes Gravitationsfeld sogar das Entweichen von Lichtquanten verhindern kann (Abschn. 30).

Nach diesem Exkurs in die neueste Entwicklung der Astrophysik nehmen wir den Faden unserer historischen Darstellung wieder auf.

W. Baade hatte schon 1944 darauf hingewiesen, daß verschiedene Bereiche unserer Milchstraße nicht nur in *dynamischer* Hinsicht, sondern auch in ihren Farben-Helligkeits-Diagrammen voneinander verschieden sind. So entstand der Begriff *Sternpopulationen*. Bald stellte es sich heraus, daß diese sich wesentlich durch ihr Alter und die Häufigkeit der schweren Elemente[4] relativ zum Wasserstoff (meist sagt man kurz: der Metallhäufigkeit) voneinander unterscheiden. Von feineren Unterteilungen und Übergängen abgesehen haben wir:

1. Die *Halopopulation* II: *Kugelsternhaufen*, die *metallarmen Subdwarfs* etc. haben dieselben Farben-Helligkeits-Diagramme. Sie beschreiben langgestreckte galaktische Bahnen und bilden ein wenig abgeplattetes System, aber mit starker Konzentration zum Zentrum. Ihre Metallhäufigkeit entspricht etwa $\frac{1}{500}$ bis $\frac{1}{5}$ der „normalen". Die Halopopulation II enthält fast keine interstellare Materie, diese ist offenbar durch Sternbildung aufgebraucht. Ihr Alter, etwa 10^{10} Jahre, darf man nahezu dem *Alter der Milchstraße* gleichsetzen.

2. Die *Scheibenpopulation*: Hierzu gehören die meisten Sterne unserer Umgebung; sie bilden ein stark abgeplattetes System mit starker Konzentration zum galaktischen Zentrum. Ihre Sterne beschreiben nahezu Kreisbahnen; sie haben „normale Metallhäufigkeit", etwa wie die Sonne. Die ältesten Sternhaufen der Scheibenpopulation und der Halopopulation II sind — wie gesagt — etwa gleichaltrig (innerhalb von $\sim 10^9$ Jahren). Andererseits geht die Scheibenpopulation auch altersmäßig stetig über in

3. Die *Spiralarmpopulation* I: Sie ist charakterisiert durch *junge, blaue Sterne* großer Leuchtkraft. Wie wir sehen werden, ist innerhalb der Scheibe in den *Spiralarmen* die interstellare Materie verdichtet. Hieraus entstehen Assoziationen und Haufen junger Sterne.

Die von *E. Hubble* 1926 begründete *Klassifikation der Galaxien* — wir werden sie noch genauer kennenlernen — zunächst nach ihren Gestalten erwies sich später in ihrem Grundbestand als eine Klassifikation nach dem Überwiegen der Population-II- oder der Population-I-Züge: Die *elliptischen Galaxien* haben nur noch wenig interstellare Materie, sie enthalten daher in der Hauptsache alte Sterne, ähnlich der Halopopulation bzw. der Scheibenpopulation der Milchstraße. Am anderen Ende enthalten die gestaltlich sehr differenzierten Sc- und Irr I-Galaxien viel Gas und Staub, ausgeprägte Spiralarme oder andere Strukturen sowie helle blaue O- und B-Sterne, durchweg Züge der Sternpopulation I.

---

[4] Wir verstehen in diesem Zusammenhang darunter alle Elemente außer Wasserstoff und Helium.

In neuerer Zeit hat man erkannt, daß die Leuchtkräfte und Massen ähnlich aussehender Galaxien innerhalb von rund fünf Zehnerpotenzen verschieden sein können. Demgemäß spricht man von *Riesen*- und *Zwerggalaxien.*

Eine ganz neue Ära in der Erforschung unseres Milchstraßensystems und der fernen Galaxien eröffnete die *Radioastronomie,* beginnend mit *K. G. Jansky's* Entdeckung der Meterwellenstrahlung der Milchstraße im Jahre 1931.

Man entdeckte die *thermische frei-frei-Strahlung* von Plasmen mit $\sim 10^4\,°K$ im interstellaren Gas, in HII-Regionen, planetarischen Nebeln usw. 1951 gelangen die ersten Beobachtungen der von *H. C. van de Hulst* 1944 vorhergesagten 21-cm-*Linie* des atomaren Wasserstoffs, deren Dopplereffekte ganz neue Einblicke in Struktur und Dynamik des interstellaren Wasserstoffs und damit der ganzen Galaxien gab. Weitere *Linien* im cm- und dm-Bereich ließen sich Übergängen zwischen sehr hohen Quantenzahlen in Wasserstoff- und Heliumatomen, sowie (z.T. überraschend komplizierten) zwei- und mehratomigen Molekülen zuordnen.

Das von *Jansky* zuerst beobachtete *Radio-Kontinuum* ist nicht-thermische sog. *Synchrotronstrahlung.* Sie entsteht, wie *H. Alfvén* und *N. Herlofson* 1950 vermuteten und bald darauf russische Astronomen, *I. S. Shklovsky, V. L. Ginzburg* u. a. immer sicherer machen konnten, wenn *Elektronen* hoher Energie sich in Spiralbahnen um die Kraftlinien kosmischer Magnetfelder bewegen, wie in einem Synchrotron-Elektronenbeschleuniger.

Neben der Erkenntnis der Mechanismen, welche zur Emission radiofrequenter Strahlung führen können, war von ebenso großer Bedeutung die Erreichung immer größerer *Winkelauflösung* und *genauerer Radio-Positionen.* Wir haben die Konstruktion immer wieder verbesserter und vergrößerter Radioteleskope und *Radiointerferometer* bis zu den interkontinentalen Längst-Basis-Interferometern schon in Abschn. 9 besprochen und geben sogleich einige historische Daten zur Erforschung kosmischer *Radioquellen*: 1946 erschloß *J. S. Hey* aus zeitlichen Schwankungen (wie man später erkannte, Szintillation ionosphärischen Ursprungs) der Radiostrahlung die erste *Radioquelle Cygnus A* (man bezeichnete anfangs die Radioquellen mit dem Sternbild und angehängten großen Buchstaben). 1949 identifizierten *J. G. Bolton, G. J. Stanley und O. B. Slee* die Radioquelle Taurus A mit dem Crab-Nebel M1. Erst 1952 konnten anhand inzwischen erheblich genauerer Radio-Positionen *W. Baade* und *R. Minkowski* zeigen, daß die Radioquelle Cassiopeia A ebenso wie Taurus A der Überrest einer früheren Supernova sei. Cygnus A dagegen ließ sich einer pekuliären Galaxie mit Emissionslinien hoher Anregung zuordnen: die erste *Radiogalaxie.* Damit war die Bahn frei für eine Entfaltung der extragalaktischen Radioastronomie, die wohl in der ganzen Geschichte der Astrophysik nicht ihresgleichen hat. 1962/63 konnte *M. Schmidt* am Mt. Palomar Observatory die *quasistellaren Radioquellen oder Quasare* — deren optische Bilder kaum von Sternen zu unterscheiden sind — als weit entfernte Galaxien mit extrem großer optischer und Radio-Leuchtkraft erkennen. Ihre weit über den bisher bekannten Bereich hinausgehenden *Rotverschiebungen* eröffneten der *Kosmologie* und Kosmogonie ungeahnte Perspektiven. Es zeigte sich weiter, daß in den *Kernen* der Quasare wie auch der Radiogalaxien und — in geringerem Umfang — sogar in denen normaler Galaxien, wie der unseren, von Zeit zu Zeit kosmische *Explosionen* von ungeahntem Ausmaß stattfinden, deren physikalische Natur noch weitgehend ungeklärt ist.

Als wichtiges Gegenstück zur Radioastronomie der *Synchrotronstrahlung*, die auf Elektronen im Energiebereich von etwa 10^8 bis 10^{11} eV hinweist, hat sich seit ~ 1963 die *Röntgenastronomie* (*H. Friedman, R. Giacconi, B. Rossi* u.a.) entwickelt. Hieran schließt sich das noch in den Anfängen stehende Gebiet der *γ-Strahlen-Astronomie* an. In beiden Wellenlängenbereichen ist man auf die Beobachtung von Raketen und Weltraumfahrzeugen, allenfalls auch Stratosphärenballonen aus angewiesen.

Auch die den Synchrotronelektronen entsprechenden schweren Teilchen, Protonen, α-Teilchen, Atomkerne und deren Sekundärteilchen in der *kosmischen Ultrastrahlung oder Höhenstrahlung* (*V. F. Hess*, 1912), bilden heute ein wichtiges Forschungsgebiet der Astrophysik. Herkunft und Art der Beschleunigung ist z.Z. für die Elektronen wie für die positiv geladenen schweren Teilchen erst zum kleinsten Teil geklärt; ihre Lenkung und Speicherung in kosmischen Magnetfeldern verstehen wir wenigstens etwas besser. Auch das hochinteressante — z.Z. noch auf die Sonne beschränkte — Gebiet der *Neutrinoastronomie*, deren Anfänge auf *R. Davis jr.* (1964) zurückgehen, haben wir schon erwähnt. Der ganzen *Hochenergie-Astronomie*, zusammen mit der Astrophysik *explodierender* und anderer ungewöhnlicher *Galaxien* wird ohne Zweifel ein entscheidendes Wort zukommen in zukünftigen Theorien der *Entwicklung der Galaxien*, der *Entstehung der chemischen Elemente* und ihrer Häufigkeitsverteilungen sowie nicht zuletzt der ganzen *Kosmologie*.

Einen ersten Vorstoß in diese Bereiche wagten *G. Lemaître* und *G. Gamow* (1939) mit der Vorstellung, daß die *Expansion des Weltalls* mit einem „*Urknall*" (Big Bang) begann, in dessen Anfängen sich sogleich die „kosmische" (d.h. etwa solare) *Häufigkeitsverteilung der Elemente* herausgebildet habe. Die Entdeckung metallarmer Sterne und vor allem die Schwierigkeit, den Aufbau der Atomkerne über die Massenzahl $A = 5$ hinaus fortzusetzen, brachte diese Theorie zunächst in Mißkredit. Erst nach Entdeckung der *kosmischen 3 °K-Strahlung* im Mikrowellenbereich — die als Überbleibsel des Urknalls gedeutet wurde — durch *A. A. Penzias und R. W. Wilson* (1965) kehrte sie in bescheidenerer Form zurück: In einem anfänglichen „Big Fireball" sollten im wesentlichen nur Wasserstoff- und Heliumatome im Anzahlverhältnis $\sim 10:1$ entstanden sein.

Bezüglich der Entstehung des Milchstraßensystems und der Häufigkeitsverteilung der Elemente (Nukleosynthese) fand eine 1957 von *E. M. und G. R. Burbidge, W. Fowler und F. Hoyle* — meist kurz als B²FH zitiert — entwickelte Vorstellung weitgehende Verbreitung. Schon vorher hatte *W. Fowler* durch seine ausgezeichneten Messungen nuklearer Wirkungsquerschnitte bei niederen Energien die Kenntnis der für die *Energieerzeugung* der Sterne wichtigen Kernprozesse wesentlich gefördert. Die B²FH-Theorie geht nun aus von der Vorstellung einer fast *sphärischen Urgalaxie aus Wasserstoff* plus 10% Helium und eventuell schon Spuren schwerer Elemente. Dann bildeten sich die ersten *Halosterne*, erzeugten schwere Elemente, zerfielen (durch Supernova-Explosionen etc.) und reicherten so die interstellare Materie mit *schweren Elementen* an. Aus dieser entstand eine neue Generation metallreicherer Sterne usw. Ehe der Bestand an schweren Elementen den der heutigen „normalen" Sterne erreicht hatte, bildete sich durch *Kollaps* der übrigen, noch nicht zu Sternen kondensierten Halomaterie die *galaktische Scheibe* mit den Spiralarmen, und zwar — wie dynamische Überlegungen fordern — schon nach einem Zeitraum von nur $\sim 10^8$ Jahren. Eine kritische Diskussion dieser Hypothese stellen wir noch zurück.

Dagegen sei schon hier bemerkt, daß seit 1958 *V. A. Ambarzumian* ganz andersartige Vorstellungen über die Entstehung und Entwicklung von Galaxien entwickelt hat, in denen die *Aktivität ihrer Kerne* unter Ausstoßung riesiger Mengen von *Materie und Energie* eine entscheidende Rolle spielt.

23. Aufbau und Dynamik des Milchstraßensystems

W. Herschel (1738—1822) versuchte wohl als erster, in den Bau des Milchstraßensystems einzudringen, indem er in seinen *Sterneichungen* abzählte, wieviel Sterne bis zu einer bestimmten Grenzgröße er in verschiedenen Richtungen sehen konnte.

Was würden wir erwarten, wenn der Raum völlig durchsichtig und gleichmäßig mit Sternen erfüllt wäre? Für Sterne einer bestimmten absoluten Helligkeit nimmt die scheinbare Helligkeit als Funktion der Entfernung r proportional $1/r^2$ ab (vgl. 14.2 und 3). Die Sterne *heller* als m erfüllen also eine Kugel mit $\log r = 0.2\, m + \text{const}$. Ihre *Anzahl* $N(m)$ ist $\sim r^3$, es müßte also gelten

$$\log N(m) = 0.6\, m + \text{const}. \tag{23.1}$$

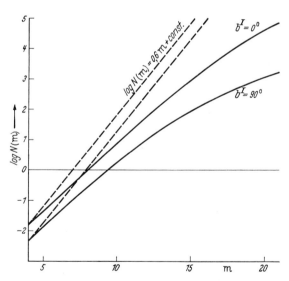

Abb. 23.1. Sternzahlen $N(m)$, d.h. Anzahl der Sterne heller als m (internat. phot. Skala) pro Quadratgrad; nach Zählungen von *F. H. Seares* (1928) am galaktischen Äquator ($b^I = 0°$) und am galaktischen Pol ($b^I = 90°$) (ausgezogene Kurven). Berechnete Kurven (gestrichelt): $\log N(m) = 0.6\,m + \text{const}$. für konstante Sterndichte, ohne galaktische Absorption. (Die Konstante wurde für $m = 4$ den Beobachtungen angepaßt)

In Abb. 23.1 vergleichen wir die Sternzahlen pro Quadratgrad nach *F. H. Seares* (1928) für die Milchstraßenebene und für die Richtungen zu den galaktischen Polen ($b = 0°$ bzw. $90°$) mit den Erwartungen nach Gl. (23.1). Die in Wirklichkeit viel langsamere Zunahme der $N(m)$ bei schwächeren Magnitudines kann nur zwei Ursachen haben: 1. *Abnahme der Sterndichte* in größeren Entfernungen, 2. *Interstellare Absorption*, oder beides. *H. v. Seeliger* (1849—1924) und *J. Kapteyn* (1851—1922) berücksichtigten die Streuung der absoluten Helligkeiten der Sterne und zeigten, wie man die *Sternzahlen N(m)* grundsätzlich darstellen kann durch Überlagerung (mathematisch gesprochen: Faltung) (1) der *Dichtefunktion D(r)* = Zahl der Sterne pro pc^3 in der Entfernung r und einer angegebenen Richtung mit (2) der *Leuchtkraftfunktion $\Phi(M)$* = Zahl der Sterne pro pc^3 im Intervall der absoluten Helligkeiten von $M - \frac{1}{2}$ bis $M + \frac{1}{2}$ evtl. unter Berücksichtigung (3) einer *interstellaren Absorption* von $\gamma(r)$ Magnitudines pro parsec. Selbst wenn man die Leuchtkraftfunktion $\Phi(M)$ als überall gleich voraussetzte und sie mit Hilfe der Sterne bekannter Parallaxe in einem Bereich von 5 oder 10 pc bestimmte, könnte man doch die Funktionen $D(r)$ und $\gamma(r)$ nicht trennen. Wir können daher die *Ergebnisse* der älteren *Stellarstatistik* hier übergehen. Wichtig *bleiben* die soeben eingeführten Begriffe und die großartige Stichproben-Durchmusterung des ganzen Himmels (Magnitudines, Farbenindizes, Spektraltypen) in den *Kapteyn-Feldern*.

Weiter führte zunächst die Erforschung der *Bewegungen der Sterne*: Wir besprachen schon die spektroskopische Messung der *Radialgeschwindigkeiten* V [km/sec] aus dem *Dopplereffekt* (*H. C. Vogel*, 1888; *W. W. Campbell* u.a.)[5].

Hierzu kommen nun die schon viel früher von *E. Halley* (1718) entdeckten *Eigenbewegungen* μ (EB oder PM = Proper Motion) der Sterne an der Sphäre. Sie werden gewöhnlich in Bogensekunden pro Jahr angegeben. Man mißt *relative Eigenbewegungen* (bezogen auf schwache Sterne mit kleiner EB), indem man zwei Aufnahmen vergleicht („blinkt"), die möglichst mit demselben Instrument in einem zeitlichen Abstand von 10 bis 50 Jahren gemacht wurden. Die Reduktion auf *absolute Eigenbewegungen* setzt voraus, daß an Meridiankreisen von einigen Sternen absolute Örter zu verschiedenen Epochen gemessen worden sind. Nach *C. D. Shane* benützt man ferne Galaxien und neuerdings auch Quasare als extragalaktisches Bezugssystem.

Mit der Eigenbewegung μ ist die *Tangentialkomponente T* [km/sec] der Sterngeschwindigkeit folgendermaßen verknüpft:

---

[5] Das *Vorzeichen* wird so definiert, daß

$$\begin{Bmatrix} \text{positive} \\ \text{negative} \end{Bmatrix} \text{Radialgeschwindigkeit} \begin{Bmatrix} \text{Rotverschiebung} \\ \text{Violettverschiebung} \end{Bmatrix},$$

$$\text{d.h.} \begin{Bmatrix} \text{Entfernung von der Sonne} \\ \text{Annäherung an die Sonne} \end{Bmatrix} \text{bedeutet.}$$

Den wechselnden Anteil der Bahnbewegung und Drehung der Erde schaltet man sofort aus, indem man auf die Sonne als Bezugspunkt reduziert.

Ist p die *Parallaxe* des Sterns in Bogensekunden, so ist μ/p gleich T in astronomischen Einheiten pro Jahr. Letzteres ist gleich $1/2\pi$ mal der Bahngeschwindigkeit der Erde oder 4.74 km/sec. Es gilt daher

$$T = 4.74\,\mu/p \ [\text{km/sec}], \tag{23.2}$$

und die *Raumgeschwindigkeit* v des Sternes wird

$$v = \sqrt{V^2 + T^2}. \tag{23.3}$$

Der *Winkel* ϑ, unter dem sich der Stern gegen den Sehstrahl bewegt, ist bestimmt durch die Beziehungen

$$V = v\cos\vartheta \quad \text{und} \quad T = v\sin\vartheta. \tag{23.4}$$

Da z.B. ein Stern 6^m im Durchschnitt eine Parallaxe von $0\rlap{.}{''}012$, aber eine Eigenbewegung von $0\rlap{.}{''}06$/Jahr hat, kann man an Hand von Eigenbewegungen (über 20 Jahre) ca. 100mal weiter in den Weltraum vordringen als mittels Parallaxenmessungen.

Machen wir zunächst die vereinfachende Annahme, daß die Sterne ruhen und daß nur die *Sonne* sich relativ zu ihnen mit der *Geschwindigkeit* $v_\odot$ in Richtung auf den *Apex* hin bewegt, so erwarten wir die in Abb. 23.2 dargestellte Ver-

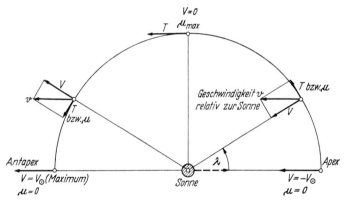

Abb. 23.2. Bewegung der Sonne — relativ zu den umgebenden Sternen — mit der Geschwindigkeit $v_\odot$ in Richtung auf den Apex. Als Reflex der Sonnenbewegung beobachten wir die parallaktischen Bewegungen der Sterne. Unsere Abbildung erklärt die Abhängigkeit der Radialgeschwindigkeit V und der Tangentialgeschwindigkeit T bzw. der Eigenbewegung μ der Sterne von ihrem Winkelabstand λ zum Apex.

teilung der *Radialgeschwindigkeiten* V und der Tangentialgeschwindigkeiten T bzw. der *Eigenbewegungen* μ in Abhängigkeit von dem Winkelabstand λ des Sternes vom Apex.

Sind die Bewegungen der Sterne im Raum regellos verteilt, so können wir unsere Überlegungen offenbar immer noch anwenden, wenn wir über viele

Sterne *mitteln.* So erhält man aus den Eigenbewegungen und Radialgeschwindigkeiten der Sterne unserer Umgebung die

$$\text{\textit{Sonnenbewegung:}}\quad v_\odot = 20\ \text{km/sec}$$
$$\text{zum \textit{Apex:}}\ \ \text{RA} = 18^\text{h}00^\text{m},\ \ \delta = +30^\circ\ . \tag{23.5}$$

Die erste Apexbestimmung aus wenigen Eigenbewegungen hat schon 1783
W. Herschel durchgeführt. Später zeigte sich, daß — genaugenommen — die
Sonnenbewegung davon abhängt, *welche* Sterne man zu ihrer Bestimmung verwendet; dies war der erste Hinweis auf den systematischen Anteil der Sternbewegungen. (23.5) ist die sog. *Standard-Sonnenbewegung,* die man allgemein benutzt, um Sternbewegungen auf die *Sonnenumgebung* zu reduzieren (Local
Standard of Rest).

Die Kenntnis der *Sonnenbewegung* (23.5) kann man nun benutzen, um in den
gemessenen *Eigenbewegungen* einer sinnvoll ausgewählten Gruppe von Sternen
den statistischen Anteil der Eigenbewegungen, die sog. *Pekuliarbewegungen*
(peculiar motions) von dem Reflex der Sonnenbewegung, der *parallaktischen
Bewegung* (parallactic motion) zu trennen. Letztere hängt offensichtlich mit der
mittleren Parallaxe $\bar{p}$ der Sterngruppe zusammen: Der von der Sonnenbewegung
verursachte Anteil der Tangentialgeschwindigkeit ist, entsprechend (23.4),
$T = v_\odot \sin\lambda$, wo λ wieder den Winkelabstand der Sterngruppe[6] vom Apex bedeutet. Damit können wir nun Gl. (23.2) anwenden, wenn wir bei der Mittelung
über die Eigenbewegungen uns sinngemäß auf deren Komponenten in Richtung
zum Apex, die $\bar{v}$-Komponenten, beschränken. Die *mittlere oder säkulare Parallaxe*
unserer Sterngruppe ist also

$$\bar{p} = -\frac{4.74\,\bar{v}}{v_\odot \sin\lambda}\ . \tag{23.6}$$

Die Hypothese statistisch verteilter Pekuliarbewegungen ist mit großer Vorsicht
anzuwenden.

1908 entdeckte nämlich *L. Boss,* daß z.B. für eine umfangreiche Gruppe von
Sternen im *Taurus,* die sich um den galaktischen Sternhaufen der *Hyaden* grup-
pieren, die *Eigenbewegungsvektoren* an der Sphäre bzw. auf der Sternkarte nach
einem *Konvergenzpunkt* bei $\alpha = 93^\circ$, $\delta = +7^\circ$ hinzielen. Die Sterne dieses Stern-
stromes oder *Bewegungshaufens* führen im Raum also offenbar wie ein Schwarm
Fische parallele Bewegungen aus, deren Richtung auf den Konvergenzpunkt
zeigt. Die Geschwindigkeit des Haufens (relativ zur Sonne) sei v_H. Kennen wir
nun (Abb. 23.3) für einen Stern des Haufens seine Eigenbewegung μ und seine
Radialgeschwindigkeit V relativ zur Sonne, sei ferner ϑ der Winkel am Himmel
vom Stern zum Konvergenzpunkt, so können wir die Überlegungen von Gl.
(23.2 und 4) übertragen und finden

$$V = v_\text{H} \cos\vartheta \quad \text{sowie}\quad T = v_\text{H} \sin\vartheta = 4.74\,\mu/p\ ,$$

woraus man sofort die *Parallaxe* des Sternes

$$p = \frac{4.74\,\mu}{V \tan\vartheta} \tag{23.7}$$

---

[6] Wir nehmen hier an, daß unsere Sterngruppe einen verhältnismäßig kleinen Bereich am
Himmel einnimmt, so daß *ein* Mittelwert von λ genügt.

erhält. Der *Taurus-Haufen* z. B. ist ~42 parsec von uns entfernt, seine Geschwindigkeit beträgt 31 km/sec; die meisten Sterne befinden sich in einem Bereich von ~10 parsec Durchmesser. Diese Methode der *Stromparallaxen* ist an Reichweite und vielfach auch an Genauigkeit der Methode der trigonometrischen Parallaxen überlegen.

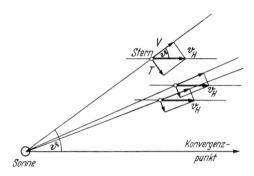

Abb. 23.3. Bewegungshaufen oder Sternstrom

Die gemeinsamen kleinen Eigenbewegungen der Sterne in *galaktischen Sternhaufen* (Plejaden, Praesepe ...) gestatten zum Teil noch die Ermittlung ihrer Parallaxe; vor allem aber sind sie wichtig, um die Mitgliedschaft individueller Sterne zu prüfen.

Nach unseren heutigen Vorstellungen ist der Durchmesser der *Milchstraße* von der Größenordnung 30000 pc; die *Galaxien* sind vergleichbare Gebilde in Entfernungen, die von Hunderttausenden bis zu Milliarden parsec reichen. Diese unsere ganze Kenntnis von Größe und Bau des „Neuen Kosmos" aber beruht wesentlich auf der Methodik der *photometrischen Entfernungsmessung*. Nach dem bekannten $1/r^2$-Gesetz der Photometrie sehen wir einen Stern der *absoluten Helligkeit* M_v und der Parallaxe p bzw. der Entfernung $1/p$ parsec mit der scheinbaren Helligkeit m, so daß nach Gl. (14.2) der

$$\text{Entfernungsmodul} \quad m - M = -5(1 + \log p) \tag{23.8}$$

ist. Die *interstellare Absorption* haben wir dabei noch nicht berücksichtigt. Wir werden dies im folgenden Abschn. 24 nachholen, aber schon hier bei der Angabe aller Zahlenwerte von Entfernungen etc. diesen Korrektionen Rechnung tragen.

Letzten Endes müssen wir immer zurückgreifen auf *absolute Helligkeiten* bestimmter Objekte, die uns bekannt sind aus *trigonometrischen, säkularen, Strom*-etc. *Parallaxen*. Wegen dieser ihrer grundlegenden Bedeutung haben wir zuerst die Methoden der geometrischen Entfernungsbestimmung so ausführlich erläutert.

Um einen Einblick in den *Bau unseres Milchstraßensystems* zu erhalten, liegt es nahe, von Anhäufungen von Sternen auszugehen, deren Struktur zum Teil schon mit bloßem Auge, zum Teil auf geeigneten Aufnahmen ohne weiteres zu erkennen ist, den *Kugelsternhaufen*, in denen die Sterne wie ein Bienenschwarm zusammengedrängt erscheinen, den weniger „konzentrierten" *galaktischen oder offenen Sternhaufen*, den *Sternassoziationen* und den *Milchstraßenwolken*. Die klassischen Positionskataloge — gleichzeitig auch für alle „Nebel", die wir heute einerseits als Galaxien, andererseits als galaktische und als planetarische Gasnebel absondern — sind der Messiersche Katalog (M) von 1784 sowie der Dreyersche *New General Catalogue* (NGC) von 1890 mit der Fortsetzung im *Index Catalogue* (I. C.) 1895 und 1910.

Abb. 23.4. Kugelsternhaufen M 13 = NGC 6205 im Sternbild Herkules. Entfernung 8 kpc

1. *Kugelsternhaufen.* Die beiden hellsten Kugel(stern)haufen, ω Centauri und 47 Tucanae, befinden sich am Südhimmel. Am Nordhimmel ist M 13 = NGC 6205 im Herkules noch mit bloßem Auge zu erkennen; seine hellsten Sterne sind etwa 13^m5. Aufnahmen mit den großen Spiegelteleskopen (Abb. 23.4) zeigen in den helleren Kugelhaufen mehr als 50000 Sterne; in der Mitte sind die einzelnen Sterne nicht mehr zu trennen. Am Himmel zeigen die Kugelhaufen eine starke Konzentration in Richtung Scorpius-Sagittarius.

2. Die *galaktischen oder offenen Sternhaufen* (Abb. 23.5) findet man am Himmel entlang dem ganzen hellen Band der Milchstraße. Manche sind verhältnismäßig stern*reich* und enthalten viele hundert Sterne (aber doch noch viel weniger als die Kugelhaufen); andere sind stern*arm* mit wenigen Dutzend Sternen. Auch die Konzentration der Sterne zum Zentrum, die *Kompaktheit* des Haufens, ist sehr

verschieden. Am bekanntesten sind die *Plejaden* und die *Hyaden* im Taurus, der Doppelhaufen h und χ Persei u. a.

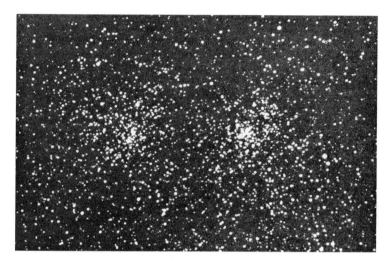

Abb. 23.5. Der galaktische Doppelsternhaufen *h* und χ Persei

3. Die OB-*Assoziationen* sind relativ lose Gruppen heller O- und B-Sterne, die oft einen galaktischen Haufen umgeben, wie z. B. die ζ Persei-Assoziation den eben erwähnten h + χ Persei. Auf der anderen Seite sind die T-*Assoziationen* entsprechende Gruppen von T Tauri- oder RW Aurigae-Veränderlichen und anderen Sternen nahe dem unteren Teil der Hauptsequenz. Auf die kosmogonische Bedeutung der OB- und der T-Assoziationen als sehr junge Gebilde hat 1947 *V. A. Ambarzumian* hingewiesen.

4. Die *Sternwolken der Milchstraße*, z. B. in Cygnus, Scutum, Sagittarius . . ., sind erheblich ausgedehntere Gebilde, die wir voraussichtlich als Analoga zu den hellen „Knoten" in den Armen entfernter Spiral-Galaxien ansehen dürfen.

Man kennt etwa 125 Kugelsternhaufen und 1000 galaktische Haufen. Neben dem klassischen Werk von *H. Shapley* „Star Clusters" (1930) sollten wir insbesondere den modernen „Catalogue of Clusters and Associations" von *G. Alter, J. Ruprecht* und *V. Vanýsek* (Budapest 1970) erwähnen.

Wir beenden damit diesen ersten Überblick und wenden uns wieder dem Kardinalproblem der *Entfernungsbestimmung* zu.

Die entscheidende Wendung zur modernen Astronomie vollzog *H. Shapley* 1918, indem er die Entfernungen zahlreicher *Kugelhaufen* mittels der in ihnen enthaltenen *Haufenveränderlichen* (RR Lyrae-Sterne) bestimmte, wobei die wesentliche Schwierigkeit — vgl. S. 206/207 — darin lag, zuvor deren absolute Helligkeit zu ermitteln bzw. die Periode-Leuchtkraft-Beziehung zu kalibrieren. Für diejenigen Kugelhaufen, welche keine Veränderlichen enthielten, benutzte

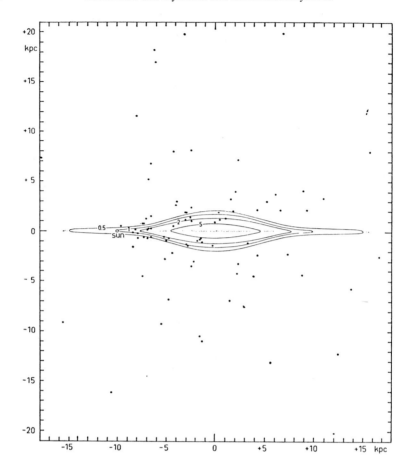

Abb. 23.6. Das Milchstraßensystem. Räumliche Verteilung der Kugelsternhaufen, projiziert auf eine Ebene, welche senkrecht zur galaktischen Ebene durch die Sonne ⊙ gelegt ist, und Flächen gleicher Massendichte (bezogen auf die Umgebung der Sonne). In der galaktischen Ebene ist die dünne Schicht der interstellaren Materie mit der extremen (Spiralarm-) Population I punktiert angedeutet. (Nach *J. J. Oort*)

Shapley als sekundäres Kriterium die *hellsten Sterne* des Haufens. Man läßt dabei die 5 hellsten, als mögliche Vordergrundsterne, zweckmäßig beiseite; die absolute Helligkeit der weiteren, bis etwa zum 30sten, erweist sich als gut definiert. Weiterhin kann man dann die *Gesamthelligkeit* des Haufens bzw. seinen Winkeldurchmesser — mit gewissen Vorsichtsmaßnahmen — als Kriterien benützen. Aus seinem Beobachtungsmaterial von (damals) 69 Kugelsternhaufen konnte *H. Shapley* den Schluß ziehen, daß diese ein zur Milchstraßenebene hin *wenig abgeplattetes System* (Abb. 23.6) bilden, dessen Zentrum 10 kpc (damaliger Wert

13 kpc) von uns entfernt im Sagittarius liegt. Damit war für alle künftigen Untersuchungen über die Milchstraße der Rahmen abgesteckt.

Die (einigermaßen erforschten) *galaktischen Sternhaufen* sind uns viel näher als die Mehrzahl der Kugelhaufen. So kann man hier *Farben-Helligkeits-Diagramme* zeichnen, z. B. mit $B-V$-Farbenindizes als Abszisse und scheinbaren Helligkeiten m_v als Ordinate. Wenn wir annehmen dürfen, daß die Hauptsequenz für alle Systeme und die keinem erkennbaren System zugehörigen sog. FeldSterne unserer *Umgebung* dieselbe ist, so liefert der vertikale Abstand der Hauptsequenz im $(B-V, m_v)$-Diagramm des Haufens und dem $(B-V, M_v)$-Diagramm unserer Umgebung direkt den *Entfernungsmodul* $m_v - M_v$ und damit die Distanz. (Auf feinere Unterschiede der FHD und den Einfluß der interstellaren Absorption kommen wir noch zurück; die folgenden Daten sind dafür bereits korrigiert.) Die grundlegenden Arbeiten von *R. Trümpler* wollen wir nur erwähnen und zeigen in Abb. 23.7 sogleich die von *W. Becker* 1964 gezeichnete Verteilung der *galaktischen Sternhaufen*, welche als früheste Spektraltypen O- bis B2-Sterne enthalten, zusammen mit HII-*Regionen*, d. h. Wasserstoffmassen, die durch die Strahlung der O- oder B-Sterne von Sternhaufen, OB-Assoziationen oder einzelner O- oder

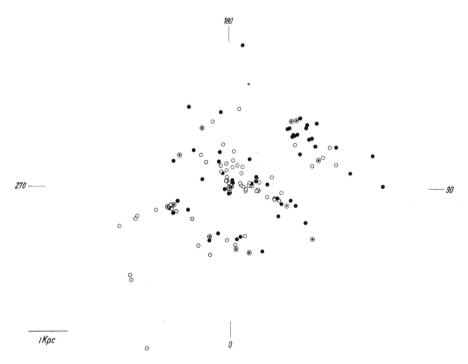

Abb. 23.7. Verteilung der jungen galaktischen Sternhaufen ● (die noch O-B2-Sterne enthalten), der HII-Regionen ○ und der Sternhaufen mit HII-Regionen ◉ in der Milchstraßenebene; nach *W. Becker*. Die galaktische Länge $l^{II}=0$ (unten) zeigt zum galaktischen Zentrum. Die Sonne ⊙ befindet sich im Mittelpunkt des Koordinatensystems. — Alle eingezeichneten Objekte sind längs der Spiralarme angeordnet; sie gehören zur extremen Population I

B-Sterne ionisiert und zur Hα-Emission angeregt werden (Abschn. 24). Man erkennt auf den ersten Blick die *Anordnung* in länglichen Bereichen, in denen wir die uns benachbarten Teile von *Spiralarmen* erblicken dürfen.

An dieser Stelle mag es angebracht sein, ein für die Milchstraßenforschung geeignetes System *galaktischer Koordinaten* einzuführen, und zwar die *galaktische Länge l* in der Ebene der Milchstraße, die *galaktische Breite b* senkrecht dazu, und zwar positiv nach Norden, negativ nach Süden. Das ältere System l^{I}, b^{I} geht aus von dem galaktischen Nordpol RA $12^{\mathrm{h}}40^{\mathrm{m}}$, $\delta+28°$ (1900.0) und zählt l^{I} ausgehend vom Schnittpunkt (aufsteigenden Knoten) der galaktischen Ebene mit dem Himmelsäquator 1900. 1958 hat man ein insbesondere durch Hinzunahme radioastronomischer Beobachtungen verbessertes System galaktischer Koordinaten eingeführt:

$$l^{\mathrm{II}}, b^{\mathrm{II}} \text{ mit dem galaktischen Nordpol } \mathrm{RA} \ 12^{\mathrm{h}}49^{\mathrm{m}}, \delta+27° \ (1950.0) \qquad (23.9)$$

wobei l^{II} jetzt gezählt wird ausgehend vom

$$\text{galaktischen Zentrum } \mathrm{RA} \ 17^{\mathrm{h}}43^{\mathrm{m}}, \delta-28°9 \ (1950).$$

In neuerer Zeit wird der (allmählich überflüssig gewordene) Index II vielfach wieder weggelassen. Alte und neue galaktische Länge (die noch häufig nebeneinander verwendet werden) sind daher nahe der Milchstraßenebene verknüpft durch die Beziehung

$$l^{\mathrm{II}} \approx l^{\mathrm{I}} + 32°3 \quad \text{bzw.} \quad l^{\mathrm{I}} - 327°7. \qquad (23.10)$$

Die „alte" Position des galaktischen Zentrums $l^{\mathrm{II}}=0$, $b^{\mathrm{II}}=0$ ist

$$l^{\mathrm{I}} = 327°7; \qquad b^{\mathrm{I}} = -1°4. \qquad (23.11)$$

Tafeln zur wechselseitigen Umwandlung von äquatorialen sowie alten und neuen galaktischen Koordinaten hat das Observatorium Lund 1961 herausgegeben. In Abb. 23.8 reproduzieren wir die von *G. Westerhout* gezeichneten Karten zur Umrechnung der neuen galaktischen Koordinaten l, b bzw. l^{II}, b^{II} in Rektaszension und Deklination α, δ für die Epoche 1950.

Die galaktischen Komponenten der *Raumgeschwindigkeit* von Sternen definiert man (positives Vorzeichen)

$$
\left.
\begin{array}{ll}
U & \text{radial weg vom galaktischen Zentrum} \\
V & \text{in Richtung der galaktischen Rotation } (l^{\mathrm{II}}=90°) \\
W & \text{senkrecht zur galaktischen Ebene nach dem gal. N-Pol zu.}
\end{array}
\right\} \quad (23.12)
$$

Dabei muß angegeben werden, ob die *Sonnenbewegung* abgezogen wurde oder nicht.

Nach diesen (etwas formalen) Vorbereitungen wenden wir uns der *Kinematik und Dynamik des Milchstraßensystems* zu, wie sie B. Lindblad und J.H. Oort 1926/27 in ihrer Theorie der *differentiellen Rotation* des Milchstraßensystems entwickelt haben.

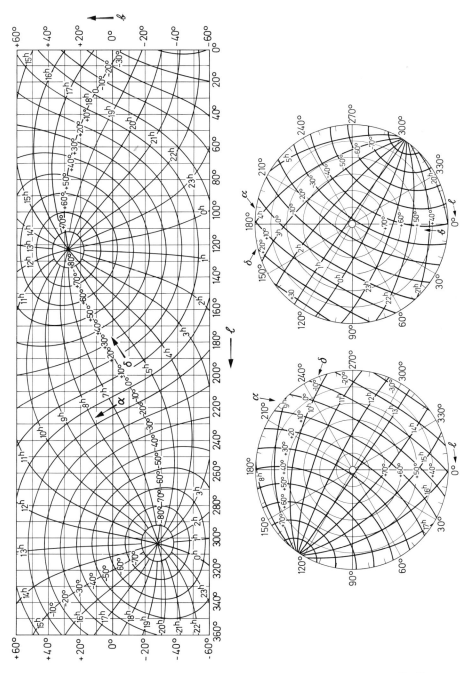

Abb. 23.8. Karten zur Umwandlung der galaktischen Koordinaten *l*, *b* bzw. l^{II}, b^{II} (aufge-
tragen oben als Abszisse bzw. Ordinate, unten am Umfang bzw. Radius der Kreise) in
Rektaszension α und Deklination δ für die Epoche 1950 und umgekehrt. Oben: galaktische
Äquatorzone. Unten links: galaktischer Nordpol, rechts: galaktischer Südpol. Nach
G. Westerhout

Wir nehmen zunächst an, daß alle Bewegungen (Abb. 23.9) auf ebenen *Kreis-bahnen* um das galaktische Zentrum stattfinden. Die Winkelgeschwindigkeit ω eines Sterns P als Funktion des Abstandes R vom Zentrum sei $\omega(R)$. Für die Sonne sei $R = R_0$ und $\omega(R_0) = \omega_0$, also $\omega_0 R_0 = \mathcal{V}_0$ die Geschwindigkeit der

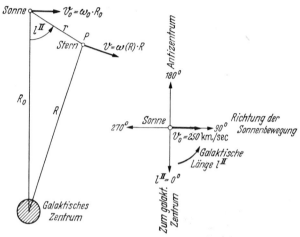

Abb. 23.9. Galaktische Rotation und galaktische Länge l^{II}

Sonne in ihrer galaktischen Kreisbahn. Genauer gesagt beziehen wir uns hier und im folgenden stets auf die *Sonnenumgebung*, indem wir von allen Beobachtungen vorher die *Sonnenbewegung* (23.5) abziehen.

Die Relativgeschwindigkeit des Sterns P zur Sonne ist

$$R_0\{\omega(R) - \omega_0\}, \qquad (23.13)$$

wie man aus Abb. (23.9) sofort sieht, wenn man zunächst in Gedanken P festhält und die Bewegung der Sonne relativ zu P ins Auge faßt.

Die entsprechende *Radialgeschwindigkeit* V_{r} des Sternes P (positives Vorzeichen → Entfernung) ist dann

$$V_{\mathrm{r}} = R_0\{\omega(R) - \omega_0\}\sin l^{\mathrm{II}}, \qquad (23.13\,\mathrm{a})$$

wo l^{II} die galaktische Länge bedeutet. Ist die Entfernung des Sternes von der Sonne $\overline{\odot P} = r \ll R_0$, so können wir in erster Näherung schreiben (der Index 0 bedeute stets $R = R_0$)

$$V_{\mathrm{r}} = -r \cdot R_0 \left(\frac{d\omega}{dR}\right)_0 \sin l^{\mathrm{II}} \cos l^{\mathrm{II}} = -r \cdot \frac{R_0}{2}\left(\frac{d\omega}{dR}\right)_0 \sin 2 l^{\mathrm{II}}. \qquad (23.14)$$

Die entsprechende *Tangentialkomponente* T der Geschwindigkeit von P relativ zur Sonne ist

$$T = R_0\{\omega(R) - \omega_0\}\cos l^{\mathrm{II}}. \qquad (23.15)$$

Daraus erhalten wir die *Eigenbewegung* von P (positiv im Sinne von l^{II} gezählt), indem wir von T/r noch die galaktische Rotation der Sonne ω_0 abziehen. Führen wir die schon benutzte Reihenentwicklung ein, so ergibt sich im Bogenmaß

$$-R_0 \left(\frac{d\omega}{dR}\right)_0 \cos^2 l^{II} - \omega_0 \tag{23.16}$$

oder mit $\cos^2 l^{II} = \frac{1}{2}(1+\cos 2\,l^{II})$, wenn wir sogleich in Bogensekunden/Jahr umrechnen,

$$EB = \frac{1}{4.74}\left\{-\frac{R_0}{2}\left(\frac{d\omega}{dR}\right)_0 \cos 2\,l^{II} - \frac{R_0}{2}\left(\frac{d\omega}{dR}\right)_0 - \omega_0\right\}. \tag{23.17}$$

Die Koeffizienten in den Gl. (23.14 und 17) nennt man die *Oortschen Konstanten der differentiellen galaktischen Rotation.* Wir schreiben sie sogleich an auch unter Benutzung der *Bahngeschwindigkeiten* $\mathscr{V}(R)$, d. h.

$$\omega = \frac{\mathscr{V}(R)}{R} \quad \text{sowie} \quad \frac{d\omega}{dR} = \frac{1}{R}\left(\frac{d\mathscr{V}}{dR} - \frac{\mathscr{V}}{R}\right) \tag{23.18}$$

und erhalten

$$\left.\begin{aligned}
A &= -\frac{R_0}{2}\left(\frac{d\omega}{dR}\right)_0 = \frac{1}{2}\left\{\frac{\mathscr{V}_0}{R_0} - \left(\frac{d\mathscr{V}}{dR}\right)_0\right\} \\
B &= -\frac{R_0}{2}\left(\frac{d\omega}{dR}\right)_0 - \omega_0 = -\frac{1}{2}\left\{\frac{\mathscr{V}_0}{R_0} + \left(\frac{d\mathscr{V}}{dR}\right)_0\right\}
\end{aligned}\right\} \tag{23.19}$$

bzw.

$$A+B = -\left(\frac{d\mathscr{V}}{dR}\right)_0 \quad \text{und} \quad A-B = \frac{\mathscr{V}_0}{R_0}. \tag{23.20}$$

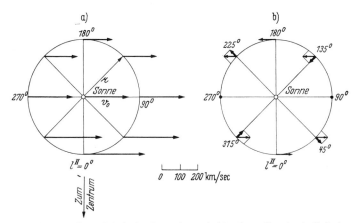

Abb. 23.10. Differentielle galaktische Rotation. a) Absolute Geschwindigkeiten der Sterne im Abstand r von der Sonne. In unserer Zeichnung ist $r = 3$ kpc. Die Länge der Geschwindigkeitsvektoren entspricht dem Weg der Sterne in 10 Millionen Jahren. b) Geschwindigkeiten derselben Sterne relativ zur Sonne und deren radiale Komponenten (dick gezeichnet), die Doppelwelle der Radialgeschwindigkeiten nach Gl. (23.21)

Damit nehmen schließlich die *Radialgeschwindigkeit* V_r (vgl. hierzu Abb. 23.10) und die *Eigenbewegung* EB in Abhängigkeit von der galaktischen Länge l^{II} für unsere Umgebung die einfache Form an

$$V_r = A\,r\sin 2\,l^{II}, \tag{23.21}$$

$$\mathrm{EB} = \frac{1}{4.74}\left\{A\cos 2\,l^{II} + B\right\}. \tag{23.22}$$

Die Beobachtungen bestätigen — nach Wegmittelung der Pekuliarbewegungen — bestens die „Doppelwelle" ($\sin 2\,l^{II}$!) der Radialgeschwindigkeiten und der Eigenbewegungen. Während die Amplitude der V_r proportional der Entfernung r anwächst, ist die der EB von r unabhängig. Nach Diskussion eines sehr ausgedehnten Beobachtungsmaterials — das wir hier nicht besprechen können — wurden von der International Astronomical Union 1964 folgende Zahlenwerte vorgeschlagen:

$$A = 15\,\frac{\mathrm{km}}{\mathrm{sec}}\bigg/\mathrm{kpc} \quad \mathrm{und} \quad B = -10\,\frac{\mathrm{km}}{\mathrm{sec}}\bigg/\mathrm{kpc}. \tag{23.23}$$

Der Abstand der Sonne vom galaktischen Zentrum entspricht zunächst dem zum Zentrum des Systems der Kugelsternhaufen. Man kann aber auch die Perioden-Leuchtkraft-Beziehung direkt auf die RR Lyrae-Sterne in den nicht allzu stark von kosmischen Dunkelwolken verdeckten Bereichen des Milchstraßenzentrums anwenden. Mit einer Unsicherheit von etwa 15% ergibt sich

$$R_0 = 10\,\mathrm{kpc}. \tag{23.24}$$

So erhält man mit (23.20) die *Kreisgeschwindigkeit* V_0 und die *Umlaufzeit* P_0 der Sonne bzw. Sonnenumgebung

$$V_0 = 250\,\mathrm{km/sec} \quad \mathrm{und} \quad P_0 = 250\,\mathrm{Millionen\ Jahre}. \tag{23.25}$$

Seit dem Ende der *Karbonzeit* haben wir also einmal die Reise um das galaktische System gemacht.

Wäre die ganze Masse M, unter deren Einfluß die Sonne ihre Kreisbahn beschreibt, im galaktischen Zentrum konzentriert, so müßte, wie bei der Planetenbewegung, nach Gl. (6.35)

$$V^2 = G\,\frac{M}{R} \tag{23.26}$$

sein. Für die Masse des Milchstraßensystems erhält man so die Abschätzung

$$M \approx 2.9\cdot 10^{44}\,\mathrm{g} = 1.5\cdot 10^{11}\,\mathrm{Sonnenmassen}. \tag{23.27}$$

Auch genauere Rechnungen führen auf eine Gesamtmasse des Milchstraßensystems von derselben Größenordnung. Aus (23.26) folgt durch logarithmische Differentiation $\dfrac{\mathrm{d}V}{V} = -\dfrac{1}{2}\dfrac{\mathrm{d}R}{R}$ und damit nach (23.20) $\left(\dfrac{A-B}{A+B}\right)_{\mathrm{ber}} = 2$, während die beobachteten Rotationskonstanten (23.23) auf $\left(\dfrac{A-B}{A+B}\right)_{beob} = 5$ führen. Die Annahme des $(1/R)$-Potentials dürfte also nur ziemlich schlecht erfüllt sein[7].

Wie steht es nun mit unserer bisherigen Voraussetzung galaktischer Kreisbahnen? Sobald wir merkliche *Exzentrizitäten e* der Sternbahnen zulassen, treten schon in unmittelbarer Nähe der Sonne Relativgeschwindigkeiten der Größenordnung 100 km/sec und mehr auf. So können wir, wie ebenfalls *J. Oort* 1928 bemerkt hat, das Phänomen der *Schnelläufer* (High velocity stars) verstehen.

Beschränken wir uns zunächst auf die Bahnen von Sternen *in der galaktischen Ebene*, so bestimmen deren galaktische Geschwindigkeitskomponenten U und V bzw. die analogen Geschwindigkeitskomponenten relativ zur Sonnenumgebung

$$U' = U \quad \text{und} \quad V' = V - 250 \,\text{km/sec} \tag{23.28}$$

ihre *galaktischen Bahnen*. Die Ortskoordinaten können wir nämlich für die Sterne, welche genauerer Beobachtung zugänglich sind, mit genügender Genauigkeit denen der Sonne gleichsetzen. In einem Diagramm mit den Koordinaten U' und V' kann man also für ein angenommenes galaktisches Kraft- bzw. Potentialfeld z. B. Kurven konstanter Exzentrizität e, Kurven konstanter apogalaktischer Distanz R_1 usw. einzeichnen. Derartige Berechnungen hat 1932 *F. Bottlinger* zuerst für ein $(1/R^2)$-Kraftfeld ausgeführt; Abb. 23.11 zeigt ein entsprechendes *Bottlingerdiagramm* für ein der wirklichen Milchstraße besser angepaßtes Kraftfeld. Die Geschwindigkeitsvektoren der *Schnelläufer* ● dokumentieren, daß diese Sterne sich auf Bahnen großer Exzentrizität e teils rechtläufig, teils rückläufig um das galaktische Zentrum bewegen. Die „normalen" Sterne unserer Umgebung dagegen haben kleine U' und V', d.h. sie bewegen sich (wie die Sonne) durchweg auf rechtläufigen und nahezu kreisförmigen Bahnen.

Die Bewegungen der Sterne unserer Umgebung *senkrecht zur Milchstraßenebene* — W-Komponente nach (23.12); früher nannte man sie meist Z-Komponente — kann man nach *J. H. Oort* (1932 u. 1960) weitgehend verstehen, wenn man die Verteilung der Materiedichte ρ in unserem Bereich der galaktischen Scheibe als *eben* betrachtet. Wir berücksichtigen hier also nur die Abhängigkeit der Materiedichte etc. vom Abstand z von der galaktischen Ebene. Dann darf man zunächst die W-Komponenten der Geschwindigkeitsvektoren der Sterne, unabhängig von deren Bewegungen parallel zur galaktischen Ebene (U und V), ganz für sich betrachten. Die Sterne führen senkrecht zur galaktischen Ebene um diese herum Schwingungen aus mit Perioden von ungefähr 10^8 Jahren. Die Verteilung der Sterndichte senkrecht zur galaktischen Ebene ist mit dem Schwerefeld der galaktischen Scheibe einerseits und der Geschwindigkeitsverteilung der W-Komponenten andererseits in ganz analoger Weise verknüpft wie die Dichteverteilung der Moleküle in einer Atmosphäre mit dem Schwerefeld und der Maxwellschen Geschwindigkeitsverteilung bzw. Temperatur. Hier ist aber außerdem das Schwerefeld vermöge des Newtonschen Anziehungsgesetzes (bzw.

---

[7] Die bis vor wenigen Jahren bevorzugten Konstanten $A = 19.5$ und $B = -6.9 \,\dfrac{\text{km}}{\text{sec}}\Big/\text{kpc}$ mit $R_0 = 8.2$ kpc hätten mit $\dfrac{A-B}{A+B} = 2.1$ viel besser zu unserem sicher viel zu groben theoretischen Ansatz gepaßt!

der Poissonschen Gleichung) auch noch direkt mit der Materiedichte ρ verknüpft. So konnte *Oort* die Gesamtdichte der Materie in der galaktischen Ebene nahe der Sonne ermitteln; er erhielt (1960)

$$\rho = 10.0 \cdot 10^{-24} \, \text{g} \cdot \text{cm}^{-3} = 0.15 \, \mathfrak{M}_{\odot}/\text{pc}^3 \, . \tag{23.29}$$

Eine neuere Diskussion von *R. Woolley* und *J. M. Stewart* (1967) ergab 0.11 $\mathfrak{M}_{\odot}/\text{pc}^3$. Die Gesamtdichte der beobachteten *Sterne* ist nach *W. Gliese* (1956) innerhalb eines Bereiches von 20 pc gleich $5.9 \cdot 10^{-24} \, \text{g} \cdot \text{cm}^{-3}$ bis — mit etwas stärkerer interstellarer Absorption — etwa $6.7 \cdot 10^{-24} \, \text{g} \cdot \text{cm}^{-3}$. Die Dichte des *interstellaren Gases* dürfte etwa 1 Wasserstoffatom pro cm^3 entsprechen, d.h. $1.7 \cdot 10^{-24} \, \text{g} \times \text{cm}^{-3}$. Es dürfte also dunkle Materie in Form gröberer Brocken — die wir

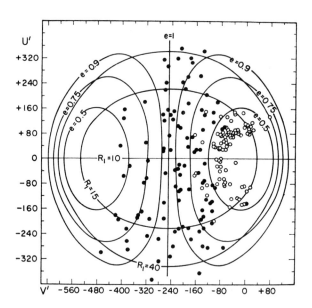

Abb. 23.11. Bottlinger-Diagramm. Aufgetragen sind die galaktischen Geschwindigkeitskomponenten U' (zum Antizentrum) und V' (in Richtung der Rotation) relativ zur Sonnenumgebung; das Achsenkreuz entspricht den absoluten Geschwindigkeitskomponenten U und V. An den beiden Kurvenscharen kann man die Exzentrizität e der Bahn und ihre apogalaktische Distanz R_1 in kpc ablesen. — Für später (Abschn. 27) merken wir noch an: ● sind Sterne mit Ultraviolettexzeß $\delta(U-B) > +0^m\!.16$, d.h. metallarme Sterne der Halopopulation II; diese sind durchweg Schnelläufer mit großen Raumgeschwindigkeiten. ○ sind Sterne mit $\delta(U-B) < 0^m\!.16$; diese Sterne bilden den Übergang von der Halopopulation II zur Scheibenpopulation, zu Sternen mit mehr kreisförmigen Bahnen. (Nach *O. J. Eggen*)

nur nach der Oortschen Methode erfassen könnten — wohl keine sehr wesentliche Rolle spielen. Die Analyse der Geschwindigkeitsverteilung W läßt wieder die schon erwähnten zwei Arten von Sternen deutlich hervortreten: Die *Scheiben-Sterne* mit $|\overline{W}| \approx 12$ km/sec und die *Schnelläufer* mit $|\overline{W}| \approx 24$ km/sec (wobei aber einzelne erheblich größere Werte vorkommen). Während die *Scheiben-Sterne* also in der Tat fast ebene Kreisbahnen beschreiben, bewegen sich die *Schnelläufer* meist auf stark exzentrischen *und* gegen die Milchstraßenebene geneigten Bahnen.

Auch von der Stellardynamik her stoßen wir wieder auf den von *W. Baade* 1944 eingeführten grundlegenden Begriff der *Sternpopulationen*. Wir stellen aber die Fortführung unseres in Abschn. 22 gegebenen Überblicks besser noch zurück, um in Abschn. 27 sogleich die Sternpopulationen verschiedenartiger Galaxien zu betrachten.

24. Interstellare Materie

Zwischen den Sternen des Milchstraßensystems fein verteilte Materie trat in den Gesichtskreis der Astronomen zuerst in Gestalt der *Dunkelwolken*, welche das Licht der hinter ihnen befindlichen Sterne durch Absorption schwächen und röten. Aber erst 1930 konnte *R. J. Trümpler* zeigen, daß auch außerhalb der erkennbaren Dunkelwolken *interstellare Absorption und Verfärbung* in der ganzen Milchstraße bei der photometrischen Messung von *Entfernungen* über wenige hundert parsec keineswegs zu vernachlässigen sind. Schon 1922 hatte *E. Hubble* erkannt, daß die galaktischen (diffusen) *Reflexionsnebel* (wie sie z. B. die Plejaden umgeben) durch Streuung des Lichtes relativ *kühler* Sterne an kosmischen Staubwolken entstehen, während in den galaktischen (diffusen) *Emissionsnebeln* interstellares Gas durch die Strahlung *heißer* Sterne zur Emission eines Linienspektrums angeregt wird. Daraufhin kam in den Jahren 1926/27 die Erforschung des *interstellaren Gases* rasch in Gang. Zwar hatte schon 1904 *J. Hartmann* die „stationären" CaII-Linien entdeckt, welche in den Spektren von Doppelsternen die Bahnbewegung nicht mitmachen, aber erst 1926 entwickelten *A. S. Eddington* von der Theorie, *O. Struve, J. S. Plaskett* u.a. von der Beobachtung her die Vorstellung, daß die interstellaren CaII-, NaI-... Linien in einer durch die Strahlung der Sterne teilweise ionisierten Gasschicht entstehen, welche die ganze *Scheibe* der Milchstraße erfüllt und auch an deren (differentieller) *Rotation* teilnimmt. Auf der anderen Seite gelang 1927 *I. S. Bowen* die lange gesuchte Identifikation der „Nebuliumlinien" in den Spektren der Gasnebel als *verbotene Übergänge* in den Spektren von [OII], [OIII], [NII] ..., und *H. Zanstra* entwickelte die *Theorie des Nebelleuchtens*. Erst etwa zehn Jahre später erkannte man, daß auch im interstellaren Gas — wie in den Sternatmosphären — der *Wasserstoff* das weitaus überwiegende Element ist. *O. Struve* und seine Mitarbeiter bemerkten zunächst, daß die Annahme großer Wasserstoffhäufigkeit die quantitativen Schwierigkeiten bezüglich der *Ionisation* des interstellaren Gases erheblich verringerte. Sodann entdeckten sie mit Hilfe ihres sehr lichtstarken *Nebelspektrographen*, daß viele O- und B-Sterne, bzw. Gruppen derselben, von einer ziemlich scharf begrenzten Region umgeben sind, die in der roten Wasserstofflinie Hα leuchtet. Hier muß der interstellare Wasserstoff also *ionisiert* sein. Die Theorie dieser HII-*Regionen* hat dann 1938 *B. Strömgren* entwickelt.

Der *neutrale Wasserstoff* — man spricht von HI-Regionen — schien zunächst nicht direkt beobachtbar zu sein, bis 1944 *H. C. van de Hulst* ausrechnete, daß

der Übergang zwischen den beiden Hyperfeinstruktur-Niveaus des Wasser-
stoffgrundzustandes

$$F = 1 \text{ (Kernspin parallel Elektronenspin)}$$
$$\to F = 0 \text{ (Kernspin antiparallel Elektronenspin)}$$

zu einer *radiofrequenten* Emissionslinie des interstellaren Wasserstoffs von meßbarer Intensität bei

$$\lambda_0 = 21.1 \text{ cm} \quad \text{oder} \quad \nu_0 = 1420.4 \text{ MHz}$$

führen müsse. Deren erstmalige Beobachtung im Jahr 1951 — fast gleichzeitig
am *Harvard*-Institut, in *Leiden* und in *Sydney* — hat die Erforschung der interstellaren Materie wie auch die ganze galaktische und extragalaktische Forschung
in einem solchen Ausmaß gefördert, daß wir hier — entgegen der historischen
Entwicklung — mit einer Einführung in die 21 cm-*Radioastronomie* beginnen
möchten.

Den *Absorptionskoeffizienten* $\varkappa_\nu$ der 21 cm-Linie kann man quantenmechanisch berechnen. Seine Frequenzabhängigkeit ist ganz durch den *Dopplereffekt*
der Bewegungen des interstellaren Wasserstoffs bestimmt. Haben wir pro cm^3

$N(V)\mathrm{d}V$ Wasserstoffatome im Radialgeschwindigkeitsbereich
V bis $V + \mathrm{d}V [\mathrm{cm} \cdot \sec^{-1}]$,

so ergibt sich

$$\varkappa(V) = \frac{N(V)}{1.835 \cdot 10^{13} \cdot T}, \tag{24.1}$$

wobei T die Temperatur bedeutet, welche die thermische Geschwindigkeitsverteilung der H-Atome und so durch Stöße die Verteilung der H-Atome auf die
beiden Hyperfeinstrukturniveaus bestimmt. Die emittierte Strahlungsintensität
ist dann bei Emission in optisch *dünner* Schicht nach dem Kirchhoffschen Satz

$$I(V) = \int \varkappa(V) \cdot B_\nu(T) \mathrm{d}l, \tag{24.2}$$

wobei für die *Kirchhoff-Planck*-Funktion $B_\nu(T)$ wegen $h\nu/kT \ll 1$ die Rayleigh-
Jeanssche Näherung (11.25)

$$B_\nu(T) = \frac{2\nu^2 kT}{c^2} \tag{24.3}$$

genügt. Die Integration ist über den ganzen Sehstrahl zu erstrecken.

Nur an wenigen Stellen der Milchstraße wird der Fall optisch *dicker* Schicht
erreicht. Man erkennt diese daran, daß über einen größeren Frequenz- bzw.
Geschwindigkeitsbereich die Intensität $I(V)$ einen konstanten Maximalwert

$$I(V) = B_\nu(T) = 2\nu^2 kT/c^2 \tag{24.4}$$

erreicht, aus dem man sogleich die Temperatur des interstellaren Wasserstoffs

$$T \approx 125 \,^\circ\mathrm{K} \tag{24.5}$$

ermittelt. Auf den genaueren Zahlenwert kommt es glücklicherweise wenig an,
da T in unserer Formel (24.2) für optisch dünne Schicht herausfällt.

Die Messung der *Linienprofile* $I(V)$ mit einem Hochfrequenzspektrometer am Radioteleskop ergibt nach (24.1 und 2) zunächst für eine Säule von 1 cm^2 Querschnitt längs des Sehstrahls die *Anzahl der H-Atome*, deren *Radialgeschwindigkeit* V bzw. Frequenz ν in einen vorgegebenen Bereich

$$V \text{ bis } V + \mathrm{d}V \quad \text{bzw.} \quad \nu_0 - \frac{V}{c}\nu_0 \text{ bis } \nu_0 - \frac{V + \mathrm{d}V}{c}\nu_0 \qquad (24.6)$$

fällt.

Die *Geschwindigkeitsverteilung* des interstellaren Wasserstoffs setzt sich nun aus zwei Anteilen zusammen: Zunächst einmal hat man statistisch verteilte Geschwindigkeiten, eine Art Turbulenz, deren Verteilungsfunktion der Maxwellschen ähnlich ist. Man kannte ihren Mittelwert auch schon von den interstellaren Ca II-Linien her zu ~ 6 km/sec. Wichtiger ist der Beitrag der *differentiellen galaktischen Rotation*. In unserer Umgebung nimmt die *Radialgeschwindigkeit* V (nach Berücksichtigung der Sonnenbewegung) nach (23.21) zunächst linear mit der *Entfernung* r zu; ihre *Richtungsabhängigkeit* zeigt die charakteristische Doppelwelle $\sim \sin 2 l^{\mathrm{II}}$. Für größere Abstände von der Sonne müssen wir auf die exakte Gleichung (23.13) zurückgreifen. Aus Abb. 24.1 sieht man, daß die Radialge-

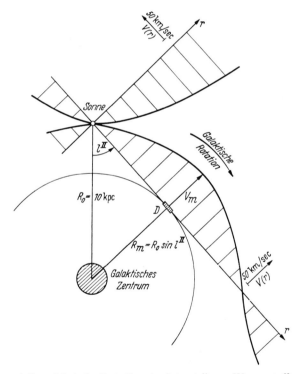

Abb. 24.1. Differentielle galaktische Rotation des interstellaren Wasserstoffs. Entlang einem Sehstrahl der galaktischen Länge l^{II} ist die Radialgeschwindigkeit $V(r)$ des interstellaren Wasserstoffs relativ zur Sonnenumgebung als Funktion des Abstandes r aufgetragen. Sie erreicht ein Maximum V_m bei D, wo der Sehstrahl eine Kreisbahn berührt. Man vergleiche diese Abbildung mit der Näherung für $r \ll R_0$ in Abb. 23.10

schwindigkeit V längs eines Sehstrahls in Richtung der galaktischen Länge
$l^{II}(|l^{II}| < 90°)$ ihren *Maximalwert* V_m dort erreicht, wo der Strahl in D eine galaktische Kreisbahn, und zwar vom Radius $R_m = R_0 \sin l^{II}$, berührt. Das Linienprofil
zeigt also bei V_m einen steilen Abfall nach größeren Radialgeschwindigkeiten
V hin. Durch *Kombination* der V_m für verschiedene galaktische Längen l^{II} kann
man nun die *Rotationsgeschwindigkeit* als Funktion des Abstandes vom galaktischen Zentrum, d.h. $\mathscr{V}(R)$ ermitteln. Damit kann man umgekehrt die Verteilung
der Radialgeschwindigkeiten längs jedes Sehstrahls berechnen und mit Hilfe
solcher Kurven aus den gemessenen *Linienprofilen* die Dichteverteilung des
Wasserstoffs bestimmen. Die bei $|l^{II}| < 90°$ auftretende Zweideutigkeit, ob ein
bestimmtes $\mathscr{V}$ zu dem entsprechenden Punkt vor oder hinter D gehört, läßt sich
vielfach auf Grund der Überlegung entscheiden, daß das entferntere Objekt *im
allgemeinen* senkrecht zur Milchstraße, d.h. in b^{II}, die kleinere Ausdehnung zeigt.
Im übrigen wird man bei der Auswertung der λ 21 cm-Messungen immer wieder
auch auf die innere Konsistenz des sich ergebenden Bildes zu achten haben.

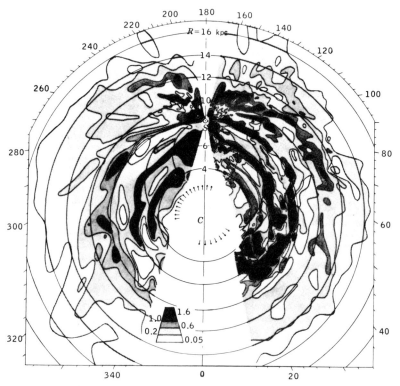

Abb. 24.2. Verteilung des neutralen Wasserstoffs in der galaktischen Ebene (maximale Dichten projiziert auf die galaktische Ebene). Die Dichteskala gibt die Anzahl der Atome pro
cm^3 an. Außen: galaktische Länge l^{II}

Die so aus den Beobachtungen der holländischen und der australischen
Radioastronomen ermittelte *Verteilung des neutralen Wasserstoffs in der galak-*

tischen Ebene zeigt Abb. 24.2; man erkennt deutlich seine Anhäufung in *Spiralarmen*. Neuere Untersuchungen haben gezeigt, daß in 3 kpc Abstand vom galaktischen Zentrum sich ein Spiralarm befindet, der überraschenderweise mit 50 km/sec vom Zentrum weg *expandiert*. Noch weiter innen, bei ~ 0.7 kpc kommt die flache sog. *Kernscheibe*, an deren Rand die Rotationsgeschwindigkeit ein Maximum von ~ 250 km/sec erreicht. In dieser Scheibe befindet sich der eigentliche *Kern* des Milchstraßensystems mit einem Durchmesser von nur wenigen Parsec. Auf die von *J. H. Oort* und *P. C. van der Kruit* 1971 entdeckten Anzeichen früherer *Explosionen im Kern unserer Galaxie*, welche vor $\sim 10^7$ Jahren die Ausstoßung von Massen der Größenordnung $10^7 \, \mathfrak{M}_{\odot}$ und die Expansion des 3-kpc-Arms bewirkten, werden wir im Zusammenhang mit der noch viel stärkeren Aktivität der Kerne anderer Galaxien zurückkommen.

Auch die Verteilung des neutralen Wasserstoffs *senkrecht zur Milchstraßenebene* hat man untersucht. Er bildet im Mittel eine *flache Scheibe*. Der Abstand zwischen den Flächen, wo die Dichte auf die Hälfte des Mittelwertes in der galaktischen Ebene abgesunken ist, beträgt im Bereich $3 < R < 10$ kpc etwa 220 pc; in den innersten 3 kpc ist die Scheibe noch etwas dünner.

In der Umgebung heller O- und B-Sterne wird das interstellare Gas und insbesondere der Wasserstoff ionisiert und zum Leuchten erregt; wir sehen einen *diffusen Nebel* oder eine *H II-Region*. Dies geschieht, wie *H. Zanstra* 1927 erkannte, auf folgende Weise: Wenn ein neutrales Wasserstoffatom die Strahlung des Sterns im Lymangebiet bei $\lambda < 912$ Å absorbiert, so wird es *ionisiert* (vgl. Abb. 17.1). Das entstandene *Photoelektron* wird später von einem positiven Ion (Proton) wieder eingefangen. Die Rekombination führt in den seltensten Fällen direkt in den Grundzustand; meist finden Kaskadenübergänge über mehrere Energieniveaus unter Ausstrahlung kleinerer Lichtquanten $h\nu$ statt. Abschätzungsweise kann man sagen, daß für jedes absorbierte Lymanquant $h\nu > 13.6$ eV bzw. $\lambda < 912$ Å u.a. etwa *ein* Hα-Quant ausgestrahlt wird. Darf man noch voraussetzen, daß der Nebel praktisch die ganze Lymanstrahlung des Sternes absorbiert, so kann man nach *H. Zanstra* aus der Hα-Strahlung des Nebels auf die *Lymanstrahlung* des Sterns rückschließen. Vergleicht man letztere mit seiner *visuellen Strahlung*, so kann man nach der Planckschen Formel (oder einer genaueren Theorie, vgl. Abschn. 18) die *Temperatur* des Sterns abschätzen. Für die O- und B-Sterne erhält man Werte, die etwa im Bereich der spektroskopisch bestimmten Temperaturen liegen.

Man kann denselben Vorgang auch noch unter einem anderen Gesichtspunkt betrachten: Die Zahl der *Rekombinationsprozesse* pro cm^3 ist proportional der Zahl der Elektronen pro cm^3 (N_e) *mal* der Zahl der einfangenden Ionen pro cm^3. Da aber jedes H-Atom bei der Ionisation *ein* Elektron abgibt, so ist letztere ebenfalls $\approx N_e$. Die Hα-*Helligkeit* an einer bestimmten Stelle des Nebels wird also proportional sein dem von *B. Strömgren* eingeführten sog.

$$\text{Emissionsmaß} \quad EM = \int N_e^2 \, dr. \tag{24.7}$$

Die Integration ist dabei längs des Sehstrahls zu erstrecken; r mißt man gewöhnlich in parsec. Für diffuse Nebel ist EM von der Größenordnung einiger 10^3 und mehr; bei den schwächeren H II-Regionen beträgt es einige hundert. Schätzt man die *Elektronendichte* N_e ab, indem man die Längs- und Querdimensionen der Nebel als ungefähr gleich annimmt, so erkennt man, daß in den HII-*Regionen* die Elektronendichte noch von derselben Größenordnung ist wie die Dichte der neutralen Atome in den HI-Regionen (Abb. 24.2), d.h. $N_e \approx 10$ Elektronen/cm^3. In den großen *diffusen Nebeln*, wie z.B. dem *Orionnebel*, dagegen erreicht man $N_e \approx 10^4$ Elektronen/cm^3; diese sind daher als Verdichtungen im interstellaren Gas anzusehen.

Wird im interstellaren Raum ein Elektron von einem Proton bei ihrer Begegnung nicht eingefangen, sondern nur abgelenkt, so entsteht (Abb. 17.1) ein *frei-frei-Kontinuum*. Dieses ist im optischen Gebiet zu schwach, dagegen beobachtet man es im cm- und dm-Bereich des *Radiofrequenzgebietes* als *thermische frei-frei-Strahlung* der diffusen Nebel. Deren Intensität ist — wie man sofort sieht — wieder proportional dem *Emissionsmaß* EM. Während aber die optischen Beobachtungen in Hα durch interstellare Absorption (s.u.) — besonders nahe der Milchstraßenebene — stark behindert werden, dringen die Radiowellen durch interstellare Dunkelwolken ohne jede Absorption hindurch. Berücksichtigt man dies, so erscheint die Übereinstimmung der optisch und radioastronomisch gemessenen Emissionsmaße durchaus befriedigend.

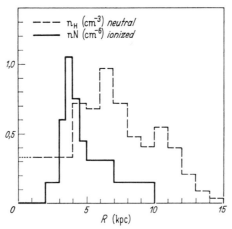

Abb. 24.3. Dichteverteilung des ionisierten und des neutralen Wasserstoffs im galaktischen System. Für letzteren ist direkt die mittlere Zahl der Atome pro cm^3 n_H aufgetragen. Für den ionisierten Wasserstoff kann man nur den quadratischen Mittelwert des Emissionsmaßes (24.7) ermitteln und daraus $n \cdot N$, wo N die Teilchendichte innerhalb einer HII-Region ist. Im Mittel dürfte $N = 5$ bis $10\ \mathrm{cm}^{-3}$ betragen, so daß die Ordinaten der ausgezogenen Kurve durch 5 bis 10 zu teilen wären, ehe man sie mit denen der gestrichelten Kurve vergleicht

Neben der frei-frei-Strahlung der HII-Regionen hat man im Gebiet der cm- und dm-Wellen Übergänge zwischen benachbarten Energieniveaus der Wasserstoff- und Heliumatome mit Quantenzahlen im Bereich von $n \approx 100$ bis 200 entdeckt. Solche angeregten Atome sind also zu einem Radius $\sim a_0 n^2$, d.h. etwa $\frac{1}{1000}$ Millimeter „aufgeblasen"! Durch Vergleich der Intensitäten entsprechender Übergänge kann man das *Häufigkeitsverhältnis* H : He bestimmen.

Es ergibt sich ganz *universell* H:He ≈ 10 in hinreichender Übereinstimmung mit neueren Analysen von B-Sternen, die — wie wir sehen werden — aus dem interstellaren Gas erst vor 10^6 bis 10^8 Jahren entstanden sind.

In neuerer Zeit konnte man — dank den Fortschritten der Verstärkertechnik im mm- bis dm-Bereich — zahlreiche Arten *interstellarer Moleküle* durch ihre Radio-Linien nachweisen. Es handelt sich im wesentlichen um Verbindungen der häufigen Elemente H, C, N, O, Si, S.

Tab. 24.1. Interstellare Moleküle mit Linien im mm- bis dm-Bereich. Optische Identifikationen in Schrägdruck

H₂	*CH*	*OH*	*H₂O*	*NH₃*	*H₂S*	*CN*	*CO*	*CS*	*SO*	*SiO*,	sowie

H_2CO Formaldehyd $\qquad\qquad\qquad\qquad$ CH_3OH Methylalkohol
HCN Cyanwasserstoff $\qquad\qquad\qquad$ HCOOH Ameisensäure
HC_3N Cyanacetylen $\qquad\qquad\qquad$ NH_2CHO Formamid u.v.a.

In einigen Fällen kann man sogar aus *isotopen Molekülen* die Häufigkeitsverhältnisse $C^{12}:C^{13}$ und $O^{16}:O^{18}$ bekommen. In quantitativer Hinsicht wird allerdings die Deutung der Linienintensitäten (in Absorption oder Emission) dadurch erschwert, daß bei Über-Besetzung des höheren Quantenzustandes der bekannte *Maser-Verstärkungseffekt* unerwartet hohe Strahlungsintensitäten hervorzaubern kann.

Das Vorkommen mehratomiger organischer Moleküle im interstellaren Raum und ähnlich in den kohligen Chondriten I hat sicher nichts mit irgendwelchen mysteriösen Lebewesen zu tun. Bei der Entstehung der interstellaren Moleküle spielen wahrscheinlich die Verdichtung der Materie und der Staub — als Katalysator — in der Umgebung entstehender Sterne eine wichtige Rolle. Die Bildung komplizierter organischer Moleküle wird begünstigt durch deren große statistische Gewichte bzw. Zustandssummen. Möglicherweise entstehen die organischen Moleküle im interstellaren Medium ebenso wie die der kohligen Chondrite durch eine Art *Fischer-Tropsch-Synthese*. Wir kommen auf dieses — auch im Zusammenhang mit der Entstehung des organischen Lebens sehr wichtige — Problem in Abschn. 31 zurück.

Die frei-frei-Strahlung ionisierten Wasserstoffs bei cm- und dm-Wellen beobachtet man auch im ganzen Bereich der Milchstraßenebene. Man erkennt sie daran, daß nach der Theorie bei Austrahlung in optisch *dünner* Schicht ihre *Intensität* I_ν (pro Frequenzeinheit!) von der Frequenz ν unabhängig ist. Analysiert man die in Abhängigkeit von der galaktischen Länge l^{II} gemessene Verteilung der Intensität $I_\nu(l^{II})$, so kann man daraus die Dichte der Elektronen bzw. des *ionisierten Wasserstoffs* N_e (unter Berücksichtigung ihrer Inhomogenität) als Funktion des Abstandes R vom galaktischen Zentrum berechnen. Wir tragen sie nach G. *Westerhout* in Abb. 24.3 auf und vergleichen sie sogleich mit der mittleren Dichteverteilung des *neutralen Wasserstoffs* (aus Abb. 24.2). Der Ionisationsgrad des Wasserstoffs hat danach ein ausgesprochenes Maximum bei $R \approx 3.5$ kpc, unmittelbar außerhalb des expandierenden Spiralarms bei $R = 3$ kpc.

Insgesamt befinden sich in unserem Milchstraßensystem ungefähr $6 \cdot 10^7$ Sonnenmassen ionisierter und $1.4 \cdot 10^9$ Sonnenmassen neutraler Wasserstoff gegenüber einer Gesamtmasse von $\sim 10^{11}$ Sonnenmassen. Die mittlere Dichte des Wasserstoffs beträgt etwa 0.6 Atome/cm³ oder $1.0 \cdot 10^{-24}$ g/cm³. In dynamischer Hinsicht spielen die $\sim 2\%$ interstellarer Materie in unserem System keine Rolle. Wir werden uns aber davor hüten müssen, diese Aussage voreilig auf andere Galaxien zu übertragen.

Die optischen *Spektren der Gasnebel* (Abb. 24.4) entstehen unter Bedingungen, die so weit vom thermischen Gleichgewicht entfernt sind, daß eine theoretische Behandlung der einzelnen Elementarprozesse möglich wird: Ist r der Radius des Nebels und R der des anregenden Sterns, so kommt dessen Strahlung nur mit einem *Verdünnungsfaktor* $W = R^2/4r^2$ zur Wirkung. Mit größenordnungsmäßig $R \approx 1$ Sonnenradius und $r \approx 1$ pc wäre z. B. $W \approx 10^{-16}$. Deshalb werden in den Atomen und Ionen nur die *Grundzustände* und langlebige *metastabile Zustände* (mit äußerst kleiner Übergangswahrscheinlichkeit in tiefere Terme) merklich besetzt. So tragen nach *I. S. Bowen* (1928) folgende Prozesse zur Erregung des Nebelleuchtens bei:

1. *Wasserstoff* und *Helium*, die zwei häufigsten Elemente, werden — wie wir sahen — durch die verdünnte Sternstrahlung im Lymangebiet ionisiert. Die Wiedervereinigung (Rekombination) der Ionen und Elektronen erfolgt in allen möglichen Quantenzuständen. Aus diesen fallen die Elektronen, großenteils in Kaskadenübergängen, schließlich wieder in den Grundzustand. So erhalten wir die ganzen Spektren von H, HeI und evtl. HeII als *Rekombinationsleuchten*.

2. Die *erlaubten Übergänge* zahlreicher Ionen, wie OIII, NIII... werden durch *Fluoreszenz* angeregt. Zum Beispiel wird bei der Rekombination von He$^+$

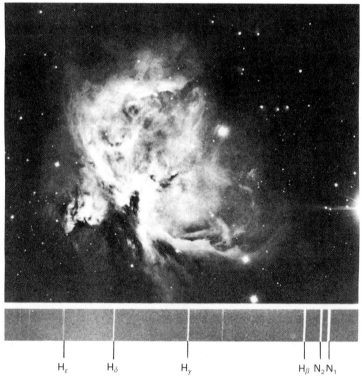

H_ε H_δ H_γ H_β $N_2 N_1$

Abb. 24.4. Der Orionnebel, ein diffuser oder galaktischer Nebel, und sein Emissionsspektrum (vielfach als Abschluß eines Kaskadenüberganges) dic *Resonanzlinie* $1\,^2S$—$2\,^2P$ $\lambda\,303.78$ Å ausgestrahlt. Diese kann zufällig vom Grundzustand des O III-Ions aus absorbiert werden, indem sie dessen $3d\,^3P_2$-Term anregt. Von diesem aus werden nun eine ganze Anzahl von O III-Linien ausgestrahlt, die man im UV beobachtet. Im Termschema aber erkennt man weiterhin, daß den Abschluß einer solchen Kaskade von Übergängen häufig die Resonanzlinie von O III $\lambda\,374.44$ Å bildet. Diese kann — wieder infolge zufälliger Koinzidenz der Termdifferenzen — einen bestimmten Term des N III-Spektrums anregen, der dann direkt beobachtbare Linien im photographischen Gebiet aussendet usw.

3. *Verbotene Übergänge.* Großes Aufsehen erregte 1927 *I. S. Bowen*'s Entdeckung, daß die in allen Nebelspektren starken Linien $\lambda\,4958.91$ und 5006.84 Å, welche die Astronomen lange Zeit einem mysteriösen Element „Nebulium" zugeordnet hatten, gedeutet werden konnten als „*verbotene Übergänge*" im O III-Spektrum, die durch Sprünge von einem tiefliegenden *metastabilen (langlebigen) Term* in den *Grundterm* des Ions entstehen. Während die gewöhnlichen *erlaubten Linien* (Dipolstrahlung) Übergangswahrscheinlichkeiten der Größenordnung $10^{+8}\,\mathrm{sec}^{-1}$ haben, beträgt diese z. B. für die erwähnten [O III]-Nebellinien[8] nur 0.0071 bzw. $0.021\,\mathrm{sec}^{-1}$. Es handelt sich in diesem Fall um *magnetische Dipolstrahlung* (analog einer Rahmenantenne), in anderen Fällen um *elektrische Quadrupolstrahlung* des Ions. Die *Anregung* der metastabilen Niveaus erfolgt durch die *Stöße der Elektronen*, welche bei der Photoionisation von H und He entstanden waren. Durch ihre anregenden Stöße wird den Elektronen selbstverständlich Energie entzogen. Die *Elektronentemperatur* ist daher niedriger, als man nach der Temperatur der Sterne zunächst erwartet hatte, meist etwa 8000 bis $10\,000\,^\circ$K.

Hinsichtlich der Physik ihres Leuchtens, *nicht* aber in ihrer kosmischen Stellung, sind den diffusen Gasnebeln verwandt die wegen ihres Aussehens so genannten *Planetarischen Nebel* (Abb. 24.5). Die schon erläuterte Zanstrasche Methode ergibt für ihre *Zentralsterne* Temperaturen von $30\,000^\circ$ bis gegen $150\,000\,^\circ$K. Die leuchtenden Hüllen, deren scheinbare Größe bei benachbarten Objekten einige Bogenminuten beträgt, haben größenordnungsmäßig Radien von $\sim 10^4$ astr. Einheiten, eine Elektronendichte (z. B. aus dem Emissionsmaß) von $\sim 10^3$ bis $10^4\,\mathrm{cm}^{-3}$ und eine Elektronentemperatur von $\sim 10^4\,^\circ$K. Die beobachtete Aufspaltung der Linien deutet auf eine *Expansion* der Hüllen — die Vorderseite nähert sich uns, die Rückseite entfernt sich — mit etwa 20 km/sec. *R. Minkowski* u. a. fanden eine starke Konzentration der Planetarischen Nebel zum galaktischen Zentrum hin; diese gehören also zur (älteren) *Scheibenpopulation* der Milchstraße. Ihre *absoluten Helligkeiten* (hier kann über die Entfernungen nicht viel Zweifel sein) zeigen, daß sie im *Hertzsprung-Russell-Diagramm* den Übergang von heißen hellen Sternen zu den *Weißen Zwergsternen* herstellen.

Nach diesem Exkurs wenden wir uns weiteren Möglichkeiten zur Erforschung der interstellaren Materie zu. Die Entdeckung der *interstellaren Kalziumlinien* Ca II $\lambda\,3933/3968$ Å durch *J. Hartmann* gab 1904 überhaupt den ersten Hinweis auf die Existenz interstellarer Atome bzw. Ionen. Man erkannte nämlich, daß

---

[8] Verbotene Übergänge werden dadurch gekennzeichnet, daß man das Symbol des Spektrums in eckige Klammern setzt.

in dem Doppelstern δ Orionis die H- und K-Linien an der Bahnbewegung nicht teilnehmen und sprach deshalb zunächst von stationären Linien. Im Laufe der Zeit entdeckte man im optischen Gebiet interstellare Linien der folgenden Atome, Ionen, Moleküle und eines Molekülions:

$$\text{Na I, K I, Ca I, Ca II, Ti II, Fe I; CH, CN, CH}^+. \qquad (24.8\,a)$$

Weitaus die intensivsten sind Ca II H + K- und die D-Linien von Na I.

Mit Hilfe des Satelliten OAO-3 = Copernicus entdeckte 1972/73 eine Forschungsgruppe aus Princeton im Spektralbereich ∼ 950—3000 Å interstellare Linien zahlreicher, z. T. mehrfach ionisierter Atome:

$$\text{H I; C I, II; N I, II; O I; Mg I, II; Si II, III, IV; P II;}$$
$$\text{S I—IV; Cl II; Ar I; Mn II; Fe II.} \qquad (24.8\,b)$$

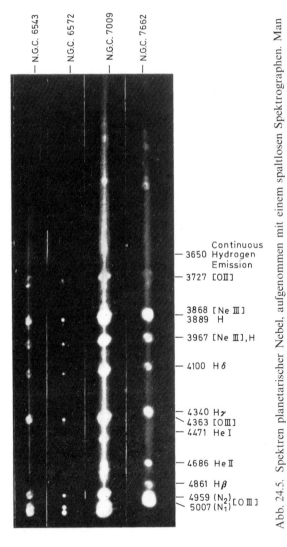

Abb. 24.5. Spektren planetarischer Nebel, aufgenommen mit einem spaltlosen Spektrographen. Man erkennt so die Verteilung des Leuchtens verschiedener Linien in der Nebelhülle. NGC 6543 zeigt deutlich auch das kontinuierliche Spektrum des Zentralsterns

Außerdem konnte man Linien der wichtigen Moleküle

beobachten. H_2; HD; CO   (24.8c)

Bei allen interstellaren Linien handelt es sich um Übergänge vom *Grundterm* aus, in Bestätigung unserer früheren Überlegungen. Das Problem der *Ionisation der interstellaren Materie* bei so großen Abweichungen vom thermischen Gleichgewicht hat 1926 *A. S. Eddington* in den Grundzügen gelöst. Die *Ionisation* geschieht bei so niedrigen Drucken offenbar nur durch Photoeffekt vom Grundzustand aus, also z.B. beim neutralen *Kalzium* mit $\chi_0 = 6.09$ eV durch Strahlung $\lambda < 2040$ Å. Die *Rekombination* andererseits geschieht ganz durch Zweierstöße von Ion und Elektron. Der Ionisationsgrad wird sich nun so einstellen, daß die Ionisations- und Rekombinationsprozesse sich gerade die Waage halten.

Vergleichen wir nun die interstellaren Linien z.B. von Ca II mit Ca I oder Na I, so ist ihr Intensitätsverhältnis überraschenderweise gar nicht sehr verschieden von dem etwa in einem F-Stern. Wie kann man dies verstehen? Im interstellaren Gas wie in der Sternatmosphäre müssen sich die erwähnten Prozesse die Waage halten. In der interstellaren Materie aber ist einerseits die *Elektronendichte* N_e ungefähr 10^{16}mal kleiner als in der Sternatmosphäre (5 gegenüber $2 \cdot 10^{16}$ cm^{-3}), die Zahl der *Rekombinationen* pro Ion und sec also entsprechend geringer. Andererseits haben wir schon abgeschätzt, daß das *Strahlungsfeld* im interstellaren Raum gegenüber der Sternatmosphäre um einen Faktor $W \approx 10^{-16}$ verdünnt ist, so daß auch die Zahl der *Ionisationsprozesse* pro Sekunde etwa um denselben Faktor reduziert wird. So laufen zwar im interstellaren Raum *beide* Prozesse ca. 10^{16}mal langsamer ab als in der Sternatmosphäre, aber der *Ionisationsgrad* bleibt ungefähr *derselbe*!

Die *Äquivalentbreiten* W_λ der interstellaren Linien nehmen, wie *J. S. Plaskett*, *O. Struve* u.a. zeigten, mit der *Entfernung* r des Sterns, in dessen Spektrum man sie beobachtet, in ziemlich gleichmäßiger Weise zu. Sie können daher auch umgekehrt zur Abschätzung der Entfernung geeigneter Objekte herangezogen werden. Weiterhin zeigen die interstellaren Linien *Dopplerverschiebungen*, die etwa der *Hälfte* der differentiellen galaktischen Rotation nach Gl. (23.21) für den betreffenden Stern entsprechen. Dies spricht dafür, daß das interstellare Gas den Raum zwischen den Sternen in der galaktischen Ebene einigermaßen gleichmäßig erfüllt. Spätere Beobachtungen von *Th. Dunham*, *W. S. Adams* u.a. mit großer Dispersion haben aber gezeigt, daß die interstellaren Kalziumlinien häufig aus mehreren *Komponenten* bestehen, die man den verschiedenen von dem Lichtstrahl durchsetzten Spiralarmen der Milchstraße zuordnen konnte. Nach Berücksichtigung lokaler Unterschiede der Ionisation und Anregung zeigt sich, daß die *Häufigkeitsverteilung der chemischen Elemente* im interstellaren Gas und in den diffusen Gasnebeln überall etwa dieselbe ist wie auf der Sonne. Sie gleicht der, welche unsere Analysen der Spektren für Sterne der Spiralarm- und der Scheibenpopulation unserer Milchstraße ergaben (Tab. 19.1).

Spektroskopische Beobachtungen im optischen, ultravioletten und im Radiogebiet — vgl. (24.8) und Tab. 24.1 — haben uns eine große Zahl *interstellarer Moleküle* erschlossen. Aus der Intensität der H_2-Banden im kurzwelligen UV können wir heute abschätzen, daß etwa je die Hälfte des interstellaren Wasserstoffs sich im atomaren bzw. molekularen Zustand befindet.

Wiederum ganz andere Aspekte der interstellaren Materie erschließt uns die *kontinuierliche Absorption und Verfärbung* des Sternlichtes durch *kosmischen Staub.* Schon mit bloßem Auge erkennt man auf dem Hintergrund der hellen Sternwolken — vor allem der südlichen Milchstraße — *Dunkelwolken,* wie den

Abb. 24.6. Die südliche Milchstraße mit dem „Kohlensack", einem uns benachbarten Dunkelnebel im Sternbild des südlichen Kreuzes (Crux). Ganz links in der Milchstraße ist α Centauri, der hellste Stern am Südhimmel; links oben ω Centauri, der hellste Kugelsternhaufen

bekannten „Kohlensack" im südlichen Kreuz (Crux), die *Dunkelnebel* (wie man auch sagt) im Ophiuchus usw. *E. E. Barnard, F. Ross, M. Wolf* u.a. haben die schönsten Aufnahmen mit verhältnismäßig kleinen, lichtstarken Kameras hergestellt (Abb. 24.6); sie zeigen eine starke Konzentration der Dunkelwolken zur Milchstraßenebene. Die bekannte *„Teilung der Milchstraße"* ist offensichtlich durch eine langgestreckte Dunkelwolke verursacht. Aufnahmen ferner Galaxien geben ein noch deutlicheres Bild von der Verknüpfung der Dunkelnebel mit den *Spiralarmen. Max Wolf* hat zuerst die Entfernungen einiger Dunkelnebel abgeschätzt mit Hilfe des nach ihm benannten Diagramms: Man zählt auf einer Aufnahme mit photometrischen Standards die *Anzahl der Sterne A(m)* im Helligkeitsbereich $m-\frac{1}{2}$ bis $m+\frac{1}{2}$ pro Quadratgrad im Gebiet der Dunkelwolke und in einem oder mehreren benachbarten Vergleichsfeldern ab. Hätten alle Sterne dieselbe absolute Helligkeit $\bar{M}$, so würde eine Dunkelwolke, die im Bereich der Entfernungen r_1 bis r_2 bzw. der reduzierten (d.h. „absorptionsfreien") Entfernungsmoduln $(m-\bar{M})_1 = 5\log r_1/10$ bis $(m-\bar{M})_2 = 5\log r_2/10$ eine Absorption von Δm Größenklassen verursachen, die Sternzahlen $A(m)$ in der aus der schematischen Abb. 24.7 leicht ersichtlichen Weise verringern. Wegen der in Wirklichkeit

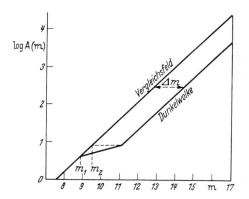

Abb. 24.7. Wolf-Diagramm zur Bestimmung der Entfernung galaktischer Dunkelwolken. Aufgetragen ist die Anzahl der Sterne $A(m)$ pro Quadratgrad im Helligkeitsbereich $m-\frac{1}{2}$ bis $m+\frac{1}{2}$ als Funktion von m. Die vordere bzw. hintere Begrenzung der Wolke entspricht den mittleren Sternhelligkeiten m_1 bzw. m_2; ihre Absorption beträgt Δm Größenklassen

vorhandenen *Streuung* der absoluten Helligkeiten ist die Genauigkeit der Methode gering, aber sie genügt, um zu zeigen, daß viele der auffälligen Dunkelwolken nicht mehr als einige hundert parsec von uns entfernt sind. Wahrscheinlich stehen sogar die großen Komplexe im Taurus und Ophiuchus über die Sonne hinweg miteinander in Verbindung.

Helle diffuse *Nebel* mit kontinuierlichem Spektrum, sog. *Reflexionsnebel*, wie sie z.B. die *Plejaden* einhüllen, treten dort auf, wo eine Staubwolke durch helle Sterne mit Temperaturen unter etwa 30 000° beleuchtet wird. Oft kann man den Übergang von dunklen in helle Nebel auf den Aufnahmen direkt sehen.

Sowohl in unserer Milchstraße wie auch in fernen Galaxien erweckt die *Gestalt der Dunkelnebel* unmittelbar den Eindruck, daß Gebilde von wenigen parsec Querschnitt in Richtung der Spiralarme zu einer Länge von hundert und mehr parsec auseinandergezogen worden sind.

Obwohl die *Absorption des Sternlichtes* in den ausgedehnten und oft wenig scharf begrenzten Bereichen der Dunkelnebel leicht zu erkennen ist, hat sich erst 1930 die Erkenntnis einer *allgemeinen interstellaren Absorption und Ver-färbung* durchgesetzt, welche bei der *photometrischen Messung größerer Ent-fernungen* eine entscheidende Rolle spielt.

Befindet sich ein Stern mit der absoluten Helligkeit M in der Entfernung $r = 1/p$ parsec, so wäre ohne interstellare Absorption nach Gl. (14.2) seine schein-bare Helligkeit m gegeben durch den — wie wir jetzt genauer sagen — *wahren Entfernungsmodul*

$$(m - M)_0 = 5(\log r - 1)\,, \tag{24.9a}$$

der also einfach ein Maß der Entfernung ist. Erfährt das Licht unterwegs eine Absorption von γ mag/pc bzw. insgesamt γr mag, so erhält man als Differenz zwischen der wirklich gemessenen scheinbaren Helligkeit und der absoluten Helligkeit des Sterns den *scheinbaren Entfernungsmodul*

$$m - M = 5(\log r - 1) + \gamma r\,. \tag{24.9b}$$

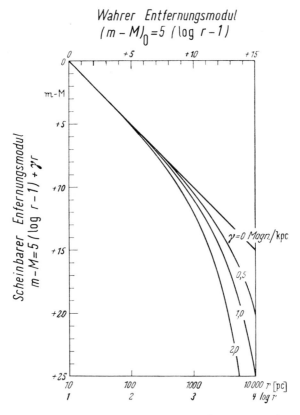

Abb. 24.8. Zusammenhang zwischen scheinbarem Entfernungsmodul $m - M$ und Ent-fernung r (parsec) der Sterne ohne interstellare Absorption ($\gamma = 0$) bzw. mit einer — als gleichförmig angenommenen — interstellaren Absorption von $\gamma = 0.5$, 1 oder 2 mag./kpc. — Der wahre Entfernungsmodul $(m - M)_0$ entspricht der wahren Entfernung, d.h. $\gamma = 0$

In Abb. 24.8 haben wir, um den Inhalt dieser wichtigen Gleichungen deutlich zu machen, den Zusammenhang zwischen dem scheinbaren Entfernungsmodul $m-M$ einerseits und der Entfernung r bzw. dem wahren Entfernungsmodul $(m-M)_0$ andererseits aufgezeichnet für $\gamma=0$ (absorptionsfrei) und eine Absorption von $\gamma=0.5$, 1.0 und 2.0 mag/1000 pc. Bei 1 bis 2 mag/kpc Absorption ist offensichtlich unser Ausblick auf Entfernungen über einige tausend parsec — wie im Nebel — praktisch abgeschnitten!

Über den Betrag γ der mittleren interstellaren Absorption *in* der Milchstraßenebene hat als erster *R. Trümpler* 1930 begründete Vorstellungen gewonnen, indem er verglich, wie für offene Sternhaufen gleichartiger Struktur einerseits der *Winkeldurchmesser* und andererseits die *Helligkeit* mit der Entfernung abnimmt. So konnte er eine unmittelbare Beziehung zwischen *geometrischer* und *photometrischer Entfernungsmessung* herstellen. Ebenso wichtig war *Trümpler's* Entdeckung, daß mit der Absorption stets eine *Verfärbung* des Sternlichtes einhergeht. Auch neuere spektralphotometrische Untersuchungen haben bestätigt, daß die *interstellare Verfärbung*, d. h. die Änderung der Farbenindizes, der *interstellaren Absorption*, d. h. der Änderung der scheinbaren Helligkeit, stets proportional ist, was darauf beruht, daß die *Wellenlängenabhängigkeit des interstellaren Absorptionskoeffizienten* überall dieselbe ist.

Im Mittel kann man *in der Milchstraßenebene* außerhalb der direkt erkennbaren Dunkelwolken mit einer (visuellen) *Absorption* von $\gamma\approx0.3$ mag/kpc rechnen; schließt man die Dunkelwolken nicht aus, so kommt man auf 1 bis 2 mag/kpc. Über die Verteilung der absorbierenden Materie *senkrecht zur Milchstraßenebene* bzw. die Abhängigkeit des γ von der *galaktischen Breite* b^{II} erhielt man ein Bild durch *E. Hubble's* Entdeckung der „*zone of avoidance*" (1934). *Hubble* untersuchte die Verteilung der fernen Galaxien heller als eine bestimmte Grenzgröße *m*, am Himmel. Ihre Anzahl pro Quadratgrad $N(m)$ ist in den galaktischen Polkappen fast konstant. Ab 30° bis 40° galaktischer Breite nimmt $N(m)$ zum galaktischen Äquator hin immer rascher ab, so daß in dessen Umgebung eine fast *galaxienfreie Zone* entsteht. Hieraus schloß *Hubble* sogleich, daß die absorbierende Materie in der Milchstraße eine flache Scheibe bilde, in deren Mitte wir uns befinden, so daß extragalaktische Objekte eine visuelle Absorption $\approx0^{\mathrm{m}}2\ \mathrm{cosec}\ b^{\mathrm{II}}$ erfahren. Beobachtungen von Sternen in unserer galaktischen Umgebung zeigten dann weiter, daß die (ganze) *Halbwertsdicke* der absorbierenden Schicht in unserer Umgebung ~300 pc beträgt, etwa (wie man später fand) entsprechend der des Wasserstoffs.

Spektralphotometrische Messungen ergaben, daß im photographischen und visuellen Bereich die Abhängigkeit des interstellaren Absorptionskoeffizienten bzw. des γ von der Wellenlänge λ recht gut durch die Interpolationsformel $\gamma\sim1/\lambda$ dargestellt wird. Hieraus, wie aus der Photometrie von Objekten bekannter Farbe, ergibt sich als mittlere Beziehung z. B. zwischen der Schwächung der *V-Magnitudines* A_V und der Vergrößerung des Farbenindex $B-V$, des sog. *Farbenexzesses* $E_{B-V}=\Delta(B-V)$:

$$A_V=(3.0\pm0.2)E_{B-V}\,. \tag{24.10}$$

Die Verteilung des interstellaren Staubes im Milchstraßensystem ist (vgl. Abb. 24.6) so ungleichförmig, daß man die *interstellare Absorption* A_V für einen bestimmten Sternhaufen etc. am besten *direkt bestimmt*. Dies kann z. B. dadurch geschehen, daß man für Sterne (z. B. helle B-Sterne), deren absorptionsfreie Farbenindizes man von uns benachbarten Exemplaren kennt, einen Farbenindex (meist $B - V$) mißt und aus dem Farbenexzeß auf die Absorption schließt.

Da die Farbenexzesse für zwei Farbenindizes, z. B. $U - B$ und $B - V$, einander proportional sind ($\sim \lambda_{\text{eff}}^{-1}$), so verschiebt die interstellare Verfärbung einen Stern im *Zweifarbendiagramm* (Abb. 15.5) längs einer geraden *Verfärbungslinie* (reddening line), deren Richtung wir in unserer Abbildung schon eingezeichnet haben. Weiß man z. B. von einem Stern, daß er der Hauptsequenz angehört, so kann man von den gemessenen Farbenindizes $U - B$ und $B - V$ aus längs einer Verfärbungsgeraden der angezeichneten Neigung auf die „H. S.-Linie" zurückgehen und die beiden Farbenexzesse und die unverfärbten Farbenindizes des Sterns ablesen. Aus dem Farbenexzess E_{B-V} erhält man nach (24.10) sogleich auch den Betrag der (visuellen) *interstellaren Absorption*. Diese Technik, die selbstverständlich mancherlei Abwandlungen zuläßt, ist eines der wichtigsten Hilfsmittel der modernen Stellarastronomie.

1949 machten *W. A. Hiltner* und *J. S. Hall* die erstaunliche Beobachtung, daß das Licht entfernter Sterne teilweise *linear polarisiert* ist und daß der Polarisationsgrad etwa proportional der interstellaren Verfärbung E_{B-V} bzw. der interstellaren Absorption A_V anwächst. Der elektrische Vektor der Lichtwellen (senkrecht zur konventionellen Polarisationsebene) schwingt vorzugsweise parallel zur galaktischen Ebene.

Bezeichnen wir die Intensität des parallel bzw. senkrecht zur Polarisationsebene schwingenden Lichtes mit $I_\parallel$ bzw. $I_\perp$, so ist der

$$\text{Polarisationsgrad} \quad P = \frac{I_\parallel - I_\perp}{I_\parallel + I_\perp}. \tag{24.11}$$

Häufig rechnet man auch die „Polarisation" Δm_p in Größenklassen

$$\Delta m_P = 2.5 \log I_\parallel / I_\perp \quad \text{oder} \quad \approx 2.17 P \quad (\text{für } P \ll 1), \tag{24.12}$$

wie man leicht nachrechnet.

Die größten Werte des Polarisationsgrades P liegen bei einigen Prozent; als Funktion der Wellenlänge zeigt er ein flaches Maximum bei ~ 5500 Å. Die interstellare Polarisation ist korreliert mit der interstellaren Verfärbung E_{B-V} und Absorption A_V; es gilt z. B.

$$\Delta m_P \le 0.063\, A_V. \tag{24.13}$$

Die interstellare Polarisation deutet darauf hin, daß die Teilchen, welche auch die interstellare Absorption und Verfärbung hervorrufen, *anisotrop*, d. h. nadel- oder plättchenförmig und teilweise ausgerichtet sind. Die Orientierung der Teilchen führen *L. Davis Jr.* und *J. L. Greenstein* auf ein galaktisches Magnetfeld von etwa $5 \cdot 10^{-6}$ bis $2 \cdot 10^{-5}$ Gauß zurück. In diesem kreiseln die Teilchen, so daß die Achse ihres größten Trägheitsmomentes parallel den magnetischen Kraftlinien zeigt, während die übrigen Bewegungskomponenten abgebremst werden.

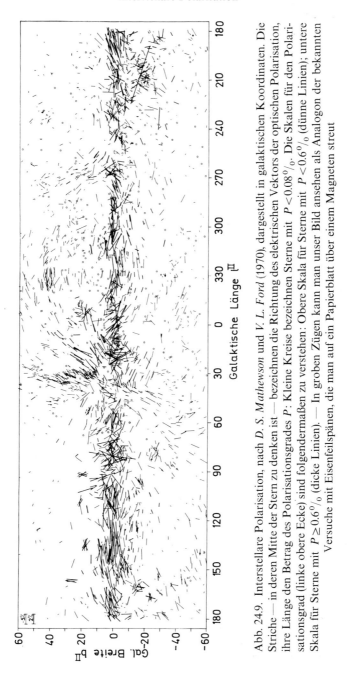

Abb. 24.9. Interstellare Polarisation, nach *D. S. Mathewson* und *V. L. Ford* (1970), dargestellt in galaktischen Koordinaten. Die Striche — in deren Mitte der Stern zu denken ist — bezeichnen die Richtung des elektrischen Vektors der optischen Polarisation, ihre Länge den Betrag des Polarisationsgrades P: Kleine Kreise bezeichnen Sterne mit $P < 0.08\%$. Die Skalen für den Polarisationsgrad (linke obere Ecke) sind folgendermaßen zu verstehen: Obere Skala für Sterne mit $P < 0.6\%$ (dünne Linien); untere Skala für Sterne mit $P \geq 0.6\%$ (dicke Linien). — In groben Zügen kann man unser Bild ansehen als Analogon der bekannten Versuche mit Eisenfeilspänen, die man auf ein Papierblatt über einem Magneten streut

Abb. 24.9 zeigt nach *D. S. Mathewson* und *V. L. Ford* (1970) die bevorzugte Schwingungsrichtung des elektrischen Vektors und den Polarisationsgrad in Prozent für etwa 7000 Sterne. Die stärkste Polarisation erhält man cet. par. offensichtlich dort, wo die Kraftlinien senkrecht zur Sehlinie verlaufen.

Eine andere Möglichkeit zur Messung des interstellaren Magnetfeldes bietet der *Zeemaneffekt der* 21 *cm-Linie.* Die (sehr schwierige) Meßtechnik stellt eine direkte Übertragung der *Babcockschen* Anordnung zur Messung schwacher Magnetfelder auf der Sonne in den dm-Wellen-Bereich dar.

Sodann werden wir sehen, daß die (nicht thermische) *Synchrotronstrahlung* vieler Radioquellen *polarisiert* ist. Einmal geben solche Messungen Auskunft über das Magnetfeld am Ort der Entstehung der Strahlung. Sodann aber wird beim Durchlaufen eines interstellaren Plasmas mit Magnetfeld die *Polarisationsebene* der Radiofrequenzstrahlung *gedreht.* Dies ist nichts anderes als der bekannte *Faradayeffekt.* Dessen Theorie zeigt, daß die *Drehung* ψ der Polarisationsebene proportional ist λ^2 mal dem wellenlängenunabhängigen sog. *Rotationsmaß RM*:

$$\psi = \lambda^2 \cdot RM, \quad \text{wobei } RM = 0.81 \int_0^L N_e \, B_{\parallel} \, ds \,. \qquad (24.14\text{a und b})$$

Dabei haben wir ψ im Bogenmaß (radians), die Wellenlänge λ in Meter, die Elektronendichte N_e pro cm^3, die longitudinale Komponente des Magnetfeldes $B_{\parallel}$ in Mikrogauß ($= 10^{-6}$ Gauß) und die Entfernung der Radioquelle L bzw. ihr Element ds in parsec gerechnet. Aus Messungen bei mehreren Wellenlängen λ kann man nach Gl. (24.14a) die anfängliche Lage der Polarisationsebene und das *Rotationsmaß RM* ermitteln. Kennt man die Elektronendichte N_e „unterwegs", so erhält man nach Gl. (24.14b) einen entsprechend gewichteten Mittelwert über $B_{\parallel}$.

Zusammenfassend stehen uns die folgenden Methoden zur Erforschung interstellarer Magnetfelder zur Verfügung:

Methode	Anzeigendes Medium	Aussagen über
(a) Polarisation des Sternlichtes	Staub	$B_{\perp}$
(b) Zeemaneffekt der 21cm-Linie	Neutraler Wasserstoff	$B_{\parallel}$
(c) Synchrotronstrahlung	Relativistische Elektronen	$B_{\perp}$
(d) Faraday-Drehung	Thermische Elektronen	$B_{\parallel}$.

Entsprechend der verschiedenen räumlichen Verteilung der anzeigenden Medien liefern (a)—(d) verschiedene Mittelwerte, die nicht ohne weiteres vergleichbar sind. So ist es nicht zu verwundern, daß die Versuche zur Konstruktion eines *Modells* für das galaktische Magnetfeld noch zu keinem endgültigen Ergebnis geführt haben.

Nach diesem — im Hinblick auf unsere späteren Erörterungen über Entstehung, Ausbreitung und Speicherung von Synchrotronelektronen und Ultrastrahlungsteilchen in Galaxien sehr wichtigen — Exkurs über interstellare Magnetfelder kehren wir noch einmal zurück zur *interstellaren Absorption* im optischen Bereich, um dann die Frage nach der *physikalischen Natur des interstellaren Staubes* aufzuwerfen.

Neben den bekannten, durch ihre Schärfe in den Spektren der Sterne auffallenden interstellaren Linien entdeckte *P. W. Merrill* 1934 mehrere breite *interstellare Absorptionsbänder*. Das stärkste liegt bei λ 4430 Å mit einer ganzen Halbwertsbreite von 26 Å. Insgesamt kennt man etwa ein Dutzend solcher Bänder. Wegen ihrer Breite können sie wohl nur von kolloidalen Teilchen oder von großen Molekülen erzeugt werden. Alle detaillierten Deutungsversuche haben noch sehr spekulativen Charakter. Man dachte an kleine Metallkügelchen mit Plasmaschwingungen oder an Silikatkörnchen (Granate) mit Übergängen in den unvollständigen Elektronenschalen des Fe^{+++}-Ions. Ein ganz anderer Vorschlag führt die interstellaren Bänder auf die durch große Stabilität ausgezeichneten Moleküle von Porphyrinen zurück.

Schließlich möchte man zu einem Bild von der *Zusammensetzung und Struktur des interstellaren Staubes* gelangen, das die im Vorhergehenden dargestellten Beobachtungen erklärt. Die von *K. Schwarzschild* begonnene und dann von *P. Debye, G. Mie, H. C. van de Hulst* u. a. weiterentwickelte Theorie der *Streuung und Absorption des Lichtes* durch kolloidale Teilchen zeigt zunächst:

Grobe Partikel (Sand) $\gg\lambda$ absorbieren und streuen unabhängig von der Wellenlänge λ, ganz feine Partikel (insbesondere Moleküle) $\ll\lambda$ nach *Rayleigh* $\sim\lambda^{-4}$. Die interstellaren Staubteilchen müssen also *Durchmesser* von der Größenordnung der Wellenlänge des sichtbaren Lichtes haben, ~ 6000 Å oder $0.6\,\mu$, ihre *Masse* ist dann ungefähr 10^{-13} g. Die durchschnittliche Dichte des interstellaren Staubes ergibt sich nach *H. C. van de Hulst* zu $\sim 1.3\cdot 10^{-26}$ g/cm^3, d.h. nur etwa 1 % der gesamten interstellaren Materie. Die interstellare Polarisation deutet darauf hin, daß die Teilchen anisotrop und teilweise ausgerichtet sind. Darüber hinaus aber sind Theorien mit metallischen oder dielektrischen Teilchen, mit Graphitplättchen und mit Hydridflocken mit und ohne Oberflächen-Bedampfung mit gleichem Enthusiasmus vertreten worden: Ignoramus. Besonders die anisotrope Struktur der Teilchen spricht dafür, sie nicht als Analogon des inter*planetaren* Meteorstaubes (Mahlprozesse!) zu betrachten, sondern sie nach *J. Oort* auf Kondensation (Rauch!) aus dem interstellaren Gas zurückzuführen. Letzteres bringt allerdings die Schwierigkeit mit sich, daß dann auch ein umgekehrter *Vernichtungsprozeß* aufgezeigt werden muß, da man sonst nicht versteht, weshalb nicht zum mindesten alle schweren Atome auskondensiert sind.

Versuchen wir trotzdem, uns ein vorläufiges Bild von der *Anordnung und Bedeutung der interstellaren Materie* im Milchstraßensystem zu machen: Gas und Staub bilden eine flache Scheibe, deren Dicke von $r=3$ bis 10 kpc etwa 200 pc beträgt. In dieser Scheibe verdichten sich Gas und Staub zu den Spiralarmen; längs der Arme bilden sich Wolken, die wiederum in feinere Strukturen unterteilt sind. Im allgemeinen längs der Spiralarme sind in das elektrisch gut leitende Plasma die Kraftlinien des *interstellaren Magnetfeldes* eingefroren. Die OB-Assoziationen heller blauer Sterne und die jüngeren galaktischen Sternhaufen sind meist in diffuse Nebel eingebettet, die wir als Verdichtungen der interstellaren Materie betrachten müssen. Wir werden sehen, daß diese Sterngruppen *aus* der interstellaren Materie *entstanden* sind. Diese Vorstellungen werden wir, insbesondere in Abschn. 27—29, anhand der neueren Erforschung ferner Galaxien noch untermauern und weiterbilden.

25. Innerer Aufbau und Energieerzeugung der Sterne

H. N. Russell war sich schon 1913 über die Bedeutung seines Diagramms für die Erforschung der Sternentwicklung durchaus im klaren. Aber dessen Deutung und damit eine auf dem Boden der Beobachtung begründete *Theorie der Stern-entwicklung* wurde erst möglich im Zusammenhang mit dem Studium des *inneren Aufbaus der Sterne*. Die älteren Arbeiten von *J. H. Lane* (1870), *A. Ritter* (1878—89), *R. Emden* (die „Gaskugeln" erschienen 1907) u. a. konnten sich im wesentlichen nur auf die klassische Thermodynamik stützen. *A. S. Eddington* gelang es dann, diese Ansätze mit der *Theorie des Strahlungsgleichgewichtes* und mit der inzwischen entstandenen *Bohrschen Theorie des Atombaues* zu verschmelzen; sein Buch „*The Internal Constitution of the Stars*" (Cambridge, 1926) gab den Auftakt für die ganze Entwicklung der modernen Astrophysik. Die Grundgedanken der *Eddingtonschen Theorie* können wir schon mit einem sehr bescheidenen Aufwand an Mathematik verstehen:

1. *Hydrostatisches Gleichgewicht:* Betrachten wir in dem Stern ein *Volum-element* mit der Grundfläche 1 cm² und der Höhe dr (r = Abstand vom Mittelpunkt des Sterns), so steht dessen Masse $\rho(r) \cdot 1 \cdot dr$ ($\rho(r)$ = Dichte) unter dem Einfluß der Anziehung aller weiter innen gelegenen Massen. Der innerhalb einer Kugel vom Radius r befindliche Teil der Masse des Sterns sei M_r; es gilt also

$$M_r = \int_0^r \rho(r) \cdot 4\pi r^2 \, dr \quad \text{bzw.} \quad \frac{dM_r}{dr} = 4\pi r^2 \cdot \rho(r). \tag{25.1}$$

Dieser verursacht an seiner Oberfläche nach dem Newtonschen Anziehungsgesetz eine Schwerebeschleunigung GM_r/r^2 (G = Gravitationskonstante). Im Bereich unseres Volumelementes ändert sich also der Druck P um

$$\underbrace{-dP}_{} = \underbrace{\rho(r)dr}_{} \cdot \underbrace{\frac{GM_r}{r^2}}_{} \cdot \tag{25.2}$$

$$\text{Kraft/cm}^2 = \text{Masse/cm}^2 \times \text{Beschleunigung}$$

Die *hydrostatische Gleichung* lautet also für unseren Stern

$$\frac{dP}{dr} = -\rho(r) \cdot GM_r/r^2. \tag{25.3}$$

In den meisten Sternen ist P praktisch gleich dem *Gasdruck* P_g; nur in sehr heißen und massiven Sternen muß daneben der *Strahlungsdruck* P_r explizit berücksichtigt werden, d. h. $P = P_g + P_r$. Anhand von Gl. (25.3) können wir leicht den Druck z. B. im Zentrum der Sonne ($P_{c\odot}$) abschätzen, indem wir rechts $\rho(r)$ durch die mittlere Dichte $\bar{\rho}_\odot = 1.4\,\mathrm{g\,cm}^{-3}$ und M_r durch die Hälfte der Sonnenmasse $M_\odot = 2\cdot 10^{33}$ g ersetzen, d. h.

$$P_{c\odot} \approx \bar{\rho}_\odot \cdot \frac{G M_\odot}{2 R_\odot} = 1.3\cdot 10^{15}\ \mathrm{dyn\cdot cm}^{-2} \quad \text{oder}\quad 1.3\cdot 10^{9}\ \mathrm{atm}\,. \tag{25.4}$$

Eine genauere Rechnung zeigt, daß Gl. (25.4) für eine homogene Kugel exakt gilt und allgemein — wenn nur $\rho(r)$ nach innen monoton zunimmt — einen Minimalwert von P_c liefert. Der Wirklichkeit besser angepaßte Modelle führen für die Sonne auf einen etwa hundermal größeren Zentraldruck.

2. *Zustandsgleichung der Materie.* Die Verknüpfung (an jeder Stelle) zwischen *Druck P, Dichte ρ* und der (absoluten) *Temperatur T* — als dritter Zustandsgröße, die wir hier einführen müssen — wird hergestellt durch die *Zustandsgleichung.* Wir gehen mit *Eddington* aus von der Zustandsgleichung der *idealen Gase*

$$P_g = \rho \cdot \frac{R T}{\mu}\,, \tag{25.5}$$

wobei $R = 8.314\cdot 10^{7}$ erg/grad·mol die universelle Gaskonstante und μ das mittlere Molekulargewicht bedeutet. Gl. (25.5) wird man anwenden dürfen, solange die Wechselwirkung benachbarter Teilchen hinreichend *klein* ist gegenüber ihrer thermischen (kinetischen) Energie. Auf der Erde sind wir gewohnt, daß dies nicht mehr zutrifft, d. h. Kondensation einsetzt, etwa bei Dichten $\rho \gtrsim 0.5$ bis $1\,\mathrm{g\cdot cm}^{-3}$. In den Sternen wird diese Grenze viel weiter hinausgeschoben durch die *Ionisation.* Insbesondere die häufigsten Elemente H und He sind bei allen Sternen schon in verhältnismäßig geringen Tiefen vollständig ionisiert.

Das *mittlere Molekulargewicht* μ ist bei vollständiger Ionisation gleich Atomgewicht geteilt durch Anzahl aller Teilchen, d. h. Kerne plus Elektronen. Man erhält also für

Wasserstoff	Helium	Schwere Elemente	
$\mu = 1/2$	$4/3$	~ 2	(25.6)

Hieraus kann man leicht das μ für irgendwelche Elementmischungen berechnen.

Die mittlere Temperatur im Inneren der Sonne schätzen wir nach Gl. (25.5) ab mit $\bar{P}_g \approx P_{c\odot}/2$ nach (25.4), $\rho = \bar{\rho}_\odot$ und $\mu = \mu_H = 0.5$ zu

$$\bar{T}_\odot \approx 6\cdot 10^{6}\ {}^\circ\mathrm{K}\,. \tag{25.7}$$

3. *Temperaturverteilung und Energietransport im Sterninneren.* Um die Temperaturverteilung $T(r)$ im Inneren unseres Sternes zu berechnen, müssen wir die Art des *Energietransports* untersuchen. Schlechter Energietransport führt zu einem steilen, guter Energietransport zu einem flachen Temperaturgradienten. (Wer es nicht glaubt, halte erst ein Holzstäbchen und dann einen Nagel mit den Fingern in eine Flamme!)

Im Anschluß an K. *Schwarzschild's* Untersuchungen über die Sonnenatmosphäre betrachtete A. S. *Eddington* zunächst den *Energietransport durch Strahlung,* d. h. Strahlungsgleichgewicht (vgl. Abschn. 18, auch hinsichtlich der Bezeichnungen).

Aus der *Strahlungsintensität* I berechnen wir den *Strahlungsstrom* πF, indem wir mit $\cos \vartheta$ multiplizieren und über alle Richtungen integrieren. Für die *Gesamtstrahlung* erhalten wir so nach Gl. (18.4), indem wir das Element der optischen Tiefe mit dem mittleren *Massenabsorptionskoeffizienten* $\varkappa$ nun als $d\tau = -\varkappa \rho dr$ schreiben,

$$\pi F = - \int_0^{\pi} \frac{dI}{\varkappa \rho dr} \cdot \cos^2 \vartheta \cdot 2\pi \sin \vartheta d\vartheta . \tag{25.8}$$

Im Sterninneren ist das Strahlungsfeld nahezu isotrop, so daß wir rechts die Integration über ϑ vorwegnehmen können; es ist

$$\int_0^{\pi} \cos^2 \vartheta \cdot 2\pi \sin \vartheta d\vartheta = 4\pi/3 . \tag{25.9}$$

Weiterhin können wir hier I ohne weiteres nach dem Stefan-Boltzmannschen Gesetz als Funktion der Temperatur T anschreiben. Es ist

$$I = \frac{\sigma}{\pi} T^4 . \tag{25.10}$$

Die Strahlungskonstante σ schreibt man häufig auch in der Form $\sigma = ac/4$ (c = Lichtgeschwindigkeit); mit der so definierten neuen Konstante a wird die *Energiedichte* des Hohlraumstrahlungsfeldes dann einfach gleich aT^4 erg·cm^{-3}.

So erhalten wir zunächst (ausführlich geschrieben)

$$\pi F = - \frac{4\pi}{3} \cdot \frac{d}{\varkappa \rho dr} \left(\frac{ac}{4\pi} T^4 \right), \tag{25.11}$$

und die gesamte Strahlungsenergie, die pro sec durch eine Kugelfläche vom Radius r nach außen strömt, wird $L_r = 4\pi r^2 \cdot \pi F$ oder

$$L_r = -4\pi r^2 \cdot \frac{4ac}{3} \cdot \frac{T^3}{\varkappa \rho} \cdot \frac{dT}{dr} . \tag{25.12}$$

An der *Oberfläche* des Sterns $r = R$ geht L_r über in die direkt meßbare Leuchtkraft L; siehe auch Gl. (14.5). Bei Temperaturen von $\sim 6 \cdot 10^6$ °K liegt das Maximum der Planckschen Strahlungskurve $B_\lambda(T)$ nach Gl. (11.23) bei $\lambda_{max} = 5$ Å, d.h. im Röntgengebiet. Der *Absorptionskoeffizient* ist hier bedingt durch die gebunden-frei und frei-frei-Übergänge der noch nicht völlig „wegionisierten" Atomzustände. Dies sind in einer Elementmischung, wie wir sie in der Sonne und den Sternen der Population I und Scheibenpopulation haben, höhere Ionisationsstufen der häufigeren schweren Element wie O, Ne, ... In „metallarmen" Subdwarfs wird man auch den Beitrag von H und He noch in Betracht ziehen müssen.

Neben dem Energietransport durch Strahlung kann auch im *Sterninnern* unter den am Beispiel der Sonne bereits auf S. 190 erörterten Bedingungen eine *Wasserstoff- und Helium-Konvektionszone* auftreten. Außerdem können im Zusammenhang mit der *nuklearen* Energieerzeugung weitere *Konvektionszonen* entstehen. In allen solchen Konvektionszonen überwiegt — abgesehen von den Randgebieten — nach *L. Biermann* der *Energietransport durch Konvektion* (Aufsteigen heißer und Absteigen abgekühlter Materie) den durch Strahlung bei weitem. Die Verknüpfung zwischen der Temperatur T und dem Druck P ist dann durch die bekannte *Adiabatengleichung*

$$T \sim P^{1-1/\gamma} \qquad (25.13)$$

bestimmt, wo $\gamma = c_p/c_v$ das Verhältnis der spezifischen Wärmen bei konstantem Druck bzw. Volumen bezeichnet. Durch logarithmische Differentiation nach r erhält man hieraus

$$\frac{1}{T}\frac{\mathrm{d}T}{\mathrm{d}r} = \left(1-\frac{1}{\gamma}\right)\frac{1}{P}\frac{\mathrm{d}P}{\mathrm{d}r} \qquad (25.14)$$

und damit den *Temperaturgradienten* in einer Konvektionszone

$$\frac{\mathrm{d}T}{\mathrm{d}r} = \left(1-\frac{1}{\gamma}\right)\frac{T}{P}\frac{\mathrm{d}P}{\mathrm{d}r}. \qquad (25.15)$$

Wie wir schon in Abschn. 20 auseinandergesetzt haben, sind die Ansätze zur Berechnung des konvektiven Energie*transportes* in quantitativer Hinsicht auch heute noch sehr unbefriedigend.

4. *Energieerzeugung im Sterninneren durch Kernreaktionen.* Ausgehend von der Erkenntnis, daß die *Sonne* seit der Entstehung der Erde vor $4.5 \cdot 10^9$ Jahren ihre Leuchtkraft nicht wesentlich geändert hat, erkannten *J. Perrin* und *A. S. Eddington* schon 1919/20, daß die bis dahin in Betracht gezogenen mechanischen oder radioaktiven Energiequellen bei weitem nicht zur Deckung der Sonnenstrahlung ausreichen könnten. So kamen sie auf die Vermutung, daß im Inneren der Sonne und der Sterne *nukleare Energie* erzeugt würde durch Umwandlung oder — wie man auch sagt — „Verbrennung" von *Wasserstoff in Helium.*

Die insgesamt bei der Vereinigung von 4 Wasserstoffatomen zu 1 Heliumatom $4\,\mathrm{H}^1 \to \mathrm{He}^4$ freiwerdende Energie ΔE kann man leicht nach der von *A. Einstein* 1905 entdeckten Relation

$$\Delta E = \Delta m c^2 \qquad (25.16)$$

aus der Massendifferenz Δm zwischen Anfangs- und Endzustand berechnen. Die Masse von 4 *Wasserstoff*atomen beträgt $4 \cdot 1.008145$ Atomgewichtseinheiten ($= 1.660 \cdot 10^{-24}$ g), die des *Helium*atoms 4.00387 Atomgewichtseinheiten. Die Differenz entspricht

$$0.02871 \text{ Atg.-Einh.} \sim 4.768 \cdot 10^{-26} \text{g} \sim 4.288 \cdot 10^{-5} \text{erg} \sim 26.72 \text{ MeV.} \quad (25.17)$$

Stellt man sich vor, daß z. B. eine Sonnenmasse reiner Wasserstoff in Helium verwandelt würde, so erhielte man eine Energiemenge von $1.27 \cdot 10^{52}$ erg, welche die heutige Licht- und Wärmestrahlung der Sonne $L_\odot$ über einen Zeitraum von 105 Milliarden Jahren decken könnte.

Die rasche Entwicklung der *Kernphysik* in den dreißiger Jahren ermöglichte es dann 1938 *H. Bethe* u. a., die bei Temperaturen von etwa 10^6 bis 10^8 Grad in der Solarmaterie und anderen Elementgemischen möglichen *Kernreaktionen* herauszufinden und durchzurechnen. Experimentelle Untersuchungen, insbesondere von *W. A. Fowler*, über Wirkungsquerschnitte bei niederen Protonenenergien haben sehr wesentlich zur Kenntnis der nuklearen Energieerzeugung in Sternen beigetragen. Wir stellen die wesentlichen Reaktionen sogleich nach dem üblichen Schema zusammen:

$$\text{Anfangskern (reagiert mit ..., gibt ab ...) Endkern.} \qquad (25.18)$$

Dabei bedeuten:

$$
\begin{array}{llll}
p & \text{Proton} & \alpha & \text{He}^{++}\text{-Teilchen} \\
\beta^+ & \text{Positron} & e^- & \text{Elektron} \\
\gamma & \text{Strahlungsquant} & \nu & \text{Neutrino}
\end{array}
\left.\rule{0pt}{2.2em}\right\} . \qquad (25.19)
$$

Ein freiwerdendes Positron β^+ bildet sofort mit einem thermischen Elektron e^- zwei γ-Quanten.

Die *Neutrinos* entweichen wegen ihrer winzigen Wirkungsquerschnitte selbst aus dem Inneren der Sterne ohne Zusammenstöße. Wir werden daher rechts neben den Reaktionsgleichungen die „nutzbar" *freiwerdende Energie* und in Klammern die als Neutrinostrahlung entweichende Energie anschreiben. Die *langsamste Reaktion*, welche also den zeitlichen Ablauf der Kette bestimmt, ist jeweils fett gedruckt.

Wir beginnen mit der *Proton-Proton-* oder pp-*Kette:*

$$
\mathbf{H^1(p,\beta^+\nu)D^2} \to D^2(p,\gamma)He^3 \begin{cases} \nearrow He^3(He^3, 2p)He^4. & \cdot \quad \cdot \quad \cdot \\ \searrow He^3(\alpha, \gamma)Be^7 \end{cases} \begin{array}{c} \Bigg\langle \end{array} \begin{array}{c} \cdot \quad \cdot \quad \cdot \\ \cdot \quad \cdot \quad \cdot \end{array}
$$

$$
\begin{array}{llll}
\cdot & \cdot \cdot \cdot \cdot \cdot \cdot \cdot \cdot \cdot \cdot \cdot \cdot & 26.21 + (0.51)\ \text{MeV} \\
\cdot & \cdot\ Be^7(e^-, \nu)Li^7 \to Li^7(p, \gamma)2He^4 & 25.92 + (0.80)\ \text{MeV} \\
\cdot & \cdot\ Be^7(p, \gamma)B^8 \to Be^8 + \beta^+ + \nu \to 2He^4 & 19.5\ \ + (7.2)\ \ \ \text{MeV}
\end{array}
\left.\rule{0pt}{3em}\right\} . \qquad (25.20)
$$

Mit steigender Temperatur gewinnen die unteren Verzweigungen an Bedeutung.

Eine zweite Möglichkeit der Umwandlung von Wasserstoff in Helium stellt ein schon früher von *H. Bethe* und *C. F. v. Weizsäcker* (1938) untersuchter Reaktionszyklus dar, an dem die Elemente C, N und O zwar beteiligt sind und die Geschwindigkeit des Ablaufes wesentlich mitbestimmen, am Ende aber quantitativ „zurückerstattet" werden.

CNO-*Zyklus:*

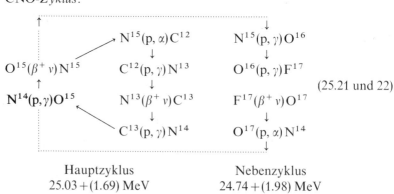

(25.21 und 22)

$$
\begin{array}{cc}
\text{Hauptzyklus} & \text{Nebenzyklus} \\
25.03 + (1.69)\ \text{MeV} & 24.74 + (1.98)\ \text{MeV}
\end{array}
$$

Die Energieerzeugung erfolgt in erster Linie gemäß dem links angeschriebenen Zyklus. Der rechts angeschriebene Nebenzyklus wird z.B. in der Sonne ca. 2200mal seltener eingeschlagen.

Im stationären Zustand sind — wie wir schon hier bemerken wollen — durch die Geschwindigkeit der einzelnen Teilreaktionen auch die *Häufigkeitsverhältnisse der beteiligten Isotope* wie in einem „radioaktiven Gleichgewicht" festgelegt. Bei Temperaturen von etwa 10^7 bis 10^8 °K verwandelt sich im CNO-Zyklus die ursprünglich als C, N und O vorhandene Masse zum größten Teil in N^{14}. Geht man von kosmischer Materie (Tab. 19.1) aus, so wächst dabei die Stickstoffhäufigkeit um einen Faktor ~ 15 an. Das Häufigkeitsverhältnis der Kohlenstoffisotope $C^{12}:C^{13}$, welches in der terrestrischen und solaren Materie ~ 90 beträgt, stellt sich auf einen viel kleineren Zahlenwert ~ 4 ein. Dies ist ein wichtiges Indiz für (evtl. früheres) „Wasserstoffbrennen" im CNO-Zyklus.

In Abb. 25.1 ist, wieder nach *W. A. Fowler*, die mittlere *Energieerzeugung* in $\mathrm{erg \cdot g^{-1} \cdot sec^{-1}}$ durch „*Wasserstoffverbrennung*" für Sterne mit Zentraltemperaturen T_c von 5 bis $50 \cdot 10^6$ °K und — etwas schematisiert — einer Zentraldichte

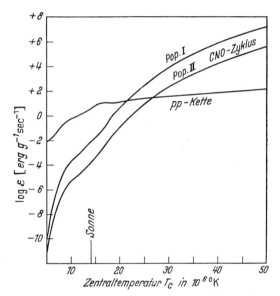

Abb. 25.1. Energieentwicklung ε erg/g·sec für Sterne verschiedener Zentraltemperaturen T_c; die Zentraldichte wurde einheitlich $\rho_c = 100 \ \mathrm{g \cdot cm^{-3}}$ gesetzt. In kühleren Sternen — wie der Sonne — überwiegt die pp-Kette, in heißeren Sternen der CNO-Zyklus. Nach *W. A. Fowler*, 1959

von $\rho = 100 \ \mathrm{g \cdot cm^{-3}}$ logarithmisch aufgetragen. Das Alter der Sterne wurde zu $4.5 \cdot 10^9$ Jahren angenommen, so daß die Kurven für ältere Population I- und Scheiben-Sterne sowie jüngere Population II-Sterne verwendbar sind. Die angenommene Zusammensetzung ist (nach Masse) für erstere

$$
\begin{array}{cccc}
\mathrm{H} & \mathrm{C} & \mathrm{N} & \mathrm{O} \\
50 & 0.3 & 0.1 & 1.2\% \quad \text{(der Rest ist He)};
\end{array}
\qquad (25.23)
$$

für die Population II wurde die Häufigkeit von CNO um einen Faktor 25 heruntergesetzt. Das wichtigste Ergebnis ist: *Kühle Sterne* mit Zentraltemperaturen bis $T_c = 21 \cdot 10^6 \, °K$ für die Population I bzw. $27 \cdot 10^6 \, °K$ für die Population II — insbesondere auch die *Sonne* mit $T_c \approx 13 \cdot 10^6 \, °K$ — beziehen ihre Energie aus der pp-Kette; *heißere Sterne* (im oberen Teil der Hauptsequenz) aus dem CNO-Zyklus.

Ist im Inneren eines Sternes ein erheblicher Teil des Wasserstoffs verbraucht und steigt (infolge Kontraktion) die Temperatur auf mehr als $10^8 \, °K$, so beginnt — wie *E. J. Öpik* und *E. E. Salpeter* 1951/52 bemerkten — die Verbrennung von *Helium* zunächst zu C^{12} nach dem *3α-Prozeß:*

Dieser beginnt mit der leicht endothermen Vereinigung zweier He-Kerne

$$He^4 + He^4 + 95 \, keV = Be^8 + \gamma \, . \tag{25.24}$$

Das Be^8 ist im thermischen Gleichgewicht mit einer wenn auch winzigen Konzentration vorhanden und wird dann weiter aufgebaut durch die Reaktion

$$Be^8(\alpha, \gamma) C^{12} \text{ mit einer Energieabgabe von 7.3 MeV pro } C^{12}\text{-Kern} \, . \tag{25.25}$$

Pro He-Atom gerechnet, kommen also bei dessen Verbrennung nur 2.46 MeV heraus, d. h. ca. 10% der Energie, welche seine Entstehung lieferte. Von hier aus können die folgenden Vierer-Kerne durch weitere (α, γ)-Reaktionen mit ähnlicher Energieproduktion gebildet werden:

$$C^{12}(\alpha, \gamma) O^{16} \, 7.15 \, MeV; \quad O^{16}(\alpha, \gamma) Ne^{20} \, 4.75 \, MeV; \quad Ne^{20}(\alpha, \gamma) Mg^{24} \, 9.31 \, MeV. \tag{25.26}$$

An Ne^{20} kann sich die Reaktionsfolge anschließen

$$Ne^{20}(p, \gamma) Na^{21} \to Na^{21}(\beta^+ \nu) Ne^{21} \to Ne^{21}(\alpha, n) Mg^{24} \, , \tag{25.27}$$

deren letzte Reaktion geeignet erscheint, *Neutronen* (n) zu liefern für den *Aufbau der schweren Elemente*, der wegen ihrer starken Coulombfelder durch *geladene* Teilchen offenbar unter keinen Umständen bewerkstelligt werden kann.

Die Anwendung auf die Theorie des inneren Aufbaus der Sterne ist (grundsätzlich) vollends einfach: Die durch alle bei den betreffenden Werten von Temperatur T und Dichte ρ vorkommenden Kernreaktionen erzeugte Energiemenge pro Gramm Sternmaterie und Sekunde sei ε. In einer Kugelschale $r \ldots r + dr$ werden also $\rho \varepsilon \cdot 4\pi r^2 \, dr$ erg/sec erzeugt und der Energiefluß L_r (siehe Gl. 25.2) nimmt zu nach der Gleichung

$$\frac{dL_r}{dr} = 4\pi r^2 \cdot \rho \varepsilon \, . \tag{25.28}$$

5. *Zusammenfassung: Die Grundgleichungen der Theorie des inneren Aufbaus der Sterne und allgemeine Folgerungen.* Zur besseren Übersicht stellen wir die vier *Grundgleichungen der Theorie des Sterninneren* aus Abschnitt 1—4 noch einmal zusammen; ihre numerische Lösung erfolgt heute durchweg mit Hilfe der großen elektronischen Rechenmaschinen. Dazu kommen die *Zustandsgleichung* (Abschn. 2) und die — in praxi sehr komplizierten — Gleichungen, welche die *Materialkonstanten* ε und $\varkappa$ bzw. γ mit zwei der Zustandsgrößen P, T und ρ

verknüpfen. Diese ganzen Beziehungen hängen wesentlich ab — dies ist für das Folgende wichtig! — von der *chemischen Zusammensetzung* der Materie.

Hydrostatisches Gleichgewicht
unter dem Einfluß der eigenen
Schwerkraft; Gl. (25.3)

$$\frac{dP}{dr} = -\rho \cdot \frac{G M_r}{r^2}$$

und Gl. (25.1)

$$\frac{dM_r}{dr} = 4\pi r^2 \cdot \rho$$

Energieerzeugung; Gl. (25.28)

$$\frac{dL_r}{dr} = 4\pi r^2 \cdot \rho\, \varepsilon$$

Energie-
transport

Strahlung; Gl. (25.12)

$$\frac{dT}{dr} = -\frac{3}{4ac} \cdot \frac{\varkappa \rho}{T^3} \cdot \frac{L_r}{4\pi r^2}$$

Konvektion
[Adiabate; Gl. (25.15)]

$$\frac{dT}{dr} = \left(1 - \frac{1}{\gamma}\right) \frac{T}{P} \frac{dP}{dr}$$

(25.29 a—e)

Schließlich wird unser Problem vollends bestimmt durch die *Grenzbedingungen*:
a) Im *Zentrum* des Sternes muß selbstverständlich gelten

$$\text{für } r = 0: \quad M_r = 0 \quad \text{und} \quad L_r = 0. \tag{25.30}$$

b) An der Sternoberfläche müssen die Gleichungen für das Sterninnere grundsätzlich übergehen in die schon besprochene Theorie der Sternatmosphären. Solange man sich *nur* für den inneren Aufbau interessiert, kann man die obigen Gleichungen einfach bis $T \to 0$ für $r = R$ benutzen. Einige allgemeine Folgerungen aus der Theorie können wir uns leicht anschaulich klarmachen; selbstverständlich kann man sie auch durch formale Rechnungen deduzieren.

Denken wir uns eine Gasmasse M mit vorgegebenen Energiequellen versehen. Dieses zunächst hinsichtlich seiner räumlichen Anordnung noch ganz unbestimmte Gebilde lassen wir nun in Gedanken sich zu einem Stern mit der *Masse M* und der *Leuchtkraft L* konsolidieren. Dieser wird — wenn eine stabile Konfiguration überhaupt möglich ist — sich auf einen bestimmten *Radius R* einstellen. Da andererseits L mit R und der *effektiven Temperatur* T_{eff} verknüpft ist durch

$$L = 4\pi R^2 \cdot \sigma\, T_{eff}^4$$

Leuchtkraft = Sternoberfläche × Gesamtstrahlungsstrom

(25.31)

ist auch die effektive Temperatur T_{eff} unseres Sterns festgelegt. Es muß also für Sterne derselben Bauart und Zusammensetzung (dies dürfen wir nicht übersehen!), sog. homologe Sterne, eine einheitliche Beziehung zwischen *Masse M*, *Leuchtkraft L* und *Radius R* oder *effektiver Temperatur* T_{eff} erfüllt sein

$$\varphi(M, L, T_{eff}) = 0. \tag{25.32}$$

Eine solche Relation hat *A. S. Eddington* 1924 entdeckt. Nach seinen Rechnungen ergab sich die Abhängigkeit der Funktion von T_{eff} als so schwach, daß er kurzweg von der *Masse-Leuchtkraft-Beziehung* sprach. Deren Übereinstimmung mit den Beobachtungen (Abb. 16.2) erschien zunächst recht gut; später fand man man-

cherlei Ausnahmen, die aber im Lichte der allgemeinen Theorie keineswegs unerwartet sind.

Berücksichtigen wir weiterhin, daß nach der Theorie der nuklearen *Energieerzeugung* ε als Funktion der Zustandsgrößen (z. B. *T* und ρ) festgelegt ist, so
führt dies zu einer weiteren Beziehung zwischen den drei Größen M, L und T_{eff}.
Für stationäre Sterne derselben Bauart gilt daher eine Gleichung der Form

$$\Phi(L, T_{\text{eff}}) = 0 \,.\, \cdot \tag{25.33}$$

Das heißt, diese müssen im *Hertzsprung-Russell-Diagramm* bzw. im *Farben-
Helligkeits-Diagramm* auf einer bestimmten *Linie* liegen. Diese Aussage nennt
man gelegentlich das *Russell-Vogt*-Theorem. Wir werden mit der sog. *Anfangs-
Hauptsequenz* (zero age main sequence) in der Tat einen derartigen Linienzug
im *Farben-Helligkeits-Diagramm* kennenlernen. Andererseits zeigt schon das
Vorhandensein der roten Giganten und Übergiganten, daß hier zum mindesten
ein weiterer Parameter ins Spiel kommt. Wie wir sehen werden, ist es die *chemische
Zusammensetzung* der Sterne, welche sich mit deren *Alter* ändert. Damit ändert
sich auch die innere Struktur der Sterne und unsere obigen Überlegungen sind
nicht mehr ohne weiteres anwendbar.

26. Farben-Helligkeits-Diagramme der galaktischen und der Kugelsternhaufen. Entwicklung der Sterne

Unsere heutigen Vorstellungen über Entstehung, Entwicklung und Ende der
Sterne sind hervorgegangen aus der Erforschung der *Farben-Helligkeits-Dia-
gramme von Sternhaufen.* Hier haben wir Gruppen von gleich weit entfernten
Sternen vor uns. Von den photoelektrisch mit großer Genauigkeit gemessenen
Magnitudines und *Farben* führt also die Subtraktion des gemeinsamen Entfer-
nungsmoduls und eine einheitliche Korrektur für interstellare Absorption und
Verfärbung auf die (meist benutzten) Werte der wahren

Absoluten Helligkeiten $M_{V,0}$

und

Farbenindizes $(B-V)_0$.

Grundsätzlich ist — wie wir sahen — dem Farben-Helligkeits-Diagramm gleichwertig
das *Hertzsprung-Russell-Diagramm.* Während man aber auch für äußerst schwache Sterne —
etwa bis 22^m die Farbenindizes noch genau messen kann, ist es nicht mehr möglich, von
diesen klassifizierbare Spektren aufzunehmen.

Zur besseren Übersicht fassen wir die wichtigsten Eigenschaften der beiden
Arten von Sternhaufen noch einmal kurz zusammen:

a) Die galaktischen oder offenen Sternhaufen

Ihre *Entfernungen* bestimmt man entweder durch Kombination der Eigenbewegungen μ und der Radialgeschwindigkeiten V (Gl. 23.7) oder mittels der

Methode der spektroskopischen Parallaxen oder durch photometrischen Vergleich der Sterne im unteren Teil der Hauptsequenz mit entsprechenden Sternen eines Standard-Haufens (meist der Hyaden) bzw. Sternen unserer Umgebung. Galaktische *Sternhaufen* (Abb. 23.5) enthalten wenige dutzend bis einige hundert Sterne, ihre Durchmesser sind von der Größenordnung 1.5 bis 20 pc; sie befinden sich (Abb. 23.7) durchweg in oder in der Nähe von Spiralarmen der Milchstraße und bewegen sich — wie die übrigen Objekte der Sternpopulation I — in nahezu kreisförmigen Bahnen um das galaktische Zentrum. Man kennt ca. 400 galaktische Sternhaufen; unter Berücksichtigung der weiter entfernten oder durch Dunkelwolken verdeckten Bereiche der Milchstraße schätzt man ihre Gesamtzahl auf ungefähr 20000. Den galaktischen Sternhaufen eng verwandt sind die lockeren *Bewegungshaufen* und die in Abschn. 23 ebenfalls schon erwähnten OB- sowie die T-*Assoziationen*.

Lose Sternhaufen, deren Sterndichte nicht viel über der ihrer Umgebung liegt, werden — schon aus kinematischen Gründen — nach etwa einem galaktischen Umlauf ($\sim 2.5 \cdot 10^8$ Jahre) zerfallen. Auch kompaktere Haufen werden durch die Gravitationsfelder vorbeiziehender Gas- und Sternwolken allmählich zerrieben. Immerhin billigen detailliertere Rechnungen z. B. den *Plejaden* — einem noch ziemlich kompakten Sternhaufen — eine Lebensdauer von $\sim 10^9$ Jahren zu.

b) Die Kugelsternhaufen

Man kennt in unserem Milchstraßensystem etwas über hundert Kugelhaufen. Über die photometrische Bestimmung ihrer Entfernungen mit Hilfe der *Haufenveränderlichen* oder RR *Lyrae-Sterne* haben wir ausführlich berichtet. Ein typischer Kugelhaufen (Abb. 23.4) enthält in einem Bereich von ~ 40 pc Durchmesser mehrere hunderttausend Sterne, so daß die mittlere Sterndichte ungefähr zehnmal größer ist als in galaktischen Haufen. Nach dem Zentrum des Haufens wächst die Sterndichte so stark an, daß der Nachthimmel dort schon recht hell wäre! Die absoluten Helligkeiten der Kugelhaufen liegen bei -8^M. Die Gesamtmasse eines Kugelhaufens kann man aus der Streuung der Radialgeschwindigkeiten der Sterne — entsprechend bekannten Ansätzen der kinetischen Gastheorie — abschätzen und erhält so Zahlenwerte von einigen $10^5 M_\odot$. Da die Kugelhaufen das galaktische Zentrum auf langgestreckten Ellipsenbahnen umlaufen, durchqueren sie ungefähr alle 10^8 Jahre die galaktische Scheibe. Wegen ihrer kompakten Struktur hat der dabei entstehende „Ruck" im allgemeinen keine erheblichen Auswirkungen.

Nach diesen Vorbemerkungen wenden wir uns den *Farben-Helligkeits-Diagrammen* zunächst der *galaktischen*, dann der *Kugelhaufen* zu.

c) Farben-Helligkeits-Diagramme galaktischer Sternhaufen

Auf die bahnbrechenden Arbeiten von R. *Trümpler* in den dreißiger Jahren über die *Hertzsprung-Russell-Diagramme* etc. galaktischer Sternhaufen können wir nur kurz hinweisen. Wir stützen uns im folgenden sogleich auf die neueren Untersuchungen, die photoelektrisch oder jedenfalls mit photoelektrischen Helligkeits-skalen von *H. L. Johnson, W. W. Morgan, A. R. Sandage, O. J. Eggen, M. Walker* u.a. ausgeführt worden sind. Hinsichtlich der definitiven Entscheidung über die *Zugehörigkeit* von diesem oder jenem Stern zu einem benachbarten Haufen bleibt man auf Eigenbewegungen und evtl. Radialgeschwindigkeiten angewiesen; hier ist der Fortschritt naturgemäß nicht so rasch.

In Abb. 26.1a und b zeigen wir zunächst das unmittelbare Beobachtungs-material für die *Praesepe* und *NGC 188*. Sodann gibt Abb. 26.2 — nach *A. Sandage* und z.T. *O. Eggen* — eine Zusammenstellung der *Farben-Helligkeits-Diagramme* (M_v über $B-V$) der *galaktischen Sternhaufen* NGC 2362, h + χ Persei, Plejaden, M 11, NGC 7789, Hyaden, NGC 3680, M 67 und NGC 188. Die unteren Teile der Hauptsequenz (etwa bis zur „Sonne" G 2) lassen sich zwanglos zur Deckung bringen. Weiter oben dagegen biegt die Hauptsequenz früher — in h + χ Persei

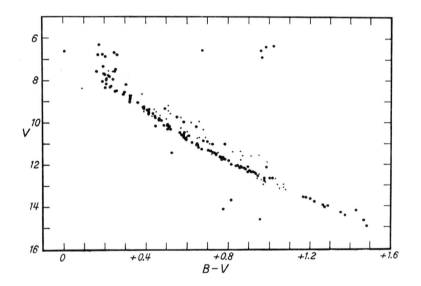

Abb. 26.1a. Farben-Helligkeits-Diagramm der Praesepe (nach *H. L. Johnson*, 1952). Schein-bare Helligkeiten *V* über *B−V*. Entfernungsmodul $6^m2 \pm 0.1$. Die Sterne ~1^m über der Hauptsequenz sind höchstwahrscheinlich Doppelsterne. Die kosmische Streuung der Magni-tudines auf der Hauptsequenz ist $< \pm 0^m03$.

schon bei den O- und B-Sternen — oder später — in der Praesepe etwa bei den A-Sternen — nach rechts ab. Nahezu bei der absoluten Helligkeit der Abbiegung — des sog. „Knies" — findet man rechts bei größeren (positiven) $B-V$ einige rote Riesensterne. Bei NGC 188, M 67 … erfolgt der Übergang von der Haupt-sequenz in den Roten-Riesen-Ast stetig. Weitere Details werden wir dann in Verbindung mit der Theorie der Sternentwicklung erörtern.

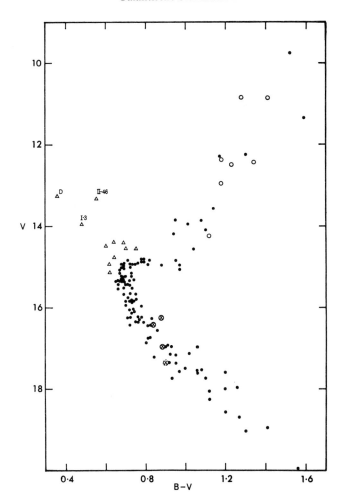

Abb. 26.1 b. Farben-Helligkeits-Diagramm des ältesten galaktischen Sternhaufens NGC 188 (nach *O. J. Eggen* und *A. Sandage*, 1969). Unkorrigierte Meßwerte der scheinbaren Helligkeiten *V* und Farbenindizes *B − V*. Aus dem Zweifarbendiagramm und der Lage der Hauptsequenz erhält man interstellare Verfärbung, Absorption und den wahren Entfernungsmodul

$$(m - M)_0 = 10.85 \text{ mag.}$$

● und ○ neuere und ältere Messungen.

△ mögliche „blue stragglers", entstanden durch Entwicklung enger Doppelsterne.

⊗ vier Bedeckungsveränderliche (als ein Stern eingetragen)

d) Farben-Helligkeits-Diagramme der Kugelhaufen

Die Struktur der Farben-Helligkeits-Diagramme der *Kugelsternhaufen* blieb unklar, bis 1952 unter Anleitung von *W. Baade* an den Mt. Wilson und Palomar Observatories eine Gruppe jüngerer Astronomen, *A. R. Sandage, H. C. Arp, W. A. Baum* u. a. sich daranmachte, deren *Hauptsequenz* — bei den günstigsten

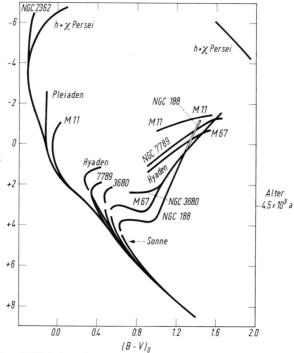

Abb. 26.2. Farben-Helligkeits-Diagramme galaktischer Sternhaufen (nach *A. R. Sandage* und *O. J. Eggen*, 1969, sowie *A. R. Sandage*, 1957). Aufgetragen sind die für interstellare Absorption bzw. Verfärbung korrigierten absoluten Helligkeiten M_v über den Farbenindizes $(B-V)_0$. Das Abbiegen der Hauptsequenz nach rechts („Knie") ergibt das Alter des Sternhaufens. Während die jüngsten Haufen NGC 2362 und $h+\chi$ Persei nur wenige Millionen Jahre alt sind, hat der älteste Haufen NGC 188 ein Alter von 8 bis $10\cdot10^9$ Jahren; dies ist gleichzeitig das Alter der galaktischen Scheibe. Die Lage des Knies für $4.5\cdot10^9$ Jahre, entsprechend dem Alter der Sonne, ist rechts angezeichnet. Die Sonne selbst liegt noch auf der (nahezu) „unentwickelten" Hauptsequenz

Objekten etwa im Bereich 19^m bis 21^m! — festzulegen. Erst dadurch wurde ein Vergleich mit den Sternen unserer Umgebung und mit den galaktischen Sternhaufen möglich. Abb. 26.3 (nach *A. R. Sandage*, 1970) zeigt z. B. das *Farben-Helligkeits-Diagramm* von Messier 92. An die *Hauptsequenz* von den schwächsten z. Z. erreichbaren Sternen mit $V=22$ bis zum „Knie" bei $V=18.4$ schließen sich nach oben hin zunächst die *Unterriesen B* und dann die *Roten Riesen A* an. Von der Spitze dieser Sequenz nach links unten führt — von den Riesen deutlich getrennt — die *asymptotische* Sequenz C. An diese schließt sich der *Horizontalast* D mit einer wohldefinierten Lücke an, in der sich die (in Abb. 26.3 nicht eingezeichneten) *Haufenveränderlichen* befinden. Auch die Farbenhelligkeitsdiagramme anderer Kugelhaufen zeigen, daß in diesem Bereich *alle* Sterne veränderlich sind. (Der rote Teil des Horizontalastes — rechts vom Bereich der Veränderlichen — fehlt in M 92 und anderen metallarmen Haufen.)

In Abb. 26.4 bringen wir ein zusammengesetztes Diagramm der von *A. Sandage* und seinen Mitarbeitern in neuerer Zeit besonders genau untersuchten Kugel-

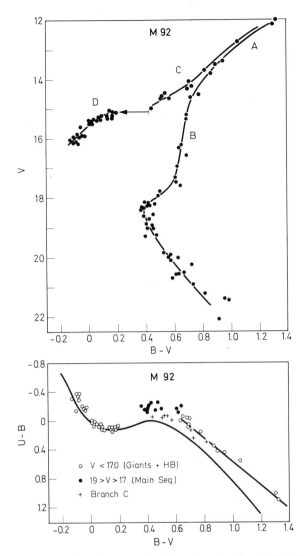

Abb. 26.3. Farben-Helligkeits-Diagramm des Kugelsternhaufens M 92. Aufgetragen sind scheinbare Helligkeiten V und Farbenindizes $B-V$ ohne die (sehr kleinen) Korrektionen für interstellare Absorption und Verfärbung. A Riesen-, B Unterriesen-, C asymptotischer, D blauer Horizontalast; MS Hauptsequenz. Die Haufenveränderlichen gehören in die Lücke des Horizontalastes bei $V = 15$. Der scheinbare vis. Entfernungsmodul ist $m-M = 14.63$. Unten ist das *Zweifarbendiagramm* angefügt. Die starke Linie zeigt das Zweifarbendiagramm der Hyaden. Die Linie rechts gibt seine Anhebung bei extrem metallarmen Sternen an

haufen M 3, M 13, M 15 und M 92, nun nach sorgfältiger Bestimmung des Entfernungsmoduls und der Verfärbung reduziert auf absolute Helligkeiten M_V und wahre Farbenindizes $(B-V)_0$. Die Hauptsequenzen lassen sich ohne weiteres zur Deckung bringen. Die Sequenzen der Unterriesen und Riesen sind zwar ähnlich, unterscheiden sich aber doch merklich — wie wir sehen werden — entsprechend der Metallhäufigkeit.

Einen Vergleich der Diagramme in Abb. 26.2 für die *galaktischen Haufen* und in Abb. 26.4 für die *Kugelsternhaufen* werden wir zusammen mit vielen anderen Fragen sogleich in Verbindung mit theoretischen Ansätzen zur Entwicklung der Sterne besprechen.

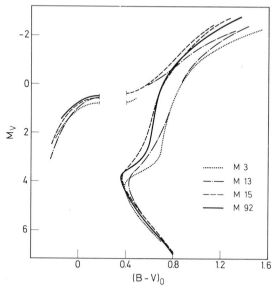

Abb. 26.4. Farben-Helligkeits-Diagramme der Kugelsternhaufen M 3, M 13, M 15 und M 92 (nach *A. Sandage*, 1970). Aufgetragen sind die absoluten Helligkeiten M_v über den wahren Farbenindizes $(B-V)_0$.

e) Nukleare Entwicklung der Sterne. Deutung der Farben-Helligkeits-Diagramme von galaktischen und Kugelsternhaufen

Nach diesen Vorbereitungen betrachten wir — als Beispiel — zunächst die *Energiebilanz der Sonne*. Ihre (nach der Eddingtonschen Theorie berechnete) *Zentraltemperatur* $T_c = 13 \cdot 10^6$ °K hat sich (vgl. Abb. 25.1) offenbar so eingestellt, daß der pp-Prozeß die Energieerzeugung übernimmt.

Nun besteht die Masse $M_\odot = 1.983 \cdot 10^{33}$ g der Sonne, wenn wir sie vorläufig als homogen betrachten, zu $\sim 70\%$ aus Wasserstoff. Dessen vollständige Umwandlung in He nach dem pp-Prozeß (25.20) würde $0.86 \cdot 10^{52}$ erg liefern. Bei ihrer jetzigen Leuchtkraft $L_\odot = 3.84 \cdot 10^{33}$ erg pro sec verbrennt die Sonne also 10% *ihres Wasserstoffs* — dies dürfte eben eine merkliche Änderung ihrer Eigenschaften bedingen — in $7 \cdot 10^9$ Jahren. Seit der Zeit, als die Erde eine feste Kruste bekam, wird sich die Sonne also in der Tat kaum verändert haben.

Wie steht es nun mit der Energiebilanz zunächst der anderen *Hauptsequenzsterne*? Deren Zentraltemperaturen T_c steigen von niedrigeren Werten am kühlen Ende der Hauptsequenz an auf etwa $35 \cdot 10^6$ °K bei den B0-Sternen usw. Etwas oberhalb der Sonne übernimmt also (Abb. 25.1) der CNO-Zyklus die Energieerzeugung, ohne daß sich nach Gl. (25.20 und 21) damit der Nutzeffekt wesentlich ändert. Aus den bekannten Zahlenwerten für die Massen $\mathfrak{M}/\mathfrak{M}_\odot$ und Leuchtkräfte $L/L_\odot$ (d.h. die Energieproduktion) der Hauptsequenzsterne berechnen wir nun leicht die Zeit, in der sie 10% ihres Wasserstoffs verbrennen, wir nennen sie kurz ihre *Entwicklungszeit* t_E (Tab. 26.1)

$$t_E = 7 \cdot 10^9 \cdot \frac{\mathfrak{M}/\mathfrak{M}_\odot}{L/L_\odot} \text{ Jahre .} \qquad (26.1)$$

Seit ihrer *Entstehung*, die ja — wie wir hier vorwegnehmen — nicht länger als 10 bis $15 \cdot 10^9$ Jahre zurückliegen kann, haben also *Hauptsequenzsterne* etwa unterhalb G0 nur einen geringen Bruchteil ihres Wasserstoffs verbraucht. Andererseits „verbrennen" die heißen Sterne der frühen Spektraltypen ihren Wasserstoff so rasch, daß sie erst vor relativ kurzen Zeiten der Größenordnung t_E „entstanden" sein können.

Tab. 26.1. Die Sterne der Hauptsequenz und ihre Entwicklungszeit

Spektraltyp	Oberflächentemperatur T_e	Masse $\mathfrak{M}/\mathfrak{M}_\odot$	Leuchtkraft $L/L_\odot$	Entwicklungszeit t_E in Jahren
O 7.5	38 000°	25	80 000	$2 \cdot 10^6$
B 0	33 000°	16	10 000	$1 \cdot 10^7$
B 5	17 000°	6	600	$7 \cdot 10^7$
A 0	9 500°	3	60	$3 \cdot 10^8$
F 0	6 900°	1.5	6	$1.7 \cdot 10^9$
G 0	5 800°	1	1	$7 \cdot 10^9$
K 0	4 800°	0.8	0.4	$14 \cdot 10^9$
M 0	3 900°	0.5	0.07	$50 \cdot 10^9$

Das Alter der O- und B-Sterne ist sogar wesentlich kürzer als die Umlaufzeit der Milchstraße in unserer Umgebung ($\sim 2.5 \cdot 10^8$ Jahre); solche Sterne müssen also in ihrer heutigen Umgebung entstanden sein. Ehe wir die eigentliche Entstehung der Sterne genauer untersuchen, betrachten wir zunächst ihre Entwicklung von der Hauptsequenz aus.

Deren Verlauf hängt wesentlich davon ab, ob die durch Kernprozesse veränderte Materie im Inneren des Sterns sich mit der übrigen *vermischt* oder ob sie an ihrem Ort bzw. innerhalb der betr. Konvektionszone — wenn eine solche vorhanden ist — bleibt. *F. Hoyle* und *M. Schwarzschild* haben 1955 wohl als erste gezeigt, daß nur die letztere Vorstellung zu einer brauchbaren Theorie der Sternentwicklung führt und auch dynamisch plausibel gemacht werden kann.

Was im einzelnen geschieht, wollen wir am Beispiel eines Sternes von *5 Sonnenmassen* (*R. Kippenhahn* u.a. 1965) erläutern. Dieser beginne seine Entwicklung als völlig durchmischter $\sim$ B 5-Hauptsequenzstern der Population I, d.h. mit einer chemischen Zusammensetzung (Massen-%)[9].

Wasserstoff X : Helium Y : Schwere Elemente $Z = 0.602 : 0.354 : 0.044$. (26.2)

---

[9] Nach neueren spektroskopischen Untersuchungen erscheinen Häufigkeitsverhältnisse $X : Y : Z = 0.70 : 0.28 : 0.014$ wahrscheinlicher. Es dürfte sich aber kaum lohnen, deshalb die langwierigen Sternentwicklungsrechnungen zu wiederholen.

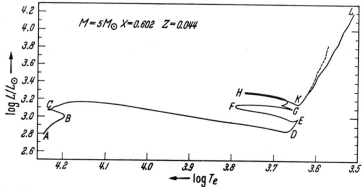

Abb. 26.5a. Entwicklungsweg eines Sternes von 5 Sonnenmassen im theoretischen Farben-Helligkeits-Diagramm

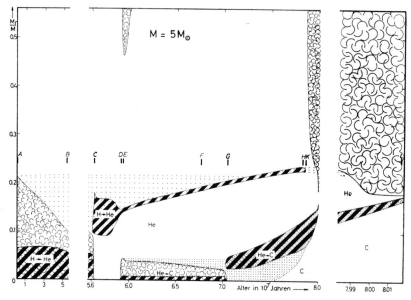

Abb. 26.5b. Zeitliche Veränderungen im Sterninneren. Die Abszissenskala gibt das Alter des Sternes an, gerechnet in 10^7 Jahren seit Verlassen der Hauptsequenz. Die Buchstaben $A...L$ stellen die Zuordnung zu dem Entwicklungsweg in Abb. 26.5a her. Als Ordinate ist M_r/M aufgetragen, d. h. der Bruchteil der Masse, welcher sich innerhalb r befindet. „Wolkige" Gebiete entsprechen Konvektionszonen. — Schraffierte Gebiete: Nukleare Energieerzeugung $\varepsilon > 10^3\, \mathrm{erg\, g^{-1}\, sec^{-1}}$. — Punktiert sind die Gebiete, in denen der H- bzw. He-Gehalt nach innen abnimmt. (Nach R. *Kippenhahn*, H. C. *Thomas* u. A. *Weigert*, 1965)

Seinen weiteren Entwicklungsweg stellen wir in Abb. 26.5a in einem *theoretischen Farben-Helligkeits-Diagramm* dar mit der *effektiven Temperatur* T_{eff} als Abszisse und der Leuchtkraft $L/L_\odot$ als Ordinate (beides logarithmisch). Die *zeitliche Folge* $(A \rightarrow B \rightarrow \cdots K \rightarrow L)$ der Veränderungen im Sterninneren ist in Abb. 26.5b über einer (mehrmals unterbrochenen!) Zeitskala dargestellt. Als Ordinate ist statt der Entfernung r vom Sternmittelpunkt dabei M_r/M nach Gl. (25.1) aufgetragen, um deutlich zu machen, welcher Bruchteil der Sternmasse jeweils in Aktion tritt. Das homogene Ausgangsmodell hat eine *effektive Temperatur* $T_{eff} = 17\,500°$, einen *Radius* von 2.58 $R_\odot$ und damit eine *absolute bolometrische Helligkeit* $M_{bol} = -2.24$. Im Zentrum herrscht eine Temperatur $T_c = 26.4 \cdot 10^6$ °K und ein Druck $\log P_c = 16.74$ bzw. $5.5 \cdot 10^{10}$ atm. Ganz innen haben wir eine *Wasserstoff-Brennzone*, sozusagen den Kernreaktor, wo nach dem CNO-Zyklus Wasserstoff zu Helium verbrannt wird. An diese Wasserstoff-Brennzone schließt sich eine Konvektionszone an, innerhalb deren auch die Reaktionsprodukte durchmischt werden. Diese Phase der Entwicklung (A→B→C) dauert $5.6 \cdot 10^7$ Jahre, etwa entsprechend unserer abgeschätzten Entwicklungszeit t_E (Tab. 26.1). Ist der Kern ausgebrannt, so bildet sich für kurze Zeit (C→D→E = $0.3 \cdot 10^7$ Jahre) eine schalenförmige Wasserstoffbrennzone. Bei E entsteht zunächst im Kern eine $3\,He^4 \rightarrow C^{12}$-Brennzone, in welcher bei Zentraltemperaturen von nunmehr $T_c \sim 130$ bis $180 \cdot 10^6$ °K der *3α-Prozeß* (25.24 und 25) die Energieerzeugung übernimmt. Ist auch dieser He-Kern ausgebrannt, so bildet sich eine schalenförmige Heliumbrennzone. Zur Energieerzeugung liefert aber auch von E bis K eine sich stetig nach außen verlagernde dünne *Wasserstoffbrennzone* immer noch einen wesentlichen Beitrag. Von K aus steuert der Stern rasch dem Stadium eines roten *Übergiganten* zu. Die ganzen späten Stadien der Entwicklung, während deren übrigens der Stern bei $T_{eff} \approx 6500°$ mehrmals den Bereich der *Cepheiden*-Instabilität durchläuft, werden relativ rasch durchlaufen. Zu den anfänglichen $5.6 \cdot 10^7$ Jahren in unmittelbarer Nähe der Hauptsequenz (A→C) kommen noch $2.4 \cdot 10^7$ Jahre hinzu bis zur Spitze des „*Rote-Riesen-Astes*". Die anschließenden Spätstadien der Sternentwicklung werden wir noch im Zusammenhang besprechen.

In Abb. 26.6 sind sodann die *Entwicklungswege* von (Population I-)Sternen verschiedener Masse in einem *theoretischen Farben-Helligkeits-Diagramm* mit der Leuchtkraft $L/L_\odot$ (links) bzw. der absoluten bolometrischen Helligkeit M_b (rechts) über der effektiven Temperatur T_{eff} (alles logarithmisch) dargestellt. Die Zeiten, welche die Sterne brauchen, um die angezeichneten Wege 1—2…10 vom Beginn des Wasserstoff-Brennens in einem homogenen Anfangsstadium bis zum Rote-Riesenast zurückzulegen, sind in Tab. 26.2 (auszugsweise) angegeben.

Die wichtigsten Züge der *nuklearen Entwicklung der Sterne* können wir nun etwa folgendermaßen zusammenfassen:

Ein ursprünglich homogener Stern bildet in seinem Innern eine *Wasserstoffbrennzone*, in welcher die Energieerzeugung bei höheren Zentraltemperaturen (große Sternmassen) nach dem CNO-Zyklus, bei niedrigeren Zentraltemperaturen (kleine Sternmassen) nach dem pp-Prozeß erfolgt. Der Übergang vom pp- zum CNO-Prozeß ist in den Farben-Helligkeits-Diagrammen der galaktischen Haufen — wie *Eggen* und *Sandage* (1969) bemerkt haben — durch eine Lücke markiert (siehe Abb. 26.2), deren detaillierte Erklärung jedoch hier zu weit führen würde.

Die noch homogenen jungen Sterne ordnen sich im (T_{eff}, L)- bzw. im Farben-Helligkeits-Diagramm auf einer Linie an, wobei Sterne großer Masse eine große Leuchtkraft, Sterne kleiner Masse geringe Leuchtkraft erhalten. Diese Linie — in dem theoretischen Diagramm (Abb. 26.6) die Verbindung der Punkte 1 —

bezeichnet man als die *Anfangs-Hauptsequenz*[10] oder auch (nicht ganz korrekt) als die *Zero Age Main Sequence* (ZAMS).

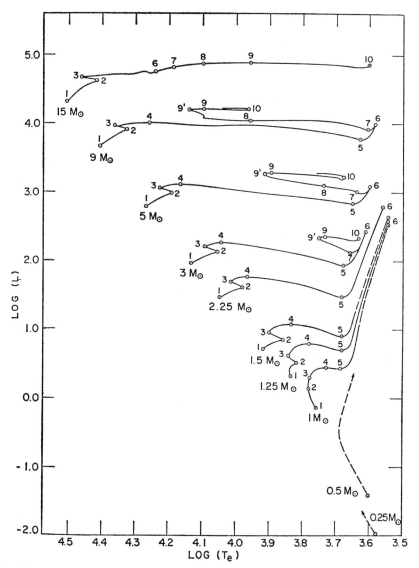

Abb. 26.6. Entwicklungswege für metallreiche Population I-Sterne verschiedener Masse im theoretischen Farben-Helligkeits-Diagramm. Reproduced, with permission, from „Stellar Evolution Within and Off the Main Sequence" by *I. Iben, Jr.*, Annual Review of Astronomy and Astrophysics, Volume 5. Copyright © 1967 by Annual Reviews Inc. All rights reserved.
   Ordinate: Leuchtkraft $\log L/L_\odot$ bzw. absolute bolometrische Helligkeit M_{bol}; Ordinate: effektive Temperatur $\log T_e$. Die Zeiten, in welchem die Wege 1—2—3... zurückgelegt werden, sind (auszugsweise) in Tab. 26.2 angegeben

---

[10] Verf. möchte dies als deutsche Bezeichnung vorschlagen.

Tab. 26.2. Zeit (in Jahren), welche Sterne verschiedener Masse (in Einheiten der Sonnenmasse) benötigen, um die in Abb. 26.6 markierten Intervalle 1—2, 2—3, ... zurückzulegen

$M/M_\odot$	Intervalle der Entwicklungswege Abb. 26.6.					
	1 ... 2	2 ... 3	3 ... 4	4 ... 5	5 ... 6	6 ... 10
15	$1.0 \cdot 10^7$	$2.3 \cdot 10^5$		$7.6 \cdot 10^4$		$1.6 \cdot 10^6$
9	$2.1 \cdot 10^7$	$6.1 \cdot 10^5$	$9.1 \cdot 10^4$	$1.5 \cdot 10^5$	$6.6 \cdot 10^4$	$4.0 \cdot 10^6$
5	$6.5 \cdot 10^7$	$2.2 \cdot 10^6$	$1.4 \cdot 10^6$	$7.5 \cdot 10^5$	$4.9 \cdot 10^5$	$1.7 \cdot 10^7$
3	$2.2 \cdot 10^8$	$1.0 \cdot 10^7$	$1.0 \cdot 10^7$	$4.5 \cdot 10^6$	$4.2 \cdot 10^6$	$7.2 \cdot 10^7$
1.5	$1.6 \cdot 10^9$	$8.1 \cdot 10^7$	$3.5 \cdot 10^8$	$1.0 \cdot 10^8$	$\geq 2 \cdot 10^8$	
1	$7 \cdot 10^9$	$2 \cdot 10^9$	$1.2 \cdot 10^9$	$1.6 \cdot 10^8$	$\geq 1 \cdot 10^9$	

Auf deren empirische Festlegung werden wir zurückkommen. Die Sterne bleiben in unmittelbarer Nähe der Hauptsequenz, bis ein erheblicher Teil des Wasserstoffs verbrannt ist, d.h. während eines Zeitraumes $\approx t_E$ (Tab. 26.1). Dann führt der Entwicklungsweg im (T_{eff}, L)-Diagramm — wenn *keine* Durchmischung von verbrannter und unverbrannter Materie stattfindet — zunächst nach rechts und nach oben (wie *M. Schönberg* und *S. Chandrasekhar* schon 1942 berechneten), d.h. in den Bereich der Roten Giganten. In Abb. 26.6 könnten wir nun mit Hilfe der Zeitangaben von Tab. 26.2 die Linien einzeichnen, auf denen eine Gruppe von Sternen, die zur Zeit $t = 0$ auf der Anfangs-Hauptsequenz (Punkte 1) startete, zur Zeit t angelangt ist. Solche berechnete *Isochronen* ermöglichen es dann, die *Farben-Helligkeits-Diagramme der galaktischen Sternhaufen* (Abb. 26.2) als eine *Alters-Sequenz* zu deuten und unsere früheren Altersabschätzungen von Tab. 26.1 zu verfeinern: h und χ Persei mit seinen extrem hellen blauen Übergiganten, die ihren Wasserstoff verschwenderisch verbrennen, ist ein ganz *junger* Sternhaufen. Die Abwanderung von der Haupt-Sequenz — das sog. *Knie* bei $M_V = -6$ deutet (Tab. 26.1) auf ein Alter von wenigen Millionen Jahren. Die paar Roten Übergiganten rechts vom oberen Ende der Hauptsequenz sind von diesem durch die empirisch schon lange bekannte sog. *Hertzsprung-Lücke* getrennt, die sich — schwächer werdend — etwa bis zu den F0 III-Sternen herunter erstreckt. Dies erklärt sich einfach daraus, daß z.B. in Abb. 26.5a (d.h. für einen Stern von 5 $M_\odot$) das Wegstück C→D nur $0.3 \cdot 10^7$ Jahre dauert gegenüber $2.1 \cdot 10^7$ Jahren für das folgende Rote-Riesen-Stadium bzw. $5.6 \cdot 10^7$ Jahren für die Wasserstoff-Brennzeit auf der Hauptsequenz.

Die Farben-Helligkeits-Diagramme z.B. der Plejaden ... Praesepe ... bis NGC 188, deren Hauptsequenz immer weiter „unten" zum Riesenast hin abschwenkt, deuten auf immer höheres Alter. Ohne Zweifel gibt es *keine* Diagramme, die wesentlich unter dem von NGC 188 abbiegen, d.h. für die galaktischen Haufen gibt es ein *maximales Alter*, das nach den z.Z. besten Modellrechnungen etwa 8 bis $10 \cdot 10^9$ Jahre beträgt. Dies ist offenbar zugleich das *Alter der galaktischen Scheibe*.

Die Gesamtheit der Farben-Helligkeits-Diagramme der galaktischen Sternhaufen in Abb. 26.2 besitzt bis zu ziemlich hellen M_V herauf eine wohldefinierte Einhüllende, von der aus die nukleare Entwicklung nach rechts beginnt. Dies ist offenbar die schon von der Theorie her geforderte *Anfangs-Hauptsequenz* oder

Tabelle 26.3. Anfangs-Hauptsequenz (Zero Age Main Sequence). Nach *H. L. Johnson*, 1964; für $B-V \geq +1.40$ nach *W. Gliese*, 1971

$B-V$	M_v	$B-V$	M_v	$B-V$	M_v
−0.20	−1.10	+0.40	+3.56	+1.20	+7.66
−0.10	+0.50	+0.50	+4.23	+1.40	+8.9
0.00	+1.50	+0.60	+4.79	+1.60	+11.5
+0.10	+2.00	+0.70	+5.38	+1.80	+14.0
+0.20	+2.45	+0.80	+5.88	+2.00	+16.5:
+0.30	+2.95	+1.00	+6.78		

Zero Age Main Sequence. Sie liegt in ihrem oberen Teil ein wenig unter der *Hauptsequenz* der Leuchtkraftklasse V (Abb. 15.4) und geht bei den G-Sternen in diese über (Tab. 26.3).

Das bekannte *Farben-Helligkeits-Diagramm der Feldsterne* unserer Umgebung interpretieren wir am besten als das eines Sterngemisches aus den Überresten vieler im Laufe der Zeit zerfallener Assoziationen und Sternhaufen. Die berechneten Entwicklungszeiten machen ohne weiteres verständlich, daß die *Hauptsequenz* sich eng an die Anfangs-Hauptsequenz anschließt. Die zunächst nicht ohne weiteres verständliche Zusammenballung der gelben und roten Riesensterne in dem Russellschen Riesenast kann man mit *A. R. Sandage* darauf zurückführen, daß in diesem Bereiche die *Entwicklungslinien* der massereicheren und helleren Sterne von links nach rechts und die der masseärmeren und schwächeren Sterne von der unteren Hauptsequenz aus nach rechts oben hin wie in einem Trichter zusammenlaufen (vgl. Abb. 26.2). Die Riesensterne unserer Umgebung dürfen also — insbesondere hinsichtlich ihrer Massen — nicht als eine homogene Gruppe behandelt werden.

Nunmehr wenden wir uns den *Farben-Helligkeits-Diagrammen der Kugelhaufen* (Abb. 26.3 und 4) zu, die ja überhaupt den Ausgangspunkt für die neuere Theorie der Sternentwicklung bildeten. Diese gleichen weitgehend den Diagrammen alter galaktischer Sternhaufen mit dem Unterschied, daß ihr Riesenast steiler verläuft. Dies ist nach Sternmodell-Rechnungen von *F. Hoyle* und *M. Schwarzschild* (1955) eine Folge davon, daß die Kugelhaufen als Angehörige der extremen Halopopulation II sehr *geringe Metallhäufigkeiten* (Größenordnung $\frac{1}{10}$ bis $\frac{1}{200}$ der Sonne haben, wie die Spektren ihrer Roten Riesen bestätigen. Dadurch werden die Opazität und die Energieerzeugung erheblich verändert. Das Abbiegen der Farben-Helligkeits-Diagramme (bei $M_V \approx 4$ wie in NGC 188) zeigt nach den neuesten Modellrechnungen, daß *sämtliche Kugelhaufen* ein Alter von $9-12 \cdot 10^9$ Jahren besitzen. Die Streuung der Zahlenwerte — welche in der Hauptsache der Theorie zur Last fällt — ist wahrscheinlich größer als die wirklichen Unterschiede im Alter verschiedener Kugelhaufen. Was die Absolutwerte betrifft, so dürfte — ebenfalls wegen theoretischer Schwierigkeiten — der Altersunterschied zwischen dem ältesten galaktischen Haufen und den Kugelhaufen kaum verbürgt sein. Auf jeden Fall aber muß sich *der galaktische Halo mit allen Kugelhaufen innerhalb einer relativ kurzen Zeit gebildet haben, während die Bildung junger galaktischer Sternhaufen sich noch heute vor unseren Augen abspielt.*

In den *Farben-Helligkeits-Diagrammen der Kugelhaufen* unterscheidet man (Abb. 26.3 u. 4) den Roten Riesenast (rechts oben), sodann den asymptotischen und schließlich den *Horizontalast* bis zu B-Sternen der absoluten Helligkeit $M_V \approx +2$. In den Horizontalast eingebettet ist die „Lücke" der pulsierenden *Haufenveränderlichen* oder RR Lyrae-Sterne. Die Umkehr des Entwicklungsweges im Bereich der Roten Riesen wird dem plötzlichen Zünden des zentralen Helium-Brennens (Helium-Flash) zugeschrieben. Die spektroskopische Beobachtung zeigt, daß z. B. der Horizontalast-Stern HD 161 817 (etwa links von der RR Lyr-Lücke) sich in der chemischen Zusammensetzung seiner Atmosphäre (Tab. 19.3) *kaum* von den Subdwarfs der Population II-Hauptsequenz unterscheidet.

Den Kugelsternhaufen auf das engste verwandt sind die Feldsterne der *alten Halopopulation II*. Wir haben sie schon kennengelernt als Schnell-Läufer (High Velocity Stars). Sie bewegen sich (Abb. 23.11) um das galaktische Zentrum in langgestreckten Bahnen großer Exzentrizität und großer Neigung, so daß sie meist große Relativgeschwindigkeiten gegenüber der Sonne, insbesondere große *W*-Komponenten (senkrecht zur galaktischen Ebene) aufweisen. Die spektroskopische Analyse (Tab. 19.3) zeigte, daß in diesen Sternen die Häufigkeit aller schwereren Elemente ($Z \geq 6$; „Metalle") relativ zum Wasserstoff im Vergleich zur Sonne um Faktoren bis ~ 500 reduziert ist, während die Häufigkeitsverhältnisse der schwereren Elemente untereinander *dieselben* sind wie z. B. auf der Sonne. Dies gilt jedoch *nicht* für das *Helium*, dessen Häufigkeitsverhältnis zum Wasserstoff, wie die Analysen einiger Planetarischer Nebel der Population II zeigen, offenbar in den Stern-Populationen I und II ursprünglich $\sim 1{:}10$ (nach Atomzahlen) ist.

Da detaillierte spektroskopische Analysen aus praktischen Gründen nur für verhältnismäßig wenige, meist hellere Objekte durchgeführt werden können, ist es wichtig, daß man die *Metallhäufigkeiten* der Sterne wenigstens global auch mit Hilfe des *Zwei-Farben-Diagramms* bestimmen kann. In den kühleren metallarmen Halosternen sind nämlich im Vergleich zu normalen metallreichen Sternen die nach kürzeren Wellenlängen hin immer dichter gedrängten Metall-Linien so viel schwächer, daß der Farbindex $U-B$ ziemlich erheblich, der Index $B-V$ dagegen verhältnismäßig wenig nach kleineren Werten verschoben wird. Im Zwei-Farben-Diagramm (Abb. 15.5) wird daher die Kennlinie im Bereich $B-V > 0\overset{m}{.}35$ maximal (d. h. für äußerst metallarme Sterne) um $\delta(U-B) \sim 0\overset{m}{.}25$ angehoben; vgl. das Zwei-Farben-Diagramm des extrem metallarmen Kugelhaufens M 92 in Abb. 26.3. Dieser Effekt muß selbstverständlich bei der Ermittlung der interstellaren Verfärbung aus dem Zwei-Farben-Diagramm mit berücksichtigt werden.

Der *UV-Exzeß* $\delta(U-B)$, den man meist genauer als die Differenz in $U-B$ gegenüber Sternen der Hyaden-Hauptsequenz mit gleichem $B-V$ definiert, gibt auch für schwächere Sterne ein Maß für deren Metallhäufigkeit. Noch genauere Ergebnisse liefert die Schmalbandphotometrie nach *B. Strömgren*.

Der *UV*-Exzeß bzw. die Metallhäufigkeit der Feldsterne ist — wie schon bemerkt — korreliert mit ihrer *W*-Geschwindigkeit bzw. galaktischen Bahnexzentrizität und -neigung. Eine neuere Untersuchung von *H. E. Bond* (1971), welche die Auswahl der Sterne nicht nach Eigenbewegungskatalogen, sondern nach Objektivprismen-Aufnahmen mit Schmidt-Teleskopen vornahm, zeigte, daß diese Korrelationen zwar bei extrem metallarmen Halosternen stark sind, bei größeren Metallhäufigkeiten aber fast (oder ganz?) verschwinden. Es besteht also ein völlig stetiger Übergang von der extremen Halopopulation zur Scheibenpopulation unserer Galaxie. Das Farben-Helligkeits-Diagramm der Halosterne erfüllt etwa den Raum zwischen denen von NGC 188 und M 92.

Auf Versuche einer kosmogonischen Deutung dieser Beobachtungen können wir erst eingehen, nachdem wir in Abschn. 27 die z. T. erheblich verschiedenen Verhältnisse in anderen Galaxien kennengelernt haben.

f) Die kontraktive Anfangsphase der Sternentwicklung. Entstehung der Sterne

Wir kehren noch einmal zum Ausgangspunkt unserer Betrachtungen zurück und fragen: „*Wie gelangen die Sterne auf die Standard-Hauptsequenz?*" und sodann: „*Wie und woraus entstehen die Sterne?*".

Die enge räumliche Verknüpfung der jungen, absolut hellen O- und B-Sterne mit Gas- und Staubwolken in den Spiralarmen unserer wie der Andromeda-Galaxie legt die Vermutung nahe, daß ganz allgemein Sterne aus bzw. in kosmischen *Wolken diffuser Materie* entstehen. Als einzige *Energiequelle* steht ihnen dann zunächst, d.h. bis zum Zünden irgendwelcher Kernreaktionen, nur die Gravitations-, d.h. *Kontraktionsenergie* zur Verfügung.

Es erscheint angebracht, hier daran zu erinnern, daß schon 1846 — kurz nach seiner Entdeckung des Satzes von der Erhaltung der Energie — *J.R. Mayer* die Frage aufwarf nach dem Ursprung der z.B. von der Sonne ausgesandten Strahlungsenergie. Er überlegte sich, daß eine Masse von *Meteoriten m*, die in die Sonne stürzen, ihre Energie — nach Gl. (6.28) —

$$m \cdot G M / R \tag{26.3}$$

als Wärmeenergie abgibt (wobei wieder G die Gravitationskonstante, M und R Masse und Radius der Sonne bedeuten). Da die Masse der einstürzenden Meteorite in Wirklichkeit jedenfalls sehr klein ist, wiesen *H. v. Helmholtz* 1854 und *Lord Kelvin* 1861 darauf hin, daß *Kontraktion der Sonne selbst* eine wirksamere Gravitationsenergiequelle sei.

Wie man nach Gl. (26.3) ohne weiteres sieht, ist die Energie, welche bei der Entstehung einer Gaskugel vom Radius R aus anfänglich weit verteilter Materie oder auch bei erheblicher Kontraktion eines Sternes zum Radius R frei wird, stets von der Größenordnung

$$E_{\text{Kontr.}} \approx G M^2 / R. \tag{26.4}$$

Für die *Sonne* z.B. sind dies $\sim 3.8 \cdot 10^{48}$ erg; der Inhalt der Sonne an thermischer und Ionisationsenergie ist von derselben Größenordnung. Die Energie $E_{\text{Kontr.}}$ könnte die Ausstrahlung der Sonne entsprechend ihrer heutigen Leuchtkraft $L_\odot = 3.84 \cdot 10^{33}$ erg·sec^{-1} nur über

$$E/L \approx 30 \text{ Millionen Jahre} \tag{26.5}$$

decken.

Welchen Weg legt nun im Farben-Helligkeits-Diagramm ein Stern zurück, der durch *Kontraktion* aus ursprünglich weit verteilter Materie entsteht? *C. Hayashi* (1961) zeigte, daß Sterne mit effektiven Temperaturen $T_{\text{eff}} < 3$ bis $4000°$ K im wesentlichen *konvektiv* aufgebaut (vgl. Abschn. 26) sind; ihr Inneres wird zum größten Teil von einer ausgedehnten Wasserstoffkonvektionszone (vgl. Abschn. 20) eingenommen. Solche Sterne sind nun — wie *Hayashi* weiterhin zeigen konnte — *instabil.* Die Linie, welche im (theoretischen) Farben-Helligkeits-Diagramm die stabilen Sterne (links) von den instabilen (rechts) trennt, bezeichnet man als die *Hayashi-Linie.* Um die Zusammenhänge zu verstehen, betrachten wir einen Stern mit vorgegebenen Werten von Masse M, Leuchtkraft L, effektiver Temperatur T_{eff} und damit auch dem Radius R. Der Aufbau seiner *Atmosphäre* ist durch T_{eff} und die Schwerebeschleunigung $g = G M / R^2$ bestimmt; wir haben hier also — z. B. für die optische Tiefe $\tau = 1$ — ein Wertepaar von Druck P_a und Temperatur T_a (evtl. auch Dichte ρ_a). Andererseits können wir (vgl. Abschn. 25) auch direkt die Werte von P_c, T_c, ρ_c berechnen, welche im *Zentrum* des Sterns herrschen müßten, wenn dieser aus idealem Gas im hydrostatischen Gleichgewicht aufgebaut wäre. Rechnen wir nun von P_a, T_a nach innen, so gelangen wir bei den Sternen *rechts* der Hayashi-Linie auf einer Adiabaten des teilweise ionisierten Wasserstoffs (und Heliums) zu Drucken und Temperaturen *unterhalb* von P_c und T_c, d.h. der Stern bekäme im Inneren sozusagen einen Hohlraum und müßte zusammenstürzen. Erst *links* von der Hayashi-Linie, wo sich Strahlungsgleichgewicht einstellen kann, erreicht der Stern im Inneren genügend hohe Drücke und Temperaturen und damit einen stabilen Zustand.

Ein aus interstellarer Materie entstehender Stern bekommt also zunächst, sobald der Wasserstoff teilweise ionisiert ist, eine ausgedehnte konvektive Hülle und bewegt sich im *Farben-Helligkeits-Diagramm* (Abb. 26.7) bei wenig ansteigender Temperatur unmittelbar links von der *Hayashi-Linie* nach unten bis er (für 1 $M_\odot$ nach $\sim 10^7$ Jahren) die schon früher von *L. G. Henyey* u. a. für Strahlungsgleichgewicht berechnete fast horizontale Entwicklungslinie erreicht. Auf dieser deckt er seinen Energiebedarf zunächst aus Gravitationsenergie. Erst kurz vor Erreichen der Anfangs-Hauptsequenz zünden dann die bekannten Kernreaktionen.

In ähnlicher Weise kann man auch verstehen, weshalb die Entwicklungslinien der Giganten in Abb. 26.6 steil nach *oben* führen: Die Sterne können auch in „umgekehrter Richtung" die Hayashi-Linie nicht überschreiten.

Zum oberen Teil der Hauptsequenz hin wird die *Kontraktionszeit* analog (26.5) immer kürzer; ein B0-Stern benötigt nur noch $\sim 10^5$ Jahre. Auf der anderen Seite bilden sich die Sterne kleiner Masse langsamer; ein M-Stern von $0.5 M_\odot$ braucht $\sim 1.5 \cdot 10^8$ Jahre. Kontrahierende Massen unterhalb einer gewissen Grenze erreichen in keinem Stadium die zur Zündung von Kernprozessen nötige Temperatur. *S. S. Kumar* (1963) hat gezeigt, daß diese Massengrenze für Population I-Materie bei $0.07 M_\odot$, für metallarme Population II-Materie bei $0.09 M_\odot$ liegt. Kleinere Massen bilden sogleich kühle, vollständig entartete Körper, die man sinngemäß als *Schwarze Zwerge* (Black Dwarfs) bezeichnet. Himmelskörper wie der dunkle Begleiter von *Barnard's Stern* (S. 136) mit $\sim 0.0015 M_\odot$ oder die großen Planeten, wie *Jupiter* mit $0.001 M_\odot$, dürften als Schwarze Zwerge entstanden sein.

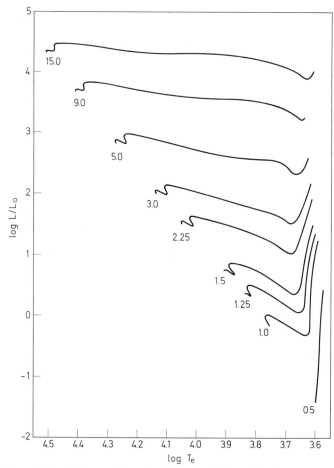

Abb. 26.7. Konvektive Anfangstadien der Sternentwicklung (nach *I. Iben* jr., 1965). Bis zum Erreichen der Haupt-Sequenz benötigen Sterne $\geq 1\,M_\odot$ weniger als einige 10^7 Jahre.

In jungen galaktischen Sternhaufen — die man an ihren hellen blauen Sternen erkennt — fand in der Tat *M. Walker* rechts vom unteren Teil der Hauptsequenz Sterne mittlerer und späterer Spektraltypen, deren T Tauri-Variabilität, Hα-Emissionslinien, z.T. rasche Rotation etc. sie in der Tat als junge, in Bildung begriffene Sterne ausweist. Abb. 26.8 zeigt z.B. nach *M. Walker* (1956) das Farben-Helligkeits-Diagramm des Haufens NGC 2264; nach Ausweis des hellsten Sterns hat dieser ein Alter von nur $3 \cdot 10^6$ Jahren. In Übereinstimmung mit der Theorie haben daher Sterne unterhalb vom Spektraltyp A0 ($<3\,M_\odot$) die (als Linie eingezeichnete) Standard-Hauptsequenz noch nicht erreicht.

Dynamische Betrachtungen — siehe Abschn. 29.1 — sprechen dafür, daß nur relativ große Gasmassen, etwa 10^2 bis $10^4\,M_\odot$, instabil werden und zu Sternen kondensieren können. In der Tat hatte schon 1947 von der Beobachtung her *V.A. Ambarzumian* die wichtige Erkenntnis gewonnen, daß die Sterne (zum mindesten großenteils) in Gruppen mit einer Gesamtmasse von $\sim 10^3\,M_\odot$, den

sog. OB-*Assoziationen* mit hellen blauen Sternen und den T-*Assoziationen* mit
kühlen Sternen, vor allem T Tauri-Veränderlichen geringerer absoluter Helligkeit (häufig kommen auch beide Arten zusammen vor), in Zeiträumen der Größenordnung 10^7 Jahren entstehen. Eine OB-Assoziation, wie z.B. im *Orion* oder
Monoceros, mit riesigen Gasmassen, welche durch die kurzwellige Strahlung

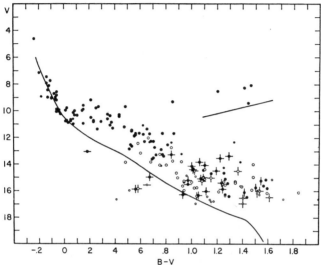

Abb. 26.8.   Farben-Helligkeits-Diagramm des sehr jungen galaktischen Sternhaufens
NGC 2264, nach *M. Walker*, 1956.

● photoelektrische Messungen | Veränderliche Sterne
○ photographische Messungen   — Stern mit Hα-Emission

Scheinbare Helligkeiten *V* über *B−V*. — Die Linien deuten die Standard-Hauptsequenz und
den Riesenast — korrigiert für gleichförmige interstellare Verfärbung des Haufens — an.
Scheinbarer Entfernungsmodul 9^m7. Entfernung 800 pc. — Etwa unterhalb der A0-Sterne
wurde in der Lebenszeit des Haufens von $\sim 3 \cdot 10^6$ Jahren die Hauptsequenz noch nicht erreicht

der darin eingebetteten O- und B-Sterne ionisiert werden, fällt dem Beobachter
in erster Linie auf als HII-Region, die hell in Hα leuchtet. Die Expansion des von
den schon entstandenen Sternen erhitzten Gases ist wohl die Ursache dafür, daß
die weiteren Sterne mit Geschwindigkeiten der Größenordnung 10 km pro sec
vom Zentrum wegstreben. Die Assoziationen sind also *nicht beständig*. Das
durch Rück-Extrapolation der Sternbewegungen ermittelte *Expansionsalter* paßt
im allgemeinen zu dem *Entwicklungsalter* der hellsten Sterne. Für den *Orionnebel*
und die ihn zum Leuchten anregenden *Trapezsterne* (und einige ähnliche Gebilde)
findet man ein Alter von nur ~ 1.5 bis $3 \cdot 10^4$ Jahren. Der eigentliche Orion-
Haufen dagegen dürfte ca. hundertmal älter sein.

   In manchen Fällen entfernen sich einzelne Sterne von ihrer OB-Assoziation
mit sehr viel größeren Geschwindigkeiten bis zu 200 km/sec. *A. Blaauw* sieht
einen solchen *Runaway-Stern* als übriggebliebene Komponente eines rasch umlaufenden Doppelsternes an, dessen Hauptkomponente durch eine Explosion
(Supernova II?) rasch in den Weltraum zerstreut wurde.

g) Entwicklung in engen Doppelsternsystemen

Ganz anders als bei den bisher betrachteten Einzelsternen kann die nukleare Entwicklung in *engen Doppelsternsystemen* ablaufen. Hierzu haben von der Beobachtung her *O. Struve* in den 40er und 50er Jahren, von der Theorie her *R. Kippenhahn* und *A. Weigert* ab 1966 mit ihren Mitarbeitern höchst interessante Untersuchungen durchgeführt.

Wir gehen aus von einem Doppelsternsystem, dessen Komponenten zunächst noch *getrennt* seien und studieren deren *Äquipotentialflächen*: In einem Punkt, der von der Masse M_1 den Abstand r_1 und von der Masse M_2 den Abstand r_2 hat, haben wir (siehe Gl. 6.28—30) ein Gravitationspotential $\varphi_g = -G(M_1/r_1 + M_2/r_2)$. Rotiert das System mit der Winkelgeschwindigkeit ω, so können wir auch die Zentrifugalbeschleunigung $z\omega^2$ (z = Abstand von der Drehachse) durch ein zusätzliches Potential $\varphi_z = -z^2\omega^2/2$ darstellen. Auf einer Fläche $\varphi = \varphi_g + \varphi_z$ =const. kann ein Probekörper ohne Arbeitsaufwand bewegt werden; die Oberfläche z.B. des Meeres oder eines Himmelskörpers folgt daher einer Äquipotentialfläche φ =const.

In unserem Doppelstern-System sind beide Komponenten zunächst von „ihren" geschlossenen Äquipotentialflächen umgeben, bis man zu einer ersten gemeinsamen Äquipotentialfläche kommt, die in Form einer Sanduhr beide Körper umgibt, die sogenannte *Roche-Fläche*. Weiter außen umhüllen alle Flächen beide Körper.

Wenn nun die größere Masse — sagen wir M_1 — sich zum Riesenstern entwickelt, so kann sie über die innerste gemeinsame Äquipotentialfläche herauswachsen. Wir haben dann ein sog. *halbgetrenntes System*; es strömt Gas von der Komponente 1 auf 2 herüber, so daß das Massenverhältnis sich sogar umkehren kann. Was im einzelnen geschieht, d.h. welche Wege die beiden Komponenten im *Farben-Helligkeits-Diagramm* einschlagen, hängt von den ursprünglichen Massen und Bahnradien sowie — im Zusammenhang damit — davon ab, in welchem Stadium ihrer Entwicklung die Komponente 1 „überzuquellen" beginnt. Dies kann schon stattfinden, solange das Wasserstoffbrennen noch auf das Zentrum des Sterns beschränkt ist, oder es kann erst beginnen, wenn in einer Schalenquelle das Wasserstoff- oder gar Heliumbrennen in Gang ist (vgl. Abb. 26.5a und b). Auf solche Weisen können sich Doppelstern-Systeme bilden, deren eine Komponente ein *Heliumstern* ist, der also seine wasserstoffreiche Hülle mehr oder weniger abgegeben hat, oder ein *Weißer Zwergstern* (s.u.). Weiterhin ist Entwicklung in engen Doppelstern-Systemen vorgeschlagen worden zur Erklärung der *Wolf-Rayet-Sterne (B. Paczyński)*, sowie der *Ap- und Am-Sterne (E.P.J. van den Heuvel)*.

Neuere Rechnungen über *Kontaktsysteme*, in denen beide Komponenten eine gemeinsame Äquipotentialfläche ausfüllen, scheinen Möglichkeiten zur Entstehung der *W Ursae Majoris-Sterne* aufzuzeigen.

h) Endstadien der Sternentwicklung

Nachdem wir gesehen haben, wie Sterne aus interstellarer Materie entstehen (Abschn. f) und wie sie sich unter nuklearer „Verbrennung" von Wasserstoff, dann Helium und evtl. Kohlenstoff weiter entwickeln (vgl. e), erhebt sich die Frage: „Wie geht die Sternentwicklung nach Ausnutzung aller Kernenergiequellen weiter und welchen Endstadien strebt sie zu?"

Eine der wesentlichen Grundlagen für das Verständnis der ganzen Probleme der Sternentwicklung (und vieler anderer Fragen der Astrophysik) bildet der *Virialsatz* von *R. Clausius* (1870). Beschränken wir uns hier auf ein (abgeschlossenes) System von Massenpunkten, die durch Kräfte $\sim 1/r^2$, insbesondere die *Gravitation* zusammengehalten werden, so besagt er[11], daß die Gesamtenergie E auf die Anteile der kinetischen Energie E_{kin} und der potentiellen Energie E_{pot} sich so verteilt, daß *im Zeitmittel* (s. auch Gl. 6.36)

$$\overline{E_{kin}} = -\frac{1}{2}\overline{E_{pot}} \qquad (26.6)$$

oder — wegen $E = E_{kin} + E_{pot} = \text{const.}$ — auch

$$\overline{E_{kin}} = -E \qquad (26.7)$$

gilt. Abb. 26.9 möge diese wichtigen Zusammenhänge noch deutlicher darstellen.

Wir illustrieren sie zunächst durch eine einfache Abschätzung, die wir mit Gl. (25.7) schon in anderer Weise behandelt hatten: Die *potentielle Energie*[12] eines Sterns — den wir als homogene Kugel betrachten wollen — ist pro Masseneinheit $E_{pot} = -\frac{3}{5} G M/R$. An *kinetischer Energie* ist — wenn wir einatomiges Gas vom Molekulargewicht μ annehmen — nur die *thermische Energie* pro Masseneinheit $E_{kin} = \frac{3}{2}\Re T/\mu$ ($\Re$ = Gaskonstante) vorhanden. Dem *Virialsatz* (26.e) können wir nun mit den bekannten Daten der *Hauptreihensterne* (solange der Strahlungsdruck keine wesentliche Rolle spielt) sofort entnehmen, daß in deren Inneren *Temperaturen* von 10^6 bis 10^7 °K herrschen müssen.

---

[11] *Beweis:* Haben wir ein System von Massenpunkten m_k mit den (durchnummerierten) rechtwinkligen Koordinaten x_k und den entsprechenden Impulskomponenten $p_k = m_k \dot{x}_k$, so ist die doppelte kinetische Energie (vgl. Abschn. 6)

$$2E_{kin} = \sum m_k \dot{x}_k^2 = \sum p_k \dot{x}_k. \qquad (26.a)$$

Hieraus erhalten wir durch partielle Integration

$$2E_{kin} = \frac{d}{dt}\sum p_k x_k - \sum x_k \dot{p}_k. \qquad (26.b)$$

$\dot{p}_k$ ist nach der Newtonschen Bewegungsgleichung die entsprechende Kraftkomponente und — da E_{pot} das Wegintegral der Kraft darstellt — gleich $-\dfrac{\partial E_{pot}}{\partial x_k}$. Nunmehr zeigt man leicht, daß

$$\sum x_k \frac{\partial E_{pot}}{\partial x_k} = -E_{pot} \qquad (26.c)$$

ist. E_{pot} setzt sich nämlich zusammen aus lauter Bestandteilen der Form $1/r_{kk'} = \{(x_k - x_{k'})^2 + \cdots\}^{-1/2}$, woraus sich ergibt

$$\frac{\partial}{\partial x_k}\left(\frac{1}{r_{kk'}}\right) = -\frac{x_k - x_{k'}}{\{(x_k - x_{k'})^2 + \cdots\}^{3/2}}. \qquad (26.d)$$

Damit verifiziert man ohne weiteres unsere Behauptung. Mittelt man nun (26.b) über eine hinreichend lange Zeit, so verschwindet der Mittelwert über das erste Glied rechts und man erhält den *Virialsatz*:

$$2\overline{E_{kin}} = -\overline{E_{pot}}. \qquad (26.e)$$

[12] siehe Seite 284

Doch zurück zu unseren Problemen der Sternentwicklung! Nach Versiegen einer nuklearen Energiequelle — z. B. des Wasserstoffbrennens — wird ein Stern zunächst seine Gravitationsenergie ausnützen, d.h. sich kontrahieren, bis seine Zentraltemperatur genügend angestiegen ist (Abb. 26.9), um die nächste Energiequelle — in unserem Falle das Heliumbrennen — zu zünden. Neben der nuklearen Energie spielt in diesen Entwicklungsstadien mit sehr *hoher Leuchtkraft* eine wesentliche Rolle die Gravitationsenergie, welche dadurch frei wird, daß die verbrannte Materie sich immer stärker zum Zentrum des Sterns kontrahiert.

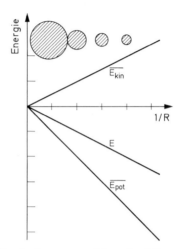

Abb. 26.9. Der Virialsatz für ein System gravitierender Massenpunkte $E_{kin} = -\frac{1}{2}E_{pot}$. Ein sich zusammenziehender Stern verliert potentielle Energie. Die Hälfte dieses Betrages wird aber seinem Bestand an kinetischer Energie zugefügt. $2E_{kin} < -E_{pot}$ führt nach *J. Jeans* zu Gravitationsinstabilität (Abschn. 29.1)

Es wäre interessant, diese Prozesse anhand unserer Farben-Helligkeits-Diagramme im einzelnen zu verfolgen. Hier aber kehren wir sogleich zu unserer Frage zurück: „Was geschieht nach Erschöpfung aller nuklearen Energiequellen?"

Eine Möglichkeit, die wir als erste untersuchen wollen, bietet das bescheidene Dasein eines *Weißen Zwergsternes* (s. S. 131), der sich dann — bei konstantem Radius — langsam bis zur Unsichtbarkeit abkühlt.

Wie *R. H. Fowler* (1926) erkannte, ist in diesen Sternen die Materie (genauer gesagt, die Elektronen) — abgesehen von einer ganz dünnen Atmosphären-

---

[12] Die potentielle Energie einer *homogenen Kugel* — Masse M, Radius R, Dichte ρ — berechnen wir folgendermaßen: Fügen wir zu einer Kugel von Radius r und der Masse $M_r = \frac{4\pi}{3}\rho r^3$ (sozusagen als Zwischenstadium) eine Schale der Masse dM hinzu, so ist der Gewinn an potentieller Energie $dE_{pot} = -GM_r dM_r/r$. Mit $r = (3M_r/4\pi\rho)^{1/3}$ erhalten wir sofort $-E_{pot} = \int_0^R GM_r dM_r/r = G \cdot (3/4\pi\rho)^{-1/3}\frac{3}{5}M^{5/3} = \frac{3}{5}GM^2/R$.

schicht — im Sinne der *Fermi-Dirac-Statistik* entartet. Das heißt folgendes: In der klassischen oder *Maxwell-Boltzmann-Statistik* leitet man z.B. die Geschwindigkeitsverteilung der Elektronen oder die Zustandsgleichung der Gase ab, indem man die Verteilung der Partikel im *Phasenraum*, dessen 6dimensionales Volumenelement $\Delta\Omega$ gebildet wird aus dem bekannten Volumenelement im Lageraum $\Delta V = \Delta x \cdot \Delta y \cdot \Delta z$ *mal* dem Element im Impulsraum $\Delta p_x \cdot \Delta p_y \cdot \Delta p_z$, nach den Spielregeln der Wahrscheinlichkeitsrechnung ermittelt. Die Anwendbarkeit dieses Verfahrens wird aber z.B. für ein Elektronengas eingeschränkt durch das *Pauli-Prinzip*, welches fordert, daß *ein* Quantenzustand bzw. *eine* Quantenzelle der Größe $\Delta\Omega = h^3$ (h = Plancksches Wirkungsquantum) im Phasenraum höchstens von *einem* Elektron jeder Spinrichtung, d.h. insgesamt von 2 Elektronen besetzt werden darf. Diese Tatsache berücksichtigt die *Fermi-Dirac-Statistik*. Im Inneren eines Weißen Zwergsternes ist nun die Materie bei enormen Drücken und verhältnismäßig niedrigen Temperaturen so stark zusammengedrückt, daß sämtliche Zellen h^3 im Phasenraum bis zu einer bestimmten Grenzenergie E_0 bzw. einem maximalen Impuls p_0 herauf vollständig, d.h. mit je 2 Elektronen besetzt sind. Diesen Zustand bezeichnet man als vollständige *Fermi-Dirac-Entartung* des Gases.

Die *Zustandsgleichung* des entarteten Elektronengases (das zugehörige Protonengas entartet erst bei noch höheren Dichten; sein Druck kann vernachlässigt werden) können wir leicht berechnen:

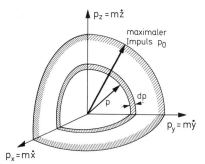

Abb. 26.10. Entartetes Elektronengas (Fermi-Dirac-Statistik). Im Impulsraum, von dem nur ein Oktant dargestellt ist, erfüllen die Elektronen gleichförmig eine Kugel vom Radius p_0, die sog. Fermi-Kugel

In einem Volumen V befinden sich n Elektronen pro cm³, insgesamt also $V \cdot n$. Im Impulsraum p_x, p_y, p_z (Abb. 26.10) erfüllen diese Elektronen gleichförmig eine Kugel bis dem maximalen Grenzimpuls p_0 bzw. der Grenzenergie, der sog. Fermi-Energie $E_0 = p_0^2/2m$. Im Phasenraum haben wir so ein Volumen $V \cdot \frac{4}{3}\pi p_0^3$, und mit 2 Elektronen pro Phasenzelle der Größe h^3 erhalten wir die Beziehung

$$n V = \frac{2}{h^3} \cdot V \cdot \frac{4\pi}{3} p_0^3 \quad \text{oder} \quad p_0 = \sqrt{2 m E_0} = h \left(\frac{3n}{8\pi}\right)^{1/3}. \qquad (26.8)$$

Der Druck P ist nun — wie beim idealen Gas — in bekannter Weise

$$P = \frac{2}{3} n \bar{E}, \qquad (26.9)$$

wobei $\bar{E}$ die *mittlere* Energie pro Elektron bezeichnet. Den Zusammenhang zwischen $\bar{E}$ und E_0 aber können wir sofort anhand unserer Abb. 26.10 berechnen. Es wird nämlich (mit $E = p^2/2m$)

$$\bar{E} = \int\limits_0^{p_0} E \cdot 4\pi p^2 \, dp \, \Big/ \int\limits_0^{p_0} 4\pi p^2 \, dp = \frac{3}{5} \cdot \frac{p_0^2}{2m} = \frac{3}{5} E_0 \qquad (26.10)$$

und wir erhalten die *Zustandsgleichung des vollständig entarteten Elektronengases*

$$P = \frac{2}{5} n E_0 = \frac{8\pi}{15} \cdot \frac{h^2}{m} \left(\frac{3n}{8\pi}\right)^{5/3}. \qquad (26.11)$$

Von Temperatur ist hier überhaupt nicht mehr die Rede; dies eben ist charakteristisch für die *Entartung*. (Man verifiziert leicht, daß der Druck des gleich dichten und noch nicht entarteten *Protonen-Gases* sehr viel kleiner ist, als der des entarteten Elektronengases.)

Den Zusammenhang zwischen n und der Dichte $\rho\,[\text{g} \cdot \text{cm}^{-3}]$ stellt man am einfachsten her über die Masse μ_E (in Atomgewichtseinheiten), welche zu *einem* Elektron gehört. Es gilt dann

$$n = \rho/m_H \cdot \mu_E, \qquad (26.12)$$

wobei also für Wasserstoff $\mu_E = 1$, für Helium $\mu_E = 2$ usw. ist.

Eine Abschätzung für die Dichte $\rho \approx 10^6\,\text{g cm}^{-3}$ in einem Weißen Zwerg möge die Zusammenhänge verdeutlichen: Nach (26.12) haben wir dann $n \approx 10^{30}$ Elektronen pro cm^3 und nach (26.11) einen Druck des entarteten Gases von $P \approx 10^{17}$ atm., millionenmal höher als z.B. im Inneren der Sonne. Ein ideales Gas, das denselben Druck haben sollte, müßte eine Temperatur von $\sim 2 \cdot 10^9\,°\text{K}$ haben.

Die Zustandsgleichung $P \sim \rho^{5/3}$ können wir in Verbindung mit unserer früheren Abschätzung des Druckes im Inneren eines Sternes mit der Masse M und dem Radius R nach (25.4), d.h. $P \sim \rho \cdot GM/R$ und der trivialen Beziehung $\rho \sim M/R^3$ benutzen, um abschätzungsweise[13] eine *Masse-Radius-Beziehung* für Weiße Zwergsterne zu erhalten, nämlich

$$R \sim M^{-1/3}. \qquad (26.13)$$

D.h. mit zunehmender Masse nimmt der Sternradius ab.

Damit können wir auch die *Leuchtkraft* $L = 4\pi R^2 \cdot T_{\text{eff}}^4$ anschreiben. Die Weißen Zwergsterne der Masse M sollten demnach im (theoretischen) *Farben-Helligkeits-Diagramm* — nach ihren Massen M geordnet — auf Linien

$$L \sim M^{-2/3} \cdot T_{\text{eff}}^4 \qquad (26.14)$$

liegen. Der Vergleich mit den Beobachtungen liefert das zunächst überraschende Ergebnis, daß *alle* Weißen Zwerge Massen von $\sim 0.6\,M_\odot$ haben.

Unsere ganzen Abschätzungen bedürfen aber noch einer Ergänzung und — meist nur in feineren Details — Berichtigung. Mit wachsender Dichte ρ nimmt die Energie der Elektronen zunächst $\sim \rho^{2/3}$ zu, bis sich bei $E \gtrsim mc^2$ — d.h. in massereichen und deshalb dichteren Sternen — die *relativistische Massenver-*

---

[13] Wir vernachlässigen dabei, daß der äußerste Teil des Sterns nicht entartet und der innerste relativistisch entartet (s. u.) ist.

änderlichkeit der Elektronen bemerkbar macht. Im Falle vollständiger *relativistischer Entartung* ($\bar{E} \gg mc^2$) liefert eine Wiederholung unserer Rechnungen im Sinne der speziellen Relativitätstheorie eine *Zustandsgleichung*

$$P \sim \rho^{4/3} , \tag{26.15}$$

d. h. schwächere Kompressibilität der Materie. Wie S. *Chandrasekhar* (1931) erkannt hat, strebt mit zunehmend relativistischer Entartung der Radius eines Weißen Zwergsternes schon bei einer endlichen *Grenzmasse* von 1.4 $M_\odot$ (mit geringer Abhängigkeit von der chemischen Zusammensetzung) dem Grenzwert $R \to 0$ zu; d. h. Weiße Zwergsterne sind nur für Massen $M \lesssim 1.4\,M_\odot$ *stabil* bzw. *existenzfähig*.

Ehe wir die Entstehung und Entwicklung der Weißen Zwerge weiter diskutieren, mögen noch einige Bemerkungen über ihre Spektren und die chemische Zusammensetzung ihrer Atmosphären Platz finden:

Etwa 80% der Weißen Zwerge zeigen in ihren Spektren fast nur die stark druckverbreiterten Balmerlinien des *Wasserstoffs*; man klassifiziert sie als *Spektraltyp DA*. In ihrem Inneren können sie offensichtlich *keinen* Wasserstoff enthalten, da dieser sofort nuklear explodieren würde. — Der Spektraltyp DB ist charakterisiert durch ebenfalls stark verbreiterte Linien von *Helium*. Sodann gibt es — offensichtlich kühlere — Sterne mit *Metall-Linien*. Ihr sehr kleines Verhältnis von Metallen zu H + He dürfte darauf hinweisen, daß in entarteten Sternen — wahrscheinlich durch Diffusion — Wasserstoff nach außen, schwere Elemente nach innen geschafft werden. Die große Häufigkeit von *Helium* (und möglicherweise Kohlenstoff) deutet darauf hin, daß das Innere der Weißen Zwerge aus nuklear verbrannter Materie besteht. Welchen Entwicklungsweg haben sie zurückgelegt?

Die Weißen Zwerge können *nicht* als Sterne von $\sim 0.6\,M_\odot$ angefangen haben, denn diese hätten sich ja nach Tab. 26.1 seit der Entstehung des Milchstraßensystems noch kaum weiter entwickelt. Ihre Vorfahren müssen vielmehr massereichere Sterne gewesen sein, die „unterwegs" einen erheblichen Teil ihrer *Masse abgestoßen* haben. In der Tat führt der Entwicklungsweg solcher Sterne für kurze Zeiten zu so hohen Leuchtkräften, daß die Strahlungsbeschleunigung selbst stark ionisierter Materie ihre Schwerebeschleunigung fast (oder ganz?) kompensiert, so daß leicht Materie abgestoßen werden kann. Der Rest hat immer noch eine sehr hohe Temperatur und bläst — nun mit geringerer Geschwindigkeit — während längerer Zeit eine Hülle ab: Es entsteht ein *Planetarischer Nebel*. Für die Entstehung Weißer Zwerge aus den Zentralsternen Planetarischer Nebel spricht nach V. *Weidemann* (1971) die Beobachtung, daß die *Geburtsraten* der Weißen Zwerge (abgeschätzt aus ihrer räumlichen Dichte) und der Planetarischen Nebel (aus Anzahl und Lebensdauer) nahezu übereinstimmen (2 bis $3 \cdot 10^{-12}$ pro pc^3 und Jahr).

Mit der Entstehung Weißer Zwerge bei der Entwicklung enger Doppelsternsysteme haben wir uns schon in Abschn. g beschäftigt. Manches spricht dafür, daß auch die *Novae* etwas mit Weißen Zwergen zu tun haben.

Was aber geschieht mit Sternen, deren Masse am Ende der nuklearen Entwicklung noch größer ist, als die Grenzmasse 1.4 $M_\odot$ der Weißen Zwerge? Als einziger Weg zur Bildung eines stabilen Sterns bleibt der *Kollaps* zu wesentlich höheren Dichten. Schließlich werden die Elektronen und Protonen so stark zusammengequetscht, daß sie sich — als Umkehrung des β-Zerfalls — zu Neutronen vereinigen. Die Möglichkeit solcher *Neutronensterne* haben schon *L. Landau* (1932) sowie *J. R. Oppenheimer* und *G. M. Volkoff* (1939) untersucht. Die (entartete) *Neutronenmaterie* hat große Ähnlichkeit mit der der *schweren Atomkerne*, da ja die Wechselwirkungskräfte der Protonen und Neutronen (abgesehen von den hier unwesentlichen elektrostatischen Coulombkräften) gleich groß sind. Auf dieser Grundlage machen wir eine elementare Abschätzung, indem wir den Neutronenstern sozusagen als einen riesigen Atomkern betrachten:

Ein Atomkern, z. B. Fe^{56} hat eine Masse $M_{Fe} = 56 \cdot 1{,}67 \cdot 10^{-24}$ oder $9.3 \cdot 10^{-23}$ g und einen Radius von $\sim 5.7 \cdot 10^{-13}$ cm, somit eine mittlere Dichte von $\rho \approx 1.2 \cdot 10^{14}$ g cm^{-3}. Wird ein Stern von beispielsweise $1\,M_\odot$ auf diese Dichte komprimiert, so schrumpft er auf einen Radius von $\sim 5.7 \cdot 10^{-13}\,(M_\odot/M_{Fe})^{1/3}$ oder ~ 16 km zusammen! Den Vergleich zwischen Atomkern und Neutronenstern sollte man aber auch nicht zu wörtlich nehmen, denn letzterer kann ja keine elektrische Ladung besitzen. Während sich im Atomkern etwa gleich viel Protonen und Neutronen befinden, sind im Stern die Neutronen stark bevorzugt, indem jeweils ein Proton + Elektron zu einem Neutron „zusammengequetscht" werden. Der Übergang der Neutronenflüssigkeit mit ihrer Dichte von $\sim 10^{14}$ g cm^{-3} nach außen ($\rho \to 0$) stellt den Theoretiker vor eine Reihe höchst interessanter Probleme.

Rotierte ein Stern wie die Sonne ursprünglich mit einer Periode von 25 Tagen, so geht letztere — wenn wir annehmen, daß der Drehimpuls vollständig erhalten bleibt — über in $\sim 10^{-3}$ sec oder 1 Millisekunde! (Die Oberfläche erreicht dabei noch keineswegs Lichtgeschwindigkeit.)

Hatte der Stern ursprünglich ein einigermaßen geordnetes Magnetfeld von ~ 5 Gauß, so werden dessen Kraftlinien etwa entsprechend dem Querschnitt des Sterns zusammengedrückt, und der Neutronenstern erhält ein enormes Magnetfeld von $\sim 10^{10}$ Gauß.

Erst 1967 haben *A. Hewish* und seine Mitarbeiter in ganz unerwarteter Weise solche Neutronensterne entdeckt in den *Pulsaren*.

Am Cambridger Radioteleskop bemerkten sie im Meterwellenbereich Signale, die sich völlig regelmäßig mit einer Periode von 1.337 s wiederholten. Beobachtungen der scheinbaren Bewegung am Himmel zeigten, daß es sich nicht um terrestrische Störungen, sondern um ein kosmisches Objekt handle, das die Bezeichnung erhielt CP 1919, d.h. Cambridge Pulsar mit RA 19 h 19 m. Heute sind etwa 60 derartige Objekte bekannt mit *Perioden* zwischen 3.74 und 0.0331 s. Die Signale, deren Dauer $\sim 10\%$ der Periode ausmacht, kommen durchweg bei niederen Frequenzen etwas später an, als bei hohen Frequenzen, weil die Ausbreitungsgeschwindigkeit elektromagnetischer Signale im interstellaren Plasma nach niederen Frequenzen hin abnimmt. Die Verzögerung ist proportional der Zahl der Elektronen in einer cm^2-Säule vom Beobachter bis zum Pulsar, dem sogenannten

$$\text{Dispersionsmaß} \quad DM = \int N_e \, dl, \qquad (26.16)$$

wobei man gewöhnlich die Elektronendichte N_e in cm^{-3} und die Entfernung l in parsec mißt. Benutzt man als groben Mittelwert (s. u.) $N_e \approx 0.05$ cm^{-3}, so kann man umgekehrt die Entfernungen der Pulsare abschätzen und findet, daß etwa die Hälfte sich innerhalb von ~ 2 kpc befinden.

Da die Radiofrequenzstrahlung der Pulsarc (in komplizierter Weise) *polarisiert* ist, so kann man die *Faraday-Drehung* der Polarisationsebene als Funktion der Frequenz messen und daraus das Integral

$$\int H \cdot N_e \, dh, \tag{26.17}$$

im wesentlichen das sogenannte *Drehungsmaß* bestimmen. Durch Vergleich mit dem *Dispersionsmaß* (26.16) erhält man einen Mittelwert des interstellaren Magnetfeldes von $H \approx 0.5$ bis $2.8 \cdot 10^{-6}$ Gauß, in guter Übereinstimmung mit anderen Bestimmungen.

Einen großen Fortschritt bedeutete es, als man 1968/69 den Pulsar NP 0532 mit der kürzesten bekannten Periode $P = 0.0331$ s optisch identifizieren konnte mit dem *Zentralstern* des *Crabnebels* RA 5 h 31 m 31.46 s, $\delta + 21° 58' 54''8$ (1950). So gelang es bald, mittels Beobachtungen durch eine auf die Periode P eingestellte Lochscheibe zu zeigen, daß dieser Stern auch im optischen und sogar im Röntgengebiet gleichartige „Pulse" aussendet. Die Pulsform ist vom Röntgengebiet bis zu Wellenlängen von ~ 1 m dieselbe; bei noch längeren Wellenlängen werden die Pulse infolge der raschen lokalen Schwankungen der interstellaren Elektronendichte N_e — der interstellaren Szintillation — verbreitert. Die außerordentlich hohe Genauigkeit der Pulsarbeobachtungen ermöglichte bald die Feststellung, daß die Perioden P aller Pulsare zunehmen. Wir geben als anschauliches Maß der Verlangsamung ihres Tickens die Zeit T an, innerhalb deren sich bei festgehaltener Rate dP/dt die Periode verdoppeln würde: Am raschesten verändert sich der Crab-Pulsar NP 0532 mit $T = 2500$ Jahren; bei den langsameren Pulsaren findet man Zeiten bis zu $T \approx 3 \cdot 10^7$ Jahren. Dies weist auf eine *Lebensdauer* der Pulsare von 10^7 bis 10^8 Jahren hin, was wir auch auf andere Weise bestätigen werden.

Die außerordentlich kurze Periode und die Regelmäßigkeit der Pulse, insbesondere des NP 0532, ließ als einzige Deutungsmöglichkeit übrig die Annahme eines mit der Periode P rotierenden *Neutronensterns*, der in dem riesigen Frequenzbereich von Röntgenstrahlen bis zu Meterwellen einen Strahl — ähnlich einem Leuchtturm — mit einer Winkelöffnung von $\sim 20°$ aussendet. Die Forderung, daß die Sternoberfläche jedenfalls nicht die Lichtgeschwindigkeit erreichen kann, bedeutet schon eine starke Einschränkung des Sternradius.

Der Emissionsmechanismus der Pulsare ist noch nicht in allen Einzelheiten geklärt, doch kann man sich jedenfalls überlegen, daß ein rasch rotierender Neutronenstern mit einem enormen Magnetfeld Plasma nach außen bläst; dieses rotiert zunächst starr mit und erreicht so auf einem Zylinder von Radius $cP/2\pi$ — beim Crab-Pulsar z.B. 1580 km — die Lichtgeschwindigkeit c. Dabei werden die Bedingungen für die Aussendung eines Strahlen*bündels* auf jeden Fall günstig. Weshalb der Crab-Pulsar zwischen zwei Hauptpulsen jeweils einen schwächeren Sekundärpuls aussendet, während andere Pulsare dies nicht tun, verstehen wir noch nicht befriedigend.

Ehe wir diese Überlegungen weiter verfolgen, erinnern wir uns daran, daß der *Crabnebel* schon früher mehrmals in der Entwicklung der Astrophysik eine entscheidende Rolle gespielt hatte. Schon 1942 hatten W. *Baade* und R. *Minkowski* dieses höchst interessante Objekt M1 = NGC 1952; $m_{pg} = 9.0$; (Abb. 26.11 zeigt eine der besonders schönen Hα-Aufnahmen von *Baade*) eingehend untersucht. Es besteht aus einem inneren, fast amorphen Gebiet $3'2 \times 5'9$ mit kontinuier-

Abb. 26.11. Der Crabnebel, Messier 1 = NGC 1952. Rot-Aufnahme am 200″ Hale Teleskop von *W. Baade.* 1949 gelang *J. G. Bolton* als erste optische Identifikation einer Radioquelle der Nachweis der Identität von Taurus A mit dem Crabnebel. Der innere homogene Teil sendet kontinuierliche Synchrotronstrahlung aus, die äußeren Teile — die „Krebsbeine" — ein Nebelspektrum, insbesondere die rote Wasserstofflinie *H*α. Der Crabnebel entstand 1054 n. Chr. durch die Explosion einer Supernova. Deren Überrest bildet den Pulsar NP 0532, einen Neutronenstern, welcher vom Röntgengebiet bis zu Meterwellen mit der kürzesten (z. Z. bekannten) Periode $P = 0.0331$ s „tickt"

lichem Spektrum und einer Hülle, deren bizarre Filamente (die „Krebsbeine") vorwiegend in Hα strahlen. Wie man aus ostasiatischen Annalen ermitteln konnte, ist der Crabnebel die Hülle einer Supernova, die im Jahre 1054 n. Chr. die maximale Helligkeit $m_v = -5$ bzw. $M_v = -18$ erreichte. Der Vergleich der Expansions-Radialgeschwindigkeiten von ~ 1000 bis 1500 km/sec mit den entsprechenden, ebenfalls gemessenen Auswärts-Eigenbewegungen ergibt eine Bestätigung des Explosionsdatums und vor allem die Entfernung des Crabnebels zu 1.5 bis 2 kpc.

Im Anschluß an *I. S. Shklovsky's* kühnen Vorschlag von 1953 deuten wir die *Kontinuumsstrahlung des Crabnebels* vom Radiofrequenzbereich bis zum Röntgengebiet als *Synchrotronstrahlung* (s. Abschn. 28) energiereicher Elektronen in einem Magnetfeld von größenordnungsmäßig 10^{-4} Gauß. Hierfür sprachen zunächst folgende Argumente: Bei thermischer Strahlung müßte die Elektronentemperatur T_e größer sein als die höchsten Radiostrahlungstemperaturen T_v, d.h. $\geq 10^9\,°K$, während bei allen Gasnebeln $T_e < 10^4\,°K$ bleibt. Sodann zeigt der amorphe Kern im optischen Gebiet *nur* ein Kontinuum und keinerlei Linien. Ein eindeutiges Argument zugunsten der Synchrotrontheorie aber lieferte der Nachweis der von dieser geforderten *Polarisation* (Abb. 28.1) des Kontinuums. Er wurde für das optische Spektralgebiet erbracht durch Messungen von *Dombrowsky* und *Vashakidze* 1953/54, dann mit größerer Auflösung und Genauigkeit von *Oort*, *Walraven* und *Baade*. Später gelangen — trotz der Erschwerung durch den Faradayeffekt — Polarisationsmessungen auch im cm- und dm-Gebiet. Eine eingehende Diskussion der Lebensdauer der relativistischen Elektronen im Crabnebel führte *Oort* zu der Auffassung, daß diese auch heute noch, fast tausend Jahre nach der Supernovaexplosion, fortlaufend erzeugt werden.

Bald nach Entdeckung des *Crab-Pulsars* war es klar, daß dessen Rotation letzten Endes die Energiequelle des Crabnebels sei und daß im Zusammenhang mit der Rotation und Abbremsung des umgebenden Plasmas mit Magnetfeld ungeheure Mengen superthermischer Teilchen erzeugt würden. Die Entstehung der Synchrotronstrahlung verlangt für das Radiogebiet *Elektronen* von $\sim 10^9$ eV, für das Röntgengebiet $\sim 10^{14}$ eV. Im Zusammenhang damit werden ohne Zweifel auch die entsprechenden positiv geladenen Atomkerne, d.h. *Ultrastrahlungsteilchen* (Cosmic Rays) beschleunigt. Theoretische Betrachtungen lassen es nicht ausgeschlossen erscheinen, daß auf diese Weise sogar Ultrastrahlungsteilchen bis zu den höchsten bisher beobachteten Energien von $\sim 10^{20}$ eV erzeugt werden.

Ein Vergleich der pro Zeiteinheit in Form superthermischer Teilchen abgegebenen Energie und der Rotationsenergie des Crab-Pulsars bestätigt unsere frühere Abschätzung seiner *Lebensdauer*.

Auch die Überreste der Supernovae von 1572 (Tycho Brahe) und 1604 (Kepler) konnten radioastronomisch *und* optisch beobachtet werden; Cassiopeia A, die stärkste Radioquelle am Nordhimmel, dürfte ebenfalls der Überrest einer Supernova sein.

Sodann zeigen $H\alpha$-Aufnahmen eine größere Anzahl ring- bzw. kreisförmiger Nebel, die auch im Radiogebiet strahlen, wie der bekannte *Cygnus-Bogen* (Schleier) oder IC 443 (Abb. 26.12). Schließlich scheint der lange Zeit rätselhafte „*Radiosporn*", der am Himmel von der Nähe der galaktischen Zentrums bis zum galaktischen Nordpol reicht (und ebenso einige ähnliche Gebilde), ein Teil eines riesigen Ringes am Himmel zu sein. Alle diese Radioquellen dürften ebenfalls mit alten *Supernovae* zusammenhängen. Die meisten sind durch den UHURU-Satelliten (1972/73) auch als *Röntgenquellen* im keV-Bereich nachgewiesen.

Insgesamt lehrt die Geschichte des Crabnebels, daß in der Entwicklung eines massereichen Sterns eine (Supernova-)*Instabilität* auftreten kann, bei der ein Teil der Masse zu einem Neutronenstern zusammenstürzt, während ein anderer Teil in den Weltraum zerstreut wird. Die genaueren Vorbedingungen für das Auftreten einer solchen Instabilität sind z.Z. noch nicht bekannt. Als „Sprengstoff" kommen in Betracht die *Kernenergie*, welche z.B. bei der Vereinigung der übriggebliebenen C^{12}-Kerne zu noch schwereren Atomen frei wird und die erheblich größere *Gravitationsenergie*.

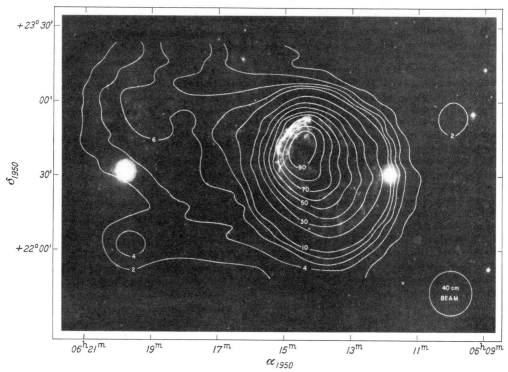

Abb. 26.12. Verteilung der Radio-Helligkeit bei $\lambda\,40$ cm (Linien gleicher Strahlungstemperatur in Einheiten von $0.95\,°$K) in IC 443, dem Überrest einer Supernova

Mit den Pulsaren verwandt sind die von Satelliten aus bei $\lambda\sim1$ bis $10\,\text{Å}$ entdeckten *pulsierenden Röntgenquellen*: Her X-1 konnte mit dem von *C. Hoff-meister* in den dreißiger Jahren entdeckten *Bedeckungsveränderlichen* HZ Her identifiziert werden. Die Röntgenstrahlung zeigt zunächst eine Periode von ~1.24 s, die der Rotation eines *Neutronensterns* zugeschrieben werden kann. Diese Periode ist moduliert durch den Dopplereffekt des Bahnumlaufes mit der Periode von 1.7 Tagen. Letztere kehrt wieder in den Verfinsterungen der Röntgen-quelle und in der Verstärkung der optischen Strahlung, die immer dann erfolgt, wenn die uns zugewandte Seite der optischen Komponente von der Röntgen-strahlung beschienen wird. Eine weitere Periode von 35 Tagen hängt wahr-scheinlich mit der Präzessionsbewegung der Achse des Neutronensterns zu-sammen. Dessen *Masse* kann man zu 0.3 bis 1 Sonnenmasse abschätzen. Man kennt noch mehrere dem Her X-1 ähnliche pulsierende Röntgenquellen. Cyg X-1 ist (mit allem Vorbehalt) sogar einem Schwarzen Loch (s. u.) zuge-schrieben worden.

Welche weiteren Möglichkeiten bestehen und welche Rolle dabei die Rotation (Erhaltung des Drehimpulses!) spielt, wissen wir noch nicht. Ebenso ist noch nicht klar, weshalb manche Neutronensterne mehr im Radiogebiet, andere mehr im Röntgengebiet strahlen.

Eine noch extremere Kontraktion als beim Neutronenstern, hat — vorerst als theoretische Möglichkeit — die *allgemeine Relativitätstheorie* aufgezeigt. Ist

z. B. 1 Sonnenmasse auf einen Radius <2.9 km zusammengestürzt, so verhindert die relativistische Strahlenkrümmung, daß dieses Gebilde noch weiterhin irgendwelche Energie in Form von Strahlung oder Materie abgibt; wir erhalten ein *Schwarzes Loch*. Etwas näher können wir diese merkwürdigen Gebilde — denen manche Astrophysiker große kosmologische Bedeutung beimessen — erst im Zusammenhang mit der Relativitätstheorie (Abschn. 30) besprechen.

Zusammenfassend überblicken wir einigermaßen die folgenden Entwicklungsmöglichkeiten:

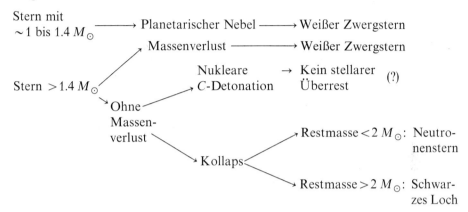

i) *Stellarstatistik und Sternentwicklung. Entstehungsraten der Sterne*

Durch statistische Bearbeitung der Sterne mit bekannten Parallaxen ermittelten in den zwanziger Jahren *J. Kapteyn, P.J. van Rhijn* u.a. die *Leuchtkraftfunktion* der Sterne unserer Umgebung (Abschn. 23). Wir beschränken uns hier sogleich auf die noch nicht „weiterentwickelten" Sterne der *Hauptsequenz* und tragen in Abb. 26.13 auf die Leuchtkraftfunktion $\Phi(M_v)=$ Zahl der Hauptsequenzsterne mit absoluten Helligkeiten $M_v - \frac{1}{4}$ bis[14] $M_v + \frac{1}{4}$ pro pc³ in der Umgebung der Sonne. Daß diese ab $M_v \approx 3.5$ nach helleren Magnitudines rasch abfällt, hat *E. E. Salpeter* (1955) damit in Zusammenhang gebracht, daß Sterne *schwächer* als 3ᵐ5 sich ja seit der Entstehung der Milchstraße vor $T_0 \approx 10^{10}$ Jahren angesammelt haben, ohne sich wesentlich zu verändern, während die *helleren* Sterne, vom Zeitpunkt ihrer Entstehung an gerechnet, etwa nach Ablauf ihrer Entwicklungszeit t_E (Tab. 26.1) von der Hauptsequenz abwandern und schließlich nach einer Zeit, die jedenfalls $\ll T_0$ ist, zu Weißen Zwergen etc. werden. So können wir die *anfängliche Leuchtkraftfunktion* $\Psi(M_v)$, welche angeben soll, wieviel Sterne seit Bestehen der Milchstraße im Helligkeitsintervall $M_v \pm \frac{1}{4}$ und pro pc³ *entstanden* sind (die äußeren Verhältnisse seien als konstant angenommen), leicht berechnen. Für die helleren Sterne gilt

$$\Psi(M_v) = \Phi(M_v) \cdot \frac{T_0}{t_E(M_v)};$$
(26.18)

für die schwächeren Sterne geht $\Psi(M_v)$ stetig in $\Phi(M_v)$ über. In Abb. 26.13 haben wir die anfängliche Leuchtkraftfunktion $\Psi(M_v)$ nach *A. Sandage*, der *E.E. Salpeter's* Rechnungen weitergeführt hat, mit aufgetragen.

---

[14] Häufig definiert man $\Phi(M_v)$ für ein Helligkeitsintervall $M_v \pm \frac{1}{2}$.

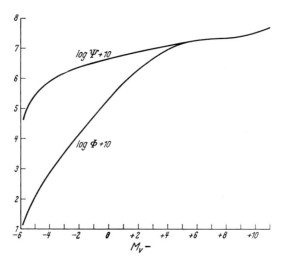

Abb. 26.13. Leuchtkraftfunktion $\Phi(M_v)$ und anfängliche Leuchtkraftfunktion $\Psi(M_v)$ der Hauptsequenzsterne in der Umgebung der Sonne. — Φ bzw. Ψ geben die Anzahl der pro pc^3 im Helligkeitsintervall $M_v - \frac{1}{4}$ bis $M_v + \frac{1}{4}$ vorhandenen bzw. seit Bestehen der Milchstraße entstandenen Sterne an

Wenn unsere Ideen richtig sind, so muß die *Leuchtkraftfunktion junger galaktischer Sternhaufen* der anfänglichen Leuchtkraftfunktion Ψ und nicht der unserer Umgebung Φ entsprechen. *M. Walker* hat in Abb. 26.14 die Leuchtkraftfunktionen dreier von ihm untersuchter sehr junger Sternhaufen mit der berechneten Funktion Ψ, alle *bezogen* auf die Leuchtkraftfunktion unserer Umgebung Φ, verglichen. Den Unterschieden zwischen den gesamten Sterndichten in den Haufen und unserer Umgebung wurde dabei durch entsprechende Verschiebungen der (logarithmischen) Ordinatenskalen Rechnung getragen. Der Verlauf der Kurven zeigt ausgezeichnete Übereinstimmung und bestätigt damit die Vorstellung, daß die Aufteilung einer ursprünglichen Gasmasse in Sterne überall nach derselben anfänglichen Leuchtkraftfunktion $\Psi(M_v)$ erfolgt.

Die *Differenz* $\Psi(M_v) - \Phi(M_v)$, summiert über alle M_v, entspricht *den* Sternen, die seit der Entstehung der Milchstraße irgendwann sich von der Hauptsequenz wegentwickelt haben. Weitaus die meisten dieser Sterne müssen heute *Weiße Zwerge* sein. Tatsächlich stimmt auch die nach Abb. 26.13 berechnete Raumdichte der Weißen Zwerge mit der beobachteten überein, so gut man dies bei der Unsicherheit der Daten nur erwarten kann.

Die vorhergehenden Daten und Überlegungen bezogen sich, genauer gesagt, auf die Scheiben- und Spiralarm-Population I der Milchstraße. Wie steht es mit der *metallarmen Halo-Population* II? Von Interesse ist in erster Linie die Leuchtkraftfunktion *der* Sterne, die noch aus der Frühzeit des galaktischen Systems stammen, d. h. der Hauptsequenzsterne unterhalb des „Knies" im Farben-Helligkeits-Diagramm mit $M_v > 4$. Die für eine solche Statistik gefährlichen *Auswahleffekte* vermeiden wir am besten, indem wir die Leuchtkraftfunktionen der Halo- und der Scheiben- (plus Spiralarm-) Populationen differentiell vergleichen anhand des sehr homogenen Beobachtungsmaterials für die Sterne innerhalb

25 pc, für welche *Sir R. Woolley, S.B. Pocock, E.A. Epps* und *R. Flinn* (1971) alle Daten, insbesondere ihre *galaktischen Bahnelemente* (verallgemeinerte Exzentrizität e und Neigung i) sowie *Zweifarbendiagramme* (zur Erkennung metallarmer Sterne an ihrem Ultraviolettexzeß) zusammengestellt haben. Hellere Sterne ($M_v < 4$) fehlen — wie zu erwarten —, während die *Leuchtkraftfunktion* der noch vorhandenen Sterne der extremen Halopopulation II ($e \geq 0.3, i > 0.5$) von der der Population I (z. B. abgegrenzt bei $e < 0.5, i < 0.5$) innerhalb der statistischen Fehlergrenzen nicht zu unterscheiden ist.

Die *Leuchtkraftfunktion* — einschließlich der Giganten — des *Kugelhaufens* M3 hat *A. Sandage* untersucht. Abgesehen von einem Maximum bzw. einer Zacke bei $M_v \approx 0$, die von den Haufenveränderlichen bevölkert wird, unterscheidet sich die beobachtete Leuchtkraftfunktion des Kugelhaufens wenig von der unserer Umgebung. *Sandage* ergänzte daher den nicht mehr beobachtbaren Bereich unterhalb $M_v = +6$ entsprechend der van Rhijnschen Leuchtkraftfunktion. Dann ergibt sich für den ganzen Haufen:

	Anzahl	Masse
Leuchtende Sterne:	588 000	$1.75 \cdot 10^5$
Weiße Zwerge:	48 500	$0.70 \cdot 10^5$

$$\left.\begin{array}{l}1.75 \cdot 10^5\\0.70 \cdot 10^5\end{array}\right\} 2.45 \cdot 10^5 \, M_\odot. \tag{26.19}$$

Während die halbe *Helligkeit* des Haufens von den Sternen heller als $M_v = -0.14$ herrührt, ist die halbe *Masse* erst bei $M_v = +11.28$ erreicht! Das durchschnittliche Verhältnis von Masse/Leuchtkraft (in Sonnen-Einheiten) ist $M/L \approx 0.8$ in bester Übereinstimmung mit anderen (auch dynamischen) Untersuchungen an $M\,92$.

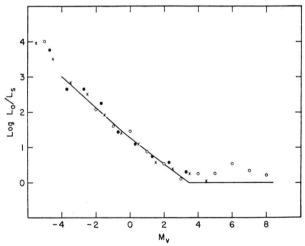

Abb. 26.14. Vergleich der beobachteten Leuchtkraftfunktionen der jungen galaktischen Sternhaufen NGC 6530 (●), NGC 2264 (○) und des Orionnebel-Haufens (×) sowie der ursprünglichen Leuchtkraftfunktion $\Psi(M_v)$ nach *E. E. Salpeter* (———) mit der beobachteten Leuchtkraftfunktion $\Phi(M_v)$ für Hauptsequenzsterne in der Umgebung der Sonne. Den Unterschieden zwischen den Sterndichten in den Haufen bzw. unserer Umgebung wurde durch Verschiebungen der Ordinatenskalen Rechnung getragen. Nach *M. Walker*, 1957

Auf die grundlegenden Probleme der Entstehung und Entwicklung unseres Milchstraßensystems, seiner Sternpopulationen mit den Häufigkeitsverteilungen der chemischen Elemente möchten wir erst näher eingehen, nachdem wir in den folgenden Abschn. 27 und 28 auch andere Galaxien kennengelernt haben.

27. Galaxien

Der Vorstoß in den Weltraum jenseits unserer Milchstraße, in die Welt der fernen *Galaxien* oder extragalaktischen Nebel — wie man früher sagte — und die hieraus erwachsenen Anfänge einer auf Beobachtung begründeten *Kosmologie* werden für alle Zeiten zu den bedeutendsten Leistungen unseres Jahrhunderts gehören.

Wir erwähnten schon (S. 226) den klassischen Katalog von *Messier* (M) 1784 sowie die aus dem Werk von *W.* und *J. Herschel* hervorgegangenen Kataloge von *J. L. E. Dreyer*, den *New General Catalogue* (NGC) von 1890 und den *Index Catalogue* (I.C.) von 1895 und 1910, deren Bezeichnungen noch heute gebraucht werden. Die (abgesehen von den Magellanschen Wolken am Südhimmel) hellste *Galaxie*, der *Andromedanebel* (Abb. 27.1) — den schon 1612 *S. Marius* beobachtet

Abb. 27.1. Die Andromedagalaxie M 31 = NGC 224 und ihre (physischen) Begleiter, die elliptischen Galaxien M 32 = NGC 221 und NGC 205 (links unten). Neigung der Andromedagalaxie 11°.7. Entfernung 670 kpc. Aufnahme vom Mt. Palomar 48″ Schmidtspiegel

hatte — hat z. B. die Katalognummern M 31 oder NGC 224. Aus neuerer Zeit nennen wir zunächst den *Shapley-Ames-Katalog* von 1932, der den gesamten Himmel homogen überdeckt und 1249 Galaxien heller als 13^m registriert. Daraus ist hervorgegangen der *Reference Catalogue of Bright Galaxies* von *G. und A. de Vaucouleurs* (1964), der den gesamten Himmel überdeckt und 2599 Galaxien heller als 14^m umfaßt. Ein unübertreffliches Anschauungsmaterial gibt „*The Hubble Atlas of Galaxies*" von *A. Sandage*, Mt. Wilson and Palomar Observatories, 1961.

Die kosmische Stellung der „Spiralnebel" bildete in den zwanziger Jahren den Gegenstand heftiger Debatten unter den Astronomen. Auf die wichtigen Beiträge von *H. Shapley, H. D. Curtis, K. Lundmark* u. v. a. können wir hier nur kurz hinweisen.

1924 gelang es dann *E. Hubble*, die äußeren Teile der *Andromedagalaxie* M 31 und einiger anderer Galaxien (wir bedienen uns sogleich der neueren Bezeichnungsweise) teilweise in Sterne aufzulösen und — als Grundlage für die photometrische Entfernungsmessung — verschiedenartige Objekte mit bekannten absoluten Helligkeiten zu identifizieren:

1. *Cepheiden*. Deren Lichtkurven (Abb. 27.2), mit Perioden von 10 bis 48 Tagen, interpretierte man zunächst selbstverständlich im Sinne der „allgemeinen" Periode-Helligkeits-Beziehung. Erst um 1952 erkannte *W. Baade*, u. a. an Unstimmigkeiten bezüglich der absoluten Helligkeit der Roten Riesensterne, daß die „klassischen" Cepheiden der Population I, insbesondere also die langperiodischen Cepheiden in der Andromedagalaxie $\sim 1^m\!.5$ *heller* sind als entsprechende Cepheiden der Population II. Dies bedingte dann eine „Vergrößerung" aller extragalaktischen Entfernungen um einen Faktor ~ 2. Heute ist die Beziehung zwischen Periode P (Tage) und mittlerer absoluter Helligkeit M_v (nebst kleinen Korrektionen, die von der Farbe $B - V$ oder der Amplitude des Sterns abhängen) gut gesichert von $\log P = 0.4$ und $M_{\langle v \rangle} = -2.65$ bis $\log P = 2.1$ und $M_{\langle v \rangle} = -7.07$. Damit kann man bis zu Entfernungsmoduln $m - M \approx 28$ in den Raum vordringen.

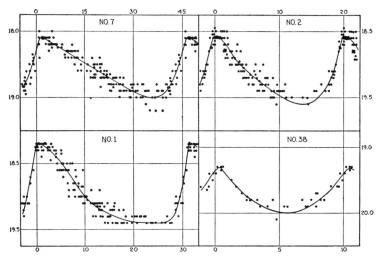

Abb. 27.2. Lichtkurven von vier Cepheiden in der Andromedagalaxie M 31; nach *E. Hubble*, 1929. Abszissen: Tage; Ordinaten: phot. Magnitudines m_{pg}

Neben den Cepheiden konnte *Hubble* finden und zur Entfernungsmessung mit verwenden:

2. *Novae*, deren Lichtkurven völlig denen galaktischer Novae gleichen. Die von *Hartwig* 1855 beobachtete, sehr viel hellere S Andromedae mit $m_{v,max} \approx 8$ erkannte man später als *Supernova*.

3. Die *nichtveränderlichen hellsten Sterne* mit $M_v \approx -10$ bzw. besser die hellsten *Kugelsternhaufen* mit $M_B = -9.8$. Auch hier wurden später einige Korrektionen notwendig, nachdem ein Teil der „hellsten Sterne" sich als Sterngruppen bzw. HII-Regionen entpuppten.

4. *HII-Regionen*. Die auf Hα-Platten bestimmten *Winkeldurchmesser* der hellen HII-Regionen erwiesen sich nach genauerer Eichung als ausgezeichnetes Hilfsmittel zur Messung größerer Entfernungen. Man kommt damit bis zu Entfernungsmoduln $m - M \approx 32$.

Wir können hier weder auf die — im einzelnen sehr schwierigen — Fragen der genauen Festlegung der absoluten Helligkeiten verschiedenartiger Objekte noch auf die ebenso wichtige Verbesserung der Helligkeitsskalen für die schwächeren Sterne eingehen.

Für die *Andromedagalaxie* M 31, unseren nächsten Nachbarn im Weltraum, erhält man nun — nach Berücksichtigung der (geringen) interstellaren Absorption — einen wahren Entfernungsmodul $(m - M)_0 = 24.12$ oder eine Entfernung von 670 kpc bzw. 2.2 Millionen Lichtjahren. (In seiner grundlegenden Arbeit von 1926 hatte *E. Hubble* eine Entfernung von 263 kpc angegeben.)

Die Auflösung des Zentralteils der Andromedagalaxie und der benachbarten kleineren Galaxien M 32 und NGC 205 (Abb. 27.1) gelang erst 1944 *W. Baade* mit äußerster Verfeinerung der photographischen Technik. Die hellsten Sterne sind hier Rote Riesen mit $M_v = -3$, während die helleren blauen Sterne der Spiralarmpopulation I fehlen.

Mit *E. Hubble's* Untersuchungen war es definitiv klargestellt, daß Galaxien wie M 31 u. a. unserer Galaxie — der Milchstraße — weitgehend ähnlich sind. Wie verhält es sich nun mit der scheinbaren Verteilung der Galaxien am Himmel?

Die fast galaxienfreie Zone um den galaktischen Äquator bis etwa $b = \pm 20°$, die sog. „*Zone of avoidance*", wird — wie wir sahen — hervorgerufen durch eine dünne Schicht absorbierender Materie in der Äquatorebene unserer Milchstraße.

Verhältnismäßig häufig beobachtet man *Gruppen* von zwei, drei ... Galaxien, die offensichtlich physisch zusammengehören. Unsere Milchstraße bildet zusammen mit der Andromedagalaxie M 31, ihren (physischen) Begleitern (Abb. 27.1) und ca. 20 weiteren Galaxien die sog. *lokale Gruppe*. Sodann zeigen auch in höheren galaktischen Breiten, wo galaktische Dunkelwolken fehlen, die Galaxien eine ungleichmäßige Verteilung am Himmel. Sie bilden die in einigen Fällen schon von *Max Wolf* bemerkten *Haufen von Galaxien* wie z. B. den *Coma-Haufen* (in Coma Berenices) in ca. 10^8 pc = 100 Mpc (Megaparsec) Entfernung mit mehreren Tausend Galaxien im Bereich von ca. 3 Mpc Durchmesser.

Die lokale Gruppe scheint zusammen mit einer Reihe ähnlicher Gruppen dem *Virgo-Haufen* anzugehören, dessen Zentrum etwa 15 Mpc entfernt ist.

Betrachten wir zunächst genauer die mannigfaltigen Formen der Galaxien! *E. Hubble* konnte diese in ein *Klassifikationsschema* (Abb. 27.3) einordnen, das mit einigen Verbesserungen (in Abb. 27.3 schon angeschrieben) auch dem *Hubble*

Atlas of Galaxies zugrunde liegt und gleichzeitig durch diesen genauer festgelegt wird. Es ist — wie bei der Harvard-Sequenz der Spektraltypen — von vornherein klar, daß ein solches rein deskriptives Schema keineswegs eine Entwicklungsfolge darstellen muß!

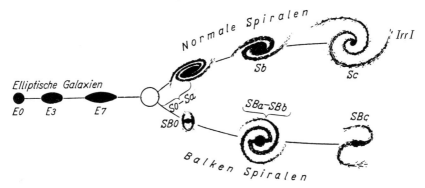

Abb. 27.3. Klassifikation der Galaxien

Die *elliptischen Galaxien* E0 bis E7 haben rotationssymmetrische Gestalt mit Andeutungen sonstiger Strukturen. Die beobachtete (scheinbare) *Elliptizität* ist natürlich mit bedingt durch die Projektion des (wahren) Sphäroids an den Himmel. Die Statistik der scheinbaren Elliptizitäten zeigt, daß die wahren Elliptizitäten der E-Galaxien ziemlich gleichmäßig verteilt sind. Die *Flächenhelligkeit* nimmt von innen nach außen gleichförmig ab.

Von E führt ein stetiger Übergang zu den *Spiralgalaxien*. Diese sind durchweg stärker abgeplattet. Sodann aber *gabelt* sich hier die Sequenz:

Die *normalen Spiralen* (S) haben ein Zentralgebiet (central bulge), aus dem die Spiralarme mehr oder weniger symmetrisch herauswachsen. Bei den *Balkenspiralen* (barred spirals, SB) kommt aus dem Zentralgebiet zunächst ein gerader „Balken" heraus, an den dann — fast senkrecht — die Spiralarme angesetzt sind.

Zwischen den Spiralarmen sind bei den normalen wie bei den Balkenspiralen noch große Mengen von Sternen vorhanden, so daß auf photometrischen Registrierkurven die Arme verhältnismäßig wenig hervortreten.

Die Folge der Typen S bzw. SB 0, a, b, c ist dadurch charakterisiert, daß das *Zentralgebiet* — auch als Kern oder Linse der Spiralgalaxie bezeichnet — relativ kleiner wird, während die Windungen der *Spiralarme* offener werden. Zum Beispiel ist die Andromedagalaxie M 31 (Abb. 27.1) eine typische Sb-Spirale; unsere Milchstraße steht an der Grenze von Sb zu Sc.

In der Mitte vieler Galaxien befindet sich ein deutlich abgegrenzter sternartig aussehender *Kern*[15], dessen Winkeldurchmesser z. B. bei M 31 $1''.6 \times 2''.8$ $\approx 5.4 \times 9.4$ pc entspricht.

---

[15] In der Literatur wird vielfach das *Zentralgebiet* (die Linse) einer Galaxie als „Kern" bezeichnet. Dies führt zu Verwirrung und Mißverständnissen. Als *Kern* sollte man in Zukunft nur die viel kleinere, aber — wie wir sehen werden — äußerst wichtige helle Kondensation im Zentrum einer Galaxie bezeichnen.

Abb. 27.4. Die *Große Magellansche Wolke* (LMC = Large Magellanic Cloud). Auf dieser Hα-Aufnahme treten die vielen H II-Regionen deutlich hervor

Der Hubble-Atlas unterteilt die S- und SB-Spiralen noch in zwei Unterklassen, je nachdem die Arme direkt aus dem Zentralgebiet bzw. den Enden des Balkens entspringen (Suffix s) oder tangential aus einem inneren Ring herauskommen (Suffix r).

An die Sc-Galaxien (wie M 33 in der lokalen Gruppe) schließen sich stetig an die in Abb. 27.3 nicht gezeichneten *irregulären Galaxien* Irr I. Diese verhältnismäßig seltenen Systeme zeigen zunächst keine Rotationssymmetrie und keine ausgeprägten Spiralarme etc. Die bekanntesten Vertreter sind unsere Nachbarn im lokalen System, die *große Magellansche Wolke* (LMC = Large Magellanic Cloud; Abb. 27.4) und die *kleine Magellansche Wolke* (SMC = Small Magellanic Cloud) am Südhimmel in etwa 55 und 63 kpc Entfernung. Die genauere Untersuchung hat gezeigt, daß die unregelmäßige Helligkeitsverteilung der Irr I-Systeme nur durch die auf den Blauaufnahmen besonders stark hervortretenden hellen blauen Sterne und die sie umgebenden Gasnebel hervorgerufen wird. Das Substratum schwächerer roter Sterne zeigt in Übereinstimmung mit radioastronomischen 21 cm-Messungen der Anordnung und Geschwindigkeitsverteilung des Wasserstoffs, daß die Hauptmasse z. B. der Magellanschen Wolken eine viel regelmäßigere, abgeplattete Gestalt und erhebliche Rotation aufweist.

Die den Irr I nur äußerlich ähnlichen Irr-II-Systeme wie M 82 haben sich neuerdings als Galaxien herausgestellt, in deren Kern eine *Explosion* von unvorstellbarer Heftigkeit vor sich geht.

In der *Hubble-Sequenz* werden die Galaxien — wie nochmals betont sei — *nur* nach ihrer *Form* klassifiziert. Physikalisch betrachtet, handelt es sich offenbar — wie *B. Lindblad* betont hat — um eine Anordnung nach zunehmendem *Drehimpuls* (Abplattung!).

Das Studium der *Entfernungen* einzelner Galaxien und deren Zusammengehörigkeit in Galaxienhaufen hat gezeigt, daß deren absolute Helligkeiten und Durchmesser bei demselben Hubble-Typ über einen weiten Bereich verteilt sind.

Im Bereich der *Spiralen, Balkenspiralen und irregulären Galaxien* fand *van den Bergh* (1960), daß mit stärkerer Entwicklung der Spiralarme und analoger Strukturen auch die *Leuchtkraft* zunimmt. Darauf begründete er eine *Leuchtkraftklassifikation* (analog der der Sterne), die sogar für den angegebenen Bereich der Hubble-Typen eine einheitliche Kalibierung nach absoluten Helligkeiten zuließ:

	Leuchtkraftklasse	Luminosity Class	Mittlere abs. Helligkeit M_{phot}
I	Überriesen	Supergiant	-20.2
II	Helle Riesen	Bright Giant	-19.4
III	Normale Riesen	Normal Giant	-18.2
IV	Unterriesen	Subgiant	-17.3:
V	Zwerg-Galaxie	Dwarf-galaxy	-15::

Während bei den Spiralen die absolut hellen Systeme häufiger sind, überwiegen bei den Irregulären umgekehrt die Zwerggalaxien.

Im Bereich der *elliptischen Galaxien* gibt die *Flächenhelligkeit* in der Mitte des Bildes (proportional der Zahl der Sterne längs der Sehlinie) ein Maß für die Leuchtkraft. Es zeigt sich insbesondere, daß die hellste E-Galaxie eines Haufens (die sog. „first ranked E-galaxy") innerhalb eines sehr engen Spielraums stets dieselbe absolute Helligkeit $M_B = -21.7$ hat, ähnlich den hellsten Spiralgalaxien.

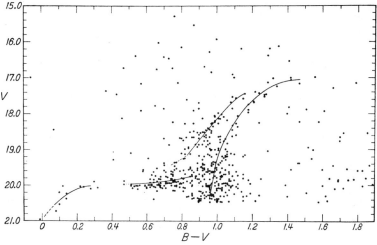

Abb. 27.5. Farben-Helligkeits-Diagramm des Draco Systems. Diese Zwerggalaxie hat eine Entfernung von 99 kpc und einen Durchmesser von 1.4 kpc. Das System hat große Ähnlichkeit mit einem metallarmen Kugelsternhaufen, ist aber ca. zehnmal größer. Nach *W. Baade* und *H. Swope*, 1961

Von den Riesen E-Galaxien führt eine Leuchtkraftspanne von gut fünf Zehnerpotenzen über die normalen zu den schwächsten Zwerg E-Galaxien und den
davon nicht scharf unterschiedenen Sphäroidischen Zwerggalaxien, wie dem
Draco-System mit $M_v = -8.6$, das man — auch nach seinem Farben-Helligkeits-
Diagramm (Abb. 27.5) — am ehesten einem sehr großen Kugelsternhaufen vergleichen könnte.

In analoger Weise stellen wir der großen *Magellanischen* Wolke mit $M_v = -18.5$
(Ir oder SBc III—IV) (Abb. 27.4) gegenüber die ebenfalls zum lokalen System
gehörende irreguläre Zwerggalaxie IC 1613 mit $M_v = -14.8$ (Ir V) (Abb. 27.6).
Auch sie enthält noch eine Reihe heller OB-Sterne und H II-Regionen.

Die kleinen Zwerggalaxien scheinen öfters mit benachbarten Riesengalaxien
auch physisch verknüpft zu sein. Neben den Magellanischen Wolken dürften die
Systeme in Sculptor, Draco und UMi, die uns alle näher sind als 100 kpc, „Satelliten" unseres *Milchstraßensystems* sein. Als Begleiter der Andromedagalaxie M 31
waren schon lange bekannt die E-Galaxien NGC 205 und M 32 mit $M_v = -16.4$
(Abb. 27.1). Neuerdings hat *S. van den Bergh* (1972) in der Nähe der *Andromedagalaxie* noch drei sphäroidische Zwerggalaxien And I—III mit absoluten Hellig-

Abb. 27.6. Die irreguläre Zwerggalaxie IC 1613 (Ir V; $M_v = -14.8$). Rot-Aufnahme (103 aE —
Platte + RG 2-Filter) von *W. Baade* (1953) am Hale-Teleskop. Rechts unten mehrere
H II-Regionen. Im Vergleich zur großen Magellanischen Wolke hat IC 1613 etwa 30mal
geringere visuelle Leuchtkraft

keiten $M_v \approx -11$ und Durchmessern von 0.5 bis 0.9 kpc entdeckt, die weitgehend z. B. „unserem" Sculptorsystem gleichen. Das Erkennen solcher Mini-Galaxien ist schon im lokalen System sehr schwierig, außerhalb desselben aussichtslos.

In den *Spektren der ganzen Galaxien* bestätigen zunächst die *Fraunhoferschen Absorptionslinien*, daß diese in der Hauptsache aus *Sternen* bestehen. *Emissionslinien* von H II-Regionen beobachtet man in den Armen der Spiralgalaxien und noch ausgeprägter in den irregulären Systemen. Ganz anderen Ursprungs sind offenbar die sehr breiten Emissionslinien in den Kernen der sog. *Seyfert*-Galaxien und der Irr II-Systeme wie M 82 sowie mancher elliptischer Riesengalaxien (s. Abschn. 28).

Die *Dopplerverschiebungen* der Absorptions- und Emissionslinien (letztere sind besser zu messen) geben Auskunft über die *Radialgeschwindigkeit* und die *Rotation* einer Galaxie.

In der *Andromedagalaxie* M 31 haben *H. W. Babcock* (1939), *N. U. Mayall* (1950), sowie neuerdings *V. C. Rubin* und *W. K. Ford* (1970) and vielen Emissionsobjekten (H II-Regionen) Radialgeschwindigkeitsmessungen durchgeführt. Radio-Messungen mit der 21 cm-Linie bestätigen diese im ganzen.

Für das Zentrum der Galaxie erhält man zunächst eine Radialgeschwindigkeit von -300 km s^{-1} (Annäherung). Da die galaktischen Koordinaten der Andromedagalaxie $l^{II} = 121°$, $b^{II} = -21°$ sind, stellt diese zum größten Teil den Reflex unserer galaktischen Umlaufgeschwindigkeit dar.

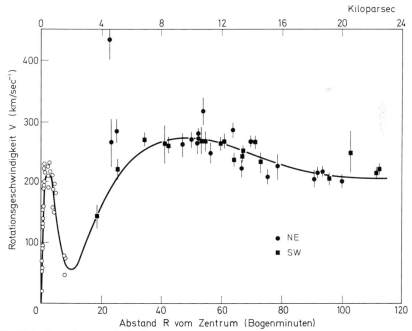

Abb. 27.7. Rotationsgeschwindigkeiten V für OB-Assoziationen in der Andromedagalaxie M 31 in Abhängigkeit von der Entfernung R zum Zentrum ($1' \sim 0.2$ kpc) nach *V. C. Rubin* und *W. K. Ford* (1970). Die Punkte bedeuten Messungen der Hα-Linie, die Kreise [N II]-Linien. Das Maximum mit $V \approx 87$ km s^{-1} im Kern der Galaxie bei $R = 7$ pc konnte hier nicht eingezeichnet werden

Die nach Abzug von $-300 \, \mathrm{km \, s^{-1}}$ verbleibenden, zum Kern symmetrischen Anteile der Radialgeschwindigkeiten reduzieren wir sogleich unter Berücksichtigung der Neigung der Rotationsachse gegenüber der Sehlinie von $\sim 77°$ sowie unter der Annahme von Kreisbahnen auf Rotationsgeschwindigkeiten (Abb. 27.7).

Die Rotationsgeschwindigkeit $V(R)$ in Abhängigkeit von Abstand R vom Zentrum (1′ entspricht 0.2 kpc) muß, wenn wir von außen nach innen gehen, zunächst zunehmen. (Insbesondere würde der Kepler-Bewegung hinreichend weit außerhalb aller anziehenden Massen eine Beziehung $V \sim R^{-1/2}$ entsprechen.) Nach Durchlaufen eines flachen Maximums mit $\sim 270 \, \mathrm{km \, s^{-1}}$ bei $R \approx 10 \, \mathrm{kpc}$ nimmt V nach innen ab bis zu einem tiefen Minimum bei $R \approx 2 \, \mathrm{kpc}$. Weiter innen nimmt V wieder zu und erreicht ein zweites Maximum von $225 \, \mathrm{km \, s^{-1}}$ bei $R = 0.4 \, \mathrm{kpc}$. Messungen, die *A. Lallemand, M. Duchesne* und *M.F. Walker* (1960) im Bereich des sternartigen *Kerns* von M 31 mit Hilfe eines elektronischen Bildwandlers ausgeführt haben, zeigten, daß die Geschwindigkeit bei $R \approx 20 \, \mathrm{pc}$ ein zweites tiefes Minimum und im Abstand $R = 7 \, \mathrm{pc}$ (2″2) vom Zentrum ein steiles Maximum von etwa $87 \, \mathrm{km \, s^{-1}}$ durchläuft, ehe sie endgültig auf Null absinkt.

Analog den früheren Rechnungen für unser Milchstraßensystem erhalten wir zunächst die Masse M vom M 31 innerhalb von 24 kpc nach dem III. Keplerschen Gesetz (Gl. 23.26; $V^2 = GM/R$) zu $1.85 \cdot 10^{11}$ Sonnenmassen; die Gesamtmasse dürfte bei 2 bis $3 \cdot 10^{11} \, M_\odot$ liegen. Nach 21 cm-Beobachtungen sind nur etwa 1.5 bis 6% der Masse neutraler atomarer Wasserstoff.

Um die *Massenverteilung* zu ermitteln, konstruiert man — ähnlich wie dies *M. Schmidt* für das Milchstraßensystem getan hatte — *Modelle* aus ineinandergestellten homogenen Ellipsoiden oder Scheiben. Für diese berechnet man das Potentialfeld und damit die Verteilung der Rotationsgeschwindigkeit $V(R)$. Indem man diese den Beobachtungen (Abb. 27.7) anpaßt, erhält man im wesentlichen die *Flächendichte* der Massenverteilung, d.h. die in einem Zylinder von $1 \, \mathrm{pc^2}$ Querschnitt, senkrecht zur Zentralebene, enthaltene Masse. Von außen nach innen steigt diese an und erreicht ein Maximum von $\sim 400 \, M_\odot \, \mathrm{pc^{-2}}$ bei $R = 5 \, \mathrm{kpc}$. In $\sim 2 \, \mathrm{kpc}$ vom Zentrum sinkt die Flächendichte fast auf Null ab; alle Modelle scheinen dem entsprechenden Minimum der Rotationsgeschwindigkeit nicht ganz gerecht zu werden. Die weiter innen gelegene „Linse" innerhalb $\sim 0.4 \, \mathrm{kpc}$ hat eine Masse von $\sim 6 \cdot 10^9 \, M_\odot$. Im eigentlichen Kern der Galaxie, d.h. in einem Bereich von nur 7.4 pc Radius sind etwa $1.3 \cdot 10^7$ Sonnenmassen zusammengedrängt; die Massendichte beträgt ungefähr das 10^4-fache unserer Umgebung. Das (nur größenordnungsmäßig bekannte) Masse-Leuchtkraft-Verhältnis zeigt, daß der Kern von M 31 in der Hauptsache aus Sternen besteht. Für die gesamte Andromedagalaxie beträgt das *Masse-Leuchtkraft-Verhältnis* ~ 12 (Sonnen-Einheiten).

Vergleicht man M 31 mit unserem *Milchstraßensystem*, so erkennt man — wie wir nicht in allen Einzelheiten ausführen wollen — eine sehr weitgehende Ähnlichkeit.

Bei den *elliptischen Galaxien* tritt die Rotation in den Hintergrund gegenüber den statistischen Bewegungen der Sterne in dem gemeinsamen Gravitationsfeld. Hier kann man nur noch die Gesamtmasse der Galaxie abschätzen, indem man aus der Breite der Spektrallinien das mittlere Geschwindigkeitsquadrat bestimmt und den Virialsatz (Abb. 26.9) anwendet, der besagt, daß (im Zeitmittel) die kinetische Energie der Galaxie gleich $-\frac{1}{2} \times$ ihrer potentiellen Energie ist. Auch die Bewegungen innerhalb von Doppelgalaxien und im Galaxienhaufen (wiederum unter Anwendung des Virialsatzes) hat man versucht, zur Abschätzung ihrer Massen heranzuziehen.

In Tab. 27.1 haben wir einige Daten für (extreme) Riesen- und Zwerggalaxien verschiedener Hubble-Typen zusammengestellt. Sie können nur einen größenordnungsmäßigen Anhalt geben, sozusagen als Merkzettel.

Tab. 27.1. Absolute Helligkeit M_v, Farbindex $B - V$, Masse M, Masse-Leuchtkraft-Verhältnis M/L (in Sonnen-Einheiten) und Wasserstoffgehalt (Prozent der Masse) von Galaxien verschiedener Hubble-Typen. „Riesen" bzw. „Zwerge" repräsentieren Galaxien extremer Helligkeit

	E		Sb		Irr	
	Riesen	Zwerge	Riesen	Zwerge	Riesen	Zwerge
M_v	-22.6	-10 bis -8.6	-21.1	-18.0	-18.5	-14.8
$B - V$	$+1.0$		$+0.9$ bis 0.7		$+0.3$	
M	10^{12} bis 10^{13}	$\sim 10^6$	$3 \cdot 10^9$	$2 \cdot 10^8$	$6 \cdot 10^9$	$4 \cdot 10^8$
M/L	40 bis 80		10 bis 15		~ 1	
$\%$ HI	< 0.01		1 bis 5		~ 30	

Über die Häufigkeit von Galaxien verschiedener absoluter Helligkeit bzw. Leuchtkraft gibt Auskunft ihre *Leuchtkraftfunktion* (Abb. 27.8; im Gegensatz zu Abb. 26.12 *nicht* logarithmisch). Die von *Hubble* 1936 gefundene Kurve hat heute mehr historisches Interesse. Die von *E. Holmberg* (1950) aus benachbarten Galaxien und die von *F. Zwicky* (1957) aus Galaxienhaufen abgeleiteten Leuchtkraftfunktionen stimmen bis $M_p \approx -12$ gut überein. Die *Zwerggalaxien* bilden auf jeden Fall *zahlenmäßig* einen erheblichen Bruchteil der Bevölkerung des Weltraumes, während sie mit ihrer *Leuchtkraft* und *Masse* kaum ins Gewicht fallen.

Die Häufigkeitsverteilung der *Hubble-Typen* ist in verschiedenen Galaxienhaufen *nicht* dieselbe.

Wie bei den Sternhaufen unseres Milchstraßensystems möchte man auch für die fernen Galaxien *Farben-Helligkeits-Diagramme* zeichnen und dann ver-

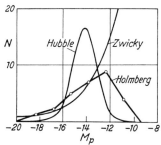

Abb. 27.8. Leuchtkraftfunktion der Galaxien nach *E. Hubble*, 1936; *E. Holmberg*, 1950, und *F. Zwicky*, 1957

schiedenartige Sterne und Sternpopulationen studieren, um schließlich Einblick in die Entstehung und Entwicklung der Galaxien zu gewinnen.

In praxi stehen wir zunächst einem Problem der „Lichtquanten-Ökonomie" gegenüber: Der Bau von größeren *Teleskopen* für die Südhalbkugel und vor allem die Entwicklung immer besserer Bildwandler sowie die Erweiterung des erfaßbaren *Spektralgebietes* berechtigen zu großen Hoffnungen für die kommenden Jahrzehnte.

Wir interessieren uns hier zunächst für mehr oder weniger „normale" Galaxien im *optischen Spektralgebiet* ~ 3000 bis $10\,000$ Å. Im folgenden Abschn. 28 sollen dann die *Radioastronomie* und die damit zusammenhängenden Fragen der *Hochenergieastronomie* und der Aktivität der Galaxien, insbesondere ihrer Kerne, behandelt werden. Erst in Abschn. 29 wollen wir uns dann ganz vorsichtig an einige *theoretische Probleme* heranwagen.

Einzelne Sterne kann man z.B. selbst in der nahen Andromedagalaxie nur bis zu absoluten Helligkeiten ~ -3.5 beobachten. Nur in den noch näheren Magellanischen Wolken gelang es in neuerer Zeit, die *Spektren* wenigstens von einigen extremen *Übergiganten* und von *Gasnebeln* mit befriedigender Dispersion zu analysieren. Im allgemeinen müssen wir uns mit *integrierten Spektren*, vor allem des Zentralgebietes, begnügen.

Die *Klassifikation der Spektren* von Galaxien basiert meist auf Aufnahmen des Zentralgebietes bzw. der ganzen Galaxie mit einer Dispersion von nur 100 bis 400 Å/mm. Sie versucht, Auskunft über die *stellaren Populationen* des Systems zu geben und sie mit dessen Klassifikation in der *Hubble-Sequenz* zu verknüpfen.

Da das Spektrum einer Galaxie durch *Überlagerung* vieler Sternspektren entsteht (composite spectrum), werden cet. par. im kurzwelligen Bereich die heißen, blauen Sterne und im langwelligen die kühleren roten Sterne das Spektrum beherrschen. *W. W. Morgan* und *N. U. Mayall* (1957) beschränkten sich in der Hauptsache auf den Bereich $\lambda\,3850{-}4100$ Å:

A-Systeme haben breite Balmerlinien; im Bereich $\lambda\,3850{-}4100$ entspricht das Spektrum dem Spektraltyp A, bei $\lambda\,4340$ dem eines F8-Sterns. Typischer Vertreter ist die den Magellanschen Wolken ähnliche Irr I-Galaxie NGC 4449. Insgesamt kommen die Hubble-Typen Irr I, Sc, SBc vor.

F-Systeme entsprechen im Violetten dem Spektraltyp F, bei $\lambda\,4340$ G. Typisch ist die Sc-Galaxie M 33 = NGC 598; auch Sb-Spiralen kommen vor.

K-Systeme zeigen ein Spektrum, das sich deuten läßt als Überlagerung von normalen (d.h. nicht metallarmen) G 8- bis frühen M-Riesensternen (CN-Kriterium) mit schwächeren F 8- bis G 5-Sternen. Frühere Spektraltypen geben keinen merklichen Beitrag. Prototyp ist die Andromedagalaxie M 31 = NGC 224. Hier kann man auch sehen, daß die Spektren der Zentralregion und der Scheibe sich nicht merklich unterscheiden. Außer den großen Sb- und Sa-Spiralen kommen vor entsprechende Balkenspiralen, elliptische Riesengalaxien wie die bekannte Radiogalaxie M 87 = NGC 4486 oder NGC 4636 sowie „staubfreie" Sb- bis Sa-Systeme. Zwischen die Haupttypen A − F − K kann man noch Zwischentypen AF bzw. FG einschalten.

Abb. 27.9 zeigt noch einmal zusammenfassend, welche Bereiche im *Hertzsprung-Russell-Diagramm* nach *Morgan* und *Mayall* einerseits bei den A-Systemen und andererseits bei den K-Systemen wesentliche Beiträge zum Spektrum geben.

Mit dem Spektraltyp aufs engste verknüpft ist der *Farbenindex* der Galaxien. Da Spiralen, die wir vom Rande her sehen, auf der uns zugewandten Seite Absorption und Verfärbung durch ihre eigene interstellare Materie zeigen, so wird man

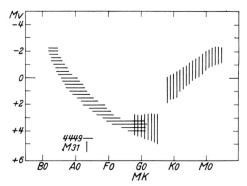

Abb. 27.9. Die schraffierten Bereiche des Hertzsprung-Russell-Diagramms geben den Hauptbeitrag zum Licht des *A*-Systems NGC 4449 (Irr I) ≡ bzw. des *K*-Systems M 31 = NGC 224 (Sb) ⦀. Die kühleren Bereiche der Hauptsequenz tragen (in Analogie zur Milchstraße) zum Spektrum nicht wesentlich bei

auch für diese — neben der galaktischen Absorption und Verfärbung — korrigieren müssen. Nach E. *Holmberg* (1964) zeigt der *wahre Farbindex* $C^* = (m_{pg} - m_{pv})^*$ eine enge Korrelation mit dem *Hubble-Typ* und ebenso dem *Spektraltyp* der Galaxien, unabhängig von deren *Leuchtkraftklasse*. C^* ist im Mittel 0.12 für Irr, 0.41 für Sb und 0.77 für E-Galaxien, qualitativ entsprechend den *Spektraltypen* nach *Morgan* und *Mayall* bzw. dem *Hertzsprung-Russell-Diagramm* in Abb. 27.9.

In die zunächst etwas verwirrende Mannigfaltigkeit der Beobachtungen in unserem Milchstraßensystem und anderen Galaxien versuchen wir Ordnung zu bringen mit Hilfe des Begriffs der *Sternpopulationen*.

W. Baade gelang es 1944 unter den astronomisch günstigen Verhältnissen der kriegsbedingten Verdunkelung, am 100″-Teleskop das Zentralgebiet der Andromedagalaxie M 31 sowie ihre elliptischen Begleiter M 32 und NGC 205 (Abb. 27.1) vom Rande her in Sterne aufzulösen. Als hellste Sterne erwiesen sich hier nicht wie in den Spiralarmen blaue OB-Sterne, sondern *rote Riesen*, „ähnlich" wie in den Kugelhaufen des Milchstraßensystems. *Baade* erkannte, daß verschiedene Galaxien oder Teile von Galaxien von verschiedenen *Sternpopulationen* mit ganz verschiedenen Farbenhelligkeitsdiagrammen bewohnt sind.

Er unterschied zunächst:

Die *Sternpopulation I* mit einem Farbenhelligkeitsdiagramm ähnlich dem unserer Umgebung (Abb. 15.2). Die hellsten Sterne sind *blaue OB-Sterne* mit $M_v \approx -7$.

Die *Sternpopulation II* mit einem Farbenhelligkeitsdiagramm ähnlich dem der Kugelhaufen (z. B. M 92, Abb. 26.3). Die hellsten Sterne sind hier *Rote Riesen*.

Weiterhin zeigte sich, daß die Sternpopulationen — oder Teile derselben — sich auch in *stellardynamischer* und *-statistischer* Hinsicht unterscheiden, daß die

Population I aus *jungen*, die Population II aus *alten* Sternen besteht und daß ein Teil der letzteren, die Halopopulation II, *metallarme* Sterne enthält.

So wurde im Laufe der Zeit eine Klärung und Verfeinerung des *Klassifikationsschemas der Sternpopulationen* notwendig. Dieses wurde auf einer Konferenz über Sternpopulationen in Rom 1957 von *J. H. Oort* u. a. ausgearbeitet. Tab. 27.2 gibt — mit einigen neueren Ergänzungen — einen Überblick über die neue Klassifikation der Sternpopulationen, welche nun primär durch die räumliche *Verteilung* und die *Bahnen* ihrer Sterne in der Galaxie charakterisiert werden. *Alter* und *Metallhäufigkeit* als weitere Parameter sind mit dieser eindimensionalen Sequenz zwar gekoppelt, aber nicht eindeutig festgelegt. Bei detaillierteren Untersuchungen müssen sie vielmehr zusätzlich angegeben werden. Nach einigen *methodischen Bemerkungen* zur empirischen Bestimmung der letztgenannten Parameter werden wir im folgenden die drei *Hauptpopulationen* genauer studieren.

Tab. 27.2. Sternpopulationen, insbesondere im Milchstraßensystem

Population:	(Alte) Halopopulation II	Scheibenpopulation	Extreme oder Spiralarmpopulation I
Übergangsgruppen:	Mittlere Population II	Ältere Population I	
Typische Mitglieder:	Subdwarfs (Unterzwerge)	„Normale" Sterne der Scheibe und des Kerns	Interstellare Materie
	Kugelsternhaufen	Planetarische Nebel	Galaktische Sternhaufen und
		Novae	Assoziationen
	RR-Lyr Veränderliche mit $P > 0\overset{d}{.}4$	RR-Lyr Veränderliche mit $P < 0\overset{d}{.}4$	
	Helle Rote Riesen		Helle blaue OB-Sterne
Mittler Abstand von d. galaktischen Ebene:	2000	400	120 pc
Mittlere Geschwindigkeit $\bar{W}$ ⊥ Milchstraßenebene:	75	18	8 km/sec
Konzentration zum galaktischen Zentrum:	Stark	Erheblich	Schwach
Metallhäufigkeit (relativ zur Sonne):	$\frac{1}{500}$ bis ~1	Vorwiegend ~1; $\frac{1}{3}$ bis 3	~1
Alter bzw. Entstehungszeit der Sterne:	Alte Sterne Einige 10^8 Jahre am Anfang des galaktischen Systems vor ~10^{10} Jahren	Vorwiegend alte Sterne Von der Entstehungszeit des Halos bis heute	Junge Sterne Etwa innerhalb der letzten 10^8 bis 10^9 Jahre

Das *Alter* eines Sternhaufens oder irgendeiner genetisch zusammengehö-
renden Gesamtheit von Sternen kann man (wie wir schon in Abschn. 26 sahen)
aus dem *Farben-Helligkeits-Diagramm* durch Vergleich mit theoretisch berechneten *Isochronen* ermitteln. Man sollte sich dabei jedoch vor Augen halten, daß
bei solchen Rechnungen einmal die *chemische Zusammensetzung* der Sterne eingeht. Zum anderen wird z. Z. meist vorausgesetzt, daß im Laufe der Entwicklung
kein *Massenverlust* erfolgt und daß keine *Durchmischung* von ursprünglicher
und nuklear verbrannter Materie stattfindet (abgesehen von den Konvektionszonen, deren Mischungsweg-Theorie noch ziemlich unsicher ist). Daß die letzteren Punkte insbesondere im Bereich des Riesenastes noch recht problematisch
sind, kann nicht ohne Rückwirkung auf die Genauigkeit der Altersbestimmungen
bleiben.

Über die *chemische Zusammensetzung* bzw. *Metallhäufigkeit der Sterne* erhalten wir zunächst Auskunft durch die quantitative Analyse von *Spektren großer
Dispersion*. Diese Methode ist mühsam und meist auf Sterne heller als $\sim 8^m$ beschränkt; dafür liefert sie die detaillierteste Information.

Von vornherein müssen wir erwarten, daß in manchen Sternen Materie aus
dem „Kernreaktor" im Inneren irgendwie in die Atmosphäre gelangt ist, so daß
man Spuren des Wasserstoff-, Helium- oder/und Kohlenstoffbrennens direkt
beobachten kann. Hierher gehören die Heliumsterne, die Kohlenstoffsterne, die
Ba II- sowie S-Sterne und andere. Mit solchen Objekten wollen wir uns hier — so
interessant sie sind — nicht beschäftigen.

Unter dieser Einschränkung entnehmen wir den in Tab. 19.1 bis 3 zusammengefaßten Daten und vielen weiteren Sternanalysen, daß das *relative Mischungsverhältnis der schweren Elemente* (Kernladungszahl $Z \geq 6$) zunächst *für Sterne der
Spiralarm-, Scheiben- und Halopopulation unseres Milchstraßensystems überall
dasselbe ist*. Selbst in extrem *metallarmen* Sternen der Halopopulation II und
andererseits in *metallstarken* (übermetallreichen) Sternen ist kein Unterschied
im *relativen* Mischungsverhältnis der schweren Elemente relativ zur Sonne erkennbar. Weiterhin zeigt — wie schon bemerkt — die Möglichkeit einer *zweidimensionalen* Klassifikation der „normalen" Sterne, daß deren Spektren ganz
durch T_{eff} und g bestimmt sind, während Unterschiede in der chemischen Zusammensetzung *keine* Rolle spielen.

Bezüglich der Auswirkung von *Analysenfehlern* sei uns eine — fast *zu* triviale — Bemerkung gestattet: Enthalten Analysen eines gleichförmigen Ensembles verschiedenartige
Fehler, so erscheint dieses ungleichförmig. Wird dagegen ein ungleichförmiges Ensemble
mit erheblichen Fehlern analysiert, so wird es kaum gleichförmig erscheinen!

So erscheint es gerechtfertigt, schlechtweg von *der* Häufigkeit der schweren
Elemente oder — wie man meist sagt — *der Metallhäufigkeit* zu sprechen, indem
man zunächst die Häufigkeit dieser Elemente auf Wasserstoff bezieht und dann
den Stern mit der Sonne (als Standard) vergleicht. Es ist also

$$\varepsilon = (M/H)_{\mathrm{Stern}}/(M/H)_{\odot}.$$

Vielfach schreibt man auch $\log \varepsilon = [M/H]$.

Die Metallhäufigkeit von schwächeren Sternen — freilich ohne die Möglichkeit, Häufigkeitsanomalien einzelner Elemente zu erfassen — kann man schon
mit Hilfe der (breitbandigen) *UBV-Photometrie* erhalten. Infolge der Häufung

der Fraunhoferlinien im *kurzwelligen Spektralgebiet* ($\lambda < 4500\,\text{Å}$) der Sterne mittlerer und später Spektraltypen (vgl. Abb. 12.4 und Abb. 18.5) wird nämlich dessen Intensität I_λ^L in metallreichen Sternen herabgedrückt bzw. in metall-ärmeren Sternen (relativ zu normalen) angehoben. Bei metallarmen Sternen ist also der Farbenindex $(U - B)_0$ erheblich nach negativen Werten verschoben, der Farbenindex $(B - V)_0$ nur wenig. Im *Zweifarbendiagramm* (Abb. 15.5) bilden daher die metallarmen Sterne mittlerer und später Spektraltypen eine Sequenz oberhalb der normalen, wie wir dies schon am Beispiel des Kugelhaufens M 92 (Abb. 26.3) gesehen haben. Die Verknüpfung des *UV-Exzesses* $\delta(U - B)$ — dessen Abhängigkeit von $(B - V)_0$ von untergeordneter Bedeutung ist — mit der *Metallhäufigkeit* ε kann man (leider) nur durch Präzisionsanalysen von Spektren ausgewählter Sterne mit großer Dispersion herstellen.

Bei Verwendung des Zweifarbendiagrammes müssen die Farbenindizes zuvor auf *interstellare Verfärbung* korrigiert werden. Da die Neigung der interstellaren Verfärbungslinie (Reddening line; Abb. 15.5) bekannt ist, kann man „*Metall-Indizes*" konstruieren, die von interstellarer Verfärbung fast unabhängig sind. So benutzt *S. van den Bergh* den

$$\text{Metallindex}\quad Q = U - B - 0.72\,(B - V). \tag{27.1}$$

Im Rahmen seiner *Schmalband-Photometrie* führte *B. Strömgren* einen entsprechenden Index Δm_1 ein. Bei der Interpretation derartiger *Metallindizes* muß man selbstverständlich insofern eine gewisse Vorsicht walten lassen, als z.B. Am- oder Ap-Sterne nicht ohne weiteres von solchen mit veränderter Metallhäufigkeit unterschieden werden. Die große Bedeutung der Metallindizes liegt — neben der Anwendung auf schwache Sterne — nicht zuletzt auch darin, daß sie es ermöglichen, wenigstens ein grobes Maß der Metallhäufigkeit aus den *zusammengesetzten Spektren* von weit entfernten *Kugelsternhaufen*, *Galaxien* und evtl. Teilen derselben zu entnehmen.

Eine weitere Verfeinerung der Analyse solcher „*composite spectra*", nicht nur im Hinblick auf die Metallhäufigkeit, sondern darüber hinaus die ganzen *Hertzsprung-Russell-Diagramme* bzw. *Sternpopulationen* — z.B. in Galaxien — brachte in den letzten Jahren die sog. *Scan-Technik*. Schmale Spektralbereiche werden hier nicht mehr durch Farbfilter, sondern durch einen Spalt in der Fokalebene eines Spektrographen abgegrenzt und ebenfalls photoelektrisch gemessen. *H. Spinrad* und *B.J. Taylor* (1969/71) haben so z.B. von 3000 bis 10 700 Å meist 36 Bereiche von 16 bzw. 32 Å Breite bei wichtigen Linien, Banden ... einerseits in mehreren Galaxien, u.a. M 31, und andererseits in zahlreichen Sternen mit bekannten Daten für Spektraltyp, Leuchtkraftklasse, Metallhäufigkeit etc. vermessen. Sodann versuchen sie, *rechnerisch* ein Gemisch von Sternen bzw. Sternpopulationen so festzulegen, daß alle 36 Schmalbandhelligkeiten richtig wiedergegeben werden. Die naheliegende Frage, bis in welche Details eine solche Zerlegung zwingend ist, bedarf wohl noch weiterer Erörterung.

Nach diesen — vielleicht etwas aufwendigen — Vorbereitungen kehren wir zurück zu den *Sternpopulationen unseres Milchstraßensystems* (Tab. 27.2), dann denen anderer Sternsysteme. Es erscheint zweckmäßig, dabei auszugehen von den beiden extremen Hauptpopulationen, der *Spiralarmpopulation I* und der *Halo-*

population II und dann die *Scheibenpopulation* zu besprechen. Die Übergangs-populationen bedürfen darauf hin keiner besonderen Erörterung mehr.

Die *extreme oder Spiralarmpopulation I* ist gekennzeichnet durch ihre hellen ($M_v \approx -6$) blauen O und B-Sterne in *jungen* galaktischen Sternhaufen und -Assoziationen (Abb. 26.2). Alle diese Gebilde stehen in Verbindung mit (oft verdichteter) interstellarer Materie, aus der sie sich offensichtlich — z.T. erst vor kurzer Zeit — gebildet haben. Die Entstehung der hellen blauen Orionsterne könnten schon unsere Urvorfahren aus ihren Baumsternwarten beobachtet haben! Wie Tab. 19.1 und viele weitere Sternanalysen zeigen, ist die *chemische Zusammensetzung* aller dieser Gebilde von der z.B. der *Sonne* nicht zu unterscheiden. In stark komprimierten Gaswolken ist zwar — wie neuere Untersuchungen im infraroten und Radiogebiet zeigen — manchmal ein erheblicher Teil der kondensierbaren Materie, insbesondere der schweren Elemente, als *kosmischer Staub* oder „Rauch" vom Gas, d.h. Wasserstoff, Helium... abgetrennt. Bei der *Bildung von Sternen* werden aber offenbar der feste und der gasförmige Anteil vereinigt und so das ursprüngliche Elementgemisch wieder hergestellt.

Die *galaktischen Bahnen* der jungen Sterne der Population I und der interstellaren Materie sind, wie wir schon sahen (Abschn. 23), nahezu *kreisförmig*. Die Theorie der *Spiralarme* selbst werden wir in Abschn. 29.b eingehend besprechen.

Die *Halopopulation II*. Der *Halo* ist — wie wir sahen — ein fast kugelförmiges Teilsystem unserer Milchstraße mit einem Radius von 10 bis 20 kpc. Er enthält die *Kugelsternhaufen* und zahlreiche Feldsterne, die sich zunächst als *Schnell-läufer* (high velocity stars) durch ihre hohen *Raumgeschwindigkeiten* bis ~ 300 km s^{-1} relativ zur Sonne bemerkbar machen. Trägt man ihre Geschwindigkeitskomponenten U und V in der galaktischen Ebene in ein *Bottlinger-Diagramm* (Abb. 23.11) ein, so erkennt man, daß diese Sterne das galaktische Zentrum in *langgestreckten Ellipsenbahnen*, z.T. sogar retrograd, umlaufen. Die großen Geschwindigkeitskomponenten W *senkrecht* zur galaktischen Ebene zeigen, daß im Gegensatz zu den fast komplanaren Bahnen der Scheibenpopulation und der Population I die *Bahnneigungen* fast statistisch verteilt sind. Die Masse des Halos darf man wohl auf $\sim 15\%$ der Masse des gesamten Systems schätzen, so daß die heutigen Bahnen der Halosterne im wesentlichen durch das Gravitationsfeld der Scheibe bestimmt sind.

Schon die Gestalt des Halos zeigt, daß sein *Drehimpuls pro Masseneinheit* — genauer gesagt, dessen Komponente $h = V \cdot R$ in Richtung der Rotationsachse des galaktischen Systems — klein ist. Wir vergleichen ihn mit dem der Sonne und mit einem Durchschnittswert, den *J.H. Oort* (1970) für das gesamte Milchstraßensystem berechnet hat:

	Halo	Gesamtes Milchstraßen-system	Sonne		(27.2)
$h =$	≤ 50	170	250	km s$^{-1} \times 10$ kpc.	

Diese Zahlen sind offensichtlich im Zusammenhang mit der *Entstehung des Milch-straßensystems* (Abschn. 29) von Bedeutung.

Die Halopopulation II — Kugelsternhaufen und Feldsterne — ist gekennzeichnet durch *Farbenhelligkeitsdiagramme*, die denen der Kugelhaufen (Abb.
26.3 u. 4) entsprechen. Hier gibt es *keine* hellen OB-Sterne, vielmehr sind die
hellsten Sterne *Rote Riesen* mit $M_v \approx -3$. Sodann sind charakteristisch die Haufenveränderlichen der RR Lyrae-Sterne mit Perioden $>0^d4$. Den klassischen
Cepheiden (wie δ Cep) der Population I entsprechen hier die selteneren W Virginis-Sterne mit Perioden von ca. 14—20 Tagen.

Alle Sterne und Sternhaufen der Halopopulation sind nun mehr oder weniger
metallarm. Unter den Schnelläufern dürften der K2-Riesenstern HD 122 563
mit einer Metallhäufigkeit $\varepsilon \approx \frac{1}{500}$ und der sonnenähnliche G0-Hauptsequenz-
stern HD 140283 mit $\varepsilon \approx \frac{1}{200}$ zu den metallärmsten Sternen gehören. Metallhäufigkeiten von $\sim \frac{1}{10}$ (relativ zur Sonne) sind ziemlich häufig.

Die metallarmen Hauptsequenzsterne der Halopopulation II werden auch
als *Subdwarfs* oder *Unterzwerge* bezeichnet. Dies hat folgenden — lediglich
historischen — Hintergrund: Da die Fraunhoferlinien metallarmer Sterne
schwächer sind als die normaler Sterne mit demselben T_{eff} und g und da andererseits entlang der Hauptsequenz die Metallinien nach früheren Spektraltypen
hin schwächer werden, so hatte man ursprünglich die metallarmen Sterne im
Verhältnis zu normalen Sternen derselben effektiven Temperatur T_{eff} zu „früh"
klassifiziert. Z.B. wurde HD 140283 ursprünglich als A2, später als sdF5 bezeichnet, während die effektive Temperatur $T_{eff} \approx 5940^\circ$ K etwa G0 V entspricht.
Dadurch kamen solche Sterne im *Hertzsprung-Russell-Diagramm unter* die
Hauptsequenz zu liegen und wurden „*Subdwarfs*". Verwendet man dagegen z.B.
die effektive Temperatur und die bolometrische Helligkeit oder die Leuchtkraft
als Koordinaten des Diagramms, so liegen die Subdwarfs nahezu *auf* der gewöhnlichen Hauptsequenz.

In neuerer Zeit hat man nun ein umfangreiches Beobachtungsmaterial über
die Halopopulation II gewonnen: a) Von der *Stellardynamik* her mit Radialgeschwindigkeiten und Eigenbewegungen und b) hinsichtlich der *Metallhäufigkeiten* durch mehr Analysen von Spektren großer Dispersion, geeignete Klassifikation von Spektren kleiner Dispersion und — besonders für schwächere
Sterne — Zweifarbendiagramme sowie die Metallindizes Δm_1, Q und dgl.

So liegt es nahe, nach einer Korrelation zwischen der Metallhäufigkeit und
den galaktischen Bahnelementen oder äquivalenten Größen zu fragen. Man
findet zunächst, daß eine starke Korrelation besteht zwischen *sehr kleiner Metallhäufigkeit* und großer Exzentrizität e sowie Neigung i der galaktischen Bahn bzw.
großer Geschwindigkeitskomponente $|W|$ senkrecht zur galaktischen Ebene.
Diese Aussage bedarf jedoch einer Abgrenzung: In den älteren Untersuchungen,
welche von *Eigenbewegungskatalogen* ausgingen, wurden nämlich metallarme
Sterne, deren Bahnen denen der Scheibensterne ähnlich sind, notwendigerweise
benachteiligt. Erst eine Arbeit von *H. E. Bond* (1971), der mittels Schmidt-Teleskop
und Objektivprisma Spektren kleiner Dispersion klassifizierte, hat dieser „Un-
gerechtigkeit" einigermaßen abgeholfen. Sie zeigte, daß bei *größeren Metallhäufigkeiten*, etwa ab $\frac{1}{10}$ des solaren Wertes bzw. bei Bahnenexzentrizitäten
$e < 0.5$ oder bei Geschwindigkeitskomponenten $|W| < 50$ km s^{-1} die Korrelation erheblich schwächer wird bzw. vielleicht ganz verschwindet. Es gibt also
jedenfalls sowohl hinsichtlich Metallhäufigkeit wie hinsichtlich galaktischer

Bahnen eine ziemlich zahlreiche *Zwischenpopulation*, welche einen stetigen Übergang von der extremen Halopopulation II zur Scheibenpopulation (s. u.) herstellt. Ob es zweckmäßig ist, eine besondere *mittlere Population II* (intermediate Population II) zu definieren, mag dahingestellt bleiben.

Im Bereich der *Kugelhaufen* zeigen zunächst die *Zweifarbendiagramme* und ebenso die *Metallindizes*, daß M 92 (Abb. 26.3) etwa ebenso metallarm ist, wie die extremen „Subdwarfs" (Metallhäufigkeit $\sim \frac{1}{200}$), während andere Kugelhaufen einen stetigen Übergang zu geringeren „Metalldefekten" herstellen.

Die *Farbenhelligkeitsdiagramme* (Abb. 26.4) nähern sich mit zunehmender Metallhäufigkeit vom Typ des M 92 dem des alten galaktischen Haufens NGC 188 mit normaler Metallhäufigkeit. Dabei rückt einerseits der Riesenast nach unten und endigt oben früher, andererseits verschwindet der Horizontalast mehr und mehr.

Achtet man auf die Stellung der Kugelhaufen am Himmel, so erkennt man, daß im allgemeinen die Metallhäufigkeit mit der Nähe zum galaktischen Zentrum zunimmt. Einige Kugelhaufen in der Nähe des Zentrums scheinen — schon nach ihren Farbenindizes — nur noch geringe Metallunterhäufigkeit zu haben.

Über das *Alter der Halopopulation II* unterrichten uns zunächst die *Farbenhelligkeitsdiagramme der Kugelhaufen* (Abb. 26.3 u. 4). Aus diesen hatten ja (vgl. Abschn. 26) 1955 *F. Hoyle* und *M. Schwarzschild* durch Vergleich mit theoretischen Entwicklungsdiagrammen den Schluß gezogen, daß die Halopopulation II mit einem Alter von $\sim 10^{10}$ Jahren wohl den ältesten Bestandteil des galaktischen Systems bilde. In neueren Jahren haben die Farbenhelligkeitsdiagramme der Kugelhaufen eine bewunderungswürdige Präzision und Vollständigkeit erreicht. Nach Abwägung aller Unsicherheiten kommt damit *A. Sandage* (1970) auf ein *Alter* des Kugelhaufensystems von 9 bis $12 \cdot 10^9$ Jahren. Durch sehr genaue Festlegung des „Knies" auf der $(B-V)_0$-Skala der Farbenhelligkeitsdiagramme von *Kugelhaufen und Schnelläufern* konnte *Sandage* weiterhin zeigen, daß auf jeden Fall das Alter *aller* Mitglieder der Halopopulation II innerhalb enger Grenzen *dasselbe* sein muß. Dagegen sollte man wohl wegen der Unsicherheit in einigen Voraussetzungen der Sternmodellrechnungen die Genauigkeit der *absoluten* Altersbestimmung nicht überschätzen.

Die *Scheibenpopulation* des Milchstraßensystems besteht bei oberflächlicher Betrachtung aus Sternen etwa normaler Metallhäufigkeit mit dem bekannten Farben-Helligkeits-Diagramm unserer Umgebung (Abb. 15.2 u. 3) und etwa kreisförmigen galaktischen Bahnen. Erst eine genauere Untersuchung läßt Beziehungen zur Halopopulation II wie zur Spiralarmpopulation I und andere wichtige Hinweise auf die Evolution des galaktischen Systems erkennen.

Über das *Alter der Scheibenpopulation* informieren uns zunächst die Farben-Helligkeits-Diagramme der *galaktischen Sternhaufen* (Abb. 26.1 b u. 2). Für den ältesten, NGC 188, ergab eine neuere Untersuchung von *A. Sandage* und *O.J. Eggen* (1969) ein Alter von 8 bis $10 \cdot 10^9$ Jahren; M 67 ist nur wenig jünger. Es gibt auch viele Feldsterne der Scheibenpopulation mit bekannten absoluten Helligkeiten und Farbenindizes, die in das Farbenhelligkeitsdiagramm des ältesten galaktischen Haufens passen, aber die Unterriesen liegen nie wesentlich unterhalb denen von NGC 188. Wenn auch das *Maximalalter* der Scheibenpopulation aus den schon eingangs auseinandergesetzten Gründen vielleicht nicht so genau bekannt sein dürfte, wie man zeitweise geglaubt hat, so kann doch kein Zweifel daran sein, daß dieses wohl definiert ist. Der angegebene Wert ist zwar 1 bis 2 Milliarden Jahre kürzer als das oben angeschriebene Alter der Kugelhaufen, aber dieser Unterschied dürfte der heutigen Fehlergrenze schon sehr nahe kommen. Jüngere Sternhaufen gibt es (vgl. z. B. Abb. 26.2) in großer Anzahl; die Entstehung der Scheibenpopulation füllt also den ganzen Zeitraum zwischen der Halopopulation II und der Spiralarmpopulation I aus. Wie wir noch genauer erörtern werden, entstehen in den Spiralarmen ständig Assoziationen bzw. Haufen junger Sterne aus interstellarer Materie. Ein Teil dieser Gruppen „zerfließt" und ergänzt so ständig die Evolutions-Verluste der Scheibenpopulation.

Eine genauere Untersuchung der *Metallhäufigkeiten der Scheibensterne* zeigte sodann, daß diese sich zwar nur wenig voneinander unterscheiden, aber doch innerhalb eines Faktors 3 bis (höchstens) 5 streuen. Insbesondere haben schmalbandphotometrische Untersuchungen von *B. Strömgren*, sowie von *G. Gustafsson* und *P. E. Nissen* (1972) ergeben, daß die Metallhäufigkeit der *Hyaden* ~3 mal größer ist, als die der Sonne. Die Metallhäufigkeiten von 60 Population I-Sternen der Spektraltypen F 1—F 5 lagen dazwischen. Die *Plejaden* erwiesen sich gegenüber den Hyaden als zweimal metallärmer. Ein Zusammenhang zwischen der Metallhäufigkeit und dem *Alter* ist nicht zu erkennen. Die verhältnismäßig metallarmen Sterne bilden — im Einklang mit unseren vorangegangenen Erörterungen — offensichtlich einen Übergang zur Halopopulation II, den man evtl. als mittlere Population II bezeichnen mag. Aber wie steht es mit den *metallstarken* Sternen? (Wie schon bemerkt, erscheint uns die Bezeichnung „super metal rich" reichlich anspruchsvoll für einen Effekt, der wenig über der z. Z. erreichbaren Fehlergrenze liegt.) *M. Grenon* (1972/73) gelang es, für eine größere Anzahl solcher Sterne mittels Mehrfarbenphotometrie einen Zusammenhang zwischen der *Metallüberhäufigkeit* und den *galaktischen Bahnen* (im *Bottlinger*-Diagramm) zu finden, und zwar in dem Sinne, daß in der galaktischen Scheibe die Metallhäufigkeit von innen nach außen stetig abnimmt. Auch Beobachtungen von *H. Spinrad* u. a. an anderen Scheibengalaxien hatten schon auf einen derartigen Effekt hingedeutet.

Damit schließen wir die Betrachtung unseres Milchstraßensystems vorläufig ab und wenden uns den anderen *Galaxien* zu (im *Hubble*-Diagramm Abb. 27.3 von rechts nach links), und zwar zunächst den unserem System vergleichbaren *Riesengalaxien*. Anschließend untersuchen wir die Zwerggalaxien.

Unter den *irregulären Galaxien* sind unsere nächsten Nachbarn, die *Magellanischen Wolken* (LMC und SMC) eingehend untersucht. Ihr hervorstechender Zug ist eine ausgedehnte *Population I* mit Gasnebeln, blauen OB-Sternen usw. Es gibt aber auch eine *alte Population* mit Roten Riesen etc. Weiterhin kennt man zahlreiche *Kugelhaufen* und wenigstens den oberen Teil ihrer Farben-Helligkeits-Diagramme. Zum Teil gleichen sie denen des Milchstraßensystems, einige aber enthalten u. a. helle blaue Sterne, deren Natur uns noch ganz rätselhaft ist. Die chemische Zusammensetzung konnte man für einige *Gasnebel* und mehrere der extrem hellen *Übergiganten* wie HD 33579 (*B. Wolf*, 1972) bestimmen. Sowohl hinsichtlich der relativen Häufigkeiten der schwereren Elemente wie hinsichtlich der Metallhäufigkeit M/H sind sie von der galaktischen Population I (innerhalb der Fehlergrenzen) *nicht* zu unterscheiden. Über die alten Sterne der Magellanischen Wolken wissen wir noch äußerst wenig.

Die *Scheiben- bzw. Spiralgalaxien* wie M 31 gleichen — wie zu erwarten — weitgehend dem Milchstraßensystem. Bezüglich der *Kugelhaufen* in M 31 konnte *S. v. d. Bergh* anhand von Farbenindizes verifizieren, daß sie metallarm sind; vielleicht etwas weniger als die unseren. Sodann konnte man in einigen Galaxien beobachten, daß innen die *Stickstofflinien* der Gasnebel anomal stark sind. Dies könnte darauf beruhen, daß hier die Sternentwicklung mit dem *CNO-Zyklus* besonders lebhaft ist. Bei letzterem wird ja bekanntlich im Laufe einer hinreichend langen Zeit fast die ganze CNO-Gruppe in N^{14} umgewandelt.

Die *elliptischen Galaxien* bestehen in der Hauptsache aus *alten* Sternen, als deren hellste — wie bemerkt — *Rote Riesen* hervortreten. Nur selten bemerkte schon *W. Baade* kleine Filamente *dunkler Materie*, an denen auch sofort helle *blaue Sterne* aufleuchten. Unsere Hauptfrage richtet sich selbstverständlich auf die *Metallhäufigkeit der E-Galaxien*. Wir erörtern sie sogleich auch in Abhängigkeit von der *Leuchtkraft* bzw. der (ihr etwa proportionalen) *Masse* der Galaxien. *R. D. McClure* und *S. v. d. Bergh* (1968) bestimmten für eine große Anzahl von *Galaxien* (und Kugelhaufen) einen *Farbindex C** für das Gebiet 3800—4500 Å und den schon erwähnten *Metallindex Q* (Gl. 27.1) die beide von interstellarer Verfärbung weitgehend unabhängig sind. Neuere schmalbandphotometrische Untersuchungen von *H. Spinrad* und *B. J. Taylor* sowie *S. M. Faber* (1972/73) bestätigen ihre Ergebnisse. Einige Stichproben zeigt Tab. 27.3.

Tab. 27.3. Zusammenhang zwischen absoluter Helligkeit M_B, dem (von interstellarer Verfärbung unabhängig gemachten) Farbindex C^* für den Wellenlängenbereich $\lambda\,3800—4500$ Å und dem entsprechenden Metallindex Q nach (29.36) für einige E- bis S0-Galaxien. Nach *McClure* und *v. d. Bergh* (1968)

Galaxie	M_B	C^*	Q
NGC 185, dE	− 13.7	0.85	− 0.31 (Metallarm)
NGC 3245, S0	− 18.7	1.12	− 0.16
NGC 4472, E	− 20.8	1.25	− 0.06 (Metallreich)

In Übereinstimmung mit spektroskopischen Beobachtungen stellen wir fest, daß die *E-Riesengalaxien* normale bis (vielleicht) etwas überhöhte Metallhäufigkeit haben, daß aber mit abnehmender Leuchtkraft auch der Metallgehalt absinkt bis zu Werten, die denen metallarmer Kugelhaufen nahe kommen. In den *E-Zwerggalaxien* haben wir es offenbar (fast?) nur mit metallarmer Halopopulation II zu tun!

Da es Spiral-Zwerggalaxien bekanntlich nicht gibt, haben wir die Frage der Metallhäufigkeit nur noch für die *irregulären Zwerggalaxien* wie IC 1613 zu erörtern. *W. Baade's* Hα-Aufnahme (Abb. 27.6) läßt mehrere H II-Regionen erkennen, also Mitglieder einer Population I. In welchem Verhältnis aber diese zu einer sicher auch vorhandenen alten Sternpopulation steht, wissen wir nicht.

Noch ganz rätselhaft sind die beiden von *L. Searle* und *W. L. W. Sargent* (1972) untersuchten *blauen Zwerggalaxien*, in denen sie einerseits Unterhäufigkeit von O und Ne, andererseits eine zahlreiche Population I mit blauen Sternen finden.

Handelt es sich um junge Objekte? Sollten sie etwas mit den blauen Kugelhaufen zu tun haben?

Zum Schluß dieses Abschnittes erörtern wir noch die — wie sich zeigen wird — kosmologisch sehr wichtige Frage nach dem Häufigkeitsverhältnis der beiden leichtesten Elemente *Wasserstoff zu Helium* H:He in den verschiedenen Sternpopulationen. Für die *Spiralarmpopulation I* und die *Scheibenpopulation* kennt man das Verhältnis H:He zunächst aus Analysen der Spektren von *B-Sternen*; bei O-Sternen machen evtl. Abweichungen vom thermodynamischen Gleichgewicht Schwierigkeiten. Mit den Analysen junger Sterne ohne weiteres vergleichbar sind die des *interstellaren Gases*. Hier kann man H:He ermitteln aus dem Rekombinationsleuchten in Gasnebeln bzw. H II-Regionen, z.B. Orionnebel und aus den Radio-Übergängen zwischen Termen sehr großer Hauptquantenzahlen (Abschn. 24). Alle diese Methoden geben (vgl. Tab. 19.1) H:He ≈ 10. Denselben Wert erhält man für viele planetarische Nebel (Tab. 19.1), obwohl diese ja ein ziemlich fortgeschrittenes Stadium der Sternentwicklung darstellen. Offenbar wird — was keinesfalls selbstverständlich ist — bei der Bildung ihrer Hülle meist unverbrannte Materie aus den äußersten Schichten des Zentralsterns abgeblasen. Im Bereich der *Halopopulation II* stößt die Bestimmung von H:He auf die große Schwierigkeit, daß wir bei den niederen Temperaturen ihrer Hauptsequenz- und Riesensterne auf jeden Fall keine Heliumlinien erwarten können. So ist man angewiesen auf die Planetarischen Nebel und evtl. andere späte Entwicklungsstadien, wobei aber stets die Gefahr besteht, daß nuklear verbrannte Materie nach außen gelangt sein könnte. Am eingehendsten untersucht ist durch *O'Dell, Peimbert und Kinman* der Planetarische Nebel K 648, welcher als Mitglied des Kugelhaufens M 15 = NGC 7078 sicher der Population II angehört. Es zeigte sich, daß auch bei verminderter Metallhäufigkeit das Verhältnis H:He ≈ 10 bleibt, wie in den Sternen der Population I und der Scheibe. Diese und einige ähnliche Beobachtungen sowie die Theorie der Farben-Helligkeits-Diagramme der Kugelhaufen weisen darauf hin, daß die beiden leichtesten Elemente H und He auf andere Weise entstanden sind als die schweren Elemente $Z \geq 6$.

28. Radiofrequenzstrahlung der Galaxien. Galaxien-Kerne. Kosmische Ultrastrahlung und Hochenergie-Astronomie

Neben dem bekannten „*optischen Fenster*" von der Ozongrenze bei ∼ 3000 Å bis ins Infrarot bei 22 μ hat die Erdatmosphäre einen zweiten Durchlässigkeitsbereich von $\lambda \approx 1$ mm bis zum Beginn der Ionosphärenreflexion bei $\lambda \approx 30$ m. In diesem Spektralgebiet hat sich seit *K. G. Jansky's* Entdeckung (1931) die *Radioastronomie* angesiedelt.

Über *Radioteleskope* und *Radiointerferometer* — zur genauen Messung der Position und Intensitätsverteilung kosmischer Radioquellen — haben wir in Abschn. 9 (S. 95—97) berichtet. Durch Kombination genau kalibrierter Messungen bei verschiedenen Wellenlängen λ bzw. Frequenzen $\nu = c/\lambda$ erhält man *Radiospektren*. In neuerer Zeit ist es auch gelungen, die *Polarisation* der radiofrequenten Strahlung kosmischer Quellen zu messen. Wir lernten in Abschn. 20 zunächst die *Radiofrequenzstrahlung der Sonne* kennen. Diese setzt sich zusammen aus der thermischen Strahlung der *ruhigen Sonne* durch frei-frei-Übergänge im Plasma der *Korona* bei 1 bis 2 Millionen Grad und aus der nicht-thermischen Strahlung der *gestörten Sonne*, welche im Zusammenhang mit anderen Phänomenen der Sonnenaktivität durch Plasmaschwingungen, Synchrotronstrahlung (s. u.) etc. erzeugt wird.

a) Radiofrequenzstrahlung der Milchstraße. Galaktische Quellen

Von der *Radiofrequenzstrahlung der Milchstraße* haben wir in Abschn. 24 den *thermischen* Anteil schon besprochen. Es handelte sich zunächst um die *Linienstrahlung* des *neutralen Wasserstoffs* (H I Regionen) bei $\lambda = 21.105$ cm bzw. $\nu = 1420.40$ MHz sowie des OH-*Radikals* und vieler anderer Moleküle. Ergänzungsweise sollten wir bemerken, daß in manchen Radioquellen die Intensitätsverhältnisse z. B. der OH-Linien *nicht* einer thermischen Besetzung der Energieniveaus entsprechen. Vielmehr erscheinen einige Linien infolge Über-Besetzung des höheren Energieniveaus durch induzierte Emission, d. h. *Maser-Effekt*, verstärkt. Welche Prozesse zu dieser ungewöhnlichen Besetzung der Energieniveaus führen, ist noch nicht geklärt.

Sodann kennen wir das *Kontinuum* der frei-frei-Strahlung des *ionisierten* Wasserstoffs etc., insbesondere in den H II-Regionen und Gasnebeln nahe der galaktischen Ebene sowie in den Planetarischen Nebeln. Derartige thermische Kontinua erkennt man daran, daß bei Ausstrahlung in optisch *dünner* Schicht die Intensität bzw. der *Strahlungsstrom* pro Frequenzeinheit S_ν nahezu unabhängig von ν ist. Die Strahlungstemperatur T_ν geht also nach dem Rayleigh-Jeansschen Gesetz[16] etwa mit $T_\nu \sim \nu^{-2}$.

Im Gegensatz hierzu zeigt die über den ganzen Himmel verteilte Radiofrequenzstrahlung der *Milchstraße* und ebenso die der starken *Radioquellen* ein Spektrum etwa entsprechend

$$I_\nu \sim \nu^{-0.7} \quad \text{bzw.} \quad T_\nu \sim \nu^{-2.7}, \tag{28.1}$$

das — auch unter Berücksichtigung von Absorption und Selbstabsorption — nicht auf thermische Emission zurückgeführt werden kann. Auch die bei langen Wellen gemessenen Strahlungstemperaturen $> 10^5\,°$K wären thermisch kaum zu deuten. So haben *H. Alfvén* und *N. Herlofson* 1950 zur Deutung der *nicht-thermischen Radiokontinua* den Mechanismus der *Synchrotron-* oder *Magnetobremsstrahlung* herangezogen; diese Ansätze sind dann von *Shklovsky, Ginzburg, Oort* u. a. weitergebildet worden. Es war den Physikern bekannt, daß relativistische Elektronen (d. h. Elektronen mit Geschwindigkeiten $v \cong c$, deren Energie E ihre Ruheenergie $m_0 c^2 = 0.511$ MeV erheblich übersteigt), die im Magnetfeld eines Synchrotrons auf einer Kreisbahn umlaufen, in ihrer Bewegungsrichtung eine intensive kontinuierliche Strahlung aussenden, deren Spektrum sich bis ins ferne UV erstreckt. Dieses Kontinuum unterscheidet sich von dem der frei-frei- oder Bremsstrahlung dadurch, daß die Beschleunigung der Elektronen nicht durch atomare elektrische Felder, sondern durch ein makroskopisches Magnetfeld H erfolgt.

---

[16] Gl. (11.25): $S_\nu = \dfrac{2\nu^2}{c^2} \cdot k T_\nu$.

Die Theorie der *Synchrotronstrahlung* hatten 1948/49 *V. V. Vladimirsky* und *J. Schwinger* entwickelt. Sie beruht auf folgender Überlegung:

Das nahezu mit Lichtgeschwindigkeit umlaufende Elektron emittiert (nach den Regeln der relativistischen Kinematik) Strahlung in einen engen Kegel vom Öffnungswinkel $\alpha \approx m_0 c^2/E$ (Abb. 28.1). Dieser überstreicht wie der Lichtkegel eines Leuchtfeuers den Beobachter in rascher Folge, so daß dieser (unter

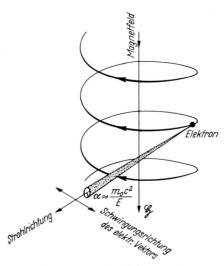

Abb. 28.1. Synchrotronstrahlung eines relativistischen Elektrons im Magnetfeld $\mathfrak{H}$

Berücksichtigung des relativistischen Dopplereffektes) eine Folge von Strahlungsblitzen erhält, deren Dauer Δt sei. Die spektrale Zerlegung bzw. — mathematisch gesprochen — die *Fourieranalyse* ergibt ein kontinuierliches Spektrum, dessen Maximum bei der Kreisfrequenz $\sim 1/\Delta t$ liegt. Die genauere Rechnung ergibt für die Frequenz des Maximums $\nu_m [\mathrm{Hz}]$ die Formel

$$\nu_m = 4.6 \cdot 10^{-6} \cdot H_\perp \cdot E_{\mathrm{eV}}^2 \tag{28.2}$$

wo $H_\perp$ die Komponente des Magnetfeldes (in Gauß) senkrecht zur Bewegungsrichtung des Elektrons und E_{eV} dessen Energie in Elektronenvolt bedeutet. Rechnen wir mit einem mittleren galaktischen Magnetfeld von $H_\perp \approx 5 \cdot 10^{-6}$ Gauß, so gehören zu verschiedenen Frequenzen ν_m bzw. Wellenlängen λ_m die folgenden Elektronenenergien:

$$
\begin{array}{lllll}
\lambda_m = 3000\,\text{Å} & 30\,\mu & 3\,\text{mm} & 30\,\text{cm} & 30\,\text{m} \\
\nu_m = 10^{15} & 10^{13} & 10^{11} & 10^9 & 10^7\,\text{Hz} \\
E = 6.6 \cdot 10^{12} & 6.6 \cdot 10^{11} & 6.6 \cdot 10^{10} & 6.6 \cdot 10^9 & 6.6 \cdot 10^8\,\text{eV} .
\end{array}
\left.\rule{0pt}{36pt}\right\} \tag{28.3}
$$

Schon zur Erzeugung von Strahlung im Radiofrequenzgebiet und erst recht im Sichtbaren müssen also Elektronen im Energiebereich der *kosmischen Ultrastrahlung* vorhanden sein. Kann man die *Energieverteilung* der Elektronen durch ein Potenzgesetz

$$N(E)\,\mathrm{d}E = \text{const.} \cdot E^{-\gamma}\,\mathrm{d}E \tag{28.4}$$

darstellen, so ergibt sich die Intensität der *Synchrotronstrahlung*

$$I_\nu \sim H^{(\gamma+1)/2} \cdot \nu^{-(\gamma-1)/2} \,. \tag{28.5}$$

Als *G. Reber* 1939 die Verteilung der Radiofrequenzstrahlung an der Sphäre bei $\nu = 167$ MHz oder $\lambda = 1.8$ m mit seinem *Radioteleskop* von mäßigem Winkelauflösungsvermögen untersuchte, bemerkte er sogleich deren Konzentration zur galaktischen Ebene und zum galaktischen Zentrum hin.

Die *Radioastronomie* und ebenso die Astronomie mit Röntgen- und γ-Strahlen gibt uns die Möglichkeit an die Hand, etwas über das Vorkommen *energiereicher Elektronen* in kosmischen Gebilden zu erfahren. Dies ist von großer prinzipieller Bedeutung, da die ursprüngliche Richtungsverteilung der bei der Erde ankommenden geladenen Teilchen wegen ihrer komplizierten Ablenkungen durch das terrestrische und durch das interplanetare Magnetfeld überhaupt nicht mehr ermittelt werden kann. Sehr hinderlich ist freilich, daß wir über die in Gl. (28.5) ebenfalls eingehenden *Magnetfelder H* noch wenig wissen. Wir können z. Z. noch nicht entscheiden, wie die aus den Beobachtungen abgeleitete galaktische Ergiebigkeit für Radiofrequenzstrahlung auf die Faktoren $\sim H^{1.7}$ bzw. die Dichte der relativistischen Elektronen (des in Frage kommenden Energiebereiches) N_e zu verteilen ist.

Neben der Scheibenkomponente der nichtthermischen Strahlung (an die sich bei dm- und cm-Wellen die thermische Strahlung des ionisierten Wasserstoffs anschließt!) beobachtet man, ebenfalls im Meterwellenbereich, eine andere Komponente, die über die ganze Sphäre relativ gleichförmig verteilt ist. Diese hat man nach *J. E. Baldwin* dem galaktischen Halo zugeschrieben, in dem also (von den Sternen dynamisch unabhängig) vorhanden sein müßten: a) relativistische Elektronen, b) ein Magnetfeld und c) ein Plasma, in dem dieses Magnetfeld „aufgehängt" ist. Um seine geringe Konzentration zur galaktischen Ebene hin zu erklären, müßte man diesem Plasma entweder makroskopische Geschwindigkeiten (wie den Schnelläufern) von einigen hundert km/sec oder entsprechende thermische Geschwindigkeiten, d.h. eine Temperatur von 10^5 bis 10^{6} °K zuschreiben.

Neuere Messungen mit immer größerem Winkelauflösungsvermögen haben einen immer größeren Anteil der „*Halostrahlung*" den sich dicht am Himmel häufenden galaktischen und vor allem extragalaktischen *Radioquellen* (s. u.) zugewiesen, so daß es heute fraglich geworden ist, ob zwischen den vielen Quellen für den galaktischen Halo noch „etwas übrig bleibt"!

Die Ermittelung der räumlichen Verteilung der Radioquellen in unserem *Milchstraßensystem* ist deshalb so schwierig und ungenau, weil wir selbst uns *in* dem System befinden. Die Konstruktion immer leistungsfähigerer Radiointerferometer hat uns in den letzten Jahren eine viel unmittelbarere Kenntnis der Verteilung der Radioemission in den *benachbarten Galaxien* gebracht.

Die wichtigsten Typen *galaktischer* (in der Hauptsache) *nichtthermischer Radioquellen* haben wir schon kennengelernt: 1. Als Reste von *Supernovae* einerseits die *Pulsare* und ihre umgebenden Nebel (wie der Crabnebel M 1 = Tau A, vgl. Abb. 26.11) und andererseits die ausgedehnten *ring- oder kreisförmigen Nebel* (wie den bekannten Cygnus-Bogen (Schleier) oder IC 443). 2. Die *Flaresterne*; rote Zwergsterne, an deren Oberfläche in unregelmäßigen Zeitabständen Eruptionen (Flares) auftreten, die sich von den analogen Erscheinungen auf der Sonne nur durch ihre erheblich größere Ausstrahlung unterscheiden. 3. In neuester Zeit konnte man auch einige andere Sterne als Radiostrahler erkennen, u. a. α Scorpii = Antares, genauer gesagt dessen blaue Komponente B.

b) Extragalaktische Radioquellen

1946 erkannten *J. S. Hey* und seine Mitarbeiter im Schwan die erste Radioquelle *Cygnus* A zunächst an ihren Intensitätsschwankungen. Simultane Messungen an weit voneinander entfernten Stationen zeigten später, daß diese Intensitätsschwankungen als *Szintillation* in der *Ionosphäre*, und zwar hauptsächlich in der F 2-Schicht bei ~ 200 km Höhe zu deuten sind. Ähnlich wie optische Szintillation nur bei den Sternen, nicht aber bei den Planeten (von größerem Winkeldurchmesser) beobachtet wird, tritt Radioszintillation nur bei Quellen von hinreichend kleinem Winkeldurchmesser auf. Bei den sog. quasistellaren Radioquellen (s. u.), deren Winkeldurchmesser z. T. unter 1″ liegen, hat man neuerdings noch eine andere Art von Szintillation entdeckt, die im *interplanetaren Plasma* entsteht. Mit Hilfe immer größerer *Radioteleskope*, der von *M. Ryle* erfundenen *Radiointerferometer* und insbesondere der von ihm 1962 erfundenen Technik der *Apertursynthese* haben eine Reihe von Forschergruppen immer mehr *Radioquellen* entdeckt und deren *Position, Winkeldurchmesser* bzw. *Intensitätsverteilung* und *Radiospektrum* gemessen. Diese Untersuchungen werden auf das wirksamste ergänzt durch die in den letzten Jahren erzielten Fortschritte der *Infrarotastronomie*, durch welche die Lücke vom nahen Infrarot bis zu den Millimeterwellen fast geschlossen werden konnte.

In quantitativer Hinsicht müssen wir zunächst Ordnung in den Wirrwarr der Bezeichnungen und Maßeinheiten bringen, der dadurch entstanden ist, daß die *Physiker* und *Sternspektroskopiker* ausgingen von den klassischen Arbeiten von *G. Kirchhoff, M. Planck* u. a. und in Verbindung damit das CGS-Maßsystem mit den Grundeinheiten cm, g, s bevorzugten. Die *Radioastronomen* knüpften an den Sprachgebrauch der Hochfrequenztechnik und das MKS-Maßsystem mit m, kg, s an. Als Frequenzeinheit wird in Deutschland seit langem das Hertz = s^{-1} gebraucht; in manchen Ländern wird immer noch die schwerfällige Bezeichnung c/s = cycle per second bevorzugt. Neben diesen Bezeichnungen gibt es noch die physikalisch ganz unsinnigen „DIN-1970"-Normen, die man so rasch wie möglich abschaffen sollte. Die folgende Tab. 28.1 gibt eine Übersicht der für die Beschreibung einerseits von flächenhaft verteilten Strahlungs- (Radio-)Quellen, andererseits von nicht aufgelösten (Punkt-)Quellen benutzten *Begriffe* und *Maßeinheiten*.

Zur Darstellung von *Flächenquellen* gebraucht man statt der Intensität bzw. Helligkeit häufig auch die sog. Strahlungstemperatur T (bzw. T_s oder T_b). Man fragt dabei, welche Temperatur T ein *schwarzer Strahler* haben *müßte*, um bei der Frequenz v nach dem — im Radiobereich hinreichend genauen — *Rayleigh-Jeans'schen* Strahlungsgesetz gerade die Strahlungsintensität I_v auszusenden. Nach Gl. (11.25) erhält man — sogleich in MKS-Einheiten geschrieben — die Relation

$$I_v = 3.075 \ 10^{-28} \cdot v_{\text{MHz}}^2 \cdot T \ [\text{W} \cdot \text{m}^{-2} \text{Hz}^{-1} \text{ster}^{-1}] . \tag{28.6}$$

Tab. 28.1. Grundbegriffe und Maßeinheiten der optischen und der Radioastronomie. Englische Bezeichnungen in Klammern

Optische Astronomie	Radioastronomie	DIN 1970 (Beleuchtungstechnik)	CGS-Einheiten	MKS-Einheiten
Flächenquellen (Strahlungs-)Intensität I_v (Intensity)	Helligkeit (Brightness)	Spektrale Strahldichte	erg/s cm² Hz ster	W/m² Hz ster
Unaufgelöste (Punkt-)Quellen Strahlungsstrom S_v oder πF_v (Net flux)	Flußdichte oder kurz Fluß (Flux density briefly: Flux)	Spektrale spezifische Ausstrahlung	erg/s cm² Hz	W/m² Hz[a]
			10^3 CGS-Einheiten = 1 MKS-Einheit	

[a] 10^{-26} Wm^{-2} Hz bezeichnet man in der Radioastronomie vielfach als 1 Fluß-Einheit (flux unit).

Die *spektrale Energieverteilung* der Radioquellen approximiert man gewöhnlich durch ein Potenzgesetz

$$I_v \text{ oder } S_v \sim v^\alpha \tag{28.7}$$

und bezeichnet dann α als den *Spektralindex* (manche Autoren bevorzugen die umgekehrte Wahl von α). Für die Synchrotronstrahlung der Milchstraße und vieler Galaxien liegt α in dem Bereich -0.7 ± 0.1. Für thermische Strahlung von HII-Regionen in optisch dünner Schicht ist $\alpha \approx 0$, in optisch dicker Schicht $\alpha = +2$.

Nach diesen etwas langweiligen Erklärungen wenden wir uns sogleich den aufregenden Problemen der *Radiofrequenzstrahlung der Galaxien* zu. Neben der Entstehung und Dynamik der *Spiralarme* (s. Abschn. 29) steht heute im Brennpunkt des Interesses die Erforschung der *Galaxien-Kerne*. Wir unterscheiden den (normalerweise) linsenförmigen und relativ dichten *Zentralteil* einer Galaxie von dem viel kleineren, kompakten, nur ~ 0.1 bis 10 pc großen eigentlichen *Kern*. Die *Galaxien-Kerne* sind der Sitz einer von Galaxie zu Galaxie und ebenso zeitlich stark veränderlichen „*Aktivität*", auf deren Bedeutung *V.A. Ambarzumian* schon 1954 in mehreren — damals kaum beachteten — Arbeiten hingewiesen hat. Sie äußert sich darin, daß enorme Energiemengen in Form superthermischer Teilchen und Quanten freigesetzt werden. Hier ist offenbar die wichtigste Quelle von *Synchrotronelektronen* und *kosmischer Ultrastrahlung*, von nichtthermischer *Radiofrequenzstrahlung, Röntgen-* und *γ-Strahlung*, von nichtthermischer langwelliger *Infrarotstrahlung* usw.

Wir betrachten im folgenden — in einer Folge zunehmender Aktivität — zunächst die (mehr oder weniger) *normalen Galaxien*, zu denen auch unser Milchstraßensystem gehört. Dann wenden wir uns den *Seyfert-Galaxien*, den eigentlichen *Radiogalaxien*, und den *Quasaren* zu. Hier handelt es sich um Energieumsetzung von so gigantischem Ausmaß, daß man wohl fragen darf, ob zu deren Deutung die bekannten Gesetze der Physik noch ausreichen.

1. Normale Galaxien

1950 konnten *M. Ryle, F.G. Smith* und *B. Elsmore* zeigen, daß mehrere der bekannten helleren Galaxien *Radiofrequenzstrahlung* etwa in der Stärke aussenden, wie man es entsprechend der Ähnlichkeit mit unserer Milchstraße erwarten mochte. Bald darauf gelang es *R. Hanbury Brown* und *C. Hazard*, die Radio-Helligkeitsverteilung der Andromedagalaxie M 31 in groben Zügen festzulegen; die beiden Galaxien erwiesen sich auch im Radiogebiet als sehr ähnlich.

In ein ganz neues Stadium trat — wie schon angedeutet — die Erforschung der *Helligkeitsverteilung* und damit des Ursprungs der Radiofrequenzstrahlung in Galaxien durch Anwendung der *Apertursynthese*. Mittels dieser Technik hat zuerst *G.G. Pooley* 1969 in Cambridge die Andromedagalaxie M 31 bei 408 und 1407 MHz untersucht. Dann haben an dem auf Initiative von *J.H. Oort* entstandenen niederländischen *Radioteleskop Westerbork D.S. Mathewson, P.C. van der Kruit* und *W.N. Brouw* 1971 die Sc-Galaxie M 51 = NGC 5194 und ihren Begleiter, die Ir-Galaxie NGC 5195 im Kontinuum bei 1415 MHz bzw. λ 21 cm eingehend untersucht. Sie erreichten dabei ein Auflösungsvermögen (ganze Halbwerts-Strahlbreite) von 24″ in Rektaszension und 32″ in Deklination, entsprechend ~450 pc. Die Beobachtungen kann man — über einen Computer — entweder durch *Isophoten* oder als richtiges *Radio-Bild* darstellen. An demselben Instrument sind dann M 33, NGC 4258 (*P.C. van der Kruit, J.H. Oort* und *D.S. Mathewson*, 1972) sowie mehrere normale und Seyfertgalaxien (*P.C. van der Kruit*, 1971) untersucht worden. Als Vertreter der Ir-Galaxien ist die große Magellanische Wolke (LMC) gut bekannt. Die Winkelauflösung der *Galaxienkerne* ist — soweit es sich um deren nicht-thermische Strahlung handelt — selbstverständlich der Langbasisinterferometrie oder der Infrarotastronomie vorbehalten. Wir versuchen über die sehr detaillierten Untersuchungen zu berichten, indem wir — soweit wie möglich — sogleich zusammenfassen.

Wir unterscheiden zweckmäßig mehrere (bei verschiedenen Galaxien unterschiedlich ausgebildete) *Komponenten* der nicht-thermischen, d.h. *Synchrotron-Radiostrahlung*, die wir bzw. dem *Kern*, dem *Zentralgebiet* und der *Scheibe* (gleichmäßig verteilt) sowie den *Spiralarmen* zuordnen.

Lange Zeit nahm man an, daß die Milchstraße und ähnliche Galaxien darüber hinaus einen ausgedehnten und wenig abgeplatteten *Radio-Halo* (wohl zu unterscheiden von dem Halo der Population II-Sterne!) hätten, der also aus Plasma mit Synchrotronelektronen und einem Magnetfeld bestehen müßte. Mit verbessertem Auflösungsvermögen erwies sich diese Strahlung mehr und mehr diskreten Quellen teils der betr. Galaxie, teils des Hintergrundes zugehörig. Wahrscheinlich gibt es einen Radiohalo (der in manchen Theorien der kosmischen Ultrastrahlung eine wichtige Rolle spielte!) überhaupt nicht.

Spiralarme. Die Kammlinie, d.h. das Helligkeitsmaximum der Spiralarme, fällt — wie sich am deutlichsten bei M 51 zeigte — *nicht* genau mit dem der Blau-Aufnahmen, d.h. der maximalen Sterndichte zusammen. Vielmehr liegen die *Radioarme* längs der Innenseite der „optischen" Arme im Bereich der durch Dunkelwolken und (auf Hα-Aufnahmen) H II-Regionen markierten *Staub- und Gasarme*. *D.S. Mathewson* et al. führen dies im Anschluß an *W.W. Roberts* darauf zurück, daß nach der *Dichtewellen-Theorie* der Spiralarme (vgl. Abschn. 29) hier eine Kompression des Gases und der magnetischen Feldlinien zu erwarten ist. Die so bewirkte größere Dichte der Synchrotronelektronen *und* die Verstärkung des Magnetfeldes würden eine Verstärkung der Radiostrahlung bewirken. Die Intensität der *Radioarme* nimmt nach außen ab. Bei M 51 ist die Abnahme in *dem* Arm langsamer, an dessen Ende — etwa $4.5 \approx 5.2$ kpc vom Kern entfernt — die stark strahlende Ir-Galaxie NGC 5195 sich befindet. Eine Abschätzung der Zahl der pro Jahr aufleuchtenden *Supernovae* bzw. ihrer Überreste zeigt weiter, daß Supernovae — entgegen der vielfach vertretenen Ansicht — kaum eine ausreichende Quelle für die Synchrotronelektronen bzw. die nichtthermische Strahlung der Spiralarme darstellen dürften. Wir werden auf die Frage ihrer Entstehung alsbald zurückkommen.

Vorher müssen wir noch kurz auf die völlig überraschenden Beobachtungen hinweisen, die *P.C. van der Kruit, J.H. Oort* und *D.C. Mathewson* (1972) mit derselben Technik bei NGC 4258 erreicht haben. Die Blau-Aufnahmen im Hubble-Atlas erweckt zunächst den Eindruck einer ziemlich normalen Sb-Galaxie. Das Radiobild mit 1415 MHz dagegen zeigt außer den beiden „gewöhnlichen" optischen Spiralarmen der Blauaufnahme zwei *weitere* Radioarme, die aus dem Zentralgebiet herauskommen und dann zwischen 5 und 15 kpc fast gradlinig weiter verlaufen. Diese Arme erhielten ein optisches Gegenstück erst durch

Interferenzfilter-Aufnahmen in Hα, welche ebenso wie das Radiobild einen ungewöhnlich glatten Verlauf der Helligkeit längs dieser Arme zeigen. Die Radio- und Hα-Bilder zusammen mit entsprechenden Radialgeschwindigkeitsmessungen ließen sich nun mit Hilfe der Vorstellung interpretieren, daß vor $\sim 18 \cdot 10^6$ Jahren aus dem Kern der Galaxie zwei Plasmawolken in entgegengesetzten Richtungen mit Geschwindigkeiten von ungefähr 800 bis 1600 km s^{-1} herausgeschleudert worden seien. Diese Massen (ca. 10^7 bis $10^8\,M_\odot$) hätten das Gas der Scheibe komprimiert und so die „Extra-Radioarme" erzeugt. Diese ganzen Gebilde wurden dann im Verlaufe von einer oder wenigen Umdrehungen der Galaxie, d.h. $\sim 10^8$ Jahren von deren differentieller Rotation erfaßt, und nahmen so mehr und mehr das Aussehen gewöhnlicher Spiralarme an. Welche Rollen spielen solche Prozesse in der Entwicklung der Galaxien bezüglich der Entstehung neuer bzw. des Ersatzes „zerriebener" alter Spiralarme? Auch auf diese Frage können wir erst im folgenden Abschn. 29 zurückkommen.

Scheibenkomponente. Die Helligkeit dieser Komponente, die selbstverständlich nur zwischen den Spiralarmen erfaßt werden kann, zeigt als Funktion des Abstandes von Zentrum einen glatten Verlauf. Ihr Zusammenhang mit der Dichte des neutralen bzw. ionisierten Gases bedarf wohl noch weiterer Klärung.

Kernkomponente. Zunächst fällt auf, daß auch optisch einander ähnliche Galaxien bezüglich der Radio-Helligkeit vom Zentralgebiet und Kern große Unterschiede aufweisen. Unter den besprochenen Galaxien liefert M 51 die größte Flußdichte, unsere Galaxie erheblich weniger; schließlich zeigen M 33 und LMC überhaupt keine meßbare Kernkomponente.

Das Verhältnis der drei Komponenten der Synchrotronstrahlung sollte uns Auskunft geben über ihre gegenseitigen Beziehungen und schließlich über den *Ursprung der Synchrotronelektronen.* Die Beobachtungen, daß einerseits eine deutliche Korrelation zwischen Kernkomponente und Scheiben- plus Spiralarmkomponente besteht und daß andererseits Supernovae (jedenfalls in M 51) nicht den Hauptteil der Synchrotronelektronen liefern, weisen darauf hin, daß deren Quelle im *Kernbereich* zu suchen ist. Man hat weiter den Eindruck, daß die Verstärkung der Synchrotronstrahlung in den normalen Spiralarmen (z.B. M 51) und auch in den Extra-Radioarmen von NGC 4258 durch Kompression des vorher schon vorhandenen Plasmas samt Magnetfeld und Synchrotronelektronen erfolgt. Es erscheint denkbar (ist aber nicht nachgewiesen), daß Teilchen hoher Energie auch direkt vom Kern längs magnetischer Feldlinien in die Spiralarme ausströmen.

Die optische Beobachtung zeigt im Zentrum der meisten Galaxien einen kleinen *Kern* hoher Flächenhelligkeit. In der Andromedagalaxie M 31 — wo ihn schon *Hubble* entdeckte — sind seine Dimensionen $1''.6 \times 2''.8$ oder 5.4×9.4 pc (Durchmesser). Das Spektrum zeigt, daß der Kern in der Hauptsache aus gewöhnlichen Sternen späterer Spektraltypen besteht. Die Helligkeit, wie auch die inneren Bewegungen, führen auf eine *Gesamtmasse* von 10^7 bis 10^8 Sonnenmassen und damit eine *Sterndichte* von etwa $2 \cdot 10^5$ pc^{-3}. Ähnliche Kerne sind auch z.B. bei den E-Galaxien NGC 205 und M 32 — den Begleitern von M 31 — und bei der Sc-Galaxie M 33 in der lokalen Gruppe optisch beobachtet.

Die wahre Bedeutung der Galaxienkerne enthüllte jedoch erst die *Radioastronomie.* Schon im Bereich der „normalen" Galaxien erweisen sich viele derselben — aber nicht alle — als starke nichtthermische *Radioquellen.* Diese zeigen im Prinzip dieselben Phänomene, die wir im verstärkten Maß bei Seyfert- und N-Galaxien, quasistellaren Objekten etc. antreffen werden. Neben *kompakten* Komponenten, deren Durchmesser nur 0.1 bis ~ 10 pc betragen, gibt es ausgedehnte Zentralkomponenten bis zu einigen hundert parsec. Manche Galaxien besitzen auch beides. Alle diese Objekte weisen im Radiogebiet häufig, im optischen Gebiet manchmal *Helligkeitsschwankungen* in Zeiträumen der Größenordnung weniger Monate auf.

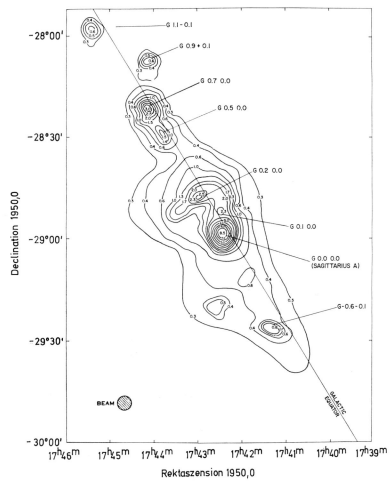

Abb. 28.2. Zentralgebiet der Milchstraße bei 8.0 GHz bzw. λ 3.75 cm nach *D. Downes, A. Maxwell* und *M. Mecks* (1966). Die Bezifferung der Isophoten entspricht der Antennentemperatur. Die Radioquellen *G* sind durch ihre galaktischen Koordinaten l^{II}, b^{II} gekennzeichnet. Sagittarius A ist die nicht thermische Zentralquelle unserer Galaxie. Die übrigen Quellen und ebenso die ausgedehnte Quelle ($l^{II} \approx \pm 0.5$) strahlen thermisch. Der „richtige" Äquator liegt offensichtlich 2′ südlich des s. Z. bei der Festlegung des neuen galaktischen Koordinatensystems angenommenen. Der schraffierte Kreis von 4.2 Durchmesser gibt das Auflösungsvermögen, d. h. die Halbwertskeule der Antenne an. Bei einer Entfernung des galaktischen Zentrums von 10 kpc entsprechen 1 Bogenminute 2.91 parsec

Von besonderem Interesse ist für uns der Zentralbereich unseres *Milchstraßensystems*. Er ist der *optischen* Beobachtung durch die dichten Dunkelwolken im Scorpius-Sagittarius-Gebiet entzogen. Erst durch Radioantennen hoher Auflösung im *Zentimeterwellenbereich* und durch die spektakuläre Entwicklung der *Infrarotastronomie* ist er in den letzten Jahren der Forschung erschlossen worden.

Auf der Isophotendarstellung des Zentralgebiets der Milchstraße (Abb. 28.2) für 8.0 GHz bzw. λ 3,75 cm, die *D. Downes, A. Maxwell* und *M. L. Meeks* 1966 mit einem 120'-Paraboloid aufgenommen haben, erkennt man in der Mitte die Radioquelle *Sagittarius A* mit einem (Halbwerts-)Durchmesser von 3'.5, was in der Entfernung des galaktischen Zentrums von $\sim$ 10 kpc also 12 pc entspricht. Die Lage relativ zu vielen anderen Gebilden läßt keinen Zweifel darüber, daß Sag A das Zentrum bzw. den *Kern* unserer Galaxie darstellt. Auch bei höherer Auflösung (bis $\sim 1'$) ist im Radiogebiet keine weitere Struktur erkennbar. Das Radio-Spektrum ist *nichtthermisch*, bei $v > 2$ GHz mit einem Spektralindex $\alpha = -0.7$. In der Umgebung erkennt man zahlreiche Radioquellen, deren Spektren ($I_v \sim$ const.) zeigen, daß es sich um thermische frei-frei Emission von *H II-Regionen* handelt. Das ganze Zentralgebiet wird von einer ausgedehnten abgeplatteten thermischen Quelle überdeckt, deren Durchmesser längs des Äquators ungefähr 60' bzw. 170 pc entspricht. Die *Absorption* des ionisierten Wasserstoffs drückt auch das langwellige Gebiet von Sag A bei $v < 2$ GHz herunter.

Ganz neuartige Aufschlüsse über den Kern des Milchstraßensystems brachte die *Infrarotastronomie. E. E. Becklin* und *G. Neugebauer* haben 1968/69 den Spektralbereich λ 1.65 bis 19.5 μ, *F. J. Low, D. E. Kleinmann, F. F. Forbes* und *H. H. Anmann* 1969 den Bereich $5-1500\,\mu$ untersucht. Zunächst fanden die erstgenannten Forscher eine Infrarotquelle, die hinsichtlich Position und Durchmesser $\approx 3'.5$ genau mit der Radioquelle Sag A übereinstimmt. Andererseits passen der Durchmesser und die (fast extinktionsfreie) Flächenhelligkeit bei 2.2 μ auch zum Kern der Andromedagalaxie M 31. Man darf wohl annehmen, daß beide Galaxienkerne aus *Sternen* bestehen und auch bei kürzeren Wellenlängen dieselbe spektrale Energieverteilung haben. Dann kann man die Extinktion zunächst im nahen Infrarot bestimmen. Extrapoliert man noch etwas, so findet man zum galaktischen Zentrum hin eine visuelle Extinktion von 27^m!

Sodann zeigte sich, daß in der Mitte von Sag A sich eine noch kompaktere *Infrarotquelle* deutlich abhebt, deren Durchmesser nur $\sim 16''$ bzw. 0.8 pc beträgt. In dieser endlich sitzt noch eine *Punktquelle* $\sim 0''.02$; möglicherweise ein Stern.

Die größte Überraschung der Infrarotastronomie aber war, daß die *spektrale Energieverteilung* S_v des Kerns unserer Galaxie, wie auch anderer Galaxien (z. Z. sind erst wenige untersucht), im Bereich $\sim 3\,\mu$ bis $1000\,\mu = 1$ mm bei $\sim 70\,\mu$ ein *Maximum* aufweist, das sich bei uns um ca. 3 Zehnerpotenzen, bei anderen Galaxien bis 5 Zehnerpotenzen über den Untergrund erhebt und einen entscheidenden Beitrag zur *Leuchtkraft* liefert. Der Ursprung dieser Strahlungskomponente ist z. Z. noch nicht geklärt.

Die Beobachtungen an Radiogalaxien (s. u.) legen die Vermutung nahe, daß die Emission nichtthermischer Radio- und Infrarotstrahlung im Zentrum des galaktischen Systems zusammenhängt mit Explosion(en) in dessen Kern. In der Tat führte die Entdeckung von *H I-Wolken hoher Geschwindigkeit* (die *nicht* durch Rotation erklärt werden kann) in Leiden *P. V. van der Kruit* 1970/71 zu der

Vorstellung, daß aus dem galaktischen Zentrum vor $\sim 6 \cdot 10^6$ Jahren etwa 1 Million Sonnenmassen (im wesentlichen Wasserstoff) mit $\sim 130\ \text{km s}^{-1}$ und schon früher, vor $12 \cdot 10^6$ Jahren innerhalb einiger Millionen Jahre eine 5—10mal größere Masse mit $\sim 6000\ \text{km s}^{-1}$ *ausgestoßen* worden sei. Während die erstere noch „unterwegs" ist, ist die letztere — die unter 25 bis 30° zur galaktischen Ebene weggeflogen war — in diese zurückgefallen und hat den Anstoß zu den in den inneren Bereichen des Milchstraßensystems beobachteten *Expansionsbewegungen*, z. B. des 3 kpc-Arms, gegeben.

Wir stellen alle Energie-Fragen noch zurück und beschäftigen uns zunächst mit „aktiveren" Galaxien.

2. Seyfert-Galaxien

Die Aktivität des Kerns wird optisch und radioastronomisch deutlicher faßbar bei dieser Klasse von (meist spiralförmigen) Galaxien, die 1943 von *C. K. Seyfert* zunächst optisch entdeckt wurde. Die „*Seyfert-Kerne*" zeigen ein kräftiges *Emissionsspektrum*, in dem die *Balmerlinien* des Wasserstoffs sowie He I und II und evtl. andere *erlaubte* Übergänge sich stets durch große *Breite* auszeichnen. In NGC 4151 z. B. entspricht die Halbwertsbreite von Hβ einem Dopplereffekt von etwa $6000\ \text{km s}^{-1}$. Die *verbotenen* Linien — meist hoher Anregung — von N II, O I—III, Ne III und V, S II, A IV, Fe III, IV, X, XIV dagegen haben in manchen Seyfert-Galaxien *dieselbe* Breite, in anderen sind sie erheblich *schmäler* (in NGC 4151 z. B. $\sim 450\ \text{km s}^{-1}$). Die Interpretation der Spektren führt zu dem Ergebnis, daß — im Prinzip wie in den diffusen und Planetarischen Nebeln — Plasma mit $\sim 10^5$ Elektronen/cm^3 durch heiße Sterne von ca. 20000 °K zum Leuchten angeregt wird. Dieses Plasma erfüllt allerdings nur $\sim 1\%$ des Kerns. Daneben braucht man zur Deutung der höchsten Ionisationsstufen nur kleinere Gasmengen mit erheblich höheren Temperaturen. Die *chemische Zusammensetzung* des Plasmas ist nach *D. E. Osterbrock* (1971) von der der Sonne und der normalen Sterne *nicht* zu unterscheiden. Die Entstehung der Dopplereffekte der Balmerlinien dürfte noch nicht geklärt sein: Wahrscheinlich handelt es sich um *Strömungen* mit einigen $1000\ \text{km s}^{-1}$; vielleicht aber werden auch die ursprünglich schärferen Linien durch *Streuung* an freien Elektronen (wie die Fraunhoferlinien in der Sonnenkorona) verbreitert.

In neuerer Zeit hat sich gezeigt, daß alle *Seyfert-Galaxien* kräftige nichtthermische Radiostrahlung, d. h. *Synchrotronstrahlung* aussenden. Die interferometrische Lokalisierung der Radioquellen führte nun zu äußerst interessanten Ergebnissen. Manche Seyfert-Galaxien haben nach *P. C. van der Kruit* (1971) eine Radioquelle im Kern. Andere haben symmetrisch zum Kern zwei strahlende Bereiche und gleichen zunächst den Radiogalaxien (s. u.), aber die Doppelquelle liegt bei den Seyfert-Galaxien anscheinend in deren Ebene! NGC 4736 z. B. hat schließlich beiderlei Quellen. In einigen Fällen konnte man die Radioquellen mit Langbasisinterferometern bis $\sim 10^{-3}$ Bogensekunden auflösen und erhielt so z. B. für NGC 1275 $= 3$ C 84 drei ineinander steckende Gebilde mit den (Halbwerts-)*Durchmessern*

$$
\begin{array}{ccc}
300'' & 0''.02 & 0''.001 \\
\text{bzw. } 80\ \text{kpc} & 5\ \text{pc} & 0.3\ \text{pc.}
\end{array}
$$

(Auch zeitliche Änderungen der Seyfert-Kerne in ∼ Monaten lassen auf eine feinere Struktur schließen.)

Die schon beschriebenen Phänomene in den „normalen" Galaxien machen im Vergleich zu den Seyfert-Galaxien den Eindruck eines etwas bruchstückhaften oder verkümmerten Gegenstücks. Man gelangt so zu der Auffassung, daß alle oder jedenfalls die meisten helleren Galaxien zeitweise die „Seyfert-Krankheit" bekommen. Da ca. 1 % der Galaxien das Seyfert-Phänomen zeigen, dürfte dessen Gesamtdauer (vielleicht mit Unterbrechungen) größenordnungsmäßig 10^8 Jahre betragen.

Das von *Seyfert* 1943 gefundene Klassifikationskriterium ist nicht das einzig mögliche. Daneben bezeichnet man als *N-Galaxien* (*W. W. Morgan*, 1958) Objekte, die (optisch) einen hellen, sternartigen Kern mit einer schwachen, nebligen Hülle haben. Wahrscheinlich sind alle Seyfert-Galaxien zugleich vom N-Typ, aber sicher nicht umgekehrt. Dem N-Typ verwandt, aber noch weiter gefaßt, ist die Klasse der *kompakten Galaxien* nach *F. Zwicky* (1963), die per. def. innen einen Bereich haben sollen, dessen *Flächenhelligkeit* größer ist als 20^m pro □″. Endlich bezeichnet man als *Markarian-Galaxien* solche, die — z.B. auf Spektren kleiner Dispersion — einen wesentlichen *Ultraviolettexzeß* (gegenüber normalen Objekten) aufweisen. Die Verwandtschaft des von *B. E. Markarian* (1967) gewählten Kriteriums mit dem *Seyfertschen* ist evident. Aufgabe der Zukunft muß es bleiben, eine Klassifikation zu finden, welche einerseits die *permanenten*, andererseits die *temporären* Züge der Galaxien in möglichst unmittelbarem Anschluß an die Beobachtungen übersichtlich darstellt.

3. Radiogalaxien

1954 hatten die Messungen der Positionen von mehreren der stärkeren Radioquellen eine solche Genauigkeit erreicht, daß *W. Baade* und *R. Minkowski* ihre Identifikation mit optischen Objekten gelang. Insbesondere ließ sich die zweitstärkste Radioquelle am Nordhimmel, *Cygnus* A, einem optisch erstaunlich schwachen Objekt der phot. Helligkeit 17^{m}9 zuordnen. Dessen *Spektrum* zeigt neben einem schwachen Kontinuum und Hα verbotene Linien von [O I und III], [N II], [Ne III und V]..., mit einer *Rotverschiebung* (Abschn. 30) entsprechend 16830 km/sec. Es handelt sich also um ein *extragalaktisches* Objekt in ∼ 170 Mpc Entfernung. Das optische Bild zeigt zwei „Kerne" in ∼ 2″ Abstand. *Baade* und *Minkowski* interpretierten diese zunächst als zwei *zusammenstoßende Galaxien*. Bei dem Zusammenstoß würden die Sterne nur wenig gestört, dagegen das Gas aus beiden Galaxien herausgefegt und zur Radiostrahlung angeregt. Die neuere Forschung hat dieses Bild nicht bestätigen können.

Messungen von *R. Hanbury Brown*, *R. C. Jennison* und *M. K. Das Gupta* mit dem großen Korrelations-Interferometer am Jodrell Bank Observatory zeigten 1953, daß die Radiostrahlung des Cygnus A nicht von der Galaxie selbst ausgeht, sondern von *zwei* fast symmetrisch dazu befindlichen Komponenten. Cygnus A ist der Prototyp einer *Radiogalaxie*; in manchen Objekten sendet auch die Galaxie selbst noch Radiostrahlung aus.

In Abb. 28.3 zeigen wir sogleich ein *Isophotenbild*, das *S. Mitton* und *M. Ryle* (1969) an dem Cambridger Apertursynthese-Radioteleskop bei 5 GHz bzw.

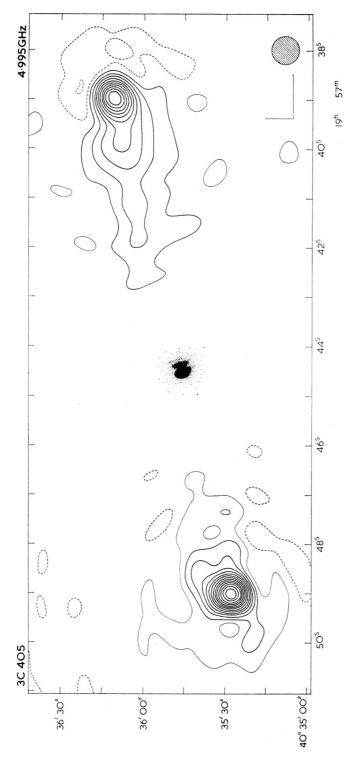

Abb. 28.3. Cygnus A bei 5 GHz bzw. λ 6 cm. Radio-Isophoten mit Intervallen der Strahlungs-temperatur von 4800 °K (*S. Milton* und *M. Ryle*, 1969). Das optische Bild der Galaxie (*W. Baade* und *R. Minkowski*, 1954) ist eingezeichnet. Der schraffierte Kreis kennzeichnet die Antennenkeule. Die Maßstäbe in *R A* und *δ* sind so gewählt, daß diese als Kreis erscheint; die Skala des ⌞ ist je 10″

$\lambda\,6$ cm mit einem Auflösungsvermögen von $6\overset{\prime\prime}{.}5 \times 9''$ (in RA bzw. δ) gewonnen haben. Das optische Bild der Galaxie ist einge*zeichnet*[17]. Die Beobachtungen von

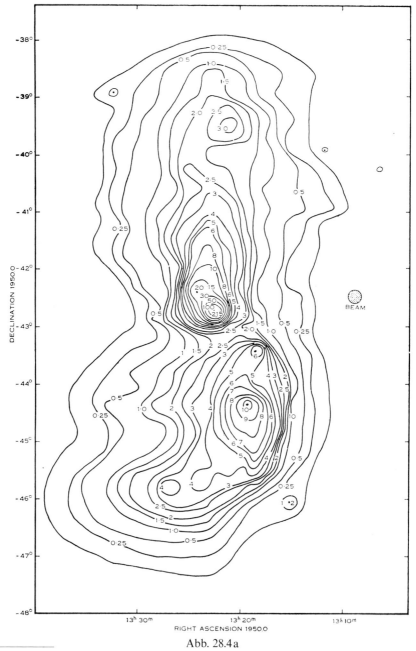

Abb. 28.4a

_____

[17] Neuere Messungen von *P. J. Hargrave* und *M. Ryle* (1974) bei 5 und 15 GHz zeigen auch die Radiostrahlung der Galaxie und weitere Details, die für die Weiterentwicklung der Theorie bedeutsam werden dürften.

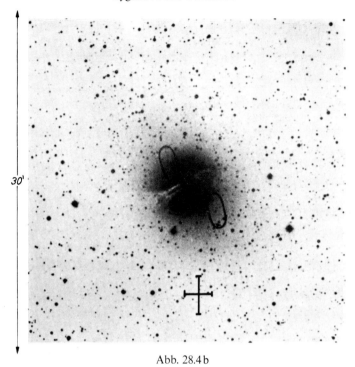

30'

Abb. 28.4 b

Abb. 28.4. Radioquelle Centaurus A = NGC 5128. a) Isophoten des Radiokontinuums bei 1420 MHz bzw. λ 21 cm nach *B. F. C. Cooper, R. M. Price* und *D. J. Cole,* 1965. Angegeben sind die Strahlungstemperaturen in °K. Der Kreis (rechts) mit 14' Durchmesser kennzeichnet das Auflösungsvermögen der Antenne. b) Die E0-Galaxie NGC 5128 (RA 13^h 22^m 31^{s}6, δ $-$42° 45'4, 1950) konnte identifiziert werden mit der in a) unaufgelösten Zentralquelle. Nach Interferometer-Beobachtungen von *P. Maltby* (1961) besteht diese wieder aus zwei Quellen, die fast symmetrisch zu dem merkwürdigen Absorptionsband liegen, das die Galaxie umgibt. Optisch tritt weder das enge (jüngere) noch das weitere (ältere) Paar von Radioquellen in Erscheinung. Als einziges Anzeichen der Explosionen, durch welche die Radioquellen aus dem Kern der Galaxie herausgeschleudert wurden, erkennt man in Abb. 28.4 b schwache Fortsätze etwa in Richtung der Verbindungslinie der beiden inneren Radioquellen (die wiederum nahezu mit der Rotationsachse der Galaxie übereinstimmt)

Cyg A und vielen ähnlichen Radiogalaxien legen die Deutung nahe, daß aus der zentralen Galaxie bei einer gigantischen Explosion etwa in Richtung ihrer Achse zwei Plasmawolken herausgeschleudert wurden. Ihr heutiger Abstand beträgt 2' bzw. $\sim$90 kpc (senkrecht zur Sehlinie); ihr Durchmesser je etwa 20 kpc. Die langgestreckte Form der beiden Komponenten deutet darauf hin, daß zusammen mit dem Plasma aus der Galaxie die Kraftlinien eines Magnetfeldes herausgerissen wurden. Nach *außen* sind die beiden Plasmawolken auffallend scharf begrenzt. Unter Berücksichtigung des endlichen Auflösungsvermögens erfolgt der größte Teil des Helligkeitsabfalles in < 1". Nach *D. S. de Young* und *W. I. Axford* (1967) ist hier das ausgestoßene Plasma gegen ein *intergalaktisches Medium* durch eine Stoßwelle abgegrenzt.

Die uns viel nähere Radiogalaxie *Centaurus A* = NGC 5128 erweist sich zunächst im optischen Bild (Abb. 28.4 b) als *elliptische Galaxie.* Ganz allgemein überwiegt übrigens unter den Radiogalaxien der Hubble-Typ E mit starker Bevorzugung der Riesengalaxien. Senkrecht zur Achse ist NGC 5128 umgeben von einem ziemlich turbulenten Band dunkler Materie (das bei Cyg A s.z. zwei Galaxien vortäuschte). Längs der Rotationsachse kann man auf Bildern mit hohem Kontrast schwache Anhänge bis $\sim 40\,\text{kpc}$ nach beiden Seiten verfolgen. Im Radiobild (Abb. 28.4) erkennt man ohne weiteres zwei Paare von Plasmawolken, deren Abstand von der Galaxie ca. 400000 bzw. 13000 Lichtjahre beträgt. Es müssen also in dieser Galaxie (wenigstens) zwei Explosionen stattgefunden haben, die *mindestens* eine entsprechende Anzahl von Jahren zurückliegen (da die Ausbreitungsgeschwindigkeit $<c$ sein muß). Die in der Zwischenzeit ausgestrahlte Energie kann nur aus den Explosionen stammen.

Wir versuchen nun, uns über das *Alter* sowie *Energieinhalt* und *-abstrahlung* der Radiogalaxien zu informieren. Von hieraus können wir dann hoffen, sogar eine Abschätzung für die Dichte der intergalaktischen Materie zu bekommen.

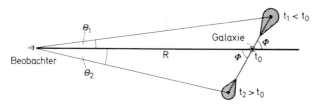

Abb. 28.5. Radiogalaxie. Von der Galaxie werden zur Zeit $t=0$ zwei Plasmawolken (mit Magnetfeld) diametral unter dem Winkel Φ zur Sehlinie mit der Geschwindigkeit v ausgestoßen. Wegen der endlichen Ausbreitungsgeschwindigkeit c des Lichtes sehen wir — im Vergleich zur Galaxie — einen früheren Zustand der von uns wegbewegten Wolke 1 und einen späteren Zustand der auf uns zu bewegten Wolke 2. Die Wolke 2 erscheint daher auch etwas weiter von der Galaxie entfernt, als die Wolke 1

Mit *M. Ryle* und *M.S. Longair* (1967) gehen wir aus von einer einfachen kinematischen Überlegung (Abb. 28.5): Eine Galaxie habe zur Zeit $t=0$ zwei Plasmawolken mit derselben Geschwindigkeit v unter dem Winkel Φ zur Sehrichtung ausgestoßen. Beobachten wir zur Zeit $t=t_0$, so erscheint uns die von uns *weg* bewegte Wolke 1 — von der das Licht zu uns länger braucht — so, wie sie in einem früheren Zeitpunkt t_1 war, während der Zustand der auf uns *zu* bewegten Wolke 2 einem späteren Zeitpunkt $t_2 > t_0$ entspricht. Im Augenblick der Beobachtung hat Wolke 1 die Strecke $t_1 \cdot v$, Wolke 2 dagegen die größere Strecke $t_2 \cdot v$ zurückgelegt. Es gilt also

$$t_0 - t_1 = t_1 \cdot v \cos \Phi / c \quad \text{und} \quad t_2 - t_0 = t_2 \cdot v \cos \Phi / c \qquad (28.8\,\text{a})$$

sowie für die *Winkelabstände* θ_1 und θ_2 der beiden Wolken von der Galaxie

$$\theta_1 = t_1 \cdot v \sin \Phi / R \quad \text{und} \quad \theta_2 = t_2 \cdot v \sin \Phi / R . \qquad (28.8\,\text{b})$$

R bedeutet dabei die Entfernung der Galaxie, die man aus ihrer Rotverschiebung (Abschn. 30) erhält.

Aus diesen vier Gleichungen kann man ohne weiteres t_0, t_1 t_2 und v/c ausrechnen, wenn man über den Winkel Φ eine plausible Annahme macht. Da die Achsen der Galaxien statisch verteilt sein werden, kommt den Φ-Bereichen

$0° — 60°$ und $60° — 90°$ gleiche Wahrscheinlichkeit zu. Wie man sich leicht überzeugt, macht man keine großen Fehler, indem man *durchweg* $\Phi \approx 60°$ setzt.

Wenden wir uns zunächst nochmals der Radioquelle *Cygnus A* zu, so können wir den schon angegebenen Daten entnehmen, daß die beiden Komponenten sich von ihrer Muttergalaxie z. Z. mit *Geschwindigkeiten* von $v/c = 0.1$ bis 0.2 (je nach dem angenommenen Winkel Φ) entfernen. Ihr Alter beträgt $t_0 \approx 5 \cdot 10^5$ Jahre. Die *Energie*, welche in den Synchrotronelektronen und den Magnetfeldern der beiden Komponenten z. Z. enthalten ist, kann man mittels der Theorie der Synchrotronstrahlung abschätzen. Zunächst gibt nach Gl. 28.4 und 5 der Spektralindex Auskunft über die *Geschwindigkeitsverteilung* der Elektronen. Dann kann man die Ausstrahlung pro Volumeinheit berechnen in Abhängigkeit von der Anzahl der Elektronen pro cm^3 *und* der Stärke des Magnetfeldes, bzw. deren Energiedichte. Schließlich erhält man unter der plausiblen Annahme, daß die Energiedichten der Synchrotronelektronen plus -protonen und des Magnetfeldes einander ungefähr gleich sind, die Gesamtenergiedichte, genauer gesagt einen unteren Grenzwert derselben. So erfährt man z. B., daß die Radiokomponenten von Cyg A z. Z. einen *Energiebetrag* von $\sim 4 \cdot 10^{58}$ erg enthalten. Andererseits berechnet man die *Ausstrahlung pro Zeiteinheit* durch Integration über das ganze Radiospektrum zu $\sim 5 \cdot 10^{44}$ erg s^{-1}. Aus dem Vorrat von $4 \cdot 10^{58}$ erg könnte dieser Energieverlust über $0.8 \cdot 10^{14}$ s $\approx 3 \cdot 10^6$ Jahre gedeckt werden, was gut mit der Datierung nach *Ryle* und *Longair* übereinstimmt.

Ein größeres Beobachtungsmaterial lehrt, daß die Explosion verschiedener Radiogalaxien $\sim 10^4$ bis $3 \cdot 10^6$ Jahre zurückliegt. In dieser Zeit geht die Geschwindigkeit der Komponenten von $\sim c$ auf $\sim 0.1 c$ zurück und ihre Helligkeit bei 1407 MHz nimmt um ca. 3 Zehnerpotenzen ab. Ihren *anfänglichen Energieinhalt* kann man (mit erheblicher Unsicherheit) auf $\sim 10^{62}$ erg abschätzen.

Wie wir im Anschluß an *de Young* und *Axford* bemerkten, ist die scharfe Begrenzung der beiden Plasmawolken nach außen offenbar zurückzuführen auf die Bildung einer *Stoßwelle*. Dann aber muß der Staudruck im *intergalaktischen Medium* der Dichte ρ_0, d. h. $\rho_0 \cdot v^2/2$, von derselben Größenordnung sein wie der innere Druck bzw. die Energiedichte in der Komponente unmittelbar hinter der Stoßwelle. Folgt man den im vorhergehenden für Cyg A abgeschätzten Zahlenwerten, so erhält man nach *S. Mitton* und *M. Ryle*

$$\rho_0 \approx 10^{-28} \, \text{g cm}^{-3} \, . \tag{28.9}$$

Dieser Zahlenwert für die *Dichte der intergalaktischen Materie* — den wir später mit anderen Abschätzungen vergleichen werden — ist von größter Bedeutung für die Konstruktion *kosmologischer Weltmodelle* (Abschn. 30).

4. *Explodierende Galaxien;* M 82 *und* NGC 1275

Genauere Auskunft über die Explosion im Kern einer Galaxie erhalten wir in den wenigen Fällen, die wir auch optisch bzw. spektroskopisch beobachten können.

Dies gelang zuerst *C. R. Lynds* und *A. R. Sandage* 1963 bei der Galaxie M 82.

Die (entsprechend ihrer Zugehörigkeit zur M 81-Gruppe) etwa 3 Mpc von uns entfernte, seit 1961 als Radioquelle bekannte Galaxie M 82 bietet äußerlich das

Bild einer irregulären Galaxie. Tatsächlich handelt es sich um eine abgeplattete Galaxie, aus deren Kern nach beiden Seiten längs der Achse — wie Spektren und Hα-Aufnahmen (Abb. 28.6) zeigen — riesige Wasserstoffmassen hervorschießen, deren Geschwindigkeit der Entfernung vom Kern proportional ist. Man kann diese *Filamente* nach beiden Seiten bis zu einem Abstand von $\sim 4000\,\mathrm{pc}$ vom Kern der Galaxie verfolgen; dort ist ihre Geschwindigkeit $\sim 2700\,\mathrm{km/sec}$. Hieraus rechnet man leicht aus, daß die Explosion vor 1.5 Millionen Jahren stattgefunden hat. Aus der Intensität von Hα kann man die *Masse* der herausgeschleuderten Filamente zu $\lesssim 5.6 \cdot 10^6$ Sonnenmassen und ihre mittlere *Dichte* zu $\sim 10\,\mathrm{Protonen/cm^3}$ ermitteln. Die gesamte kinetische *Energie* der bewegten Gasmassen ergibt sich zu $\lesssim 2.4 \cdot 10^{55}\,\mathrm{erg}$.

Zum Vergleich' rechnen wir leicht nach, daß z. B. $5.6 \cdot 10^6$ Sonnen in dem Zeitraum von 1.5 Millionen Jahren ca. 4% dieser Energie ausstrahlen würden.

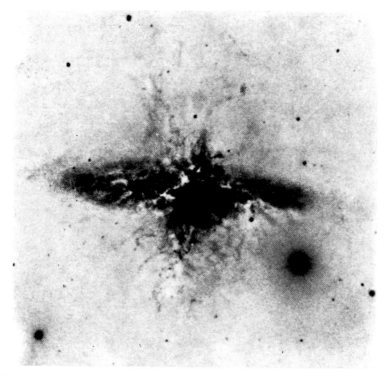

Abb. 28.6. Radioquelle M 82. Hα-Aufnahme von *A. R. Sandage* (1964) (Negativ) am Mt. Palomar 200″ Teleskop. Die Wasserstoff-Filamente wurden bis $\sim 4000\,\mathrm{pc}$ beiderseits der Scheibe der Galaxie herausgeschleudert durch eine Explosion, die vor ~ 1.5 Millionen Jahren stattfand

Die *Synchrotronstrahlung* des M 82, integriert vom Gebiet der Radiowellen bis ins sichtbare Spektralgebiet, in den 1.5 Millionen Jahren seit der Explosion der Galaxie beläuft sich (unter Annahme zeitlicher Konstanz) auf $9 \cdot 10^{55}\,\mathrm{erg}$. Dieser Energiebetrag muß also in Synchrotronelektronen mit Energien bis

$\sim 5 \cdot 10^{12}$ eV gespeichert worden sein. Nach *Lynds* und *Sandage* erscheint dies möglich, wenn das Magnetfeld $< 2 \cdot 10^{-6}$ Gauß ist. Den insgesamt bei der Explosion freigewordenen *Energiebetrag* kann man nur versuchsweise auf 10^{56} bis 10^{58} erg schätzen. Die heutige Ausstrahlung im Radiofrequenzgebiet [von 10^7 bis 10^{11} Hz; vgl. (28.3)] für Radiogalaxien wie Cyg A ist noch $\sim 10^5$ mal stärker als die von M 82 ($5.1 \cdot 10^{44}$ gegenüber $4.2 \cdot 10^{39}$ erg · sec^{-1}).

Neuerdings hat sich gezeigt, daß die Hα-Strahlung von M 82 partiell *polarisiert* ist. Wenn diese Polarisation darauf zurückzuführen wäre, daß im Kern emittierte Strahlung durch Streuung an freien Elektronen zu uns gelangt, so müßten die Dichteabschätzungen entsprechend modifiziert werden.

Ähnliche Hα-Filamente beobachtete *R. Lynds* 1970 in der Galaxie NGC 1275 im Perseus-Haufen, die schon 1954 *W. Baade* und *R. Minkowski* mit der starken Radioquelle Perseus A identifiziert haben. Ihr Inneres zeigt — wie wir schon erwähnten — alle Charakteristika einer Seyfert-Galaxie. Darüber hinaus aber erkennt man bis $\sim 140''$ vom Zentrum zahlreiche langgestreckte (anscheinend unpolarisierte) *Hα-Filamente*, die äußerlich eine gewisse Ähnlichkeit mit denen des Crab-Nebels haben. Auch NGC 1275 = Per A ist offenbar eine Radiogalaxie, die sich im Zustande der Explosion befindet. Während wir es bei M 82 und NGC 1275 mit verhältnismäßig sanften Explosionen zu tun haben, werden wir im folgenden Abschnitt mit den *Quasaren* die eigentlichen Jugendstadien der Radiogalaxien vom Typus Cyg A etc. kennenlernen.

5. Quasare. Quasistellare Objekte

In den sechziger Jahren entdeckte man, daß eine Anzahl von keineswegs schwachen Radioquellen des 3 C (= 3. Cambridger Katalog diskreter Radioquellen) optisch zu identifizieren waren mit Objekten, die auch auf 200''-Aufnahmen nicht von gewöhnlichen Sternen unterschieden werden konnten. Die *optisch* wie *radioastronomisch* bestimmten *Durchmesser* $< 1''$ ließen zunächst erkennen, daß die neuartigen Objekte in beiden Spektralgebieten eine außergewöhnlich *große Flächenhelligkeit* besitzen.

1962/63 untersuchte *M. Schmidt* ihre Spektren; sie zeigen ein *Kontinuum* und starke *Emissionslinien*; ähnlich denen der schon bekannten Radiogalaxien. Das Neue waren die enormen *Rotverschiebungen*, die — interpretiert im Sinne der *Hubble*-Relation (Abschn. 30) — zeigten, daß es sich um sehr entfernte, blaue kompakte *Galaxien* handelt. Deren visuelle *absolute Helligkeit* übertrifft die normaler Riesengalaxien bis zu 5^m, d.h. einen Faktor ~ 100. Ihre Radioleuchtkraft (z.B. integriert von 10^7 bis 10^{11} Hz) entspricht etwa der von Cyg A. Bei diesem Stand der Forschung prägte man die Bezeichnung *Quasar* = Quasistellar Radio Source.

1965 entdeckte aber *A. Sandage*, daß es viel mehr *quasistellare Galaxien* gibt, die mit ihren kompakten Strukturen, ihrer hohen Flächenhelligkeit und blauen Farbe *optisch* von den quasistellaren Radioquellen nicht zu unterscheiden sind, aber *keine* (oder höchstens ganz schwache) *Radiostrahlung* aussenden.

So unterschied man nun vielfach zwischen QSR = Quasistellar Radio Source oder QSG = Quasistellar Galaxy und QSO = Quasistellar Object (ohne Radiostrahlung).

Nachdem man heute wohl sagen kann, daß es sich um dieselbe Art kompakter Galaxien handelt — von denen jeweils ein kleiner Teil an der „Radiokrankheit" leidet —, scheint sich die Terminologie in dem Sinne zu wandeln, daß man *durchweg* von *Quasaren* oder *quasistellaren Galaxien* (Objekten) spricht und (nach Bedarf) hinzufügt, ob diese eine starke Radiostrahlung aussenden oder nicht.

Trägt man im *Zweifarbendiagramm* $U - B$ über $B - V$ auf, so zeigt sich (*A. Sandage* 1971), daß die *Quasare* (mit und ohne Radiostrahlung), die *Seyfert-Kerne*, die *N-Galaxien* und *blaue kompakte Galaxien* in einem schmalen Streifen etwa längs der Schwarze-Körper-Linie (vgl. Abb. 15.5) von links nach rechts angeordnet sind und so von Sternen (abgesehen von Weißen Zwergen oder stark verfärbten Objekten) gut unterschieden werden können. Ein solches Diagramm unterstreicht gleichzeitig die nahe Verwandtschaft der erwähnten Objekte.

Beobachtungen mit Radiointerferometern hoher Auflösung zeigen weiter, daß viele Quasare aus zwei Komponenten (ähnlich wie z.B. Cyg A) und/oder einer Zentralquelle bestehen. Wendet man wieder die Überlegungen von *M. Ryle* und *M.S. Longair* an, so findet man, daß bei den Quasaren die beiden Plasmabällen sich noch fast mit Lichtgeschwindigkeit bewegen (man muß dazu selbstverständlich die vollständigen Formeln der relativistischen Kinematik gebrauchen) und daß die Zeiträume seit der Explosion in den zentralen Galaxien hier etwa 10^2 bis 10^5 Jahre zurückliegen. Zum mindesten innerhalb gewisser Grenzen — über die noch zu sprechen wäre — können wir also Quasare als die Jugendstadien der Radiogalaxien vom Typus Cyg A auffassen. Ihre Kerne andererseits zeigen — wie wir schon bemerkten — eine Verwandtschaft zu den viel „sanfteren" der Seyfert-Galaxien.

Versuchen wir sodann, wenigstens einiges über den sicher sehr „unkonventionellen" physikalischen Zustand der Quasare zu erfahren! Ihr Radiospektrum ist ohne Zweifel als *Synchrotronstrahlung* zu deuten. In einigen Fällen ist auch — wie sich gezeigt hat — deren *Selbstabsorption* zu berücksichtigen. Daß auch das Kontinuum im optischen Spektralgebiet mit seinem *UV-Exzeß* (gegenüber normalen Galaxien) nach dem Synchrotronmechanismus erzeugt wird, zeigte sich zuerst in Beobachtungen der elliptischen Riesengalaxie M 87 = NGC 4486, der Radioquelle Virgo A. Aus deren Zentrum schießt ein „Strahl" heraus, der bläuliches polarisiertes Licht aussendet, das nur Synchrotronstrahlung sein kann. Zur Erzeugung eines Kontinuums im optischen Gebiet müssen Synchrotronelektronen jedenfalls bis $\sim 5 \cdot 10^{12}$ eV und sicher auch schwere Teilchen vergleichbarer Energie vorhanden sein. Hier haben wir offenbar also auch Quellen *kosmischer Ultrastrahlung* vor uns.

Die *Gesamtenergie* von Synchrotronelektronen, zugehörigen schweren Teilchen und Magnetfeld, welche in einem Quasar zur Verfügung steht, kann man wieder unter der Annahme approximativer Gleichverteilung abschätzen und kommt auf $\sim 10^{62}$ erg (manche Autoren halten sogar Werte bis 10^{64} erg für möglich). Von der Größe dieses Energiebetrages, der bei einer galaktischen Explosion frei werden kann, sollten wir uns eine deutliche Vorstellung machen: Sie entspricht der *nuklearen Energie* 0.007 mc^2 von $\sim 8 \cdot 10^9$ Sonnenmassen bzw. — als äußerste Möglichkeit — der gesamten relativistischen *Ruheenergie* mc^2 von $6 \cdot 10^7$ Sonnenmassen!

Die *Ausstrahlung*, integriert über das optische, infrarote und Radiogebiet erreicht Werte bis $\sim 10^{46}$ erg s^{-1}, die aus dem angegebenen Vorrat also längst gedeckt werden können.

Über die *räumliche Ausdehnung der Quasare* erhalten wir heute die beste Auskunft durch die Langbasisinterferometrie mit cm- und dm-Wellen, deren Auflösungsvermögen von $\sim 10^{-3}$ Bogensekunden das aller optischen Instrumente weit übertrifft.

Als Beispiel betrachten wir den wegen seiner Nähe eingehend untersuchten Quasar 3 C 273. Aus der Rotverschiebung $z = 0.158$ (vgl. Abschn. 30) schließt man auf eine Distanz von ~ 500 Mpc; $1''$ entspricht also ~ 2.4 kpc. Wie zunächst optische und Radiobilder übereinstimmend zeigen, erstreckt sich radial aus dem eigentlichen Quasar heraus ein dünner „Jet" — 3 C 273 A genannt — bis in eine Entfernung von $\sim 20''$. Da er sich nicht schneller als Lichtgeschwindigkeit c bewegt haben kann, muß sein Alter *mindestens* $1.5 \cdot 10^5$ Jahre betragen und dürfte von der Größenordnung $\sim 10^6$ Jahre sein. Der eigentliche Quasar besteht aus einer Art Halo von $\sim 0''\!.022 \approx 50$ pc (Komponente *B*); darin befindet sich die Komponente *C* mit $0''\!.002 \approx 5$ pc und die noch kleinere, höchstens teilweise aufgelöste Komponente $D \leq 0''\!.0004 \approx 1$ pc. Im Frequenzbereich $> 10^4$ MHz liefert die kleinste Komponente *D* den größten Teil des Strahlungsflusses. Nach längeren Wellenlängen zu fällt dagegen der Strahlungsfluß zuerst bei *D*, dann bei *C* und schließlich bei *B* rasch ab infolge *Selbstabsorption* der Synchrotronstrahlung, besonders in den dichteren Teilen.

Die überraschende *Kleinheit* der zentralen Komponente (*D*) in 3 C 273 und anderen Quasaren, welche offensichtlich als die eigentliche *Quelle* ihrer Energie und ihrer „Aktivität" anzusehen ist, wird bestätigt durch die *zeitliche Veränderlichkeit* der optischen — und Radiostrahlung. Deren charakteristische *Zeiten* sind von der Größenordnung Wochen bis Jahre, was besagt, daß die Ausdehnung der strahlenden Bereiche höchstens wenige Zehntel Lichtjahre betragen kann.

Unsere Kenntnis der *Massen* der Quasare ist noch sehr bescheiden: Aus den absoluten Intensitäten der *Emissionslinien* im optischen Gebiet kann man — mit einiger Unsicherheit bezüglich des Mechanismus' der Anregung — die Masse des leuchtenden Gases abschätzen und findet so die Größenordnung von 10^6 Sonnenmassen. Über die Gesamtmasse wissen wir z. Z. nichts; man möchte vermuten, daß sie etwa der der ruhigeren Galaxienkerne mit $\sim 10^7$ bis 10^8 Sonnenmassen entspricht.

Von höchstem Interesse ist die Frage, woraus die leuchtenden Gaswolken — wahrscheinlich also die äußersten Zonen — der Quasare bestehen? Die sehr schwierigen Fragen bezüglich der Anregungsprozesse der Emissionslinien können wir hier nicht diskutieren. Achtet man aber zunächst einmal nur darauf, welche chemischen *Elemente* durch irgendwelche Linien vertreten sind, so zeigt sich, daß dies alle die Elemente sind, deren *Häufigkeit* auf der Sonne größer oder gleich der des *Eisens* ist. Mit großer Überraschung ziehen wir daraus den Schluß, daß wir es in den *Quasaren* — dasselbe fanden wir schon für die *Seyfertkerne* — mit ziemlich normaler *kosmischer Materie* zu tun haben.

Dieser Schluß wird bestätigt durch die *Absorptionslinien*, welche man in den Spektren vieler Quasare gefunden hat. Diese Linien sind *relativ* zu den Emissionslinien meist *violettverschoben* und rühren her von Gaswolken, die aus dem Quasar

mit Geschwindigkeiten von einigen hundert km s^{-1} bis etwa $\frac{1}{3}$ Lichtgeschwindigkeit ausgeschleudert werden. Auch diese *Absorptionsspektren der Quasare* deuten
nach *Y. W. Tung Chan* und *E. M. Burbidge* (1971) auf eine chemische Zusammensetzung, welche von der der gewöhnlichen *kosmischen Materie* nicht all zu verschieden ist.

Die — hier nur in Umrissen dargestellten — Beobachtungen der Quasare
lassen erkennen, daß von ihnen offenbar ein stetiger Übergang zu den nur quantitativ nicht so gewaltigen Aktivitäten der Radiogalaxien, Seyfert-Kerne, N-Galaxien usw. führt. Neuere Beobachtungen an den *Hale Observatories* und deren
statistische Auswertung machen es in der Tat so gut wie sicher, daß die sternartig
erscheinenden Quasare nichts anderes sind als die — um bis zu $\sim 5^{m}$ „zu hellen" —
Kerne von Galaxien, deren äußere Bereiche größtenteils auch mit dem 200″ Teleskop nicht mehr photographiert werden können.

Die Kardinalfrage ist nun die nach dem Ursprung der in Quasaren, Radiogalaxien usw. zutagetretenden *Energie*beträge von $\sim 10^{62}$ erg. Wir haben schon
abgeschätzt, daß *nukleare Energie* auf keinen Fall ausreicht. Selbst wenn — als
äußerste Möglichkeit — die gesamte Ruhenergie Mc^2 einer Masse M „nutzbar"
gemacht werden kann, braucht man — wie wir sahen — $\sim 6 \cdot 10^7$ Sonnenmassen,
d. h. einen erheblichen Teil der Masse eines Galaxienkernes. Der einzige, im Rahmen der heutigen Physik bekannte Prozeß, der einen erheblichen Bruchteil der
relativistischen Ruhenergie Mc^2 einer kosmischen Masse $M \approx 10^8$ Sonnenmasse
freisetzen könnte, ist die Gewinnung von (potentieller) Gravitationsenergie
durch Kontraktion, d. h. durch Zusammenstürzen. Bildet sich (dies ist nur im
Sinne einer rohen Abschätzung zu verstehen!) z. B. aus anfänglich weit verteilter Materie eine homogene Kugel vom Radius R, so ist der Umsatz an potentieller *Gravitationsenergie* V — andere Energieformen werden in derselben
Größenordnung liegen —:

$$V = \frac{3}{5} \cdot \frac{GM^2}{R}. \qquad (28.10)$$

Fordert man nun, daß $V \sim Mc^2$ werden soll, so ist — wie wir im Abschn. 30 sehen
werden — R von der Größenordnung des *Schwarzschild-Radius*, d. h. die zusam-
mengestürzte Materie muß eine Struktur annehmen, die zum mindesten Ähnlichkeit mit einem *Schwarzen Loch* hat. Für $6 \cdot 10^7$ Sonnenmassen wäre dessen
Radius $r_s \approx 170 \cdot 10^6$ km ≈ 1 Erdbahnradius. Wahrscheinlich handelt es sich
aber in den Quasaren nicht um *ein* homogenes Gebilde, sondern um eine Gruppe
von mehreren. Es erscheint jedoch verfrüht, unsere ganz provisorischen Abschätzungen weiter auszuspinnen.

Dagegen sollten wir noch kurz erwähnen, daß einige Astronomen — namentlich im Hinblick auf den enormen Energiebedarf der Quasare — die Ermittelung ihrer Entfernungen nach
dem *Hubble'schen* Rotverschiebungsgesetz bestritten haben. Sie versuchen vielmehr die
großen Rotverschiebungen der Quasare auf irgendwelche andere Weise zu deuten und die
Quasare als ein *lokales* Phänomen aufzufassen. Dieser Hypothese widerspricht die Erfahrung,
daß in jeder Hinsicht (Energiefluß und -inhalt; Abstand der äußeren Komponenten; Zugehörigkeit zu Galaxienhaufen) ein stetiger Übergang von den Quasaren zu den Radio-,
Seyfert- und N-Galaxien besteht. Ob es einige (ganz andersartige) lokale Objekte gibt, die
mit Quasaren verwechselt werden können, mag dahingestellt bleiben.

c) Kosmische Ultrastrahlung

Der nichtthermischen *Radiofrequenzstrahlung* stellen wir als zweite nichtthermische Strahlung gegenüber die *kosmische Ultrastrahlung* oder Höhenstrahlung (englisch: cosmic rays). Wir betrachten sogleich die *primäre Ultrastrahlung*, die man *vor* ihrer Wechselwirkung mit der Materie der *Erdatmosphäre* mittels Ballonen und Raketen und sogar vor ihrer Beeinflussung durch das *geomagnetische Feld* mittels künstlicher Satelliten und Raumsonden erforscht. Auf die verbleibenden *solaren Effekte* werden wir noch zu sprechen kommen.

Wir betrachten zunächst die *Nukleonenkomponente*, bestehend aus Protonen, α-Teilchen (He^{++}) und schweren Kernen (d.h. vollständig ionisierten Atomen). Mit Kernspurplatten, geeigneten Zähler-Anordnungen oder den Spuren in Festkörpern kann man ihre *Kernladungszahl Z* bestimmen und so auch ihre *Häufigkeitsverteilung* erhalten. Diese gleicht weitgehend der *kosmischen* (bzw. solaren) Häufigkeitsverteilung mit dem auffälligen Unterschied, daß die leichten Elemente Li, Be, B, die in Sternen äußerst selten sind, in der Ultrastrahlung fast dieselbe Häufigkeit haben, wie die folgenden schweren Elemente. Die Kerne Li, Be, B... entstehen in der Ultrastrahlung durch *Spallation*, d.h. infolge der Zertrümmerung von schweren Kernen, insbesondere Fe, durch energiereiche Protonen oder α-Teilchen. Die Wirkungsquerschnitte für solche Spallationsprozesse kann man mit den großen Beschleunigern — das Proton-Synchrotron von CERN erreicht ~ 25 GeV — messen; sie sind von der Größenordnung der geometrischen Kernquerschnitte. Aus dem Anzahlverhältnis der leichtesten und der schweren Kerne in der Ultrastrahlung kann man so berechnen, daß diese eine Materiemenge von 4 bis 6 g cm^{-2} durchlaufen hat. Diese Zahl ist jedoch mehr als ein oberer Grenzwert anzusehen. *P.H. Fowler* u.a. (1967) haben nämlich in der Ultrastrahlung Kerne bis zum Ende des periodischen Systems ($Z > 80$) und vielleicht sogar darüber hinaus, nachgewiesen. Solche „dicke" Kerne und weiterhin alle energieärmeren Kerne können nur eine *kleinere* Materiemenge durchlaufen haben. Mit Hilfe entsprechender Annahmen über die Verteilung der durchlaufenden Schichten interstellarer Materie einerseits sowie gemessenen oder berechneten Wirkungsquerschnitten für die Erzeugung und Vernichtung energiereicher Kerne andererseits haben *M.F.M. Shapiro* u.a. (1972) auf die chemische Zusammensetzung der Ultrastrahlung am Ort ihrer Entstehung zurückgeschlossen. Die Ergebnisse haben wir schon in Tab. 19.1 mit aufgeführt und bemerkt, daß die *Häufigkeitsverteilung der Elemente in der Ultrastrahlung* (am Entstehungsort) innerhalb plausibler Fehlergrenzen dieselbe ist wie die *kosmische Häufigkeitsverteilung* in der Sonne und anderen normalen Sternen etc. Ehe wir diese ebenso unerwartete wie wichtige Feststellung weiter verfolgen, müssen wir uns mit den *Energien* der Ultrastrahlungsteilchen befassen. Schon deren Durchdringungsvermögen — bis in tiefe Bergwerke — zeigte, daß wir es hier mit Energien zu tun haben, die jedes gewohnte Maß weit übertreffen.

Die *Energieverteilung* der Ultrastrahlungsteilchen — wir beschränken uns zunächst wieder auf die Nukleonenkomponente — ist bei kleineren Energiewerten durch magnetische und elektrische Ablenkungsversuche gewonnen worden. Bei großen Energien mißt man die Ionisationsenergie, welche die *großen*

Luftschauer (Auger-Schauer) in der Erdatmosphäre abladen. Das Ergebnis solcher Messungen über den enormen Energiebereich $10^8 < E < 10^{20}$ eV zeigt Abb. 28.7.

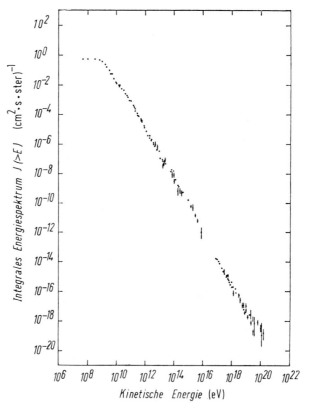

Abb. 28.7. Integrales Energiespektrum der kosmischen Ultrastrahlung. Aufgetragen ist die Anzahl $J(>E)$ der Teilchen mit Energie $>E$, welche durch eine Fläche von 1 cm^2 pro sec und Raumwinkel 1 gehen, als Funktion der Energie E in e-Volt. Bei $E > 10^{10}$ eV wird der Einfluß des interplanetaren Magnetfeldes unwesentlich. Von da bis zu den höchsten in Luftschauern gemessenen Energien von $\sim 10^{20}$ eV kann man das Energiespektrum durch die Interpolationsformel darstellen:

$$J(>E) = 1 \cdot 10^{16} \cdot E^{-1.74 \pm 0.1}$$

Sonst können wir hier auf die komplizierten Vorgänge beim Eindringen der primären Ultrastrahlung in die *Erdatmosphäre* nicht näher eingehen. Dagegen müssen wir genauer diskutieren die Ablenkung der geladenen Ultrastrahlungsteilchen durch *Magnetfelder*, nämlich das *geomagnetische Feld*, das *interplanetare Magnetfeld* der Sonne und das *interstellare Magnetfeld* des Milchstraßensystems.

Ein *Teilchen* mit der Ladung e und dem Impuls $p = mv$ in einem *Magnetfeld H* bewegt sich in einer Ebene senkrecht zu diesem auf einem (Larmor-)*Kreis*, dessen Radius r_H gegeben ist durch[18]

$$p \cdot c = e \cdot H r_H. \tag{28.11}$$

Die sog. *magnetische Steifigkeit* $H r_H$ [Gauß · cm] ist also exakt verknüpft mit dem Impuls p. Für *relativistische Teilchen* ($E \gg m_0 c^2$ oder 0.51 MeV für Elektronen, 931 MeV für Protonen; $v \cong c$) gilt $E \approx c p$ und daher

$$E \approx e \cdot H r_H. \tag{28.12}$$

Rechnen wir E in Einheiten von

$$1 \text{ eV} = \text{Elektronenladung } e \times \frac{1}{300} \text{ elstat. Potentialeinheit},$$

so wird für einfach geladene Teilchen

$$r_H = \frac{E_{\text{eV}}}{300} \cdot \frac{1}{H} \text{ [cm]} \tag{28.13}$$

oder für unsere Absichten bequemer in parsec und GeV $= 10^9$ eV

$$r_{H, \text{pc}} = 1.08 \cdot 10^{-12} \, E_{\text{GeV}}/H. \tag{28.14}$$

Die allgemeine Bahnform geladener Teilchen im Magnetfeld entsteht durch Überlagerung der *Kreis*bewegung mit einer vom Magnetfeld nicht beeinflußten *Translation* längs der Kraftlinien. Die Teilchen bewegen sich also auf *Schrauben-linien* längs der magnetischen Kraftlinien.

Das *geomagnetische Feld* bewirkt, daß relativ energiearme geladene Teilchen die Erdoberfläche nur in einer bestimmten Zone um die geomagnetischen Pole herum erreichen können. Dies ist der von *J. Clay* entdeckte *Breiteneffekt*. Er verschwindet — wie man mit $r_H = $ Erdradius, $H = 1$ Gauß leicht abschätzt — etwa bei Energien > 100 GeV.

Sodann tritt die kosmische Ultrastrahlung bei ihrem Eindringen in das Planetensystem in Wechselwirkung mit dem *Sonnenwind* bzw. dem mit seinem Plasma nach außen strömenden *interplanetaren Magnetfeld* von $\sim 10^{-6}$ Gauß. So ist es nicht erstaunlich, daß die Intensität der Ultrastrahlung im Bereich des Planetensystems eine Abhängigkeit vom 27tägigen Zyklus der synodischen *Sonnen-rotation* und vom 11jährigen Zyklus der *Sonnenaktivität* aufweist.

Im *galaktischen Magnetfeld* von $5 \cdot 10^{-6}$ Gauß ist also der *Larmor-Radius* r_H für einfach geladene Teilchen von

$$\left. \begin{array}{lllll} E = \left\{ \begin{array}{l} 10^9 \\ 1 \end{array} \right. & 10^{12} & 10^{15} & 10^{18} \text{ eV} \\ & 10^3 & 10^6 & 10^9 \text{ GeV} \\ r_H = \;\; 2 \cdot 10^{-7} & 2 \cdot 10^{-4} & 0.2 & 200 \text{ pc}. \\ (0.045 \text{ astr. Einh.}) \end{array} \right\} \tag{28.15}$$

---

[18] Nennt man die Teilchengeschwindigkeit v und die Lichtgeschwindigkeit c, die Ruhemasse m_0 und die relativistische (bewegte) Masse $m = m_0/\sqrt{1-(v/c)^2}$, so ist allgemein der Impuls des Teilchens $p = mv$ und seine *Energie* $E = mc^2$. Für die Bewegung *senkrecht* zum Magnetfeld gilt: Zentrifugalkraft = Lorentzkraft oder $mv^2/r_H = \frac{e}{c} v H$, d.h. $mv = p = \frac{e}{c} H r_H$.

Wegen der Ablenkung der Teilchen durch das galaktische (und bei kleineren Energien außerdem durch das interplanetare und das terrestrische) Magnetfeld ist es nicht verwunderlich, daß die Richtungsverteilung der Teilchen innerhalb der Meßgenauigkeit *isotrop* ist. Um so wichtiger sind die durch die *Radioastronomie* und die *γ-Strahlen-Astronomie* (s. u.) gegebenen Möglichkeiten, etwas über ihre Herkunft zu erfahren.

Wir können die *Entstehung von Ultrastrahlungsteilchen* wenigstens in einem Falle sozusagen aus der Nähe beobachten, seitdem 1946 *S. E. Forbush* zeigen konnte, daß die *Sonne* bei großen *Eruptionen* (Flares) Ultrastrahlungsteilchen bis zu einigen GeV emittiert. Auf diese und weitere Untersuchungen von *A. Ehmert, J. A. Simpson, P. Meyer* u.a., die vor allem Aufschluß gaben über die Ausbreitung der Ultrastrahlung im interplanetaren Plasma- und Magnetfeld, können wir hier nicht weiter eingehen. Über den physikalischen Mechanismus der Beschleunigung geladener Teilchen in dem magnetischen Plasma der Sonnenchromosphäre oder -korona auf Energien von 10^9 bis 10^{10} eV wissen wir heute noch nicht Bescheid. Ob ein Induktionseffekt wie beim *Betatron* entscheidend ist oder ob die Strahlung zwischen zwei magnetischen „Spiegeln" (Stoßfronten?) eingequetscht und dabei beschleunigt wird *(E. Fermi)*, übersehen wir z. Z. noch nicht. Empirisch ist aber dies eine wohl klar und festzuhalten, daß die Beschleunigung von Teilchen auf hohe Energien in der Sonne wie in den riesigen Radioquellen stets in einem hochgradig *turbulenten Plasma mit Magnetfeld* erfolgt.

Diskutieren wir zunächst die kosmische Ultrastrahlung in unserer Milchstraße! Aus der Häufigkeit gewisser Isotope, die durch Spallationsprozesse in *Meteoriten* entstehen, weiß man, daß die Intensität der kosmischen Ultrastrahlung über Zeiträume von mindestens 10^8 Jahren praktisch konstant geblieben ist.

Wir vergleichen sodann in unserer Umgebung die *Energiedichte* für die

Kosmische Ultrastrahlung $\qquad\qquad\qquad \sim 1 \cdot 10^{-12}$ erg·cm^{-3}
(Schwerpunkt des Energiespektrums
bei ~ 7 GeV)
Thermische Strahlung, d. h. gesamtes
Sternlicht $\qquad\qquad\qquad\qquad\qquad 0.7 \cdot 10^{-12}$ erg·cm^{-3}
Kinetische Energie der interstellaren
Materie $\rho v^2/2$ $\qquad\qquad\qquad\quad \sim 0.4 \cdot 10^{-12}$ erg·cm^{-3}
(2 Protonenmassen/cm^3 mit
~ 7 km/sec)
Galaktisches Magnetfeld $H^2/8\pi$ $\qquad\quad \sim 1 \cdot 10^{-12}$ erg·cm^{-3}
(mit $H \approx 5 \cdot 10^{-6}$ Gauß)

$$\left. \right\} \quad (28.16)$$

Schon nach dem II. Hauptsatz der Thermodynamik erscheint es ausgeschlossen, daß in der Milchstraße etwa gleichviel Energie in Form der extrem nicht-thermischen Ultrastrahlung abgegeben wird, wie in Form thermischer Strahlung. Tatsächlich werden die Bahnen der geladenen Ultrastrahlungsteilchen im galaktischen Magnetfeld G aufgewickelt, d. h. sie bewegen sich $\perp G$ auf Larmorkreisen, deren Mittelpunkt $\parallel G$ eine Translationsbewegung ausführt. Auf solchen schraubenförmigen Bahnen werden die Teilchen in der Milchstraße gespeichert. Nach (28.15) wird man erwarten, daß dieser Mechanismus bis zu Energien von $\sim 10^{17}$ eV funktioniert. Aus der durchlaufenen Materienmenge von ~ 4 g cm^{-2} schließen wir — mit einer mittleren Dichte der interstellaren Materie von $\sim 2 \cdot 10^{-24}\,\mathrm{g\,cm^{-3}}$ — auf eine Flugstrecke der Teilchen von $\sim 600\,\mathrm{kpc}$ bzw. $2 \cdot 10^6$ Lichtjahren und dementsprechend eine Lebensdauer von $\sim 2 \cdot 10^6$ Jahren. Gegenüber nicht ablenkbaren Teilchen, z.B. Lichtquanten, die in der Milchstraßenscheibe im Mittel einen Weg von $\sim 300\,\mathrm{pc}$ zurücklegen, bedeutet dies also eine Anreicherung um einen Faktor $\sim 2 \cdot 10^3$. Die Tatsache, daß die Speicherung für verschiedene Kernladungszahlen Z etwa dieselbe ist, zeigt, daß das Ende der „Laufbahn" eines Ultrastrahlungsteilchens im allgemeinen nicht durch einen Kerntreffer, sondern durch sein Entweichen aus der Milchstraße bestimmt wird.

Den in (28.16) angegebenen *Energiedichten* entspricht jeweils ein gleich großer *Druck* (erg·$\mathrm{cm^{-3}}=\mathrm{dyn\cdot cm^{-2}}$). Die größenordnungsmäßige Gleichheit des magnetischen und des Turbulenzdruckes in der interstellaren Materie erscheint im Lichte der Magnetohydrodynamik plausibel. Die ungefähre Gleichheit des Druckes der Ultrastrahlung mit diesen dürfte so zu verstehen sein, daß Ultrastrahlung sich in der Milchstraße — „eingefroren" in deren Magnetfeld — jeweils ansammelt, bis ihr Druck ausreicht, um — wahrscheinlich zusammen mit einer gewissen Menge interstellarer Materie und deren Magnetfeld — in den Weltraum zu entweichen.

Da die mittlere Verweilzeit eines Ultrastrahlungsteilchens in der Milchstraße nur $\sim 2 \cdot 10^6$ Jahre beträgt, die Intensität der Ultrastrahlung dagegen über $\gtrsim 10^8$ Jahre ziemlich konstant geblieben ist, muß sie „nachgefüllt" werden. Man wird ihre Quellen zu suchen haben in hochgradig *turbulenten Plasmen* mit *Magnetfeldern*, deren Energiedichte $H^2/8\pi$ sich ungefähr entsprechend der kinetischen Energiedichte $\rho\,v^2/2$ einstellen dürfte. Dies sind aber gleichzeitig die starken *nichtthermischen Radiostrahler*. Auf diesen Zusammenhang hat Verfasser schon 1949 nachdrücklich hingewiesen.

Er wird unterstrichen durch neuere Messungen der 1961 von *P. Meyer* u.a. entdeckten *Elektronenkomponente der kosmischen Ultrastrahlung*. Ihre *Energieverteilung* entspricht in dem für die Erzeugung der galaktischen *Synchrotronstrahlung* wichtigen Bereich ~ 1 bis $10\,\mathrm{GeV}$ einem Potenzgesetz (s. Gl. 28.4) mit dem Exponenten $\gamma = 2.1$, was nach (28.5) auf ein *Radiospektrum* $I_v \sim v^{-0.55}$ führen würde in hinreichender Übereinstimmung mit dem beobachteten $I_v \sim v^{-0.7}$.

Es war lange Zeit unsicher, ob die Elektronenkomponente der Ultrastrahlung indirekt durch die *Zerfallskette*: π-Meson $\rightarrow$ μ-Meson (durchdringende Komponente) $\rightarrow$ Elektron entstehe *oder* durch direkte *Beschleunigung* zusammen mit den Nukleonen eines Plasmas. Im ersten Fall müßten etwa gleich viel Elektronen e^- und Protonen e^+ entstehen, während im zweiten Fall die Elektronen e^- erheblich überwiegen müßten. Das gemessene Verhältnis $e^-/e^+ \approx 10$ weist darauf hin, daß die Ultrastrahlungs- oder Synchrotronelektronen im Milchstraßensystem denselben Quellen entstammen wie die Nukleonenkomponente.

Welche Himmelskörper sind dies? Wir sahen schon, daß die Sonne Ultrastrahlung und Synchrotronstrahlung erzeugt. Aber insgesamt liefern die Flares der *Sonne* und auch die *Flaresterne* nur einen winzigen Beitrag zu den galaktischen Strahlungen. *I. S. Shklovsky*, *V. L. Ginzburg* u.a. haben sodann auf die Bedeutung der *Supernovae* hingewiesen. Neuerdings erkannte man, daß deren (mögliche) Überreste, die *Pulsare*, erhebliche Materiemengen auf hohe Energien beschleunigen. Obwohl der Beitrag der Supernovae und ihrer Überreste zur Ultrastrahlung

— über den man nur ziemlich unsichere Abschätzungen machen kann — in die richtige Größenordnung kommen könnte, ist es in neuester Zeit anhand radio-astronomischer Untersuchungen immer wahrscheinlicher geworden, daß wir wichtige *Quellen von Synchrotronelektronen und Ultrastrahlung* im Kern unserer Milchstraße wie auch in den Kernen ferner Galaxien bis zu den Quasaren zu suchen haben. (Noch ungeklärt ist, wie das Anzahlverhältnis von Elektronen:Protonen $\approx 1:50$ in der Ultrastrahlung zustande kommt.)

So dürfte sich auch das Rätsel der *energiereichsten Komponente* der Ultra-strahlung bis $\sim 10^{20}$ eV aufklären. Da der Radius der Larmorkreise schon bei 10^{18} eV der Dicke der galaktischen Scheibe und bei 10^{20} eV den Dimensionen des ganzen Systems entspricht, so können solche Teilchen unter keinen Umständen mehr gespeichert werden. Sie sind daher im Milchstraßensystem allein gegenüber der weicheren Strahlung um einen Faktor $\sim 2 \cdot 10^3$ benachteiligt. Sodann wissen wir, daß das Energiespektrum der solaren Komponente *steiler* ist, als das der galaktischen Strahlung. All dies legt die Vorstellung nahe, daß im Energiespektrum der Ultrastrahlung bei *hohen Energien* der Beitrag *ferner Galaxien(-kerne) und Quasare* immer mehr die Oberhand gewinnt. Anders wäre auch die sehr weit-gehende Isotropie dieser Strahlungskomponente kaum zu verstehen.

Wichtige Ergänzungen zu diesem Problemkreis sind von der *γ-Strahlen-Astronomie* zu erwarten. Es erscheint aber verfrüht, über die bisher vorliegenden Ergebnisse zusammenfassend zu berichten.

Dagegen sollten wir noch kurz auf die Möglichkeiten und bisherigen Ergebnisse der *Neutrino-Astronomie* hinweisen. Man unterscheidet heute — nach ihrer Entstehung bei Mesonen- bzw. β-Prozessen — die μ- und die e-Neutrinos nebst den zugehörigen Antineutrinos. Astronomische Bedeutung haben bis jetzt nur die e-Neutrinos erlangt. Wir haben schon darauf hingewiesen, daß mehrere Prozent der im Inneren der Sterne erzeugten Energie als *Neutrinostrahlung* direkt in den Weltraum entweichen. Der außerordentlich kleine Wirkungsquerschnitt der Neutrinos gegenüber jeder Art von Materie ermöglicht diesen, einen Stern, ja sogar das ganze Weltall ohne einen Zusammenstoß zu durcheilen. So kann uns die *Neutrino-Astronomie* direkte Auskunft über den energieerzeugenden Kern der *Sonne* geben.

Die Neutrinostrahlung des *gesamten Kosmos* in Verbindung mit seiner Entwicklungs-geschichte und seinen Zusammenhangsverhältnissen im Großen (Abschn. 30) sind z.Z. noch höchst interessante Zukunftsprobleme.

Der *Nachweis von Neutrinos* erfolgt über ihre Kernreaktion mit Cl^{37}; dabei entsteht A^{37}, das mit einer Halbwertszeit von ~ 35 Tagen weiter zerfällt. Die bei diesem Zerfall auftretenden Auger-Elektronen werden dann gezählt. Nach dieser Methode führt *R. Davis Jr.* seit 1964 Messungen zum Nachweis der *Sonnen-Neutrinos* durch.

Um Störungen durch die Ultrastrahlung möglichst zu vermeiden, ist die Apparatur in 1.48 km Tiefe in der Homstake Gold Mine in S.-Dakota aufgestellt. Als „Empfänger" dient ein Tank mit 378000 l Tetrachloräthylen C_2Cl_4 (das sonst zur chemischen Reinigung benutzt wird). Nach jeweils 2 bis 3 Halbwertszeiten wäscht man das A^{37} mit Helium aus und zählt seine Zerfallselektronen. Das der-zeitige Ergebnis (Juni 1972) entspricht $< 1 \cdot 10^{-36}$ Neutrinoprozessen pro sec und pro Cl^{37}-Atom.

Nach der Theorie wäre andererseits zu erwarten, daß Neutrinos in dem Energiebereich, auf welchen die Cl^{37}-Apparatur anspricht, im wesentlichen als Folge des pp-Prozesses beim Zerfall von B^8 (Gl. 25.20, unterste Zeile) gebildet werden. Die so berechnete Neutrinoproduktion ist aber ca. 9 mal *größer* als der gemessene obere Grenzwert.

Über die Ursache dieser Diskrepanz sind vielerlei Spekulationen angestellt worden. Diskutabel erscheinen die *Vermutungen*, daß entweder die Theorie der *Konvektion* im Inneren der Sonne noch unzureichend ist oder daß wir die *Folgereaktionen* des pp-Prozesses noch nicht genügend kennen.

29. Galaktische Evolution

Die Entstehung und die Entwicklung der Galaxien ist noch voller Rätsel und ungelöster Probleme. Schon eine oberflächliche Durchsicht des *Hubble Atlas of Galaxies* von *A. Sandage* (1961) und vollends von *H. Arp's Atlas of Peculiar Galaxies* (1966) dürfte als „gestufte Abschreckung" für voreilige Theoretiker genügen. So beschränken wir uns hier zunächst auf die Darstellung einiger Mechanismen, die im Leben der Galaxien eine wesentliche Rolle spielen dürften: (1) Die *Jeanssche Gravitationsinstabilität* und die Entstehung von Sternhaufen und Sternen. (2) Die Dynamik der *Spiralarme*, insbesondere deren Dichtewellen-Theorie. (3) Bildung einer *galaktischen Scheibe* durch Kollaps. (4) Bemerkungen zur *Entstehung* der Galaxien, soweit dieses Problem nicht in den Rahmen der *Kosmologie* (Abschn. 30) gehört. Daran sollen sich anschließen einige Überlegungen zur (5) Deutung der Häufigkeitsverteilungen der Elemente und der *chemischen (nuklearen) Evolution der Galaxien.*

a) Jeanssche Gravitationsinstabilität. Entstehung von Sternhaufen und Sternen

In Abschn. 26 haben wir schon gezeigt, daß und wie *Sterne* in jungen galaktischen Sternhaufen und Sternassoziationen aus interstelarer Materie entstehen. Nun untersuchen wir die viel weiter reichende Frage, unter welchen Umständen eine im Raum verteilte Gasmasse *instabil* wird, so daß sie sich unter dem Einfluß ihrer eigenen Schwere zusammenzieht. Daran schließt sich dann — wie wir sehen werden — eine weitere Zerteilung und die Entstehung einzelner *Sterne* an. Unsere Frage beantwortet das von *J. Jeans* (1902, 1928) entdeckte Kriterium der *Gravitationsinstabilität*. Wir begnügen uns mit einer Abschätzung, die dafür die wesentlichen Punkte erkennen läßt und betrachten zunächst eine einigermaßen homogene Kugel vom Radius R, der Dichte ρ und der Masse

$$M = \frac{4\pi}{3} \rho R^3 .$$ (29.1)

Befindet sich diese im Gleichgewicht, so ist nach dem *Virialsatz* (6.36) oder (26.6) das Verhältnis der doppelten kinetischen Energie $2 E_{kin}$ zur negativen potentiellen Energie $-E_{pot}$ gleich *Eins*. Ist demgegenüber E_{kin}, d.h. der Druck im Inneren, zu klein oder $-E_{pot}$ zu groß, so tritt *Gravitationsinstabilität* ein und die Masse stürzt zusammen.

Wie wir schon in Abschn. 26 sahen, ist E_{kin} gleich der thermischen Energie der Atome etc.; E_{pot} erhielten wir durch eine einfache Integration. So ergibt sich für die *Stabilitätsgrenze*

$$\frac{2\,E_{kin}}{-E_{pot}} = \frac{M \cdot 3\,\mathfrak{R}\,T/\mu}{\dfrac{3}{5}\,G\,M^2/R} = 1\;. \tag{29.2}$$

Wie üblich, bedeutet G die Gravitationskonstante, $\mathfrak{R}$ die Gaskonstante, T die Temperatur der Gasmasse und μ das mittlere Molekulargewicht. Haben wir in der Gasmasse noch turbulente Strömungen, so könnten wir statt $3\,\mathfrak{R}\,T/\mu$ einfach das — z.B. aus dem Dopplereffekt der 21 cm-Linie erhaltene — mittlere Geschwindigkeitsquadrat $\langle v^2 \rangle$ einsetzen. Eine Gasmasse kann also nur kollabieren, wenn ihr *Radius kleiner* ist, als

$$R = \frac{1}{5}\,\frac{G\,M}{\mathfrak{R}\,T/\mu} \quad \text{bzw.} \quad \frac{3}{5}\,\frac{G\,M}{\langle v^2 \rangle}\;. \tag{29.3}$$

Unter Hinzunahme von Gl. (29.1) ergibt sich sofort, daß ihre *Masse größer* sein muß, als

$$M = \frac{5^{3/2}}{(4\,\pi/3)^{1/2}} \cdot (\mathfrak{R}\,T/\mu\,G)^{3/2} \cdot \rho^{-1/2}\;. \tag{29.4}$$

Der Zahlenwert der Konstante ist 5.45.

Genauer besehen, ist unser Ansatz noch nicht sehr befriedigend. In Wirklichkeit dürfen wir nicht schon von einer *Gaskugel* ausgehen, sondern müssen eine mehr oder weniger inhomogene größere Gasmasse betrachten. Dem kann man nach *W. H. McCrea* (1957) Rechnung tragen, indem man — in Gedanken — auf die Oberfläche der Kugel einen *Druck* ausübt. Damit wird deren Kollaps begünstigt und gegebenenfalls etwas früher eingeleitet. Sodann müßten wir diskutieren, ob er mehr einer Adiabaten oder einer Isothermen folgt etc. Alle diese Verfeinerungen bewirken aber nur mäßige Änderungen in den *Konstanten* unserer Gl. (29.3) und (29.4).

Als wichtigste Anwendung untersuchen wir eine *Instabilität* im *interstellaren Gas*, dessen Dichte $\rho \approx 10^{-24}\,\text{g cm}^{-3}$ und dessen Temperatur (in neutralen Bereichen unter Berücksichtigung der Turbulenz) $T \approx 10^4\,°\text{K}$ sein mögen. Damit erhält man nach (29.4)

$$M \geq \cdot 6 \cdot 10^7\,M_{\odot}\;. \tag{29.5}$$

D.h. durch *Gravitationsinstabilität* kann in einer Galaxie zunächst nur ein Gebilde von der Größenordnung eines ganzen *Sternhaufens* entstehen. Erst wenn in diesem z.B. die Dichte um einen Faktor $\sim 10^4$ angewachsen (entsprechend $\sim 10^4$ Atomen/cm^3), die Turbulenz abgeklungen und die Temperatur auf $\sim 10\,°\text{K}$ abgesunken ist, kann die Entstehung einzelner *Sterne* beginnen. Im Hinblick auch auf viele andere Probleme, wie die Entstehung von Galaxien, von Planetensystemen etc. merken wir an: Je *größer* die Dichte ρ der Ursprungsmaterie ist, desto *kleiner* werden die daraus gebildeten Weltkörper.

b) Dynamik der Spiralarme. — Dichtewellentheorie

Die meisten Galaxien, welche eine rotierende *Scheibe* besitzen, haben auch — in diese eingebettet — *Spiralarme*. Eine Ausnahme machen die S0-Galaxien; sodann erinnern wir daran, daß es keine Zwerg-Spiralgalaxien gibt.

Die naive Vorstellung, daß ein Spiralarm stets aus *denselben* Sternen, Gaswolken etc. bestehe, scheitert an der Überlegung, daß ein solches Gebilde im Verlaufe weniger Umdrehungen der Scheibe, d.h. einiger 10^8 Jahre, durch die differentielle Rotation zerstört würde. Auch *magnetohydrodynamische Kräfte* reichen, wie neuere Messungen des interstellaren Magnetfeldes zeigen, zur Stabilisierung nicht aus. Ein Mechanismus zur ständigen Erneuerung materieller Spiralarme konnte nicht gefunden werden.

Demgegenüber hat schon vor vielen Jahren *B. Lindblad* versucht, die Erhaltung der Spiralstruktur über lange Zeiträume auf ein sektorielles System von *Dichtewellen* zurückzuführen. Die Spiralarme einer Galaxie sollten also zu verschiedenen Zeiten aus verschiedenen Sternen etc. bestehen, ähnlich wie z.B. der Kamm einer Meereswelle von ständig wechselnden Wasserteilchen gebildet wird. Zur Begründung führten *B. Lindblad* und seine Mitarbeiter umfangreiche Rechnungen über die Bahnen *einzelner Sterne* im mittleren Schwerefeld (Potentialfeld) einer galaktischen Scheibe durch. Diese Untersuchungen fanden wenig Anklang, wahrscheinlich aus dem Grunde, daß *Lindblad* lange Zeit meinte, die Spiralarme bewegten sich „vorlaufend", d.h. mit der konkaven Seite voraus. In vielen Spiralgalaxien kann man jedoch z.B. anhand der Dunkelwolken eindeutig unterscheiden, was „vorne" bzw. „hinten" ist und sieht dann, daß die Spiralarme in Wirklichkeit stets *„nachschleppen"* (trailing arms).

Erst seit 1964 haben dann *C. C. Lin* u.a. die *Dichtewellentheorie* der Spiralstruktur wiederbelebt, nun in Gestalt einer *Kontinuumstheorie*. Haben wir in der Scheibe einer Galaxie — deren differentielle Rotation mit Hilfe eines entsprechenden Potentialfeldes dargestellt wird — z.B. eine Stelle mit größerer Gasdichte, so wird diese eine Veränderung (Mulde) des Potentialfeldes hervorrufen. Diese hinwiederum beeinflußt die Geschwindigkeiten der Sterne und damit die Massendichte des „Sterngases". Damit nun *Potentialfeld*, *Gasdichte* und *Sterndichte* zusammenpassen, muß ein (ziemlich kompliziertes) System von Differentialgleichungen erfüllt sein, welches die Struktur und Ausbreitung von Dichtewellen in der Scheibe der Galaxie beschreibt. Aus der Mannigfaltigkeit der möglichen Lösungen greifen nun *C. C. Lin* und seine Mitarbeiter *eine* heraus, welche einer *quasistationären Spiralstruktur* entspricht (QSSS-Hypothese). Diese läuft — sozusagen starr — mit konstanter Winkelgeschwindigkeit Ω_p um. Ist diese Konstante festgelegt, so kann man die Form z.B. des Potentialminimums berechnen, das dann die Grundlage des Spiralarms bildet. Für unser Milchstraßensystem z.B. entnimmt man den Beobachtungen $\Omega_p \approx 125$ km s^{-1}/10 kpc, d.h. in unserer Umgebung läuft die Dichtewelle mit etwa der *halben Geschwindigkeit* der Sterne etc. um. Der beobachtbare Spiralarm kommt nun nach *W. W. Roberts* (1969) so zustande (Abb. 29.1), daß zunächst — wie gesagt — das interstellare *Gas* in die Dichtewelle von deren konkaver Seite her (bei uns mit ~ 125 km/sec) einströmt. Nach dem Potentialminimum zu erfolgt *Verdichtung*, die sich zunächst durch Auskondensieren von *interstellarem Staub* kenntlich macht. *W. Baade*

hatte schon vor langer Zeit betont, daß die *Staubarme* die Grundlage der Spiralstruktur bilden. Auf die neueren Radiobilder vom M 51, welche die zugehörige
Verstärkung der Radiofrequenzstrahlung infolge der Kompression des Magnetfeldes und der Synchrotronelektronen erkennen lassen, haben wir schon hingewiesen.

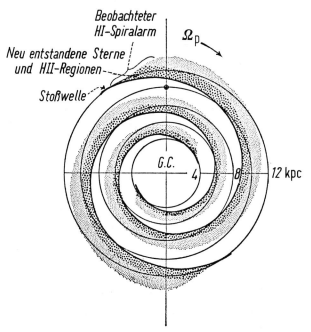

Abb. 29.1. Spiralstruktur unserer Galaxie ($\odot$ Sonne). Die quasistationäre spiralförmige
Dichtewelle nach *C. C. Lin* u.a. (zwei Arme) läuft mit der Winkelgeschwindigkeit Ω_p
≈ 125 km s^{-1}/10 kpc um. Sie wird dabei ständig überholt von der etwa doppelt so rasch
umlaufenden Materie (Gas, Sterne ...). Diese wird im Bereich der Potentialmulde der Dichtewelle komprimiert. In dem Gas entstehen dabei Dunkelwolken, verstärkte Synchrotronstrahlung und eine Stoßwelle (ausgezogene Linie). In dem „geschockten" Gas bilden sich
im Verlauf von $\sim 10^7$ Jahren junge helle Sterne und H II-Regionen. In größerem Abstand
von der Stoßwelle folgen ältere Sterne. Der größere Teil der Potentialmulde ist erfüllt mit
neutralem Wasserstoff (H I; 21 cm-Strahlung). Nach *W. W. Roberts* (1969)

Die Kompression des Gases führt weiter (Abb. 29.1) zur Bildung einer spiralförmigen *Stoßwelle*, welche ihrerseits *Jeans*-Instabilitäten und damit die Entstehung von *jungen Sternen* und *H II-Regionen* begünstigt. An der konvexen
Seite der Stoßfront beobachtet man in der Tat ein schmales Band mit hellen
blauen Sternen und H II-Regionen. Daran schließt sich ein breiteres verwasche-
nes Band mit älteren Sternen und Sternhaufen an; die alte Scheibenpopulation
endlich ist fast gleichförmig verteilt. In quantitativer Hinsicht schätzt *Lin* die
Amplituden des Gravitationsfeldes sowie der Gas- und Sterndichte zu je etwa 5%
des Mittelwertes ab.

Die *Dichtewellentheorie der Spiralstruktur* hat ohne Zweifel viele Anregungen, insbesondere auch zur Auswertung der 21 cm-Beobachtungen gegeben. Wesentliche Diskrepanzen zwischen Theorie und Beobachtung sind bis jetzt nicht aufgetaucht. Auf der anderen Seite sieht man sofort, daß die Theorie in ihrer heutigen Gestalt noch sehr unvollständig ist. Wir möchten nur auf einige *Fragen* aufmerksam machen, ohne auf die noch provisorischen Vorschläge zu ihrer Lösung einzugehen.

1. Weshalb beobachtet man *nur eine quasistationäre Dichtewelle*? Wodurch ist deren Umlauffrequenz Ω_p bestimmt?

2. Wie steht es mit der (ursprünglichen) *Anfachung* sowie mit der *Dämpfung* von Dichtewellen? Bezüglich der Anregung hat man an die Gezeitenwirkung benachbarter Galaxien (z. B. der Magellanischen Wolken) gedacht oder an Jeans-Instabilitäten im äußeren Teil der Spiralarme.

3. Unter welchen Umständen entwickelt eine Galaxie *keine* Spiralstruktur? Weshalb gibt es *keine Zwergspiralen*? — Auch auf die besonderen Probleme der *Balkenspiralen* können wir hier nicht eingehen.

Angesichts dieser Wunschliste gewinnt eine ganz andersartige mathematische Methodik an Interesse: Mit Hilfe großer *Computer* haben mehrere Forschergruppen (*R. H. Miller, K. H. Prendergast* und *W. J. Quirk* 1968; *F. Hohl* 1970 u. a.) die Bewegungen von einigen 10^5 Sternen unter dem Einfluß ihrer wechselseitigen Gravitation als n-Körper-Problem *simuliert* und zahlreiche aufeinanderfolgende Stadien eines solchen Systems bildlich dargestellt. Die Bedeutung dieser Technik liegt nicht zuletzt darin, daß es nun möglich ist, mit verschiedenartigen Galaxien sozusagen zu *experimentieren*. In den bis jetzt untersuchten Fällen bildet sich aus einer homogenen Scheibe heraus im Verlaufe von nicht ganz einer Umdrehung eine Spiralstruktur. Diese hat keinen quasistationären Charakter, sondern ändert und *erneuert* sich beständig.

Über das weshalb und die Beziehungen solcher Simulationsexperimente zur *Linschen* Theorie schweigt der Computer. Man möchte aber vermuten, daß der QSSS-Hypothese zwar keine strenge Gültigkeit, aber doch die Bedeutung einer sinnvollen Näherung zukommen dürfte.

c) *Formen der Galaxien. — Entstehung einer galaktischen Scheibe durch Kollaps*

Aus der Häufigkeitsverteilung der auf den Platten gemessenen *scheinbaren* Achsenverhältnisse der Galaxien verschiedener Hubble-Typen kann man rechnerisch — da die Richtungen der Rotationsachsen statistisch verteilt sein werden — die Verteilung der *wahren Achsenverhältnisse* q ($=$kleine/große Halbachse) ermitteln. Eine Untersuchung von *A. Sandage, K. C. Freeman* und *N. R. Stokes* (1970) ergab — in Fortführung der klassischen Arbeiten von *E. Hubble* —, daß die wahren Achsenverhältnisse der *elliptischen Galaxien* den Bereich von $q=1$ bis $q \simeq 0.3$ erfüllen, während *alle* Galaxien der Typen S0, SB0 (ohne Spiralarme) und Sa, Sb, Sc (mit Spiralarmen) Achsenverhältnisse in dem schmalen Bereich $q=0.25 \pm 0.06$ aufweisen.

Auch in der radialen Verteilung der *Flächenhelligkeit* $I(r)$ unterscheiden sich die beiden Gruppen in charakteristischer Weise.

Die Helligkeitsverteilung in *E-Galaxien* und den — bis auf die Massen — in vieler Hinsicht ähnlichen *Kugelsternhaufen* kann man (mit gewissen Einschränkungen; s. u.) nach *G. de Vaucouleurs* bzw. *I. R. King* darstellen durch empirische Formeln der Art

$$\log I(r)/I_0 = -(r/r_k)^{1/4} \quad \text{bzw.} \quad I(r)/I_0 = 1 \bigg/ 1 + \left(\frac{r}{r_c}\right)^2 . \tag{29.6}$$

Ein derartiger Typus der Helligkeitsverteilung bzw. der entsprechenden Dichteverteilung kommt dadurch zustande, daß bei großer Sterndichte die *Relaxationszeit*, in welcher durch nahe Vorbeigänge eine weitgehende Annäherung an eine Maxwellsche Geschwindigkeitsverteilung der Sterne bewirkt wird, relativ kurz ist. In den äußeren Teilen der Kugelhaufen und der Zwerg-*E*-Galaxien werden aber andererseits die Sterne mit *großer Energie*, die sich zu weit vom Zentrum entfernen, durch die *Gezeitenkräfte* der benachbarten Riesengalaxie ständig „abgepflückt". So wird der Haufen bzw. die Zwerggalaxie bei einem bestimmten „Gezeitenradius" r_t abgeschnitten; etwa ab $r > r_t/10$ sind deshalb Gleichungen wie (29.6) nicht mehr brauchbar. Schließlich können die hier nur skizzierten Ansätze der starken Massenhäufung in den *Kernen* der Riesen-E-Galaxien offenbar nicht Rechnung tragen.

Auf der anderen Seite beobachtet man in den äußeren Teilen fast aller *Scheibengalaxien* eine Helligkeitsverteilung

$$I(r) = I_0 \, e^{-r/r_0} . \tag{29.7}$$

Neben dieser *exponentiellen Scheibe* enthalten manche Scheibengalaxien innen noch einen positiven oder negativen Anteil mit mehr sphäroidischer Verteilung, ähnlich den E-Galaxien. Betrachtet man den exponentiellen Anteil der galaktischen Scheibe für sich, so ergeben sich nach *F. C. Freeman* (1970) eine Reihe bemerkenswerter Gesetzmäßigkeiten:

Für 28 von 36 untersuchten Galaxien hat I_0 im System der Blau-Helligkeiten B (für andere Spektralbereiche gibt es noch zu wenige Messungen) nahezu *denselben* Wert von 21.65 ± 0.30 mag/$\square''$, und zwar bei Galaxien aller Typen von S0 bis Ir. (Kleinere Flächenhelligkeit hat die extreme Zwerggalaxie IC 1613; einige bis $\sim 3{}^{\text{m}}\!5$ hellere Galaxien haben größtenteils eine starke sphärische Komponente.) Da — wie wir hier nicht in allen Einzelheiten begründen können — das *Masse/ Leuchtkraft-Verhältnis* M/L innerhalb aller Galaxien der Typen S0 bis Ir ziemlich einheitlich ≈ 12 ist (in Sonnen-Einheiten; L im photometrischen B-System), so dürfen wir schließen, daß in allen diesen Galaxien auch für die radiale Verteilung der *Flächendichte* $\mu(r)$ (der Masse) ein entsprechendes Gesetz

$$\mu(r) = \mu_0 \, e^{-r/r_0} \tag{29.8}$$

mit einem einheitlichen Wert für die *zentrale Flächendichte* $\mu_0 [\text{g} \cdot \text{cm}^{-2}]$ gilt.

Die Werte für die *Längenskala* r_0 streuen für die früheren Typen S0 etwa bis Sbc zwischen 1 und 5 kpc; Galaxien späterer Typen bevorzugen ≈ 2 bis 1 kpc. Galaxien mit anomal großer zentraler Flächendichte sind größtenteils besonders klein.

Messungen der Dopplerverbreiterung und -verschiebung der Fraunhofer-linien in den Spektren der Galaxien (vgl. auch Abschn. 27) zeigen zunächst, daß in *elliptischen Systemen* direkte und retrograde Bahnen der Sterne mit vergleichbarer Häufigkeit vorkommen, ähnlich wie auch im Halo des Milchstraßensystems. Solche mehr oder weniger sphärische Systeme haben offenbar einen *kleinen Drehimpuls.* In den *Scheiben* — wir dürfen uns hier wohl zunächst auf die exponentiellen Scheiben beschränken — dagegen kreisen sämtliche Sterne in derselben Richtung um das Zentrum. D. h. die galaktischen Scheibensysteme haben — wie man schon nach ihrer Abplattung erwartet — *großen Drehimpuls.*

Es liegt nun nahe zu fragen, ob und wie eine (exponentielle) galaktische *Scheibe* sich aus einer mehr oder weniger kugelförmigen Wolke gebildet haben könnte?

Als einfachstes Modell einer solchen *Protogalaxie* betrachten wir eine Gaskugel, welche mit konstanter Winkelgeschwindigkeit $\Omega = 2\pi/T$ ($T=$Rotationsdauer) starr rotiere. $M(r)$ sei die Masse innerhalb einer Kugel vom Radius r, R der Radius und $M = M(R)$ die Gesamtmasse. Dann ist das Verhältnis der Komponenten von Zentrifugalkraft und Gravitation senkrecht zur Drehachse (Abb. 29.2)

$$\frac{\text{Zentrifugalkraft}}{\text{Gravitation}} = \frac{\Omega^2 r \sin\vartheta}{GM(r)\cdot\sin\vartheta/r^2} = \left[\frac{(\Omega r^2)^2}{GM(r)}\right]\cdot\frac{1}{r}, \qquad (29.9)$$

wo G wieder die Gravitationskonstante bedeutet.

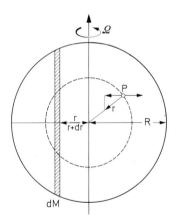

Abb. 29.2. Modell einer Protogalaxie

Nunmehr lassen wir in Gedanken unsere Kugel sich zunächst *radial* zusammenziehen, so daß jedes Massenelement seinen *Drehimpuls* beibehält. Insbesondere wird also für eine Kugelschale vom Radius r der Drehimpuls pro Masseneinheit $\sim \Omega r^2$ und die eingeschlossene Masse $M(r)$ erhalten bleiben und die [...] in Gl. (29.9) erfährt keine Änderung. Aber wegen des Faktors $1/r$ nimmt das Verhältnis von Zentrifugalkraft:Gravitation zu, bis hinsichtlich der Komponenten der beiden Kräfte senkrecht zur Achse Gleichgewicht erreicht ist. Die Komponente der Schwerkraft parallel zur Drehachse jedoch bleibt unverändert.

Die Protogalaxie muß sich also abplatten, d.h. in Richtung der Rotationsachse kollabieren. Die hierbei frei werdende Energie wird größtenteils dissipiert; so erhält man schließlich eine *dünne Scheibe*. Damit in dieser überall *gravitatives Gleichgewicht* (Gravitation = Zentrifugalkraft) besteht, muß selbstverständlich eine radiale Um-Verteilung der Massendichte erfolgen; die Rotation wird im allgemeinen nicht mehr gleichförmig sein.

Diese komplizierten Prozesse können wir nicht im einzelnen verfolgen, aber wir dürfen erwarten, daß jedes Massenelement dabei seinen *Drehimpuls* beibehält. Es müßte also der Bruchteil dM/M der *Masse*, dessen *Drehimpuls pro Masseneinheit* im Bereich h bis $h+dh$ liegt, in der fertigen *Scheibe* gleich groß sein, wie in der *Protogalaxie*. Anstelle von $\dfrac{dM(h)}{M}\Big/dh$ können wir selbstverständlich ebenso gut — nach Integration über h — den Bruchteil $M(h)/M$ der Masse betrachten, in dem der Drehimpuls pro Masseneinheit kleiner als ein vorgegebener Wert h ist.

Um diese Verhältnisse zu berechnen, nehmen wir — in Ermangelung genauerer Kenntnis — als einfachstes Modell einer *Protogalaxie* eine homogene Kugel vom Radius R, der Dichte ρ, der Masse M. Die Winkelgeschwindigkeit Ω können wir nach Gl. (29.9) wegen

$$M(r) = \frac{4\pi}{3}\rho r^3 \quad \text{und} \quad M = \frac{4\pi}{3}\rho R^3 \tag{29.10}$$

so einrichten, daß jedenfalls innerhalb der ganzen Äquatorebene gravitatives Gleichgewicht besteht mit

$$\Omega^2 = \frac{4\pi}{3}G\rho = GM/R^3 . \tag{29.11}$$

Der *Drehimpuls pro Masseneinheit* ist im Abstand r von der *Achse*

$$h(r) = r^2\,\Omega \tag{29.12}$$

und der *Gesamtdrehimpuls* (Trägheitsmoment × Ω)

$$H = \frac{2}{5}MR^2\Omega = \frac{2}{5}(GM^3R)^{1/2} . \tag{29.13}$$

Um die Verteilung des Drehimpulses zu berechnen, schneiden wir aus der Kugel einen achsenparallelen Zylinder aus mit den Radien r und $r+dr$. Dessen Masse ist dann (vgl. Abb. 29.2, links)

$$dM = \rho \cdot 2R\left(1 - \frac{r^2}{R^2}\right)^{1/2} \cdot 2\pi r\,dr , \tag{29.14}$$

und sein Drehimpuls

$$h \cdot dM = r^2\Omega\,dM = \Omega \cdot 2R\left(1 - \frac{r^2}{R^2}\right) \cdot 2\pi r^3\,dr . \tag{29.15}$$

Nach (29.12) ist $dh = \Omega \cdot 2r\,dr$. So erhalten wir mit (29.10) leicht vollends den Bruchteil der Masse dM/M, dessen Drehimpuls pro Masseneinheit im Bereich h

bis $h+\mathrm{d}h$ liegt. Indem wir noch zur Vereinfachung h auf seinen Maximalwert ΩR^2 beziehen und

$$h/\Omega R^2 = x \tag{29.16}$$

schreiben, wird dann

$$\mathrm{d}M/M = \frac{3}{2}(1-x)^{1/2}\cdot\mathrm{d}x. \tag{29.17}$$

Durch Integration (mit $1-x$ als Hilfsvariable) erhalten wir daraus den Bruchteil der Masse $M(h)$ bzw. $M(x)$, in dem der Drehimpuls pro Masseneinheit $<x$ ist:

$$\frac{M(x)}{M} = \frac{3}{2}\int\limits_0^x (1-x)^{1/2}\cdot\mathrm{d}x = 1-(1-x)^{3/2}. \tag{29.18}$$

Für die *ganze* Kugel gilt — zum Vergleich — nach (29.13 und 16)

$$\bar{x} = H/M = \frac{2}{5}. \tag{29.19}$$

Die beiden Verteilungsfunktionen $\dfrac{\mathrm{d}M}{M}\,\mathrm{d}x$ und $M(x)/M$ haben wir in Abb. 29.3 graphisch dargestellt. In der unteren Abszissenskala haben wir noch — physikalisch sinnvoller — h nicht auf seinen Maximalwert ΩR^2, sondern auf den *Mittelwert* für die ganze Kugel $\frac{2}{5}\Omega R^2$ bezogen mit $x' = x/\bar{x} = 5/2\,x$.

Schon *D.J. Crampin* und *F. Hoyle* (1964), dann *J.H. Oort* (1970) haben gezeigt, daß einige Sb- und Sc-Galaxien bzw. unser Milchstraßensystem in der Tat *Drehimpulsverteilungen* nach Gl. (29.17 und 18) zeigen, die auf die Entstehung aus einer gleichförmig rotierenden homogenen sphärischen Protogalaxie hindeuten. Erheblich weiter führt die schon erwähnte Untersuchung von *K.C. Freeman* (1970) über *exponentielle Scheiben*, deren Flächendichte μ (Masse/Flächeneinheit) dem Verteilungsgesetz (29.8) folgt.

Aus der Verteilung der Flächendichte μ erhält man zunächst die *Gesamtmasse* M_E einer exponentiellen Scheibe

$$M_E = 2\pi\mu_0 r_0^2. \tag{29.20}$$

Beiläufig bemerkt, befinden sich z.B. 80% der Gesamtmasse innerhalb $r \leq 3r_0$.

Sodann kann man die Winkelgeschwindigkeit der Rotation $\Omega(r)$ und damit die Verteilung des Drehimpulses pro Masseneinheit $h_E(r)$ berechnen. Damit hat man auch den Bruchteil der Masse $M_E(h_E)/M_E$, in dem der Drehimpuls pro Masseneinheit $\leq h_E$ ist. Weiterhin berechnet man durch numerische Integration den Gesamtdrehimpuls

$$H_E = 1.109\,(GM_E^3 r_0)^{1/2}, \tag{29.21}$$

um h auf seinen Mittelwert H_E/M_E beziehen zu können mit

$$x_E' = h_E/1.109\,(GM_E r_0)^{1/2}. \tag{29.22}$$

Vergleicht man nun die Funktion $M_E(x_E')/M_E$ für *exponentielle Scheibengalaxien* mit der für unsere „theoretische" *Protogalaxie* berechneten Funktion $M(x')/M$ (Gl. 29.18 bzw. Abb. 29.3, rechts), so ergibt sich nach *K.C. Freeman* ausgezeichnete Übereinstimmung. Dies spricht dafür, daß derartige Galaxien in der Tat durch *Kollaps* aus einer Kugel-Protogalaxie entstanden sein könnten.

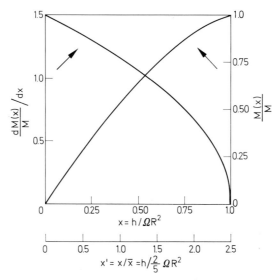

Abb. 29.3. Als Funktion von $x =$ Drehimpuls pro Masseneinheit h, bezogen auf den Maximalwert $h_{max} = \Omega R^2$, bzw. von $x/\bar{x} = x'$, bezogen auf seinen Mittelwert für die ganze Masse, sind aufgetragen:

(1) Der Bruchteil der Masse $dM(x)/M$, für welchen x zwischen x und $x + dx$ liegt (links) und (2) Der Bruchteil der Masse $M(x)/M$, in welchem x kleiner ist als der Abszissenwert (rechts). Bei der Bildung einer Scheibengalaxie aus der kugelförmigen Protogalaxie unter Erhaltung des Drehimpulses für jedes Massenelement sollten $dM(x)/M$ bzw. $M(x/\bar{x})/M$ als Funktionen von $x/\bar{x}$ erhalten bleiben

Es ist noch interessant, die Skalenlänge r_0 der Scheibe nach Gl. (29.7 oder 8) zu vergleichen mit dem Radius R unserer hypothetischen Protogalaxie für $M_E = M$ und $H_E = H$. Aus Gl. (29.21) und (29.13) erhält man sofort

$$r_{0E}/R = 0.13 . \tag{29.23}$$

Auch die radiale Kontraktion der Protogalaxie ist also sehr erheblich. Die Geschwindigkeiten in den Protogalaxien müssen dementsprechend — nach dem Drehimpulssatz — wesentlich geringer gewesen sein, als die heutigen Rotationsgeschwindigkeiten in den Scheibengalaxien.

Die Beobachtung, daß *exponentielle Scheibengalaxien* durch nur *eine* Skalenlänge r_0 charakterisiert sind und durchweg *dieselbe* zentrale Flächenhelligkeit I_0 (im *B*-System) bzw. Flächendichte μ_0 haben, führt zu zwei weiteren interessanten Bemerkungen. Zunächst sollte die Gesamtleuchtkraft $\sim I_0 r_0^2$ sein. In der Tat findet *K.C. Freeman* für Scheibengalaxien (ohne erheblichen sphäroidischen Anteil) die

$$\text{absolute Helligkeit } (M_B) = -16.93 - 5\log r_0\,, \tag{29.24}$$

wobei r_0 in kpc zu rechnen ist.

Sodann sieht man sofort, daß der *Gesamtdrehimpuls* einer galaktischen Scheibe *nur* von deren Masse M_E abhängt, und zwar erhält man nach Gl. (29.21 und 20)

$$H_E \sim M_E^{7/4}\,. \tag{29.25}$$

Diese Gleichung sollte auch für die ganzen Galaxien noch ziemlich gut erfüllt sein, solange ihr sphäroidischer Anteil nicht allzu groß ist.

Die *Zeitdauer*, welche der Kollaps einer galaktischen Scheibe erfordert, können wir von zwei Seiten her abschätzen: In einer homogenen Kugel-Protogalaxie führt ein Massenpunkt harmonische Schwingungen aus. Die Zeit τ, welche der Sturz von der Oberfläche (Radius R) zum Mittelpunkt dauert, ist also gleich $\frac{1}{4}$ der erwähnten Schwingungsdauer bzw. der Umlaufzeit auf einer Kreisbahn mit Radius R. Nach Gl. (29.11) wird also

$$\tau_1 = \frac{\pi}{2}\sqrt{R^3/GM}\,. \tag{29.26a}$$

Ist die Galaxie schon stark kondensiert, so wird τ etwa gleich der halben Umlaufzeit einer Keplerellipse mit der großen Halbachse $R/2$, d.h.

$$\tau_2 = \frac{\pi}{2\sqrt{2}}\sqrt{R^3/GM}\,. \tag{29.26b}$$

Mit $M = 1.5\cdot 10^{11}\,M_\odot$ und $R = 25$ kpc erhält man z.B.

$$\tau_1 = 2.5\cdot 10^8 \quad\text{bzw.}\quad \tau_2 = 1.8\cdot 10^8 \text{ Jahre}\,. \tag{29.27}$$

Beide Zeiten sind selbstverständlich von der Größenordnung galaktischer Umlaufzeiten.

d) *Intergalaktische Materie und Entstehung der Galaxien*

Im Hinblick auf die weitere Frage nach der *Entstehung der Galaxien* interessieren wir uns zunächst dafür, welche mittlere Dichte die Materie im Weltraum hat a) in Form von Galaxien und b) in Form von intergalaktischer Materie — in der Hauptsache Gas —.

Anhand der bekannten Massen und Entfernungen der *Galaxien* berechnete *J.H. Oort* (1958), daß diese im Mittel eine Massendichte von

$$\rho_{\text{gal.}} = 3\cdot 10^{-31}\,\text{g cm}^{-3} \tag{29.28}$$

geben. Welchen Beitrag liefert ein — bisher nur ziemlich indirekt zugängliches — *intergalaktisches Medium* bzw. Gas?

Plausible kosmologische Weltmodelle fordern — wie wir in Abschn. 30 sehen werden — eine mittlere Materiedichte von

$$\rho_{kosm.} \approx 2 \cdot 10^{-29} \, \text{g cm}^{-3}. \tag{29.29}$$

(mit einem Unsicherheitsfaktor ~ 2 nach oben oder unten). *S. Mitton* und *M. Ryle* (1969) u.a. schlossen aus der Abbremsung der Plasmawolken von Cygnus A auf eine Dichte der umgebenden Materie von

$$\rho_{CygA} \approx 10^{-28} \, \text{g cm}^{-3}, \tag{29.30}$$

die wohl *über* dem Durchschnitt liegen dürfte, da CygA einem reichen Galaxienhaufen angehört.

R. A. Sunyaev (1968) schloß aus Betrachtungen über die intergalaktische Röntgenstrahlung auf ein Plasma mit

$$\rho \leq 0.7 \cdot 10^{-29} \, \text{g cm}^{-3} \tag{29.31}$$

und größenordnungsmäßig $\sim 10^{6} \, ^{\circ}\text{K}$.

Zu ähnlichen Werten für die Dichte der intergalaktischen Materie führt die Anwendung des Virialsatzes auf die inneren Bewegungen in Galaxienhaufen oder in der lokalen Gruppe. Im folgenden rechnen wir mit dem z.Z. wahrscheinlichsten Wert von

$$\rho_{intergal.} \approx 10^{-29} \, \text{g cm}^{-3}. \tag{29.32}$$

Ausgehend von der Überlegung, daß in einem turbulenten Medium die drei Komponenten der Geschwindigkeitsvektoren ja nicht überall auf *Kompression* hinwirken können, schätzt *J. H. Oort*, daß größenordnungsmäßig etwa $\frac{1}{16}$ der ursprünglich vorhandenen Materie schließlich zu Galaxien vereinigt wurde und interpretiert das Verhältnis $\rho_{gal.}/\rho_{intergal.}$ nach Gl. (29.28) und (29.32) in diesem Sinne.

Welche mittlere Materiedichte herrschte nun bei der *Entstehung der Galaxien*? Wir sollten dabei unser Augenmerk in erster Linie auf die Riesengalaxien — wie unser Milchstraßensystem — richten, da ausgesprochene Zwerggalaxien sehr wohl sekundär entstanden sein könnten. Nachdem *J. H. Oort* (1970) u.a. gezeigt haben, daß der Drehimpulsaustausch zwischen den „fertigen" Galaxien keine wesentliche Rolle gespielt haben kann, müssen wir fordern, daß schon die *Protogalaxie den Drehimpuls des heutigen Systems besessen hat*. Der Drehimpuls der Galaxien muß also der *Turbulenz* der damaligen intergalaktischen Materie entstammen. Fordern wir weiterhin, daß eine *Protogalaxie* den erforderlichen Drehimpuls auch aufnehmen kann, so werden wir — jedenfalls in den wesentlichen Zügen — auf das Modell des vorhergehenden Abschnitts zurückgeführt. Eine heutige Galaxie mit der Skalenlänge $r_0 \approx 2.5 \, \text{kpc}$ muß also nach Gl. (29.23) hervorgegangen sein aus einer Kugel vom Radius $R \approx 20 \, \text{kpc}$. Enthält diese $\sim 1.5 \cdot 10^{11}$ Sonnenmassen (entsprechend dem Milchstraßensystem oder anderen Riesengalaxien), so war die mittlere Dichte in der Kugel

$$\rho_K \approx 3 \cdot 10^{-25} \, \text{g cm}^{-3}. \tag{29.33}$$

Wir müssen also mit *J. H. Oort* die Bildung der Protogalaxien und damit auch der Galaxien zurückverlegen in ein früheres Stadium der *Expansion des Weltalls* (Abschn. 30), als die mittlere *Dichte der Materie* noch $\sim 3 \cdot 10^{-25}/10^{-29} \approx 3 \cdot 10^{4}$ mal größer bzw. der *Weltradius* etwa 30mal kleiner war als heute.

Damit wird die Entstehung der Riesengalaxien auch im Sinne der *Jeansschen Gravitationsinstabilität* verständlich. Gehen wir nämlich in Gl. (29.4) mit einer Dichte $\rho = 3.10^{-25}$ g cm^{-3} und einer Temperatur $T \approx 10^{6}$ °K ein, so finden wir in der Tat, daß sich in einem solchen Gas vorzugsweise Instabilitätsbereiche der Größenordnung $M = 10^{11}$ Sonnenmassen ausbilden.

Die Theorie der *Gravitationsinstabilität* erklärt zwar die „grobe" Aufteilung der intergalaktischen Materie in Galaxien, nicht aber deren feinere Züge. Wären allgemein nach Gl. (29.4) die Massen der Galaxien $M \sim \rho^{-1/2}$, so müßten nach Gl. (29.11) ihre Massen M und damit ihre Leuchtkräfte L proportional ihrer charakteristischen Länge (z. B. r_0) sein, während nach *K. C. Freeman* Gl. (29.24) $L \sim r_0^2$ ist.

Sinnvoller könnte es sein, von der Herkunft des *Drehimpulses pro Masseneinheit* aus der *Turbulenz* der intergalaktischen Materie auszugehen. Nach *K. C. Freeman* ist für Scheibengalaxien der Drehimpuls pro Masseneinheit (H_E/M_E nach Gl. (29.21) und (29.20) mit μ_0 const.) proportional $r_0^{3/2}$. Diese Beziehung ist selbstverständlich äquivalent dem eben erwähnten Gesetz $L \sim r_0^2$ für die Leuchtkräfte.

Gehen wir andererseits versuchsweise aus von der Theorie der homogenen und isotropen *Turbulenz*, so besagt diese, daß zu einem Turbulenzelement der Länge r_0 eine charakteristische Geschwindigkeit der Größenordnung $v_0 \sim r_0^{1/3}$ gehört, so daß der entsprechende Drehimpuls pro Masseneinheit $r_0 v_0 \sim r_0^{4/3}$ wird. Dies führt, wie man leicht nachrechnet, zu einer Verteilung der Massen bzw. *Leuchtkräfte* $L \sim r_0^{5/3}$, was mit der empirischen Relation $L \sim r_0^2$ hinreichend übereinstimmen dürfte.

Die Bildung der *Galaxienhaufen* hat offenbar mit der der Galaxien selbst *nichts* zu tun; jedenfalls kennen wir keinen theoretischen Anhaltspunkt für eine solche Verknüpfung. Eher dürfte der Entstehung der Galaxienhaufen dieselbe *Koagulationstendenz gravitierender Massen* zugrunde liegen, die wir bei den Computer-Experimenten zur Deutung der Spiralstruktur (in kleinerem Maßstab) beobachten, aber auch hier noch nicht recht verstehen.

e) *Mechanische und chemische Evolution der Galaxien. — Entstehung der Häufigkeitsverteilungen der Elemente*

Wir fassen zunächst noch einmal kurz unsere bisherigen Einsichten in die *Entstehung und Entwicklung der Galaxien* vom Standpunkt der *Mechanik* aus zusammen und ergänzen sie in einigen Punkten.

Wir sahen, daß wir wohl auszugehen haben von einem *früheren Zustand des Universums*, als dessen mittlere Dichte noch etwa die $3 \cdot 10^4$fache der heutigen intergalaktischen Materie ($\approx 10^{-29}$ g cm^{-3}) war. Unter diesen Verhältnissen konnten durch *Gravitationsinstabilität* einzelne Gaswolken entstehen, deren Masse etwa den *Riesengalaxien* mit $\sim 10^{11}$ bis 10^{12} Sonnenmassen entsprach.

Einige bekamen aus der *Turbulenz* des Gases soviel Drehimpuls mit, wie sie eben aufnehmen konnten. Eine solche *Protogalaxie* mußte bei ihrer Kontraktion innerhalb von wenigen hundert Millionen Jahren durch Kollaps eine *Scheibe* bilden. Die Bauart dieser Scheiben ist — zum mindesten in ihren äußeren Teilen — bei allen Galaxien von S0 bis Ir erstaunlich gleichartig. Was die *Hubble*-Typen der Folge S0, Sa, Sb, Sc, Ir physikalisch voneinander unterscheidet, scheint in erster Linie (oder ausschließlich?) der Bruchteil der Gesamtmasse zu sein, der noch in *Gasform* — größtenteils H I — vorhanden ist. Er variiert von weniger als 1 % bei den gleichförmigen S0-Scheiben bis ∼ 20 % bei irregulären Galaxien. Die Ausbildung der Spiralarme ist offenbar wesentlich mit dem Gas der Scheibe verknüpft. Die *Dichtewellentheorie* erklärt zwar eine ganze Anzahl der beobachteten Züge; als gesichert wird man sie kaum betrachten dürfen, solange eine Reihe von wesentlichen theoretischen Problemen noch ungeklärt sind.

Die *Riesen-E-Galaxien* sind offenbar aus Protogalaxien mit wenig Drehimpuls hervorgegangen. Wenn es auch eine eigentliche Theorie der Aufteilung des ursprünglichen turbulenten Gases in Wolken mit verschieden großem Drehimpuls noch nicht gibt, dürften unserer Annahme doch keine grundsätzlichen Schwierigkeiten im Wege stehen.

Die Herausbildung von *Zwerggalaxien* kann man *nicht* auf Gravitationsinstabilität in dem archaischen Gas zurückführen; sie dürften vielmehr jeweils in Verbindung mit den Riesengalaxien entstanden sein. In der *lokalen Gruppe* kann man in der Tat fast alle Zwerggalaxien einer der Riesengalaxien zuordnen.

Unser *Milchstraßensystem* — wo wir die Dinge genau studieren können — folgt *weder* ausschließlich dem Schema der Scheibengalaxien *noch* dem der elliptischen Galaxien. Vielmehr besitzt es, wie wir sahen, eine stark abgeplattete Scheibe *und* einen viel schwächer abgeplatteten Halo.

Nach dieser kurzen Einführung in die *mechanischen* Aspekte der Entwicklung der Galaxien wenden wir uns deren *nuklearen* Problemen zu. Die empirischen Grundlagen hierzu haben wir schon in Abschn. 28 im Zusammenhang mit dem grundlegenden Begriff der *Sternpopulationen* bereitgestellt.

Im Zusammenhang mit der relativistischen Theorie des *expandierenden Weltalls* hatten G. Lemaître und G. Gamow in den vierziger Jahren die Vorstellung entwickelt, daß die damals als völlig universell angesehene — *Mischung der chemischen Elemente* sich beim Anfang der kosmischen Entwicklung, dem *Urknall* (Big Bang) herausgebildet habe. Im Laufe der Jahre wiesen die Kernphysiker darauf hin, daß der Aufbau der schweren Elemente nach *Gamow's* Vorstellungen schon bei der Massenzahl $A = 5$ ein Ende nehmen muß; andererseits entdeckte man, daß die *Schnelläufer* bzw. Subdwarfs in verschiedenem Grade metallarm sind.

Den ersten Versuch, die beiden Problemkreise der *Häufigkeitsverteilungen der Elemente* und der *Entwicklung der Galaxien* miteinander zu verknüpfen, unternahmen dann E. M. und G. R. Burbidge, W. A. Fowler und F. Hoyle (1957); meist spricht man kurz von der B^2FH-*Theorie*. Hier wurde zum erstenmal die Anwendung der *Kernphysik* in der Astrophysik auf breiter Basis untersucht. Insbesondere haben *W. A. Fowler's* Messungen nuklearer *Wirkungsquerschnitte* bei niedrigen Energien im Zusammenhang mit der stellaren Energieerzeugung dieses Forschungsgebiet erst auf eine sichere Grundlage gestellt. Dies sollte nicht vergessen werden, wenn wir im folgenden an der astronomischen Seite der B²FH-Theorie Kritik üben.

Die Theorie stellt — in astronomischer Hinsicht — an den Anfang ein Universum, das vom *Urknall* her — wir gehen hier sogleich von neueren Weltmodellen aus — aus *Wasserstoff* und *Helium* (10:1) und evtl. Spuren schwerer Elemente besteht.

Eine *Galaxie* beginnt ihren Lebenslauf als etwa sphärische Masse, in der sich sogleich die ersten *Sterne* bilden. In deren Innerem spielen sich nun (s. u.) *Kernprozesse* ab, die zum Aufbau schwerer Elemente führen. Manche Entwicklungsabläufe führen zu stetiger oder explosiver (Supernovae) Abgabe stellarer Materie an das interstellare Medium. So kann sich eine zweite Generation metallreicherer Sterne bilden usw. In den *E-Galaxien* käme dieser Prozeß — je nach Masse — früher oder später zum Erliegen; in den *Scheibengalaxien* müßte die Bildung schwerer Elemente beim Kollaps der Scheibe im wesentlichen abgeschlossen sein.

Sodann stellen wir — nur in Umrissen — die von B²FH in Betracht gezogenen *Kernprozesse* zusammen:

1. In Abschn. 26 besprachen wir schon die Prozesse, welche für die *Energieerzeugung* im Inneren der Sterne wichtig sind: Bei $\sim 10^{7}\,°$K beginnt die nukleare *Verbrennung* von *Wasserstoff* zu Helium, zuerst durch den pp- oder *Fusionsprozeß* und bei etwas höheren Temperaturen vorwiegend durch den CNO-Zyklus. Oberhalb $\sim 10^{8}\,°$K wird dann *Helium* zu Kohlenstoff, bei noch höheren Temperaturen der *Kohlenstoff* selbst verbrannt.

2. Bei ~ 1 bis $2.5 \cdot 10^{8}\,°$K bilden sich die *Vierer-Kerne* C^{12}, O^{16}, Ne^{20}. Insbesondere liefen weitere Reaktionen dann *Neutronen* für die anschließenden Aufbauprozesse.

Daneben werden betrachtet:

3. Der Aufbau schwerer *Viererkerne* aus α-Teilchen bis Ca^{40} bei $\sim 10^{9}\,°$K, der α-Prozeß.

4. Der *e-Prozeß* erzeugt die Elemente der Eisengruppe *V*, Cr, Mn, Fe, Co, Ni im thermischen Gleichgewicht (equilibrium) bei $\sim 4 \cdot 10^{9}\,°$K und einem Protonen: Neutronen-Verhältnis von ~ 300.

Die *schweren Atomkerne* sind für geladene Teilchen wegen der starken Coulomb-Abstoßung unzugänglich. Der Aufbau der schweren Elemente kann daher nur durch *Neutronenprozesse* erfolgen. Man unterscheidet:

5. Der *s-Prozeß* besteht in Neutronenlagerung (an leichte oder Fe-Elemente), die langsam (slow) erfolgt im Verhältnis zu den konkurrierenden β-Zerfällen. Der s-Prozeß erzeugt z. B. Sr, Zr, Ba, Pb ..., allgemein die stabilen Nuklide in der Talsohle der Energiefläche[19]. Daß der s-Prozeß beim Zustandekommen z. B. der solaren Häufigkeitsverteilung eine Rolle spielte, erkannte schon *G. Gamow* daran, daß das Produkt aus Häufigkeit mal dem Wirkungsquerschnitt für $\sim 25\,$keV-

---

[19] Trägt man die *Bindungsenergien* der Atomkerne über einer Ebene mit den Koordinaten N = Neutronenzahl und Z = Kernladungs- bzw. Protonenzahl auf, so erlaubt diese *Energiefläche* eine übersichtliche Darstellung von *Kernreaktionen* einschließlich ihres Energieumsatzes. Die *stabilen Kerne* befinden sich in der Nähe der Talsohle der Energiefläche. (Hierzu weiterhin Abb. 29.4.)

Neutronen für die betr. Nukleide eine glatt verlaufende Funktion der Massenzahl A ist.

6. Als *r-Prozeß* bezeichnet man entsprechende Neutronenanlagerungen, die sich rasch (*rapid*) im Verhältnis zu den konkurrierenden β-Zerfällen abspielen. Dieser Vorgang erzeugt die *neutronenreichen Isotope* der schweren Kerne; B²FH machen ihn insbesondere für die Bildung der radioaktiven Elemente, z.B. U^{235} und U^{238} (auf Kosten der Fe-Gruppe) verantwortlich.

7. Der *p-Prozeß* erzeugt die *neutronenarmen* bzw. protonenreichen Isotope der schweren Elemente in einem wasserstoffreichen Medium (*protons*) bis $\sim 2.5 \cdot 10^9$ °K.

Während die für die *Energieerzeugung und Entwicklung der Sterne* verantwortlichen Reaktionen (1) außer jedem Zweifel stehen und irgendeine Mitwirkung des *s-Prozesses* gut belegt erscheint, kann man dies von den übrigen Prozessen nicht ohne weiteres sagen.

Im Anschluß an (3), (4) und (6) haben neuerdings *J.W. Truran, W.D. Arnett* u.a. (1971) umfangreiche Rechnungen zur *Explosive Nucleosynthesis* durchgeführt mit dem Gedanken der Anwendung auf Stoßwellen, Supernovae etc. Es handelt sich dabei um Prozesse, die sich bei Temperaturen der Größenordnung 10^9 °K in Zeiträumen abspielen, die z.T. erheblich unter 1 Sekunde liegen! Ganz abgesehen von den damit zusammenhängenden *hydrodynamischen* Problemen, braucht man bei quantitativen Berechnungen zum r-Prozeß wie zur explosiven Nukleosynthese so viele *verfügbare Konstante*, daß ein Vergleich von Theorie und Beobachtung ziemlich problematisch wird.

Aussichtsreicher dürfte eine im Anschluß an Überlegungen von *H.E. Suess* und *J.H.D. Jensen* durch *J.P. Amiet* und *H.D. Zeh* (1968) entwickelte Vorstellung sein. Sie geht aus von einem Zustand — dessen astrophysikalische „Unterbringung" noch nicht geklärt ist — mit der Dichte $\rho \approx 2 \cdot 10^{10}$ g cm^{-3} und der *Temperatur* $T \approx 5 \cdot 10^9$ °K. Unter derartigen Verhältnissen werden freie *Elektronen* sozusagen in die Kerne hineingedrückt, das „Tal" der *stabilen Kerne* in der N,Z-Ebene (N = Neutronenzahl, Z = Protonen- oder Kernladungszahl, N + Z = A ist die Massenzahl) verschiebt sich nach der Seite der *neutronenreichen Kerne* (Abb. 29.4). Bei Verringerung des Druckes entstehen aus dieser neutronenreichen Protomaterie die *neutronenärmeren*, unter gewöhnlichen Verhältnissen stabilen Kerne durch β-Zerfall (nach links oben); es können aber auch (seltener) relativ *neutronenreichere* stabile Kerne übrig bleiben. Die *Häufigkeitsmaxima* der schweren Kerne liegen (Abb. 29.4) bei den magischen Neutronenzahlen (d.h. abgeschlossenen Neutronenschalen) der neutronenreichen *Protomaterie, nicht* bei den heutigen magischen Kernen. Der *s-Prozeß* mit Neutronen von ~ 25 keV — darauf deuten vielerlei Details hin — hat offenbar erst auf die entspannte Protomaterie eingewirkt und sozusagen eine Retouche der Häufigkeitsverteilung bewerkstelligt.

Für eine viel *einheitlichere Entstehung der schweren Kerne* (etwa ab Fe), als dies die B²FH-Theorie annimmt, sprechen auch die z.T. schon in den vierziger Jahren von *H.E. Suess* empirisch gefundenen Gesetze für die *Häufigkeitsverteilung* der Elemente in Meteoriten und Sonne. Diese zeigen ein völlig gleichartiges Verhalten von Nukliden, die teils dem r-, teils dem s-Prozeß zuzuordnen wären. Im Sinne der B²FH-Theorie erschiene dies ganz unverständlich.

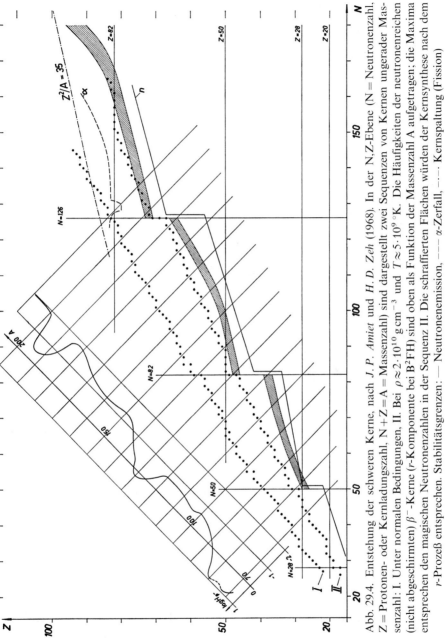

Abb. 29.4. Entstehung der schweren Kerne, nach *J. P. Amiet* und *H. D. Zeh* (1968). In der N,Z-Ebene (N = Neutronenzahl, Z = Protonen- oder Kernladungszahl, N + Z = A = Massenzahl) sind dargestellt zwei Sequenzen von Kernen ungerader Massenzahl: I. Unter normalen Bedingungen, II. Bei $\rho \approx 2 \cdot 10^{10}\ \mathrm{g\,cm^{-3}}$ und $T \approx 5 \cdot 10^{9}\ {}^{\circ}\mathrm{K}$. Die Häufigkeiten der neutronenreichen (nicht abgeschirmten) β^{-}-Kerne (r-Komponente bei B²FH) sind oben als Funktion der Massenzahl A aufgetragen; die Maxima entsprechen den magischen Neutronenzahlen in der Sequenz II. Die schraffierten Flächen würden der Kernsynthese nach dem r-Prozeß entsprechen. Stabilitätsgrenzen: — Neutronenemission, --- α-Zerfall, --- Kernspaltung (Fission)

Nach diesem kernphysikalischen Exkurs kehren wir zurück zu unserem Problem der *Entstehung der Galaxien* und den darin vorgefundenen *Häufigkeitsverteilungen der Elemente.*

Wir stellen zunächst mit B^2FH eine Protogalaxie aus fast reinem *Wasserstoff* ($+10\%$ He) an den Anfang und diskutieren deren weitere Vorstellung, daß die *schweren Elemente* sich im Zusammenhang mit dem Entstehen und z.T. explosiven Vergehen evtl. mehrerer Generationen von Sternen gebildet hätten. In den Zwerg-E-Galaxien müßte dieser Prozeß früher zum Erliegen gekommen sein, als in den Riesengalaxien. Um so erstaunlicher erscheint es dann, daß in allen hinreichend großen Galaxien — insbesondere unabhängig von der Herausbildung einer Scheibe und unabhängig von dem Massen-Bruchteil des heute noch vorhandenen interstellaren Wasserstoffs — fast derselbe Bruchteil der Urmaterie in schwere Elemente verwandelt wurde *und* daß von den ersten Anfängen der Bildung schwerer Elemente an bis zum Erreichen ihrer heutigen Häufigkeit deren Mischungsverhältnis immer wieder reproduziert wurde. Im Milchstraßensystem können wir die Bildung der schweren Elemente zeitlich genauer verfolgen: Sie erreichte ihren Abschluß schon mit der Konsolidierung der Scheibe, da die ältesten galaktischen Sternhaufen praktisch normale Zusammensetzung haben. Nach Gl. (29.27) kann also die *Bildung der schweren Elemente höchstens einige 10^8 Jahre gedauert* haben. Damit kommen aber nach Tab. 26.1 dafür nur Sterne mit mehr als 2 bis 5 Sonnenmassen in Frage. Hätte es diese in der erforderlichen Anzahl gegeben und hätte die Entstehung der Halosterne auch nur näherungsweise der *anfänglichen Leuchtkraftfunktion* (Abb. 26.12 und 13) entsprochen, so müßten heute noch Unmengen von (langlebigen) metallarmen Zwergsternen vorhanden sein, was keineswegs der Beobachtung entspricht. Deshalb haben *J.W. Truran* und *A.G.W. Cameron* (1971) ad hoc die Hypothese gemacht, daß „am Anfang" fast nur Sterne mit mehr als 5 $M_\odot$ entstanden seien. Inzwischen ist es aber (s. S. 294) möglich geworden, die *Leuchtkraftfunktion* der alten Population II wenigstens bis zum „Knie" des *Farben-Helligkeits-Diagramms* zu bestimmen. Sie zeigt keinerlei Unterschiede gegenüber der Scheibenpopulation; ein plötzliches Ansteigen im Bereich der Sterne, die heute nicht mehr vorhanden sind, erscheint äußerst unwahrscheinlich. Weiterhin spricht nichts dafür, daß bei der Explosion immer neuer Supernovae — mit wachsender Metallhäufigkeit — immer wieder *dasselbe* Elementgemisch ausgestoßen werden sollte.

Wir möchten in diesem Zusammenhang darauf aufmerksam machen, wie gering überhaupt der nukleare Energieumsatz des Milchstraßensystems und ähnlicher Galaxien in ihrem heutigen Zustand ist. Schon in Gl. (26.1) hatten wir den *Wasserstoffverbrauch* eines Himmelskörpers mit seinem *Masse-Leuchtkraft-Verhältnis* in Verbindung gebracht. Setzen wir letzteres ≈ 10, so finden wir, daß in $\sim 10^{10}$ Jahren unsere Galaxie — in ihrem *jetzigen* Zustand — nur 1 bis 2% ihres Wasserstoffs verbraucht hätte.

Die Erzeugung des Hauptteils der schweren Elemente innerhalb der ersten $\sim 10^8$ Jahre durch Sternentwicklung — aber wohl auch ebenso durch irgendeinen anderen Mechanismus — impliziert, daß damals unsere Galaxie eine sehr viel größere *Leuchtkraft* hatte als heute.

Wir erkennen, daß auf alle Fälle die *schweren Elemente* am Anfang der Entwicklung des Milchstraßensystems innerhalb von $\sim 10^8$ Jahren in dessen damals enorm hellem *Kern*, sozusagen durch „Massenproduktion", entstanden sind. Was liegt dann näher, als sich vorzustellen, daß bei der Bildung des Halos mit einem gewaltigen Gravitationskollaps im Zentrum der Galaxie ein *Quasar*[20] entstand? So könnte man wohl auch das zeitweilige Zustandekommen der enormen *Drucke und Temperaturen* verstehen, welche die Erzeugung der neutronenreichen Protomaterie nach *Amiet* und *Zeh* verlangt. Sodann zeigt — wie wir sahen — jedenfalls die Beobachtung, daß in Quasaren, Seyfert-Kernen etc. sich erstaunlicherweise dasselbe Elementgemisch vorfindet, wie in den normalen Sternen. In mechanischer Hinsicht müßten wir uns — was nicht unvernünftig erscheint — vorstellen, daß im *Halo* das aus dem Quasar herausspritzende Material sich mit dem Wasserstoff plus Helium in verschiedenen Verhältnissen vermischte und daß beim *Kollaps der Scheibe* sogleich ein ziemlich einheitliches Gemisch entstand, mit etwas größerer Metallhäufigkeit im Zentralgebiet als nach dem Rand hin.

Es erscheint weiterhin plausibel, den Zusammenhang zwischen Metallgehalt und Masse der *E-Galaxien* dahingehend zu deuten, daß die Zwerggalaxien nur wesentlich schwächere Quasare bilden können als die Riesen-E-Galaxien, in Übereinstimmung mit der radioastronomischen Beobachtung.

Die Erkenntnis, daß der weitaus überwiegende Teil aller *schweren Elemente* innerhalb kurzer Zeit bei der Entstehung des Milchstraßensystems gebildet wurde, ermöglicht es, die *kosmische Zeitskala* (s. auch Abschn. 30) von der kernphysikalischen Seite her festzulegen: Nehmen wir zwei *radioaktive Nukleide*, die *nicht* aus irgendwelchen Eltern-Elementen nachgeliefert werden und die mit erheblich verschiedenen Halbwertszeiten zerfallen, z.B. die Uranisotope 235 und 238 mit $T_{1/2} = 7.1 \cdot 10^8$ bzw. $4.5 \cdot 10^9$ Jahren. Deren heutiges Häufigkeitsverhältnis ist 1 : 138. In früheren Zeiten muß es größer gewesen sein. Rechnet man auf ein geschätztes Anfangsverhältnis etwas größer als Eins zurück, so kommt man auf ein Entstehungsalter von 7 bis (höchstens) $8 \cdot 10^9$ Jahren. Eine analoge Rechnung anhand des Verhältnisses Th^{232}/U^{238} bestätigt diese Abschätzung. Diese Zeiten sind zwar etwas *kürzer*, als das aus den *Farben-Helligkeits-Diagrammen* der Kugelhaufen und der ältesten galaktischen Haufen (9—12 bzw. $8—10 \cdot 10^9$ Jahre) gewonnene wahrscheinlichste Alter des Milchstraßensystems von $\sim 9 \cdot 10^9$ Jahren. Man sollte aber wohl nicht vergessen, daß in die Theorie der Farbenhelligkeitsdiagramme (bzw. Isochronen), welche der „astronomischen" Altersbestimmung zugrunde liegt, noch eine Reihe ziemlich unsicherer Annahmen eingehen: a) Es wird die Konstanz der Sternmassen vorausgesetzt, während in neuerer Zeit sich an verschiedenen Stellen die Anzeichen von Masseverlust mehren. b) Es wird vorausgesetzt, daß außerhalb der Konvektionszonen keinerlei Durchmischung stattfindet. Auch hierzu zeigt die Beobachtung Ausnahmen, die wir noch nicht

---

[20] Der Unterschied der verschiedenen Auffassungen über die Entwicklung der schweren Elemente am Anfang der Entwicklung einer Galaxie ist vielleicht nicht *so* groß wie es zunächst erscheinen möchte: Nachdem mit der Vorstellung einer „normalen" Sternentwicklung nicht durchzukommen ist, fordern die einen eine anfängliche Sternpopulation von einer Art, wie man sie nirgends tatsächlich beobachtet. Auf der anderen Seite wissen wir, daß die *Quasare* eine detaillierte Struktur haben müssen, aber wir können noch so gut wie nichts bestimmtes darüber aussagen.

verstehen. c) Die Mischungswegtheorie der Konvektionszonen steht hydrodynamisch auf ganz unsicherer Grundlage. d) Die Neutrinoemission der Sonne ist noch ungeklärt. Wir halten es daher für durchaus diskutabel, die Fehlergrenzen der astronomischen Altersbestimmungen noch etwas zu erweitern und als wahrscheinlichen Wert für das *Alter des Milchstraßensystems* und damit der ganzen *Welt der Galaxien* $\sim 8 \cdot 10^9$ *Jahre* anzusetzen.

Obwohl die neue Vorstellung einer *Massenproduktion der schweren Elemente* ohne Zweifel viel für sich hat, bleibt doch noch — ebenso wie in der B^2FH-Theorie — die Frage unbeantwortet, weshalb in allen großen Galaxien, wie unserem Milchstraßensystem, M 31, den Magellanischen Wolken usw. — *nicht* aber in den Zwerg-E-Galaxien — nahezu *derselbe* Bruchteil der Urmaterie in schwere Elemente umgesetzt wurde? Dies hängt offenbar zusammen mit der ebenso noch offenen Frage, welcher Bruchteil der Masse einer Galaxie jeweils zu einem Quasar kollabiert.

Auf jeden Fall dürfen wir es als eine der wichtigsten Erkenntnisse der neueren Astrophysik verbuchen, daß quasarartige Explosionen in den Zentren der Galaxien auch deren sonstige Entwicklung entscheidend beeinflussen, wie wir es einerseits in den Leidener Untersuchungen über die inneren Bereiche des Milchstraßensystems und andererseits in den Arbeiten über M 82 und NGC 1275 direkt sehen. Auf die große kosmogonische und kosmologische Bedeutung der *Kerne der Galaxien* hat schon seit mehreren Jahrzehnten *V. A. Ambarzumian* mit Nachdruck hingewiesen. Er geht in der theoretischen Deutung sogar noch einen Schritt weiter als die im vorhergehenden dargestellte Theorie. Er hält das Auftreten und die Explosion einer kompakten Galaxie für eine Art *Elementarprozeß*, dessen Verständnis die Möglichkeiten der heutigen Physik übersteige. An die Stelle des *einen* Urknalls der kosmologischen Weltmodelle im Sinne von *Lemaître* u.a. (s. Abschn. 30) treten dann sozusagen viele ähnliche Prozesse von galaktischer Größenordnung. Die prinzipiellen Schwierigkeiten jeder Theorie eines „*Anfangs*" werden dadurch allerdings — so dürfen wir doch wohl sagen — im Grunde nur in anderer Weise verteilt.

30. Kosmologie

Fünf Jahre nach der Messung der Distanzen ferner Galaxien gelang *E. Hubble* 1929 eine zweite Entdeckung von ungeheurer Tragweite: Die *Rotverschiebung* der Linien in den Spektren ferner Galaxien

$$z = \frac{\Delta\lambda}{\lambda_0} \quad \text{bzw.} \quad = \frac{\lambda - \lambda_0}{\lambda_0} \tag{30.1}$$

(λ_0 = Laboratoriumswellenlänge, λ = gemessene Wellenlänge) wächst *proportional mit deren Entfernung r* an. Deutet man die Rotverschiebung als *Dopplereffekt*[21], so gilt für die *Fluchtgeschwindigkeit* $v = dr/dt$ der Galaxien die Beziehung

$$v = c \cdot \Delta\lambda/\lambda_0 = H_0 \cdot r. \tag{30.2}$$

---

[21] Wir beschränken uns hier auf $z \ll 1$; andernfalls müßten wir sogleich relativistisch rechnen.

Scheinbare Ausnahmen bei nahen Galaxien — die Andromedagalaxie z. B. *nähert* sich uns mit 300 km/sec — ließen sich leicht als Reflex der Rotation unserer Milchstraße deuten. Neuere Messungen mit der 21 cm-Linie des Wasserstoffs haben die in (30.2) angenommene *Wellenlängenabhängigkeit* des Effektes bestens bestätigt.

Für die *Hubble-Konstante* H_0 erhielt *Hubble* selbst 1929 den Zahlenwert 530 km s^{-1}/Megaparsec. Im Anschluß an *W. Baade*'s Revision der kosmischen Entfernungsskala (Unterscheidung der Cepheiden der Populationen I und II) berechnete *A. R. Sandage* 1958 als wahrscheinlichsten Wert 75 km s^{-1}/Mpc. Eine nochmalige Revision der extragalaktischen Entfernungsskala führte 1972/73 auf 50 bis 60 km s^{-1}/Mpc. Andere neuere Diskussionen ergaben Zahlenwerte bis 100 km s^{-1}/Mpc. Im Folgenden rechnen wir meist mit

$$H_0 = 75 \pm 25 \text{ km s}^{-1}/\text{Megaparsec}. \tag{30.3}$$

Umgekehrt wird Gl. (30.2) vielfach angewandt, um — in Ermangelung eines Besseren — aus der gemessenen Rotverschiebung im Spektrum einer teleskopisch nicht mehr auflösbaren Galaxie deren *Entfernung r* zu berechnen. Beim gegenwärtigen Stand der Dinge sollte man dabei angeben, welcher Zahlenwert für H_0 benutzt wurde.

Die Beziehung (30.2) kann man zunächst ganz naiv in dem Sinne deuten, daß vor einer Zeit T_0 eine *Expansion* des ganzen Weltalls aus einem relativ kleinen Volumen begann. Erhielt bei der Expansion eine bestimmte Galaxie — die sich jetzt in der Entfernung r befinde — die Geschwindigkeit v, so brauchte sie zum Durchlaufen der Strecke r die für alle Galaxien gleiche Zeit

$$T_0 = r/v = 1/H_0. \tag{30.4}$$

Diese sog. „Hubble-Zeit" T_0 ist also gleich der reziproken *Hubble*-Konstante $1/H_0$. Rechnet man — wie üblich — H_0 in km/sec pro Megaparsec, T_0 aber in Jahren, so ist (1 Mpc = $3.084 \cdot 10^{19}$ km; 1 Jahr = $3.156 \cdot 10^7$ sec)

$$T_0[\text{Jahre}] = \frac{978 \cdot 10^9}{H_0[\text{km s}^{-1}/\text{Mpc}]}. \tag{30.5}$$

Während der ältere *Hubble*sche Wert von H_0 auf ein im Vergleich zum Alter der Kugelsternhaufen etc. viel zu kurzes Weltalter von $1.86 \cdot 10^9$ Jahren führte, erhält man aus dem neueren Zahlenwert von 75 km s^{-1}/Mpc

$$T_0 = 13 \cdot 10^9 \text{ Jahre} \tag{30.6}$$

mit einer Unsicherheit von schätzungsweise $\pm 5 \cdot 10^9$ Jahren.

Die in Gl. (30.2) enthaltene Kinematik des *expandierenden Weltalls* scheint auf den ersten Blick einen Rückfall in heliozentrische Vorstellungen zu bedeuten. Dem ist aber nicht so! Schreibt man nämlich (30.2) als Vektorgleichung

$$\mathfrak{v} = H_0 \cdot \mathfrak{r}, \tag{30.7}$$

wobei der Ursprung des Koordinatensystems in unserer Galaxie liege, so gilt, von einer anderen Galaxie aus gesehen, die relativ zu uns den Abstand $\mathfrak{r}_0$ und die Geschwindigkeit $\mathfrak{v}_0$ hat (wobei $\mathfrak{v}_0 = H \cdot \mathfrak{r}_0$ ist)

$$\mathfrak{v} - \mathfrak{v}_0 = H(\mathfrak{r} - \mathfrak{r}_0). \tag{30.8}$$

Das nach (30.7) expandierende Universum bietet also den Beobachtern auf verschiedenen Galaxien genau denselben Anblick; d.h. unser *kinematisches Weltmodell ist homogen und isotrop*. Man kann zeigen, daß Gl. (30.7) das *einzige* Strömungsfeld darstellt, welches diese Bedingungen erfüllt, sofern man noch die Forderung der *Wirbelfreiheit* (rot $\mathfrak{v}=0$) hinzunimmt.

Dieses zunächst rein kinematische Modell haben *E. Milne* und *W. H. McCrea* 1934 zu einer *Newtonschen Kosmologie* erweitert, indem sie untersuchten, welche Strömungen im Rahmen der *Newtonschen Mechanik* ein Medium (das „Galaxien-Gas") ausführen kann, wenn man durchweg *Homogenität, Isotropie* und *Wirbelfreiheit* voraussetzt[22].

Betrachten wir zur Zeit t eine Galaxie im Abstand $R(t)$ (für eine endliche „Weltkugel" könnte R auch deren Radius bedeuten), so wird diese nach dem *Newton*schen Gravitationsgesetz angezogen von der in dieser Kugel enthaltenen Masse $M=(4\pi/3)\cdot R^3\rho(t)$, wo $\rho(t)$ die Massendichte zu dem betrachteten Zeitpunkt bedeutet. Die *Bewegungsgleichung* lautet also[23]

$$\frac{d^2R}{dt^2}+\frac{GM}{R^2}=0 \quad \text{und} \quad M=\frac{4\pi}{3}R^3\rho(t)=\text{const}. \tag{30.9}$$

Multipliziert man mit $\dot{R}=dR/dt$, so kann man ohne weiteres integrieren und erhält den *Energiesatz*

$$\frac{1}{2}\left(\frac{dR}{dt}\right)^2-\frac{GM}{R}=h \tag{30.10}$$

mit $h=$const. oder

$$\frac{\dot{R}^2}{R^2}-\frac{8\pi}{3}G\rho(t)+\frac{kc^2}{R^2}=0, \tag{30.10a}$$

wobei wir noch im Hinblick auf den späteren Vergleich mit relativistischen Rechnungen $-h=kc^2/2$ geschrieben haben.

Man überzeugt sich leicht, daß man zu einer bestimmten Zeit $t=t_0$ innerhalb unserer Kugel von jeder Galaxie aus dasselbe Rotverschiebungsgesetz beobachten würde. Bezeichnen wir alle Größen, die sich auf den jetzigen Zeitpunkt $t=t_0$ beziehen, mit einem Index $_0$, so ist die

$$\textit{Hubble-Konstante} \ \ H_0=\dot{R}_0/R_0. \tag{30.11}$$

Zur vollständigen Charakterisierung eines Weltmodells brauchen wir außer H_0 noch eine zweite Größe, welche die der Expansion des Weltalls entgegenwirkende Einwärts-Beschleunigung durch die Masse $M=(4\pi/3)R_0^3\rho_0$ beschreibt, den sogenannten

---

[22] Man zeigt unschwer, daß die Forderung durchgängiger Isotropie die der Homogenität impliziert (nicht aber umgekehrt). Weltmodelle mit rot $\mathfrak{v}\neq0$ sind untersucht worden, sollen aber hier außer Betracht bleiben.

[23] Die hier — der Einfachheit wegen — übergangene explizite Berücksichtigung der *Druck*kräfte würde das Ergebnis nicht ändern. — Über die mit der langsamen Abnahme der *New*tonschen Anziehungskräfte $\sim1/R^2$ zusammenhängenden *Konvergenzprobleme* bei unendlich ausgedehnten Systemen, welche die Entwicklung der *Newtonschen Kosmologie* so lange aufgehalten haben, sind wir hier etwas leichtfertig hinweggegangen. Eine exakte Begründung gibt z.B. der Handbuchartikel von *O. Heckmann* und *L. Schücking* 1959.

$$\text{Decelerationsparameter } q_0 = -\left(\frac{\ddot{R}_0}{R_0}\right)\bigg/\left(\frac{\dot{R}_0}{R_0}\right)^2 = -\frac{\ddot{R}_0}{R_0 H_0^2} = \frac{4\pi G \rho_0}{3 H_0^2} \qquad (30.12)$$

nach Gl. (30.9). Er bezieht die Beschleunigung $-\ddot{R}_0$ auf eine „Einheitsbeschleunigung", welche in der Hubble-Zeit $T_0 = H_0^{-1}$ von der Geschwindigkeit Null auf die im Abstand R_0 gesehene Fluchtgeschwindigkeit $R_0 H_0$ führen würde.

Die Lösung unserer Gleichungen führt auf *Weltmodelle*, die von einem Punkt (Singularität) unendlich großer Dichte aus entweder *monoton expandieren* (Gesamtenergie $M h \geq 0$) oder zwischen $R = 0$ und einem R_{max} periodisch *oszillieren* ($h < 0$). Statische Modelle sind im Rahmen der Gl. (30.9) nicht möglich.

Allgemein gesprochen, erweitert die *Newtonsche Kosmologie* das Weltbild der zuerst besprochenen, rein *kinematischen Kosmologie* in dem Sinne, daß sie die *Hubble-Konstante* H_0 als Funktion der Zeit t betrachtet. In einer periodischen Welt würde z. B. ein Zeitalter mit Rotverschiebung abgelöst durch ein solches mit Violettverschiebung und umgekehrt! Ehe wir die Frage der Auswahl unter den vielerlei Weltmodellen der *Newtonschen* Theorie diskutieren, untersuchen wir ihre grundsätzlichen Schwierigkeiten und deren Überwindung im Rahmen der *relativistischen Kosmologie*[24].

Die von *A. Einstein* 1905 entwickelte *spezielle Relativitätstheorie* geht aus von dem Ergebnis des *Michelsonversuchs*, indem sie fordert, daß die *Ausbreitung einer Lichtwelle* in verschiedenen *Koordinatensystemen*, die relativ zueinander Translationsbewegungen ausführen können, denselben Aspekt biete, d. h. derselben Gleichung folge. Legt das Licht ein *Wegelement* $dr = \sqrt{dx^2 + dy^2 + dz^2}$ in einem *Zeit*element dt mit der Vakuum-Lichtgeschwindigkeit c zurück, so ist

$$dx^2 + dy^2 + dz^2 - c^2 dt^2 = 0. \qquad (30.13)$$

Diese Größe kann man als Linienelement ds^2 eines *vierdimensionalen Raumes* mit den 3 räumlichen Koordinaten x, y, z und der 4. Koordinate ct (= Lichtweg) oder — nach *H. Poincaré* und *H. Minkowski* — noch „anschaulicher" ict (mit $i = \sqrt{-1}$) betrachten und etwas allgemeiner fordern, daß beim Übergang von einem kartesischen Koordinatensystem zu einem anderen, welches relativ zu ersterem eine Translationsbewegung ausführt, das *vierdimensionale Linienelement*

$$ds^2 = dx^2 + dy^2 + dz^2 - c^2 dt^2 \quad \text{bzw.} \quad ds^2 = dx^2 + dy^2 + dz^2 + d(ict)^2 \qquad (30.14)$$

erhalten bleiben soll. Eine solche Transformation kann sich offensichtlich nicht auf die *räumlichen* Koordinaten $x, y, z \to x', y', z'$ beschränken, sondern muß auch die *Zeit* $t \to t'$ mittransformieren. Diese sogenannte *Lorentztransformation* ist — wie man aus der rechten Gl. (30.14) ohne weiteres abliest — nichts anderes als eine *Drehung* in dem vierdimensionalen Raum x, y, z, ict, bei welcher per def. das *Längenelement* ds (wie man sagt) *invariant* ist. Der wesentliche Fortschritt der speziellen Relativitätstheorie gegenüber der Newtonschen Theorie

---

[24] Unsere kurze Einführung will nicht ein Lehrbuch der *Relativitätstheorie* ersetzen. Wir möchten nur ihre Bedeutung für die Astronomie und Kosmologie herausstellen. Die wenigen angeschriebenen Formeln sollen lediglich einen Eindruck von ihrer theoretischen Struktur vermitteln.

beruht darauf, daß sie die ausgezeichnete Stellung der *Vakuumlichtgeschwindig-keit c* ab ovo anerkennt. Dementsprechend führt ihr weiterer Ausbau zu der Erkenntnis, daß *keine* materielle Bewegung und *kein* Signal (irgendwelcher Art) die Geschwindigkeit $c = 3 \cdot 10^{10}$ cm/sec überschreiten kann. Unsere *Newton*schen Weltmodelle verdienen also nur Vertrauen, soweit keine Überlichtgeschwindigkeiten auftreten, d.h. $v < c$ bzw. $z = \Delta\lambda/\lambda_0 < 1$ ist.

Im Hinblick auf die ganze Physik fordert die spezielle Relativitätstheorie weiterhin die *Invarianz* (Unabhängigkeit) aller Naturgesetze gegenüber Lorentz-transformationen bzw. (physikalisch gesehen) Translationsbewegungen.

Sollte es nicht möglich sein, die Naturgesetze so zu formulieren, daß sie sogar invariant gegenüber *beliebigen Koordinatentransformationen* sind? 1916 faßte *A. Einstein* die geniale Idee, in seiner *allgemeinen Relativitätstheorie* diese naheliegende Forderung zu verknüpfen mit der Theorie der *Gravitation*. Die Gleichheit der *schweren* und *trägen Masse*, unabhängig von der Art der Materie bzw. — moderner ausgedrückt — der Elementarteilchen, war ja im Rahmen der Newtonschen Mechanik sozusagen ein Wunder. *Newton* selbst, dann *Bessel* und später *Eötvös* hatten sie experimentell mit immer größerer Genauigkeit verifiziert; aber was bedeutete sie? *Einstein* erhob die Erfahrung, daß in einem frei fallenden Koordinatensystem (Fahrstuhl) die Schwerkraft (mg) durch die Trägheitskräfte ($m\ddot{z}$) aufgehoben erscheint, zu einem Grundpostulat. Das heißt, Schwerkraft und Trägheitskraft ist letzten Endes *dasselbe*. Diese Kräfte kann man durch *lokale Transformation* auf ein vierdimensionales kartesisches Koordinatensystem mit der „euklidischen" Metrik (30.14)[25] wegschaffen. Umgekehrt bestimmen die Koeffizienten g_{ik} der — wie sich zeigt — *Riemannschen Metrik* $ds^2 = \sum\limits_{i,k} g_{ik} dx^i dx^k$ eines *beliebigen* Koordinatensystems und ihr Zusammenhang im ganzen Raum die dort herrschenden *Gravitations- und Trägheitsfelder*.

Das Gravitationsfeld einer Masse M — z.B. der Sonne — und damit die Theorie der *Planetenbewegung* läßt sich nach *K. Schwarzschild* (1916) darstellen mit Hilfe der Metrik

$$ds^2 = dr^2/(1 - r_s/r) + r^2(d\vartheta^2 + \sin^2\vartheta\, d\varphi^2) - (1 - r_s/r)\, c^2 dt^2, \qquad (30.15)$$

wobei — wie üblich — r, ϑ, φ räumliche Polarkoordinaten und t die Zeit bedeuten.

Die Integrationskonstante

$$r_s = 2GM/c^2 \qquad (30.16)$$

nennt man den *Gravitationsradius* der Masse M; für $M = 1$ Sonnenmasse z.B. ist $r_s = 2.9$ km. Seine Größe bestimmt die Abweichungen von der euklidischen Metrik des leeren Raumes. Die Planeten oder irgendwelche Probekörper, z.B. Lichtquanten, bewegen sich auf *geodätischen* (d.h. kürzesten) *Linien* in dem Raum (30.15).

---

[25] Von der euklidischen Metrik des gewöhnlichen dreidimensionalen Raumes unterscheidet sich (30.14) dadurch, daß ein Glied negativ ist. Ein solches ds^2 nennt man genauer negativ definit oder auch pseudoeuklidisch.

Im Bereich des Planetensystems unterscheiden sich die Aussagen der allgemeinen Relativitätstheorie sehr wenig von denen der Newtonschen Mechanik und Gravitationstheorie. Die Tests, welche zwischen den beiden Theorien entscheiden können, erfordern daher eine sehr hohe Meßgenauigkeit. In experimenteller Hinsicht stehen die Dinge z.Z. folgendermaßen:

1. In seinem klassischen Experiment zur Prüfung der *Gleichheit von schwerer und träger Masse* — verwendet werden die Schwerkraft der Erde und die Zentrifugalkraft der Erdrotation — hatte *R. v. Eötvös* schon 1922 eine Genauigkeit von 10^{-9} erreicht. Neuerdings sind *V. B. Braginsky* und *V. N. Rudenko* (1970) bis $\sim 10^{-12}$ vorgedrungen.

2. *Lichtablenkung:* Durch das Gravitationsfeld der Sonne sollte das Licht eines Sternes, das (bei einer totalen Finsternis) im Abstand R Sonnenradien (vom Zentrum) an der Sonne vorbeigeht, eine *Ablenkung* von $1.75/R$ Bogensekunden erfahren. Die äußerst schwierigen Messungen ergaben für die Konstante Zahlenwerte zwischen $2\rlap{.}{''}2$ und $1\rlap{.}{''}75$.

Ganz neue Möglichkeiten eröffneten seit 1969 die *Langbasisinterferometer* im Zentimeterwellengebiet mit ihrer Winkelmeßgenauigkeit von $\sim 3\cdot 10^{-4}$ Bogensekunden. Glücklicherweise werden die beiden hellen *quasistellaren* Radioquellen 3 C 273 und 3 C 279 von der Sonne jedes Jahr ganz oder nahezu bedeckt, so daß man aus Messungen ihres Abstandes die *Einsteinsche* Lichtablenkung ermitteln kann. Der theoretische Zahlenwert wurde innerhalb der Fehlergrenze von etwa $\pm 5\%$ bestätigt.

3. *Verzögerung von Radarsignalen. I. Shapiro* (1964) entdeckte, daß nach der allgemeinen Relativitätstheorie ein *Radarsignal*, welches nahe an der Sonne vorbei geht, eine Verzögerung der Größenordnung $\sim 2\cdot 10^{-4}$s erfahren müsse. Solche Radarreflexionen konnte man von *Merkur* und *Venus* (passiv) sowie von den Raumsonden *Mariner* VI und VII (aktiv; d.h. das dort ankommende Signal triggert einen Sender) erhalten. Die Voraussagen der Theorie haben sich dabei innerhalb weniger Prozent bestätigt.

4. *Rotverschiebung:* Ein Lichtquant $h\nu$, das z.B. die Potentialdifferenz Sonne—Erde $GM_\odot/R_\odot$ durchläuft, müßte gegenüber einer Laboratoriums-Lichtquelle eine Rotverschiebung

$$-\Delta(h\nu) = \frac{GM_\odot}{R_\odot}\cdot \frac{h\nu}{c^2} \qquad (30.17)$$

zeigen, was formal einem Dopplereffekt $-c\,\Delta\nu/\nu = c\,\Delta\lambda/\lambda = 0.64$ km/sec entspricht. Die Messungen geben eine qualitative Bestätigung, aber es ist z.Z. nicht möglich, die relativistische Rotverschiebung vom Dopplereffekt der Strömungen in der Sonnenatmosphäre vollständig zu trennen. Auch die Rotverschiebung in den Spektren Weißer Zwergsterne (z.B. Siriusbegleiter) läßt keine befriedigende Genauigkeit zu. Wesentlich höhere Genauigkeit ermöglicht ein Experiment mit den äußerst scharfen γ-Linien des *Mößbauer*-Effektes im Schwerefeld der Erde. Mittels der „rückstoßfreien" γ-Linie des Fe^{57} konnten 1960 *R. V. Pound* und *G. A. Rebka* über einen Höhenunterschied von 22.6 m die berechnete Frequenzverschiebung von nur $\Delta\nu/\nu = 2.5\cdot 10^{-15}$ noch innerhalb $\pm 10\%$ verifizieren. 1965 erreichten *R. V. Pound* und *J. L. Snider* mit einer verbesserten Anordnung eine Meßgenauigkeit von $\pm 1\%$.

5. *Periheldrehung der Planeten:* Die von *Einstein* berechnete sehr kleine Drehung des *Merkurperihels* stimmt mit den alten Rechnungen von *Leverrier* gut überein. Erst die elektronische Aufarbeitung eines riesigen Beobachtungsmaterials durch *G. H. Clemence* und *R. L. Duncombe* ($\sim$ 1956) ergab mit erheblich verbesserter Genauigkeit:

Planet:		Merkur	Venus	Erde	
Perideldrehung	Beobachtet:	$43\rlap{.}{''}11\pm 0.45$	$8\rlap{.}{''}4\pm 4.8$	$5\rlap{.}{''}0\pm 1.2$	(30.18)
pro Jahrhundert	Berechnet:	$43\rlap{.}{''}03$	$8\rlap{.}{''}6$	$3\rlap{.}{''}8$	

Da die Periheldrehung ein Effekt 2. Ordnung ist, während die Lichtablenkung, die Verzögerung von Radarsignalen und die Rotverschiebung nur Effekte 1. Ordnung sind, so dürfen wir insgesamt von einer ausgezeichneten Bestätigung der allgemeinen Relativitätstheorie sprechen.

Die neueren Tests, deren Meßgenauigkeit man noch vor wenigen Jahren für völlig unerreichbar gehalten hätte, haben fast alle Konkurrenten der allgemeinen Relativitätstheorie aus dem Felde geschlagen. Im Rennen bleibt z. Z. noch eine von *R. H. Dicke, C. Brans* und *P. Jordan* vorgeschlagene Weiterbildung, auf die wir hier aber nicht näher eingehen können.

Die *Schwarzschildsche* Metrik (30.15) läßt neben den im Vorhergehenden dargestellten sehr kleinen Effekten noch eine um so spektakulärere Möglichkeit erkennen, die wir im Zusammenhang mit der Entwicklung der Sterne und der Galaxien schon mehrfach erwähnt haben: die Existenz von *Schwarzen Löchern.*

Wird nämlich der Radius unserer Masse M *kleiner* als ihr *Gravitationsradius* r_s nach Gl. (30.16), so kehren innerhalb der Kugel $r \leq r_s$ die Koeffizienten der raumartigen bzw. zeitartigen Elemente $\mathrm{d}r^2$ bzw. $-c^2\mathrm{d}t^2$ in (30.15) ihre Vorzeichen um. Dies hat — wie wir hier nicht im einzelnen zeigen können — zur Folge, daß aus dem Bereich $r < r_s$, dem sogenannten *Schwarzen Loch*, weder Materie noch Lichtquanten, also auch keinerlei Signale, nach außen $(r > r_s)$ gelangen können. Ein Schwarzes Loch — genauer gesagt, *Schwarzschildscher* Art — macht sich *nur* durch sein Gravitationsfeld bemerkbar. Wir haben schon darauf hingewiesen, daß ein Schwarzes Loch als Endzustand gewisser *Sternentwicklungsprozesse* in Frage kommt. Die im Hinblick auf die Physik der Quasare wichtige Frage, ob es nicht ähnliche Konfigurationen geben kann, welche einen erheblichen Teil der beim Kollaps freiwerdenden *Gravitationsenergie* abzugeben vermögen, wurde ihrer Lösung nähergebracht durch *R. P. Kerr's* Entdeckung (1963) einer Metrik, die eine *Masse M mit Drehimpuls* repräsentiert.

Schreibt man Gl. (30.16) in der Form $GM^2/r_s = \frac{1}{2}Mc^2$, so ersieht man, daß der *Gravitationskollaps* einer Masse M in ein Schwarzes Loch oder eine verwandte Konfiguration die einzige Möglichkeit bildet, um einen erheblichen Bruchteil ihrer *relativistischen Ruheenergie* Mc^2 freizusetzen. Selbst bei dem ergiebigsten *Kernprozeß* $4H^1 \rightarrow He^4$ werden nach (25.17) nur 0.7% dieser Energie verfügbar.

Ehe wir zu den Problemen der Kosmologie zurückkehren, besprechen wir noch kurz ein in den letzten Jahren viel diskutiertes Phänomen, die *Gravitationswellen*. Schon bald nach Entdeckung seiner Gravitationsgleichungen hat *A. Einstein* aus diesen deduziert, daß ein System bewegter Massen *Gravitationswellen* erzeugt, die sich mit der Geschwindigkeit c ausbreiten. Trifft eine (polarisierte) Gravitationswelle auf *Materie*, so wird diese (in einem bestimmten Zeitpunkt) senkrecht zum Strahl in *einer* Richtung zusammengedrückt, in der dazu senkrechten Richtung gedehnt; nach einer halben Schwingung erfolgt die entgegengesetzte Deformation. Das Schwingungsbild für die „andere" Polarisation ergibt sich durch eine 45°-Drehung um die Strahlrichtung.

Seit ~ 1958 hat sich nun *J. Weber* intensiv mit dem *Nachweis von Gravitationswellen* aus dem Weltraum befaßt. Als *Empfänger* benutzt er massive Aluminiumzylinder von (meist) 153 cm Länge und 61 bis 96 cm Durchmesser — die größten wiegen ~ 3 Tonnen —, die möglichst erschütterungsfrei und vor sonstigen Störungen geschützt horizontal aufgehängt sind. Die Deformation wird von Piezokristallen längs eines Umfanges abgegriffen und elektronisch verstärkt. So können noch Deformationen der Größenordnung $\sim 10^{-14}$ cm gemessen werden! *J. Weber's*

Aluminiumzylinder „empfindet" Gravitationswellen bei seiner Resonanzfrequenz 1661 Hz innerhalb einer Bandbreite von 0.016 Hz; die Richtcharakteristik hat ihr Maximum senkrecht zur Zylinderachse. Unter Ausnützung der Erdrotation kann man so wenigstens den Horizont mit bescheidener Winkelauflösung abtasten, ähnlich wie bei den ersten Radioantennen von *K. G. Jansky*.

J. Weber erhält nun — meist mehrmals am Tage — kurzdauernde Signale (Bursts) der Gravitationsstrahlung bei 1661 Hz. Als Argument für deren Realität wird angeführt, daß zwei ~1000 km voneinander aufgestellte Empfänger entsprechende *Koinzidenzen* zeigen und daß die Signale vorzugsweise aus der Richtung des *galaktischen Zentrums* (oder Antizentrums — was wohl ziemlich sinnlos wäre) kämen.

Gegen die Realität der von *J. Weber* gemessenen „Gravitationsstrahlung" haben die Theoretiker alsbald den Einwand erhoben, daß — auch bei günstigen Annahmen über deren Frequenz- und Winkelabhängigkeit — ihre Erzeugung einen so enormen *Energie*aufwand erfordern würde, daß dieser auch z. B. im galaktischen Zentrum keinesfalls gedeckt werden könnte. Weiterhin sollte man erwarten, daß eine so gewaltige Energieabstrahlung irgendwie von gleichzeitigen *Radiosignalen* begleitet sein müßte. Eine ausgedehnte, vom Jodrell Bank Radio Observatory organisierte Suchaktion verlief aber völlig negativ.

Angesichts dieser verworrenen Lage dürfte es richtig sein, die Ergebnisse weiterer unabhängiger Meßreihen, insbesondere über Koinzidenzen zwischen Gravitationswellen-Empfängern in verschiedenen Kontinenten, über die spektrale Energieverteilung der Bursts etc. abzuwarten. Sollten sich *J. Weber's* Ergebnisse bestätigen, so würde dies die Theoretiker vor äußerst prekäre Probleme stellen.

Nach diesem Exkurs kehren wir zu unseren Problemen der relativistischen Kosmologie zurück.

Schon 1917 haben *A. Einstein* und *W. de Sitter* spezielle *Weltmodelle* konstruiert, deren Krümmung als von der Zeit *t* *un*abhängig angenommen wurde. 1922/24 gelang dann *A. Friedmann* die wichtige Verallgemeinerung auf Räume mit zeitabhängigem Krümmungsradius. Seine Arbeiten fanden keinerlei Beachtung, bis dann etwa 1927—30 *G. Lemaître, A. S. Eddington* u. a. die Untersuchung *expandierender Weltmodelle* auf der Grundlage der allgemeinen Relativitätstheorie aufnahmen.

Stellen wir von Anfang an das *kosmologische Postulat*, daß die Welt durchweg *homogen* und *isotrop* sein müsse, so kann man nach *H. P. Robertson* u. a. das vierdimensionale Linienelement d*s* (nach geeigneter Wahl der Maßeinheiten) in die Form bringen

$$\mathrm{d}s^2 = \mathrm{d}t^2 - R(t)^2 \cdot \frac{\mathrm{d}x^2 + \mathrm{d}y^2 + \mathrm{d}z^2}{\{1 + \frac{1}{4}k \cdot (x^2 + y^2 + z^2)\}^2}. \tag{30.19}$$

Die zeitabhängige Funktion $R(t)$ bestimmt den *Krümmungsradius* des dreidimensionalen Raumes, der ganz analog zum Krümmungsradius einer zweidimensionalen Fläche definiert wird. Die Konstante k, welche die Werte 0 oder ± 1 annehmen kann, gibt das Vorzeichen der (in einem bestimmten Zeitpunkt!) überall gleichen *Raumkrümmung*, und zwar bedeutet

a) $k=0$ den bekannten *Euklid*ischen Raum.
b) $k=+1$ einen sphärischen oder (anders interpretiert) elliptischen Raum. Diese
         Räume sind *geschlossen* und haben ein endliches Volumen.
c) $k=-1$ einen hyperbolischen Raum; dieser ist *offen*.

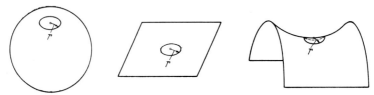

Abb. 30.1. Flächen (d.h. zweidimensionale Räume) mit Krümmungen $k>0$, $=0$, <0 als
Modelle gekrümmter Räume.

Krümmung k der Fläche:	$k>0$	$k=0$	$k<0$
Geometrie:	Sphärisch oder elliptisch	Euklidisch	Hyperbolisch (Bolyai-Lobatschewsky)
Umfang des Kreises:	$<2\pi r$	$=2\pi r$	$>2\pi r$
Fläche des Kreises:	$<\pi r^2$	$=\pi r^2$	$>\pi r^2$

Man veranschaulicht sich diese dreierlei Räume bzw. Geometrien am besten
durch ihre zweidimensionalen Analoga (Abb. 30.1).

Die weitere Entwicklung der *relativistischen Kosmologie* (die wir hier nicht
im einzelnen besprechen können) vollzieht sich nun in folgender Weise: Die
Einsteinschen Feldgleichungen, welche die g_{ik} der „Welt" mit deren Materie-Inhalt
und den Grenzbedingungen des Problems (s. u.) verknüpfen, reduzieren sich für
die *Robertsonsche* Metrik (30.19) auf eine Differentialgleichung für $R(t)$. Diese
erweist sich (für Systeme mit verschwindend kleinem Druck) als identisch mit
der Differentialgleichung (30.10 bzw. 10a) der *Newtonschen* Kosmologie, so daß
wir genau dieselbe Auswahl von Weltmodellen erhalten. Nunmehr können aber
a priori keine Über-Lichtgeschwindigkeiten mehr auftreten; die *relativistische
Kosmologie* ist die erste Theorie, welche eine in sich konsequente und wider-
spruchsfreie Beschreibung der *Welt als Ganzes* ermöglicht hat.

Wie in der Newtonschen Kosmologie, so ist auch in der relativistischen Kosmologie zunächst $R(t)$ festgelegt durch die *Hubblekonstante H_0* und den *Decelerationsparameter q_0* nach Gl. (30.11 und 12). Letzterer bestimmt nun außerdem die
Art der Raumkrümmung, d.h. das k bzw. den Zusammenhang der Welt im
Ganzen. Man erhält folgende *Möglichkeiten*:

Decelerations-parameter	Krümmung	Raum	Zeitabhängigkeit $R(t)$	
$0 \leq q_0 < \frac{1}{2}$	$k=-1$	Hyperbolisch (offen)	monoton wachsend	(30.20)
$q_0 = \frac{1}{2}$	$k=0$	Euklidisch		
$q_0 > \frac{1}{2}$	$k=+1$	Sphärisch oder elliptisch (geschlossen)	Endlich (zykloidisch)	

Die (jetzige) *Materiedichte* ρ_0 ist wieder durch Gl. (30.12) gegeben.

Welche Beobachtungsdaten stehen uns nun (teils tatsächlich, teils wenigstens prinzipiell) zur Verfügung, um herauszufinden, welchem Modell der *wirkliche* Kosmos entspricht?

Wir sprachen schon (s. Gl. 30.1 ff.) über die Bestimmung der *Hubblekonstante* H_0 aus der Rotverschiebung z in den Spektren *der* Galaxien, deren *Entfernung* r noch unabhängig (mittels Cepheiden usw.) ermittelt werden kann und über die neueste Revision der kosmischen *Entfernungsskala* durch *A. Sandage* und *G. A. Tammann* (1972).

In dem so gesicherten Bereich bis $z \approx 0.14$ ($v \approx 42\,000$ km s^{-1}) schließen sich auch die *Radiogalaxien* der Beziehung zwischen z und den scheinbaren Helligkeiten V_c (Abb. 30.2) für die gewöhnlichen Riesengalaxien (bis auf einen geringfügigen Unterschied der absoluten Helligkeiten von 0.3 mag.) an.

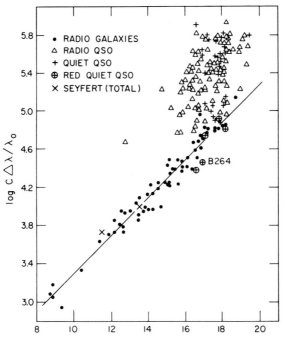

Abb. 30.2. Hubble-Diagramm für Quasare mit ($\triangle$) und ohne ($+$) Radioemission, Radiogalaxien ($\bullet$), Seyfert- und N-Galaxien etc. ($\oplus$). Die Fluchtgeschwindigkeit $v = c\,\Delta\lambda/\lambda_0$ in km s^{-1} ist logarithmisch aufgetragen über der scheinbaren Helligkeit V_c, bei Galaxien korrigiert für interstellare Absorption, Verfärbung wegen der Rotverschiebung etc., bei Quasaren unkorrigiert

Größere z erreichen die *Quasare* mit oder ohne Radioemission. 4C 05.34 hat nach *R. Lynds* (1971) $z = 2.877$; für OH 471 wird sogar $z = 3.40$ angegeben. Die Quasare, N-Galaxien und Seyfert-Galaxien streuen aber im *Hubblediagramm* (Abb. 30.2) zwischen der Geraden gewöhnlicher Riesengalaxien und bis zu ~ 5 mag. größeren Helligkeiten. Manche Astronomen haben darin eine Schwierigkeit für die kosmologische Interpretation ihrer Rotverschiebungen z sehen wollen. Neuere Beobachtungen von *A. Sandage* (1973) an N-Galaxien und von *J. Kristian* (1973) an Quasaren lassen aber keinen Zweifel darüber, daß diese Gebilde vielmehr aus einer ziemlich normalen Riesengalaxie mit einem aktiven *Kern* bestehen, dessen Ausstrahlung im optischen Gebiet allerdings die der übrigen Galaxien um 5 bis 6 mag., d.h. Faktoren bis ~ 200, übertreffen kann. So ist die eigentliche Galaxie vielfach schwer zu beobachten. Weiterhin weist *A. Sandage* darauf hin, daß *kein* Quasar eine kleinere Helligkeit hat, als man für sein z auf der *Hubble*-Geraden abliest.

Die kosmologische Deutung der Rotverschiebung dürfte damit auch für die Quasare sichergestellt sein.

Viel schwieriger ist die Bestimmung des *Decelerationsparameters* q_0 und damit der mittleren Dichte des Universums ρ_0 (Gl. 30.12). Die Theorie zeigt, daß für ein Ensemble gleichartiger Galaxien die Verknüpfung zwischen der *Rotverschiebung z* und ihrer *scheinbaren Helligkeit oder* ihrem *Winkeldurchmesser* für hinreichend *große z* von q_0 abhängt. *A. Sandage* u.a. haben große Mühe darauf verwandt, auf dieser Grundlage eine empirische Bestimmung von q_0 durchzuführen. Man kann wohl sagen, daß $q_0 < 0$ (s.u.) mit den Beobachtungen nicht verträglich ist; eine „offene" Welt mit $q_0 \leq \frac{1}{2}$ ist wenig wahrscheinlich. Andererseits dürfte q_0 jedenfalls nicht größer als $+2$ sein.

Weitere kosmologische Auskunft verspricht die *Statistik der scheinbaren Helligkeiten* der Galaxien: „Wieviel Galaxien pro Quadratgrad haben (auf galaktische Absorption etc. korrigierte) Helligkeiten im Bereich $m \pm \frac{1}{2}$?" Den Grenzfall dieses Verteilungsgesetzes für die euklidische Welt haben wir schon in Gl. (23.1) angeschrieben. Mit den Quasaren können wir auch hier nichts anfangen.

Des weiteren muß man sich bezüglich der weit entfernten Galaxien (jeder Art) fragen, ob in der langen Zeit, die das Licht von ihnen bis zu uns unterwegs war, sich ihre Helligkeiten, Farben, Durchmesser etc. infolge ihrer *Evolution* merklich verändert haben, so daß ein Vergleich mit den uns benachbarten Objekten nicht ohne weiteres möglich wäre.

Auch im Hinblick auf die *Evolution der Galaxien* (Abschn. 29) untersuchen wir einige quantitative Aspekte der „Weltgeschichte" wenigstens für die räumlich geschlossenen (zykloidischen) Weltmodelle mit $q_0 > \frac{1}{2}$. Bezüglich des mathematischen Apparates sowie der Modelle mit $q_0 \leq \frac{1}{2}$ müssen wir auf die Literatur verweisen.

In Abb. 30.3 stellen wir (schematisch) die Zeitabhängigkeit $R(t)$ für ein *Weltmodell* mit $q_0 > \frac{1}{2}$ dar. Die *Hubblekonstante* H_0 bestimmt nach Gl. (30.11) die Tangente dieser Kurve im jetzigen Zeitpunkt $t = t_0$. Zwischen t_0 und dem Schnittpunkt dieser *Hubble-Geraden* (für $q_0 = 0$ würde übrigens $R(t)$ *durchweg* durch diese Gerade dargestellt) mit der Abszissenachse liegt das Intervall der *Hubble-Zeit* $T_0 = H_0^{-1}$ nach Gl. (30.4 und 5). Der *Beginn* unserer Weltepoche ist bestimmt durch den Schnitt der Kurve $R(t)$ mit der Abszissenachse. Von t_0 liegt er um ein Zeitintervall zurück, für das die Bezeichnung *Friedmann-Zeit* T_F vorgeschlagen wurde (Tab. 30.1). Es kann also keine Galaxien, Sternhaufen etc. geben, deren Alter $> T_F$ wäre. Sodann kann man noch — bei vorgegebenem q_0 — für jede Rotverschiebung z das entsprechende R und damit das Zeitintervall

$t(z)$ berechnen, welches ein Licht- oder Radiosignal brauchte, um von dem betr. Objekt zu uns zu gelangen. Wir erhalten so eine untere Grenze für das Alter der *entferntesten Galaxien* bzw. *Quasare* $t(z=3)$ (Tab. 30.1).

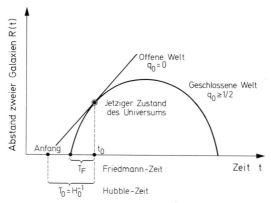

Abb. 30.3. Geschlossene Weltmodelle $(k=+1; q_0 > \frac{1}{2})$: Der Abstand zweier Galaxien ist proportional dem Skalenfaktor $R(t)$, dessen Zeitabhängigkeit durch eine Zykloide darge-stellt wird. Der kleine Kreis repräsentiert den jetzigen Zustand des Universums $(t=t_0)$. Die Tangente an die $R(t)$-Kurve in diesem Punkt würde einer offenen Welt $(q_0=0; k=-1)$ entsprechen. Weiterhin sind die Hubble-Zeit $T_0=H_0^{-1}$ und die Friedmann-Zeit T_F erklärt (s. auch Tab. 30.1)

Tab. 30.1. Hubble-Zeit T_0, Friedmann-Zeit T_F und $t(z=3)$ in Einheiten von 10^9 Jahren für verschiedene Werte der Hubblekonstante H_0 und des Decelerationsparameters q_0. Nach *A. Sandage* (1961)

Hubblekonstante H_0 km s^{-1}/Mpc		50	75	100	$t(z=3)/T_F$
Hubble-Zeit $T_0=H_0^{-1}$ (gleich T_F für $q_0=0$)		19.5	13.0	9.7	0.75
Friedmann-Zeit T_F	$q_0=0.5$	13.0	8.7	6.5	0.87
	$q_0=1.0$	11.1	7.4	5.6	0.89
	$q_0=2.0$	9.2	6.1	4.6	0.90

Versuchen wir — trotz aller Unsicherheiten und Bedenken — anhand von Tab. 30.1 *das* Weltmodell zu finden, so müssen wir (mit ihren erheblichen Fehler-grenzen) berücksichtigen: Die Hubble-Konstante H_0, den Decelerationsparame-ter q_0 und die Friedmann-Zeit T_F, welche das Maximalalter kosmischer Gebilde angibt. In Frage kommen die Altersbestimmungen von (a) Kugelsternhaufen, (b) den ältesten galaktischen Sternhaufen (NGC 188) und (c) radioaktiven Ele-menten (Uran, Thorium ...). Hinsichtlich des Absolutbetrages halten wir den Zahlenwert (c) mit $\sim 8 \cdot 10^9$ Jahren für den sichersten; er dürfte mit den Werten (a) und (b) innerhalb von deren etwas liberal geschätzten Fehlergrenzen verträglich sein. So wären möglich die Kombinationen $H_0 = 50\,\mathrm{km\,s^{-1}/Mpc}$ und $q_0 \approx 3$ oder $H_0 = 75\,\mathrm{km\,s^{-1}/Mpc}$ und $q_0 \approx 0.8$. Der erstere q_0-Wert erscheint reichlich hoch; wir möchten in summa als wahrscheinlichste Parameter *unserer Welt* abschätzen:

$$\left.\begin{array}{l} H_0 \approx 60\,\mathrm{km\,s^{-1}/Mpc};\ q_0 \approx 1.5 \text{ bis } 2.0 \\ \text{und dementsprechend die } \textit{Friedmann-Zeit} \\ T_F \approx 8.3 \text{ bis } 7.7 \cdot 10^9 \text{ Jahre.} \\ \text{Nach Gl. (30.12) wird damit die } \textit{mittlere Dichte des Universums} \\ \rho_0 \approx 2.0 \text{ bis } 2.6 \cdot 10^{-29}\,\mathrm{g\,cm^{-3}} \end{array}\right\} \quad (30.21)$$

in guter Übereinstimmung mit den in Abschn. 29 besprochenen empirischen Werten.

Unser besonderes Interesse wendet sich nun naturgemäß den Anfangsstadien der kosmischen Evolution zu, dem *Urknall* oder *Big Bang*. Die grundlegenden Untersuchungen auf diesem Gebiet sind unauflöslich verknüpft mit den Namen von *G. Lemaître* und *G. Gamow*.

Bei den enormen Temperaturen des anfänglichen *Welteneis* müssen wir davon ausgehen, daß bei $kT \geq mc^2$ jedes Elementarteilchen (im Rahmen des Energiesatzes) in andere umgewandelt werden kann. Die Theorie der Anfangsstadien des expandierenden Universums teilt daher alle Unsicherheiten der *Physik der Elementarteilchen*. In deren heutigem Rahmen kommt man, in Verbindung mit der allgemeinen Relativitätstheorie, zu der Vorstellung, daß die Welt anfänglich beherrscht wurde von *Hadronen*, den Teilchen mit starker Wechselwirkung. Auf diese *Hadronenära* folgte eine ebenfalls kurze *Leptonenära* (Leptonen = leichte Elementarteilchen); dann — wenige Sekunden nach dem Weltanfang — die *Photonen- oder Strahlungsära*. Inzwischen war das Weltall von den anfänglichen $\sim 1.8 \cdot 10^{12}\,^\circ\mathrm{K}$ (eine höhere Temperatur dürfte nach *R. Hagedorn* wegen Entstehung immer zahlreicherer Teilchen nicht möglich sein) abgekühlt auf etwa $10^9\,^\circ\mathrm{K}$ (bei $5.9 \cdot 10^9\,^\circ\mathrm{K}$ ist $kT = m_{el}c^2$), so daß die Bildung der *chemischen Elemente* aus Protonen und Neutronen beginnen konnte.

G. Gamow (1948) wollte ursprünglich die Entstehung *aller* schwereren Elemente in diesen Zeitpunkt verlegen. Diese Idee erwies sich aber als nicht haltbar, da der Aufbau der Kerne schon bei der Massenzahl $A = 5$ durch eine Instabilität zum Stehen kommt. Da es sich — jedenfalls bis heute — als unmöglich erwies, diese Schwierigkeit zu umgehen, so sind wir der Ansicht, daß in diesem Stadium tatsächlich nur *Wasserstoff und Helium* gebildet wurden. Eine detailliertere Rechnung gibt auch das empirisch für alle (aus ursprünglicher Materie bestehenden) Objekte, gleichgültig ob diese geringen oder normalen Metallgehalt haben, gemessene Verhältnis H:He $\approx 10:1$ richtig wieder.

Schon *G. Gamow* hatte s. Z. bemerkt, daß man von jenem Stadium des *Primeval Fireball* (Ur-Feuerball) sozusagen noch direkte Nachricht erhalten könnte. Bald darauf war nämlich die Wechselwirkung zwischen Strahlung und Materie so gering, daß sich das *Strahlungsfeld des Universums* mit diesem nun *adiabatisch* ausdehnte. Schon *L. Boltzmann* hatte aber gezeigt, daß ein Hohlraumstrahlungsfeld bei adiabatischer Ausdehnung schwarz bleibt und daß weiterhin das Produkt $T^3 \times$ dem Volumen des Hohlraums V konstant bleibt. Nach Abschluß der Entstehung der Atome (H + He) ist aber auch deren Teilchenzahl $n \times V$ erhalten geblieben. D.h. es müßte $T^3 \sim n$ abnehmen. Aus kernphysikalischen Überlegungen ging *Gamow* aus von $T = 10^9\,°K$ und $n \approx 10^{18}\,\text{cm}^{-3}$ bei der Element-Entstehung. Für das heutige Weltall andererseits rechnete er im Durchschnitt mit $n \approx 10^{-6}\,\text{cm}^{-3}$. Nach Expansion auf das 10^{24}-fache Volumen müßte also — so schloß er — das heutige Universum erfüllt sein von *Hohlraumstrahlung* mit einer Temperatur von $\sim 10\,°K$. Tatsächlich konnten 1965 — mit den inzwischen enorm verbesserten Hilfsmitteln der Radioastronomie — *A. A. Penzias* und *R. W. Wilson* u.a. ein kosmisches Hohlraumstrahlungsfeld von $\approx 3\,°K$ nachweisen. Daß es sich tatsächlich um den Überrest des *Primeval Fireball* handelt, wird dadurch bestätigt, daß das Strahlungsfeld von $\lambda \sim 50\,\text{cm}$ bis $0.26\,\text{cm}$ dem *Planckschen* Gesetz folgt und innerhalb der Meßgenauigkeit isotrop und unpolarisiert ist. Ab $\lambda > 50\,\text{cm}$ überwiegt die galaktische Radiostrahlung; unterhalb $\lambda \sim 0.16\,\text{cm}$ ist nach der *Planckschen* Formel (11.23) eine rapide Abnahme der Intensität I_ν zu erwarten.

Nach der Entkopplung von Strahlung und Materie bildeten sich im Kosmos erhebliche *Dichteschwankungen*, welche schließlich insbesondere zur Entstehung der *Galaxien* führten. Die Anfänge dieser *Ära* verlegt man in eine Zeit $\sim 10^5$ Jahre nach Weltbeginn, als der Weltradius noch $\sim 10^3$ mal kleiner war als heute. Über die Entstehung der Galaxien haben wir schon in Abschn. 29 gesprochen und sie in eine erheblich spätere Zeit (Weltradius $\sim \frac{1}{30}$ des jetzigen) verlegt. Über die vergleichsweise Bedeutung von Gravitationsinstabilität, Turbulenz und Verteilung des Drehimpulses für die Entstehung der Galaxien dürfte aber kaum das letzte Wort gesprochen sein.

Im Anschluß an diesen kurzen Überblick möchten wir zunächst noch einige grundsätzliche Bemerkungen nachtragen:

1. Bei der Konstruktion unserer *Weltmodelle* gingen wir aus von den ursprünglichen Ansätzen der *allgemeinen Relativitätstheorie* bzw. den damit weitgehend identischen Formeln der Newtonischen Kosmologie. Aber schon 1917 hatte *A. Einstein* seine *Gravitationsgleichungen* erweitert durch das sog. Λ-Glied, das z.B. in unserer Gl. (30.10a) links einen zusätzlichen Term $-\Lambda/3$ bedeuten würde. Der Zweck dieses — mathematisch widerspruchsfrei einführbaren — Zusatzgliedes war, daß man erst damit ein *statisches Weltmodell* konstruieren konnte, das *Einstein* zunächst für das einzig sinnvolle hielt. Dieser Gesichtspunkt wurde aber mit *Hubble's* Entdeckung des Rotverschiebungsgesetzes hinfällig. Des weiteren ist es auch in neuerer Zeit *nicht* gelungen, eine physikalische oder astronomische Begründung für die Wahl eines bestimmten Λ zu entwickeln. Aus diesem Grunde sind wir hier — wie fast alle Astrophysiker — von der Annahme $\Lambda = 0$ ausgegangen und betrachten mit *W. H. McCrea* die formale Verallgemeinerung der Gravitationsgleichungen mit $\Lambda \neq 0$ als eine Art „Notausgang", falls es einmal „ganz schlimm kommen sollte".

2. Eine uralte Frage lautet: „Was war *vor* der Entstehung der Welt?" Hierauf gibt es eine ganz eindeutige Antwort: Über irgendwelche Zustände oder Vorgänge vor der *Friedmann-Zeit* T_F können wir — im Rahmen der hier diskutierten Weltmodelle — keinerlei *Information* gewinnen, weil es bei $T \gtrsim 2 \cdot 10^{12}\,°K$ keine gestalteten Gebilde und damit keine Informationsträger mehr gibt.

Sollten wir es hier mit einer grundsätzlichen, naturgegebenen *Erkenntnisgrenze* zu tun haben? Derartige Situationen sind aus der Entwicklung der Physik nicht unbekannt: Die Einsicht, daß $c = 3 \cdot 10^{10}$ cm sec^{-1} die größte mögliche Geschwindigkeit ist, führte zur *Relativitätstheorie*. Die weitere Erkenntnis, daß $h = 6.62 \cdot 10^{-27}$ erg·sec die kleinste Wirkung ist, führte zur *Quantenmechanik*. Analog könnte man hoffen, daß die Erkenntnis des fundamentalen Charakters der *Hubble*-Konstante H_0 bzw. des „Alters der Welt" $T_0 = H_0^{-1}$ zu einer „*kosmologischen Physik*" führen wird. Eine solche Theorie würde für kosmische Zeiträume sich erheblich von der heutigen Physik unterscheiden, müßte letztere aber für unsere raumzeitliche Umgebung als Grenzfall enthalten.

3. Die Weltmodelle mit $q_0 > \frac{1}{2}$, deren $R(t)$ durch Zykloiden dargestellt wird, hat man in der älteren Literatur vielfach als *periodisch* bezeichnet, wobei man sich vorstellte, daß auf die Kompression zu einer Singularität $R \rightarrow 0$ wieder eine Expansion folge. Die heutige Physik enthält aber keinen Hinweis auf eine rücktreibende Kraft. Wir sprechen daher besser von *zykloidischen* Weltmodellen und begnügen uns damit, unser Modell (30.21) als eine *Approximation* zur Deutung der gegenwärtigen Weltepoche zu betrachten.

Unsere bisher diskutierten Weltmodelle gehen durchweg aus von dem *kosmologischen Postulat räumlicher Homogenität und Isotropie*. Die Verteilung der weit entfernten Galaxien und der 2.7°K-Strahlung am Himmel zeigen, daß diese Annahmen in guter Näherung erfüllt sind. Sollte man nicht auch *Homogenität der Zeitskala* $-\infty < t < +\infty$ fordern? Sollte nicht im Grunde die Welt „von Ewigkeit zu Ewigkeit" dieselbe sein? Diesen Forderungen zahlreicher Philosophen und Theologen versucht Rechnung zu tragen die seit 1948 von *H. Bondi* und *T. Gold*, dann *F. Hoyle* u.a. entwickelte *Theorie des stationären Weltalls* (Steady-State Universe). In mechanischer Hinsicht läßt dieses sich auch als offenes relativistisches Weltmodell mit $k = -1$ und $q_0 = -1$ betrachten.

Dies ist sozusagen eine Welt für Bürokraten, in der alles zu allen Zeiten nach denselben Paragraphen geregelt sein soll! Die ganzen Probleme des Weltanfangs gibt es nicht, dafür aber auch keine Erklärung der 2.7°K-Strahlung. Die notwendige Abweichung von der „üblichen Physik" — es gibt verschiedene Formulierungen — liegt darin, daß ein Mechanismus angenommen werden muß, der die ständige Entstehung von Wasserstoff im Kosmos ermöglicht, denn dieser wird ja fortlaufend zum Nachfüllen der „weg-expandierenden" Materie und zur „Beheizung" der Sterne verbraucht. Wir können auch so sagen: Die in der *Urknall-Kosmologie* bei $t = 0$ angehäuften Schwierigkeiten werden in der *stationären Kosmologie* über die ganze Zeitskala verteilt. Eine Mittelstellung nimmt in dieser Hinsicht die von *V. A. Ambarzumian* vertretene Vorstellung ein, daß die einzelnen *Galaxien* durch einen „superphysikalischen" Mechanismus als kompakte Kerne zur Welt kommen.

Von einer anderen Seite her haben *A. S. Eddington, P. A. M. Dirac, P. Jordan* u.a. das Problem einer „kosmologischen Physik" anzugreifen versucht. Aus den elementaren Konstanten einerseits der *Physik*: e, h, c, m (wobei unbestimmt bleibt, ob dies die Masse des Elektrons, Protons oder eines anderen Elementarteilchens sein soll) sowie G und andererseits der *Kosmologie*: der Zeit $T_0 \approx 13 \cdot 10^9$ Jahre $= 4.1 \cdot 10^{17}$ sec und der mittleren Materiedichte des Universums $\rho_0 \approx 10^{-30}$ g·cm^{-3} kann man mehrere *dimensionslose Zahlen* bilden. Faktoren der Größenordnung $2\pi \ldots$ bleiben dabei naturgemäß offen. In diesem Sinne erhält man *eine* Gruppe dimensionsloser Zahlen der Größenordnung Eins (z.B. die *Sommerfeldsche* Feinstrukturkonstante $\alpha^{-1} = hc/2\pi e^2 = 137$, etc.) und eine *zweite* Gruppe der Größenordnung 10^{39} bis 10^{40}.

In diesem Zusammenhang sei daran erinnert, daß auch die größenordnungsmäßigen Unterschiede der starken (Nukleon-Nukleon), schwachen (β-Zerfall) und elektromagnetischen Wechselwirkungen — an die sich die Gravitation anschließen würde — theoretisch noch nicht verstanden sind.

Es ist nämlich

1. das Verhältnis der elektrostatischen zur gravitativen Anziehung eines Protons und eines Elektrons

$$\frac{e^2}{G\,m_p\,m_e} = 2.3 \cdot 10^{39};$$

(30.22)

2. das Verhältnis der Länge cT_0 (in einer sphärischen Welt $\approx$ Weltradius) zum klassischen Elektronenradius

$$\frac{cT_0}{e^2/mc^2} = 4.4 \cdot 10^{40};$$

(30.23)

3. die Zahl der Nukleonen in der Welt von der Größenordnung

$$\rho_0 \cdot c^3\,T_0^3/m_p = (1.0 \cdot 10^{39})^2.$$

(30.24)

Denselben Sachverhalt kann man (falls die kosmologische Konstante $\Lambda = 0$ ist) — in Verbindung mit (30.22 und 23) — auch dahingehend formulieren, daß der sog. *Decelerationsparameter* $q_0 = 4\pi G\rho_0/3H_0^2$ der *relativistischen Kosmologie* von der Größenordnung 1 ist. Da das *Vorzeichen* von $2q_0 - 1$ gleich dem der Weltkrümmung $k = \pm 1$ oder 0 ist, bedeutet dies, daß die wirkliche Welt jedenfalls nicht *sehr* stark von einer euklidischen abweicht (was keineswegs selbstverständlich ist).

Betrachtet man die größenordnungsmäßige Gleichheit der Zahlen in (30.22) einerseits und (30.23 und 24) andererseits als wesentlich, so kann man, da in letzterem das Weltalter T_0 vorkommt, daran Spekulationen über eine kosmologische *Zeitabhängigkeit* der elementaren Konstanten der Physik knüpfen.

Auf jeden Fall darf man wohl vermuten, daß die obigen Relationen in einer zukünftigen „kosmologischen Physik" eine wesentliche Rolle spielen werden. Dabei drängt sich auch folgender Gedanke auf: Die Newtonsche wie die relativistische Kosmologie bieten uns einen ganzen Katalog *möglicher* Weltmodelle an. Weshalb aber ist gerade diese unsere Welt mit ganz bestimmten (dimensionslosen) Zahlenkonstanten realisiert? Wir können hierauf noch keine Antwort geben (einen Versuch stellt z. B. E. A. *Milne's* „Kinematic Relativity" [1948] dar).

Unsere bisherige Darstellung der *Kosmologie*, des Studiums der Welt als Ganzes, ließ sich nur von sachlichen und didaktischen Gesichtspunkten leiten. Es erscheint daher angebracht, sie durch eine *historische Bemerkung* zu ergänzen:

Als einer der ersten Astronomen scheint *H. W. M. Olbers* 1826 ein kosmologisches Problem vom empirischen Standpunkt aus betrachtet zu haben. Das *Olberssche Paradoxon* besagt folgendes: *Wenn die Welt räumlich und zeitlich unendlich und (einigermaßen) gleichförmig mit Sternen erfüllt wäre, so müßte — bei fehlender Absorption — der ganze Himmel mit einer Helligkeit strahlen, die der mittleren Oberflächenhelligkeit der Sterne, also etwa derjenigen der Sonnenscheibe, entsprechen würde.* Daß dem nicht so ist, kann nicht allein auf interstellarer Absorption beruhen, denn die absorbierte Energie könnte ja nicht verlorengehen. Jedoch schon ein endliches Weltalter von $\sim 13 \cdot 10^9$ Jahren genügt, um *Olbers's* Paradoxon für jedes sonst einigermaßen plausible Weltmodell verschwinden zu lassen (*W. B. Bonnor* 1963).

Die moderne Entwicklung der Kosmologie ging aus einerseits von den *Messungen der Radialgeschwindigkeiten der Spiralnebel* und andererseits von der *allgemeinen Relativitäts-theorie.*

Im Anschluß an die älteren Radialgeschwindigkeits-Messungen von *V. M. Slipher* ($\sim$ 1912) hatte schon 1924 *C. Wirtz* deren Zunahme mit der Entfernung bemerkt und mit *de Sitter*s relativistischem Weltmodell in Zusammenhang gebracht. 1917 hatte nämlich *A. Einstein* gezeigt, daß seine um das Λ-Glied erweiterten Feldgleichungen der allgemeinen Relativitäts-theorie eine statische kosmologische Lösung (Einsteinsche Kugelwelt) haben und noch im gleichen Jahr fand *W. de Sitter* (1917) die erwähnte Lösung einer materiefreien expandierenden Welt.

31. Entstehung des Planetensystems. — Die Entwicklung der Erde und des Lebens

Aus den Tiefen des Weltraums kehren wir zurück in unser *Planetensystem* mit der alten Frage nach seiner Entstehung. Daß man deren Beantwortung nicht durch die Weitergabe überlieferter Mythen, sondern nur durch eigenes Forschen näherkommen könne, diesen kühnen Gedanken konnte in Frankreich *René Descartes* mit seiner *Wirbeltheorie* schon 1644 vertreten. In Deutschland mußte noch 1755 *I. Kant* die erste Auflage seiner „*Allgemeinen Naturgeschichte und Theorie des Himmels*", worin er die Entstehung des Planetensystems zum erstenmal „nach *Newton*ischen Grundsätzen" behandelte, anonym erscheinen lassen, weil er die (protestantischen) Theologen fürchten mußte. *Kant* geht aus von einem rotierenden, abgeplatteten *Urnebel*, aus dem sich dann die Planeten und später deren Satellitensysteme bilden. Eine ähnliche Hypothese liegt auch der etwas späteren (unabhängigen) Darstellung von *S. Laplace* 1796 in seiner popu-lären „*Exposition du Système du Monde*" zugrunde. Wir gehen auf Einzelheiten und Unterschiede dieser historisch bedeutsamen Ansätze nicht ein, sondern stellen nochmals kurz die wichtigsten *Fakten* zusammen (hierzu Tab. 5.1 und 7.1 sowie Abb. 5.5, 7.1 und 31.1), die gedeutet werden sollen:

1. Die *Bahnen der Planeten* sind nahezu kreisförmig und komplanar. Ihr Umlaufsinn ist der gleiche (direkte); er stimmt überein mit dem der Rotation der Sonne. Die Bahnradien (die Planetoiden werden zusammengefaßt) bilden un-gefähr eine geometrische Reihe

$$a_n = a_0 \cdot k^n \tag{31.1}$$

mit $a_0 = 1$ AE, für die Erde $n = 0$ und $k \approx 1.8$ (Abb. 31.1).

2. Die *Rotation* der Planeten erfolgt größtenteils in direktem Sinne (Aus-nahme: Venus). Bezüglich der *Satelliten* müssen wir unterscheiden zwischen den ursprünglich zu den Planeten gehörenden inneren Satelliten und den — wie neuere himmelsmechanische Rechnungen bestätigen — nachträglich eingefan-genen äußeren Satelliten. Erstere haben — und dies sollte eine Kosmogonie erklären — Bahnen kleiner Exzentrizität, geringer Neigung zur Äquatorebene und direkten Umlauf, während bei den äußeren Satelliten die Exzentrizitäten und Bahnneigungen erheblich größer sind. Bei Jupiter sind nur die vier Galilei-

schen und der innerste fünfte Satellit, bei Saturn die Satelliten bis zum Titan
als ursprünglicher Besitz des Planeten anzusehen.

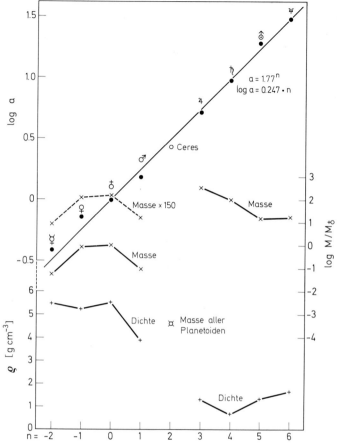

Abb. 31.1. Große Bahnhalbachse a und Masse M der Planeten; logarithmisch dargestellt
und bezogen auf Erde = 1. Mittlere Dichte ρ in $\mathrm{g\,cm^{-3}}$ (unten). — Für die Planetoiden
($n = 2$) wurde die Bahnhalbachse der Ceres und die geschätzte Gesamtmasse eingetragen. —
Pluto, der wahrscheinlich später eingefangen wurde, ist weggelassen. — Die (oben) eingezeichnete Gerade entspricht der Beziehung $\log a = 0.247 \cdot n$ oder $a = 1.77^n$

3. Die *erdartigen Planeten* (Merkur, Venus, Erde, Mars und die Planetoiden)
haben verhältnismäßig große Dichte (3.9 bis 5.5 g cm^{-3}), die *großen Planeten*
(Jupiter, Saturn, Uranus und Neptun) dagegen kleine Dichte (0.7 bis 1.7 g cm^{-3}).
Erstere bestehen (wie die Erde) in der Hauptsache aus Metallen und Gesteinen,
letztere aus kaum veränderter Solarmaterie (Wasserstoff, Helium, Hydride).
Die erdartigen Planeten haben längere Rotation und wenige Satelliten, die großen
Planeten verhältnismäßig rasche Rotation und — auch nach Abzug der ein-
gefangenen — zahlreiche Satelliten. *Pluto* steht physisch den erdartigen Planeten
näher und hat offensichtlich erst durch Störungen seine ungewöhnlichen Bahnelemente erhalten. Wir werden ihn daher im folgenden außer Betracht lassen.

4. Die *Sonne* vereinigt in sich 99.87 % der *Masse*, aber nur 0.54 % vom Drehimpuls (Σmrv) des Gesamtsystems, während umgekehrt die Planeten (in der Hauptsache Jupiter und Saturn) nur 0.135 % der Masse und 99.46 % des Drehimpulses haben[26].

Während die erstaunliche *Regelmäßigkeit* im Bau des Planetensystems für eine Entwicklung aus sich heraus spricht — im Sinne der Theorien von *Kant*, *Laplace* und später *v. Weizsäcker*, *ter Haar*, *Kuiper* u. v. a. —, bildete die paradoxe Verteilung des *Drehimpulses* auf Sonne und Planeten das wichtigste Argument einer anderen Gruppe (*Jeans, Lyttleton* u. a.), welche die Mitwirkung eines an der Sonne vorbeigehenden Sternes oder dgl. annehmen. Derartige „Katastrophen-Theorien" können wir heute beiseite lassen, denn — abgesehen von der Unwahrscheinlichkeit eines solchen Zusammenstoßes zweier Sterne — wäre gar nicht zu verstehen, wie aus einem durch Gezeitenkräfte aus der Sonne herausgerissenen Filament dann Planeten entstehen sollten.

Bezüglich der *Kosmogonie des Planetensystems* würde die Diskussion der vielen älteren und neueren — oft sehr detaillierten — Modelle des Urplanetensystems sich als wenig fruchtbar erweisen, da die in vieler Hinsicht schmale beobachtungsmäßige Basis zur Einführung vieler (als solche oft kaum erkennbarer!) Hypothesen nötigt.

Heute wissen wir aus *radioaktiven Altersbestimmungen*, daß Erde, Mond und Meteoriten und damit ohne Zweifel die *Sonne und das ganze Planetensystem* vor $4.55 \cdot 10^9$ Jahren innerhalb eines verhältnismäßig kurzen Zeitintervalles von $\sim 30 \cdot 10^6$ Jahren entstanden sind. Die Entstehung von Sternen aus diffuser Materie ist von der *Beobachtung* (Farben-Helligkeits-Diagramme, T Tauri-Sterne etc. — Abschn. 21 und 26) und von der *Theorie* her (innerer Aufbau und Entwicklung der Sterne — Abschn. 26) weitgehend überschaubar. Wir diskutieren daher die *Entstehung des Planetensystems* sogleich in diesem Rahmen (*A. Poveda* u. a. 1965).

a) Entstehung der Sonne und des Planetensystems

Alle Sterne entstehen — wie wir sahen — dadurch, daß eine interstellare Gaswolke von $\gtrsim 10^3$ Sonnenmassen sich zusammenballt (wobei die Atome sich teilweise zu Molekülen und Staubteilchen vereinigen) und dann in Sterne aufteilt. Auch die Einzelgänger unter den Sternen, wie unsere *Sonne*, haben ursprünglich solchen Mehrfachsystemen, Assoziationen oder Haufen angehört.

Die Entstehung eines Sterns von 1 Sonnenmasse hat neuerdings *R. B. Larson* (1969) (notgedrungen allerdings unter der Annahme sphärischer Symmetrie, d. h. Drehimpuls Null) genauer durchgerechnet.

Der *Anfang* des Kollapses einer Gaswolke vom Radius *R* ist bestimmt durch das *Jeanssche* Kriterium der Gravitationsinstabilität (unsere Gl. 29.3; *Larson*

---

[26] Wie man leicht ausrechnet, ist der *Drehimpuls* (S. 34) der Planetenbahnen (♃, ♄) $3.15 \cdot 10^{50}$ g·cm²·sec⁻¹, der der *Sonne* (mit einiger Unsicherheit bezüglich der Zunahme der Winkelgeschwindigkeit im Inneren) $1.7 \cdot 10^{48}$ g·cm²·sec⁻¹.

wählt — anhand numerischer Tests — eine zweimal größere Konstante)

$$R \leq 0.4 \frac{GM}{\Re\, T/\mu}. \tag{31.2}$$

Mit $M = M_\odot = 2 \cdot 10^{33}$ g, einem Molekulargewicht $\mu = 2.5$ und einer größenordnungsmäßig geschätzten Anfangstemperatur $T \approx 10\ °\mathrm{K}$ sowie den bekannten
Zahlen für die Gravitationskonstante G und die Gaskonstante $\Re$ findet man so,
daß eine Wolke von $1\,M_\odot$ erst dann instabil wird, wenn sie einen Radius

$$R \approx 1.6 \cdot 10^{17}\ \mathrm{cm} \quad \mathrm{bzw.} \quad 11\,000\ \mathrm{AE} \quad \mathrm{oder} \quad 0.05\ \mathrm{pc} \tag{31.3}$$

erreicht hat. Ihre mittlere Dichte beträgt dann

$$\rho \approx 1.1 \cdot 10^{-19}\ \mathrm{g\,cm^{-3}}. \tag{31.4}$$

Dies entspricht gerade der Dichte in den mit jungen Sternassoziationen verknüpften Gasnebeln (z. B. im Orion); das interstellare Gas ist um einen Faktor
$\sim 10^4$ vorkomprimiert. Der Kollaps einer solchen Wolke bis zur *Entstehung der
Sonne und des Planetensystems* nimmt, wie man nach Gl. (29, 26a und b) leicht
abschätzt, einige 10^5 Jahre in Anspruch.

Vielleicht können wir von hier aus Einblick in das Problem des *Drehimpulses*
kosmischer Massen und insbesondere des Sonnensystems (s. unter d) gewinnen.
Wenn unsere Gasmasse (31.3 und 4) mit dem Eintreten der *Jeans-Instabilität*
vom übrigen Milchstraßensystem drehimpulsmäßig entkoppelt wird, so hat sie
zunächst eine Umdrehungsdauer von der Größenordnung[27] unserer galaktischen
Umlaufzeit, d. h. $\sim 10^9$ Jahren. Kontrahiert sich die Gasmasse bis zum Sonnenradius $R_\odot = 7 \cdot 10^{10}$ cm, so erhielte man bei Erhaltung des Drehimpulses ($\sim R^2/T$)
eine Rotationsdauer von ~ 0.07 Tagen und eine Äquatorgeschwindigkeit von
~ 700 km s^{-1}.

Wir kommen damit in die Größenordnung der Rotationsgeschwindigkeiten,
welche man bei jungen B-Sternen beobachtet. Während Sterne späterer Spektraltypen im allgemeinen sehr viel langsamer rotieren, hat man in *jungen Sternhaufen*
auch Sterne späterer Typen beobachtet, die jedenfalls erheblich rascher rotieren
als die Sonne.

Könnten wir weiterhin den Drehimpuls der Planetenbahnen (im wesentlichen
Jupiter) auf die Sonne übertragen, so würde deren Äquatorgeschwindigkeit von
2 km s^{-1} auf ~ 370 km s^{-1} anwachsen. Wir gelangen so zu der Vorstellung, daß
der große Drehimpuls der Bahnbewegung der Planeten nichts anderes ist, als
ein erheblicher Bruchteil des Drehimpulses, den *jedes* Gebilde von $\sim 1\,M_\odot$ ursprünglich aus der galaktischen Rotation mitbekommen hat. Die Sonne und
ähnliche Sterne aber haben ihren *eigenen Drehimpuls* später durch magnetische
Koppelung über den Sonnenwind an das interstellare Medium abgegeben
(*R. Lüst* und *A. Schlüter* 1955), während der Bahndrehimpuls der Planeten*bahnen*
übrig geblieben ist.

---

[27] Genauer gesagt: Mit einem Rotationsgesetz $v \sim R^{-n}$ ($n=0$ starre, $n=0.5$ Keplersche
Rotation) wird die lokale Winkelgeschwindigkeit $\omega^* = \frac{1}{2}\left|\mathrm{rot}\,\mathfrak{v}\right| = \frac{1-n}{2}\,\omega_{\mathrm{gal}}$.

Die weitere Struktur des Planetensystems führt man seit *I. Kant* auf die Vorstellung zurück, daß die Ursonne von einer flachen, zunächst gasförmigen Scheibe — etwa in Größe des heutigen Systems — umgeben war, dem *Sonnennebel*. Dieser muß offensichtlich dieselbe chemische Zusammensetzung gehabt haben wie die Sonne (Tab. 19). Andererseits kann seine Materie nie *in* der Sonne enthalten gewesen sein, da z. B. die Erde und die Meteoriten noch ca. hundermal mehr *Lithium* pro Gramm enthalten, als die Sonne, wo es zu $\sim 99\%$ im Laufe der Zeit durch Kernprozesse zerstört wurde. Der Sonnennebel muß also so gut wie gleichzeitig mit der Sonne entstanden sein.

Daß die Entstehung eines derartigen Systems kein ungewöhnlicher Zufall ist, zeigt die Entdeckung von *Begleitern* mit kaum mehr als Jupitermasse bei mehreren Sternen unserer nächsten Umgebung (in größerer Entfernung kann der Reflex der Bahnbewegung nicht mehr gemessen werden), z. B. *Barnard's* Stern M 5 V (vgl. Abschn. 16). Auch die Statistik der Massenverhältnisse und der großen Bahnhalbachsen (wahrscheinlichster Wert ≈ 20 AE) der Doppelsterne spricht für eine erhebliche Häufigkeit von Planetensystemen im Weltall. *Wann* ein Planetensystem bzw. ein Doppelsternsystem entsteht, dürfte von dem Massenverhältnis zwischen der Hauptkomponente und dem Übrigen, vielleicht auch vom Drehimpuls abhängen; genaueres ist darüber nicht bekannt.

Versuchen wir nun, die Dichte ρ im Sonnennebel abzuschätzen! Für den Beginn der Kondensation z. B. einer Jupiter-Masse fordert die *Jeanssche* Bedingung der *Gravitationsinstabilität* (29.4) eine Dichte von etwa 10^{-10} g cm^{-3}, was größenordnungsmäßig zu dem von *E. Anders* (1972) aus physikalisch-chemischen Untersuchungen über die Entstehung der gewöhnlichen Chondrite (s. u.) geschätzten Druck $p \approx 10^{-5}$ atm paßt.

Sollen aber größere Brocken durch ihre Gravitation entgegen der zerstörenden Wirkung der solaren Gezeitenkräfte zusammengehalten werden, so muß die *Rochesche* Bedingung (7.10) erfüllt sein. Bezeichnen wir mit ρ die Dichte im Abstand R von der Sonne und mit $\rho_\odot$ und $R_\odot$ Dichte und Radius der Sonne selbst, so fordert die *Rochesche* Gl. (7.10)

$$\rho \geq 15\rho_\odot (R_\odot/R)^3 = 2.1 \cdot 10^{-6}/R_{AE}^3 \text{ g cm}^{-3}. \tag{31.5}$$

Für den Bereich, wo — wie wir sehen werden — die *Meteoriten* entstanden sind, d. h. $R \sim 2.8$ AE, erhält man hieraus $\rho \approx 10^{-7}$ g cm^{-3}.

Versuchen wir weiterhin, die *Masse und Dicke des Sonnennebels* abzuschätzen! Dabei müssen wir zunächst berücksichtigen, daß in den erdartigen Planeten nach Tab. 19 nur etwa 0.65% oder $\frac{1}{150}$ der Solarmaterie kondensiert wurde, daß sich also z. B. in den Bereichen der Erde und des Jupiter ursprünglich etwa gleich viel Masse befand. So erhält man zunächst für die Masse des Sonnennebels einen unteren Grenzwert $\geq 0.0025\ M_\odot$. Die ursprüngliche Masse des Sonnennebels mag (z. B. *G. P. Kuiper* 1951) etwa die 40fache, d. h. $\sim 0.1\ M_\odot$ gewesen sein. Noch unsicherer sind Berechnungen seiner Dicke; anhand der Neigungen der Planetenbahnen könnte man ~ 0.2 bis 1 AE schätzen.

Während die großen Planeten aus (nahezu) unveränderter *Solarmaterie* bestehen, hat im Bereich der *erdartigen Planeten*, der *Planetoiden* und der — mindestens zum größten Teil — in ihrem Bereich ($R \sim 2$ bis 4 AE) entstandenen *Meteorite* eine Abtrennung von Wasserstoff, Kohlenstoff, den Edelgasen ...

— astronomisch gesprochen, eine *Trennung von Gas und Staub* — sowie *Fraktionierung von Metall und Silikat* stattgefunden.

Die wichtigsten Dokumente über diese Vorgänge enthalten die *Meteorite* (Abschn. 8); weitere Hinweise gab in neuerer Zeit das Studium der *Mondgesteine*.

b) Entstehung der Meteorite

Die frühere Ansicht, daß man in den Meteoriten *die* kosmische Materie mit *der* kosmischen Häufigkeitsverteilung der Elemente vor sich habe, hat — wie wir sahen — längst Platz gemacht einem eingehenden Studium ihrer mineralogischen, chemischen und Isotopen-Struktur. Besonders die Einführung der Neutronenaktivierungsanalyse zur Häufigkeitsbestimmung seltener Elemente in den vierziger Jahren bedeutete einen enormen Fortschritt.

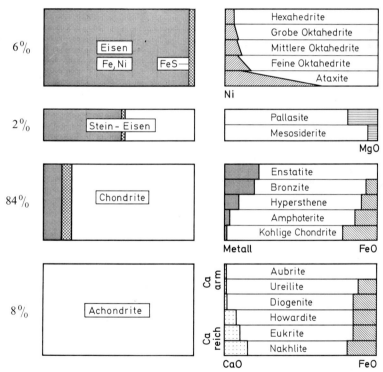

Abb. 31.2. Klassifikation der Meteorite (*E. Anders*, 1969). Die Einteilung erfolgt zunächst (links) nach dem Verhältnis Metall (dunkel) zu Silikat (weiß). Die feinere Unterteilung (rechts) berücksichtigt weitere Unterschiede der Zusammensetzung und Struktur. Links außen ist die Prozentzahl der Fälle angegeben

Abb. 31.2 gibt einen Überblick links über die Haupt-Typen der Meteorite und rechts über deren feinere Unterteilung. Die Eisenmeteorite sind offensichtlich am stärksten differenziert; die weitestgehenden Aufschlüsse dürfen wir wohl von den *Chondriten* erwarten.

Wie wir sahen, enthalten diese die *Chondren* (auch Chondrulen genannt), etwa millimetergroße Kügelchen aus verschiedenen Silikaten, daneben auch Eisen (insbesondere die Enstatite) eingebettet in eine feinkörnigere *Matrix* ähnlicher Zusammensetzung.

Als Ausgangspunkt für die Interpretation der außerordentlich mannigfaltigen Verhältnisse kommt nur ein sehr wirksamer chemischer Fraktionierungsprozeß in Frage, nämlich die *Kondensation und Abtrennung von Festkörpern aus der Gasphase* solarer Zusammensetzung.

Es ist der große Verdienst von *H. C. Urey* (1952), die diesbezüglichen Erfahrungen und Methoden der physikalischen Chemie für die Kosmogonie des Planetensystems fruchtbar gemacht zu haben. Neuere Berechnungen haben *J. W. Larimer* und *E. Anders* (1967/8) durchgeführt, wobei sie für den zeitlichen Ablauf der Kondensation zwei Grenzfälle diskutieren:

1. Thermodynamisches Gleichgewicht. Die Abkühlung erfolgt so *langsam*, daß Bildung fester Lösungen im Diffusionsgleichgewicht möglich ist.

2. *Rasche* Abkühlung, so daß die kondensierten Elemente und Verbindungen *nicht* ineinander diffundieren.

Bei einem Druck $\sim 10^{-4}$ atm (s. u.) erfolgt die *Kondensation der Solarmaterie* (unter beiden Annahmen) im wesentlichen in folgenden Stufen:

$< 2000\,°\mathrm{K}$: Schwerflüchtige Verbindungen von Ca, Al, Mg, Ti ...
1350 bis 1200 $°\mathrm{K}$: Magnesiumsilikate; Nickel-Eisen.
1100 bis 1000 $°\mathrm{K}$: Alkalisilikate.

Hier sind $\sim 90\%$ der chondritschen Materie kondensiert.

680 bis   620 $°\mathrm{K}$: Eisensulfid (FeS, Troilit) und andere Sulfide.
                              Dann Pb, Bi, Tl, In ...
          400 $°\mathrm{K}$: Aus Eisen und Wasserdampf entsteht Fe_3O_4
400 bis   250 $°\mathrm{K}$: Wasserhaltige Silikate.

Komplizierter und von den Annahmen (1) bzw. (2) abhängig ist die Kondensation mancher Spurenelemente; sie kann man nach dem Vorgang von *H. C. Urey* als „kosmisches Thermometer" benutzen.

Die Analyse der „*gewöhnlichen*" *Chondrite* (d. h. ihrer vier ersten Unterklassen in Abb. 31.2) läßt mehrere Prozesse erkennen, die sich mit verschiedenen Komponenten (*E. Anders* unterscheidet: Frühes Kondensat, Metall, ursprünglicher Staub, umgeschmolzener Staub) bei verschiedenen Temperaturen von $\sim 1300\,°\mathrm{K}$ bis $\sim 400\,°\mathrm{K}$ abgespielt haben.

1. Material mit hohem Gehalt an Ca, Al, Ti ... wurde — jedenfalls im Entstehungsbereich der Meteorite und der erdartigen Planeten — bei $T \geq 1300\,°\mathrm{K}$ teilweise abgetrennt. Es ist im Erde-Mond-System relativ angereichert, in gewöhnlichen und Enstatit-Chondriten dagegen abgereichert.

2. Eine Metall-Silikat-Fraktionierung hat mehrere Arten von Meteoriten und wohl auch die erdartigen Planeten bei Temperaturen von ~ 1050 bis $700\,°\mathrm{K}$ beeinflußt.

3. Wiederaufschmelzung und Entgasung bei ~ 600 bis 450 °K hat bei Meteoriten und im Erde-Mond-System eine Verarmung an leichtflüchtigen Elementen bewirkt.

4. Die Zusammenballung (Accretion) der Materie fand in der Hauptsache in einem relativ kleinen Temperaturbereich bei ~ 450 °K und $\sim 10^{-5}$ atm statt. Die CI-Chondrite bildeten sich bei ~ 360 °K und $\sim 2 \cdot 10^{-6}$ atm.

Auf weitere Einzelheiten — insbesondere auch deren Begründung — können wir hier nicht eingehen, um so mehr als es noch nicht mit der wünschenswerten Sicherheit gelungen ist, die als wichtig erkannten Teilprozesse zu einem astronomischen Bild zu vereinigen. Was die noch etwas mysteriösen Wiedererhitzungsprozesse betrifft, so sollte man vielleicht nicht nur an das von den bisherigen Sternmodellrechnungen geforderte zeitweise Ansteigen der Temperatur der Ursonne auf 8000 bis 9000 °K denken, sondern auch an die beobachtete Variabilität der T Tauri- bzw. RW Aurigae-Sterne sowie der *(G. Haro)* anschließenden Entwicklungsstufe der Flaresterne.

Besonderes Interesse bieten im Hinblick auf die Entstehung des *Planetensystems* und insbesondere die Entstehung des *Lebens* auf der Erde die seltenen *kohligen Chondrite*. Man teilt sie nach (abnehmendem) Gehalt an den leicht flüchtigen Stoffen (H, C, S, O ...) in die drei Typen C I, C II und C III ein. Diese Unterschiede entsprechen den relativen Anteilen der *Hochtemperaturfraktion* der *Chondren* sowie ähnlicher Eisenteilchen, die bei ~ 1200 °K entstanden sind und andererseits der *Tieftemperaturfraktion* der sie einhüllenden, feinkörnigen *Matrix*, deren Entstehungstemperatur bei nur ~ 450 bis 300 °K lag.

Die *Häufigkeitsverteilung der chemischen Elemente* in dieser Matrix und in den CI-Meteoriten stimmt — abgesehen von den leichtflüchtigen Elementen — mit der *Sonne* überein (Tab. 19). Man kann u. a. so chemisch bzw. mittels Neutronenaktivierung die kosmische Häufigkeit von extrem seltenen Elementen bestimmen, die selbst auf der Sonne spektroskopisch kaum noch zu erfassen sind. Manche dieser Elemente sind aber für das Verständnis der Nukleosynthese von großer Bedeutung. Die relativen *Häufigkeiten der Isotope* sind in den Meteoriten, der Erde und der Sonne (wo nur wenige genauer bekannt sind) im wesentlichen dieselben. Die CI-Chondrite, welche ganz aus dieser dunklen Matrix bestehen, enthalten bis zu 4% Kohlenstoff, größtenteils in Form organischer Verbindungen. Man kann sie am ehesten mit terrestrischen Kohlen oder Huminsäuren vergleichen.

Manche Forscher ließen sich zunächst zu der Annahme einer Art extraterrestrischen Lebens verführen. Dieses Problem, ebenso wie die naheliegende Frage terrestrischer Kontamination wurde eindeutig geklärt durch den am 28. September 1969, 11.00 Uhr bei *Murchison* in Australien gefallenen C II-Chondriten, dessen Teile innerhalb weniger Monate aufgesammelt werden konnten. Der *Murchison-Meteorit* enthält u. a. zunächst die Aminosäuren, welche im terrestrischen Lebewesen eine wesentliche Rolle spielen. Aber während im Lebewesen fast nur die optisch *linksdrehende (L-)*Form vorkommt, sind in dem Meteoriten links- und rechtsdrehende Moleküle etwa gleich häufig, er enthält ein racemisches *Gemisch*. Sodann enthält der Meteorit zahlreiche weitere Aminosäuren, die in Lebewesen nicht vorkommen. Die Untersuchung der *Aminosäuren*, wie auch der (meist gestreckten) *Kohlenwasserstoffketten* aus kohligen Chondriten zeigt, daß diese Verbindungen schon bei der Entstehung des Planetensystems, aber ohne die Mitwirkung geheimnisvoller Lebewesen, entstanden sein müssen.

Wie kann man sich diesen Vorgang vorstellen? Eine Möglichkeit bietet die *Fischer-Tropsch-Synthese*, bei der aus Kohlenmonoxid CO und Wasserstoff H_2 (Wassergas) in Gegenwart geeigneter Katalysatoren *Kohlenwasserstoffe*, vorwiegend vom Typ $C_n H_{2n+2}$, hergestellt werden. Man darf wohl annehmen, daß im Sonnennebel nicht alles CO (wie es im thermischen Gleichgewicht unterhalb $650\,°K$ sein müßte) in CH_4 übergeführt wurde, da diese Reaktion äußerst langsam abläuft. Dann kann das übrige CO mit H_2 bei $380—400\,°K$ unter Mitwirkung des dann vorhandenen Fe_3O_4 und wasserhaltiger Silikate als Katalysatoren eine Art *Fischer-Tropsch-Synthese* machen. *E. Anders* und seine Mitarbeiter haben weiterhin gezeigt, daß bei Anwesenheit von NH_3 (das wir z.B. aus dem Jupiterspektrum kennen) die biologisch so wichtigen Aminosäuren und die vielen anderen in den kohligen Chondriten gefundenen organischen Substanzen gebildet werden. Nebenbei erklärt diese Vorstellung u.a., daß das Isotopenverhältnis $C^{12}:C^{13}$ in Karbonaten etwas kleiner ist als in den erwähnten organischen Verbindungen.

Man darf vielleicht annehmen, daß die von den *Radioastronomen* in dichteren Bereichen des *interstellaren Mediums* nachgewiesenen organischen Moleküle (Abschn. 24) in ähnlicher Weise entstanden sind, wie die der kohligen Chondrite.

Wir sollten noch erwähnen, daß schon früher *H. C. Urey, S. Miller* u.a. (1953) komplizierte organische Moleküle herstellen konnten, indem sie ein Gemisch von CH_4, NH_3 und H_2O — eine Art Uratmosphäre — einer Funkenentladung, UV- oder γ-Strahlen aussetzten. Dieser Mechanismus scheint aber z.B. den oben erwähnten Isotopeneffekt nicht wiederzugeben.

Wir werden zu der aufregenden Frage nach dem *Ursprung des Lebens* noch zurückkehren. Zunächst aber verfolgen wir weiter die *Entstehung der Meteoriten* und dann des *Planetensystems*.

Eine genauere zeitliche Differenzierung ermöglichte die Entdeckung, daß manche Meteoriten bzw. — genauer gesagt — Teile von Meteoriten neben den aus dem Sonnenwind stammenden Edelgasen noch *Xenon-Isotope* enthalten, die (wie terrestrische Experimente bestätigen) nur durch Zerfall der „*ausgestorbenen*" *radioaktiven Isotope* I^{129} mit einer Halbwertszeit von $16 \cdot 10^6$ Jahren und Pu^{244} mit einer Halbwertszeit von $82 \cdot 10^6$ Jahren (Fission) entstanden sein können. Diese — im einzelnen sehr komplizierten — Untersuchungen sprechen dafür, daß die Entstehung aller Meteorite, einschließlich der kohligen Chondrite, innerhalb von höchstens ~ 4 *Millionen Jahren* erfolgt sei. Die Erzeugung der erwähnten kurzlebigen Isotope wird der Astronom ohne Bedenken mit einem *Flarestern-Stadium* in Zusammenhang bringen, das die Sonne durchlief kurz ehe sie die Hauptsequenz erreichte. Die Flares derartiger Sterne produzieren erheblich mehr optische und Radiofrequenz-Strahlung, als die solaren. Wir dürfen daraus wohl auch auf eine beträchtliche Erzeugung von *Ultrastrahlungsteilchen* schließen, welche die erforderlichen Kernreaktionen einleiteten.

Sodann konnte man für zahlreiche Meteorite das sog. *Bestrahlungsalter* ermitteln, d.h. *die Zeit*, seit welcher der betr. Meteorit der *kosmischen Ultrastrahlung* ausgesetzt war. Deren Hauptkomponente dringt etwa 1 m tief in die Materie ein und hinterläßt dabei verschiedene teils stabile, teils radioaktive Reaktionsprodukte, aus deren Anzahlverhältnis man berechnen kann, seit wann das betr. Stück bestrahlt worden ist. In vielen Fällen gibt uns das *Bestrahlungsalter* den Zeitpunkt an, zu dem der betr. Brocken durch *Zertrümmerung* eines größeren Proto-Meteoriten (im Planetoidenring) hinreichend nahe an die Oberfläche kam. Während die Bestrahlungsalter der widerstandsfähigeren *Eisenmeteorite* (bei Verwendung einer $\log t$-Skala) meist zwischen 1 und $0.2 \cdot 10^9$ Jahren liegen, haben die viel leichter zerbrechlichen *Steinmeteorite* ihre heutige Größe meist erst vor 10^6 bis $3 \cdot 10^7$ Jahren erhalten. Nach mineralogischen Indizien, die Rückschluß auf die *Schwerkraft* der Proto-Meteorite erlauben, schätzt man deren *Durchmesser* auf 50—250 km, den ihrer Eisenkerne auf ~ 10 km. Neuerdings ist es den Metallurgen gelungen, aus den Widmannstätterschen Figuren die *Abkühlungsgeschwindigkeiten* der Protometeorite zu meist ~ 1 bis 10 °K pro Million Jahre zu bestimmen. In Verbindung mit der Theorie der Wärmeleitung erhält man von hier aus eine Bestätigung der angegebenen Dimensionen.

Auch diese Befunde sprechen wieder für den Ursprung der Meteorite im *Planetoidenring*. Höchstens bei den kohligen Chondriten könnte man an eine Entstehung in der Nähe der Jupiterbahn oder noch weiter außen denken.

c) Das Erde-Mond-System

Im Hinblick auf die Entstehung der erdartigen Planeten bzw. Protoplaneten — offenbar aus kleineren bzw. größeren Brocken — wenden wie uns sogleich dem besonders interessanten und aufschlußreichen Problem der Entstehung und Entwicklung des *Erde-Mond-Systems* zu. Den älteren Forschungen der *Astronomen* und *Geophysiker* treten hier die aufregenden Ergebnisse der bemannten und unbemannten *Mondlandungen* (1966—1973) an die Seite. Aber auch unser System selbst ist — im wahrsten Sinne des Wortes — einzigartig: Während in allen anderen Systemen das Verhältnis von *Masse* und (Bahn-)*Drehimpuls* der Satelliten zu den entsprechenden Größen ihres Planeten $\ll 1$ ist, beträgt das Massenverhältnis Mond:Erde = 1:81.3, und die Bahnbewegung des Mondes beansprucht 83% vom Drehimpuls des Gesamtsystems.

Um etwas über frühere Zustände des Erde-Mond-Systems zu erfahren, gehen wir zunächst von terrestrischen Beobachtungen aus und untersuchen im Anschluß an die klassischen Arbeiten von Sir *G. Darwin* (1897) das schon kurz erwähnte (S. 42) Phänomen der *Gezeitenreibung*. Die zwei Flutberge, die der Mond in den Ozeanen wie im Festkörper der Erde ständig um diese herumschleppt, bewirken eine Bremsung der Erdrotation. Nach Abzug aller anderen Effekte führt insbesondere die Diskussion alter Finsternisse auf eine *Vergrößerung der Tageslänge* um 0.00164 s pro Jahrhundert. Der von der Erde abgegebene *Drehimpuls* kann nur von der Bahnbewegung des Mondes übernommen werden, d.h. die Umlaufzeit und der Bahnradius des Mondes werden größer.

Dieser — astronomisch betrachtet — winzige Effekt mußte — wie man leicht ausrechnet — erhebliche Ausmaße annehmen im Verlauf *geologischer Zeiträume*. 1963 bemerkten *J. W. Wells* und *C. T. Scrutton*, daß die Kalkgehäuse von *Korallen* (und anderen Lebewesen), die in Meeren mit starken Gezeiten leben, feine Bänderungen aufweisen, die den Perioden des Jahres, des synodischen

Monats und des Tages entsprechen. Während rezente Korallen die bekannten astronomischen Rhythmen bestätigen, ergab die Untersuchung von versteinerten Korallen, daß z.B. im mittleren Devon, d.h. vor ∼370 Millionen Jahren,

1 Jahr ≈ 400 (damalige) Tage und 1 synodischer Monat ≈ 30.6 Tage

hatte, in hinreichender Übereinstimmung mit einer Extrapolation der heutigen Daten. Aber auch die geologischen Daten erschließen uns offensichtlich nur die „neuere Geschichte" des Mondes; in die fernere Vergangenheit hinein sind wir auf theoretische Extrapolation angewiesen. Diese ist im Anschluß an *G. Darwin* neuerdings von *H. Gerstenkorn* (1955) u.a. durchgerechnet worden und führte zu dem Ergebnis, daß vor ∼$(1.4\pm0.5)\cdot10^9$ Jahren der Mond der Erde am nächsten gekommen sei und sie in ∼2.9 Erdradien Entfernung umkreist habe, wobei er eine Flutwelle von geradezu apokalyptischem Ausmaß erzeugte (die weiteren Rechnungen führen dann auf eine „Einfangtheorie"; s.u.). Die geologische Evidenz spricht ziemlich eindeutig dafür, daß dieses „*Gerstenkorn-Ereignis*" nie stattgefunden hat. Dies ist kein Argument gegen die Theorie der Gezeitenreibung als solche, sondern nur gegen die extrapolatorische Anwendung der heutigen *Reibungskonstante*. Tatsächlich sind sich die Fachleute noch nicht einmal darüber einig, ob der Hauptteil der Gezeitenreibung in den Meeren oder im festen Erdkörper lokalisiert ist. Andererseits dürfte jedenfalls der Beitrag der Meere zur Gezeitenreibung in älteren Epochen der Erdgeschichte kleiner gewesen sein als heute, da die Kontinente noch enger beisammen lagen.

So fassen wir unser Problem der *Entwicklung des Erde-Mond-Systems* sogleich von der entgegengesetzten Seite her an und versuchen, die Ergebnisse der *Mondlandungen* in diesem Sinne auszuwerten.

Die ganze Mondoberfläche ist bedeckt mit einem *Boden*, der aus feinem Staub und Bruchstücken verschiedener Größe — zum Teil zu einer Breccie verbacken — besteht, dem sog. *Regolith*. Dieses Material wurde offensichtlich durch die Einschläge zahlreicher kleiner und großer *Meteorite* gebildet; es entstammt größtenteils der näheren Umgebung, zum Teil aber weit entfernten Einschlägen. Der Flug der Trümmer wurde ja durch keine Atmosphäre gehemmt.

Die prägnantesten Züge der heutigen Mondoberfläche, die *Maria* und *Krater* (abgesehen von wenigen vulkanischen Gebilden), wurden durch Einschläge von *Meteoriten* (kleinere auch sekundär) bis zu Planetoidengröße in der durchweg festen Kruste erzeugt. Erst später wurden sie — wie man auf den ja ungeheuer detailreichen Aufnahmen der Astronauten direkt sehen kann — zum großen Teil von riesigen *Basalt*ergüssen überzogen. Im Mare Imbrium — mit 1150 km Durchmesser und ursprünglich ∼50 km Tiefe — kann man drei Stadien dieser vor ∼$3.9\cdot10^9$ Jahren erfolgten Lava-Überflutung erkennen. Sowohl die Ausgangspunkte der Lavaströme wie auch die aus den zunächst ziemlich glatt erstarrten Lavaflächen da und dort herausragenden „*ertrunkenen Krater*" zeigen, daß die Lavaüberflutung mit dem Meteoriteneinschlag selbst meist nichts zu tun hat. Radioaktive Altersbestimmungen bestätigen, daß die Lavaergüsse mehrere 100 Millionen Jahre jüngeren Datums sind als die Meteoriteneinschläge. Kleine Aufschmelzungen beim Aufschlag spielen eine untergeordnete Rolle. Der *Marebasalt* ($\rho\approx3.3\,\mathrm{g\,cm^{-3}}$) ist vielmehr später durch Spalten im Gestein emporgedrungen, woraus man wohl schließen darf, daß der Mond damals jedenfalls in ca. 200—400 km Tiefe noch teilweise geschmolzen war bei $\sim 1300\,°K$. Im Vergleich zu den Gesteinen der Hochländer und mehreren Zwischenstufen weist der *Marebasalt* deutliche Zeichen weiterer chemischer Differenzierung auf; er ist insbesondere wesentlich ärmer an Al_2O_3.

Vergleicht man (s. Abb. 7.4) die Anzahl der Krater verschiedenen Durchmessers in den Hochländern, den Böden der Maria verschiedenen Alters und in den größeren Kratern selbst, so zeigt sich, daß die Heftigkeit des kosmischen Bombardements in den ersten $\sim 10^9$ Jahren nach der Entstehung des Mondes — wir könnten ebensogut sagen: des Planetensystems — um *mehrere Zehnerpotenzen abnahm* und daß von da ($-3.8 \cdot 10^9$ Jahre) an die Abnahme wesentlich langsamer erfolgte. Daß es auf der *Erde* so wenige Meteoritenkrater gibt, leuchtet nun ohne weiteres ein: Die heutige Erdkruste ist ja erst entstanden, als der Meteoriten-Vorrat erschöpft war! Die Beobachtung auf dem Mond, wie auch die Bedeckung von *Mars*, *Venus* (wie neueste Radarbeobachtungen zeigen) und *Merkur* mit Kratern, die denen des Mondes durchaus vergleichbar sind, weisen darauf hin, daß in der Jugendzeit des Planetensystems zum mindesten die Umgebung der erdartigen Planeten, wahrscheinlich aber große Teile der Ebene des Planetensystems ziemlich dicht mit Körpern der Größenordnung ≤ 100 km erfüllt waren.

Als man die ersten Bilder von der *Rückseite des Mondes* erhielt, bereitete es einige Überraschung, daß die großen Einschlagskrater offensichtlich die der Erde zugewandte Hemisphäre bevorzugen. Daraus dürfen wir wohl schließen, daß Rotation und Revolution des Mondes schon vor $\sim 3.8 \cdot 10^9$ Jahren etwa ebenso miteinander verknüpft waren, wie heute.

Es kann hier nicht unsere Aufgabe sein, den Details der Mondpetrographie und -geologie nachzugehen. Vielmehr greifen wir sogleich die Kardinalfrage auf: „Wann und wie hat das *Erde-Mond-System* seine 99.35% (Masse) nicht kondensierbarer Materie (H, He...) — und vielleicht außerdem erhebliche Mengen Solarmaterie — verloren?"

Auf dem *Mond* hat dieser sehr erhebliche Teil der „Urmaterie" keinerlei Spuren hinterlassen. Dagegen hat *A. E. Ringwood* (1960) die Ansicht vertreten, daß der *Erdkern* aus metallischem Nickeleisen entstanden sei bei der Bildung der Erde aus Körpern etwa ≤ 100 km und deren sofortiger Aufschmelzung in einer *reduzierenden* Atmosphäre. Die erwähnte Masse müßte also in relativ kurzer Zeit „verschwunden" sein, noch ehe der Mond — bald darauf — seine erste Kruste bildete.

Nun können wir versuchen, die Argumente für und gegen die *Einfangtheorie* und die *Spaltungstheorie* der Entstehung des Mondes (bisher die beiden wesentlichen Konkurrenten) abzuwägen: Zunächst ist klar, daß der *Einfang* eines „fertigen" Mondes durch die Altersbestimmungen der Mondgesteine ziemlich unwahrscheinlich geworden ist. Gegen die *Spaltungstheorie (G. Darwin)* (auf die populäre Version, der pazifische Ozean sei die Narbe, welche der wegfliegende Mond hinterlassen habe, brauchen wir gar nicht erst einzugehen) wurde schon früh der Einwand erhoben, daß auch der gesamte heutige Drehimpuls des Erde-Mond-Systems nicht ausgereicht hätte, um die Ur-Erde so rasch rotieren zu lassen, daß an einer Stelle die Zentrifugalkraft größer wurde als die Gravitation (Tageslänge ≈ 2.7 Stunden). Dem können wir heute zunächst entgegenhalten, daß mit der Abgabe erheblicher Massen sicher auch eine Abgabe von Dreh-impuls verknüpft war. Über das Verhältnis der beiden Verluste aber können wir z.Z. noch nichts klares aussagen. Die Abtrennung des Mondes müßte — wie seine Dichte und Zusammensetzung zeigen — erfolgt sein, als in der Erde die Trennung von *Kern* und *Mantel* in der Hauptsache abgeschlossen war. Gerade von hier aus sieht *A. E. Ringwood* eine Möglichkeit zur Deutung der schließlichen Abschleuderung des Mondes von der schon ziemlich rasch rotierenden Erde: Durch das Absinken des schweren Nickeleisens in den Kern der Erde wurde deren Trägheitsmoment kleiner, infolgedessen (nach dem Drehimpulssatz) ihre Rotation rascher. Die quantitative mechanische Theorie der Entstehung des Erde-Mond-Systems wird — nach unseren heutigen Vorstellungen — außer-ordentlich erschwert dadurch, daß einerseits das System zu Anfang große Ver-luste an Masse und Drehimpuls erlitt, andererseits aber einem erst sehr raschen, später langsameren Einsturz von Kleinkörpern ausgesetzt war, über deren ur-sprüngliche Bahnelement-Verteilung wir so gut wie nichts wissen. Es sind im Grunde dieselben Überlegungen, welche sich kritisch gegen die ursprünglichen zu stark schematisierten Fassungen der Einfang- wie der Spaltungstheorie wenden. Die hier vorgeschlagene Synthese beider ist im übrigen in Arbeiten von *H. C. Urey, T. Gold* u.a. schon weitgehend angedeutet.

Manche Forscher, wie *R. A. Lyttleton* und *W. H. McCrea* gehen noch einen Schritt weiter und betrachten die ungefähre Übereinstimmung der Dichten von Erdmantel, Mond und Mars — bzw. das Fehlen oder die geringe Mächtigkeit eines Eisenkerns im Mars — als einen Hinweis, daß ursprünglich Erde, Mond *und* Mars (und ebenso vielleicht Merkur und Venus) zusammengehört hätten. Vom himmelsmechanischen Standpunkt aus scheint diese Hypothese möglich zu sein. Die — allerdings sehr näherungsweise — Einpassung der Bahnradien in die geometrische Reihe (31.1) wäre dann nicht zu verstehen.

So gut wie offen müssen hier die Fragen bleiben nach der Rotation der Pla-neten, der Entstehung der (eigentlichen) Satellitensysteme der großen Planten, der Entstehung des Planetoidenrings durch Zerteilung von einem oder mehreren — zusammengenommen noch relativ kleinen — Körpern, die Herkunft des Pluto usw. Wir halten uns hier an *I. Newton*'s Grundsatz: „Hypotheses non fingo".

Vielmehr wollen wir nun — etwas lokalpatriotisch — die *Entwicklung unserer Erde* weiter verfolgen. Ihren inneren *Aufbau*, die Folge der *geologischen Schichten* und die *Verschiebungen der Kontinente* haben wir schon in Abschn. 7 besprochen.

Weiterhin haben wir uns klar gemacht, daß die *Erde* zusammen mit dem *Ur-Mond*, der sich von ihr loslöste, innerhalb verhältnismäßig kurzer Zeit (einige 10^6 bis 10^7 Jahre) zusammen mit dem ganzen Planetensystem vor 4.5 bis $4.6 \cdot 10^9$ Jahren entstanden ist. Die *ältesten Gesteine* (W-Grönland) dagegen haben sich erst vor $\sim 3.7 \cdot 10^9$ Jahren gebildet, so daß wir bezüglich der ersten $\sim 10^9$ Jahre der Erdgeschichte auf indirekte Schlüsse angewiesen sind.

d) Entwicklung der Erde und des Lebens

Wir wenden uns sogleich den auch im Hinblick auf die *Entstehung und Ent-wicklung des Lebens* besonders interessanten Fragen nach der *Entstehung der*

Ozeane und der *Erdatmosphäre* zu. Beide können *nicht* zum ursprünglichen Bestand der Erde gehören; wir sahen ja, daß schon im Anfangstadium des Erde-Mond-Systems (wie auch der Meteoriten) die leichten Elemente — zum mindesten aus dem inneren Bereich des Planetensystems — ausgetrieben wurden. Die bekannte Tatsache, daß in der Erdatmosphäre die *Edelgase* sehr selten sind — obwohl auf der Sonne jedenfalls Helium und Neon zu den häufigsten Elementen gehören — zeigt, daß unsere Atmosphäre kein direkter Überrest des Sonnennebels sein kann. Auch quantitative Abschätzungen bestätigen die Vorstellung, daß die Ozeane und die Atmosphäre *sekundär* entstanden sind [28] aus *vulkanischen Exhalationen*, die H_2O, N_2, CO, CO_2, SO_2 ... liefern, während das häufigste *Argon*isotop A^{40} durch Umwandlung von K^{40} in der Erdkruste und das *Helium* durch α-Zerfall der bekannten radioaktiven Elemente erzeugt wurde.

Aber diese *Uratmosphäre* enthielt noch *keinen Sauerstoff*, da dieser vollständig in Oxyden, Silikaten etc. gebunden wird und daher in vulkanischen Gasen fehlt. Die Bildung von O_2 (und damit auch Ozon, O_3) in der optisch dünnen Uratmosphäre begann, indem Wasserdampf H_2O durch ultraviolette Sonnenstrahlung (Photodissoziation) in $2H + O$ zerlegt wurde. Aber dieser Prozeß konnte, wie *H. C. Urey* (1959) bemerkte, nur ca. 10^{-3} des heutigen Sauerstoffs liefern. Eine dickere Schicht von Sauerstoff (nebst zugehörigem Ozon) *absorbiert* nämlich wieder die kurzwellige Sonnenstrahlung, so daß die bestrahlte Gasmenge nicht weiter zunimmt.

Der weitere Sauerstoff in unserer Atmosphäre kann nur durch *Photosynthese in Lebewesen*, d. h. im Zusammenhang mit deren Entwicklung, entstanden sein. Von der Leistungsfähigkeit der *heutigen* Pflanzenwelt gibt ein anschauliches Bild die Abschätzung von *E. I. Rabinowitch* (1951), wonach der *ganze Sauerstoff* der Erdatmosphäre den Prozeß der Photosynthese in nur 2000 Jahren einmal durchläuft!

Die Geschichte der Erdatmosphäre ist also auf das engste verknüpft mit der *Entstehung des Lebens*. Wie die Kosmogonie war auch dieses Problem lange Zeit eine Domäne mythologischer Vorstellungen. Nachdem schon 1828 *Friedrich Wöhler* mit seiner *Harnstoff-Synthese* die Grenze zwischen anorganischer und organischer Materie beseitigt hatte, haben neuere Arbeiten aus den Bereichen der *Astrophysik*, *Geologie* und *Biochemie* auch das Problem der *Entstehung des Lebens* zwar nicht gelöst, aber doch in den Bereich naturwissenschaftlicher Forschung gerückt.

Die für die Struktur lebendiger Materie charakteristischen komplizierten Moleküle, insbesondere die *Nukleinsäuren* und *Eiweißstoffe*, sind in Gegenwart von Sauerstoff nicht beständig. Ihre Bildung aus anorganischer Substanz ist daher unter den gegenwärtigen Verhältnissen auf der Erde ohne die Mitwirkung von Lebewesen nicht möglich. Am „Anfang" konnten sie nur in einer sauerstofffreien Atmosphäre entstehen.

---

[28] Die ganz andersartige, vorwiegend aus Kohlendioxyd bestehende, Atmosphäre der *Venus* ist offenbar so entstanden, daß das Eisen ursprünglich Kohlenstoff enthielt und teilweise mit Sauerstoff chemisch verbunden war. Bei Erhitzung konnte so CO_2 entstehen. — In den Atmosphären der großen Planeten dagegen konnten sich Ammoniak NH_3 und Methan CH_4 direkt im Verlauf der chemischen Fraktionierung aus der Solarmaterie bilden.

Wir haben schon gesehen, daß erstaunlich komplexe organische Moleküle in der *interstellaren Materie* vorhanden sind und daß in den *kohligen Chondriten* ein reichhaltiges Angebot von Aminosäuren und anderen Substanzen vorliegt, die für den Aufbau der Lebewesen nötig sind. Derartige Moleküle konnten wegen der sehr starken Einstrahlung im kurzwelligen UV($\lambda < 2900$ Å) an der Oberfläche der Urerde ohne den Schutz einer atmosphärischen Sauerstoff- und Ozonabsorption nicht lange bestehen; sie konnten sich aber z.B. am Boden flacher Gewässer von ~ 10 m Tiefe ansammeln.

Organische Moleküle aber sind noch längst keine *Lebewesen*! Wie die ersten Lebewesen beschaffen waren, können wir nicht mehr feststellen. Die heutigen *Viren* können sich nur in höheren Lebewesen vermehren, wir dürfen sie also nicht selbst als die Ur-Lebewesen betrachten. Wohl aber dürfen wir sie als *Modelle* für die Vorstufen des Lebens ansehen. Auch das einfachste Lebewesen bildet ein *System*, in dem zwei wesentliche Funktionen zusammenwirken:

1. Die Fähigkeit der *Vermehrung* oder Selbstreproduktion — von komplexen Molekülen bis zu ganzen Lebewesen — ist verankert in dem *genetischen* Material, das die *Information* bzw. den *Steuerungsmechanismus* enthält, welche — vergleichbar dem Speicher eines elektronischen Rechenautomaten — dafür sorgen, daß aus geeigneten Baustoffen ein gleichartiges Molekül bzw. Lebewesen „nachgebaut" werden kann.

„Fehler" in diesem Replikationsmechanismus, die durch chemische Einflüsse oder ionisierende Strahlen, aber auch schon durch Wärmebewegung der Teilchen hervorgerufen werden können, erzeugen *Mutationen*. Die *Entstehung* einer Mutation ist also lediglich ein Wahrscheinlichkeitsproblem. *Ist* sie entstanden, so wird das veränderte Molekül bzw. Lebewesen *genau* weiter-reproduziert.

Die Mutationen und weiterhin die vielen Möglichkeiten der genetischen Rekombination bilden die Grundlage für die *Evolution* der Lebewesen nach dem von *Charles Darwin* 1859 entdeckten Mechanismus der *Selektion*. Viele Mutationen führen — wie nicht anders zu erwarten — zu funktionsunfähigen Gebilden, die also sogleich wieder „verschwinden". Die wenigstens in sich funktionsfähigen Wesen sind sogleich den Einwirkungen ihrer *Umwelt* und (später) anderen Lebewesen ausgesetzt. In diesem *Kampf ums Dasein* — um ein von *H. Spencer* nicht sehr glücklich geprägtes Schlagwort zu gebrauchen — gewinnt der Molekülkomplex bzw. das Lebewesen mit der *höchsten Vermehrungsrate*. Diese gibt also ein eindeutiges Maß für den *Selektionswert* einer Mutation.

2. Mit dem Steuerungssystem *muß* verknüpft sein ein Mechanismus zur Lieferung der nötigen *Energie* und selbstverständlich auch der nötigen Baustoffe. Der Aufbau eines komplizierten Gebildes mit bestimmten Strukturen — das also „unwahrscheinlich" ist, bzw. nicht durch reinen Zufall entsteht — setzt ein gewisses Maß von *Information* oder „know how" voraus. Er ist also nach den Grundregeln der Thermodynamik verknüpft mit einer Abnahme der *Entropie* (die Entropie ist proportional dem Logarithmus der *Wahrscheinlichkeit*) bzw. einer Zunahme der negativen Entropie oder *Negentropie* des Systems. Letztere kann aber nur beschafft werden durch Zufuhr von *Energie*, wobei in der Umgebung (aus der diese entnommen wird) eine entsprechende *Zunahme* der Entropie, entsprechend dem II. Hauptsatz der Thermodynamik, in Kauf genommen wird.

Der modernen *Biochemie* ist es in den letzten Jahrzehnten gelungen, über die wichtigsten Stoffgruppen und Prozesse, welche das Wunderwerk des Lebens ermöglichen, weitgehende Klarheit zu gewinnen. Auch hier begegnen wir einem Ineinandergreifen von *Information* und *Funktion* — analog der Legislative und der Exekutive des Staates — in einer Hierarchie von Reaktionszyklen, die insgesamt die Bildung und Reproduktion funktionsfähiger makromolekularer bzw. lebender Systeme ermöglichen.

Die wichtigsten Träger der *Funktionen*, z.B. der „Erkennung" bestimmter (brauchbarer) Substanzen, der Katalyse, der Regelung der Reaktionsgeschwindigkeiten usw. sind die *Proteine* oder Eiweißstoffe. Diese *Makromoleküle* entstehen durch lineare Polymerisierung von *Aminosäuren*, d.h. es werden bis zu 1000 Aminosäureradikale in bestimmter Reihenfolge durch die ziemlich starre *Peptidbindung* zu einer *Polypeptidkette* zusammengefügt (Abb. 31.3). Es ist sehr bemerkenswert, daß in den Proteinen *aller* Lebewesen nur 20 *bestimmte* Aminosäure-Radikale vorkommen.

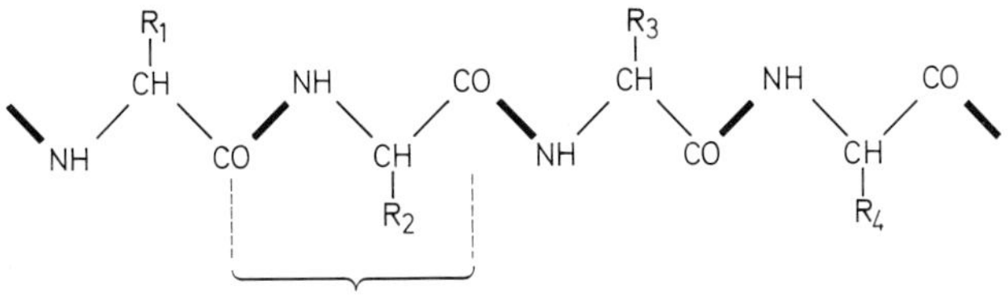

Abb. 31.3. Ein Proteinmolekül entsteht durch lineare Verknüpfung von bis zu tausend Aminosäure-Radikalen mittels der ziemlich starren Peptidbindung (dicke Valenzstriche). $R_1, R_2 \ldots$ bedeutet je einen Aminosäure-Rest, z.B. H in Glycyl, CH in Alanyl und kompliziertere organische Seitenketten in anderen Aminosäuren. In den Proteinen aller Lebewesen kommen nur 20 bestimmte Aminosäure-Radikale vor

Die Polypeptidketten können in vielfältiger Weise gefaltet und insbesondere kugelförmig zusammengeknäuelt (Globuline) werden. Die Gestalt des Knäuels ist dabei durch die Folge der Aminosäuren ($R_1, R_2 \ldots$) mittels nicht-kovalenter Bindungen eindeutig festgelegt. Die so bestimmte Gestalt der Moleküle und die dadurch gegebene Verteilung ihrer Wechselwirkungskräfte ermöglicht es, daß ihre Tätigkeit auf ganz bestimmte Substanzen bzw. chemische Reaktionen spezialisiert ist. Eine in diesem Sinne besonders wichtige Gruppe der Proteine sind die *Enzyme*.

Wie man leicht ausrechnet, können durch verschiedene Anordnung von insgesamt 20 Aminosäuren in Ketten mit bis 1000 Gliedern *theoretisch* so viele verschiedene Proteine hergestellt werden, daß schon ein Probesortiment das ganze Weltall verstopfen würde! Wir können also ohne weiteres die enorme *Mannigfaltigkeit* des organischen Lebens verstehen; sie muß aber offensichtlich durch eine ordnende Instanz eingeschränkt werden.

Die Träger dieser *Information* „wie und was gemacht werden soll", sind die *Nukleinsäuren*. Diese entstehen durch lineare Polymerisierung (Aneinanderreihung) von *Nukleotiden*. Diese wiederum bestehen je aus einem Zucker, einem Phosphorsäure-Rest und einer stickstoffhaltigen Base.

Betrachten wir zunächst die als *Informationsträger* besonders wichtige *Desoxyribonukleinsäure*, kurz DNS (oder DNA „*D*esoxyribo*n*ucleic *A*cid") genannt: Hier ist als Zucker die Desoxyribose verwendet. Wichtiger aber ist, daß (offensichtlich im Hinblick auf die erwähnte Einschränkung) nur *vier verschiedene Nukleotide* verwendet werden, und zwar mit den Basen

$$\text{Adenin, Guanin, Cytosin, Thymin} \qquad (31.6)$$

die man kurz mit ihren fettgedruckten Anfangsbuchstaben bezeichnet.

Bei der Übertragung und Auswertung der in der DNA (analog dem Lochstreifen eines elektronischen Rechenautomaten) *kodierten Information* spielt die nach ähnlichen Prinzipien gebaute *R*ibo*n*ukleinsäure RNS bzw. RNA eine wichtige Rolle. Wir können aber hier auf diese Dinge — so interessant sie sind — nicht weiter eingehen und wenden uns sogleich der Entzifferung des *genetischen Codes* durch *J. H. Matthaei, M. W. Nirenberg, S. Ochoa, H. G. Khorona* u.a. (1961) zu, die wir ohne Zweifel zu den glänzendsten Leistungen der neueren Naturforschung zählen müssen:

Das „genetische Alphabet" der DNS hat nur 4 „Buchstaben", nämlich die vier Nukleotide (31.6) A, G, C, T. Eine Sequenz von je drei *Nukleòtiden*, sozusagen ein Wort des genetischen Codes, legt nur *einen* der 20 Aminosäurereste fest. Die Folge der Nukleinsäuretripletts entlang dem DNS-*Faden* bildet sozusagen die *Vorlage* für die Herstellung eines entsprechenden *Proteins* mit einer ganz bestimmte Folge seiner *Aminosäure-Radikale*. Da der genetische Code insgesamt $4^3 = 64$ Wörter bilden könnte, während nur 20 Aminosäure-Reste festzulegen sind, so „erlaubt" die Natur, daß einige Aminosäure-Reste durch mehrere Wörter repräsentiert werden; einige Wörter aber werden als Interpunktionszeichen oder gar nicht verwendet. Damit ein DNS-Molekül einerseits die Vorlage für die Herstellung eines bestimmten Proteins abgeben und andererseits selbst redupliziert werden kann, besteht es aus zwei komplementären Strängen, die in Form einer *Doppelhelix* (*F. H. Crick* und *J. D. Watson,* 1953) angeordnet sind. Sie können nach Bedarf voneinander — wie beim Reißverschluß — getrennt und wieder ergänzt werden (Abb. 31.4).

Dieser Mechanismus — den wir hier nur andeuten konnten — macht grundsätzlich die *Replikation* bestimmter *Molekülsysteme* und sodann bestimmter Arten verständlich. Ebenso erklärt er die Entstehung von *Mutationen* durch Störungen in der Wortfolge des DNA-Fadens.

Aber wie steht es mit der *Entstehung des Lebens* und mit der *Evolution* „lebensfähiger" Strukturen (etwa primitivster Einzeller) durch Selektion im Sinne *Ch. Darwin's*? Das hinter dieser Frage stehende Problem, ob die heutige *Physik* eine ausreichende Grundlage für die Biologie bildet oder ob wir eine geheimnisvolle „vis vitalis", einen „élan vital" oder dergl. zu Hilfe nehmen müssen, dieses Problem ist — so dürfen wir wohl sagen — von *M. Eigen* (1971) im Prinzip gelöst worden. Er stellt zunächst klar, daß auf dem Boden der klassischen (Gleichgewichts- bzw. Quasi-Gleichgewichts-)Thermodynamik eine Lösung nicht zu erhoffen ist. Das für jeden Lebensvorgang notwendige *Zusammenspiel von Proteinen und Nukleinsäuren* ist — schon in denkbar primitivster Form — so kom-

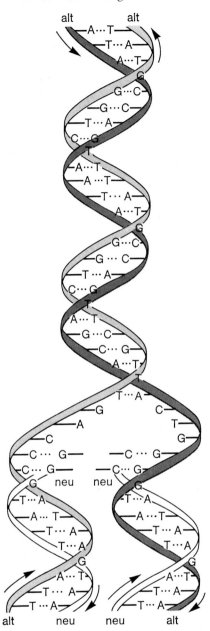

Abb. 31.4. Das DNS-Molekül ist eine Doppelhelix, d.h. eine spiralige Wendeltreppe. Die „Geländer" der Treppe werden von den (nicht eingezeichneten) Phosphat- und Desoxyribose-(Zucker-)Gruppen gebildet. Die Stufen der Treppe werden von je zwei Basen (31.6) gebildet, wobei jeweils *Adenin—Thymin* bzw. *Guamin—Cytosin* aneinander gebunden sind (oberer Teil der Abbildung). Bei der Replikation werden die beiden komplementären Stränge der Doppelhelix wie ein Reißverschluß getrennt. Dann hängt sich an jede Base die nach obigem Schema entsprechende und es entstehen (unten) zwei identische DNS-Doppelhelices

pliziert, daß man sein Zustandekommen unter den angegebenen Verhältnissen als ausgeschlossen bezeichnen muß.

Tatsächlich ist auch „Leben" nur möglich mit Energiezufuhr, Stoffwechsel etc., d. h. als (quasi-)*stationärer irreversibler thermodynamischer Prozeß. M. Eigen* zeigt nun unter Anwendung eines von *I. Prigogine* und *P. Glansdorff* (1971) für solche Prozesse abgeleiteten *Stabilitätsprinzips* und unter Einführung eines *„Selektionswertes"* — im wesentlichen des Überschusses der Vermehrungs- über die Vernichtungsrate — einer Mutation, daß die *Entstehung selbstorganisierender Systeme* und die Optimierungsprozesse der *Evolution* nichts anderes sind, als *notwendige* Eigenschaften bestimmter Reaktionssysteme in hinreichendem Abstand vom thermodynamischen Gleichgewicht. Den *Anfang* selbst, wie jede Mutation, müssen wir als „Zufall" bezeichnen; alles weitere ist Physik.

Neuerdings hat *H. Kuhn* (1973) ein ziemlich detailliertes *Modell* für die Selbstorganisation von Makromolekülen und die Evolution einfachster Lebewesen vorgeschlagen. Die Rolle der erwähnten Instabilität übernimmt dabei — als „Antrieb" zur Selektion und Evolution — eine (geforderte) Periodizität der *Umweltbedingungen*. Als weitere wichtige Schritte hebt *H. Kuhn* hervor die Bildung von *Aggregaten ineinanderpassender Moleküle* und dann das schrittweise Erreichen immer größerer *Unabhängigkeit* der Systeme, insbesondere durch (katalytische) Herstellung einer *Hülle*. Wir müssen es uns hier leider versagen, diese höchst interessanten Überlegungen näher auszuführen und zu begründen.

Die Gleichartigkeit des genetischen Codes und die Verwendung derselben Bausteine für die DNS wie für die Proteine von den primitivsten Bakterien bis zum Menschen sprechen für eine örtlich und zeitlich begrenzte Entstehung des Lebens.

Was wissen wir von den ältesten Lebewesen? Dem Biochemiker *M. Calvin* ($\sim$1965) gelang es, in Gesteinen, deren radioaktiv bestimmtes Alter bis $3.1 \cdot 10^9$ Jahre zurückreicht, Kohlenwasserstoffe wir *Pristan, Phytan* u.a. nachzuweisen, die wahrscheinlich als (relativ stabile und doch hinreichend komplexe) Zerfallsprodukte von *Organismen* angesehen werden dürfen. Wenn auch manche weitere Beobachtungen *für* diese Auffassung sprechen, so bleibt doch vorerst noch die kritische Frage, ob diese Moleküle nicht schon das Ergebnis einer präbiotischen Synthese (ähnlich den CI-Meteoriten) sein könnten.

Sodann haben *E. S. Barghoorn, J. W. Schopf, P. E. Cloud* u.a. ($\sim$1965) in präkambrischen Feuersteinen mit Licht- und Elektronenmikroskop Reste primitiver Lebewesen gefunden. Die älteste, sog. *Fig Tree Formation* in Südafrika mit einem Alter von $\sim$3·10^9 Jahren zeigte Spuren, die wohl als Vorläufer von heutigen Bakterien und Blaualgen zu deuten sind. Die *Gun Flint Formation* in USA mit $\sim$2·10^9 Jahren enthält schon Fossilien, die primitiven Algen und Pflanzen zuzuweisen sind.

Entsprechend dem heutigen Stande der Forschung auf den Gebieten der *Paläontologie, Geologie, Geochronologie* etc. versuchen wir (*P. E. Cloud* 1972 u.a.), ein zusammenfassendes Bild der Frühgeschichte der *Erde* und ihrer *Atmosphäre* im Zusammenhang mit der Entwicklung des *Lebens* zu entwerfen. Bezüglich vieler Details müssen wir uns selbstverständlich mit einem Hinweis auf die Fachliteratur begnügen.

Wie wir sahen, ist das Erde-Mond-System vor 4.6 bis $4.5 \cdot 10^9$ Jahren entstanden. Während aber die Gesteine der Hochländer oder Terrae des *Mondes* bis in diese Zeit zurückreichen, sind die *ältesten Gesteine der Erde* wesentlich jünger. Mehrere Fundstellen ergeben ein Alter bis $3.6 \cdot 10^9$ Jahre; neuerdings (1972) hat man an der Westküste von Grönland Gneise mit 3.70 bis $3.75 \cdot 10^9$ Jahren entdeckt. Unmittelbar vorher wurden offenbar große Teile der Erdkruste noch einmal aufgeschmolzen. Man könnte daran denken, dies mit dem Ende der Periode heftigen Meteoriten-Bombardements in Zusammenhang zu bringen.

Unmittelbar anschließend bildeten sich aus vulkanischen Exhalationen (H_2O, H_2, CO, CO_2) die ersten Anfänge der *Ozeane* und der *Erdatmosphäre*, die aber noch *keinen Sauerstoff* enthielt. Daß unsere Atmosphäre *nicht* der ursprünglichen Solarmaterie entstammt, folgt aus der Seltenheit der — kosmisch ja sehr häufigen — Edelgase. Eine solche *reduzierende Atmosphäre* war eine der Vorbedingungen für die Entstehung organischen Lebens; viele lebenswichtige Substanzen werden vom Sauerstoff zerstört. Sodann aber gab es damals noch keine *Ozonschicht*, die das Leben vor der letalen Ultraviolettstrahlung der Sonne $\sim 2400—2900$ Å geschützt hätte. Die primitivsten Lebewesen müssen also im Wasser entstanden sein, und zwar in Tiefen, die noch von einiger Lichtstrahlung, nicht aber von dem tödlichen UV erreicht wurden.

Die ersten Organismen waren sicher noch *heterotroph*, d.h. sie lebten ganz von vorhandenen organischen Substanzen. Eine *autotrophe* Lebensweise, unter Verwendung anorganischer Ausgangssubstanzen, wurde erst später möglich mit der „Erfindung" der *Photosynthese* durch die ersten Pflanzen.

In dem Zeitraum von ~ 3.2 bis $2.0 \cdot 10^9$ Jahren gab es — nach den erhaltenen Resten zu schließen — offenbar nur *Procaryota*, d.h. Einzeller ohne deutliche Kernmembran und Chromosomen, ähnlich den heutigen Bakterien und Blaualgen. Der wenige Sauerstoff, den diese produzierten, verblieb in der Hydrosphäre und wurde (nach *P. E. Cloud*, 1968) größtenteils durch Umwandlung von Ferro- in Ferrioxyde verbraucht. Kennzeichnend für diese geologische Epoche vor 2.1 bis $2 \cdot 10^9$ Jahren sind die *Bändereisenerze* (Banded Iron Formation = BIF). Deren Bildung kann (*P. E. Cloud*, 1973) so gedeutet werden, daß in einer O_2-freien Atmosphäre Fe^{++}-Lösungen entstanden, ins Meer transportiert wurden und dort — unter Mitwirkung sauerstoffproduzierender mikroskopischer Algen — als Fe^{+++}-Verbindungen periodisch ausgefällt wurden.

Vor $2 \cdot 10^9$ Jahren wurden dann die ersten O_2 verarbeitenden Enzyme entwickelt. Es entstanden die *Eucaryota*, d.h. Einzeller mit Kernmembran und Chromosomen. Die „Erfindung" der Sexualität bewirkte eine erhebliche Beschleunigung der biologischen Evolution. Bald wurde so viel O_2 produziert, daß er in die *Atmosphäre* zu entweichen begann. Geologisch ist diese Epoche charakterisiert durch die stärker oxydierten Sedimente der *Red Beds* sowie Ablagerungen von Kalziumkarbonat und Dolomit.

Etwas grundsätzliches Neues geschah, als der *Sauerstoffbestand* unserer Atmosphäre *einige Prozent des heutigen* erreichte, vor 0.68 bis $0.60 \cdot 10^9$ Jahren. Dieser Sauerstoff genügte zur Bildung einer *Ozonschicht*, welche das letale UV so stark abschwächte, daß nun die *Wasseroberfläche* und bald auch das *Festland* bewohnbar wurden.

Mit dem *Phanerozoikum* (der Zeit des „erschienenen Lebens") vor 700 bis 600 Millionen Jahren erscheinen die *Metazoa*, d.h. vielzellige Tiere mit mannigfaltiger innerer Organisation, und zwar zunächst nur mit weichkörperigen Formen. Vom *Kambrium* an, d.h. vor 600 Millionen Jahren, tritt die Vielfalt der schalentragenden Metazoa auf. Nun beginnt die schon in Tab. 7.2 dargestellte Folge der *geologischen Schichten*, deren *Versteinerungen* (Fossilien) uns über die weitere Entwicklung der Tier- und Pflanzenwelt eingehend unterrichten. Vor ca. 420 Millionen Jahren vom *Silur* zum *Devon* (Tab. 7.2), sind die ersten ausgedehnten Wälder entstanden und im *Karbon*, von dessen fossilen Wäldern wir heute noch zehren, war das heutige Sauerstoffniveau ohne Zweifel erreicht, wenn nicht gar zeitweise überschritten.

Der ganzen Entwicklung des Lebens liegt — wenn wir versuchen dürfen, sie auf ihre einfachsten Elemente zurückzuführen — offenbar das *Prinzip* zugrunde, durch Speicherung und Weitergabe von immer mehr *Information* komplexere Systeme zu bilden, die immer erfolgreicher ihr Prinzip der Ordnung (Herstellung von Negentropie) gegenüber der „natürlichen" Tendenz des II. Hauptsatzes zur Herstellung statistisch-thermodynamischen Gleichgewichts, d.h. maximaler Unordnung (Vermehrung der Entropie), durchsetzen. Diese Entwicklung führt von der Fixierung genetischer Information schon bei den Procaryoten zur Herausbildung instinkthafter, d.h. programmgesteuerter Verhaltens-Schemata, von hier weiter zum Gedächtnis und den Anfängen intelligenten Verhaltens. Die Entfaltung des Menschen (vor wenigen Millionen Jahren) beruht im wesentlichen auf der — gegenüber einfacheren Lebewesen — gewaltig verbesserten Technik der Speicherung und Ausnutzung von Information zuerst durch die Sprache, dann durch die Schrift (aller Art) und zuletzt durch die Erfindung des elektronischen Informationsspeichers, der seine „Kenntnisse" sogleich selbst wieder in Aktionen (vom Rechenautomaten bis zum elektronisch gesteuerten Walzwerk) umzusetzen vermag.

Dieser immer gigantischer werdende „Kampf gegen den Entropiesatz" ist *notwendig* gekoppelt mit immer größerem *Energieverbrauch*. Ein Organismus befindet sich ja — wie man sagt — im *Fließgleichgewicht*. Das heißt, aus der Nahrung — und bei den Pflanzen aus der Sonnenstrahlung — wird ständig *Energie* entnommen, die teilweise zum Aufbau des Systems nötig ist und teilweise als Abwärme (wie bei jeder Wärmekraftmaschine) verlorengehen muß. Der Mensch vermag das geschilderte Prinzip seiner Höherentwicklung nur zu realisieren, indem er in immer stärkerem Maß natürliche Energiequellen sich „nutzbar" macht. Neben der Muskelkraft des Menschen und der Tiere werden die Kräfte des Windes und des Wassers verwendet. Den nächsten großen Schritt bildete die Verwendung fossiler Brennstoffe, Kohle und Öl, in den Wärmekraftmaschinen. Es ist wohl kein Zufall, daß unser Zeitalter der Automation *auch* die Erschließung der Kernenergie mit sich gebracht hat.

Auf die Frage nach der *Zukunft* der Sonne und damit des Lebens auf der Erde erlaubt uns die Theorie der Sternentwicklung, eine ganz bestimmte Antwort zu geben. Die *Sonne* wandert (in wenigen Milliarden Jahren) im *Hertzsprung-Russell*-Diagramm nach rechts oben; sie wird ein roter Riesenstern. Dabei wächst ihr Radius enorm an, ihre bolometrische Helligkeit nimmt um mehrere Magnitudines zu, und die Temperatur auf der Erde steigt erheblich über den

Siedepunkt des Wassers, so daß die Ozeane verdampfen. Dies bedeutet ohne Zweifel das *Ende* jeden organischen Lebens auf der Erde.

Auf der anderen Seite hat man oft die Frage aufgeworfen, ob es Leben auf anderen Himmelskörpern gebe. Diese Frage ist z. Z. nur sinnvoll, wenn wir unter Leben das Vorkommen von Organismen verstehen, deren Struktur eine gewisse Ähnlichkeit mit terrestrischen Lebewesen hat. Wir brauchen nicht weiter zu erörtern, daß deren Umweltbedingungen ein ziemlich enger Spielraum gesetzt ist.

In unserem *Planetensystem* könnte man allenfalls an den *Mars* denken. Seine dünne Atmosphäre enthält jedenfalls geringe Mengen der notwendigen Gase, aber sie bietet keinen „UV-Schutz"; die Temperatur liegt wenig unter der der Erde. So erscheint allenfalls das Vorkommen äußerst primitiver Organismen diskutabel, aber doch — beim heutigen Stand unserer Kenntnis — wenig wahrscheinlich.

In unserem *Milchstraßensystem* und anderen *Galaxien* gibt es zahllose Sterne, die sich von unserer Sonne nicht unterscheiden. Es spricht nichts gegen die Annahme, daß einige dieser G-Sterne auch Planetensysteme besitzen, und es erscheint durchaus plausibel, daß da und dort in einem solchen System ein Planet ähnliche Bedingungen an seiner Oberfläche bietet, wie die Erde. Warum sollten sich dort nicht auch Lebewesen entwickelt haben?

*

Vom Studium kosmischer Strukturen und Entwicklungsprozesse sind wir zurückgekehrt zu den Problemen der Erde, des Lebens und unseres Daseins. Damit schließt sich der Kreis unserer Betrachtungen. Ebenso faszinierend wie der Einblick in das kosmische Geschehen ist der Prozeß der menschlichen Erkenntnis selbst. Immer weiter schiebt sich die Grenze des Erkannten vor in den Bereich des zuvor noch Unbekannten oder jedenfalls Unverstandenen. Dieser Prozeß erscheint verknüpft mit einer Art Anpassung des menschlichen Geistes und seiner Denkformen an die eben dadurch erst zugänglich werdenden Bereiche des Seins. Wir verdanken es im Grunde den ganz wenigen großen Gestalten der Historie, daß sie jeweils neue Formen des Denkens und Lebens geschaffen haben für Probleme, die erst durch diese deutlich in Erscheinung treten konnten. Alle großen Entdeckungen und Taten enthalten ein ausgesprochen alogisches Element.

Unsere Kategorien der Erkenntnis sind sozusagen in Schichten angeordnet, die offenbar den Grundbereichen der Wechselbeziehung des Menschen mit seiner Umwelt entstammen. Schon der einfache Mensch gebraucht jeweils andere Begriffe und Denkformen, wenn er sich befaßt mit der leblosen Natur, mit seinen Tieren und anderen (ihm untergeordneten) Lebewesen, mit seelischen Dingen in ihm und in seinen Mitmenschen oder schließlich mit überpersönlichen, geistigen, insbesondere religiösen Anliegen. Diese zunächst nahezu unreflektiert nebeneinander herlaufenden Bereiche treten im Laufe der Zeit in immer engeren Kontakt, und unter großen inneren und äußeren Kämpfen versucht der Mensch, sie zu einem Ganzen umzugestalten aus der unbeweisbaren Überzeugung heraus, daß dies möglich sein müsse.

Niemand könnte die — wohl manchen primitiven Religionen eigene — Ansicht widerlegen, daß von einem bestimmten Niveau an die Welt einfach der Willkür irgendwelcher Götter und Dämonen anheimgegeben sei. Tatsächlich aber hat sich die „andere" Hypothese immer wieder als die fruchtbarere erwiesen.

An die Probleme der Naturerkenntnis grenzen die des menschlichen Lebens und Miteinander-Lebens an. Wir sehen sie einerseits von unserem *inneren Standpunkt* und sprechen dann von Wollen und Sollen, von Liebe und Haß, Recht und Unrecht. Andererseits sind sie auch eingefügt in den *äußeren Rahmen* des gemäß den bekannten (oder noch nicht bekannten) Naturgesetzen Möglichen. Aus diesem merkwürdigen Dualismus entspringen die großen Konflikte von Schuld und Schicksal, Wollen und Können oder wie man sie noch kennzeichnen will.

Es ist zu allen Zeiten die Überzeugung der wirklich religiösen Menschen gewesen, daß auch diese Spannungen Stück für Stück sich auflösen müßten, vorausgesetzt, daß die Menschen auch hier alte Vorurteile beiseite legen und „sich erneuern", ein Vorgang, der vielleicht gar nicht so sehr verschieden ist von der Umgestaltung der Naturforschung in ihren großen Epochen.

Ob der Mensch nun den Blick nach *außen* wendet und immer weitere Bereiche der Natur erforscht oder ob er nach *innen* blickt und dort für sich und andere Menschen Neuland erschließt, immer wieder erblickt er erstaunt und beglückt einen

»Neuen Kosmos«.

IV. Teil

Ausgewählte neuere Ergebnisse

32. Das Planetensystem

Bei Vorbeiflügen von unbemannten Raumfahrzeugen konnten inzwischen alle großen Planeten bis hinaus zu Saturn aus geringem Abstand beobachtet werden. Weiterhin werden Venus und Mars von künstlichen Satelliten aus über längere Zeiträume erkundet und ihre Atmosphären und Oberflächen durch weich gelandete Sonden untersucht. Wie erhofft, ist unsere Kenntnis der Planeten durch die Raumfahrt ganz entscheidend erweitert worden, neben einer Fülle von Einzelheiten sind auch immer wieder überraschende Ergebnisse angefallen. Aber auch die erdgebundene Astronomie hat — mit der Entdeckung der Ringe um Uranus und eines Satelliten von Pluto — in den letzten Jahren einige unerwartete Ergebnisse über das Sonnensystem geliefert.

a) Venus

Die Reihe der Erkundungen der Atmosphäre und Oberfläche des Planeten durch weich gelandete Raumfahrzeuge wurde im Dezember 1978 mit den beiden sowjetischen Sonden Venera 11 und 12 und der amerikanischen Multisonde Pioneer Venus 2 erfolgreich fortgesetzt. Ebenfalls seit Dezember 1978 umkreist der Pioneer Venus-Orbiter den Planeten in stark elliptischer Bahn zwischen 150 und 66000 km Entfernung von der Oberfläche.

Die *untere Atmosphäre* der Venus besteht fast ausschließlich aus CO_2 (rund 96%) und N_2. Die Angaben über den Wasserdampfgehalt sind zur Zeit noch widersprüchlich: während von Pioneer-Venus mittels Gas-Chromatographie einige 10^{-3} gemessen werden, finden die Venera-Sonden durch optische Spektrographie nur einen Bruchteil $\lesssim 2 \cdot 10^{-4}$ an H_2O. In der *oberen* Venusatmosphäre dominiert oberhalb von 150 km atomarer Sauerstoff, oberhalb von 250 km schließlich Helium. Die Ionendichte hat knapp unterhalb 150 km ihr Maximum, Hauptbestandteil bis etwa 200 km Höhe ist das Molekülion O_2^+, darüber O^+.

Zwischen rund 50 bis 70 km Höhe liegt eine dichte, den ganzen Planeten umhüllende *Wolkenschicht* (Abb. 32.1), die im wesentlichen aus Schwefelsäuretröpfchen von einigen µm Größe und einer Konzentration von einigen 100 Teilchen pro cm³ gebildet wird. In den untersten, dichtesten Wolkenschichten findet man 10—15 µm große Partikel, wahrscheinlich aus festem und flüssigem Schwefel.

Während ihres Absinkens auf die Oberfläche haben die Venera-Sonden gewitterähnliche *Entladungen* in der unteren Atmosphäre registriert, welche vielleicht als Erklärung für das gelegentlich auf der Nachtseite beobachtete schwache Leuchten dienen könnten.

Abb. 32.1. Aufnahme der Wolkenstrukturen der Venus aus 65000 km Höhe mit dem Wol-ken-Photopolarimeter des *Pioneer-Venus-Orbiters* (vom 18. 1. 1979 während des 45. Umlaufs des künstlichen Satelliten). Die hellen, höher als ihre Umgebung liegenden Wolkenbänder in der Nähe der Pole heben sich deutlich gegenüber den übrigen Formationen ab. Der Nord-pol liegt oben im Bild

b) Mars

Seit Sommer 1976 umkreisen die beiden Viking-Orbiter 1 und 2 den Planeten und liefern umfangreiches Bildmaterial von seiner Oberfläche. Die Qualität ist besser als bei den früheren Aufnahmen von Mariner 9 (vgl. S. 67), deren Schärfe durch einen Staubschleier beeinträchtigt wurde, welcher bei einem großen Staub-sturm aufgewirbelt wurde und sich erst nach Monaten wieder setzte. Von jedem der Orbiter aus wurde eine Sonde (Viking-Lander) weich auf der Oberfläche gelandet, um zwei auf der Nordhalbkugel bei 23° bzw. 48° Breite liegende, etwa 180° in Länge getrennte Regionen (Chryse Planitia und Utopia Planitia) näher zu untersuchen.

Abb. 32.2. Diese Nahaufnahme der Marsoberfläche vom *Viking 1 Lander* (22. 7. 1976) zeigt zahlreiche Felsbrocken von einigen cm bis zu einigen m Größe. Die Oberfläche zwischen den Felsen ist mit feinkörnigem Material bedeckt, das zum Teil in deren „Windschatten" angehäuft ist. Der untere Bildrand ist etwa 4 m, der Horizont etwa 3000 m von der Kamera entfernt; die Breite des großen Felsens am Horizont beträgt rund 4 m

Einschlagkrater, große Schildvulkane und Calderen, erstarrte Lavaströme, Canyons und Furchensysteme, die an ausgetrocknete Flußbetten erinnern, zeigen, daß die Marsoberfläche durch Meteoriteneinschläge, vulkanische Tätigkeit und Erosion geprägt wurde. Wahrscheinlich gab es in früherer Zeit große Überflutungen. Trotz der zahlreichen Staubstürme dürfte die Winderosion keine dominierende Rolle bei der Oberflächengestaltung des Mars spielen, da selbst älteste

Formationen noch mit scharfen Strukturen zu finden sind. Lediglich um die Polkappen finden wir Windablagerungen von basaltischem Sand sowie Dünengürtel.

Die relativ ebenen, gelblich-braun getönten Landeplätze der beiden Viking-Lander erinnern mit ihren zahlreichen kleineren Felsbrocken und dem feinkörnigen, von Winden transportierten Material an Felswüsten auf der Erde (Abb. 32.2). Im Marswinter ist gelegentlich ein dünner weißer Frostbelag zu sehen. Röntgenfluoreszenzspektrometrie von Bodenproben an den beiden Landestellen deutet auf eisenhaltige Tone und Hydroxyde, sowie Sulfate und Karbonate hin, weiterhin ist etwa ein Gewichtsprozent Wasser im Bodengestein gebunden. Direkt über der nördlichen Polkappe wurde im Sommer eine überraschend hohe Temperatur von 205 °K gemessen, die bei dem geringen Atmosphärendruck von nur rund 7 millibar in Bodennähe die Existenz von CO_2-Eis im Gleichgewicht mit der Atmosphäre ausschließt. Demnach ist entgegen früheren Beobachtungen (vgl. S. 67) wohl doch *Wassereis* als Hauptbestandteil der Polkappen anzusehen, auf dem sich je nach Jahreszeit noch CO_2-Eis niederschlägt.

Massenspektrometrische Messungen der Viking-Lander bestätigen Kohlendioxyd mit rund 96% als Hauptbestandteil der dünnen, bis in eine Höhe von 120 km durchmischten *Atmosphäre*. Es folgen Stickstoff (2,5%), der bei den Viking-Missionen erstmals nachgewiesen wurde, Argon (1,5%) und Spuren von Sauerstoff, Kohlenmonoxyd, Neon, Krypton und Xenon. Eine besondere Rolle spielt der *Wasserdampf*, der nur in geringen Spuren mit sehr starken örtlichen und jahreszeitlichen Schwankungen vorhanden ist. (Unter den heutigen Bedingungen auf Mars kann freies H_2O in stabiler Phase nur als Eis oder Dampf, nicht jedoch flüssig auftreten.) Trotz seiner geringen Konzentration ist der Wasserdampf in der Atmosphäre wahrscheinlich nahezu gesättigt und beeinflußt die beobachtete Wolkenbildung wesentlich. Das Marswetter ist durch verschiedene Typen dünner Eiswolken, Bodennebel, täglich und jahreszeitlich wechselnde Winde und Staubstürme gekennzeichnet.

Beide Viking-Lander führten auch mehrere Experimente zum Nachweis von *Leben* auf dem Mars durch. Bodenproben wurden auf 800 °K erhitzt und die flüchtigen Substanzen mit Gaschromatographen und Massenspektrometer analysiert. Das Ergebnis ist als negativ anzusehen, da außer CO_2 und etwas H_2O keinerlei Fragmente organischer Moleküle nachgewiesen wurden. Andererseits ergaben mikrobiologische Experimente, welche auf Gasaustausch, Stoffwechsel bzw. Kohlenstoffassimilation ansprechen sollten, bisher keine eindeutige Entscheidung zwischen biologischer oder chemischer Aktivität.

c) Jupiter

Die Vorbeiflüge der beiden Raumsonden Voyager 1 und 2 an Jupiter und seinen großen Monden im März bzw. Juli 1979 brachten gegenüber den früheren Pioneer-Missionen außer einer Fülle von neuen Einzelheiten auch einige überraschende Ergebnisse.

In der *Jupiteratmosphäre* beeindruckt die Mannigfaltigkeit der Strömungsfelder, u.a. werden Wolkenbänder, Konvektionszellen, Jetströme, Wirbel, Ovale und Zirkulationssysteme beobachtet, wobei sich benachbarte Strukturen mit mehreren hundert km/sec Geschwindigkeit gegeneinander bewegen können (Abb. 32.3). Größere Strukturen, die sich innerhalb einiger Tage verändern, treten neben sehr langlebigen Formationen, wie z.B. dem roten Fleck auf. Das Wettergeschehen auf Jupiter scheint, vor allem auch durch das Auftreten chemischer Reaktionen, viel komplexer als das in der Erdatmosphäre zu sein. In den Polgegenden werden oberhalb der Wolkendecke auroraähnliche Phänomene beobachtet und auf der Nachtseite gewitterähnliche Entladungen.

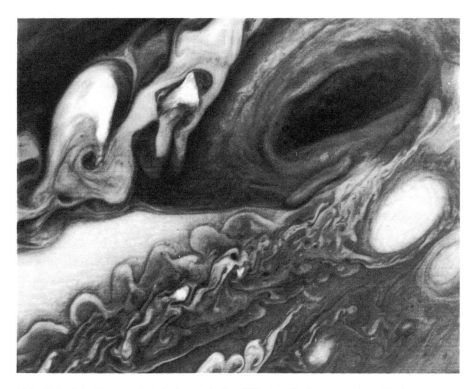

Abb. 32.3. *Die Voyager 1*-Aufnahme (1. 3. 1979) des Jupiter aus einer Entfernung von $4.3 \cdot 10^6$ km zeigt die Gegend unmittelbar südöstlich des roten Flecks mit dem wirbeligen Strömungsfeld um eines der „weißen Ovale". Die kleinsten erkennbaren Strukturen haben eine Größe von etwa 80 km

Amalthea, bis zur Voyager-Mission der innerste der bekannten Monde, erscheint als ein rötlicher, länglicher und irregulär geformter Körper. Noch innerhalb seiner Umlaufbahn wurde ein flaches *Ringsystem* (Dicke $\lesssim 30$ km) mit einem mittleren Radius von 1,8 Jupiterradien entdeckt, sowie an dessen äußerem Rand, etwa 128000 km vom Mittelpunkt des Jupiter entfernt, ein kleiner felsiger (vierzehnter) Mond mit 20—40 km Durchmesser und nur 7 Std. 8 Min. Umlaufzeit gefunden.

Die Oberfläche von *Io*, dem inneren der vier großen Monde, sieht mit ihren Flecken und Sprenkeln in verschiedenen Farbtönen von Orange und Rot, sowie

in Weiß und Schwarz „wie eine Pizza" aus, ihr Gestein ist reich an Natrium-
Kalium- und Schwefelverbindungen. In einigen wenigen Gebirgen erhebt sich
die Kruste bis etwa 10 km Höhe. Besonders fallen die zahlreichen Calderen mit
Durchmessern von $\gtrsim 200$ km, die auf erloschene Vulkane hindeuten, sowie die
große Seltenheit von Einschlagkratern auf. Die wohl überraschendste Entdeckung der Voyager-Sonden ist die starke *Oberflächenaktivität* auf Io: Es wurden insgesamt acht aktive „Vulkane" beobachtet, welche in Eruptionen von
einigen Stunden Dauer schwefel- und sauerstoffhaltige Gase mit Geschwindig-

Abb. 32.4 Auf dieser *Voyager 1*-Aufnahme (4. 3. 1979) des Jupitermondes Io ist eine sich
mehr als 100 km über seine Oberfläche erhebende Eruption eines der aktiven „Vulkane"
gegen den Rand gut zu erkennen

keiten bis zu 1 km/sec fast 300 km hoch schleudern (Abb. 32.4). Dieser Vul-
kanismus verändert Io's Oberfläche fortlaufend und dürfte auch das Fehlen von
Einschlagkratern verständlich machen. Einige Flecken, die rund 150 °K heißer
als ihre Umgebung sind, lassen sich wohl als kürzlich erstarrte Lava deuten.
Die Ursache der Aktivität auf Io ist noch nicht geklärt. Möglicherweise ist eine
Aufheizung des Innern durch Gezeitenreibung oder durch elektrische Ströme,

die bei Bewegung des Mondes durch die Jupitermagnetosphäre induziert werden, hierfür verantwortlich. Io hat eine eigene Atmosphäre und Ionosphäre von 120 bzw. 700 km Höhe. Die ganze Bahn des Mondes verläuft innerhalb eines torusförmigen Schlauchs von gasförmiger Materie mit Teilchendichten $\gtrsim 2000$ cm^{-3} (Wasserstoff, Schwefel, Natrium), welche ursprünglich von seiner Oberfläche stammen dürfte.

Auch der nächste der großen Jupitermonde, *Europa*, zeigt nur wenige Einschlagkrater. Seine helle, wahrscheinlich vereiste Oberfläche ist von einem Netz sich kreuzender dunkler Linien überzogen und wirkt flach, wie angemalt. Demgegenüber sind die beiden äußeren großen Monde, *Ganymed* und *Kallisto*, von Einschlagkratern übersät, ähnlich wie unser Mond oder Merkur. Wahrscheinlich ist hier die Wechselwirkung mit Jupiter und seiner Magnetosphäre zu gering, um die Krater einzuebnen.

d) Saturn

Fünf Jahre nach seinem Vorbeiflug an Jupiter erreichte Pioneer 11 im September 1979 das Ringsystem des Saturn und näherte sich bis auf 21 000 km der Wolkendecke des Planeten, die nur undeutliche Strukturen erkennen läßt; in hohen Breiten sind Andeutungen von schwachen Jetströmen zu sehen. Die Temperatur der oberen Wolkenschichten beträgt rund 100 °K. Ähnlich wie bei Jupiter übertrifft auch bei Saturn die Wärmeabstrahlung die Einstrahlung von der Sonne um etwa das 2,5-fache. Durch Pioneer 11 wurden zwei weitere *Ringe* entdeckt, der eine liegt außerhalb des äußeren der bisher bekannten Ringe, von ihm durch eine nur 3600 km große Lücke, die Pioneer-Teilung, getrennt, der andere befindet sich weiter außen zwischen den Bahnen der Monde Rhea und Titan. Innerhalb der Bahn des innersten Satelliten Janus wurden zwei (evtl. drei) neue *Monde* gefunden.

Wie Merkur, Mars und Jupiter besitzt auch Saturn eine *Magnetosphäre*. Sie hat eine Ausdehnung von etwa 20 bis 40 Saturnradien, die Magnetfeldstärke am Äquator des Planeten ist mit 0,2 Gauss ähnlich der der Erde. Da das Magnetfeld keinerlei Periodizität mit der Rotation des Saturn aufweist, dürfte die Richtung des Dipolmoments ziemlich genau mit der Rotationsachse übereinstimmen, ein interessanter Aspekt für die Theorien zur Erzeugung planetarer Magnetfelder. Schließlich ist Saturn auch von *Strahlungsgürteln* aus energiereichen Protonen und Elektronen mit Intensitätsmaxima bei etwa 7 und 4 Saturnradien Entfernung vom Planetenzentrum umgeben, die offenbar durch die inneren Monde strukturiert sind.

e) Uranus

Bei der Bedeckung eines Sterns 8.8 Größe durch Uranus wurde 1977 völlig unerwartet gefunden, daß der Planet von einem System dunkler *Ringe* umgeben ist. Drei Beobachtungsgruppen bemerkten unabhängig voneinander mehrere kurze, scharfe Verdunkelungen des Sterns deutlich vor und nach der erwarteten eigentlichen Bedeckung. Bis jetzt bestätigt sind neun konzentrische Ringe in der Äquatorebene, zwischen 42000 und 52000 km vom Planetenzentrum entfernt, d. h. weit innerhalb der Bahn des innersten Mondes Miranda. Erstaunlich ist die Schärfe der Ringe, die mit Ausnahme des äußeren Rings, dessen Breite zwischen 20 und 100 km liegt, nur etwa 5 bis 15 km breit sind. Möglicherweise werden die Partikel in jedem Ring durch einen winzigen Satelliten stabilisiert.

f) Pluto

Bei astrometrischen Beobachtungen des Planeten bemerkte 1978 *J. W. Christy* vom US Naval Observatory eine systematisch auftretende Ausbuchtung des Planetenscheibchens, deren Analyse auf das Vorhandensein eines Mondes von Pluto schließen läßt. Die Umlaufperiode von *Charon*, wie der Satellit genannt wurde, beträgt rund 6.39 Tage und ist synchron zur Rotation von Pluto, die große Halbachse des Systems beträgt nur $0\overset{''}{.}9$ bzw. 20000 km. Durch die Entdeckung eines Mondes kann jetzt die Masse und damit die mittlere Dichte des Pluto erheblich zuverlässiger als bisher bestimmt werden. Man erhält für das Gesamtsystem 1/400 Erdmassen, wovon auf Pluto etwa 90 bis 95 Prozent entfallen. Bei einem Radius von 3000 km entspricht dies einer mittleren *Dichte* des Pluto von $\simeq 0.8\,\mathrm{g\,cm^{-3}}$, die damit im Gegensatz zu früheren Abschätzungen (vgl. S. 72) mehr der Dichte der äußeren Planeten als der der erdähnlichen Planeten entspricht.

33. Spektroskopie im fernen Ultraviolett

Der Spektralbereich von der Durchlässigkeitsgrenze der Erdatmosphäre bei etwa 3000 Å bis herunter zur Lyman-Kante bei 912 Å ist beobachtungstechnisch von Raketen oder Satelliten aus relativ leicht zugänglich. Vor allem durch den Copernicus-Satelliten und den International Ultraviolet Explorer (Start 1974 bzw. 1978) konnte in den letzten Jahren ultraviolette Spektroskopie in größerem Umfang betrieben werden, wobei für die helleren Objekte (bis etwa zur 10. Größenklasse) eine spektrale Auflösung von 0.1 bis 0.4 Å erreicht werden kann. Der Bereich unterhalb 912 Å ist noch wenig untersucht, da die starke Absorption durch das Lyman-Kontinuum des neutralen Wasserstoffs im interstellaren Medium die Beobachtungsmöglichkeiten auf unsere unmittelbare Umgebung beschränkt. Allerdings zeigte sich bei der Apollo-Sojus-Mission (1975), daß frühere Abschätzungen der Absorption etwas zu pessimistisch waren und Objekte noch bis etwa 100 pc Entfernung beobachtet werden können. Erst im Röntgenbereich wird das interstellare Medium wieder durchlässig.

Ein wesentlicher Vorteil des fernen Ultraviolett gegenüber dem optischen Bereich liegt darin, daß in ihm viele Ionen ihre Resonanzlinien haben. So können im Ultraviolett auch relativ geringe Teilchenkonzentrationen, besonders in dünnen Medien, bei denen sich die Teilchen überwiegend im Grundzustand befinden, gut spektroskopisch nachgewiesen werden.

a) Sternatmosphären und Sternwinde

Ähnlich wie bei der Sonne finden wir bei vielen *Sternen späten Spektraltyps* im fernen Ultraviolett Emissionslinien wie H I 1216 (Lyman α), O I 1304, C I 1557/61, Si II 1808/17 oder Mg II 2796/2803, die chromosphärischen Ursprungs sind, zusammen mit Linien höherer Ionen wie z. B. Si IV 1394/1403, C IV 1549 oder N V 1240, die auf Temperaturen über 100 000 °K deuten und in der Übergangsschicht zur Korona (s. S. 191 f.) oder in einer kühlen Korona gebildet werden

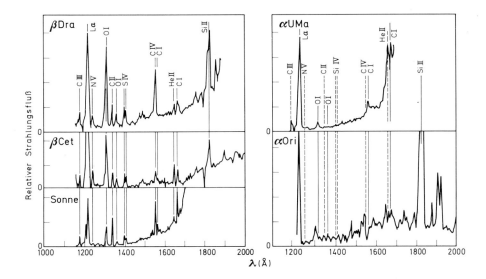

Abb. 33.1. Ultraviolette Spektren einiger kühler Sterne (Beobachtungen mit dem International Ultraviolet Explorer von *J. L. Linsky* und *B. M. Haisch*, 1979): β Dra (G 2 II), β Cet (K 1 III), α U Ma (K 0 II—III), α Ori (M 2 I ab) sowie zum Vergleich die ruhige Sonne. Die Lage der in den Spektren nicht vorhandenen Linien ist durch gestrichelte Geraden gekennzeichnet

(Abb. 33.1). Bei anderen Sternen späten Typs, wie z. B. α Ori (M2 I ab), fehlen die hochangeregten Linien, so daß ihre Chromosphären mit Temperaturen ≲ 20 000 °K wahrscheinlich ohne heiße Übergangszone direkt in einen massiven, kühlen Sternwind mit relativ geringen Ausströmgeschwindigkeiten (≃ 10—100 km/sec) einmünden.

Die ultravioletten Spektren der *Sterne frühen Spektraltyps* sind allgemein sehr reich an photosphärischen Absorptionslinien. Bei einer Reihe von stärkeren Linien werden, vor allem in den Spektren von Überriesen, starke, zum Kurzwelligen hin verschobene Absorptionskomponenten beobachtet, die Ausströmgeschwindigkeiten bis zu mehreren 1000 km/sec entsprechen. Bemerkenswert ist das Auftreten von Ionen wie C IV und N V in diesen *Sternwinden*, da bei

heißen Sternen im Gegensatz zu den kühleren keine ausgedehnten Konvektionszonen vorhanden sind, die als Quelle zur Aufheizung einer Korona durch
mechanischen Energietransport (s. S. 191) dienen könnten. Während es nahe liegt,
dem Strahlungsdruck bei der Beschleunigung des Sternwinds eine wichtige Rolle
einzuräumen, ist die Ursache für die hohen Ionisationsgrade noch weitgehend
ungeklärt.

Mit Hilfe der Kontinuitätsgleichung (20.8) läßt sich aus Abschätzungen der
Windgeschwindigkeit $v(r)$ und der Dichte $\rho(r)$ in einem gegebenen Abstand r
von Sternmittelpunkt die Rate für den Massenverlust eines Sterns
$\dot{M} = 4\pi r^2 \cdot \rho(r) \cdot v(r)$ bestimmen. Es werden Raten bis zu etwa $10^{-5} M_\odot$ pro Jahr
gefunden, wobei $\dot{M}$ im großen und ganzen mit wachsender Leuchtkraft zunimmt
und rasche Rotation den Massenverlust zu begünstigen scheint. Zumindest bei
den Sternen mit Leuchtkräften $\gtrsim 10^4 L_\odot$ tritt merklicher Massenverlust auf.
Dies führt vor allem bei den massereichen Sternen zu einer erheblichen Modifi-
kation ihrer Entwicklungswege nach Verlassen der Hauptsequenz im Hertzsprung-Russell-Diagramm gegenüber Rechnungen mit der Annahme von Mas-
senerhaltung (vgl. Abb. 26.6).

b) Interstellare Materie

Die Extinktion durch den interstellaren *Staub* (Abb. 33.2) nimmt vom Optischen
zum fernen Ultraviolett weiter zu. Auffallend ist das etwa 400 Å breite Maxi-

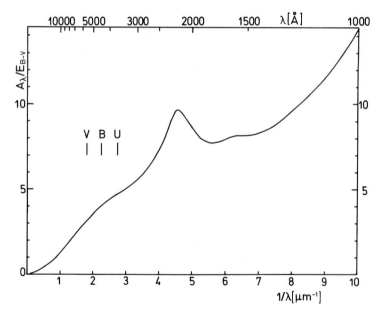

Abb. 33.2. Mittlere interstellare Extinktionskurve A_λ nach *B. D. Savage* und *J. S. Mathis*
(1979). Die Normierung im Visuellen ist durch $A_V = 3.1 E_{B-V}$ gegeben, s. Gl. (24.10)

mum bei $\lambda \simeq 2200\,\text{Å}$, dessen Ursprung noch nicht ganz geklärt ist. Möglicherweise kommen Graphitteilchen hierfür in Frage, während übrigens andere breite Strukturen in der Extinktionskurve im Infrarot bei rund 10 und 18 µm wahrscheinlich Silikaten zugeschrieben werden können.

In den Spektren heißer Sterne wird im fernen Ultraviolett eine erheblich größere Zahl von interstellaren Absorptionslinien als im Optischen beobachtet, so daß umfangreiche Analysen des chemischen Zustands des *Gases* in den interstellaren Wolken entlang der Sehlinie möglich sind. In günstigen Fällen sind einige 100 Linien meßbar, ein großer Teil gehört den Lyman- und Wernerbanden des H_2 und HD im Bereich um $\lambda \simeq 1000\,\text{Å}$ an; die stärksten atomaren Linien nach der L_α 1216-Linie des H I stammen von C II, N I, O I, Mg I, Mg II, Al II, Al III, Si II, Si III, S II, S III, Mn II, Fe II und Zn II. Der physikalische und auch der chemische Zustand der interstellaren Wolken ist nicht einheitlich. Es werden bei vielen chemischen Elementen Unterhäufigkeiten verschiedenen Grades gegenüber der solaren Mischung gefunden; so sind Ca, Al, Ti und Fe bis zu einigen 100mal seltener als in der Sonne, während N, O und S praktisch normale Häufigkeiten haben. Die bisherige Vorstellung (vgl. S. 247), daß die Häufigkeiten der chemischen Elemente im interstellaren Gas überall etwa dieselbe wie auf der Sonne sind, ist demnach dahingehend zu modifizieren, daß in den kühleren Regionen einige Elemente sich nicht in der Gasphase befinden, sondern offenbar in der Staubkomponente gebunden sind.

Neuere Beobachtungen von ultravioletten Absorptionslinien *höherer* Ionen sowie einer diffusen Strahlung im weichen Röntgenbereich erzwingen eine wesentliche Änderung unseres bisherigen Bildes vom interstellaren Medium. Neben der kalten ($T \lesssim 100\,°\text{K}$) Komponente des neutralen bzw. molekularen Wasserstoffs und der „warmen" ($T \simeq 10^4\,°\text{K}$) des ionisierten Wasserstoffs finden wir jetzt auch *heiße* Komponenten als wichtigen Bestandteil des interstellaren Gases, zumindest innerhalb einiger 100 pc Entfernung von der Sonne. So deutet die Existenz von Absorptionslinien des C II und S III auf Temperaturen von $\simeq 5 \cdot 10^4\,°\text{K}$, die des N V auf $\lesssim 10^5\,°\text{K}$, wobei diese heiße Materie vermutlich in Filamenten, „wolkigen" Strukturen o. ä. vorkommt, welche sich mit relativ hohen Geschwindigkeiten von $\gtrsim 20 \ldots 100\,\text{km/sec}$ gegenüber dem kälteren Gas bewegen. Schließlich lassen die Beobachtungen des O VI-Dubletts $\lambda\,1032/37\,\text{Å}$ auf eine Komponente von $\simeq 5 \cdot 10^5\,°\text{K}$ mit Radialgeschwindigkeiten $\lesssim 2000\,\text{km/}$ sec schließen, die allerdings auch zirkumstellaren Ursprungs sein könnte. Die weiche Röntgenstrahlung (etwa 20—120 Å) wird schließlich von einer Komponente mit $\gtrsim 10^6\,°\text{K}$ emittiert, welche möglicherweise sogar $\lesssim 50\%$ des interstellaren Raums einnimmt. Diese hohen Temperaturen und Geschwindigkeiten erfordern eine erhebliche Energiezufuhr an das interstellare Medium. Vielleicht kann diese Energie durch Supernova-Explosionen und Sternwinde aufgebracht werden.

Über die *globalen* Eigenschaften der interstellaren Materie in der Milchstraße kann der ultraviolette Spektralbereich wegen der starken Extinktion keine direkte Information liefern. Hier übernehmen Beobachtungen im Infrarot und vor allem im *Radiobereich* die Aufgabe. Neben der 21 cm-Linie des H I hat in letzter Zeit der Rotationsübergang $J=1 \rightarrow J=0$ des CO-Moleküls bei $\lambda = 2.6\,\text{mm}$ Bedeutung erlangt. Erste Durchmusterungen zeigen, daß die Emission aus ziemlich kalten $(T \simeq 10\,°\mathrm{K})$, dichten Kondensationen stammt; in diesen *Molekülwolken* befindet sich der Wasserstoff in Form von H_2-Molekülen. Da das Verhältnis CO/H_2 von Wolke zu Wolke vermutlich nicht zu stark variiert, kann das CO als Indikator für die galaktische Verteilung des *molekularen Wasserstoffs* verwendet werden: Wir finden H_2 überwiegend in einer flachen Scheibe von rund 100 pc Dicke zwischen 4 und 8 kpc Abstand vom galaktischen Zentrum konzentriert, wo es der dominierende Bestandteil des interstellaren Mediums ist (Abb. 33.3). Die gesamte Masse an H_2 in der Milchstraße wird auf einige $10^9\,M_\odot$ geschätzt.

Die ultravioletten „interstellaren" Linien in den Spektren heller Sterne in den Magellanschen Wolken, die kürzlich mit dem IUE-Satelliten beobachtet werden

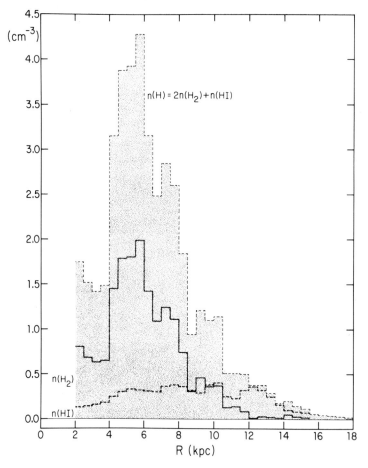

Abb. 33.3. Dichteverteilung von atomarem und molekularem Wasserstoff in der Milchstraßenebene in Abhängigkeit vom Abstand vom galaktischen Zentrum nach *M. A. Gordon* und *W. B. Burton* (1976). Die Verteilung des H_2 wird aus $\lambda\,2.6$ mm-Beobachtungen des CO-Moleküls erschlossen

konnten, treten in mehreren Komponenten auf, deren Radialgeschwindigkeiten zwischen denen unserer lokalen Umgebung und denen der beiden Galaxien liegen. Sie geben einen starken Hinweis auf die Existenz eines gasförmigen *galaktischen Halo*, dessen ungleichförmig verteilte Materie sich weit, vielleicht bis zu $\simeq 10$ kpc von der Milchstraßenebene entfernt erstreckt. Da sowohl Absorptionslinien von Fe II, S II und Si II, als auch von C IV und Si IV beobachtet werden, dürfte der Halo Gebiete mit unterschiedlichen Temperaturen (bis zu $T \simeq 10^5 \,°K$) enthalten.

34. Röntgen-Astronomie

Unterhalb von etwa 100 Å beginnt das interstellare Medium für elektromagnetische Strahlung wieder durchlässig zu werden. Während der Durchblick im Bereich der weichen Röntgenstrahlung noch durch die Absorption des Helium und die K- und L-Absorptionskanten der häufigeren Elemente behindert wird, ist unterhalb von etwa 10 Å das interstellare Medium praktisch völlig transparent. Zur Charakterisierung der Röntgenstrahlung verwenden wir, dem üblichen Gebrauch folgend, neben Wellenlängen auch die entsprechenden Photonenenergien $E[\text{keV}] = 12.4/\lambda[\text{Å}]$.

Seit dem Start des ersten Röntgensatelliten UHURU Ende 1970 sind Beobachtungen von mehr als einem halben Dutzend astronomischer Satelliten aus durchgeführt worden, auch Raketen und Stratosphärenballons werden weiterhin eingesetzt. Während der (vierte) UHURU-Katalog nur 339 Röntgenquellen enthält, ist die Zahl der bekannten Quellen bis 1979 auf rund 1500 angestiegen, von denen inzwischen viele mit astronomischen Objekten der verschiedensten Art identifiziert werden konnten. Wohl das überraschendste Ergebnis der nichtsolaren Röntgen-Astronomie ist die Entdeckung der großen Mannigfaltigkeit in der zeitlichen Variabilität der Quellen, vor allem der unregelmäßig auftretenden, nur Sekunden dauernden, sehr intensiven Strahlungsausbrüche (Bursts).

Mit dem im November 1978 gestarteten *Einstein-Observatorium* (HEAO-2 = Satellit) steht erstmals für längere Beobachtungen ein *abbildendes* Teleskop mit hoher Winkelauflösung (rund 2″), hoher Empfindlichkeit im Bereich von 0.1 bis 3 keV und mit einer Zeitauflösung bis zu 8 μs zur Verfügung. Das unter Leitung von *R. Giacconi* entwickelte Instrument besteht aus einem Wolter-Teleskop (s. S. 98) mit 58 cm Öffnung und einer maximalen effektiven Auffangfläche (bei 0.1 keV) von 300 cm². In seiner Brennebene können eine digitale Röntgenkamera (in Kombination mit einem Objektiv-Transmissionsgitter oder mit Breitbandfiltern), ein Braggsches Kristallspektrometer oder ein Festkörperspektrometer eingesetzt werden.

a) Stellare Koronen und Flaresterne

Die ruhige Sonne emittiert entsprechend ihrer Koronatemperatur von $\simeq 10^6 \,°K$ (vgl. Abschn. 20) etwa $L_x \simeq 5 \cdot 10^{27}$ erg/sec im weichen Röntgenbereich

(0.2—3 keV). Mit dem Einstein-Observatorium, dessen Empfindlichkeit die Entdeckung von Röntgenintensitäten dieser Größenordnung aus einer Entfernung von fast 100 pc ermöglicht, können jetzt *stellare Koronen* in größerer Zahl untersucht werden. Die ersten Beobachtungen ergeben, daß bis auf die kühlen Riesen und Überriesen Sterne aller Spektraltypen und Leuchtkräfte koronale Röntgenemission zeigen, auch solche, die keine Wasserstoffkonvektionszonen besitzen. Für unsere theoretischen Vorstellungen über die *Heizung* von Koronen (s. S. 191 f.) dürften die Röntgenbeobachtungen demnach ein wesentlicher Prüfstein sein. Der Röntgenfluß ist bei den *M*-Zwergen mit 10^{-3} bis 10^{-1} der Leuchtkraft im Visuellen auffallend hoch. Mit steigender Effektivtemperatur nimmt L_x/L_v dann entlang der Hauptreihe von den *M*- bis zu den frühen *G*-Sternen bis auf 10^{-6} ab, während die *F*-Sterne wieder mit $10^{-4.5}$ relativ starke Röntgenflüsse haben. Bei frühen *A*-Sternen ist L_x/L_v nur etwa 10^{-6}, bei den *O*-Sternen wird $\lesssim 10^{-5}$—10^{-4} gefunden.

Stellare Aktivität äußert sich auch im Röntgenbereich: Bei Strahlungsausbrüchen von *Flare-Sternen* (vgl. S. 210) wird $L_x \simeq 10^{30}$—10^{31} erg/sec im Röntgenbereich emittiert. Einige Veränderliche vom Typ RS Canum Venaticorum, relativ weite Doppelsternsysteme mit Komponenten späten Spektraltyps und Anzeichen chromosphärischer Aktivität, zeigen variable weiche Röntgenstrahlung (10^{30}—10^{32} erg/sec), die auf relativ heißes ($T \simeq 10^7\,^\circ K$) koronales Gas hindeutet.

b) Variable galaktische Röntgenquellen — Akkretion in Doppelsternsystemen

Eine weitere Gruppe von punktförmigen Röntgenquellen in der Milchstraße hat Leuchtkräfte im Bereich $L_x \simeq 10^{30} \dots 10^{38}$ erg/sec und zeichnet sich durch eine ausgeprägte *Variabilität* aus. Es werden Intensitätsschwankungen und Strahlungsausbrüche beobachtet, bei denen die Emission im Röntgenbereich um einen Faktor 10 bis 100 ansteigen kann. Einige von ihnen werden als „temporäre Röntgenquellen" (X-ray transients) bezeichnet, deren Intensität nur für eine begrenzte Zeit über der Empfindlichkeitsgrenze der Detektoren liegt, andere hingegen zeigen eine einigermaßen stetige Emission, wenn auch mit komplexer zeitlicher Variabilität, in der häufig mehrere verschiedene Perioden erkennbar sind, wie z.B. die pulsierende Röntgenquellen Her X–1 (s. S. 292). Die Intensitätsänderungen zeigen eine eindrucksvolle Vielfalt, wir beobachten u.a. irreguläres Flackern mit Zeitskalen von einigen Millisekunden, Folgen von mehreren kurzen, Sekunden dauernden Ausbrüchen (Bursts), nova-ähnliche Ausbrüche mit langsamem Intensitätsabfall, unregelmäßig auftretende Röntgenflares von einigen Tagen Dauer, reguläre oder irreguläre Pulse im Sekundenbereich, oder abwechselnde aktive und ruhige Phasen der Emission von mehreren Wochen Dauer.

Trotz dieser großen Mannigfaltigkeit der Phänomene scheint es weitgehend möglich, diese variablen galaktischen Röntgenquellen in einem einheitlichen theoretischen Rahmen zu beschreiben, der *Akkretion* von gasförmiger Materie in Doppelsternsystemen, ein Modell, welches durch die optische Identifikation vieler Quellen gestützt wird. Wird Materie im starken Gravitationsfeld eines *kompakten Objekts* (Weißer Zwerg, Neutronenstern oder Schwarzes Loch) beschleunigt und dann in der Nähe seiner Oberfläche gebremst und aufgeheizt, so liegt die hierbei erzeugte Strahlung im Röntgenbereich. Die Umwandlung der potentiellen Gravitationsenergie in Strahlung ist sehr effektiv und führt zu einer Röntgenleuchtkraft $L_x \simeq GM/R \cdot \dot{M}$, wenn die Materie mit einer Rate $\dot{M}$ bis auf einen Abstand R vom Mittelpunkt der kompakten Masse M fällt. So genügt z.B. bereits ein relativ geringer Gasstrom von $\dot{M} \simeq 10^{-8} M_\odot$ pro Jahr, um im Feld eines Neutronensterns ($M \simeq 1 M_\odot$, $R \simeq 10$ km) die bei den stärkeren galaktischen Quellen im Röntgenbereich beobachteten $\simeq 10^{38}$ erg/sec zu erzeugen. Die erforderlichen Raten können in engen Doppelsternsystemen durch Massenfluß über die Roche-Fläche (s. S. 282) oder auch durch Sternwinde leicht aufgebracht werden. Im einzelnen dürfte die Gasdynamik in einem solchen System ziemlich komplex sein: bei hinreichend hohem relativen Drehimpuls des Gasstroms wird sich eine um die kompakte Komponente rotierende *Akkretionsscheibe* bilden, deren Struktur und dynamisches Verhalten durch starke *Magnetfelder*, die z.B. bei Neutronensternen bzw. Pulsaren (vgl. S. 288) zu erwarten sind, wesentlich beeinflußt werden. Stellen wir uns noch einen zeitlich veränderlichen Gasstrom vor, der bei seiner Wechselwirkung mit der Akkretionsscheibe u.U. auch zu Instabilitäten führen kann, so wird zumindest qualitativ verständlich, daß das Modell eines akkretierenden Doppelsternsystems hinreichend viele Freiheitsgrade hat, um der beobachteten Vielfalt an zeitlich variabler Röntgenemission Rechnung zu tragen.

Unter den galaktischen Röntgenquellen mit geringeren Leuchtkräften ($\lesssim 10^{35}$ erg/sec) finden wir Systeme wie z.B. AM Her oder die Zwergnova SS Cyg (vgl. S. 211), bei denen die kompakte Komponente ein *magnetischer Weißer Zwerg* ist.

Viele der stärkeren *pulsierenden Röntgenquellen* werden mit engen Doppelsternsystemen identifiziert, in denen die im Optischen nicht sichtbare Sekundärkomponente ein *Neutronenstern* ist. Die bisher bestimmten Massen der Neutronensterne streuen nur wenig um $\simeq 1 M_\odot$; eine Ausnahme bildet die große Masse ($3 \ldots 10 M_\odot$) der kompakten Komponente von Cyg X$-$1, bei der es sich um ein Schwarzes Loch handeln könnte. Die Pulsperioden, welche die Rotation des Neutronensterns bzw. der Akkretionsscheibe widerspiegeln, reichen von $\simeq 1$ sec bis zu einigen hundert Sekunden. In einigen Fällen wird eine säkulare, von kurzzeitigen Fluktuationen unterbrochene Abnahme der Pulsperiode beobachtet, die wohl auf die Wechselwirkung mit der einfallenden Materie zurückzuführen ist. Die Bahnperioden, die sich durch Variationen in der optischen Strahlung der Hauptkomponente oder im Röntgenbereich als Modulation der Pulsperiode und gelegentlich durch Verfinsterungen kenntlich machen, liegen im Bereich einiger Tage. Als Primärkomponente finden wir sowohl massereiche ($\gtrsim 15 M_\odot$) OB-Sterne wie bei Cyg X$-$1/HDE 226868 oder Vela X$-$1/HD 77581 als auch masseärmere ($\simeq 1$—$2 M_\odot$) Sterne wie bei Sco X$-$1/V 818 Sco oder Her X$-$1/HZ Her (vgl. auch S. 292).

Die 1978 von *J. Trümper* und Mitarbeitern im gepulsten Spektrum von Her X$-$1 entdeckte Linie bei $\simeq 58$ keV (Abb. 34.1) ermöglicht eine Abschätzung der Magnetfeldstärke H nahe der Oberfläche des Neutronensterns. Diese Linie, in der $\simeq 2 \cdot 10^{35}$ erg/sec abgestrahlt werden, ist zu stark, um als atomarer oder nuklearer Übergang eines schweren Elements gedeutet zu werden. Vielmehr muß sie als *Zyklotronemission* angesehen werden, die bei der Spiralbewegung von nichtrelativistischen Elektronen in Magnetfeldern bei Vielfachen oder Lar-

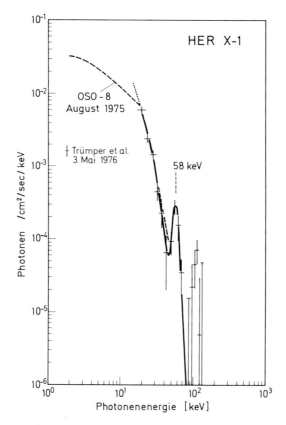

Abb. 34.1. Zyklotronemissionslinie bei 58 keV im gepulsten Röntgenspektrum von Her X — 1 nach Ballonbeobachtungen von *J. Trümper et al.* (sowie Beobachtungen der gesamten Emission von Her X — 1 durch den OSO-8-Satelliten)

mor-Frequenz $v_H = 1/2\pi \cdot eH/mc = v/2\pi r_H$ (vgl. S. 341) erzeugt wird. Bei relativistischen Elektronen geht die Zyklotronemission übrigens in die für die Deutung der nichtthermischen Radiostrahlung wichtige kontinuierliche Synchrotronstrahlung (s. S. 317) über. Bei den extrem starken Magnetfeldern, die für Pulsare bzw. Neutronensterne theoretisch abgeschätzt werden (s. S. 288), muß noch die Quantelung der Gyrationsbewegung in diskrete, um den Betrag $h v_H$ auseinanderliegende Energiezustände (Landau-Niveaus) berücksichtigt werden.

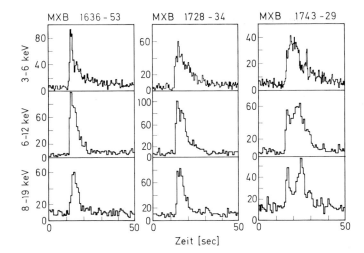

Abb. 34.2. Zeitlicher Verlauf der Strahlungsausbrüche bei drei Röntgen-Burstern in verschiedenen Energiebereichen nach Beobachtungen mit dem SAS-3-Satelliten. Die Intensität ist in Zählimpulsen pro 0.4 sec (oberer Bereich) bzw. pro 0.8 sec (untere zwei Bereiche) ausgedrückt

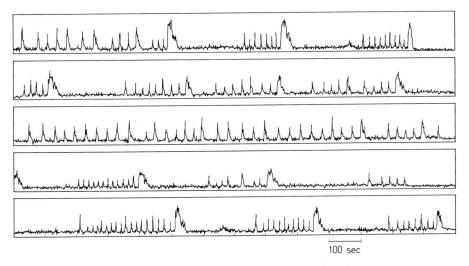

Abb. 34.3. Zeitliche Folge von Strahlungsausbrüchen des „schnellen Röntgen-Bursters" MXB 1730-335 im Kugelhaufen NGC 6624. Ausschnitte aus Beobachtungen mit dem SAS-3-Satelliten vom März 1976

Für Her X − 1 läßt sich aus der beobachteten Energie von 58 keV ein Magnetfeld von $\simeq 5 \cdot 10^{12}$ Gauß abschätzen.

Einige der temporären Röntgenquellen können aufgrund ihrer Lichtkurven als *Röntgennovae* angesehen werden: einem raschen Helligkeitsanstieg auf $L_x \simeq 10^{37-38}$ erg/sec folgt ein mehrere Monate beobachtbarer, im wesentlichen exponentieller Abfall, der von irregulären, einige Tage andauernden Flares unterbrochen ist. Auch hier deuten in einigen Fällen kurzperiodische Modulationen der Emission auf Rotation bzw. Bahnbewegung, d. h. Doppelsterncharakter der Röntgenquelle.

Die *Röntgen-Burster* sind durch sehr intensive, nur mehrere Sekunden dauernde Strahlungsausbrüche charakterisiert. Bei einigen gibt es aktive Phasen, in denen die Bursts in längeren Serien in fast regelmäßigen Zeitabständen aufeinanderfolgen. Beim Typ I (Abb. 34.2) liegt der Abstand im Bereich von Stunden bis Tagen, und der Intensitätsabfall in den einzelnen Bursts ist im weichen Röntgenbereich langsamer als bei höheren Energien; beim Typ II treten die Bursts in kürzeren Abständen (einige Sekunden bis Minuten) auf und zeigen im ganzen Röntgenbereich einen ähnlichen zeitlichen Verlauf. Die Beziehung der Röntgen-Burster zu anderen Röntgenquellen und ihre Interpretation scheint noch nicht völlig geklärt. Wahrscheinlich entstehen auch sie im Zusammenhang mit Akkretion durch ein kompaktes Objekt. Ein Teil der Burster wird mit den Zentralbereichen von kompakten *Kugelhaufen* identifiziert. Unter ihnen ist der „schnelle Burster" MXB 1730-335 im Haufen NGC 6624 bemerkenswert (Abb. 34.3); in seinen einige Wochen andauernden aktiven Perioden schafft er einige 1000 Ausbrüche (vom Typ II) pro Tag.

c) Supernova-Überreste

Mit Ausnahme des Crab-Nebels (s. S. 291) sind die Röntgenspektren der bisher beobachteten Supernova-Überreste durch *thermische Emission* eines sehr heißen Plasma zu deuten. Von der Theorie her erwarten wir bei Temperaturen $\gtrsim 10^7$ °K im wesentlichen ein Kontinuum, dem nur wenige Linien sehr hoch ionisierter, häufiger Elemente wie Fe überlagert sind, während bei geringeren Temperaturen zahlreiche Emissionslinien gegenüber dem Kontinuum dominieren. Das (räumlich nicht aufgelöste) Röntgenspektrum der starken Radio- und Röntgenquelle Cas A paßt recht gut zu diesem Bild, wenn wir zwei verschieden heiße Komponenten annehmen, die eine mit $\simeq 4.5 \cdot 10^7$ °K, welche das Kontinuum im Bereich $\gtrsim 5$ keV und die Linie bei 6.7 keV des Fe XXIV + XXV ausstrahlt, die andere mit $\simeq 7 \cdot 10^6$ °K, welche mit vielen, bis auf Si XIII 1.9 keV und S XV 2.45 keV, nicht aufgelösten Linien im weichen Röntgenbereich hervortritt (Abb. 34.4). Cas A ist der Überrest einer um 1650 explodierten, damals nicht beobachteten Supernova. Durch die Wechselwirkung der ausgeschleuderten Materie mit dem interstellaren Gas ist eine räumlich und kinetisch sehr komplexe Struktur mit zahlreichen auf optischen Photographien sichtbaren „Knoten" und „Flöckchen" entstanden. Die ersten hochaufgelösten Röntgenaufnahmen von Cas A (Abb. 34.5) zeigen auch für das heiße Plasma ein ähnlich komplexes Bild.

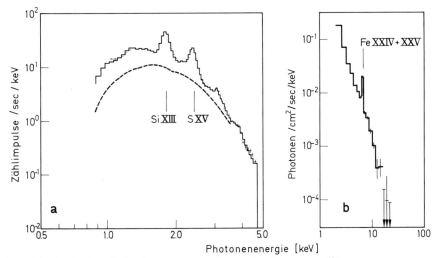

Abb. 34.4a, b. Spektrallinien im Röntgenspektrum des Supernova-Überrests Cas A. (a) Be-obachtungen mit dem Festkörperspektrometer auf dem Einstein-Observatorium (HEAO-2) von *R. H. Becker* et al. (1979). Der Hauptbeitrag zur weichen Röntgenstrahlung kommt von nichtaufgelösten Linien; die gestrichelte Kurve gibt eine Schätzung des Kontinuums an. (b) Proportionalzählerbeobachtungen mit dem OSO-8-Satelliten von *S. H. Pravdo* et al. (1976)

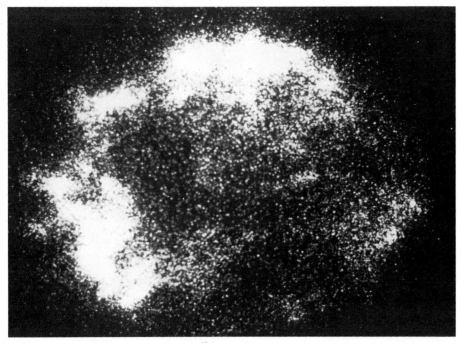

Abb. 34.5. Röntgenbild des Supernova-Überrests Cassiopeia A. Aufnahme mit dem *Einstein-Observatorium* mit einer Winkelauflösung von etwa 4″, entsprechend etwa 0.05 pc bei einer Entfernung zu Cas A von 2.8 kpc. Der Durchmesser von Cas A beträgt rund 5′ bzw. 4 pc. Die Aufnahme wurde freundlicherweise von *Stephen S. Murray* (Center for Astrophysics, Cambridge, Mass.) zur Verfügung gestellt

d) Extragalaktische Röntgenquellen

In der benachbarten *Andromeda-Galaxie* sind mit dem Einstein-Observatorium rund 70 „punktförmige" Röntgenquellen mit L_x (0.5—4.5 keV) $\simeq 10^{37}$—10^{38} erg/sec erkennbar. Ein Teil ist mit Population I-Objekten, ein anderer wahrscheinlich mit Kugelhaufen assoziiert. Eine dritte Gruppe liegt innerhalb $\lesssim 400$ pc Entfernung vom Galaxienzentrum, sie ist stärker zum Zentrum konzentriert als entsprechende Röntgenquellen in unserer Milchstraße.

Unter den entfernteren extragalaktischen Objekten finden wir einige Radiogalaxien (wie Cen A), Seyfert-Galaxien und Quasare als starke Röntgenquellen. Die Röntgenleuchtkräfte der *Quasare* liegen im Bereich L_x (0.5—4.5 keV)

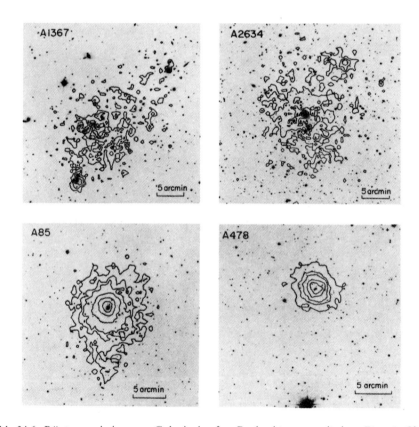

Abb. 34.6. Röntgenemission von Galaxienhaufen. Beobachtungen mit dem *Einstein-Observatorium* von *C. Jones* et al. (1979). Linien gleicher Röntgenemission, die optischen Aufnahmen des Palomar Sky Survey überlagert sind. Die Haufen Abell 1367 und 2634 haben irreguläre, häufig individuelle Galaxien einschließende Konturen, während Abell 85 und 478 relativ glatte Röntgenemission zeigen, die stark um eine helle Galaxie im Haufenzentrum konzentriert ist

$\simeq 10^{43} \ldots 10^{47}$ erg/sec und übertreffen in vielen Fällen die gesamte Ausstrahlung im Optischen, Infrarot und Radiobereich, so daß die Anforderungen an die Energiequelle (s. S. 337, 338) weiter verschärft sind.

Im harten Röntgenbereich ($\gtrsim 2$ keV) wird eine isotrope diffuse Hintergrundstrahlung beobachtet, die zu einem erheblichen Teil (vielleicht sogar ausschließlich?) zahlreichen nicht aufgelösten Quasaren und aktiven Galaxien zugeschrieben werden kann.

Eine andere Klasse von extragalaktischen Röntgenquellen sind die *Galaxienhaufen*. Ihre Emission im Röntgenbereich zeigt ein komplexes, von Haufen zu Haufen variierendes Verhalten. Wir finden am einen Ende weit gestreute, irreguläre Emissionsgebiete, welche vielfach einzelne Galaxien umschließen, am anderen einen relativ glatten Emissionsverlauf mit einer starken Konzentration um eine helle Galaxie im Haufenzentrum (Abb. 34.6). Aus den Spektren folgt, daß die Röntgenstrahlung als thermische Emission von sehr heißem *Gas* von $\simeq 10^7$ bis $10^8\,°$K zu deuten ist. Die räumliche Struktur der Röntgenemission scheint mit der Zahl der Spiralgalaxien in den Haufen korreliert: Haufen mit irregulärer Emission enthalten relativ viel Spiralgalaxien. Wahrscheinlich sehen wir hier verschiedene dynamische Entwicklungsphasen der Galaxienhaufen. In den Zentralbereichen der dichteren Haufen erwarten wir eine stärkere Wechselwirkung der Galaxien untereinander, die u.a. zum Verlust des Gases (und damit auch der Spiralarme) führen könnte, welches sich dann im Minimum des Gravitationspotentials im Zentrum des Haufens ansammelt. Beobachtungen von Kontinuum sowie Emissionslinien (Fe XXIV + XXV 6.7 keV und O VIII 0.65 keV) in dem nahen Virgohaufen deuten darauf hin, daß die beiden großen elliptischen Galaxien M 86 und M 87 je von einem „Röntgenhalo" von $\simeq 1–3 \cdot 10^7\,°$K umgeben sind, während ein großer Teil des gesamten Haufenvolumens von etwas heißerem ($\lesssim 10^8\,°$K) Gas erfüllt ist. Für die Frage nach der Entstehung der chemischen Elemente (vgl. Abschn. 29e) ist die Abschätzung der Häufigkeit des Eisens aus der 6.7 keV-Linie interessant, welche in etwa den solaren Wert ergibt. Stammt das metallreiche Haufengas ursprünglich von den Sternen der einzelnen Galaxien und ging dann im Laufe der dynamischen Entwicklung des Virgohaufens den Galaxien verloren?

35. Gammastrahlen-Astronomie

Auch im Gammastrahlenbereich, d.h. bei Photonenenergien oberhalb einiger 100 keV, müssen astronomische Beobachtungen von außerhalb der Erdatmosphäre durchgeführt werden. Lediglich extrem energiereiche γ-Quanten ($\gtrsim 10^{11}$ eV) können vom Erdboden ähnlich wie energiereiche Ultrastrahlungsteilchen anhand der von ihnen in der Atmosphäre erzeugten Luftschauer (vgl. S. 339) untersucht werden.

Seit Beginn der 70er Jahre sind Beobachtungen im Gammabereich durch die Entwicklung hinreichend empfindlicher *Gammastrahlen-Teleskope* in größerem Umfang von Satelliten, Raumfahrzeugen und Stratosphärenballons möglich geworden. Die γ-Quanten werden durch die von ihnen im Detektor ausgelösten Compton-Rückstoßelektronen oder Elektron-Positron-Paare nachgewiesen, de-

ren Analyse in Teilchendetektoren wie Kristall- oder Plastikszintillatoren,
Čerenkov-Zählern oder Funkenkammern Information über Energie und Einfallsrichtung der γ-Quanten ergibt. Die kosmische Gammastrahlung mit ihren
relativ geringen Photonenflüssen muß gegenüber einem starken Hintergrund
sekundärer Gammastrahlung nachgewiesen werden, der von Ultrastrahlungsteilchen in der oberen Atmosphäre und im Empfänger selbst erzeugt wird. Die
Gammastrahlen-Teleskope bestehen daher aus einer geeigneten geometrischen
Anordnung mehrerer Detektortypen mit unterschiedlichen Ansprechwahrschein-
lichkeiten für geladenen Teilchen und Photonen in Verbindung mit elektronischen Logikschaltungen.

Der Wirkungsquerschnitt für die *Comptonstreuung* $\gamma + e^- \rightarrow \gamma + e^-$ nimmt mit
wachsender Photonenenergie E_γ entsprechend der *Klein-Nishina*-Formel von
seinem nichtrelativistischen Grenzwert σ_{el}, dem Thomson-Streukoeffizienten
(s. S. 185), etwa umgekehrt proportional mit E_γ ab, sobald E_γ die Ruheenergie
des Elektrons $mc^2 = 0.511$ MeV überschreitet. Er wird schließlich oberhalb
einiger 10 MeV kleiner als der Wirkungsquerschnitt für die *Paarerzeugung*
$\gamma \rightarrow e^+ + e^-$ (im Coulombfeld einer Ladung Z), der von der Größenordnung
$\sigma_{el} Z^2/137$ ist. Demnach bieten sich für Gammastrahlen-Teleskope bei höheren Energien (bis hin zu einigen 1000 MeV) die Paarelektronen zum Nachweis
der γ-Quanten an. In diesem Bereich kann eine relativ gute Winkelauflösung
erzielt werden, da das Elektron-Positron-Paar innerhalb $\simeq mc^2/E_\gamma$ die Richtung
des auslösenden Quants beibehält. Zum Beispiel haben die Teleskope auf den
Satelliten SAS-2 und COS-B (Start 1972 bzw. 1975), bei denen Drahtfunken-
kammern in Kombination mit Čerenkov- und Szintillationszählern als Detektoren verwendet werden, bei $\gtrsim 100$ MeV eine Winkelauflösung von wenigen Grad
und eine Energieauflösung von etwa 50%. Im niederenergetischen ($\lesssim 30$ MeV)
Bereich, in welchem die γ-Quanten durch ihre Comptonstreuung nachgewiesen
werden, ist vor allem die Bestimmung der Einfallrichtung der Gammastrahlung
schwierig, z.B. läßt sich mit „Doppel-Compton-Teleskopen", in denen der
Comptonstoß in zwei, in einigem Abstand voneinander entfernten großflächigen
Szintillationszählern gemessen wird, derzeit eine Winkelauflösung von $\simeq 10°$
und eine Energieauflösung von etwa 10% erreichen.

Bevor wir die Ergebnisse der Gammastrahlen-Astronomie diskutieren, verschaffen wir uns noch einen Überblick über die wichtigsten Prozesse zur *Erzeugung kosmischer Gammastrahlung*. Wir bemerken zunächst, daß ein thermischer Ursprung dieser energiereichsten Photonen kaum in Frage kommt, da
hierfür Temperaturen oberhalb einiger 10^9 °K ($kT \gtrsim 0.5$ MeV) erforderlich wären,
die abgesehen von der Frühphase des Kosmos und vielleicht einigen End-
phasen der Sternentwicklung (Supernova-Explosion) nicht auftreten. Vielmehr
müssen wir für die Gammastrahlung eine *nichtthermische* Entstehung in Betracht ziehen. Hierbei spielen relativistische Elektronen (mit Energien oberhalb
$mc^2 = 0.511$ MeV) und energiereiche Protonen, die oberhalb 938 MeV relativistisch werden, eine wichtige Rolle, da bei deren Wechselwirkung mit Materie
und Feldern wirksam γ-Quanten erzeugt werden können. Eine besondere Bedeutung kommt der kosmischen *Ultrastrahlung* (s. Abschn. 28c) mit ihren hochenergetischen Protonen (bis $\simeq 10^{20}$ eV) und Elektronen zu, so daß Gamma-
strahlen- und Ultrastrahlungs-Astronomie eng miteinander verknüpft sind.

Die Beobachtung der Gammastrahlung hat gegenüber der von Ultrastrahlungs-partikeln den Vorteil, daß sie uns Information über die Herkunftsrichtung geben kann (vgl. S. 342).

Im niederenergetischen Gammabereich ($\lesssim 10$ MeV) liegen *Spektrallinien* nuklearen Ursprungs. Sie entsprechen Übergängen in Atomkernen von angeregten in tiefer liegende Energiezustände, die beim radioaktiven Zerfall oder nach Anregung des Kerns durch energiereiche Teilchen erfolgen können. Mit der Empfindlichkeit der heutigen Gammastrahlen-Teleskope ist es noch schwierig, Gammalinien aus galaktischen Entfernungen nachzuweisen. Eine der Aufgaben einer zukünftigen Spektroskopie von nuklearen Linien wäre z.B. die Beobachtung von Supernovahüllen, so daß die in diesen stattfindenden Kernreaktionen direkt untersucht werden könnten.

Entstehen bei Kernwechselwirkungen *Positronen*, so erwarten wir das Auftreten ihrer *Vernichtungsstrahlung* bei einer Energie von $m c^2 = 0.511$ MeV. Die Annihilation $e^+ + e^- \rightarrow \gamma + \gamma$ ist der inverse Prozeß zu der für den Nachweis von γ-Quanten wichtigen Paarerzeugung.

π^0-*Mesonen* zerfallen nach etwa 10^{-16} s in zwei γ-Quanten mit einer Energie im Ruhesystem von je $m(\pi^0)c^2/2 = 67.5$ MeV. Die wichtigste Quelle für neutrale Pionen sind inelastische Stöße (oberhalb einer Schwellenenergie von $\simeq 300$ MeV) von Protonen der Ultrastrahlung mit Protonen der interstellaren Materie. Infolge der Geschwindigkeitsverteilung dieser relativistischen Pionen zeigt das Gammaspektrum ein breites Maximum um 67.5 MeV herum.

Neben nuklearen Prozessen kommen auch *elektromagnetische* Prozesse für die Erzeugung von Gammastrahlung in Frage. Zum einen kann sich die kontinuierliche *Synchrotronstrahlung* (s. S. 317), die bei der Bewegung von relativistischen Elektronen in Magnetfeldern entsteht, auch bis in den Gammabereich erstrecken. Nach Gl. (28.2) müssen hierfür die Elektronenenergie und die Magnetfeldstärke hinreichend groß sein; z.B. wären in einem Feld von $\simeq 5 \cdot 10^{-6}$ Gauß, welches für das interstellare Medium charakteristisch ist, extrem energiereiche Elektronen von $\simeq 10^{16}$ eV erforderlich, damit Gammastrahlung bei 10 MeV emittiert werden kann. Dieser Prozeß dürfte demnach für die Erzeugung galaktischer Gammastrahlung keine Rolle spielen, hingegen dürfte er bei Pulsaren bzw. Neutronensternen mit ihren sehr viel stärkeren Magnetfeldern der Größenordnung 10^{10}—10^{12} Gauß (s. S. 288 u. 420) wichtig sein.

Ein weiterer Prozeß ist die *Bremsstrahlung* energiereicher Elektronen in den Coulombfeldern geladener Teilchen. Hierbei werden Photonen mit einer Energie von der Größenordnung der Elektronenenergie E (im Mittel etwa mit $0.5 E$) mit einem Wirkungsquerschnitt, der etwa umgekehrt proportional zur Energie des Bremsstrahlungsphotons abnimmt, erzeugt. Wenn das Energiespektrum der Elektronen nach einem Potenzgesetz $\sim E^{-\alpha}$ abfällt, so nimmt auch das resultierende Gammaspektrum entsprechend einem Potenzgesetz $\sim E_\gamma^{-\alpha}$ ab.

Schließlich können relativistische Elektronen durch *inverse Comptonstreuung* einen erheblichen Teil ihrer Energie E auf niederenergetische Photonen wie die des Sternlichts in der Milchstraße oder der $3°$K-Hohlraumstrahlung (s. S. 377) übertragen und diese somit in den Gammabereich transformieren. Photonen der mittleren Energie $\bar{E}_\gamma$ erhalten bei diesem Prozeß im Mittel eine Energie

$$\bar{E}_{\gamma'} \simeq \frac{4}{3}\,\bar{E}_{\gamma} \cdot \left(\frac{E}{m\,c^2}\right)^2,$$

so daß z. B. die Umwandlung von Photonen der $3\,°$K-Strahlung ($\bar{E}_{\gamma} \simeq 6 \cdot 10^{-4}$ eV) in γ-Quanten von 10 MeV Elektronen mit $E \simeq 60$ GeV erfordert. Die inverse Comptonstreuung kann im Ruhesystem des Elektrons als einfache Thomsonstreuung mit dem Wirkungsquerschnitt σ_{el} (s. S. 185) betrachtet werden, da die vom Elektron „gesehene" Photonenenergie $E_{\gamma} \cdot E/m\,c^2$ über weite Bereiche klein gegenüber seiner Ruheenergie $m\,c^2$ ist.

Wir wenden uns jetzt den astronomischen *Beobachtungen* im Gammastrahlenbereich zu.

Die aktive *Sonne* ist auch eine Quelle von niederenergetischer Gammastrahlung. Bei starken *Flares* (vgl. S. 194) werden Teilchen auf hohe Energien beschleunigt, deren Wechselwirkung mit den Atomkernen der Sonnenmaterie dann zur Emission von Gammastrahlen führt. Außer einem Kontinuum treten mehrere starke Emissions*linien* auf: nukleare Übergänge der häufigen Kerne ^{12}C und ^{16}O bei 4.43 bzw. 6.14 MeV, sowie mit zeitlicher Verzögerung Linien bei 0.511 und 2.23 MeV. Die 0.511 MeV-Linie entsteht bei der Annihilation von Positronen, die bei dem Flareausbruch erzeugt werden, die 2.23 MeV-Linie bei der Bildung von Deuterium durch Reaktion von ebenfalls beim Flare erzeugten Neutronen mit Protonen.

Auf den Durchmusterungskarten im Gammabereich dominiert, vor allem bei Energien $\gtrsim 100$ MeV, die Emission der *Milchstraße* in einem nur wenige Grad schmalen Band um den galaktischen Äquator. Die Intensität zeigt einige Maxima, die mit Spiralarmstrukturen korreliert scheinen; innerhalb $|l| \lesssim 40°$ vom galaktischen Zentrum finden wir besonders starke Emission (Abb. 35.1). Etwa 20 „punktförmige" Gammastrahlungsquellen können aufgelöst werden, eine sichere Identifikation mit bekannten Objekten ist wegen der noch mäßigen Winkelauflösung im allgemeinen nicht möglich. Lediglich vier Quellen können aufgrund ihrer Variabilität eindeutig *Pulsaren* zugeordnet werden. Der Vela- und der Crab-Pulsar gehören zu den stärksten Punktquellen im Gammabereich. Im Gegensatz zum Optischen und Radiobereich sind ihre Lichtkurven bei den höchsten Energien einander sehr ähnlich, der relative Anteil an gepulster Strahlung nimmt mit wachsender Energie zu.

Neben vielen Punktquellen trägt wohl auch eine echt *diffuse Komponente* zur galaktischen Gammastrahlung bei, die ihren Ursprung in der Wechselwirkung der kosmischen *Ultrastrahlung* mit der interstellaren Materie haben dürfte. Ihre Intensitätsverteilung und ihr Spektrum (vgl. Abb. 35.2) deuten darauf hin, daß vermutlich zwei Prozesse für die Erzeugung dieser diffusen Gammastrahlung wichtig sind: zum einen die Bremsstrahlung von Ultrastrahlungselektronen im Feld der interstellaren Kerne, zum anderen der Zerfall von neutralen Pionen, welche bei Stößen von Protonen der Ultrastrahlung mit interstellaren Protonen entstehen. Demgegenüber scheint der inverse Comptoneffekt für die Erzeugung der Gammastrahlung der galaktischen Scheibe von untergeordneter Bedeutung zu sein, dürfte aber vielleicht zur Strahlung in höheren galaktischen Breiten stärker beitragen.

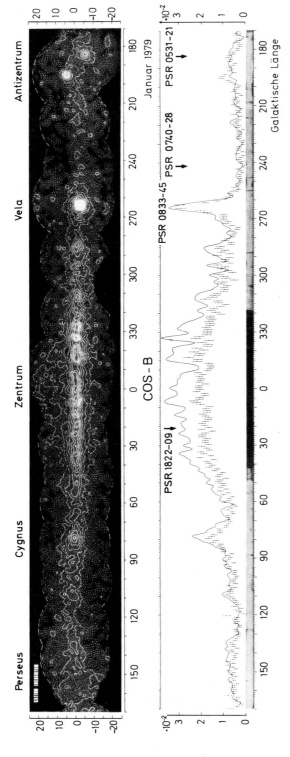

Abb. 35.1. Bild der Milchstraße im Gammastrahlenbereich (70—5000 MeV) nach Beobachtungen mit dem Satelliten COS-B von *H. A. Mayer-Hasselwander* et al. (1980). Oben: Linien gleicher Gammaemission (in Verbindung mit einer Grautonskala). Unten: Intensitätsverlauf entlang dem galaktischen Äquator. Ausgezogene Linie: Schnitt bei $b=0°$, Punkte mit Fehlerbalken: Mittel über $|b|\leq 5°$; angegeben sind (reduzierte) Zählimpulse pro sec und sterad. Die vier mit Pulsaren identifizierten Gammaquellen sind gekennzeichnet (PSR 0531 + 21 = Crab-Pulsar, PSR 0833 − 45 = Vela-Pulsar)

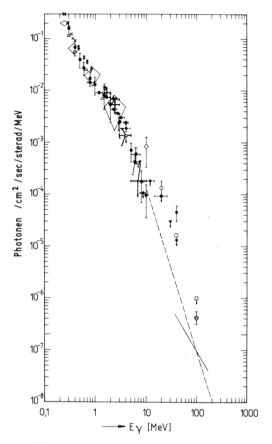

Abb. 35.2. Energiespektrum der diffusen Gammastrahlung nach verschiedenen Autoren. Die gestrichelte Linie gibt den *extragalaktischen* Beitrag bei hohen Energien an, der durch Abzug des galaktischen Anteils (ausgezogene Linie) von dem beobachteten Spektrum erhalten wird

In Richtung zum *galaktischen Zentrum* konnten kürzlich durch ihre Vernichtungsstrahlung bei 0.511 MeV Positronen nachgewiesen werden, deren Ursprung noch nicht geklärt ist.

Ebenfalls weitgehend offen ist die Frage nach der Herkunft der kurzen $\simeq 0.1$ bis 1 sec dauernden intensiven *Gammastrahlenausbrüche* (γ-Bursts), die im niederenergetischen ($\lesssim 1$ MeV) Bereich mit einer Rate von etwa 10 pro Jahr beobachtet werden.

Schließlich wird im Gammabereich eine weitgehend isotrope *extragalaktische* Komponente beobachtet, deren Energiespektrum (Abb. 35.2) oberhalb $\gtrsim 10$ MeV steiler als das der galaktischen Komponente verläuft. Da die Gammastrahlung praktisch nicht absorbiert wird, enthält sie auch Information aus „kosmologischen" Entfernungen, d. h. aus einer sehr frühen Phase des Kosmos, etwa entsprechend einer Rotverschiebung von $z \simeq 100$.

Die beiden stärksten *diskreten* extragalaktischen Gammaquellen können der Seyfert-Galaxie NGC 4151 (vgl. S. 327) und dem Quasar 3 C 273 (vgl. S. 337) zugeordnet werden, so daß auch der Gammabereich noch wesentlich zur Leuchtkraft dieser Objekte beiträgt. Auch hier dürfen wir, wie wohl im ganzen Kosmos, die hochenergetischen Prozesse als Hinweis auf stark turbulente Plasmen mit Magnetfeldern betrachten, da nur magnetohydrodynamische Vorgänge die erforderlichen hohen Energien ($\gg kT$) auf einzelne Teilchen übertragen und somit zur Emission von energiereicher Gammastrahlung führen können.

Naturkonstanten und Zahlenwerte[1]

I. Astronomische Konstanten

Astronomische Längeneinheit AE $= 1.496 \cdot 10^{13}$ cm
(große Halbachse der Erdbahn)

Parsec pc $= 3.085 \cdot 10^{18}$ cm $= 206\,265$ AE $= 3.26$ Lichtjahre

Einen *Winkel* von $1''$ entspricht in der *Entfernung* von r pc eine Strecke von r astron. Einheiten oder $r/206\,265$ pc. Es entspricht also z. B. dem Winkel von $1'$ in einer Entfernung von 1 kpc die Strecke 0.291 pc.

1 Tag	$= 86\,400$ s
Siderisches Jahr $= 365\overset{d}{.}256$	$= 3.1558 \cdot 10^7$ s
Tropisches Jahr $= 365\overset{d}{.}242$	$= 3.1557 \cdot 10^7$ s

Erde:

Äquatorialer Radius $= 6.378 \cdot 10^8$ cm
Masse $= 5.9734 \cdot 10^{27}$ g

Sonne:

Radius $R_\odot$ $= 6.96 \cdot 10^{10}$ cm
Masse $\mathfrak{M}_\odot$ $= 1.989 \cdot 10^{33}$ g
Schwerebeschleunigung an der Oberfläche $g_\odot$ $= 2.736 \cdot 10^4$ cm$\cdot$s^{-2}
Gesamtstrahlung (Leuchtkraft) $L = 4\pi R^2 \cdot \pi F$ $= 3.82 \cdot 10^{33}$ erg$\cdot$s^{-1}
Effektive Temperatur T_{eff} $= 5780\,°$K

Eine *Größenklasse* oder Magnitudo entspricht einem *Helligkeitsverhältnis* 2.512 (antilog 0.4). *Absolute Helligkeiten* sind bezogen auf eine Entfernung von 10 parsec.

II. Verschiedene Einheiten

Länge   1 Meile $= 1.609$ km;   1 Fuß $(1' = 1$ foot$) = 30.48$ cm;
               1 Zoll $(1'' = 1$ inch$) = 2.54$ cm.

Energie: 1 Watt (MKS-System) $= 1$ Joule$\cdot$s$^{-1} = 10^7$ erg$\cdot$s^{-1}.
               1 Elektronenvolt (1 eV oder eVolt) $= 1.602 \cdot 10^{-12}$ erg
               entspricht einer Wellenzahl $\tilde{\nu} = 8065.5$ cm^{-1} oder Kayser (ky)
               bzw. einer Wellenlänge $\lambda = 12\,398$ Å (1 Å $= 10^{-8}$ cm).
               1 Atomgewichtseinheit $= 1.492 \cdot 10^{-3}$ erg $= 931.48 \cdot 10^6$ eV.

Druck: 1 Atmosphäre (Atm) $= 760$ Torr (mm Hg)
               $= 1.0132 \cdot 10^6$ dyn$\cdot$cm^{-2} oder Mikrobar (μb)

Temperatur: Absolute Temperatur $T\,°$K $= 273.15 + t\,°$C.
               Der thermischen Energie $kT = 1$ eV entspricht $T = 11\,605\,°$K.

---

[1] Vgl. *C. W. Allen*: Astrophysical Quantities. III. Aufl. 1974 sowie *B. N. Taylor, W. H. Parker* und *D. N. Langenberg*. Rev. Mod. Phys. **41**, 477 ff. (1969).

Präfixe für Zehnerpotenzen:

10^3 Kilo	10^{-3} Milli
10^6 Mega	10^{-6} Mikro
10^9 Giga	10^{-9} Nano

Mathematische Konstanten:

$$\pi = 3.1416; \quad e = 2.7183; \quad 1/M = \ln 10 = 2.3026.$$

$$\frac{4\pi}{3} = 4.1888; \quad M = \log e = 0.4343.$$

$$1 \text{ radian} = 57\overset{\circ}{.}296 \text{ und } 1° = 0.017\,453 \text{ radian.}$$

III. Physikalische Konstanten

Lichtgeschwindigkeit	c	$= 2.99792456 \cdot 10^{10}$ cm·s^{-1}
Gravitationskonstante	G	$= 6.673 \cdot 10^{-8}$ dyn·cm$^2 \cdot g^{-2}$
Plancksche Konstante	h	$= 2\pi\hbar = 6.6262 \cdot 10^{-27}$ erg·sec
Elektrische Elementarladung	e	$= 4.8032 \cdot 10^{-10}$ elst. Einh.
		$= 1.6022 \cdot 10^{-19}$ A·s oder
		Coulomb (Cb)
Masse: Atomgewichtseinheit	M	$= 1.6605 \cdot 10^{-24}$ g
Proton	M_p	$= 1.6726 \cdot 10^{-24}$ g
Elektron	m	$= 9.1095 \cdot 10^{-28}$ g
Klass. Elektronenradius	e^2/mc^2	$= 2.818 \cdot 10^{-13}$ cm
Compton-Wellenlänge	h/mc	$= 2.426 \cdot 10^{-10}$ cm $= 0.02426$ Å
Reziproke Feinstrukturkonstante	α^{-1}	$= \dfrac{hc}{2\pi e^2} = 137.036$
Boltzmannkonstante	k	$= 1.3806 \cdot 10^{-16}$ erg·grad^{-1}
Avogadrosche Zahl	N	$= 6.0221 \cdot 10^{23}$ Teilchen pro Mol
Gaskonstante	$\mathfrak{R}$	$= 8.314 \cdot 10^7$ erg·grad^{-1}·mol^{-1}
Rydberg-Konstante	R_∞	$= 109\,737.3$ cm^{-1} $= 1/911.27$ Å
Strahlungskonstanten	σ	$= 5.67 \cdot 10^{-5}$ erg·cm^{-2}·s^{-1}·grad^{-4}
	c_2	$= 1.4388$ cm·grad

Wasserstoffatom:

Atomgewicht	μ_H	$= 1.0080$
Masse	M_H	$= 1.673 \cdot 10^{-24}$ g
Ionisierungsspannung	χ_H	$= 13.60$ eV
Rydbergkonstante	R_H	$= 109\,677.6$ cm^{-1}
Bohrscher Radius	a_0	$= 0.529 \cdot 10^{-8}$ cm oder 0.529 Å.

Literatur*

*Einführung in das Gesamtgebiet der Astronomie****

Abell, G.: Exploration of the universe. New York: Holt, Rinehart, and Winston; 3. Aufl. 1974.

* *Bergamini, D.,* und Redaktion von Life: Das Weltall. Time-Life International (Nederland) N. V. 1964.
  (Sehr leicht verständlich; ausgezeichnete Abbildungen.)

Menzel, D. H., Whipple, F. L., de Vaucouleurs, G.: Survey of the universe. Prentice Hall Inc. 1970.

Pecker, J. C., Schatzman, E.: Astrophysique générale. Paris: Masson Cie. 1959.

* *Struve, O.,* mit *Lynds, B., Pillans, H.:* Astronomie (Einführung in ihre Grundlagen). (Übers. von *H. Klauder.*) 3. Aufl. Berlin: W. de Gruyter 1967.

* *Unsöld, A.:* Die Erde im Weltall. — Eine ganz kurze Einführung in *Seydlitz*, 5. Teil. Kiel: F. Hirt-R. Oldenbourg-H. Schroedel Verl. 1968.

Eine ausgezeichnete Zusammenstellung aller wichtigen Zahlenwerte aus Astronomie und Physik (insbesondere Atomphysik und Spektroskopie):

Allen, C. W.: Astrophysical quantities. 3rd ed.; Univ. of London. The Athlone Press 1973.

Handliche Himmelskarten

* *Schurig/Goetz:* Himmelsatlas (Tabulae caelestes). 8. Aufl. herausg. von *K. Schaifers.* Mannheim: Bibliograph. Inst. 1960.

Bečvár, A.: Atlas Coeli 1950.0 Praha: Česk. Akademie, 4. Aufl. 1962.

Geschichte der Astronomie

Abetti, G.: The history of astronomy. London: Sidgwick and Jackson 1954.

* *Becker, F.:* Geschichte der Astronomie. 3. Aufl. Mannheim-Zürich: Bibliograph. Inst. 1968.

* *Berry, A.:* A short history of astronomy, 1898. New York: Dover Publ. T 210, 1961.

* *Pannekoek, A.:* A history of astronomy. London: Allen & Unwin 1961.

Struve, O., Zebergs, V.: Astronomy of the 20th century. New York-London: MacMillan Co. 1962.

---

* Unser Literaturverzeichnis beschränkt sich auf die wichtigsten *Bücher, Zeitschriften* etc., die ein tieferes Eindringen in einzelne Probleme und Arbeitsgebiete ermöglichen sollen. Angaben über einzelne Arbeiten aus Fachzeitschriften, Sternwartenpublikationen etc. findet man im *Astronomischen Jahresbericht* bzw. ab 1969 in *Astronomy and Astrophysics Abstracts* (s. u.). Historische, nationale und Prioritäts-Gesichtspunkte mußten wir ganz beiseite stellen. Die für den Anfänger oder Amateur wohl geeignetsten Werke haben wir mit einem Stern * bezeichnet (dem man keine übertriebene Bedeutung beilegen möge).

** Dem heutigen Sprachgebrauch entsprechend betrachten wir die *Astrophysik* als Teilgebiet der *Astronomie*.

Kurze, allgemeinverständliche Nachschlagewerke

* *Stumpff, K., Voigt, H.-H.* (Herausg.): Astronomie (Das Fischer Lexikon). Frankfurt/M. 1972.
* *Schaifers, K., Traving, G.:* Meyers Handbuch über das Weltall. Mannheim: Bibliograph. Inst. 1973.

Die wichtigsten Handbücher

Handbuch der Physik (Herausg. v. *S. Flügge*). Band 50—54 = Astrophysik I—V. Berlin-Göttingen-Heidelberg: Springer 1958—1962. Mit Beiträgen in deutscher, englischer und französischer Sprache.
Stars and stellar systems (ed. *G. P. Kuiper* and *B. M. Middlehurst*). 9 Bände. The University of Chicago Press 1960.
The solar system (ed. *B. M. Middlehurst* and *G. P. Kuiper*). 5 Bände. The University of Chicago Press 1953—1966.

Weiterhin die jährlich erscheinenden Bände:

Annual review of astronomy and astrophysics (Bd. 1, 1963). Palo Alto/Calif.: Ann. Reviews Inc.
Advances in astronomy and astrophysics (Bd. 1, 1962). New York-London: Academic Press.
Transactions of the international astronomical union. Dordrecht (Holl.): D. Reidel Publ.

Jährlich erscheinender Literaturbericht

Astronomischer Jahresbericht. Berlin: W. de Gruyter. Bis 1968; ab 1969 (Vol. 1): Astronomy and Astrophysics Abstracts. Berlin-Heidelberg-New York: Springer.

Die wichtigsten Zeitschriften

a) Populäre Zeitschriften:

* Sterne und Weltraum. Mannheim: Bibliograph. Inst.
* Die Sterne. Leipzig: J. A. Barth.
* Sky and telescope. Cambridge, Mass.: Sky Publishing Corp.
* Scientific american. New York.

b) Fachzeitschriften:

The astrophysical journal. Chicago, Ill.: The University of Chicago Press.
The astronomical journal. New York 17: American Inst. of Physics Inc.
Astronomy and astrophysics (A european journal). Berlin-Heidelberg-New York: Springer (ab 1969).
Monthly notices of the royal astronomical society. London: Blackwell Sci. Publ.
Soviet astronomy = Astronomicheskii Zhurnal (Engl. Ausgabe). New York: Amer. Inst. of Physics.
Publications of the astronomical society of the pacific. San Francisco, Calif.
Astronomische Nachrichten. Berlin: Akademie-Verlag.
Astrophysics and space science. Dordrecht (Holl.): D. Reidel Publ.
Space science reviews. Dordrecht (Holl.): D. Reidel Publ.
Icarus. Int. Journ. of solar system studies. New York and London: Academic Press.
Solar physics. Dordrecht (Holl.): D. Reidel Publ.
Publications of the astron. society of Japan. Tokyo: Maruzen Co. Nihonbashi.
Proceedings of the astron. society of Australia. Sydney Univ. Press.

I. Teil: Klassische Astronomie

1. Sterne und Menschen — Beobachten und Denken
(Historische Einleitung in die klassische Astronomie)

Zu den historischen Einleitungskapiteln 1, 10 und 22 siehe unter *Geschichte der Astronomie*, weiterhin zu den Kapiteln

2. Die Himmelskugel. Astronomische Koordinatensysteme.
Geographische Länge und Breite
3. Die Bewegungen der Erde — Jahreszeiten und Tierkreis — Die Zeit:
Tag, Jahr und Kalender
4. Der Mond. Mond- und Sonnenfinsternisse
unter *Einführung in das Gesamtgebiet der Astronomie* sowie:

Danjon, A.: Astronomie générale. Paris *J. et R. Sennac*. 1952—1953.
* *Kourganoff, V.:* Astronomie fondamentale élémentaire. Paris: Masson Cie. 1961.
Smart, W. M.: Text-book on spherical astronomy. Cambridge University Press 1931.
Woolard, E. W., Clemence, G. M.: Spherical astronomy. New York and London: Academic Press 1966.
The astronomical ephemeris. London and Washington. (Erscheint jährlich.)
hierzu:
Explanatory supplement to the ephemeris. Erscheint ebenda in unregelmäßigen Abständen, zuletzt 1961.

5. Das Planetensystem und
6. Mechanik und Gravitationstheorie

Brouwer, D., Clemence, G. M.: Methods of celestial mechanics. New York and London: Academic Press 1961.
Brown, E. W.: An introductory treatise on the lunar theory (S 666). New York: Dover Publ. Inc. 1960.
Brown, E. W., Shook, C. A.: Planetary theory (S 1133). New York: Dover Publ. Inc. 1964.
Leech, J. W.: Classical mechanics. London: Methuen Co. 1958. (Eine kurze und klare Einführung.)
Poincaré, H.: Méthodes nouvelles de la mécanique céleste. 3 Bde. Paris 1892/1899, auch (S 401/403). New York: Dover Publ. Inc.
Poincaré, H.: Leçons de mécanique céleste. 3 Bde. Paris 1905/1910.
Smart, W. M.: Celestial mechanics. London-New York-Toronto: Longmans, Green and Co. 1953.

7. Physische Beschaffenheit der Planeten und ihrer Monde

The solar system III. Planets and satellites. 1961 (s. o.).
Baldwin, R. B.: The measure of the moon. The University of Chicago Press 1963.
Bott, M. H. P.: The interior of the earth. London: E. Arnold 1971.
Brandt, J. C., Hodge, P.: Solar system astrophysics. New York: McGraw-Hill Book Co. 1964.

Dollfus, A. (ed.): Moon and planets I, II. Amsterdam: North Holland Publ. Co. 1967/68.

Dollfus, A. (ed.): Surfaces and in interiors of planets and satellites. New York: Acad. Press 1970.

Fielder, G.: Structure of the moon's surface. Oxford-London-New York-Paris: Pergamon Press 1961.

Kopal, Z. (ed.): Physics and astronomy of the moon. New York-London: Academic Press 1961.

Kuiper, G. P. (ed.): The atmospheres of the earth and planets. 2nd Ed. The University of Chicago Press 1952.

McKenzie, D. P.: Plattentektonik und Meeresboden-Ausbreitung. In: Forschung '74. Frankfurt/M.: Fischer Taschenbuch Verlag 1973.

Runcorn, S. K., *Urey*, H. C. (ed.): The moon (IAU-Sympos. 47). Dordrecht: D. Reidel Publ. Co. 1972.

Sagan, S., *Owen*, T. C., *Smith*, H. J. (ed.): Planetary atmospheres (IAU-Sympos. 40). Dordrecht: D. Reidel Publ. Co. 1971.

Smith, A. G., *Carr*, T. D.: Radio exploration of the planetary system. Princeton, N. J.: Van Nostrand Co. 1964.

Urey, H. C.: The planets, their origin and development. New Haven: Yale University Press 1952.

La physique des planètes. 8. Internat. Kolloquium. Liège 1963.

8. Kometen, Meteore und Meteorite, interplanetarer Staub; ihre Struktur und Zusammensetzung

Chebotarev, G. A., *Kazirmichak*, E. I., *Marsden*, B. G. (ed.): The motion, evolution of orbits and origin of comets (IAU-Sympos. 45). Dordrecht: D. Reidel Publ. Co. 1972.

Hawkins, G. S.: Meteors, comets and meteorites. New York-San Francisco-Toronto-London: McGraw-Hill Book Co. 1964.

* *Heide*, F.: Kleine Meteoritenkunde. 3. Aufl. Berlin-Heidelberg-New York: Springer 1973.

Kuiper, G. P., *Roemer*, E. (ed.): Comets. — Lunar and planetary laboratory. Tucson, Arizona 1972.

Lovell, A. C. B.: Meteor astronomy. Oxford: Clarendon Press 1954.

Mason, B.: Meteorites. New York: J. Wiley Sons 1962.

* *Wood*, J. A.: Meteorites and the origin of the planets. New York: McGraw-Hill Book Co. 1968.

* *Wurm*, K.: Die Kometen. Berlin-Göttingen-Heidelberg: Springer 1954.

La Physique des Comètes, Coll. Internat. d'Astrophysique Liège 1952.

9. Astronomische und astrophysikalische Instrumente

Stars and stellar systems (s. unter Handbücher), Bd. I, Astronomical techniques und II, Telescopes.

Danjon, A., *Couder*, A.: Lunettes et telescopes. Paris: Ed. Rev. d'Optique Théor. et Instr. 1935.

Le Galley, D. P. (ed.): Space science. New York-London: J. Wiley and Sons 1963.

* *Selwyn*, E. W. H.: Photography in astronomy. Rochester, N. Y.: Eastman Kodak Cie. 1950.

Siedentopf, H.: Grundriß der Astrophysik. Stuttgart: Wiss. Verlagsges. 1950.

Astronomical observations with television-type sensors (Sympos.). Univ. of British Columbia, Vancouver 8, Canada (1973).

II. Teil: Sonne und Sterne. Astrophysik des einzelnen Sterns

10. Astronomie + Physik = Astrophysik
(Historische Einleitung)

Hierzu siehe unter *Geschichte der Astronomie*.

11. Strahlungstheorie

Chandrasekhar, S.: Radiative transfer (1950) (S 599). New York: Dover Publ. Inc.
Lorentz, H. A.: Theorie der Strahlung. Vorlesungen I. Leipzig: Akad. Verlagsgesellschaft 1927.
Unsöld, A.: Physik der Sternatmosphären. Mit besonderer Berücksichtigung der Sonne. 2. Aufl. Berlin-Göttingen-Heidelberg: Springer 1955.

12. Die Sonne

* *Kiepenheuer, K. O.:* Die Sonne. Berlin-Göttingen-Heidelberg: Springer 1957.
Kuiper, G. P. (ed.): The sun = The solar system. Bd. I. The University of Chicago Press 1953.
Menzel, D. H.: Our sun. Cambridge (Mass.): Harvard Univ. Press 1959.
Unsöld, A.: Physik der Sternatmosphären (s. unter 11).
* *Waldmeier, M.:* Ergebnisse und Probleme der Sonnenforschung. 2. Aufl. Leipzig: Akad. Verlagsgesellschaft 1955.
de Jager, C. (ed.): The solar spectrum (Symposium Utrecht 1963). Dordrecht: D. Reidel Publ. Co. 1965.

13. Scheinbare Helligkeiten und Farbenindizes der Sterne

Zu 13—16: Stars and stellar systems III. Basic astronomical data (1963).

14. Entfernungen, absolute Helligkeiten und Radien der Sterne
15. Klassifikation der Sternspektren, Hertzsprung-Russell-Diagramm
und Farben-Helligkeits-Diagramm

Hierzu die angegebenen Werke zur Einführung in das Gesamtgebiet und die Handbücher. Weiterhin:
* *Dufay, J.:* Introduction à l'astrophysique: les étoiles. Paris: Librairie Armand Colin 1961.
Morgan, W. W., Keenan, P. C., Kellman, E.: An atlas of stellar spectra. With an outline of spectral classification. The University of Chicago Press 1942.
Russell, H. N., Dugan, R. S., Stewart, J. Q.: Astronomy. 2 Bde. New York: Ginn Co. 1926.
Catalogue of bright stars. Ed. *D. Hoffleit.* New Haven, Conn.: Yale University 1965.

16. Doppelsterne und die Massen der Sterne

Hbd. d. Physik Bd. 50: *P. v. d. Kamp,* Visual binaries; *O. Struve,* Spectroscopic binaries. Berlin-Göttingen-Heidelberg: Springer 1958.
Aitken, R. G.: The binary stars (S 1102). New York: Dover Publ. Inc. 1964.
Kopal, Z.: Close binary systems. London: Chapman and Hall 1959.
Russell, H. N., Moore, Ch. E.: The masses of the stars. 2nd Ed. Astrophys. Monographs. The University of Chicago Press 1946.

17. Spektren und Atome. Thermische Anregung und Ionisation

Condon, E. U., Shortley, G. H.: The theory of atomic spectra. Cambridge: Univ. Press 1963.
Griem, H. R.: Plasma spectroscopy. New York: McGraw-Hill Book Co. 1964.
* *Hellwege, K. H.:* Einführung in die Physik der Atome. Berlin-Göttingen-Heidelberg: Springer 1964.
Herzberg, G.: Atomic spectra and atomic structure (S 115). New York: Dover Publ. Inc.
Kuhn, H. G.: Atomic spectra. 2. Aufl. London: Longman 1971.
Marr, G. V.: Plasma spectroscopy. Amsterdam-London-New York: Elsevier Publ. Co. 1968.
Moore, Ch. E.: A multiplet table of astrophysical interest, 1959; und
Moore, Ch. E.: Atomic energy levels (mehrere Bde. 1949f.). Washington: Nat. Bureau of Standards.
White, H. E.: Introduction to atomic spectra. New York: McGraw-Hill Book Co. 1934.

18. Sternatmosphären. — Kontinuierliche Spektren der Sterne
19. Theorie der Fraunhoferlinien.
Chemische Zusammensetzung der Sternatmosphären

Aller, L. H.: Astrophysics. I. The atmospheres of the sun and stars. II. Nuclear transformations. Stellar interiors and nebulae. New York: The Ronald Press Co. 1963 und 1954.
Ambarzumian, V. A., Mustel, E. R. u. a.: Theoretische Astrophysik. Berlin: Deutscher Verlag der Wissenschaften 1957.
Mihalas, D.: Stellar atmospheres. San Francisco: W. H. Freeman Co. 1970.
Unsöld, A.: Physik der Sternatmosphären (s. unter 11).

20. Strömungen und Magnetfelder in der Sonnenatmosphäre.
Der Zyklus der Sonnenaktivität

Siehe auch 12: Die Sonne.

Alfvén, H., Fälthammar, C.-G.: Cosmical electrodynamics. 2. Aufl. Oxford: Clarendon Press 1963.
Billings, D. E.: A guide to the solar corona. New York-London: Academic Press 1966.
Brandt, J. C.: Introduction to the solar wind. San Francisco: Freeman Co. 1970.
Cowling, T. G.: Magnetohydrodynamics. New York-London: Interscience Publ. 1957.
Howard, R. (ed.): Solar magnetic fields (IAU-Sympos. 43). Dordrecht: D. Reidel Publ. Co. 1971.
Hundhausen, A. J.: Coronal expansion and solar wind. Berlin-Heidelberg-New York: Springer 1972.
Kundu, M. R.: Solar radio astronomy. New York-London-Sydney: Interscience Publ. 1965.
* *Smith, A. G.:* Radio exploration of the sun. Princeton-Toronto-London: Van Nostrand Co. 1967.
Smith, H. J., Smith, E. V. P.: Solar flares. New York: McMillan Co. 1963.
Tandberg-Hansen, E.: Solar activity. Waltham-Toronto-London: Blaisdell Publ. Co. 1967.
* *Zirin, H.:* The solar atmosphere. Waltham-Toronto-London: Blaisdell Publ. Co. 1966.

21. Veränderliche Sterne. — Strömungen und Magnetfelder in Sternen

Vgl. Literatur zu Abschn. 20.

Weiterhin:

* *Campbell, L., Jacchia, L.:* The story of variable stars. Philadelphia-Toronto: Harvard Books 1945.

Hoffmeister, C.: Veränderliche Sterne. Leipzig: J. A. Barth 1970.

Payne-Gaposchkin, C.: The galactic novae (S 1170). New York: Dover Publ. Inc. 1964.

Shklovsky, I. S.: Supernovae. London-New York-Sydney: Wiley-Interscience Publ. 1968.

Strohmeier, W.: Variable stars. London: Pergamon Press 1972.

III. Teil: Sternsysteme. Milchstraße und Galaxien. Kosmogonie und Kosmologie

22. Der Vorstoß ins Weltall
(Historische Einleitung in die Astronomie des 20. Jahrhunderts)

Hierzu siehe unter *Geschichte der Astronomie*.

23. Aufbau und Dynamik des Milchstraßensystems

* *Becker, W.:* Sterne und Sternsysteme. 2. Aufl. Dresden und Leipzig: Th. Steinkopff 1950.

* *Bok, B. J., Bok, P. F.:* The milky way. 3. Aufl. Cambridge (Mass.) 1957.

Becker, W., Contopoulos, G. (ed.): The spiral structure of our galaxy (IAU-Sympos. 38). Dordrecht: D. Reidel Publ. Co. 1970.

Kerr, F. J., Rodgers, A. W. (ed.): The galaxy and the magellanic clouds (IAU-Sympos. 20). Canberra 1964.

Woerden, H. van (ed.): Radioastronomy and the galactic system (IAU-Sympos. 31). London-New York: Acad. Press 1967.

The structure and evolution of galaxies. 13. Solvay Conf. London-New York-Sydney: Interscience Publ. 1965.

Stars and Stellar systems (Ed. *G. P. Kuiper*), Vol. V = Galactic structure (Ed. *A. Blaauw* and *M. Schmidt*). The University of Chicago Press 1965.

24. Interstellare Materie

Aller, L. H.: Gaseous nebulae. London: Chapman and Hall Ltd. 1956.

Dufay, J.: Galactic nebulae and interstellar matter. New York 1968.

Gordon, M. A., Snyder, L. E.: Molecules in the galactic environment. New York: J. Wiley Sons 1973.

Kaplan, S. A., Pikelner, S. B.: The interstellar medium. Cambridge, Mass.: Harvard University Press 1970.

Menzel, D. H. (ed.): Selected papers on physical processes in ionized plasmas (S 60). New York: Dover Publ. 1962.

Spitzer, L. jr.: Diffuse matter in space. New York: Interscience Publ. 1968.

van de Hulst, H. C.: Light scattering by small particles. New York: J. Wiley and Sons 1957.

Woltjer, L. (ed.): The distribution and motion of interstellar matter in galaxies. New York: W. A. Benjamin Inc. 1962.

Wurm, K.: Die planetarischen Nebel. Berlin: Akademie-Verlag 1951.

Stars and stellar systems: Bd. 7: *Nebulae and interstellar matter.* Univ. Chicago Press 1968.

25. Innerer Aufbau und Energieerzeugung der Sterne

Chandrasekhar, S.: An introduction to the study of stellar structure (S 413). New York: Dover Publ. Inc.

Cox, J. P. (with *R. T. Giuli*): Principles of stellar structures. Bd. 1: Physical principles. Bd. 2: Applications to stars. New York-Paris-London: Gordon and Breach 1968.

Eddington, A. S.: Der innere Aufbau der Sterne. Berlin: Springer 1928; bzw.: The internal constitution of the stars (S 563). New York: Dover Publ. Inc.

* *Schwarzschild, M.:* Structure and evolution of the stars. Princeton University Press 1958; auch (S 1479) New York: Dover Publ. Inc.

Les processus nucléaires dans les astres. Colloque Internat. d'Astrophysique Liège 1953.

26. Farben-Helligkeits-Diagramme der galaktischen und der Kugelsternhaufen. Entwicklung der Sterne

Hierzu Literatur Abschn. 25 sowie

Burbidge, E. M., Burbidge, G. R., Fowler, W. A., Hoyle, F.: Synthesis of the elements in stars. Rev. mod. Physics **29**, 547 (1957).

Burbidge, G. R.: Nuclear astrophysics. Ann. Rev. Nuclear Science **12**, 507 (1962).

Burbidge, G. R., Kahn, F. D., Ebert, R., v. Hoerner, S., Temesváry, St.: Die Entstehung von Sternen durch Kondensation diffuser Materie. Berlin-Göttingen-Heidelberg: Springer 1960.

Stein, R. F., Cameron, A. G. W. (ed.): Stellar evolution. New York: Plenum Press 1966.

Stellar populations (Ed. *D. J. K. O'Connell*). Conf. Vatican Observ. 1958. Amsterdam: North-Holland Publ. Co.

Modèles d'étoiles et évolution stellaire = Colloque Int. d'Astrophysique Liège 1959.

Évolution stellaire avant la sequence principale. 16. Internat. Kolloquium; Liège 1970.

27. Galaxien
28. Radiofrequenzstrahlung der Galaxien. Galaxien-Kerne. Kosmische Ultrastrahlung und Hochenergie-Astronomie
29. Galaktische Evolution

Baade, W.: Evolution of stars and galaxies (Ed. *C. Payne-Gaposchkin*). Cambridge, Mass.: Harvard Univ. Press 1963.

Bradt, H., Giacconi, R. (ed.): X- and gamma-ray astronomy (IAU-Sympos. 55). Dordrecht: D. Reidel Publ. Co. 1973.

Evans, D. S. (ed.): External galaxies and quasi-stellar objects (IAU-Sympos. 44). Dordrecht: D. Reidel Publ. Co. 1972.

Ginzburg, V. L., Syrovatskii, S. I.: The origin of cosmic rays. London: Pergamon Press 1964.

Ginzburg, V. L.: Elementary processes in cosmic ray astrophysics. New York-London-Paris: Gordon and Breach 1969.

* *Hodge, P. W.:* Galaxies and cosmology. New York: McGraw-Hill Book Co. 1966.

* *Hubble, E.:* The realm of nebulae. New York: Dover Publ. Inc. 1958.

O'Connell, D. J. K. (ed.): Nuclei of galaxies. Amsterdam-London: North Holland Publ. Co. 1971.

Palmer, H. P., Davies, R. D., Large, M. I. (ed.): Radio astronomy today. Manchester Univ. Press 1963.

Payne-Gaposchkin, C.: Variable stars and galactic structure. London: Athlone Press 1954.

Piddington, J. H.: Radio astronomy. London: Hutchinson Co. Ltd. 1961.

* *Sandage, A.:* The Hubble atlas of galaxies. Carnegie Inst. of Washington, Publ. 618, 1961.

Sandström, A. E.: Cosmic ray physics. Amsterdam: North-Holland Publ. Co. 1965.

Verschuur, G. L., Kellermann, K. I. (ed.): Galactic and extra-galactic radio astronomy. Berlin-Heidelberg-New York: Springer 1974.

Woltjer, L. (ed.): Galaxies and the universe. New York-London: Columbia Univ. Press 1968.

The formation and dynamics of galaxies (IAU-Sympos. 58). Dordrecht: D. Reidel Publ. Co. 1974.

The structure and evolution of galaxies. Proc. 13. Solvay Conf. Brussels. London-New York-Sydney: Interscience Publ. 1965.

Progress of elementary particle and cosmic ray physics (erscheint jährlich seit 1952). Amsterdam: North-Holland Publ. Co.

30. Kosmologie

* *Bondi, H.:* Cosmology. 2. Aufl. Cambridge Univ. Press 1960.
* *Born, M.:* Die Relativitätstheorie Einsteins. Heidelberger Taschenbücher Bd. 1. Berlin-Heidelberg-New York: Springer 1965.
  Einstein, A.: Grundzüge der Relativitätstheorie. Braunschweig: Fr. Vieweg u. Sohn 1963.
  Kundt, W.: Recent progress in cosmology. Springer Tracts in modern physics **47**, 11 (1968).
  Landau, L. D., Lifschitz, E. M.: Lehrbuch der theoretischen Physik II. Feldtheorie. Berlin: Akademie-Verlag 1963.
* *McCrea, W. H.:* Cosmology. Guernsey: F. Hodgson Ltd. 1969.
  McVittie, G. C.: General relativity and cosmology. University of Illinois Press 1965.
  Misner, C. W., Thorne, K. S., Wheeler, J. A.: Gravitation. Reading: Freeman Co. 1974.
  Peebles, P. J. E.: Physical Cosmology. Princeton Univ. Press 1971.
  Robertson, H. P.: Relativistic cosmology. Rev. mod. Physics **5**, 62 (1933).
  Robertson, H. P., Noonan, T. W.: Relativity and cosmology. Philadelphia-London-Toronto: W. B. Saunders Co. 1968.
  Tolman, R. C.: Relativity, thermodynamics and cosmology. Oxford: Clarendon Press 1934.
  Weinberg, S.: Gravitation and cosmology. New York: Wiley Sons 1972.

31. Entstehung des Planetensystems. — Die Entwicklung der Erde und des Lebens

Brancazio, P. J., Cameron, A. G. W. (ed.): The origin and evolution of atmospheres and oceans. New York-London-Sydney: J. Wiley and Sons 1963.

Eigen, M.: Selforganization of matter and the evolution of biological macromolecules. Naturwiss. **58**, 465 (1971). (Auch als Sonderdruck im Springer-Verlag Berlin-Heidelberg-New York, 1971.)

Jastrow, R., Cameron, A. G. W. (ed.): Origin of the solar system. New York-London: Academic Press 1963.

* *Kuhn, H.:* Entstehung des Lebens: Bildung von Molekülgesellschaften. In Forschung '74. Fischer Taschenbuch Verlag 1974.

Kuiper, G. P.: On the origin of the solar system. In Astrophysics. Ed. *J. A. Hynek.* New York-Toronto-London: McGraw-Hill Book Co. 1951.

* *Monod, J.:* Zufall und Notwendigkeit. München: R. Piper Co. 1971.

Reeves, H. (ed.): On the origin of the solar system. Coll. du Centre Nat. de la Recherche Scientifique. Paris 1972.

* *Rutten, M. G.:* The origin of life. Amsterdam-London-New York: Elsevier 1971.
* *Urey, H. C.:* The planets, their origin and development. New Haven: Yale University Press 1952.
* *v. Weizsäcker, C. F.:* Die Geschichte der Natur. Zürich: S. Hirzel 1948.

Wieland, Th., Pfleiderer, G. (ed.): Molekularbiologie. 3. Aufl. Frankfurt/M.: Umschau-Verlag 1969.

IV. Teil: Ausgewählte neuere Ergebnisse

32. Das Planetensystem

Burns, J. A. (ed.): Planetary satellites. Tucson: The Univ. of Arizona Press 1977.
Carr, M. H.: The morphology of the martian surface. Space Science Rev. **25**, 231 (1980).
Chamberlain, J. W.: Theory of planetary atmospheres. New York, San Francisco, London:
    Academic Press 1980.
Gehrels, T. (ed.): Jupiter. Tucson: Univ. of Arizona Press 1976.
Houghton, J. T.: The physics of atmospheres. Cambridge, London, New York, Melbourne:
    Cambridge Univ. Press 1977.
* *Köhler, H. W.:* Der Mars. Bericht über einen Nachbarplaneten. Braunschweig: Vieweg 1978.
Marov, M. Ya.: Results of Venus missions. Ann. Rev. Astron. Astrophys. **16**, 141 (1978).
Mars. Scientific results of the Viking project. Washington, D. C.: American Geophysical
    Union 1977.
Saturn. Mehrere Artikel über die ersten wissenschaftlichen Ergebnisse der Pioneer (11)
    Saturn Mission, in: Science **207** (4429), 400—453 (1980).
* *Soderblom, L. A.:* The galilean moons of Jupiter. Scientific American **242** (1), 68 (1980).
* *The solar system.* A Scientific American book. San Francisco: W. H. Freeman & Co. 1975.

33. Spektroskopie im fernen Ultraviolett

Cassinelli, J. P.: Stellar winds. Ann. Rev. Astron. Astrophys. **17**, 275 (1975).
Conti, P. S., de Loore, C. W. H. (ed.): Mass loss and evolution of O-type stars (IAU-
    Sympos. 83). Dordrecht: D. Reidel Publ. Co. 1979.
Mihalas, D.: Stellar atmospheres, 2nd. ed., San Francisco: W. H. Freeman & Co 1978.
Snow, Th. P., Jr.: The violent interstellar medium. Ann. Rev. Astron. Astrophys. **17**, 213 (1979).
Snow, Th. P., Jr., Linsky, J. L.: Ultraviolet spectroscopy of the outer layers of stars.
    Astrophys. Space Science **67**, 285 (1980).
Spitzer, L., Jr.: Physical processes in the interstellar medium. New York, Chichester,
    Brisbane, Toronto: J. Wiley & Sons 1978.

34. Röntgenastronomie
35. Gammastrahlen-Astronomie

* *Allkofer, O. C.:* Introduction to cosmic radiation. München: K. Thiemig 1975.
Baity, W. A., Peterson, L. E. (ed.): X-ray astronomy (Proc. Symp. 21st Plenary Meeting of
    COSPAR, Innsbruck). Oxford, New York, Toronto, Sydney, Paris, Frankfurt: Pergamon
    Press 1979.
Cowsik, R., Wills, R. D. (ed.): Non-solar gamma-rays. (Proc. 22nd Plenary Meeting of
    COSPAR, Bangalore, India). Oxford, New York, Paris, Frankfurt, Toronto, Sydney:
    Pergamon Press 1980.
* *Field, G. B.:* Intergalactic matter and the evolution of galaxies. Mitt. Astron. Ges. **47**, 7 (1980).
* *Giacconi, R.:* The Einstein X-ray observatory. Scientific American **242** (2), 70 (1980).
Greisen, K.: The physics of cosmic x-ray, γ-ray, and particle sources. New York, London,
    Paris: Gordon and Breach 1971.
Kane, S. R. (ed.): Solar gamma-, X-, and EUV-radiation (IAU-Sympos. 68). Dordrecht:
    D. Reidel Publ. Co. 1975.

Pacini, F., Ryter, Ch., Strittmatter, P. A.: Extragalactic high energy astrophysics. 9th Advanced Course Swiss Soc. of Astron. Astrophys. Saas-Fee 1979.

Pinkau, K.: Present status of γ-ray astronomy. Nature **277**, 17 (1979).

Weeks, T. C.: High-energy astrophysics. London: Chapman and Hall 1969.

Wills, R. D., Battrick, B. (ed.): Recent advances in gamma-ray astronomy (Proc. 12th ESLAB Sympos). Frascati ESA-SP 124: Paris 1977.

Abbildungsnachweis

Abb. 2.3, 3.1, 3.2, 3.3, 4.1, 4.2, 4.3, 4.4, 5.1, 5.5, 7.1. *Seydlitz:* 5. Teil. Allgemeine Erd-
kunde, 7. Aufl. Kiel: F. Hirt, und Hannover: H. Schroedel 1961.

Abb. 6.7. *Unsöld, A.:* Physikal. Blätter **5**, 205 (1964). Mosbach: Physik-Verlag.

Abb. 6.8. Nach *Schurmeier, H. M., Heacock, R. L., Wolfe, A. E.:* Scientific American,
Jan. 1966, S. 57.

Abb. 6.9. Phot. NASA AS-11-40-5947.

Abb. 7.2. *Bott, M. H. P.:* The interior of the earth. S. 203. London: E. Arnold Ltd. 1971.

Abb. 7.3. Phot. Lick Observatory, aus Sky and Telescope **26**, 342 (1963).

Abb. 7.4. Phot. NASA AS-11-42-6236.

Abb. 7.5. *Brüche, E., Dick, E.:* Physikal. Blätter **26**, 351, Abb. 7 (1970).

Abb. 7.6. *Wänke, H., Wlotzka, F.:* Universitas **26**, 850 (1971).

Abb. 7.7. NASA bzw. Naturwiss. **59**, 395, Abb. 5 (1972).

Abb. 7.8. NASA bzw. Naturwiss. **59**, Heft 4, Titelbild (1972).

Abb. 7.9. Phot. *B. Lyot* und *H. Camichel*, Observatoire Pic du Midi.

Abb. 7.10. Phot. *H. Camichel*, Observatoire Pic du Midi.

Abb. 8.1. Phot. Hale Observatories.

Abb. 8.2. *Swings, P., Haser, L.:* Atlas of representative cometary spectra, plate IV. Univ.
Liège 1956.

Abb. 8.3. *Gentner, W.:* Die Naturwissenschaften **50**, 192 (Fig. 1) (1963).

Abb. 8.4. *Anders, E.:* Accounts of Chem. Res.; Oct. 1968.

Abb. 9.5. Phot. Yerkes Observatory, Williams Bay, Wisc.

Abb. 9.6. Phot. Mt. Wilson and Palomar Observatories.

Abb. 9.7. Das Weltall. Time-Life International, S. 37, 1964.

Abb. 9.9b. *Russell-Dugan-Stewart:* Astronomy II (Fig. 254). New York: Ginn Co. 1927.

Abb. 9.10. Eastman Kodak Co., Rochester, N. Y.: „Kodak Plates and Films", S. 15d.

Abb. 9.11. *Dunham, Th. jr.* in: Vistas in Astronomy II (Ed. *A. Beer*), S. 1236. London and
New York: Pergamon Press 1956.

Abb. 9.12. *Baum, W. A.:* Science **154**, 114 (Fig. 4), 1966.

Abb. 9.13. Austral. Nat. Radio Astron. Observ.; 1963.

Abb. 9.14. *Rossi, B.* in: Electromagnetic radiation in space. S. 171 (Fig. 9). Dordrecht:
D. Reidel Publ. 1966.

Abb. 11.1, 11.2, 11.3. *Unsöld, A.:* Physik der Sternatmosphären, 2. Aufl. Berlin-Göttingen-
Heidelberg: Springer 1955.

Abb. 12.1. *Russell-Dugan-Stewart:* Astronomy I (Fig. 22). New York: Ginn Co. 1927.

Abb. 12.2. *Minnaert-Mulders-Houtgast:* Photometric atlas of the solar spectrum (Ausschnitt). Amsterdam: Schnabel, Kampfert u. Helm 1940.

Abb. 13.1. *Johnson, H. L., Morgan, W. W.:* Astrophys. J. **114**, 523 (1951).

Abb. 15.1. *Morgan, W. W., Keenan, P. C., Kellman, E.:* An atlas of stellar spectra (Ausschnitt). Chicago: University Press 1942.

Abb. 15.2. *Russell-Dugan-Stewart:* Astronomy II. New York: Ginn Co. 1927.

Abb. 15.3. *Johnson, H. L., Morgan, W. W.:* Astrophys. J. **117**, 338 (1953).

Abb. 15.5. *Becker, W.* in: Stars and stellar systems III, S. 254. Univ. of Chicago Press 1963.

Abb. 16.1. *Baker, R. H.:* Astronomy, 6. Aufl. New York: Van Nostrand Co. 1955.

Abb. 16.2. *Unsöld, A.:* Physik der Sternatmosphären, 2. Aufl. Berlin-Göttingen-Heidelberg: Springer 1955.

Abb. 17.3. *Merrill, P. W.:* Papers Mt. Wilson Observ. **IX**, 118 (1965). Washington: Carnegie
Inst.

Abb. 18.1.   *Unsöld, A.:* Physik der Sternatmosphären, 2. Aufl. (S. 106). Berlin-Göttingen-Heidelberg: Springer 1955.

Abb. 18.4.   *Unsöld, A.:* Monthly Not. Roy. Astr. Soc. **118**, 9 (1958).

Abb. 18.5.   *Unsöld, A.:* Physik der Sternatmosphären, 2. Aufl. Berlin-Göttingen-Heidelberg: Springer 1955.

Abb. 19.1, 19.2, 19.3. *Unsöld, A.:* Angewandte Chemie **76**, 281—290 (1964).

Abb. 20.1.   *Danielson, R. E.:* Astrophys. J. **134**, 280 (1961).

Abb. 20.2.   *Unsöld, A.:* Physik der Sternatmosphären, 2. Aufl. Berlin-Göttingen-Heidelberg: Springer 1955.

Abb. 20.3.   *Houtgast, J.:* Rech. Astron. Utrecht XIII, 3; Utrecht 1957.

Abb. 20.4.   *Biesbroeck, G. van* in: The sun (Ed. *G. P. Kuiper*). **I**, 604 (1953). Univ. Chicago Press.

Abb. 20.5.   Sky and Telescope **20**, 254 (1960).

Abb. 20.6.   *Royds, T.:* Monthly Not. Roy. Astron. Soc. **89**, 255 (1929).

Abb. 20.7.   *Jager, C. de:* Handb. d. Phys. **52**, 136. Berlin-Göttingen-Heidelberg: Springer 1959.

Abb. 20.8.   *Unsöld, A.:* Physik der Sternatmosphären, 2. Aufl. Berlin-Göttingen-Heidelberg: Springer 1955.

Abb. 20.9.   Cape Observatory. Proc. Roy. Inst. **38**, No. 175, Pl. I, 1961.

Abb. 20.10. *Palmer-Davies-Large:* Radio astronomy today, S. 19. Manchester Univ. Press 1963.

Abb. 20.12. *Wilcox, J. M.:* Space Science Lab. Univ. of Calif. Berkeley Ser. **12**, 53 (Fig. 2) (1971).

Abb. 21.1.   *Becker, W.:* Sterne u. Sternsysteme, S. 108. Darmstadt: Steinkopff 1950.

Abb. 21.2.   *Minkowski, R.:* Ann. Rev. of Astronomy and Astrophysics **2**, 248 (1964).

Abb. 23.4.   Phot. Mt. Wilson and Palomar Observ. in *O. Struve:* Astronomie. Berlin: W. de Gruyter 1962, S. 326, Abb. 26.3.

Abb. 23.5.   *Duncan, J. C.:* Astronomy, S. 408. New York: Harper 1950.

Abb. 23.6.   *Oort, J. H.* in: Stars and stellar systems **5**, 484 (1965). Univ. Chicago Press.

Abb. 23.7.   *Becker, W.:* Z. Astrophys. **58**, 205 (1964).

Abb. 23.8.   *Westerhout, G.:* Univ. of Maryland (USA).

Abb. 23.11. *Eggen, O. J.:* Roy. Observ. Bull. **84**, 114 (1964).

Abb. 24.2.   *Oort, J. H.* in: Interstellar matter in galaxies (Ed. *Woltjer*). New York: Benjamin 1962.

Abb. 24.3.   *Westerhout, G.:* Bull. Astron. Inst. Netherlands **14**, 254 (1958).

Abb. 24.4.   Phot. Mt. Wilson and Palomar Observatories, in *Merrill, P. W.:* Space chemistry, S. 122, Univ. Michigan Press 1963.

Abb. 24.5.   *Goldberg, L., Aller, L. H.:* Atoms, stars and nebulae, S. 182, Philadelphia: Blackiston Co. 1946.

Abb. 24.6.   Phot. Harvard Observ., in *Baker, R. H.:* Astronomy, 6. Aufl., S. 466. New York: Van Nostrand Co. 1955.

Abb. 24.9.   *Mathewson, D.S., Ford, V. L.:* Mem. Roy. Astron. Soc. (London) **74**, 143 (1970).

Abb. 25.1.   *Fowler, W. A.* in: Liège Astrophys. Sympos. 1959, S. 216.

Abb. 26.1a. *Johnson, H. L.:* Astrophys. J. **116**, 646 (1952).

Abb. 26.1b. *Eggen, O. J., Sandage, A.:* Astrophys. J. **158**, 672 (1969).

Abb. 26.2.   Nach *Sandage, A., Eggen, O. J.:* Astrophys. J. **158**, 697 (1969).

Abb. 26.3.   *Sandage, A.:* Astrophys. J. **162**, 852 (Fig. 13 u. 4) (1970).

Abb. 26.4.   *Sandage, A.:* Astrophys. J. **162**, 863 (Fig. 18) (1970).

Abb. 26.5a u. 26.5b. *Kippenhahn, R., Thomas, H. C., Weigert, A.:* Z. Astrophys. **61**, 246 (1965).

Abb. 26.6.   *Iben, I. jr.:* Ann. Rev. Astron. and Astrophys. **5**, 585 (1967).

Abb. 26.7.   *Iben, I. jr.:* Ap. J. **141**, 1010 (1965).

Abb. 26.8.   *Walker, M.:* Astrophys. J. Suppl. **2**, 376 (1956).

Abb. 26.11. und Umschlag Phot. Hale Observatories.

Abb. 26.12. *Hogg, D. E.:* Astrophys. J. **140**, 992 (Abb. 2) (1964).

Abb. 26.14. *Walker, M.:* Astrophys. J. **125**, 651 (1957).

Abb. 27.1.   Phot. Mt. Wilson and Palomar Observ., aus: The Hubble atlas of galaxies, S. 18. Carnegie Inst. of Washington 1961.

Abb. 27.2.   *Hubble, E.:* Astrophys. J. **69**, 120 (1929).

Abb. 27.3.   Nach *Hubble, E.:* The realm of nebulae, S. 45. Yale Univ. Press 1936.

Abb. 27.4.   *Baade, W., Swope, H.:* Astron. J. **66**, 326 (1961).

Abb. 27.5.   Vgl. 27.1, S. 38.

Abb. 27.6.   Phot. Hale Observatories.

Abb. 27.7.   *Rubin, V. C., Ford, W. K. jr.:* Astrophys. J. **159**, 390 (1970).

Abb. 27.8.   *Zwicky, F.:* Astrophys. J. **140**, 1627 (1964).

Abb. 27.9.   *Morgan, W. W., Mayall, N. U.:* Publ. Astron. Soc. Pacific **69**, 295 (1957).

Abb. 28.2.   *Downes, D., Maxwell, A., Meeks, M.:* Astrophys. J. **146**, 657 (Fig. 4) (1966).

Abb. 28.3.   *Mitton, S., Ryle, M.:* Monthly Not. RAS. (London) **146**, 223 (1969).

Abb. 28.4.   *Cooper, B. F. C., Price, R. M., Cole, D. J.:* Austral. J. Physics **18**, 602 (1965).— *Malthy, P.* u.a.: Astrophys. J. **140**, 44 (1964).

Abb. 28.5.   *Sandage, A. R.:* Scientific American, Nov. 1964, S. 39.

Abb. 28.7.   *Lingenfelter, R. E.:* Astrophys. and Space Science **24**, 89 (1973).

Abb. 29.1.   *Roberts, W. W.:* Astrophys. J. **158**, 132 (Fig. 7) (1969).

Abb. 29.4.   *Amiet, J. P., Zeh, H. D.:* Zs. f. Physik **217**, 505 (1968).

Abb. 30.2.   *Sandage, A.:* Astrophys. J. **178**, 34 (1972).

Abb. 31.1.   Teilweise nach *Gentner, W.:* Naturwissenschaften **56**, 174 (Abb. 3) (1969).

Abb. 31.4.   Molekularbiologie (Hrsg. *Th. Wieland* und *G. Pfleiderer*). Frankfurt/M.: Umschau-Verlag 1969, S. 46, Abb. 3.

Abb. 32.1., 32.2., 32.3., 32.4.   Phot. NASA/Raumfahrt-Bildarchiv H. W. Köhler, Augsburg.

Abb. 33.1.   Nach *Linsky, J. L., Haisch, B. M.:* Astrophys. J. (Letters) **229**, L 27 (Fig. 1) (1979).

Abb. 33.2.   Gezeichnet nach *Savage, B. D., Mathis, J. S.:* Ann. Rev. Astron. Astrophys. **17**, 73 (Table 2) (1979).

Abb. 33.3.   *Gordon, M. A., Burton, W. B.:* Astrophys. J. **208**, 346 (Fig. 4) (1976).

Abb. 34.1.   *Trümper, J., Pietsch, W., Reppin, C., Voges, W., Staubert, R., Kendziorra, E.:* Astrophys. J. (Letters) **219**, L 109 (Fig. 2) (1978).

Abb. 34.2.   Nach *Lewin, W. H. G., Joss, P. C.:* Nature **270**, 211 (Fig. 2) (1977).

Abb. 34.3.   *Clark, G. W.:* Scientific American, Oct. 1977, S. 42.

Abb. 34.4a. *Becker, R. H., Holt, S. S., Smith, B. W., White, N. E., Boldt, E. A., Mushotzky, R. F., Serlemitsos, P. J.:* Astrophys. J. (Letters) **234**, L 73 (Fig. 2) (1979).

Abb. 34.4b. *Pravdo, S. H., Becker, R. H., Boldt, E. A., Holt, S. S., Rothschild, R. E., Serlemitsos, P. J., Swank, J. H.:* Astrophys. J. (Letters) **206**, L 41 (Fig. 1) (1976).

Abb. 34.5.   Vgl. auch *Murray, S. S., Fabbiano, G., Fabian, A. C., Epstein, A., Giacconi, R.:* Astrophys. J. (Letters) **234**, L 69 (1979).

Abb. 34.6.   *Jones, C., Mandel, E., Schwarz, J., Forman, W., Murray, S. S., Harnden, Jr., F. R.:* Astrophys. J. (Letters) **234**, L 21 (Fig. 2) (1979).

Abb. 35.1.   Nach *Mayer-Hasselwander, H. A., Bennett, K., Bignami, G. F., Buccheri, R., D'Amico, N., Hermsen, W., Kanbach, G., Lebrun, F., Lichti, G. G., Masnou, J. L., Paul, J. A., Pinkau, K., Scarsi, L., Swanenburg, B. N., Wills, R. D.:* Ann. New York Acad. of Sciences **336**, 211 (Fig. 2) (1980).

Abb. 35.2.   *Pinkau, K.* in: X-Ray Astronomy (Proc. Symp. 21st Plenary Meeting of COSPAR, Innsbruck) (Ed. *Baity, W. A., Peterson, L. E.*); Oxford, New York, Toronto, Sydney, Paris, Frankfurt: Pergamon Press 1979, S. 523 (Fig. 9).

Namen- und Sachverzeichnis

(Meist empfiehlt es sich, auch einige Seiten weiter zu blättern).

K. R. Lang

Astrophysical Formulae

A Compendium for the Physicist and
Astrophysicist

Springer Study Edition
2nd corrected and enlarged edition
1980. 46 figures, 69 tables.
XXIX, 783 pages
DM 89,- ISBN 3-540-09933-6

Contents: Continuum Radiation. – Mono-
chromatic (Line) Radiation. – Gas Processes. – Nuclear Astrophysics and High
Energy Particles. – Astrometry and Cosmology. – References. – Supplemental References to the Second Edition. – Author Index. –
Subject Index.

"Compendium is a good word for this book.
It is a collection of formulae and numerical
data linked by brief descriptions; it probably
covers most things an astrophysicist would
want… There are excellent author and
subject indexes. References are in many
cases given to original authors as well as
modern texts… Altogether this seems a
magnificent compendium of which any
library should be proud."   *Optica Acta*

"… an important reference work for any
astrophysicist requiring basic information in
a field outside his own…"   *Nature*

Springer-Verlag
Berlin
Heidelberg
New York

Beam-Foil Spectroscopy

Editor: S. Bashkin

1976. 91 figures. XIII, 318 pages
(Topics in Current Physics, Volume 1)
Cloth DM 75,90
ISBN 3-540-07914-9

Contents:
S. Bashkin: Introduction. – *S. Bashkin:* Experimental Methods. – *I. Martinson:* Studies of Atomic Spectra by the Beam-Foil Method. – *L. J. Curtis:* Lifetime Measurements. – *O. Sinanoğlu:* Theoretical Oscillator Strenghts of Neutral, Singly-Ionized, and Multiply-Ionized Atoms: The Theory, Comparisons with Experiment and Critically-Evaluated Tables with New Results. – *W. Wiese:* Regularities of Atomic Oscillator Strenghts in Isoelectronic Sequences. – *W. Whaling:* Applications to Astrophysics: Absorption Spectra. – *L. J. Heroux:* Applications of Beam-Foil Spectroscopy to the Solar Ultraviolet Emission Spectrum. – *R. Marrus:* Studies of Hydrogen-Like and Helium-Like Ions of High Z. – *J. Macek, D. Burns:* Coherence, Alignment and Orientation Phenomena in the Beam-Foil Light Source. – *I. A. Sellin:* The Measurement of Autoionizing Ion Levels and Lifetimes by Fast Projectile Electron Spectroscopy. – References. – Appendix. – Subject Index.

Laser Speckle and Related Phenomena

Editor: J. C. Dainty

1975. 133 figures. XIII, 286 pages
(Topics in Applied Physics, Volume 9)
Cloth DM 94,80
ISBN 3-540-07498-8

Contents:
J. C. Dainty: Introduction. – *J. W. Goodman:* Statistical Properties of Laser Speckle Patterns. – *G. Parry:* Speckle Patterns in Partially Coherent Light. – *T. S. McKechnie:* Speckle Reduction. – *M. Françon:* Information Processing Using Speckle Patterns. – *A. E. Ennos:* Speckle Interferometry. – *J. C. Dainty:* Stellar Speckle Interferometry. – Additional References with Titles. – Subject Index.

I. I. Sobelman

Atomic Spectra and Radiative Transitions

1979. 21 figures, 46 tables. XII, 306 pages
(Springer Series in Chemical Physics, Volume 1)
Cloth DM 59,–
ISBN 3-540-09082-7

Contents:
Elementary Information on Atomic Spectra: The Hydrogen Spectrum. Systematics of the Spectra of Multielectron Atoms. Spectra of Multielectron Atoms. – Theory of Atomic Spectra: Angular Momenta. Systematics of the Levels of Multielectron Atoms. Hyperfine Structure of Spectral Lines. The Atom in an External Electric Field. The Atom in an External Magnetic Field. Radiative Transitions. – References. – List of Symbols. – Subject Index.

I. I. Sobelman, L. A. Vainshtein, E. A. Yukov

Excitation of Atoms and Broadening of Spectral Lines

1980. 34 figures, 40 tables. Approx. 370 pages
(Springer Series in Chemical Physics, Volume 7)
Cloth DM 75,–
ISBN 3-540-09890-9

Contents:
Elementary Processes Giving Rise to Spectra. – Theory of Atomic Collisions. – Approximate Methods for Calculating Cross Sections. – Collisions Between Heavy Particles. – Some Problems of Excitation Kinetics. – Tables and Formulas for the Estimation of Effective Cross Sections. – Broadening of Spectral Lines. – References. – Subject Index.

Springer-Verlag
Berlin
Heidelberg
New York